“十二五”江苏省高等学校重点教材

2015-1-093

DAXUE WULI

大学物理 上

第三版

主 编 刘成林

南京大学出版社

图书在版编目(CIP)数据

大学物理 / 刘成林主编. — 3 版. — 南京:南京大学出版社, 2017.6(2023.7 重印)

ISBN 978 - 7 - 305 - 18890 - 9

Ⅰ. ①大…　Ⅱ. ①刘…　Ⅲ. ①物理学-高等学校-教材　Ⅳ. ①O4

中国版本图书馆 CIP 数据核字(2017)第 140688 号

出版发行　南京大学出版社
社　　址　南京市汉口路 22 号　　邮编　210093
出 版 人　王文军

书　　名　大学物理(上册)
主　　编　刘成林
责任编辑　贾　辉　吴　汀　　编辑热线　025 - 83596531

照　　排　南京开卷文化传媒有限公司
印　　刷　盐城市华光印刷厂
开　　本　787×1092　1/16　印张 15.75　字数 393 千
版　　次　2023 年 7 月第 3 版第 4 次印刷
ISBN　978 - 7 - 305 - 18890 - 9
定　　价　64.00 元(上下册)

网　　址:http://www.njupco.com
官方微博:http://weibo.com/njupco
官方微信号:njupress
销售咨询热线:(025)83594756

第3版前言

随着应用型高校的教学改革，对学生来说主要是工程应用能力培养的要求。考虑到物理在工程中的应用越来越广泛，物理学知识在不断更新，对应得教学内容需要不断地更新。因此，依据《非物理类理工学科大学物理课程教学基本要求》和工科专业标准的征求意见稿中对《大学物理》课程的要求，在征求使用教材的任课教师、学生的意见和建议的基础上对该教材进行完善和修订，以便适应时代的发展，形成校本教材的特色。

在教材修订过程中，遵循《非物理类理工学科大学物理课程教学基本要求》的基本精神与理念，努力落实"四基"，着重培养学生发现问题、提出问题、分析问题与解决问题的能力。按照《非物理类理工学科大学物理课程教学基本要求(2010 年版)》的基本要求，增删相关内容，严格控制要求与难度。保持成功有效的特色，鲜明到位，使其更好地发挥作用。从任课教师与使用教材学生的角度换位思考，对教材的知识内容与训练系统的修订，使教材成为教师好教、学生好学的蓝本。做到科学严谨，慎之又慎，反复研磨与阅改，力争成为精品教材。

在修订工程中，更加重视物理学家简介、物理学与社会等阅读材料和"研究性课题"，增加了相应的二维码作为拓展与延伸课堂学习的范围。紧密结合训练物理思维方法，在实际物理问题中紧密围绕提高解决问题能力。吸取相关科研成果，适当贯穿介绍了现代的科学研究方法，使内容尽可能丰富翔实，增加本书的趣味性与可读性。增加物理学在工程中的应用等内容，提高学生的工程意识。部分调整教材结构，完善物理知识体系。适当增补或删减一些内容，使更好地适应应用型本科人才培养的需要。

全书仍保持原教材的结构，共分为 5 篇 13 章。第 1 篇包括力学基础(1—3 章)、相对论(第 4 章)和机械振动和机械波(第 5 章)，第 2 篇为热学(6—7 章)，第 3 篇为电磁学(8—10 章)，第 4 篇为光学(11 章)，第 5 篇近代物理(12—13 章)。本书修订工作由教材编写组全体老师负责，分板块、逐章逐节进行研读修订，同时还外请一些具有丰富教学经验的《大学物理》或《基础物理》教师审阅。修订组通过多次研讨后定稿，主编最后审定教材终稿。

在编写和修订的过程中，我们参考部分教材、文献和网上资料，同时得到了江苏省教育厅重点教材立项支持和盐城师范学院大学物理教研室的各位老师的帮助，在此表示衷心感谢！

由于水平有限，书中疏漏或错误之处在所难免，恳请读者批评指正。

编　者

2017 年 5 月

目　　录

第一篇　力　学

第二篇　热　学

绪　论

自然界广袤无垠，万象纷呈。当今人们探索自然界的尺度，在空间范围上可以大到约 2×10^{26} m(约 200 亿光年)的宇宙天体，也可以小到线度仅在 1×10^{-16} m 以下的某些基本粒子；在时间范围上最长可以到 1.5×10^{18} s(约 200 亿年)的宇宙年龄，最短可以到只有 $1\times10^{-24}\sim1\times10^{-23}$ s 的某些微观粒子的寿命。在这样一个浩瀚无垠的时空范围内，存在着各种各样的物质客体，它们在运动中彼此相互作用、相互转化。这些不同物质及其不同的运动形式，各自具有特殊的规律性。对这些客观规律的研究，就形成了各门不同的自然科学。物理学就是其中的一门自然科学。

0.1　物理学的研究对象与分类

(1) 什么是物理学

物理学是自然科学中最基本的科学，是研究物质运动的最一般规律、基本结构以及物质之间的相互作用和相互转化的科学。

由于物理规律具有极大的普遍性，它为很多自然科学、工程技术提供了理论基础和实验技术。物理学的基本理论渗透到自然科学的许多领域，应用于生产技术的诸多部门，它们之间相互影响，不断发展。物理学基础知识包括的经典物理、近代及现代物理以及物理学在科学技术上应用的初步知识等，这些基础知识都是在高科技迅速发展的今天大学生所应该了解和掌握的。

(2) 物理学的分类

人们研究自然界发生的各种物理现象，寻找其内在规律，阐明其发生原因，逐渐形成了物理学的许多分支学科。物理学科的分类没有固定不变的原则，而是随研究的需要按不同的标准进行划分。通常分为以下两类：一类是按照研究对象的不同，物理学分为力学(研究物体的位置变化规律及其与力的关系)、声学(研究声波的产生、传播、接收和作用等问题)、热学(研究分子、原子、电子、光子等质点作不规则运动所引起的热现象及热运动的规律)、光学(研究光的本性，光的发射、传播和接收的规律，光和其他物质的相互作用及其应用)、电磁学(研究电和磁的现象，以及电流、电磁辐射、电磁场等)、分子物理学(依据分子结构、分子间相互作用力和分子运动的性质，研究物质的性质和状态)、原子物理学(研究原子结构以及原子中发生的运动)、原子核物理学(研究原子核的结构、性质及变化规律)等。另一类是按照研究方法的不同，物理学分为实验物理和理论物理。物理学的研究方法是由观察、实验、假说和理论组成的一个全过程，观察就是对自然界发生的现象按照其原来的样子进行观察研究。例如，人们研究天体运动现象就是通过天文望远镜、射电望远镜等仪器进行观察。观察是一种初步研究，在许多情况下仅依靠对自然现象的观察是远远不够的，还需要在人工控制的条件下对其现象进行观察，这就是实验。实验可以使研究的现象在人为情况下反复产生，以便对同一现象进行多次观察。实验可以改变条件，以便在不同条件下观察物理现象是怎样变化的，实验还可以排除影响现象的各种次要因素使问题简化，从而找到最本质的东西。在观察和实验获得大量资料的基础上，经过分析、概括、判断和推理，把事物的本质和内在联系抽象为更一般的形式，这便产生了假说。假说经过反复检验，被证明能正确反映某些客观规律时便推导出定律和理论。物理学定律多数是说明某些现象之间的相互联系，说明在某些条件下一定会有某些现象发生。物理学定律通常采用语言和数学的形式阐明有关现象在质和量等方面所存在的规律。物理学理论是通过许多不同但却有相互联系的现象研究，从一些已建立的定律中经过更广泛地概括而得到的系统化知识。一套完整的理论体系，往往是从少数几条比较简单的基本原理出发，经过一定的逻辑推理后来说明一定范围内的各种现象，并且还能预言未知现象的存在。譬如，麦克斯韦的电磁场理论不仅解释了各种电现象和磁现象之间的关系，而且预言了电磁波的存在及其传播速度，并且最终为实验所证实。物理学理论在指导实践并接受实践检验时，如果发现矛盾就要修正、发展甚至放弃，从而建立起新的更能反映客观实际的理论。从物理学的研究方法出发，实验物理则通过观察和实验为理论物理收集感性材料，发现物理事实、解决实验设计和实验过程中的技术问题。理论物理则是把观察、实验得到的成果和已发现的原理、定律进行对比，分析概括并运用数学进行推理，研究物理量之间的定量关系，建立起统一的物理理论体系。

0.2 物理学的特点

(1) 物理学是观察、实验和科学思维相结合的产物

物理学和所有其他科学一样，必须依靠观察和实验。观察是有目的地了解物理现象以及影响物理现象的各种因素，以便对这种现象进行仔细研究从而得到物理规律。但是，在某些情况下，有些物理现象只是偶尔发生，就需要人为地控制条件、利用仪器设备突出物理现象的主要因素使其反复再现，并且通过改变条件以便发现条件的改变对物理现象的影响，这就是物理实验的方法。所以，观察和实验是了解物理现象、测量有关数据和获得感性知识的源泉，是形成、发展和检验物理理论的实践基础。若要使感性知识上升为物理理论，还要经过科学思维这一认识过程。这种认识过程通常是经过分析、综合、抽象、概括等思维活动，并通过建立概念、作出判断和推理来完成的。

物理模型的建立、物理概念的形成、物理规律的发现，都是观察、实验与科学思维相结合的产物。

当然，在物理学的发展史上还有一些物理理论首先是由物理学家作出预言，然后再通过实验检验这些理论的正确性的，必要时还需要对这些理论作出修正和改进。物理学发展到今天，在物理学家预言的新理论的指导下进行新实验的这一模式显得更为重要。事实说明，没有理论指导的实验往往是不能成功的。实验和理论之间的这种互相交织的关系使得物理学在坚实的基础上稳步前进。

(2) 物理学的内容主要由物理概念和物理规律所构成，而其核心是物理概念

物理概念反映了客观事物、现象的物理本质属性。在自然界中，只有具有物理属性的事物和现象才能成为物理学研究的对象，也只有把该事物的物理属性从其他属性(如生物属性)中区分出来，并用定义的方式阐述才能形成物理概念。

物理概念能够定性地反映客观事物的本质属性，还有些物理概念能够定量地反映客观事物的本质属性。对于后一种物理概念，称之为物理量。例如，速度、加速度、力、温度、电容、$\boldsymbol{E}$ 通量、$\boldsymbol{B}$ 通量等，既可称它们是物理概念，又可称它们是物理量。而如速度的相对性，矢量性，线性波的叠加性，不同形式能量的可相互转化性等，就只能说它们是物理概念而不能说它们是物理量。

物理概念是组成物理内容的基本单元，构成物理内容的另一重要部分是物理规律。物理学中的公式、定理、定律和原理等，统称为物理规律。物理规律是指物理现象之间的内在联系，表示物理概念之间实际存在着的关系。因此，在任何一个物理规律中总是包含有若干个有联系的物理概念，任何不相干的物理概念是不能组合起来构成物理规律的。所以，不建立清晰的物理概念，也就谈不上对物理规律的掌握。

一个物理规律，不仅指明了组成规律的各物理概念的联系，它还揭示了各概念之间数量上的相互制约关系，这种相互制约关系指明了物理现象发生和发展的“因果”图像。

物理规律按物质的运动性质分为：力学、热学、电磁学、光学、原子物理学等；按运动过程中物理量的变化特点分为：瞬时规律、分布规律、瞬时分布规律和守恒规律等。若过程中的物理量仅随时间变化，即称为瞬时规律；仅随空间变化，即称为分布规律；随两者改变时则称为瞬时分布规律；若不随两者改变，即称为守恒规律。

物理规律的建立都是有条件的，而且常常不显含在规律的表述之中。例如，牛顿运动定律只是在惯性系中成立。因此，学习物理规律，一定要注意其条件或适用范围。

(3) 物理学是一门定量的科学，与数学有着密切的联系

物理学是一门定量的科学，它与数学有着密切的联系。数学在物理学中的重要作用，主要表现为：

① 数学作为“语言”工具，它是表达物理概念、物理规律最简洁、最准确的“语言”，只有把物理规律用数学形式表达出来，这个物理规律才能更准确地反映客观实际。所以说，物理理论是对物理世界的数学描述。

② 数学也可作为一种“推理”工具，在物理学中常常利用已知的规律，根据一定的条件用数学工具推导出一些新的规律。

在研究和解决物理问题时，还常常需要用数学进行定量计算。可见，数学是物理学研究的重要工具，是物理理论的一种表述形式，特别在科学发展突飞猛进的今天，没有数学方法作为工具，物理学将寸步难行。

(4) 物理学所研究的对象，几乎都是利用科学抽象和概括的方法建立的理想模型

客观存在的物理现象常常是错综复杂的，它可能受多种条件的制约且具有多方面的属性。然而，对于一定的物理现象，所有的条件和属性并非都起着同等重要的作用。为了研究

方便,需要舍弃其中一些非主要因素(即条件和属性),突出其主要因素,从而建立理想模型。这种理想模型是指理想化客体和理想化过程。例如质点、刚体、弹簧振子、理想气体、点电荷、点光源、均匀电场、全辐射体等都是理想化模型。又如匀速直线运动、简谐振动、简谐波、等温过程、等压过程、绝热过程等都是理想化过程。

可见,物理学中的规律都是一定的理想化客体在一定的理想化过程中所遵循的规律,更本质地反映了同一类理想化客体的共同规律。运用理想模型研究物理问题,当然具有现实意义。因为只要根据实际情况,对理想模型稍作修改补充,所得到的物理规律就能够更好地符合真实世界的客观实际。

运用理想模型研究物理问题,是一种重要的科学研究方法,这种方法也适用于其他自然科学的研究。

(5) 物理学与辩证唯物主义哲学有着密切关系

物理学研究的是自然界最基本、最普遍的运动规律,因此它与辩证唯物主义哲学的关系极为密切。哲学的发展水平与物理学的发展程度是相适应的,经常从物理学的最新成果中汲取营养,不断丰富和发展哲学的各个基本原理,所以物理学是哲学的一个基础。物理学发展历史表明,物理学的发展始终离不开辩证唯物主义哲学的指导,辩证唯物主义哲学是物理学健康发展的重要武器,物理学的内容充满着活的辩证法。例如,物理学中对于物质结构和各种运动规律的认识,相对论中关于时、空的看法,对光现象认识的辩证过程以及物理学的研究方法等等,无不说明辩证唯物主义哲学原理与物理学的密切关系。从一定意义上说,物理学和辩证唯物主义哲学是从不同的方面完成人类认识物质世界的任务,都在促进人类的文明发展。

0.3 物理学的发展

物理学的发展源远流长,并经历了几次大的飞跃。16 世纪以前的物理学只是一些不系统的物理知识。16 世纪至 19 世纪,物理学建立了一套以经典力学、热力学、统计物理学、经典电动力学为基础的理论体系,被称为经典理论物理学或古典理论物理学。19 世纪末至 20 世纪初,物理学经历了一次比以前更为深刻的变革,诞生了以相对论和量子力学为基础理论的现代物理学。

从远古时代一直到中世纪,在漫长的历史进程中人类从生活和生产的实践活动中逐步积累了一些物理学知识,特别在静力学、几何光学、静电现象、物质的磁性、声学等方面积累了不少知识和发现了一些简单的定律,对物质的结构和相互作用也提出了不少有意义的看法。中国、古希腊等文明古国都有很大的贡献。例如,我国古代的《墨经》、《考工记》、《淮南子》、《梦溪笔谈》等著作中就有不少物理知识的记载。不过,这一时期由于生产力水平的低下以及封建制度和欧洲大陆宗教神学的统治,使得人们对物理知识的积累只是零碎的,未能形成一门独立的学科。因此,这个时期的物理学只是处在萌芽时期。

欧洲文艺复兴时期以后,由于人们思想上的解放,积极探索自然规律的气氛逐步形成,加之工业生产的不断发展,给自然科学提供了新的实验工具和手段。同时,也因为数学的进步使得物理学的迅速发展成为可能,并形成一门独立的学科。从 16 世纪到 19 世纪末,先后由牛顿(*I. Newton*)建立了经典力学,首先统一了天体和地面物体的运动;由迈那(*R.*

Mayer)、焦耳(*J. C. Joule*)、克劳修斯(*R. Clausius*)、玻耳兹曼(*L. Boltzmann*)、吉布斯(*J. Gibbs*)等人建立了热力学和统计物理学,发现了热运动和其他各种运动形式的相互联系和转化,建立了能量守恒定律,找到了宏观现象与微观客体运动之间的联系;以法拉第(*N. Faraday*)和麦克斯韦(*J. Maxwell*)为主要创始人的电磁学和电动力学,把过去认为互不关联的电、磁、光等现象统一了起来,这样就逐步形成了完整的经典物理学理论体系。

经典物理学建立后,对于一般常见的物理现象都可以从这一理论中得到满意的解释。因而,不少物理学家认为物理学的大厦已经基本落成,人类对自然界基本规律的认识已经到了尽头,剩下的事情不多了。但是,19 世纪末 20 世纪初的科学实验却进一步揭示了许多经典物理学无法解释的现象,特别是微观世界和高速领域许多新现象的发现,导致了物理学的一场伟大而深刻的革命。这场革命的主要结果是相对论和量子论的诞生。爱因斯坦(*A. Einstein*)建立的相对论,把物质、运动、时间、空间统一起来形成了新的时空观。由普朗克(*M. Planck*)、玻尔(*N. Bohr*)、海森堡(*W. Heisenberg*)、德布罗意(*L. deBroglie*)、薛定谔(*E. Schrodinger*)等人建立的量子理论——量子力学,进一步把实物和场统一起来并揭示了物质的波粒二象性,找到了认识微观世界的钥匙。这两门学科的建立,标志着物理学进入了近代物理学阶段。

20 世纪以来,物理学发展的一个趋势是:许多物理学家以相对论和量子力学为理论基础,将物理理论、研究方法和实验手段用于研究自然科学的其他领域,如生物物理学、遗传工程学等。物理学本身也出现了许多分支学科,如天体物理学、凝聚态物理学、等离子态物理学、激光理论等。另外,人们的探索也已从研究平衡态到近平衡态,直到研究远离平衡态的各种现象。而在研究远离平衡态的有序现象的耗散结构理论和协同论等方面,近期内已有了飞速发展。总之,物理学向其他有关自然科学的渗透,推动了这些学科的发展。人们常把 20 世纪 50 年代以后发展的物理学,称之为现代物理学。

当今,物理学发展的另一趋势是沿着两个前沿领域展开,这两个领域是粒子物理学和天体物理学。粒子物理学以量子场论作为理论基础,以高能加速器、宇宙射线探测为其实验手段,研究基本粒子的内部结构、它们的相互作用和相互转化的规律。目前,这一领域的研究十分活跃,人们已经发现了不同层次的许多粒子,例如对夸克模型、轻子模型的研究都有许多建树。而天体物理学是在广义相对论的理论基础上,将粒子物理学和凝聚态理论结合起来,运用巨大的天文望远镜及射电技术、航天技术对宇宙天体进行观察研究,并根据观察结果对天体的演化进行理论分析,其中一个重要成果——"宇宙大爆炸"理论。宇宙是从一个无限稠密的状态开始的,在大爆炸中"创生"了时间和空间以及宇宙中的一切物质。根据天体物理学家的推算,大爆炸发生在距今约 200 亿年前,不少观察资料表明:所有的遥远星系都正在退离我们而去,宇宙仍在膨胀之中,而且膨胀在所有方向上都是相同的。也就是说,宇宙是惊人地对称的,这些与大爆炸理论非常吻合。

总之,物理学既是一门"古老"的学科,又是一门生气勃勃、具有广阔发展前景的学科。物理学的成就深刻地影响了人类对自然界的见解。自然界是有规律的,人类的智慧是能够认识这些规律并能利用这些规律来改变自己的生活的。物理学将对人类的文明不断地做出贡献。

0.4　物理学的研究方法

物理学是一门非常重要的基础科学。物理学的研究成果不仅是其他自然科学的基础,而且可以推动其他自然科学的发展。物理学的研究方法也对其他自然科学有重要参考价值的。读者在学习物理学知识同时也应该注重物理学研究方法的学习。物理学的研究方法主要有：

(1) 抓主要矛盾，建立理想模型的方法

这种研究方法也叫抽象方法。它是根据问题的内容和性质，抓住主要因素，撇开次要的、局部的和偶然的因素，建立一个与实际情况差距不大的理想模型进行研究。例如，"质点"和"刚体"都是物体的理想模型。把物体看作"质点"时，"质量"和"点"是主要因素，物体的"形状"和"大小"是可以忽略不计的次要因素；把物体看作"刚体"时，物体的"形状"、"大小"和"质量分布"是主要因素，物体的"形变"是可以忽略不计的次要因素。在物理学的研究中，这种理想模型是十分重要的。研究物体机械运动规律时，就是从质点运动的规律入手，再研究刚体运动的规律并逐步深入。

(2) 科学实验的方法

科学实验和观察是科学研究的基本方法。科学实验是在人工控制的条件下使现象反复重演，进行观察研究的方法。大多数科学规律都是通过实验观察总结发现的。实验是科学研究中非常重要的方法。

(3) 根据假说的逻辑推理方法

为了寻找事物的规律，对于现象的本质所提出的一些说明方案或基本论点等统称为假说。假说是在一定的观察、实验的基础上提出来的。进一步的实验论据便会证明这些假说，即取消一些或改进一些。在一定范围内经过不断的实践检验，经证明为正确的假说最后上升为原理或定律。例如，在一定的实验基础上，提出的物质结构的分子原子假说以及所推论出来的结构，因为能够解释物质的气、液、固各态的许多现象，最后就发展成为物质分子运动理论。又如，量子假说的建立和量子理论的演变，最后发展为量子力学理论。在科学认识的发展过程中，假说是很重要的，甚至是必不可少的一个阶段。

0.5 大学物理学习的重要性和学习方法

大学物理是理工科院校各专业学生都要学习的一门重要的基础课，也是大学四年学习中唯一一门涉及到各个学科，并与最前沿的科学技术相联系的课程。学习大学物理一方面是为学生打好必要的物理基础，另一方面是使学生学会科学的思维和研究问题的方法，这些都为学生起到增强适应能力、开阔思路、激发探索和创新精神，提高科学素质等重要作用。打好物理基础，有助于养成理论联系实践的习惯，实践推动理论，辩证地看待客观世界，有助于培养学生实事求是的作风，有助于培养学生的学习思维能力，对学生毕业后进一步学习新理论、新知识、新技术，不断更新知识都将产生深远的影响。

大学物理与中学物理的不同之处在于：

① 引入矢量运算与微积分的概念和方法；

② 物理知识更加深奥，范围更加广泛，增加刚体转动力学、流体力学、场论等内容；

③ 概念、理论、定理和定律等都比中学物理中具有更广泛的适用面，更具有普遍意义。

怎样才能学好物理呢？大学物理学习的重点应放在牢固掌握物理定律和定理，并用高等数学工具去解决物理问题。要学好大学物理，应做好以下几个环节：

(1) 适当课前预习

课前的预习可使你预先了解课堂上要介绍的内容，在听课时就可以做到有的放矢。对预习中不理解的地方作下记号，带着问题去听课；对已理解的内容，可以带着探求的观点去听课，看看老师的分析方法是否与你的理解一致，是否还有遗漏的地方；同样的问题如何从不同的方面进行分析，物理模型是如何建立起来的；等等。充分的预习会使你事半功倍。

(2) 简练做好笔记

俗话说："好记性不如烂笔头"。在听课中不少同学都有记笔记的好习惯，但翻开大多数同学的笔记，却如出一辙。只有一条条定义、一个个公式，好像是同一个人做的读书摘抄。不会做笔记，不知道应该记些什么，这是不少同学在学习中碰到的一大难题。物理课上应当记老师在课堂上对各个概念、定义、公式中的符号和公式本身含义以及应用条件的解释，应记下你在预习时未领悟到的东西，而不是书上已有的内容，只有这样你的听课才会有收获。

(3) 坚持课后复习

课后的复习是对所学过的内容进行消化、吸收，把课堂上的知识变成自己的知识。要勤于思考，对新的概念、定义、公式中的符号和公式本身的含义，要用自己的语言陈述出来。对于应掌握的定理的证明、公式的推导，最好在了解了基本思路后，自己背着书本和笔记把它们演算出来。这样才能对这些定理成立的条件、关键的步骤、推演的技巧和应掌握的数学知识有深刻的理解。

(4) 独立完成作业

大学物理的作业是检查学生对知识掌握、运用程度的重要一环。作业中的每道题都是经过精心选择，通过做作业可以检查自己掌握了多少知识，对数学的运用是否熟练；通过做作业可以知道自己在哪些方面还有不足。习题做完了，不要对一下答案或者交给老师批改就行了，应该自己从物理上想一想，答案的数量级是否合理？所反映的物理过程是否合理？是否还能从别的角度来判断一下自己的结果是否正确？应做到对自己的答案有一个理直气壮的解释。

(5) 勤于实验探究

物理学是一门实验科学，实验是物理学理论的基础和源泉，也是物理学发展的动力。在创新性人才培养过程中，实验教学有着不可替代的作用。虽然大学物理实验已单独设课，但实验探究仍是大学物理教学的重要组成部分，也是物理学习中最主要的学习方式。建议学生在物理学习的过程中，能够独立思考、善于提出问题、设计解决问题的方案、培养观察分析和实践探索能力以及利用数学工具解决物理问题的能力。

第一篇 力 学

力学是研究机械运动规律的一门学科。机械运动是指物体的位置变化和形状变化(简称位变与形变)。根据此定义可知：在日常生活和工作中碰到的很多物体运动的形式都是机械运动，其运动规律就是力学的内容。大学物理中只研究物体位置变化的规律，而不对物体形变规律进行研究。

与其他科学研究一样，力学对机械运动规律的研究也划分为两个阶段：对机械运动的描述和得到机械运动的本质规律。根据阶段的不同，力学又可划分为运动学和动力学。其中，运动学是研究如何描述物体的运动，告诉人们物体是怎样运动的；而动力学是关于运动本质规律的学问，告诉人们物体为什么是这样运动的。

根据对物体(研究对象)所做的理想模型(质点和刚体)的不同可将力学划分为：质点运动学、质点动力学以及刚体绕固定轴的转动等。

振动与波动是相互联系的两种运动形式。对于这两种运动具有共同的特点——运动的周期性，如振动物体的位移、速度、加速度、回复力、能量等都呈周期性变化。振动是研究一个孤立质点的运动规律，而波动是研究在波的传播方向上参与波动的一系列质点的运动规律。

第1章 质点运动学

运动学的任务是描述随时间推移，物体空间位置的变动。正如伽利略所指的那样，数学是物理学的自然语言。牛顿正是因为力学的需要而研究微积分的。矢量这一数学工具的引入使人们能够将力学规律的描述变得精确而简明，且不依赖于坐标系的选择。将矢量和微积分结合起来描述运动，既简明、准确，又具有普遍性，也不涉及物体间相互作用与运动的关系。本章主要讨论如何描述质点这一理想模型的运动。与高中物理内容相比，大学物理中运动学内容具有下列特点：① 引入矢量与微积分等数学工具，能对 $\boldsymbol{r}$、$\Delta\boldsymbol{r}$、$\boldsymbol{v}$、$\boldsymbol{a}$ 等基本概念及其相互之间的关系给出更为严格的定义和描述；② 引入微积分后，由对匀变速运动的研究扩大到对一般变速运动的研究；③ 中学物理的研究是由特殊到一般，而大学物理的研究则是由一般到特殊。因此，大学物理在深度和广度上都比中学物理具有很大程度地提高。

1.1　时间与空间

时空概念起源于运动，宇宙万物无不在运动变化中，我们的先辈们正是在对自然现象和天体运动的观察和感悟中逐步形成了时间和空间的概念。随时间在空间变化的现象都被称为运动。常言道：流水年华、光阴似箭、斗转星移、一晃五十年、如白驹过隙等。由此可见，与运动图像相比，空间概念较为抽象而时间概念就更抽象了。人们通常用具体形象的运动空间来形容时间。一旦形成了时空概念，时间与空间便超脱于运动而成为两个独立的物理量用来描述物体的运动。将人们对运动的认识从最初直观的、唯象的水平，提高到定量的、可分析的、清晰的境界。若用简练的语言定义时间和空间，则可以表述为：时间与空间表示事物之间的次序。其中，时间描述事物之间的先后顺序；而空间描述物体的位置，表示物体分布的顺序。

研究物体的位置随时间的变化，离不开长度和时间的度量及其公认的单位和标准。时间量度装置大多利用某种自然现象中的一致性和重复性，如脉搏、太阳的运行、季节、时钟、放射性源、晶体振荡器等。人们不断追求这种测量最高程度上的一致性和重复性的最终结果就得到长度和时间计量的公认标准。

1.1.1　时间的计量

采用能够重复的周期现象计量时间。古代，人们通过日圭、日晷、观测日影的变化，用“刻漏”中水位的变化来计时。随着科技的进步，近代科学家发明了摆钟及石英振荡器，利用摆钟或石英晶体的振荡周期进行计时。但上述计时方式易受环境、温度、材质、电磁场甚至观测者观测角度等因素的影响，稳定度不高，需由天体(地球自转、公转、月球公转)周期进行校正。

物理学中，时间是通过物理过程来定义的。首先在一个参考系(要求是惯性系，或者是非惯性系但过程发生的空间范围无穷小)中，取定一个物理过程，设其为时间单位，然后将这个过程和其他过程相比较以便测定时间。例如，月球绕地球周期、地球绕太阳周期、地球自转周期、原子振荡周期等。时间的基本单位是秒(s)。

1960 年以前，国际计量大会(CGPM)以地球自转为基础定义平均太阳日的 1/86 400 为 1 秒，其稳定度在一千万分之一左右，但由于地球自转受潮汐摩擦等因素的影响而变慢。又于 1960 年选择地球公转计时，规定公元 1900 年回归年的 1/31 556 925.974 7 为 1 秒，其稳定度约为一亿分之一。

20 世纪中叶，随着量子力学的发展，出现了光谱超精细结构、光磁共振、分子束磁共振等实验及研究，量子频率标准取代以天体运动为标准的天体时而成为计时标准。1967 年，第十三届国际计量大会决定采用铯原子钟作为新的时间计量基准，定义 1 秒为位于海平面上的铯 133 原子(Cs^{133})基态的两个超精细能级之间在零磁场中跃迁所对应的9 192 631 770 个辐射周期所持续的时间，此秒定义一直使用至今。铯原子钟的精度由 1955 年的 10^{-9}s 提高到 1975 年的 10^{-10}s，现在已达到 10^{-14}s。

时间具有连续性、单向性和序列性，而且不断向前逝去。以牛顿为代表的经典时空理论认为：时间是绝对的，与参照系无关，与空间也无关。而在爱因斯坦的相对论中，时间是相对的,与参照系和空间都有密切的联系。量子力学的建立,又对时间的连续性提出质疑,并提出了最短时间间隔的观点。

1.1.2 长度的计量

空间两点间的距离为长度。任何长度的计量都是通过与某一长度基准的比较而进行的。长度的米制标准是18世纪后叶由法国引入的。1790年,法国人达特兰提出以经过巴黎的地球子午线自北极至赤道这一段弧长的一千万分之一为1米(m)。法国科学家组成专门委员会对米的定义进行研究,建议把地球子午线长度的四千万分之一作为米的定义。1799年,法国巴黎档案局收存了米的实物基准"档案米",但其后人们发现"档案米"所体现的量值与地球实际测量的量值有差异。1889年,第1届国际计量大会决定将米定义为:米的长度等于米原器在水冰点温度时两端刻线间的距离,并批准用新的"国际米原器"代替"档案米"。1927年第7届国际计量大会将米的定义完善为:米的长度等于在0℃及标准大气压条件下,米原器轴线方向上两端线间的距离。1960年第11届国际计量大会决定采用新的米定义,即1米等于氪86原子(Kr^{86})的2 P_{10}和5 D_5能级间跃迁辐射真空波长的1 650 763.73倍的长度。该定义的复现不确定度为4×10^{-9},精度误差仅十亿分之四。1972年美国国家标准局测定甲烷稳频激光的频率,得到真空光速值为299 792 458 $m\cdot s^{-1}$,1975年第15届国际计量大会批准了这个数值。1983年第17届国际计量大会决定采用新的米定义,即1米是真空中光在1/299 792 458 s时间间隔内所经路径的长度,这就是现行的米定义。

1.1.3 物质世界的层次和数量级

物理科学涉及的范围极广,不仅研究人们身旁发生的物理现象,研究宇宙天体的运动及结构,而且研究微观领域中的物质运动规律。物理学是一门定量的学科,学习物理学需要对各种事物做粗略的数量级估计,留心查看尺度变化所产生的物理效应,从而对各类物理量和数量级有所了解。下面概括介绍物质世界空间、时间和质量的尺度,以便读者在后续学习中胸中有数(数量级)。

(1) 空间尺度

物理学研究对象所涉及的空间尺度相差很大。现代天文学观察表明,银河外星普遍存在光谱红移现象,说明宇宙处在膨胀过程中。从宇宙诞生到现在,宇宙延展了10^{10} l. y.(光年)即10^{26} m以上,此乃宇宙之大的下限。从整个宇宙来看,太阳系只是宇宙中的沧海一粟。从物质小到什么程度看,物质世界可以向小的方向无限分割。现代物理学研究:宏观物体是由各种原子组成,原子的大小是10^{-10} m量级。原子是由原子核和核外电子组成的,原子核又是由质子和中子组成的,每个质子、中子线度大小的量级约为10^{-15} m,而质子和中子是由更为基本的粒子夸克组成的。用间接的方法得知,夸克和电子的尺度小于10^{-18} m。物质世界中实物的空间尺度从10^{-18} m到10^{26} m,相差44个数量级。表1-1中列出了物质世界中各实物空间尺度的数量级。

表 1-1 物质世界中的各实物空间尺度

对 象	空间尺度/m
哈勃半径	1×10^{26}
银河系直径	1×10^{21}
太阳系直径	6×10^{12}
太阳半径	7×10^{8}
地月距离	3.8×10^{8}
地球半径	6.4×10^{6}
珠穆朗玛峰高度	8.84×10^{3}
人类高度	$(1.5\sim2.3)\times10^{0}$
大肠杆菌 DNA 长度	1×10^{-3}
血液红细胞平均直径	7.5×10^{-6}
可见光波长	$(4.0\sim7.6)\times10^{-7}$
氢原子直径	1×10^{-10}
原子核直径	1×10^{-14}
质子直径	1×10^{-15}
电子和夸克	1×10^{-18}

(2) 时间尺度

物理学研究对象所涉及的时间尺度相差也很大。众所周知宇宙的寿命约为 200 亿年，即 5×10^{17} s。牛顿力学所涉及的时间尺度约是 $10^{-3}\sim10^{15}$ s，而粒子物理实验表明有一类基本粒子的寿命为 10^{-25} s，两者相差 43 个数量级。表 1-2 中列出了物质世界中各实物时间尺度的数量级。

表 1-2 物质世界的时间尺度

研究对象	时间尺度/s
宇宙年龄	5×10^{17}
地月年龄	1.5×10^{17}
太阳绕银河系中心运动的周期	10^{16}
哈雷彗星绕太阳运动的周期	10^{9}
人类年龄	1×10^{14}
人的寿命	$(2\sim3)\times10^{9}$
免疫病细胞平均寿命	3×10^{6}
波音 747 自北京至上海的时间	7×10^{3}
中子寿命	9.3×10^{2}
人相邻两次心跳的时间间隔	8.0×10^{-1}
μ 子的寿命	2.2×10^{-6}

(续表)

研究对象	时间尺度/s
中性 π 介子的寿命	0.83×10^{-16}
核碰撞的时间间隔	1×10^{-22}
共振态的寿命	$10^{-24}\sim10^{-23}$

(3) 质量范围

17 世纪牛顿时代,质量曾用于表示“物质之量”。而物质之量在今天是用于表示原子数目的多少,其单位为摩尔(*mol*),并在 1971 年被正式确认为国际单位制的七个基本单位之一。而质量的概念要复杂得多,有引力质量和惯性质量之分。现代物理学中,物质的质量与其自身的运动状态有关,并与能量相联系。有关质量的内容将在后续章节中讨论。

质量的基本单位为千克(kg)。现代物理学所涉及的物质质量跨越的范围更大,参见表 1-3。按照现代物理学观点,光子和所有以光速运动的粒子其静止质量都为零,这无疑是质量范围的下限,而质量的上限应是宇宙的总质量。目前,根据星体发光的光度学理论得到的宇宙总质量要比动力学理论的结果小 1~2 个数量级。由此人们推测,宇宙中还存在所谓的暗物质。在现有理论中,暗物质的存在与否具有特殊意义,可以给出宇宙是有限还是无限的理论判断。因此,物理学和天文学都极为关心寻找暗物质。有意思的是,暗物质的存在可能与中微子——这种极微小的粒子的静止质量是否不为零有关。也就是说,对尺度极小的微观粒子的研究结果可能决定着大尺度宇宙的图像,也许还是关于宇宙是有限还是无限的关键性问题!这似乎也说明,整个物质世界是既具有许多层次,又属于一个和谐统一的整体。

表 1-3 质量范围举例

研 究 对 象	质量/kg	研 究 对 象	质量/kg
银河系	2.2×10^{41}	葡萄	10^{-3}
太阳	2.0×10^{30}	灰尘	10^{-10}
地球	6.0×10^{24}	烟草花叶病毒	2.3×10^{-13}
月亮	7.4×10^{22}	青霉素分子	5.0×10^{-17}
地球上的海洋	1.4×10^{21}	铀原子	4.0×10^{-26}
远洋轮船	10^{8}	质子	1.7×10^{-27}
大象	10^{3}	电子	9.1×10^{-31}
人	6.0×10^{1}	中微子	$<2.0\times10^{-35}$

物理世界在时空尺度上跨越了如此大的范围,描述时也要将其分为许多层次。在每个层次里,物质的结构和运动规律将表现出不同的特点。物理上,把原子尺度范围内的系统称为微观系统,将在人体尺度大小之上的几个数量级系统称为宏观系统。如果把物理现象按空间尺度划分,可分为三个区域:量子物理学、经典物理学、宇宙物理学。凡是速度 v 接近光速(c)的物理现象称为高速物理现象,而将 $v\ll c$ 的物理现象称为低速物理现象。

时间、空间、物质和运动是相互联系的。从当代物理认识来看,宇宙创生于“无”。伴随着宇宙的创生才有物质存在和运动，也才有时间和空间。时间和空间本身也是物质的，没有物质存在就没有空间，空间是一种特殊形态的物质。而物质运动具有规律性，即运动过程中各种状态存在因果关系，这种因果序列构成了时间和空间的不同。时间是一维单向的，物质运动的单向性和周期性是认识和计量时间的基础。

时空概念的存在是有条件的。理论上，时间和空间存在的最小极限值 $t_p = 5.4\times10^{-43} \sim 10^{-42}$ s 和 $l_p = 1.6\times10^{-35} \sim 10^{-30}$ m 分别称为普朗克时间和普朗克长度。在时间尺度 $t<t_p$、空间尺度 $l<l_p$ 的情况下，时空就会失去原来的含义，即没有过去、现在和未来，也没有上下、左右、前后，自然因果律失效，即时间和长度的概念可能就不再适用。

1.2　质点和参考系

1.2.1　质点

力学中的质点没有体积和形状，是只具有一定质量的理想物体。质点是力学中一个十分重要的概念。我们知道，任何实际物体，大至宇宙中的天体，小至原子、原子核、电子以及其他微观粒子，都具有一定的体积和形状。如果在研究问题中，物体的体积和形状是无关紧要的，就可以把该物体看作为质点。例如，地球相对于太阳的运动，由于地球既公转又自转，地球上各点相对于太阳的运动是各不相同的。但是，考虑到地球到太阳的距离约为地球直径的 1 万多倍，因此在研究地球公转时可以忽略地球的大小和形状对这种运动的影响，认为地球上各点的运动情形基本相同，这时可以把地球看作为一个质点。

对于同一个物体，由于研究问题的不同，有时可以将其看作为一个质点，有时则不能。不过，在不能将物体看作为质点时，却总可以把这个物体看作为是由许多质点组成的，对其中的每一个质点都可以运用质点运动的结论，将其叠加起来就可以得到整个物体的运动规律。可见，质点力学是整个力学的基础。

质点力学的普遍意义是基于质点模型而建立的质点力学，其普遍性价值在于以下方面：① 相对于远距离的观察者，物体很小，可以忽略其形状和大小对力学性质的影响。② 虽然物体不是很小，但是其形状、大小等因素在特定的力学问题中却不起作用，如刚体的平动问题等。③ 即使在物体的形状、大小等因素有影响的情况下，质点力学仍不失价值，可将物体看成“点集”或质点组，将质点力学规律进行推广，进而发展成为质点组力学、刚体力学、弹性体力学、流体力学等。这一演绎方法形成了经典力学理论体系的基本概貌，又借助于几乎同时出现的笛卡尔几何学和微积分学而得以实现。

1.2.2　参考系

力学范围内所说的运动是指物体位置的变更。宇宙中的一切物体都处于永恒的运动之中，绝对静止的物体是不存在的。显然，一个物体的位置及其变更，总是相对于其他物体而言的，这便是机械运动的相对性。因此，为了描述一个物体的运动情形，必须选择另一个运动物体或几个相互间保持静止的物体群作为参考物。只有先确定了参考物，才能明确地表示被研究物体的运动情形。研究物体运动时，被选作参考的物体或物体群称为参考系（或参照系）。例如，研究地球相对于太阳的运动，常选择太阳作参考系；研究人造地球卫星的运动，常选择地球作参考系；研究河水的流动，常选择地面作参考系等。

描述质点如何运动的问题中，参考系原则上是可以任意选择的。对于物体的同一个运动，选择不同的参考系，对运动的描述是不同的。例如，人造地球卫星的运动，若以地球为参考系，运动轨道是圆或椭圆；若以太阳为参考系，运动轨道是以地球公转轨道为轴线的螺旋线。那么，在研究物体运动时，究竟应该选择哪个物体或物体群作为参考系呢？这要根据问题的性质以及问题的计算和处理的方便进行决定。在上述人造地球卫星的运动举例中，显然选择地球中心作参考系比选择太阳作参考系要方便得多，结论也要简洁得多。因此，在题意和问题性质允许的情况下，应选择使问题的处理尽量简化的参考系。

1.2.3 坐标系

选择合适的参考系后，在参考系上任意选定一个参考点 O，并设置一个以 O 为原点（坐标原点）的坐标系，就可以把物体在各个时刻相对于参考系的位置定量地用坐标表示出来。

如图 1-1(a)所示，在三维空间中构成一个直角坐标系 $O\text{-}xyz$。在此坐标系中，用 3 个坐标(x,y,z)便可单独确定质点 P 在某时的位置。坐标(x,y,z)的大小是长度，可用配置在坐标系中的刻度来测量。在二维空间中选择平面极坐标系，如图 1-1(b)所示。在已知质点运动轨迹的情况下，可以以质点运动轨迹为坐标轴构成自然坐标系，如图1-1(c)所示。在处理实际问题时，应根据问题的性质和解决问题方便的原则选择坐标系。

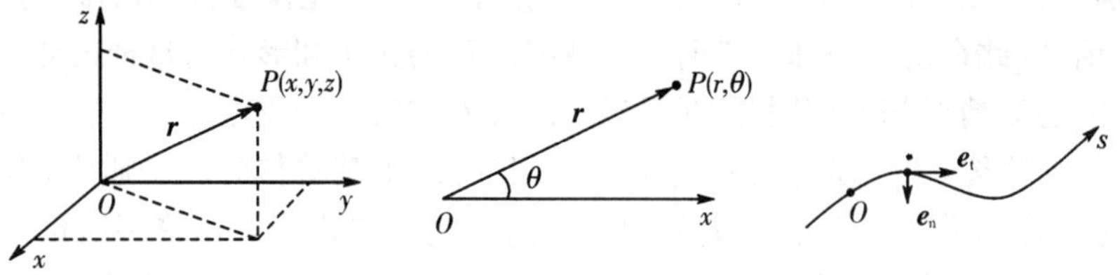

(a) 直角坐标系　　(b) 平面极坐标系　　(c) 自然坐标系

图 1-1　坐标系

1.3 描述物体运动的物理量

1.3.1 位置矢量

图 1-2 中的点 P 代表所讨论的质点，点 O 代表参考系上的一个固定点，以后建立坐标系时坐标原点就取在这里。点 P 在任意时刻的位置，可用从点 O 到点 P 所引的有向线段$\overrightarrow{OP}$表示。$\overrightarrow{OP}$可用一个矢量 $\boldsymbol{r}$ 代表，这个矢量 $\boldsymbol{r}$ 就称为质点 P 的位置矢量，简称位矢。位置矢量既然是矢量，它就包含了质点位置的两方面信息：一是质点 P 相对参考系中固定点 O 的方位；二是质点 P 相对参考系中固定点 O 的距离大小。这正是矢量所具有的两个基本特征。本教材中，用黑体字母表示矢量。

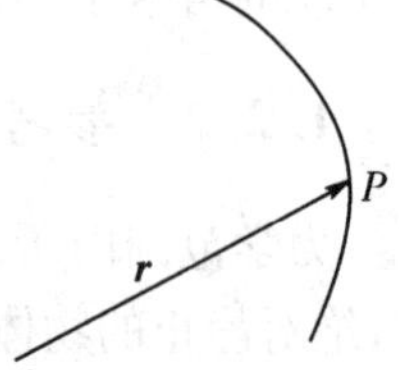

图 1-2　位置矢量

由于质点在运动，位置在变化，因此质点的位置矢量 $\boldsymbol{r}$ 必定随时间在改变。也就是说，

位置矢量 $\boldsymbol{r}$ 是时间 t 的函数，即

$$\boldsymbol{r}=\boldsymbol{r}(t) \tag{1-3-1}$$

(1-3-1)式称为质点的运动学方程，它不仅给出质点运动的轨迹，而且给出质点在任意时刻所处的位置。

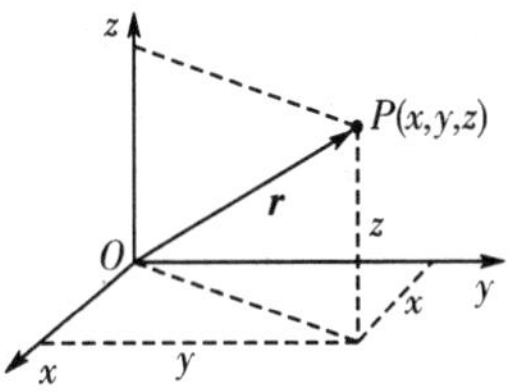

图 1-3　位置矢量

位置矢量可用直角坐标系中的分量形式表示。在参考系上取一固定点作为坐标原点 O，过点 O 画三条相互垂直的带有刻度的坐标轴即 x 轴、y 轴和 z 轴，就构成了直角坐标系 O-xyz。

如果图 1-3 中的点 $P(x,y,z)$ 代表所讨论的质点在某时刻的位置，那么从坐标原点 O 向点 P 所引的有向线段就是质点在该时刻的位置矢量 $\boldsymbol{r}$。显然，位置矢量 $\boldsymbol{r}$ 可以表示为

$$\boldsymbol{r}=x\boldsymbol{i}+y\boldsymbol{j}+z\boldsymbol{k} \tag{1-3-2}$$

式中，$\boldsymbol{i}$、$\boldsymbol{j}$ 和 $\boldsymbol{k}$ 分别是 x、y 和 z 轴方向的单位矢量。

位置矢量 $\boldsymbol{r}$ 的大小为

$$r=|\boldsymbol{r}|=\sqrt{x^2+y^2+z^2} \tag{1-3-3}$$

位置矢量 $\boldsymbol{r}$ 的方向可用方向余弦表示

$$\cos\alpha=\frac{x}{r},\cos\beta=\frac{y}{r},\cos\gamma=\frac{z}{r} \tag{1-3-4}$$

式中，α,β,γ 分别表示 $\boldsymbol{r}$ 与 x、y、z 轴之间的夹角。

这三个方向余弦存在以下关系：$\cos^2\alpha+\cos^2\beta+\cos^2\gamma=1$。

质点运动的轨道参照(1-3-1)式可以写成分量形式

$$x=x(t),\qquad y=y(t),\qquad z=z(t) \tag{1-3-5}$$

即质点运动方程在直角坐标系中的分量形式。原则上，从(1-3-5)式都可以消去参变量 t，得到质点运动的轨道曲线的方程式为

$$f(x,y,z)=0 \tag{1-3-6}$$

(1-3-6)式即为质点运动的轨迹方程。

1.3.2　位移和路程

设质点沿图 1-4 所示的任意曲线运动。质点在 t 时刻处于点 A，其位置矢量为 $\boldsymbol{r}_A$；经过 Δt 时间，质点到达点 B，位置矢量为 $\boldsymbol{r}_B$。在此过程中，质点位置的变更可以用从点 A 到点 B 的有向线段 $\overrightarrow{AB}$ 表示，或写成 $\Delta\boldsymbol{r}$，称之为质点由 A 到 B 的位移。位移 $\Delta\boldsymbol{r}$ 是矢量，它既表示质点位置变更的大小(点 A 与点 B 之间的距离)，又表示这种变更的方向(点 B 相对于点 A 的方位)。

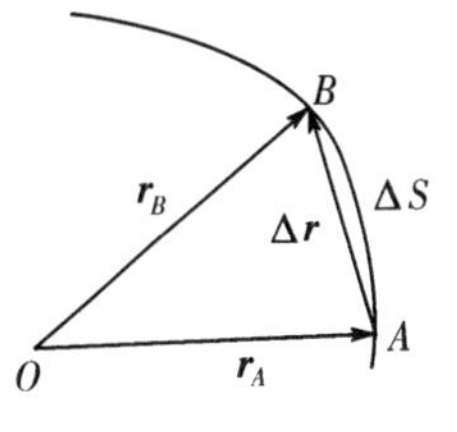

图 1-4　质点沿任意曲线运动

由图 1-4 可以看出

$$\Delta\boldsymbol{r}=\boldsymbol{r}_B-\boldsymbol{r}_A \tag{1-3-7}$$

(1－3－7)式表示：质点从点 A 到点 B 所完成的位移 $\Delta\boldsymbol{r}$ 等于点 B 的位置矢量 $\boldsymbol{r}_B$ 与点 A 的位置矢量 $\boldsymbol{r}_A$ 之差。

位移描述质点在一段时间内位置变动的总效果。一个有趣的例子，运动员在 400 m 跑道上跑了 2 圈，但他在这段时间内的位移却是零。因此，引入路程描述质点沿轨迹的运动。在一段时间内，质点在其轨迹上经过路径的总长度为路程(记为 Δs)，路程是标量。显然，路程 Δs 与位移 $\Delta\boldsymbol{r}$ 是不同的。

位移和路程的单位相同，在国际单位制中为 m(米)。

如果将产生位移和路程的时间间隔 Δt 不断缩短，$|\Delta\boldsymbol{r}|$ 和 Δs 将逐渐接近，在极限情况下两者相等

$$\lim_{\Delta t\to 0}|\Delta\boldsymbol{r}| = \lim_{\Delta t\to 0}\Delta s$$

即 $|\mathrm{d}\boldsymbol{r}| = \mathrm{d}s$。

1.3.3 速度

(1) 平均速度和平均速率

在一般情况下，质点运动的方向和快慢在各个时刻或者在各个位置上是不同的。为了大致地描述质点运动的方向和快慢，首先引入平均速度。

如果质点在 Δt 时间内的位移为 $\Delta\boldsymbol{r}$，则质点的平均速度 $\overline{\boldsymbol{v}}$ 定义为

$$\overline{\boldsymbol{v}} = \frac{\Delta\boldsymbol{r}}{\Delta t} \tag{1-3-8}$$

平均速度 $\overline{\boldsymbol{v}}$ 是矢量，其大小决定于位移的模 $|\Delta\boldsymbol{r}|$ 与所取时间间隔 Δt 的比值，其方向与位移矢量 $\Delta\boldsymbol{r}$ 的方向相同。

由图 1－5 可以看出：位移 $\Delta\boldsymbol{r}$ 的方向与所取时间间隔 Δt 的大小有密切关系。在 t 时刻，质点处于点 A，如果经过的时间间隔为 $\Delta t'$，质点到达点 B'，位移为 $\Delta\boldsymbol{r}'$，在图 1－5 中由有向线段 $\overrightarrow{AB'}$ 表示。在这段时间内质点运动的平均速度为

$$\overline{\boldsymbol{v}'} = \frac{\Delta\boldsymbol{r}'}{\Delta t'}$$

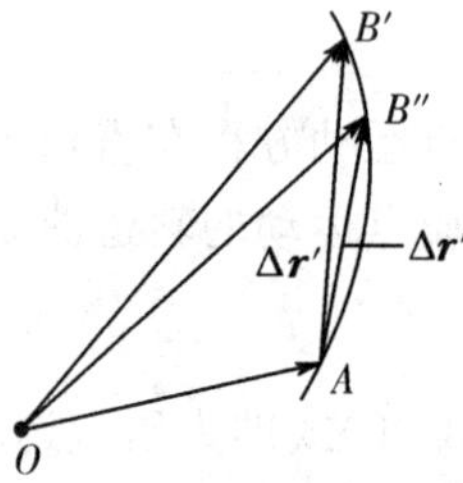

图 1－5　平均速度和平均速率

如果经过的时间间隔为 $\Delta t''$，质点从点 A 到达点 B''，位移为 $\Delta\boldsymbol{r}''$，在图 1－5 中由有向线段 $\overrightarrow{AB''}$ 表示。那么在这段时间内，质点运动的平均速度为

$$\overline{\boldsymbol{v}''} = \frac{\Delta\boldsymbol{r}''}{\Delta t'}$$

显然，$\overline{\boldsymbol{v}'}$ 和 $\overline{\boldsymbol{v}''}$ 这两个平均速度，不但大小不同，而且方向也不同。

由此可见，平均速度的大小和方向在很大程度上依赖于所取时间间隔的大小。但是，时间间隔应该取多大，平均速度概念本身并没有加以限定。所以，当使用平均速度来表征质点运动时总要指明相应的时间间隔。

把质点所经过的路程 Δs 与所需时间 Δt 的比值

$$\bar{v}=\frac{\Delta s}{\Delta t} \tag{1-3-9}$$

称为质点在 Δt 时间内的平均速率。平均速率是标量，它等于质点在单位时间内所通过的路程，而不考虑其运动方向。

平均速率和平均速度是两个不同的概念，前者是标量，后者是矢量。另外，这两个概念在数值上也不一定相等，因为当质点沿曲线运动时，$\Delta s \neq |\Delta \boldsymbol{r}|$ 。如果在 Δt 时间内，质点沿闭合曲线运行一周，则在这段时间内质点的平均速度等于零，而相应的平均速率却不等于零。

(2) 瞬时速度和瞬时速率

由上面所述已经知道，平均速度与所取的时间间隔有关，时间间隔越短，在这段时间内运动的变化就越不明显，平均速度就越接近于真实速度。如图 1-6 所示，速度的方向是当 Δt 趋于零时的平均速度或位移的极限方向。如果所取时间间隔 Δt 趋近零，平均速度的极限就表示质点在某一瞬间的真实速度，这个极限就是质点运动的瞬时速度。瞬时速度也就是质点的真实速度。数学上可以表示

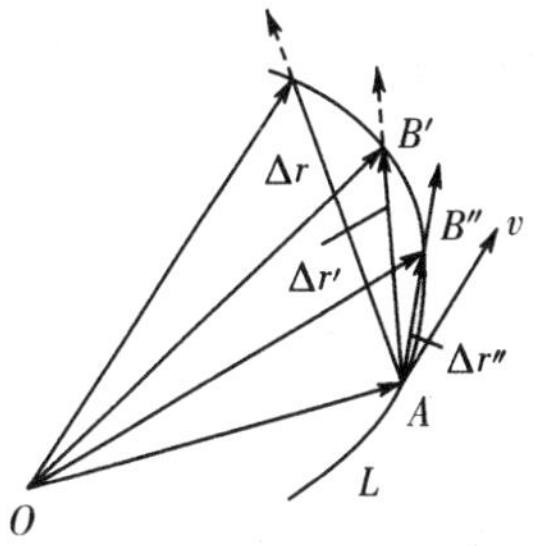

图 1-6　瞬时速度和瞬时速率

$$\boldsymbol{v}=\lim_{\Delta t\to 0}\frac{\Delta \boldsymbol{r}}{\Delta t}=\frac{\mathrm{d}\boldsymbol{r}}{\mathrm{d}t} \tag{1-3-10}$$

式(1-3-10)表明：质点运动的瞬时速度等于质点的位置矢量对时间的一阶导数(即质点的位置矢量对时间的变化率)，它是矢量。通常所说的物体运动速度，都是指它的瞬时速度。

把 Δt 趋于零时平均速率的极限，定义为质点运动的瞬时速率(或称速率)，即

$$v=\lim_{\Delta t\to 0}\frac{\Delta s}{\Delta t}=\frac{\mathrm{d}s}{\mathrm{d}t} \tag{1-3-11}$$

因为当 Δt 趋于零时，路程的极限等于质点位移矢量的模的极限，所以

$$v=\frac{\mathrm{d}s}{\mathrm{d}t}=\left|\frac{\mathrm{d}\boldsymbol{r}}{\mathrm{d}t}\right|=|\boldsymbol{v}| \tag{1-3-12}$$

既然速率等于速度的模，即等于速度的大小，所以速率总是正值。

速度和速率具有相同的单位，在国际单位制中为 $\mathrm{m\cdot s^{-1}}$(米・秒$^{-1}$)。

根据速度的定义式(1-3-10)式，可得

$$\mathrm{d}\boldsymbol{r}=\boldsymbol{v}(t)\mathrm{d}t$$

若求质点在从 t_0 到 t 时间内完成的位移，设质点在 t_0 和 t 时刻的位置矢量分别为 $\boldsymbol{r}_0$ 和 $\boldsymbol{r}$，则可以对上式在此时间间隔($t_0\sim t$)内积分，即

$$\Delta\boldsymbol{r}=\boldsymbol{r}-\boldsymbol{r}_0=\int_{r_0}^{r}\mathrm{d}\boldsymbol{r}=\int_{t_0}^{t}\boldsymbol{v}(t)\mathrm{d}t \tag{1-3-13}$$

(1-3-13)式称为位移公式。如果已知质点运动速度与时间的函数关系,代入(1-3-13)式积分可算得位移。

如果质点沿着图1-6所示的曲线 L 运动,在 Δt 时间内质点从点 A 到达点 B,位移为 $\Delta \boldsymbol{r}$,由有向线段 $\overrightarrow{AB}$ 表示。随着所取时间间隔 Δt 的逐渐缩短,点 B 也逐渐向点 A 靠近。当 Δt 趋于零时,点 B 趋于点 A,位移的方向趋于曲线在点 A 的切线方向。所以,当质点沿任意曲线运动时,质点在曲线某点的速度方向总是沿着曲线在该点的切线方向。

(3) 速度在直角坐标系中的表示

将位置矢量的表达式(1-3-2)式代入速度的定义式(1-3-10)式,可得

$$\boldsymbol{v}=\frac{\mathrm{d}\boldsymbol{r}}{\mathrm{d}t}=\frac{\mathrm{d}x}{\mathrm{d}t}\boldsymbol{i}+\frac{\mathrm{d}y}{\mathrm{d}t}\boldsymbol{j}+\frac{\mathrm{d}z}{\mathrm{d}t}\boldsymbol{k}=v_x\boldsymbol{i}+v_y\boldsymbol{j}+v_z\boldsymbol{k} \tag{1-3-14}$$

其中 v_x、v_y 和 v_z 分别是速度 $\boldsymbol{v}$ 的3个分量:

$$v_x=\frac{\mathrm{d}x}{\mathrm{d}t},\quad v_y=\frac{\mathrm{d}y}{\mathrm{d}t},\quad v_z=\frac{\mathrm{d}z}{\mathrm{d}t} \tag{1-3-15}$$

速度的大小可以表示为

$$v=|\boldsymbol{v}|=\sqrt{v_x^2+v_y^2+v_z^2} \tag{1-3-16}$$

速度矢量 $\boldsymbol{v}$ 的方向可用其方向余弦表示

$$\cos\alpha_v=\frac{v_x}{v},\ \cos\beta_v=\frac{v_y}{v},\ \cos\gamma_v=\frac{v_z}{v} \tag{1-3-17}$$

1.3.4 加速度

在很多情况下,质点运动的速度是在变化的。速度的变化一般包括速度大小的变化(即速率的变化)和速度方向的变化两部分。为了描述质点运动速度随时间变化的快慢,我们引入加速度这个物理量。

(1) 加速度

设质点沿着图1-7所示的任意曲线 L 运动。在 t 时刻,质点处于点 A,速度为 $\boldsymbol{v}_A$;在 $t+\Delta t$ 时刻,质点到达点 B,速度为 $\boldsymbol{v}_B$。在 Δt 时间内,速度的增量为

$$\Delta\boldsymbol{v}=\boldsymbol{v}_B-\boldsymbol{v}_A \tag{1-3-18}$$

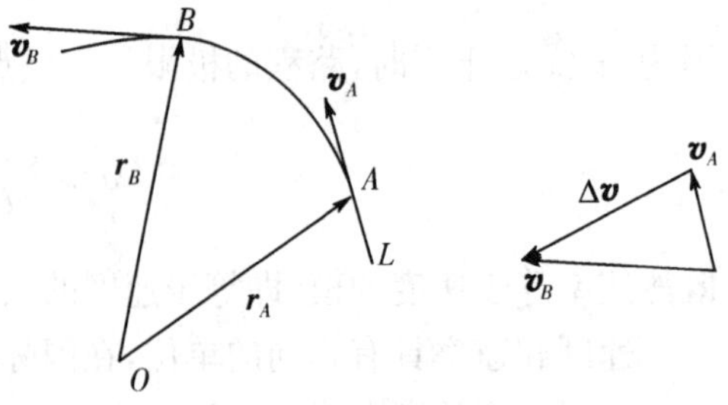

图1-7 加速度

式中,$\Delta\boldsymbol{v}$ 可用平行四边形定则求得。显然,矢量 $\Delta\boldsymbol{v}$ 是由速度大小的变化和速度方向的变化共同引起的。

质点的运动速度在 Δt 时间内的增量 $\Delta\boldsymbol{v}$ 与时间间隔 Δt 的比值称为质点在这段时间内的平均加速度。

$$\overline{\boldsymbol{a}}=\frac{\Delta\boldsymbol{v}}{\Delta t} \tag{1-3-19}$$

平均加速度与一定时间间隔相对应，其大小反映了 Δt 时间内速度变化快慢的平均程度，其方向与速度增量的方向一致。

当 Δt 趋近于零时，$\bar{\boldsymbol{a}}=\dfrac{\Delta \boldsymbol{v}}{\Delta t}$ 的极限称之为质点的瞬时加速度，记作 $\boldsymbol{a}$，即

$$\boldsymbol{a}=\lim_{\Delta t\to 0}\frac{\Delta \boldsymbol{v}}{\Delta t}=\frac{\mathrm{d}\boldsymbol{v}}{\mathrm{d}t}=\frac{\mathrm{d}^2\boldsymbol{r}}{\mathrm{d}t^2} \tag{1-3-20}$$

(1-3-20)式表示：质点的瞬时加速度等于速度矢量对时间的一阶导数（即速度对时间的变化率），或等于位置矢量对时间的二阶导数。在国际单位制中，加速度的单位是 $\mathrm{m\cdot s^{-2}}$（米·秒$^{-2}$）。

当质点沿直线运动时，$\Delta \boldsymbol{v}$ 的极限方向也一定沿着该直线。若质点作加速运动，$\boldsymbol{v}$ 的数值不断增大，$\Delta \boldsymbol{v}$ 的方向必定与 $\boldsymbol{v}$ 的方向相同，加速度 $\boldsymbol{a}$ 的方向也必定与速度 $\boldsymbol{v}$ 的方向相同；若质点作减速运动，$\boldsymbol{v}$ 的数值不断减小，$\Delta \boldsymbol{v}$ 的方向必定与 $\boldsymbol{v}$ 的方向相反，加速度 $\boldsymbol{a}$ 的方向也必定与 $\boldsymbol{v}$ 的方向相反。当质点沿曲线运动时，$\Delta \boldsymbol{v}$ 的极限方向不但决定于质点是作加速运动还是作减速运动，而且还与曲线的弯曲形状有关。在图 1-8 中，质点在任意非常接近的两点 A 和 B 的速度分别为 $\boldsymbol{v}_A$ 和 $\boldsymbol{v}_B$，将矢量 $\boldsymbol{v}_B$ 平移到点 A，根据平行四边形定则可立即得到 $\Delta \boldsymbol{v}$，于是可以清楚地看到，$\Delta \boldsymbol{v}$ 的极限方向始终指向曲线的凹侧。既然加速度 $\boldsymbol{a}$ 的方向与 $\Delta \boldsymbol{v}$ 的极限方向一致，那么加速度 $\boldsymbol{a}$ 的方向也必定指向曲线的凹侧。质点在任意位置上的加速度与速度之间的夹角 θ 存在下面规律：当 $\boldsymbol{v}_A > \boldsymbol{v}_B$ 时，$\theta > \pi/2$；当 $\boldsymbol{v}_A < \boldsymbol{v}_B$ 时，$\theta < \pi/2$。这表明，当质点作减速运动时，加速度方向与速度方向成钝角；当质点作加速运动时，加速度方向与速度方向成锐角。由此可以推断，当 $\boldsymbol{v}_A = \boldsymbol{v}_B$ 时，必定有 $\theta=\pi/2$，即当质点作匀速率曲线运动时，加速度的方向与速度的方向相垂直，如匀速率圆周运动就是这种情况的运动。

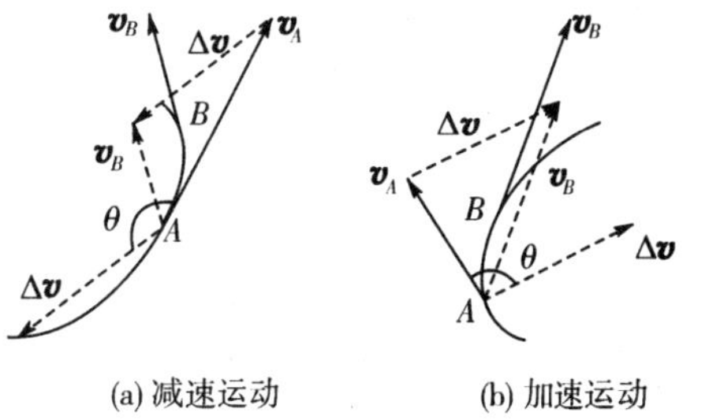

图 1-8　曲线运动中的速度增量

(2) 加速度在直角坐标系中的表示

将速度矢量和位置矢量的表达式代入加速度的定义式(1-3-20)式，可得

$$\boldsymbol{a}=\frac{\mathrm{d}\,\boldsymbol{v}}{\mathrm{d}t}=\frac{\mathrm{d}v_x}{\mathrm{d}t}\boldsymbol{i}+\frac{\mathrm{d}v_y}{\mathrm{d}t}\boldsymbol{j}+\frac{\mathrm{d}v_z}{\mathrm{d}t}\boldsymbol{k}=\frac{\mathrm{d}^2x}{\mathrm{d}t^2}\boldsymbol{i}+\frac{\mathrm{d}^2y}{\mathrm{d}t^2}\boldsymbol{j}+\frac{\mathrm{d}^2z}{\mathrm{d}t^2}\boldsymbol{k}=a_x\boldsymbol{i}+a_y\boldsymbol{j}+a_z\boldsymbol{k} \tag{1-3-21}$$

式中，a_x、a_y 和 a_z 为加速度矢量 $\boldsymbol{a}$ 的 3 个分量，它们分别表示如下：

$$a_x=\frac{\mathrm{d}v_x}{\mathrm{d}t}=\frac{\mathrm{d}^2x}{\mathrm{d}t^2},\quad a_y=\frac{\mathrm{d}v_y}{\mathrm{d}t}=\frac{\mathrm{d}^2y}{\mathrm{d}t^2},\quad a_z=\frac{\mathrm{d}v_z}{\mathrm{d}t}=\frac{\mathrm{d}^2z}{\mathrm{d}t^2} \tag{1-3-22}$$

加速度的大小和方向余弦为：

$$\begin{cases} a=|\boldsymbol{a}|=\sqrt{a_x^2+a_y^2+a_z^2} \\ \cos\alpha_a=\dfrac{a_x}{a},\cos\beta_a=\dfrac{a_y}{a},\cos\gamma_a=\dfrac{a_z}{a} \end{cases} \tag{1-3-23}$$

由(1-3-15)式和(1-3-22)式可以看到：任何一个方向的速度和加速度都只与位置矢量在该方向的分量有关，而与其他方向的分量无关。于是，就得到一个十分重要的结论，即质点的任意运动都可以看作：在三个坐标轴方向上各自独立进行直线运动的合成，或者说，质点的任意运动都可以分解为在三个坐标轴方向上各自独立进行的直线运动。这便是运动叠加原理在直角坐标系中的表现。

(3) 利用加速度公式计算速度和位置矢量

根据加速度的定义式(1-3-21)式，可得

$$\mathrm{d}\boldsymbol{v} = \boldsymbol{a}\mathrm{d}t$$

若求质点在从 t_0 到 t 时间内的速度变化，可对上式积分。如果在 t_0 时刻，质点的速度为 $\boldsymbol{v}_0$；在 t 时刻，质点的速度为 $\boldsymbol{v}$，那么速度的增量可写为

$$\boldsymbol{v} = \boldsymbol{v}_0 + \int_{t_0}^{t} \boldsymbol{a}\mathrm{d}t \qquad (1-3-24)$$

(1-3-24)式称为速度公式。

将(1-3-24)式代入(1-3-15)式，可以得到位置矢量的一般表达式

$$\boldsymbol{r} = \boldsymbol{r}_0 + \int_{t_0}^{t} \left[\boldsymbol{v}_0 + \int_{t_0}^{t} \boldsymbol{a}\mathrm{d}t\right]\mathrm{d}t \qquad (1-3-25)$$

如果知道质点运动加速度与时间的函数关系和质点在初始时刻的速度及位置矢量，代入上式积分就可以求得运动质点在任意时刻的位置矢量。

由上面的讨论可知：质点的运动学方程能够全面描述质点的全部运动情况。质点的加速度和初始条件也能够精细地描述质点的全部运动情况。

【例题 1-1】 已知一个质点的运动方程为 $\boldsymbol{r} = 2t\boldsymbol{i} + (2-t^2)\boldsymbol{j}$ (SI)，求：(1) $t=1$ s 和 $t=2$ s 时的位置矢量；(2) $t=1$ s 到 $t=2$ s 内位移；(3) $t=1$ s 到 $t=2$ s 内质点的平均速度；(4) $t=1$ s 和 $t=2$ s 时质点的速度；(5) $t=1$ s 到 $t=2$ s 内的平均加速度；(6) $t=1$ s 和 $t=2$ s时质点的加速度。

解： 设 $t=1$ s 和 $t=2$ s 时的位置矢量分别为 $\boldsymbol{r}_1$ 和 $\boldsymbol{r}_2$，速度分别为 $\boldsymbol{v}_1$ 和 $\boldsymbol{v}_2$，则有

(1) $\boldsymbol{r}_1 = 2\boldsymbol{i} + \boldsymbol{j}$ m，$\boldsymbol{r}_2 = 4\boldsymbol{i} - 2\boldsymbol{j}$ m；

(2) $\Delta\boldsymbol{r} = \boldsymbol{r}_2 - \boldsymbol{r}_1 = 2\boldsymbol{i} - 3\boldsymbol{j}$ m；

(3) $\overline{\boldsymbol{v}} = \dfrac{\Delta\boldsymbol{r}}{\Delta t} = \dfrac{2\boldsymbol{i} - 3\boldsymbol{j}}{2-1} = 2\boldsymbol{i} - 3\boldsymbol{j}\ \mathrm{m \cdot s^{-1}}$；

(4) $\boldsymbol{v} = \dfrac{\mathrm{d}\boldsymbol{r}}{\mathrm{d}t} = 2\boldsymbol{i} - 2t\boldsymbol{j}\ \mathrm{m \cdot s^{-1}}$，

$t=1$ s 时质点速度：$\boldsymbol{v}_1 = 2\boldsymbol{i} - 2\boldsymbol{j}\ \mathrm{m \cdot s^{-1}}$，

$t=2$ s 时质点速度：$\boldsymbol{v}_2 = 2\boldsymbol{i} - 4\boldsymbol{j}\ \mathrm{m \cdot s^{-1}}$；

(5) $\overline{\boldsymbol{a}} = \dfrac{\Delta \boldsymbol{v}}{\Delta t} = \dfrac{\boldsymbol{v}_2 - \boldsymbol{v}_1}{\Delta t} = \dfrac{-2\boldsymbol{j}}{2-1} = -2\boldsymbol{j}\ \mathrm{m \cdot s^{-2}}$；

(6) $\boldsymbol{a} = \dfrac{\mathrm{d}^2\boldsymbol{r}}{\mathrm{d}t^2} = \dfrac{\mathrm{d}\boldsymbol{v}}{\mathrm{d}t} = -2\boldsymbol{j}\ \mathrm{m \cdot s^{-2}}$。

结果表明：质点的加速度为常数，即质点作匀变速运动。

【例题 1－2】 通过岸崖上的绞车拉动纤绳将湖中的小船拉向岸边，如图 1－9(a)所示。如果绞车以恒定的速率 u 拉动纤绳，绞车定滑轮离水面的高度为 h，求小船向岸边移动的速度 v 和加速度 a。

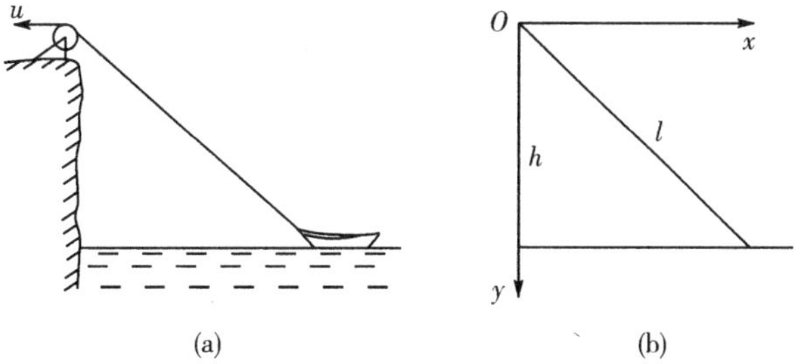

图 1－9　例题 1－2 图

解： 以绞车定滑轮处为坐标原点，x 轴水平向右，y 轴竖直向下，如图 1－9(b)所示。设小船到坐标原点的距离为 l，显然任意时刻小船到岸边的距离 x 总满足：

$$x^2 = l^2 - h^2$$

上式两边同时对时间 t 求导数，得

$$2x\frac{\mathrm{d}x}{\mathrm{d}t} = 2l\frac{\mathrm{d}l}{\mathrm{d}t}$$

式中，$\frac{\mathrm{d}l}{\mathrm{d}t} = -u$ 是绞车拉动纤绳的速率，因为纤绳随时间在缩短，故 $\frac{\mathrm{d}l}{\mathrm{d}t} < 0$；$\frac{\mathrm{d}x}{\mathrm{d}t} = v$ 则是小船向岸边移动的速度。由上式可得：

$$v = -\frac{l}{x}u = -\frac{\sqrt{x^2 + h^2}}{x}u \tag{1}$$

式中，负号表示小船的速度沿 x 轴的反方向。

小船向岸边移动的加速度为

$$a = \frac{\mathrm{d}^2 x}{\mathrm{d}t^2} = \frac{\mathrm{d}v}{\mathrm{d}t} = -\frac{u^2 h^2}{x^3} \tag{2}$$

式中，负号意义与速度相同。

由上面结果可以看到，小船的移动速度 v 总是比绞车拉动纤绳的速率 u 大，并且绞车的位置离水面越高，v 比 u 就大得越多。由式(2)可得，小船的加速度随着到岸边距离的减小而急剧增大。

【例题 1－3】 已知一个质点沿 x 轴运动，其加速度为 $a=4\,t$(SI)。$t=0$ 时，质点的速度 $v_0 = 0$，位置坐标 $x_0 = 10$ m。试求质点的运动方程。

解： 取质点为研究对象，由加速度定义有

$$a = \frac{\mathrm{d}v}{\mathrm{d}t} = 4t$$

由 $a=\dfrac{\mathrm{d}v}{\mathrm{d}t}$ 可得 $\mathrm{d}v=a\mathrm{d}t$，即

$$\mathrm{d}v=4t\mathrm{d}t$$

由初始条件可得：

$$\int_0^v \mathrm{d}v=\int_0^t 4t\mathrm{d}t$$

$$v=2t^2$$

由速度定义可得：

$$v=\frac{\mathrm{d}x}{\mathrm{d}t}=2t^2$$

$$\mathrm{d}x=v\mathrm{d}t=2t^2\mathrm{d}t$$

由初始条件可得：

$$\int_{10}^x \mathrm{d}x=\int_0^t 2t^2\mathrm{d}t$$

即

$$x=\frac{2}{3}t^3+10(\mathrm{m})$$

上式即为质点沿 x 轴的运动方程。

研究性课题：小球在液体中的下落

各种实际液体具有不同程度的黏滞性。当液体流动时，平行于流动方向的各层流体速度都不相同即存在着相对滑动，于是在各层之间就有摩擦力产生，这一摩擦力称为黏滞力。如果一个小球在黏滞液体中铅直下落，由于附着于球面的液层与周围其他液层之间存在着相对运动，因此小球受到黏滞阻力的大小与小球下落的速度有关。那么，小球经过多长时间可以认为已经停止运动，如何用实验方法来检验呢？

物理学与社会：跳台跳水游泳池的深度

根据中国工程建设标准化协会《游泳池和水上游乐池给水排水设计规程》标准第 11 章第 2 节规定：跳水池的平面应为矩形，尺寸应为 25 m×25 m×(5～6)m 或 25 m×21 m×(5～6)m，为什么将跳台跳水游泳池水的深度规定在 5～6 m 呢？

1.4 质点的曲线运动

质点沿平面上的曲线运动时，经常改变运动方向，速度、加速度等物理量的矢量性明显，这

就使得选择坐标系的问题更加重要。下面主要介绍平面直角坐标系和自然坐标系的应用。

1.4.1　抛体运动

从地上某点向空中抛出一个物体，它在空中的运动就是抛体运动。若不计空气的阻力、地球的转动和风向的作用，则其运动是竖直平面内的二维运动。在抛体运动中的加速度就是重力加速度 $\boldsymbol{g}$，其大小恒定、方向竖直向下。

现假设物体以初速度 $\boldsymbol{v}_0$ 沿与水平方向成 θ_0 角的方向抛出，忽略空气的影响，在平面直角坐标系中研究物体运动的轨道方程、射程、飞行时间和物体所能到达的最大高度。

建立如图 1-10 所示的直角坐标系，x 轴水平向右，y 轴竖直向上。设抛射点为坐标原点 O，于是物体的抛体运动可以看作为 x 方向的匀速直线运动和 y 方向的匀变速直线（竖直上抛）运动的叠加。质点运动的加速度为

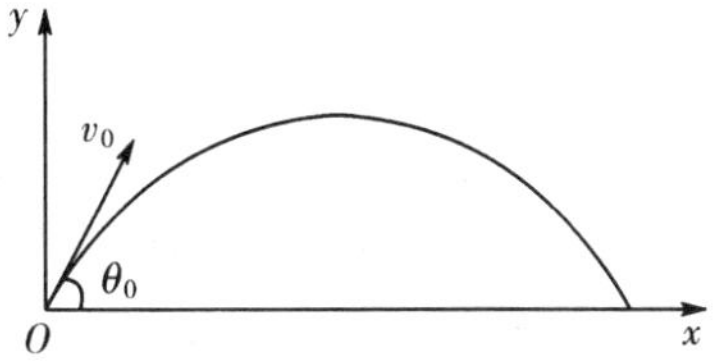

图 1-10　抛体运动曲线的直角坐标系

$$\begin{cases} a_x = 0 \\ a_y = -g \end{cases} \tag{1-4-1}$$

对(1-4-1)式积分并代入初始条件，求得质点运动速度

$$\begin{cases} v_x = v_0 \cos\theta_0 \\ v_y = v_0 \sin\theta_0 - gt \end{cases} \tag{1-4-2}$$

对(1-4-2)式积分并代入初始条件，求得质点的运动学方程

$$\begin{cases} x = (v_0 \cos\theta_0)t \\ y = (v_0 \sin\theta_0)t - \dfrac{1}{2}gt^2 \end{cases} \tag{1-4-3}$$

从(1-4-3)式中消去参变量 t，就可得出抛体运动的轨道方程

$$y = (\tan\theta_0)x - \frac{g}{2(v_0\cos\theta_0)^2}x^2 \tag{1-4-4}$$

这就是抛物线方程。因此，忽略空气阻力时，抛体运动的轨迹是抛物线。

在轨道方程中，令 $y=0$，得

$$(\tan\theta_0)x - \frac{g}{2(v_0\cos\theta_0)^2}x^2 = 0$$

该方程有两个解，一个是 $x_1=0$，这是抛射点的位置；另一个是

$$x_2 = \frac{v_0^2}{g}\sin 2\theta \tag{1-4-5}$$

这就是射程。由射程的表达式可以看到：当抛射角 $\theta=\theta_0=\pi/4$ 时，射程为最大。将射程代入 x 与 t 的关系式，就可以求得物体的飞行时间为

$$T=\frac{x_2}{v_0\cos\theta_0}=\frac{2v_0}{g}\sin\theta_0 \tag{1-4-6}$$

当物体到达最大高度时必定有 $v_y=0$，于是可求得物体到达最大高度的时间为

$$t_1=\frac{v_0}{g}\sin\theta_0$$

将此式代入 y 与 t 的关系式，就可以求得物体所能到达的最大高度为

$$H=\frac{v_0^2}{2g}\sin^2\theta_0 \tag{1-4-7}$$

上述讨论没有考虑空气阻力。实际上，由于空气的影响物体的实际运动轨迹并不是图 1-11 中虚线所示的抛物线，而是图 1-11 中实线所示的弹道曲线。显然，实际物体的射程和最大高度都要比上述各值小。物体在空气中运动要受到空气阻力的作用，所受空气阻力的大小与物体本身的形状、空气密度，特别是与物体的速率都有关系。大体说来，物体速率低于 200 m·s⁻¹时，可认为空气阻力与物体速率平方成正比；物体速率达到 400～600 m·s⁻¹时，空气阻力与物体速率的三次方成正比；速率很大的，阻力与速率的更高次方成正比。速率越小，抛体运动越接近理想情况。例如，不计空气阻力时，某低速迫击炮弹的射程可达 360 m，而实际射程能达到 350 m，此时空气阻力处于次要地位。再如加农炮弹的速度大，若不计空气阻力，射程可达 46 km，实际只能达到 13 km，这时空气阻力的作用则不能忽视。

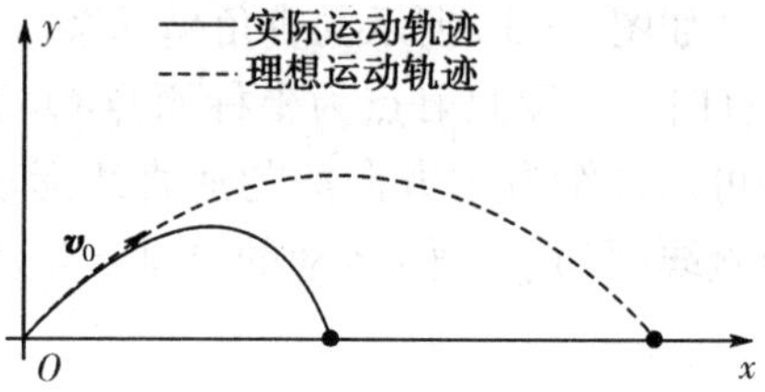

图 1-11　物体的实际运动轨迹与理想运动轨迹的比较

另外，在求解过程中，使用了运动的叠加原理。特别是在直角坐标系中，这一原理是求解复杂运动的强有力工具，也可以先将运动分解为沿初速度方向的匀速直线运动和竖直方向的自由体运动，再应用矢量叠加方法求解。

1.4.2　圆周运动

(1) 自然坐标系

沿着质点的运动轨道所建立的坐标系称为自然坐标系。取轨道上一固定点 O' 为坐标原点，同时规定两个随质点位置的变化而改变方向的单位矢量，一个是指向质点运动方向的切向单位矢量，用 $\boldsymbol{e}_t$ 表示；另一个是垂直于切向并指向轨道凹侧的法向单位矢量，用 $\boldsymbol{e}_n$ 表示，如图 1-12 所示。沿质点运动轨迹建立一个弯曲的“坐标轴”，质点的位置坐标用 O' 点至质点 P 所在位置的弧长 $s=\overset{\frown}{O'P}$ 表示，坐标增加的方向是人为规定。以限制在平面内的运动轨迹为坐标轴，而建立的自然坐标系称为平面自然坐标系，这里弧坐标 s 为平面自然坐标。弧坐标 s 与仅说明长度的弧长是有区别的。根据原点和正向的规定：s 可以

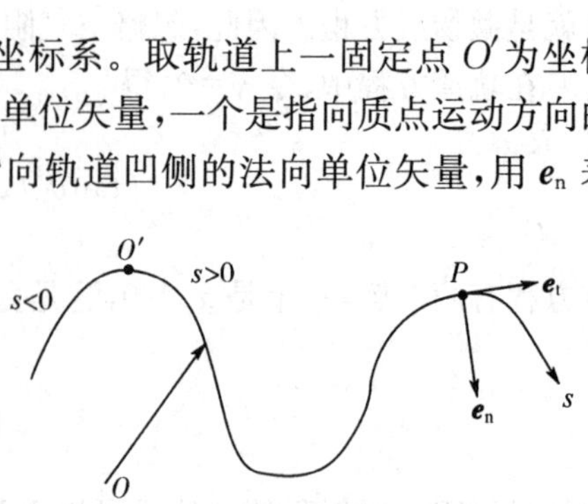

图 1-12　自然坐标系

为正，也可以为负。

质点的位置矢量为

$$\boldsymbol{r}=\boldsymbol{r}(t) \tag{1-4-8}$$

运动学方程为

$$s=s(t) \tag{1-4-9}$$

因为质点运动的速度总是沿着轨道的切向。所以，在自然坐标系中速度矢量可以表示为

$$\boldsymbol{v}=\frac{\mathrm{d}\boldsymbol{r}}{\mathrm{d}t}=\frac{\mathrm{d}\boldsymbol{r}}{\mathrm{d}s}\cdot\frac{\mathrm{d}s}{\mathrm{d}t}=\frac{\mathrm{d}s}{\mathrm{d}t}\boldsymbol{e}_{\mathrm{t}} \tag{1-4-10}$$

速度的大小为

$$v_{\mathrm{t}}(t)=\frac{\mathrm{d}s}{\mathrm{d}t} \tag{1-4-11}$$

v_{t} 的正负反映了质点的运动方向：$v_{\mathrm{t}}>0$ 表示质点沿 $\boldsymbol{e}_{\mathrm{t}}$ 的正方向运动；$v_{\mathrm{t}}<0$ 表示质点沿 $\boldsymbol{e}_{\mathrm{t}}$ 的反方向运动。

质点运动的加速度矢量可以表示为

$$\boldsymbol{a}=\frac{\mathrm{d}\boldsymbol{v}}{\mathrm{d}t}=\frac{\mathrm{d}}{\mathrm{d}t}(v\boldsymbol{e}_{\mathrm{t}})=\frac{\mathrm{d}v}{\mathrm{d}t}\boldsymbol{e}_{\mathrm{t}}+v\frac{\mathrm{d}\boldsymbol{e}_{\mathrm{t}}}{\mathrm{d}t} \tag{1-4-12}$$

式中第一项$\frac{\mathrm{d}v}{\mathrm{d}t}\boldsymbol{e}_{\mathrm{t}}$ 显然是表示由于速度大小变化所引起的加速度分量，大小等于速率对时间的变化率，方向沿轨道的切向，故称切向加速度，用 a_{t} 表示可写为

$$a_{\mathrm{t}}=\frac{\mathrm{d}v}{\mathrm{d}t} \tag{1-4-13}$$

而第二项 $v\frac{\mathrm{d}\boldsymbol{e}_{\mathrm{t}}}{\mathrm{d}t}$ 是由速度方向变化所引起的加速度分量，其大小和方向有待进一步探讨。

在图 1-13 中表示质点在 t 时刻处于轨道 L 的点 A，此处的切向单位矢量为 $\boldsymbol{e}_{\mathrm{t}}(t)$。经过 Δt 时间质点到达点 B，此处的切向单位矢量为 $\boldsymbol{e}_{\mathrm{t}}(t+\Delta t)$。将单位矢量 $\boldsymbol{e}_{\mathrm{t}}(t)$和 $\boldsymbol{e}_{\mathrm{t}}(t+\Delta t)$平移到点 O，矢端分别为 A'和 B'。由点 A' 向点 B' 所引的有向线段$\overrightarrow{A'B'}$就是单位矢量 $\boldsymbol{e}_{\mathrm{t}}(t)$的增量 $\Delta\boldsymbol{e}_{\mathrm{t}}$。当 $\Delta t\to 0$ 时，点 B 趋近于点 A；与此相应，等腰三角形 $OA'B'$的顶角 $\Delta\theta\to 0$。

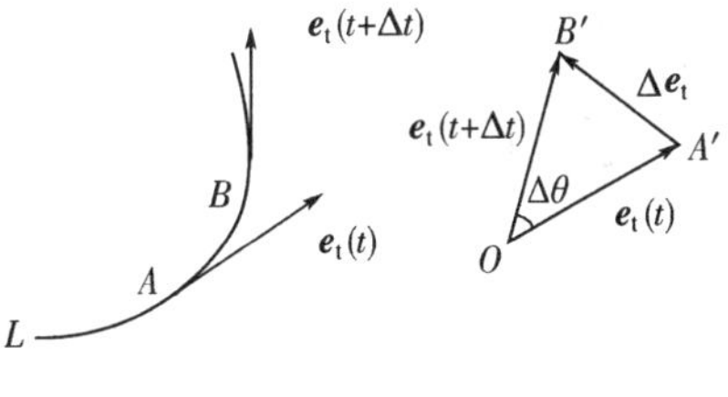

图 1-13　切向单位矢量的增量

可见 $\Delta\boldsymbol{e}_{\mathrm{t}}$ 的极限方向必定垂直于 $\boldsymbol{e}_{\mathrm{t}}(t)$，指向轨道的凹侧，即与法向单位矢量 $\boldsymbol{e}_{\mathrm{n}}$ 一致，并且下面的关系成立

$$\lim_{\Delta t\to 0}\frac{|\Delta\boldsymbol{e}_{\mathrm{t}}|}{\Delta t}=\lim_{\Delta t\to 0}\frac{\Delta\theta|\boldsymbol{e}_{\mathrm{t}}|}{\Delta t}=\lim_{\Delta t\to 0}\frac{\Delta\theta}{\Delta t}=\frac{\mathrm{d}\theta}{\mathrm{d}t}$$

故(1-4-12)式的第二项 $v\frac{\mathrm{d}\boldsymbol{e}_{\mathrm{t}}}{\mathrm{d}t}$ 称为法向加速度，并记为

$$a_n = v\frac{\mathrm{d}\theta}{\mathrm{d}t} \tag{1-4-14}$$

如果轨道在点 A 的内切圆的曲率半径为ρ,则有

$$\frac{\mathrm{d}\theta}{\mathrm{d}t} = \frac{\mathrm{d}\theta}{\mathrm{d}s}\frac{\mathrm{d}s}{\mathrm{d}t} = v\frac{\mathrm{d}\theta}{\mathrm{d}s} = \frac{v}{\rho}$$

将上式代入(1-4-14)式得:

$$a_{\mathrm{n}} = \frac{v^2}{\rho} \tag{1-4-15}$$

所以,在一般情况下质点的加速度矢量应表示为

$$\boldsymbol{a} = a_{\mathrm{t}}\boldsymbol{e}_{\mathrm{t}} + a_{\mathrm{n}}\boldsymbol{e}_{\mathrm{n}} = \frac{\mathrm{d}v}{\mathrm{d}t}\boldsymbol{e}_{\mathrm{t}} + \frac{v^2}{\rho}\boldsymbol{e}_{\mathrm{n}} \tag{1-4-16}$$

(2) 圆周运动的角量描述

如图1-14所示,沿半径为 r 的圆周运动的质点,其位置可用角坐标 $\theta(t)$ 描述。t 时刻的角坐标为 $\theta(t)$,$t+\Delta t$ 时刻的角坐标为 $\theta(t+\Delta t)$,角坐标的增量为 $\Delta\theta = \theta(t+\Delta t) - \theta(t)$,单位为 rad(弧度)。

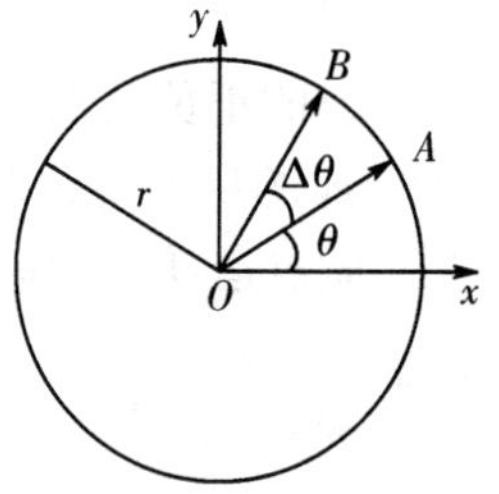

图1-14　角坐标

角速度为

$$\omega = \lim_{\Delta t\to 0}\frac{\Delta\theta}{\Delta t} = \frac{\mathrm{d}\theta}{\mathrm{d}t} \tag{1-4-17}$$

其单位为 $\mathrm{rad\cdot s^{-1}}$(弧度·秒$^{-1}$)。角速度反映了质点绕圆心转动的快慢程度。

角加速度为

$$\alpha = \lim_{\Delta t\to 0}\frac{\Delta\omega}{\Delta t} = \frac{\mathrm{d}\omega}{\mathrm{d}t} = \frac{\mathrm{d}^2\theta}{\mathrm{d}t^2} \tag{1-4-18}$$

其单位为 $\mathrm{rad\cdot s^{-2}}$(弧度·秒$^{-2}$)。角加速度反映了质点绕圆心转动角速度变化的快慢程度。

质点运动的速率

$$v = \lim_{\Delta t\to 0}\frac{\Delta s}{\Delta t} = r\lim_{\Delta t\to 0}\frac{\Delta\theta}{\Delta t}$$

$$v(t) = r\omega(t) \tag{1-4-19}$$

质点运动的速度

$$\boldsymbol{v} = v\boldsymbol{e}_{\mathrm{t}} = r\omega\boldsymbol{e}_{\mathrm{t}} \tag{1-4-20}$$

质点作变速圆周运动时,速度的方向和大小都要改变。

(3) 圆周运动的切向加速度和法向加速度

变速圆周运动就是曲率半径 r 为常数的曲线运动,由(1-4-16)式可求得其加速度为:

$$\boldsymbol{a}=a_{t}\boldsymbol{e}_{t}+a_{n}\boldsymbol{e}_{n}=\frac{dv}{dt}\boldsymbol{e}_{t}+\frac{v^{2}}{r}\boldsymbol{e}_{n} \tag{1-4-21}$$

切向加速度（速度大小变化）

$$a_{t}=\frac{dv}{dt} \tag{1-4-22}$$

法向加速度（速度方向变化）

$$a_{n}=\frac{v^{2}}{r} \tag{1-4-23}$$

一般圆周运动加速度

$$\boldsymbol{a}=a_{t}\boldsymbol{e}_{t}+a_{n}\boldsymbol{e}_{n} \tag{1-4-24}$$

其大小为 $a=\sqrt{a_{t}^{2}+a_{n}^{2}}$，方向为与切向加速度的夹角 $\theta=\arctan\dfrac{a_{n}}{a_{t}}$。

由 $ds=rd\theta$ 可得，$v=\dfrac{ds}{dt}=r\dfrac{d\theta}{dt}=r\omega$，所以圆周运动的线速度、线加速度与角速度、角加速度的关系分别为：

$$\begin{cases}v=r\omega\\ a_{n}=\dfrac{v^{2}}{r}=r\omega^{2}\\ a_{t}=\dfrac{dv}{dt}=r\dfrac{d\omega}{dt}=r\alpha\end{cases} \tag{1-4-25}$$

(4) 匀速率圆周运动和匀变速率圆周运动

① 匀速率圆周运动

ω 为常量，故 $a_{t}=0$，$a_{n}=r\omega^{2}$，则 $\boldsymbol{a}=a_{n}\boldsymbol{e}_{n}=r\omega^{2}\boldsymbol{e}_{n}$。

由 $\omega=\dfrac{d\theta}{dt}$ 可得，$d\theta=\omega dt$。若 $t=0$ 时，$\theta=\theta_{0}$，则得：$\theta=\theta_{0}+\omega t$。

② 匀变速率圆周运动

因为 α 为常量，故 $a_{t}=r\alpha$，$a_{n}=r\omega^{2}$，$\alpha=\dfrac{d\omega}{dt}=$ 常量，又 $d\omega=\alpha dt$，$d\theta=\omega dt$，

若 $t=0$ 时，$\theta=\theta_{0}$，$\omega=\omega_{0}$，则可得：

$$\begin{cases}\omega=\omega_{0}+\alpha t\\ \theta=\theta_{0}+\omega_{0}t+\dfrac{1}{2}\alpha t^{2}\\ \omega^{2}=\omega_{0}^{2}+2\alpha(\theta-\theta_{0})\end{cases} \tag{1-4-26}$$

匀变速率圆周运动与匀变速直线运动类比

$$\begin{cases}\omega=\omega_{0}+\alpha t\\ \theta=\theta_{0}+\omega_{0}t+\dfrac{1}{2}\alpha t^{2}\\ \omega^{2}=\omega_{0}^{2}+2\alpha(\theta-\theta_{0}),\end{cases}\qquad\begin{cases}v=v_{0}+at\\ s=s_{0}+v_{0}t+\dfrac{1}{2}at^{2}\\ v^{2}=v_{0}^{2}+2a(s-s_{0})。\end{cases}$$

【例题 1-4】 如图 1-15 所示，一超音速歼击机在高空 A 点时的水平速率为 1 940 $\text{km} \cdot \text{h}^{-1}$，沿近似圆弧曲线俯冲到 B 点的速率为 2 192 $\text{km} \cdot \text{h}^{-1}$，经历时间为 3 s。设圆弧 $\overset{\frown}{AB}$ 的半径为 3.5 km，飞机从 A 到 B 过程视为匀变速率圆周运动，不计重力加速度的影响，求：(1) 飞机在点 B 的加速度；(2) 飞机由点 A 到点 B 所经历的路程。

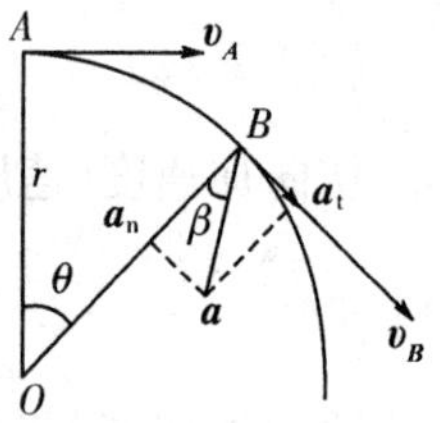

图 1-15　例题 1-4 图

解　(1) $v_A = 1\ 940\ \text{km} \cdot \text{h}^{-1}, v_B = 2\ 192\ \text{km} \cdot \text{h}^{-1}, t = 3\ \text{s}, r = 3.5 \times 10^3\ \text{m}$。

飞机的切向加速度为

$$\int_{v_A}^{v_B} \mathrm{d}v = a_t \int_0^t \mathrm{d}t$$

对上式两边积分可得

$$a_t = \frac{v_B - v_A}{t}$$

而 B 点的法向加速度为

$$a_n = \frac{v_B^2}{r}$$

将数值分别代入切向加速度和法向加速度的表达式可解得

$$a_t = 23.3\ \text{m} \cdot \text{s}^{-2}, a_n = 106\ \text{m} \cdot \text{s}^{-2}$$

总加速度的大小：$a = \sqrt{a_t^2 + a_n^2} = 109\ \text{m} \cdot \text{s}^{-2}$，方向：$\beta = \arctan \dfrac{a_t}{a_n} = 12.4°$，即总加速度与法向加速度的夹角为 12.4°。

(2) 位置矢径 $\boldsymbol{r}$ 所转过的角度

$$\theta = \omega_A t + \frac{1}{2}\alpha t^2$$

飞机由点 A 到点 B 所经历的路程

$$s = r\theta = v_A t + \frac{1}{2} a_t t^2 = 1\ 722\ \text{m}\ 。$$

【例题 1-5】 一辆赛车在半径为 R 的圆形赛道上运动，其行驶路程与时间的关系为 $s = at + bt^2$，其中 a 和 b 均为常量，求赛车在任意时刻的速度、加速度、角速度和角加速度。

解： 赛车作变速率圆周运动，赛车的速度大小（速率）为

$$v = \frac{\mathrm{d}s}{\mathrm{d}t} = a + 2bt$$

方向为圆赛道的切线方向，则赛车的切向加速度大小为

$$a_t = \frac{\mathrm{d}v}{\mathrm{d}t} = 2b$$

赛车的法向加速度大小为

$$a_n = \frac{v^2}{R} = \frac{(a + 2bt)^2}{R}$$

赛车的加速度大小为

$$a=\sqrt{a_t^2+a_n^2}=\sqrt{(2b)^2+\frac{(a+2bt)^4}{R^2}}$$

赛车加速度 $\boldsymbol{a}$ 与速度$\boldsymbol{v}$ 之间的夹角为

$$\theta=\arctan\frac{a_n}{a_t}=\arctan\frac{(a+2bt)^2}{2bR}$$

角速度为

$$\omega=\frac{v}{R}=\frac{a+2bt}{R}$$

角加速度为

$$\alpha=\frac{a_t}{R}=\frac{2b}{R}$$

赛车作变加速圆周运动，切向加速度不变，法向加速度和总加速度随时间的增加而增加。

思　考　题

1－1　什么是运动的绝对性？什么是运动的相对性？

1－2　说明选取参考系、建立坐标系的必要性。仅就描述质点运动而言，参考系应该如何选择？

1－3　质点位置矢量方向不变，质点是否一定作直线运动？质点作直线运动，其位置矢量方向是否一定不变？

1－4　若质点的速度矢量方向不变、大小改变，质点作何种运动？速度矢量的大小不变、方向改变，质点又作何种运动？

1－5　“瞬时速度就是很短时间内的平均速度”这一说法是否正确？如何正确表述瞬时速度的定义？能否按瞬时速度的定义，用实验测量瞬时速度？

1－6　在参考系一定条件下，质点运动初始条件的具体形式是否与计时起点和坐标系的选择有关？

1－7　中学里曾学过 $v=v_0+at$，$s=v_0t+\frac{1}{2}at^2$，$v_t^2-v_0^2=2as$ 这几个匀变速直线运动的公式，请指出在怎样的初始条件下能得到这些公式？

1－8　试画出斜抛物体运动的速率-时间曲线，并指出质点作抛体运动时，何处的速率最大，何处的速率最小？

1－9　在利用自然坐标系研究曲线运动时，v_t，v，$\boldsymbol{v}$ 三个符号含义有何不同？

习　　题

1－1　一质点在平面内运动，其参数方程为：$x=-2t$，$y=-\frac{1}{2}gt^2$（g 为重力加速度）。

则此质点的运动轨迹为 ( )

(A) 抛物线 (B) 椭圆 (C) 圆 (D) 双曲线

1-2 将两物体 A 和 B 分别以初速度 v_{A0} 和 v_{B0} 抛出，A 和 B 的初速度与水平方向的夹角分别为 α 和 β，在抛射过程中如果以 B 为参照系，A 的速度将 ( )

(A) 大小，方向都不变 (B) 大小不变，方向变

(C) 大小变，方向不变 (D) 大小、方向都变

1-3 一个点的运动方程是 $\boldsymbol{r} = R\cos\omega t\boldsymbol{i} + R\sin\omega t\boldsymbol{j}$，$R\omega$ 是正常数，当 $t=T/4$ 到 $t=3T/4$时间内，质点通过的路程是 ( )

(A) $2R$ (B) πR (C) 0 (D) $\pi R\omega$

1-4 一质点的运动方程是 $\boldsymbol{r} = R\cos\omega t\boldsymbol{i} + R\sin\omega t\boldsymbol{j}$，$\omega$ 为正常量，从 $t=\pi/\omega$ 到 $t=2\pi/\omega$ 时间内该质点的位移是 ( )

(A) $-2R\boldsymbol{i}$ (B) $2R\boldsymbol{i}$ (C) $-2R\boldsymbol{j}$ (D) 0

1-5 以初速度 v_0 抛出一个小球，抛射角为 α，忽略空气阻力，则小球落到地面上 A 点时，轨道的曲率半径为 ( )

(A) $\dfrac{v_0^2}{g}\tan\alpha$ (B) $\dfrac{v_0^2}{g}$

(C) $\dfrac{v_0^2}{g\sin\alpha}$ (D) $\dfrac{v_0^2}{g\cos\alpha}$

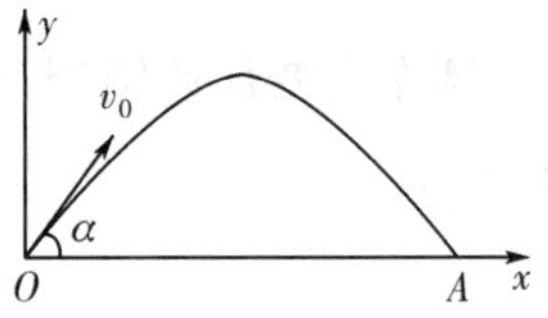

习题 1-5 图

1-6 质点沿半径为 R 的圆周运动，它走过的弧长 s 与时间的关系为 $s = bt + \dfrac{1}{2}ct^2$，其中 b,c 为常数，则质点在运动中 ( )

(A) 速度大小不变 (B) 加速度大小不变

(C) 切向加速度大小不变 (D) 法向加速度大小不变

1-7 质点作水平圆周运动 ( )

(A) 切向加速度和速度反向时，法向加速度改变

(B) 切向加速度为 0 时，法向加速度也为 0

(C) 切向加速度不变时，法向加速度也不变

(D) 法向加速度不变时，切向加速度 $a_t>0$

1-8 在下列叙述中正确的是 ( )

(A) 速度不变，速率也不变；速率不变，速度也不变

(B) 加速度不变，质点作直线运动

(C) 质点作直线运动时，加速度为正，物体作加速运动；加速度为负，物体减速运动

(D) 切向加速度为 0，法向加速度大小不变，物体作匀速圆周运动

1-9 质点运动学方程为 $\boldsymbol{r} = e^{-2t}\boldsymbol{i} + e^{2t}\boldsymbol{j} + 2\boldsymbol{k}$。求：(1) 质点轨迹；(2) 自 $t=-1$ s 到 $t=1$ s 质点的位移。

1-10 (1) $\boldsymbol{r} = R\cos t\,\boldsymbol{i} + R\sin t\boldsymbol{j} + 2t\boldsymbol{k}$，$R$ 为正常数，求 $t=0$、$\pi/2$ 时的速度和加速度。(2) $\boldsymbol{r} = 3t\boldsymbol{i} - 4.5t^2\boldsymbol{j} + 6t^3\boldsymbol{k}$，求 $t=0$、1 s时的速度和加速度。

1-11 一质点沿直线 Ox 运动，其位置与时间的关系为 $x = 6t^2 - 2t^3$，(x 的单位为 m，t 的单位为 s)。求：(1) 第 2 秒内的平均速度；(2) 第 3 秒末和第 4 秒末的速度；(3) 第 3 秒末和第 4 秒末的加速度。

1－12　质点直线运动的运动学方程为 $x = a\cos t$，a 为正常数，求质点的速度和加速度，并讨论运动特点(有无周期性、运动范围、速度变化情况等)。

1－13　a、b 和 c 表示质点沿直线运动三种不同情况下 x-t 的图像，试说明每种运动的特点(即速度，计时起点时质点的位置坐标，质点位于坐标原点的时刻)。

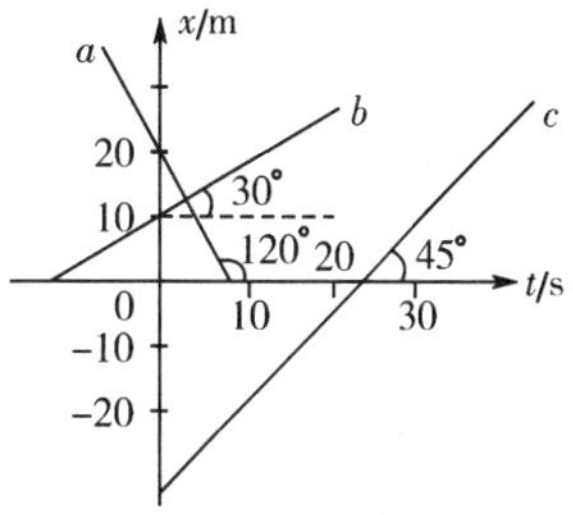

习题 1－13 图

1－14　质点从坐标原点出发时开始计时，沿 x 轴运动，其加速度 $a_x = 2t\ \mathrm{cm\cdot s^{-2}}$，求在下列两种情况下，(1) 初速度 $v_0 = 0$；(2) 初速度 $v_0 = 9\ \mathrm{cm\cdot s^{-1}}$，其方向与加速度方向相反。质点的运动学方程，出发后 6 s 时质点的位置，在此期间所走过的位移及路程。

1－15　飞机着陆时为尽快停止采用降落伞制动。刚着陆时，$t = 0$ 时速度为 v_0，且坐标 $x = 0$，假设其加速度为 $a_x = -bv_x^2$，b 为常量，求飞机速度和坐标随时间的变化规律。

1－16　在 195 m 长的坡道上，一人骑自行车以 $18\ \mathrm{km\cdot h^{-1}}$ 的速度和 $-20\ \mathrm{cm\cdot s^{-2}}$ 的加速度上坡，另一人骑自行车同时以 $5.4\ \mathrm{km\cdot h^{-1}}$ 的初速度和 $0.2\ \mathrm{m\cdot s^{-2}}$ 的加速度下坡，问：(1) 经多长时间两人相遇？(2) 两人相遇时各走过多长的路程？

1－17　电梯以 $1.0\ \mathrm{m\cdot s^{-1}}$ 的匀速率下降，小孩在电梯中跳离地板 0.50 m 高，问当小孩再次落到地板上时，电梯下降了多长距离？

1－18　在同一竖直面内的同一水平线上 A、B 两点分别以 30°、60°为发射角同时抛出两球，欲使两小球相遇时都在自己轨道的最高点，求 A、B 两点间的距离。已知小球在 A 点的发射速度 $v_A = 9.8\ \mathrm{m\cdot s^{-1}}$。

1－19　迫击炮的发射角为 60°、发射速率 $150\ \mathrm{m\cdot s^{-1}}$，炮弹击中倾角为 30°的山坡上的目标 A，发射点正在山脚，如图所示。求弹着点到发射点的距离 OA。

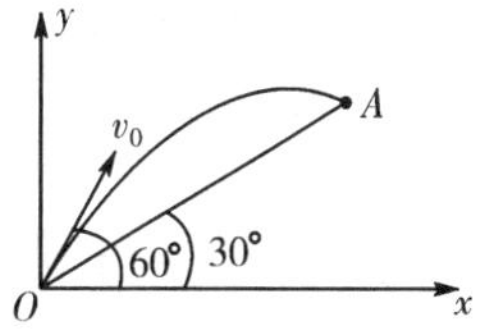

习题 1－19 图

1－20　列车在圆弧形轨道上自东转向北行驶，在我们所讨论的时间范围内，其运动学方程为 $s = 80t - t^2$。$t = 0$ 时，列车在圆弧形轨道上 O 点，此圆弧形轨道的半径 $r = 1\,500$ m，求列车驶过 O 点以后前进至 1 200 m 处的速率及加速度。

1－21　火车以 $200\ \mathrm{km\cdot h^{-1}}$ 的速度驶入半径为 300 m 的圆形轨道。司机一进入圆弧形轨道立即减速，加速度为 $-2g$。求火车在何处的加速度最大？最大加速度是多少？

1－22　斗车在位于铅直平面内上下起伏的轨道上运动，当斗车达到如图所示位置时，轨道曲率半径为 150 m，斗车速率为 $50\ \mathrm{km\cdot h^{-1}}$，切向加速度 $a_t = 0.4g$，求斗车的加速度。

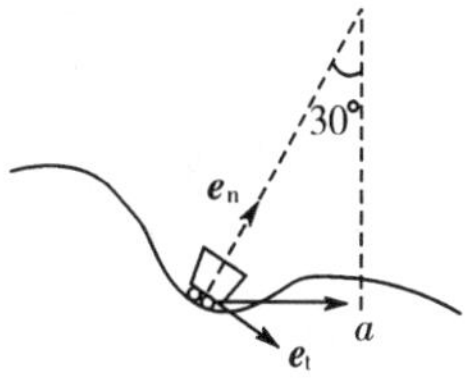

习题 1－22 图

第 2 章　质点动力学

运动学在不涉及物体间相互作用与运动的关系的前提下，描述物体(质点)随时间的推移及其空间位置变动的规律。本章是以质点理想模型为研究对象，研究物体间相互作用与运动的关系。本章首先介绍质点动力学的基本规律——牛顿运动定律，然后从质点动力学的基本规律出发，分别介绍质点动力学的三个基本定理(动量定理、动能定理、角动量定理)及其守恒定律，最后介绍经典力学的适用范围。

2.1　牛顿运动定律

2.1.1　牛顿第一定律

在力学方面，亚里士多德的成就很多，但是最常被提到的却是他所犯的错误。“物体只有在外力推动下才运动，外力停止，运动也就停止”。16 世纪，伽利略对类似实验进行分析，认识到：运动物体受到的阻力越小，其运动速度减小的就越慢，运动时间就越长。同时通过进一步推理得出，在理想条件下，如果水平表面绝对光滑，物体受到的阻力为零，它的速度不会减慢，将以恒定不变的速度永远运动下去。牛顿曾经说过：“我是站在巨人的肩膀上才成功的。”这句话就是针对伽利略的，所以牛顿继承和发展了伽利略的思想，总结出著名的牛顿第一定律。

牛顿第一定律：任何物体都保持静止或匀速直线运动状态，直到其他物体的作用迫使它改变为止。

牛顿第一定律的表述虽然简短，但内涵丰富，从中可以引发如下思考：

其一，物体具有保持自己运动状态不变的内在属性——惯性，是否可以用一个物理量进行量度？质量是惯性大小的量度，所以牛顿第一定律又称为惯性定律。

其二，采用什么物理量来描述物体的运动状态，以使物体运动状态的变化有明确的物理意义？物体都有保持静止和作匀速直线运动的趋势，因此物体的运动状态是由它的运动速度决定的，加速度是描写物体运动状态变化的快慢。

其三，采用什么物理量来体现其他物体的作用，以使这种作用与物体运动状态的变化之间有明确的定量表达式？牛顿第一定律明确了力是物体间的相互作用，指出力改变了物体的运动状态。所以力是与加速度相联系的，而不是与速度相联系。没有外力，物体的运动状态是不会改变的。在日常生活中应注意这点，以免产生错觉。

其四，定律中还涉及到一个更为基本的问题——参考系。按牛顿第一定律，一个不受其他物体作用的物体，则静者恒静、动者始终作匀速直线运动，这相对于哪个参考系而言？一个匀速直线运动，在另一个参考系中很可能是变速曲线运动。可见，牛顿第一定律的表述本身就连着一个特殊的参考系——牛顿第一定律成立的参考系，简称为惯性参考系。

在以太阳中心为坐标原点、以指向任意恒星的直线为坐标轴建立的坐标系中，牛顿运动定律精确成立，是一个比较精确的惯性系。地球虽然有自转和公转，但在研究地球表面附近物体的运动时，它对太阳的向心加速度和对地球自转轴的向心加速度都比较小，所以地球虽不是严格的惯性系，仍可以近似视为惯性系。依此，在平直的轨道上以恒定速度行驶的火车可视为惯性系，而加速前进的火车则视为非惯性系。

2.1.2　牛顿第二定律

物体的质量 m 与其速度 $\boldsymbol{v}$ 的乘积叫做物体的动量，用 $\boldsymbol{p}$ 表示为

$$\boldsymbol{p} = m\boldsymbol{v}$$

动量显然也是一个矢量，其方向与速度方向相同。它也是表示物体运动状态的量，但动量比速度的含义更为广泛，意义更重要。当物体受到外力作用时，其动量要发生变化。牛顿第二定律阐明了物体的受力与其动量变化之间的关系。

牛顿第二定律表明：动量为 $\boldsymbol{p}$ 的物体，在合外力 $\boldsymbol{F}(\boldsymbol{F} = \sum \boldsymbol{F}_i)$ 的作用下，其动量 $\boldsymbol{p}$ 对时间的变化率等于作用于物体上的合外力，即

$$\boldsymbol{F} = \frac{\mathrm{d}\boldsymbol{p}}{\mathrm{d}t} = \frac{\mathrm{d}(m\boldsymbol{v})}{\mathrm{d}t} \tag{2-1-1}$$

当物体低速运动时即物体的运动速度远小于光速时，物体的质量可视为不依赖于速度的常量，于是上式可写成

$$\boldsymbol{F} = m\frac{\mathrm{d}\boldsymbol{v}}{\mathrm{d}t} = m\boldsymbol{a} \tag{2-1-2}$$

即物体受到外力作用时，物体所获得加速度的大小与合外力成正比，并与物体的质量成反比，加速度的方向与合外力的方向相同。

在国际单位制中，力的单位为 N(牛顿，简称牛)。

应当指出，若物体的运动速度 v 接近光速 c 时，物体的质量就依赖于其速度，即

$$m = m(v) = \frac{m_0}{\sqrt{1 - v^2/c^2}}$$

式中，m_0 是物体的静止质量。

根据力的独立作用原理，用牛顿第二定律处理物体运动的问题时，可将物体所受各力正交分解，应用牛顿第二定律的分量形式列方程。

在直角坐标系中，牛顿第二定律可表示为

$$\boldsymbol{F} = m\frac{\mathrm{d}\boldsymbol{v}}{\mathrm{d}t} = m\frac{\mathrm{d}v_x}{\mathrm{d}t}\boldsymbol{i} + m\frac{\mathrm{d}v_y}{\mathrm{d}t}\boldsymbol{j} + m\frac{\mathrm{d}v_z}{\mathrm{d}t}\boldsymbol{k}$$

即

$$\boldsymbol{F} = ma_x\boldsymbol{i} + ma_y\boldsymbol{j} + ma_z\boldsymbol{k} \tag{2-1-3}$$

写成分量形式为

$$\begin{cases} \sum_i F_{ix} = ma_x = m\dfrac{\mathrm{d}v_x}{\mathrm{d}t} = m\dfrac{\mathrm{d}^2 x}{\mathrm{d}t^2} \\ \sum_i F_{iy} = ma_y = m\dfrac{\mathrm{d}v_y}{\mathrm{d}t} = m\dfrac{\mathrm{d}^2 y}{\mathrm{d}t^2} \\ \sum_i F_{iz} = ma_z = m\dfrac{\mathrm{d}v_z}{\mathrm{d}t} = m\dfrac{\mathrm{d}^2 z}{\mathrm{d}t^2} \end{cases} \tag{2-1-4}$$

在自然坐标系中,牛顿第二定律可表示为

$$\boldsymbol{F} = ma_t\boldsymbol{e}_t + ma_n\boldsymbol{e}_n \tag{2-1-5}$$

写成分量形式为

$$\begin{cases} \sum F_{it} = ma_t = m\dfrac{\mathrm{d}v}{\mathrm{d}t} = m\dfrac{\mathrm{d}^2 s}{\mathrm{d}t^2} \\ \sum F_{in} = ma_n = \dfrac{mv^2}{\rho} \end{cases} \tag{2-1-6}$$

(2-1-2)式为牛顿第二定律的数学表达式,即牛顿力学的动力学方程。

质量可度量物体惯性的大小。在相同外力作用下物体获得加速度的大小与物体的质量成反比。质量作为惯性的度量,称其为惯性质量。

学习牛顿第二定律应注意如下几点:① 同体性。$\boldsymbol{F}$、m、$\boldsymbol{a}$ 对应于同一物体。② 矢量性。力和加速度都是矢量,物体加速度方向由物体所受合外力的方向决定。牛顿第二定律数学表达式中,等号不仅表示左右两边数值相等,也表示方向一致,即物体加速度方向与所受合外力方向相同。③ 瞬时性。当物体(质量一定)所受外力发生突然变化时,由力决定的加速度的大小和方向也要同时发生突变;当合外力为零时,加速度同时为零,加速度与合外力始终保持一一对应关系。牛顿第二定律是一个瞬时对应的规律,表明了力的瞬间效应。④ 因果性。力是产生加速度的原因,加速度是物体受力作用的结果。⑤ 相对性。自然界中存在着一种参考系,在这种参考系中,当物体不受力时将保持匀速直线运动或静止状态,这样的参考系叫惯性参考系,地面和相对于地面静止或作匀速直线运动的物体可以近似地看作是惯性参考系,牛顿第二定律只在惯性参考系中才成立。⑥ 独立性。作用在物体上的各个力都能各自独立产生一个加速度,各个力产生的加速度的矢量和等于合外力产生的加速度。

2.1.3 牛顿第三定律

牛顿第三运动定律说明两个物体间相互作用力的性质。两个物体之间的作用力 $\boldsymbol{F}$ 和反作用力 $\boldsymbol{F}'$ 在同一条直线上,大小相等、方向相反,这就是牛顿第三运动定律,其数学表达式为

$$\boldsymbol{F} = -\boldsymbol{F}' \tag{2-1-7}$$

(2-1-7)式中的负号表示反作用力 $\boldsymbol{F}$ 和反作用力 $\boldsymbol{F}'$ 的方向相反。

要改变一个物体的运动状态,必须有其他物体对其作用。物体之间的相互作用是通过力体现的,力的作用是相互的,有作用力必有反作用力。它们是作用在两个不同物体上,但在同一条直线上,大小相等、方向相反。在学习牛顿第三运动定律时应注意以下两个方面的问题:

(1) 作用力和反作用力的关系:① 力的作用是相互的,同时出现、同时消失;② 相互作

用力一定是相同性质的力；③ 作用力和反作用力作用在两个物体上，产生的作用不能相互抵消；④ 作用力也可以叫做反作用力，只是选择的参照物不同；作用力和反作用力因为作用在不同物体上，所以不能求合力。

（2）相互作用力和平衡力的区别：① 相互作用力是大小相等、方向相反，作用在两个物体上，且在同一直线上的力，这两个力的性质是相同的；② 平衡力是作用在同一个物体上的两个力，大小相同、方向相反，并且作用在同一直线上，这两个力的性质是可以不同的；③ 相互平衡的两个力可以单独存在，而相互作用力则是同时存在、同时消失。

例如，物体放在桌子上，物体所受重力与支持力属于平衡力，将物体拿走后支持力消失而重力依然存在。而物体在桌子上，物体所受的支持力与桌面所受的压力，两者为一对作用力与反作用力，物体拿走后，两者都消失。

物理学家简介：牛顿

牛顿

牛顿(1643—1727)是 17 世纪最伟大的科学巨匠。牛顿 18 岁到剑桥大学三一学院读书。1669 年，年仅 26 岁的牛顿就担任了剑桥大学卢卡斯讲座的教授。1672 年成为皇家学会会员，1696 年任造币厂监督职位，1699 年升任厂长，1701 年辞去剑桥大学工作，1703 年担任英国皇家学会主席直到逝世。1705 年受封为爵士，晚年研究宗教，终生未娶。

牛顿的一生成就很多，其中在物理学方面，创立了经典力学的基本体系，促成了物理学史上的第一次大综合；在光学方面，致力于光的颜色和光的本性的研究并作出了重大贡献；在数学方面，建立了二项式定理，创立了微积分；在天文学方面，发现万有引力定律，研制出反射望远镜，初步观察到行星的运动规律。1687 年，牛顿发表著作《自然哲学的数学原理》，提出了三大运动定律，标志着经典力学体系的确立。

2.2　力学中常见的力

力是物体间的相互作用。目前所知道的基本相互作用有四种，即引力相互作用、电磁相互作用、弱相互作用和强相互作用。引力相互作用是存在于任何两个物体之间的吸引力；电磁相互作用本质上是运动电荷间产生的；弱相互作用是产生于放射性衰变过程和其他一些“基本”粒子衰变等过程中的；强相互作用则能使像质子、中子这样一些粒子集合在一起。弱相互作用和强相互作用是微观粒子间的相互作用。

物理学中常遇到的力，如重力、摩擦力、弹性力、库仑力、安培力、分子力、原子力、核力等都可归结为这四种基本相互作用，然而这四种相互作用的范围（即力程）是不一样的。万有引力和电磁力的作用范围原则上是不受限制的即可达无限远；强相互作用力范围为 10^{-15}m；而弱相互作用力的有效作用范围仅为 10^{-18}m。这四种相互作用力的强度相差也很大，如果以距离力源 10^{-15}m 处强相互作用力的强度为 1，则其他力的相对强度分别是：电磁力为 10^{-2}，弱相互作用力为 10^{-13}，万有引力仅为 10^{-38}。由此可见，万有引力的强度是这四种相互作用力中强度最弱的一种，而且相差悬殊。因此，通常在论及电磁力时，如不特别指明，万有引力所产生的影响可忽略不计。

长期以来，人们对物理学理论进行深入探索，能否找到上面所讲的四种基本相互作用之间的联系呢？这是一次更深刻、更基本的综合，许多物理学家为此进行不懈的努力。1967—1968 年，温伯格、萨拉姆和格拉肖提出了把弱相互作用与电磁相互作用统一的弱电统一理论，后来这个电弱相互作用的理论为实验所证实。为此，他们三人于 1979 年共获诺贝尔物理学奖。鲁比亚和范德米尔两人因由实验证实弱电相互作用，于 1984 年获诺贝尔物理学奖。由于受发现电弱相互作用的鼓舞，许多物理学家进行电弱相互作用和强相互作用之间统一的研究，并期盼把万有引力作用也包括进去，以实现相互作用理论的“大统一”。

2.2.1 万有引力

宇宙中的一切物体都在相互吸引着。万有引力是自然界的基本力之一。在有万有引力的空间内存在一种物质，称为引力场。物体间（万有）引力相互作用是通过引力场传递的。粒子物理学认为引力相互作用通过引力子传递。

(1) 万有引力定律

如图 2-1 所示，任意两质点间都存在引力，方向沿着两质点连线，大小与两质点的质量的乘积成正比、与两质点间距离 $\boldsymbol{r}_{12}$ 的平方成反比。

$$F_{12} = G\frac{m_1 m_2}{r_{12}^2} \qquad (2-2-1)$$

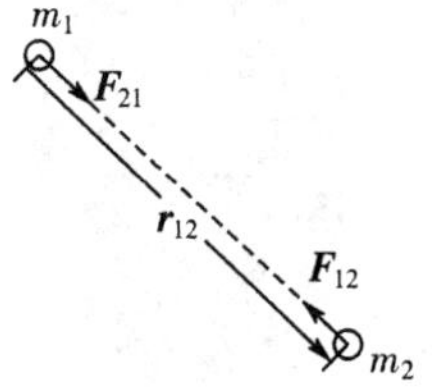

图 2-1 万有引力

式中，$G = 6.672\,59 \times 10^{-11}\ \mathrm{N \cdot m^2 \cdot kg^{-2}}$，称为引力常量。

其矢量形式为

$$\boldsymbol{F}_{12} = -G\frac{m_1 m_2}{r_{12}^2}\left(\frac{\boldsymbol{r}_{12}}{r_{12}}\right) \qquad (2-2-2)$$

式中，$\boldsymbol{r}_{12}$ 表示从质点 m_1 到质点 m_2 所引的有向线段，负号表示 $\boldsymbol{F}_{12}$ 的方向与 $\boldsymbol{r}_{12}$ 的方向相反。万有引力定律中引入的物体质量称为引力质量。

(2) 引力质量与惯性质量

引力质量与在牛顿运动定律中引入的惯性质量一样，也是物体自身的一种属性的量度，它表征了物体之间引力作用的强度。

虽然引力质量和惯性质量代表了物体的两种不同属性，然而精确的实验研究和理论分析表明：对于任意物体，这两个质量都是相等的。这一重要结论正是爱因斯坦创立广义相对论的实验基础。

把地球近似为质量为 M 且均匀分布、半径为 R 的球体，则地面上一个质量为 m 的物体与地球间万有引力大小为

$$F = G\frac{Mm}{R^2}$$

由牛顿第二定律得：

$$g = \frac{GM}{R^2} \tag{2-2-3}$$

(3) 重力和重量

当质点以线悬挂并相对于地球静止时所受重力的方向沿悬线且竖直向下，大小等于质点对悬线的拉力。实际上，重力是悬线拉力的平衡力，通常将地球作为惯性系。此时，重力即地球作用于物体的万有引力。考虑到地球并非精确的惯性系，重力和地球引力有微小差别，重量是重力的大小。

用 $\boldsymbol{P}$ 和 m 分别表示质点所受的重力和自身质量，根据牛顿第二定律有

$$\boldsymbol{P}=m\boldsymbol{g} \tag{2-2-4}$$

可见，重力和重量与质量有关，但重量和质量不同。质量反映物体(质点) 相对于惯性系运动时的惯性；重量是物体所受重力的大小，属于相互作用的范畴。物体的重量与物体的运动状态(超、失重)、在地球上的位置有关；物体的质量总是存在的，在宏观低速情况下，给定物体的质量为常数。

关于重力加速度，需注意两点：① g 的数值与物体本身的质量无关；② g 的数值随着离开地面高度增加而减小。地球半径很大(约 6.37×10^6 m)，当高度不太大时，g 的数值变化可忽略不计。由于地球自转，地面各处的 g 值有明显差异。g 与纬度 Φ 之间的关系经验公式：

$$g=9.780\,30\times(1+0.005\,302\,5\sin^2\Phi+0.000\,007\sin^2 2\Phi)\,\mathrm{m\cdot s^{-2}}$$

g 的公认值为 $9.806\,65\ \mathrm{m\cdot s^{-2}}$，北京地区的 g 值为 $9.801\,1\ \mathrm{m\cdot s^{-2}}$。

【例题 2-1】 应以多大速度发射，才能使人造地球卫星绕地球作匀速圆周运动?

解： 将地球近似地看着半径为 R 的均匀球体，卫星离地面高度为 h，绕地球作匀速圆周运动所需向心力为

$$F_1 = m\frac{v^2}{r} = \frac{mv^2}{R+h}$$

若卫星只受地球引力作用，万有引力就是卫星作匀速圆周运动的向心力。地球万有引力：

$$F_2 = G\frac{Mm}{r^2} = G\frac{Mm}{(R+h)^2}$$

由 $F_1 = F_2$ 可得

$$v = \sqrt{\frac{GM}{R+h}}$$

$v_1 = \sqrt{Rg} = 7.9\times10^3\ \mathrm{m\cdot s^{-1}}$ 就是在半径等于地球半径的圆形轨道上运行的卫星所需速度，也是发射卫星所需速度即第一宇宙速度。

2.2.2 弹性力

(1) 弹性力

弹性力是由于物体形变后力图恢复原状,对与它接触的物体产生的作用力。常见的弹性力有：弹簧被拉伸或压缩时产生的弹性力;绳子被拉紧时所产生的张力;重物放在支承面上产生作用于支承面上的正压力和支承面作用于物体上的支持力。从物质的微观结构看,弹性力起源于构成物质的微粒之间的电磁力。弹性力是一种接触力,其方向永远垂直于过两物体接触点的切面。

物体受外力要发生形变,当把外力撤除后物体若能完全恢复到原来的形状,则称之为弹性形变。如果作用于物体的力超过一定限度,物体就不能完全恢复原状,这个限度称为弹性限度。弹簧未变形时物体的位置，称为平衡位置。

(2) 弹簧的弹性力

弹性限度内弹性力与弹簧的形变量 x(拉伸量或压缩量)成正比,

$$F=-kx \tag{2-2-5}$$

k 是弹簧的劲度系数(单位为$N\cdot m^{-1}$),表示使弹簧产生单位长度形变所需力的大小,其值与弹簧的直径、线径、匝数、材料的性质等因素有关。负号表示弹性力与形变的方向相反,如图 2-2 所示。

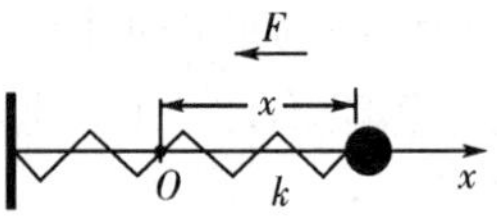

图 2-2 弹簧的弹性力

桌面发生形变产生作用于物体的弹性力,方向垂直于桌面向上,称为支持力;绳子发生形变产生作用于物体的弹性力,方向沿绳子,称为张力。

2.2.3 摩擦力

物体在另一个物体表面上运动或有相对运动趋势时,接触面上产生阻碍物体作相对运动的力即摩擦力。摩擦力产生原因：无论多么光滑的表面在显微镜下总显得凹凸不平,相互接触的物体彼此镶嵌。对于两个表面极光滑的物体,其表面间的分子吸引力和静电作用力将对摩擦力有贡献。

当物体有运动趋势但尚未运动时,作用于物体的摩擦力为静摩擦力。静摩擦力 $\boldsymbol{F}_{f_0}$ 的大小和方向由物体所受的主动力(如推力等)的大小和方向及物体的运动状态来共同决定。主动力增大,静摩擦力也随着增大,当静摩擦力达到最大值 $F_{f_0\max}$(最大静摩擦力)时,继续增大主动力,物体就开始运动。当 $F_{f_0}\to F_{f_0\max}$时,F_{f_0} 由滑动摩擦力 F_f 取代。

最大静摩擦力与支持力 F_N 的关系

$$F_{f_{0\max}}=\mu_0 F_N \tag{2-2-6}$$

一般情况下,静摩擦力介于 0 和最大静摩擦力之间,即 $0\leqslant F_{f_0}\leqslant F_{f_{0\max}}$ $(F_{f_{0\max}}=\mu_0 F_N)$。其中,$\mu_0$是静摩擦因数,由两个物体表面状况和材料性质等因素所决定,通常由实验测得。

一个物体在另一个物体表面上滑动时,接触面上产生的摩擦力为滑动摩擦力。

$$F_f = \mu F_N \tag{2-2-7}$$

式中，μ 为滑动摩擦因数，由接触面的状况和材料性质所决定。

对于给定物体，μ 要比 μ_0 略小，滑动摩擦力一般小于最大静摩擦力。μ 和 μ_0 与物体的材料、表面的光滑程度、干湿程度、温度等因素有关，一般情况下可将其视为常数。

一个物体在另一个物体表面上滚动时，接触面上产生的摩擦力为滚动摩擦力。滚动摩擦力一般小于滑动摩擦力，这也是为什么车轮一般为圆形的原因。

在两个物体之间发生的摩擦现象称为外摩擦现象。在物体内部各部分之间，若有相对移动，发生的摩擦现象则称为内摩擦现象。

2.3　牛顿运动定律的应用

学习物理时，遇到问题善于将其转化为理想模型，并巧妙地运用物理定律进行研究是重要而又是不易做到的。将可看成质点的物体隔离开，并分析其受力情况，运用牛顿定律求解是因为定律本身仅适用于质点，用力的概念说明质点运动状态的改变又是牛顿定律本身所要求的。学习物理的一项基本能力是正确运用数学工具描述物理现象。本节将讨论如何应用牛顿运动定律描述质点在恒力和变力作用下的运动情况。

研究质点的直线运动和曲线运动，使用牛顿运动定律在直角坐标系或极坐标系中的形式比较方便，而在已知质点运动轨迹的情况下，研究质点的运动使用牛顿运动定律在自然坐标系中的形式比较方便。

在直角坐标系中，牛顿第二定律可写成：

$$\begin{cases} \sum\limits_i F_{ix} = ma_x = m\dfrac{\mathrm{d}v_x}{\mathrm{d}t} = m\dfrac{\mathrm{d}^2 x}{\mathrm{d}t^2} \\ \sum\limits_i F_{iy} = ma_y = m\dfrac{\mathrm{d}v_y}{\mathrm{d}t} = m\dfrac{\mathrm{d}^2 y}{\mathrm{d}t^2} \\ \sum\limits_i F_{iz} = ma_z = m\dfrac{\mathrm{d}v_z}{\mathrm{d}t} = m\dfrac{\mathrm{d}^2 z}{\mathrm{d}t^2} \end{cases} \tag{2-3-1}$$

牛顿第三定律可写成：

$$F'_x = -F_x,\quad F'_y = -F_y,\quad F'_z = -F_z \tag{2-3-2}$$

在平面自然坐标系中，牛顿第二定律可写成：

$$\begin{cases} \sum\limits_i F_{it} = ma_{\mathrm{t}} = m\dfrac{\mathrm{d}v}{\mathrm{d}t} = m\dfrac{\mathrm{d}^2 s}{\mathrm{d}t^2} \\ \sum\limits_i F_{in} = ma_{\mathrm{n}} = m\dfrac{v^2}{\rho} \end{cases} \tag{2-3-3}$$

对于半径为 R 的圆周运动：

$$\begin{cases} \sum\limits_i F_{it} = m\dfrac{\mathrm{d}v}{\mathrm{d}t} = m\dfrac{\mathrm{d}^2 s}{\mathrm{d}t^2} = mR\alpha \\ \sum\limits_i F_{in} = m\dfrac{v^2}{R} = mR\omega^2 \end{cases} \tag{2-3-4}$$

质点动力学问题不仅涉及质点运动状态的变化，而且涉及引起这种变化原因，即质点所受的力。质点动力学问题大致可分为两类：① 已知质点运动情况，求质点的受力情况；② 已知质点的受力情况及初始条件，求质点运动情况。因此，处理质点动力学问题的基础是牛顿运动定律。

由于牛顿运动定律的核心是力，因而在解决质点动力学问题时，首先是确定研究对象并对其进行正确的受力分析；其次是选取适当的坐标系，列出运动方程；最后求解方程(先文字运算，后数字运算)并作出必要讨论。

【例题 2-2】 如图 2-3 所示，质量分别为 m_1 和 m_2 的两物体 A 和 B 叠放在桌面上。A 与 B 间的静摩擦因数为 μ_1，B 与桌面间的滑动摩擦因数为 μ_2，现用水平向右的力 F 拉物体 B，试求当 A、B 间无相对滑动并以共同加速度向右运动时，F 的最大值。

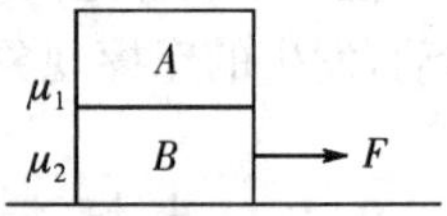

图 2-3 例题 2-2 图

解： 以地为参考系，隔离 m_1、m_2，其受力与运动情况如图 2-4 所示，选图示坐标系 O-xy，对 m_1，m_2 分别应用牛顿二定律可以得出式(1)中的前四式，根据约束条件可得式(1)中的后四式。

$$\begin{cases} F_{f_1} = m_1 a_1 \\ F_{N_1} - m_1 g = 0 \\ F - F'_{f_1} - F_{f_2} = m_2 a_2 \\ F_{N_2} - F'_{N_1} - m_2 g = 0 \\ F'_{f_1} = F_{f_1} \leqslant \mu_1 F_{N_1} \\ F_{N_1} = F'_{N_1} \\ F_{f_2} = \mu_2 F_{N_2} \\ a_2 = a_1 \end{cases} \tag{1}$$

解方程组得：$F \leqslant (\mu_1 + \mu_2)(m_1 + m_2)g$，
即 F 的最大值为 $F_{max} = (\mu_1 + \mu_2)(m_1 + m_2)g$。

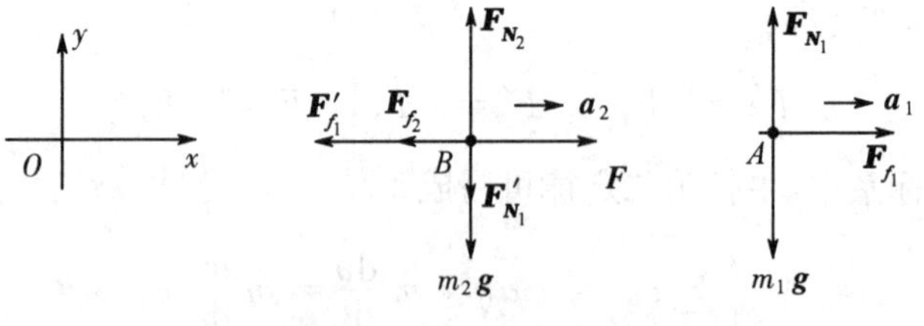

图 2-4 例题 2-2 的受力分析与运动情况

【例题 2-3】 已知一个沿平面曲线运动的质点，其运动表达式为：$\boldsymbol{r}(t) = (5t^2 + 3t^3 + 2)\boldsymbol{i} + \sin\pi t\boldsymbol{j}$ m，质点质量 $m = 3$ kg，试求质点在 $t=1/4$ s 和 $t=3/4$ s 时所受合力的大小和方向。

解： $\boldsymbol{v} = \dfrac{d\boldsymbol{r}}{dt} = (10t + 9t^2)\boldsymbol{i} + \pi\cos\pi t\boldsymbol{j}$；

$$\boldsymbol{a} = \frac{d\boldsymbol{v}}{dt} = (10 + 18t)\boldsymbol{i} - \pi^2 \sin\pi t\boldsymbol{j},$$

$$\sum_i \boldsymbol{F}_i = m\boldsymbol{a} = (30+54t)\boldsymbol{i} - 3\pi^2\sin\pi t\boldsymbol{j},$$

在 $t=1/4$ s 时，$\boldsymbol{F} = 43.5\boldsymbol{i} - \dfrac{3\sqrt{2}}{2}\pi^2\boldsymbol{j}$ N，

$F = |\boldsymbol{F}| = \sqrt{F_x^2 + F_y^2} = 48.3$ N

其方向与 x 轴的夹角 $\alpha = \arctan\dfrac{F_y}{F_x} = -25.7°$；

在 $t=3/4$ s 时，$\boldsymbol{F} = 70.5\boldsymbol{i} - \dfrac{3\sqrt{2}}{2}\pi^2\boldsymbol{j}$ N，

$F = |\boldsymbol{F}| = \sqrt{F_x^2 + F_y^2} = 73.5$ N

其方向与 x 轴的夹角 $\alpha = \arctan\dfrac{F_y}{F_x} = -16.5°$

【例题 2-4】 一质量为 m 的小球以速率 v_0 从固定于光滑水平桌面上，半径为 R 的圆周轨道内侧某点开始沿轨道内侧作圆周运动，小球运动时受轨道内侧摩擦力大小与其速率 v 成正比，比例系数为 k，如图 2-5 所示。试求：

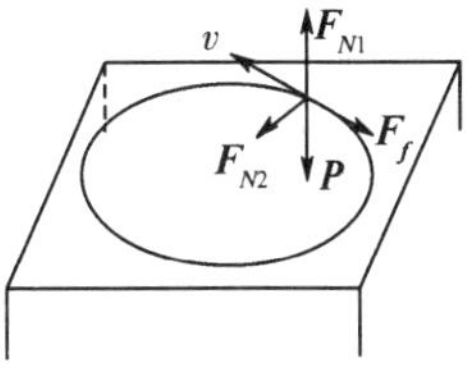

图 2-5　例题 2-4 图

(1) t 时刻质点的速率及轨道内侧对小球的正压力；

(2) 什么时刻质点的法向加速度大小等于切向加速度的大小(设 $mv_0 > kR$)；

(3) $0 \sim t_0$ 这段时间内小球所走的路程。

解：(1) 小球受重力 $\boldsymbol{P}$，桌面支持力 $\boldsymbol{F}_{N_1}$，轨道内侧压力 $\boldsymbol{F}_{N_2}$ 和摩擦力 $\boldsymbol{F}_f$ 四个力的作用。$\boldsymbol{F}_{N_1}$ 与 $\boldsymbol{P}$ 互相平衡，小球所受合外力等于 $\boldsymbol{F}_{N_2} + \boldsymbol{F}_f$，$\boldsymbol{F}_{N_2}$ 沿法向，$\boldsymbol{F}_f$ 沿切向且与速度方向相反，根据(2-3-4)式可得：

$$F_{N_2} = \sum_i F_{in} = m\frac{v^2}{R} \tag{1}$$

$$-F_f = \sum_i F_{it} = m\frac{dv}{dt} \tag{2}$$

根据题意 $F_f = kv$，由(2)式得

$$-kv = m\frac{dv}{dt} \tag{3}$$

将(3)式变形得 $\dfrac{dv}{v} = -\dfrac{k}{m}dt$，积分此式有

$$\int_{v_0}^{v}\frac{dv}{v} = -\int_0^t \frac{k}{m}dt$$

$$v = v_0 e^{-\frac{k}{m}t}$$

上式就是质点在 t 时刻的速率。

将 $v = v_0 e^{-\frac{k}{m}t}$ 代入(1)式得 t 时刻轨道内侧对小球的正压力为：$F_{N_2} = \dfrac{mv_0^2}{R}e^{-\frac{2k}{m}t}$。

$$(2)\ a_n = \frac{v^2}{R} = \frac{v_0^2}{R}e^{-\frac{2k}{m}t},\ a_t = \frac{dv}{dt} = -\frac{kv_0}{m}e^{-\frac{k}{m}t} \tag{4}$$

当$|\boldsymbol{a}_t|=|\boldsymbol{a}_n|$时，有

$$\frac{kv_0}{m}e^{-\frac{k}{m}t}=\frac{v_0^2}{R}e^{-\frac{2k}{m}t}$$

由上式得

$$t=\frac{m}{k}\ln\frac{mv_0}{kR}$$

即当$t=\frac{m}{k}\ln\frac{mv_0}{kR}$时，小球法向加速度大小等于切向加速度大小。

(3) 因为$v=\frac{ds}{dt}$，所以

$$\frac{ds}{dt}=v_0e^{-\frac{k}{m}t} \tag{5}$$

上式两边同乘以 dt 可得$ds=v_0e^{-\frac{k}{m}t}dt$，积分此式有

$$\int_0^s ds=v_0\int_0^t e^{-\frac{k}{m}t}dt \tag{6}$$

由此得：

$$s=\frac{mv_0}{k}(1-e^{-\frac{k}{m}t})$$

即在 0～t 这段时间内小球所走的路程为$s=\frac{mv_0}{k}(1-e^{-\frac{k}{m}t})$。

【例题 2-5】 轻型飞行器连同驾驶员总质量为 1 000 kg，飞行器以 55 $m\cdot s^{-1}$在水平跑道上着陆后开始制动，自开始着陆后的 10 s 内，地面阻力由零随时间成正比地增加至 5 000 N。然后保持不变直至飞行器静止，问飞行器着陆后要行多远才能停下来？

解：选择飞行器和驾驶员为研究对象，视其为质点。选择地面为参考系，建立如图 2-6(a)所示的坐标系；飞行器所受地面阻力随时间的变化关系如图 2-6(b)。在整个运动过程中受力为

$$F_x(t)=\begin{cases}-kt & (0\leqslant t\leqslant 10\ \text{s})\\ -5\,000\ \text{N} & (t>10\ \text{s})\end{cases}$$

$k=5\,000/10=500\ N\cdot s^{-1}$，“－”表示阻力。

设$t=0$时，$x_0=0$，$v_0=55\ m\cdot s^{-1}$。

物体运动情况，在合力作用下物体作减速运动；

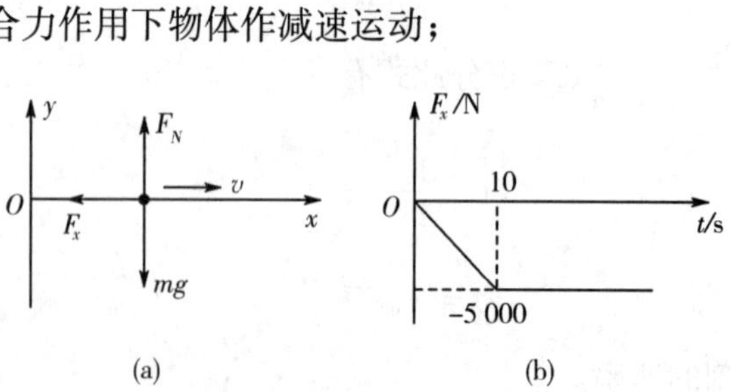

图 2-6　例题 2-5 图

飞行器的运动微分方程：

x 方向：$F_x = -500t = m\dfrac{d^2x}{dt^2}$

y 方向：$F_N - P = 0$

第一阶段：$0 \leqslant t \leqslant 10$ s

$$a_x = \frac{d^2x}{dt^2} = \frac{F_x}{m} = -500t/1\,000 = -0.5t$$

$$v_x = v_{0x} + \int_{t_0}^{t} a_x dt = 55 - \int_0^t \frac{t}{2} dt = 55 - \frac{t^2}{4}$$

$t = 10$ s，$v = 30\ \text{m} \cdot \text{s}^{-1}$

$$x = x_0 + \int_0^t v dt = 0 + \int_0^t \left(55 - \frac{t^2}{4}\right) dt = 55t - \frac{t^3}{12}$$

$t = 10$ s，$x = 467$ m。

第二阶段：$t > 10$ s，作匀减速直线运动，$F_x = -5\,000$ N，$v_{20} = 30\ \text{m} \cdot \text{s}^{-1}$。

$$a_x = \frac{F_x}{m} = -5\ \text{m} \cdot \text{s}^{-2}, v_t = 0。$$

$$v_t^2 - v_0^2 = 2a_x \Delta x_2，\quad \Delta x_2 = \frac{v_t^2 - v_0^2}{2a_x} = 90\ \text{m}。$$

所以，飞行器着陆后走过的总路程为 $\Delta x = \Delta x_1 + \Delta x_2 = 557$ m。

2.4 功和功率

自然界中能量是守恒的，能量还可以转移和改变形式，改变能量的手段就是做功，功是力对空间的积累效应。

2.4.1 功

作用于质点的力与质点沿力的方向上的位移的乘积，定义为力对质点所做的功。如果质点在恒力 $\boldsymbol{F}$ 的作用下，沿力的方向运动从点 P 到达点 Q 的位移为 $\Delta \boldsymbol{r}$，如图 2－7 所示。

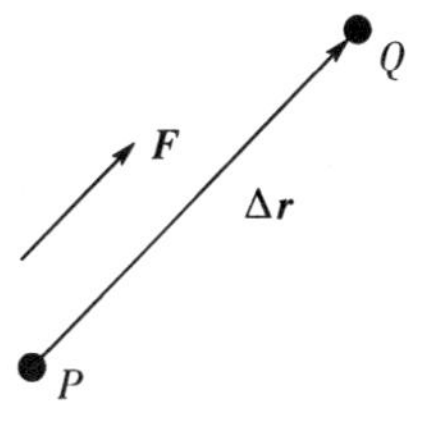

图 2－7　质点在恒力 F 的作用下做功

那么，在此过程中恒力 $\boldsymbol{F}$ 对质点所做的功可表示为

$$\Delta A = F \Delta r \tag{2-4-1}$$

若恒力 $\boldsymbol{F}$ 的方向与质点的运动方向不一致而有一恒定的夹角 φ，这时质点将在力 $\boldsymbol{F}$ 的一个分力 $F\cos\varphi$ 的作用下运动。当质点从点 P 到达点 Q 时，位移为 $\Delta\boldsymbol{r}$，如图 2－8 所示。

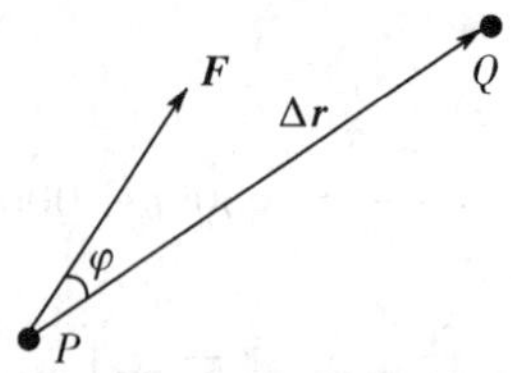

图 2－8　质点运动方向与恒力 F 之间有夹角时，恒力 F 对质点所做的功

根据(2－4－1)式，恒力 $\boldsymbol{F}$ 对质点所做的功应为

$$\Delta A = |\boldsymbol{F}||\Delta\boldsymbol{r}|\cos\varphi \tag{2-4-2}$$

功是标量，即只有大小和正负而没有方向。

由(2－4－2)式可见：若力为零，或虽然有力的作用，但质点没有位移，功都等于零。另外，若力和位移虽然都不为零，但力的方向与位移的方向相垂直即 $\varphi=\pi/2$，力所做的功也为零。例如，沿水平方向运动的物体，重力不做功；作曲线运动的物体，向心力或法向力不做功。

由(2－4－2)式可以得到正功和负功的概念。当 $\varphi<\pi/2$ 时，$\Delta A>0$，表示力 $\boldsymbol{F}$ 对质点做正功，或者力对质点做功；当 $\varphi>\pi/2$ 时，$\Delta A<0$，表示力 $\boldsymbol{F}$ 对质点做负功，或质点克服阻力 $\boldsymbol{F}$ 而做功。

在功的表达式中，力和位移两个物理量都是矢量，可利用矢量运算中的标积概念来表示功，于是(2－4－2)式可以改写为

$$\Delta A = \boldsymbol{F}\cdot\Delta\boldsymbol{r} \tag{2-4-3}$$

利用(2－4－3)式可以得到功的一般表达式。在一般情况下，作用于质点的力 $\boldsymbol{F}$ 的大小和方向都在随时间变化，而质点在这个力的作用下沿任意曲线运动从点 P 到点 Q，如图 2－9 所示。这时，可以将总位移 $\Delta\boldsymbol{r}$ 分解成很多微小的位移元。在每个位移元内可认为 $\boldsymbol{F}$ 是恒定的，所以在位移元 $\mathrm{d}\boldsymbol{r}$ 上，$\boldsymbol{F}$ 所做的元功可以表示为

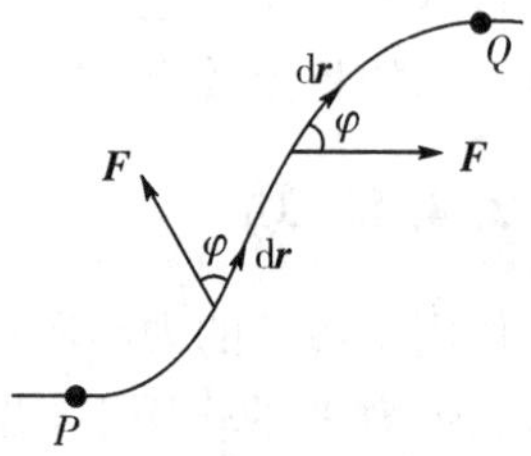

图 2－9　质点在力的作用下沿曲线运动的情况

$$\mathrm{d}A = \boldsymbol{F}\cdot\mathrm{d}\boldsymbol{r} = F\cos\varphi\mathrm{d}s \tag{2-4-4}$$

式中，φ 是 $\mathrm{d}\boldsymbol{r}$ 与 $\boldsymbol{F}$ 之间的夹角，$\mathrm{d}s$ 是与 $\mathrm{d}\boldsymbol{r}$ 相对应的路程元。当位移元 $\mathrm{d}\boldsymbol{r}$ 取得无限小时，它的模 $|\mathrm{d}\boldsymbol{r}|$ 与 $\mathrm{d}s$ 相等。

在质点从点 P 到达点 Q 的过程中，力 $\boldsymbol{F}$ 对质点所做的总功可表示为

$$A = \int_P^Q \mathrm{d}A = \int_P^Q \boldsymbol{F}\cdot\mathrm{d}\boldsymbol{r} = \int_P^Q F\cos\varphi\mathrm{d}s \tag{2-4-5}$$

(2－4－5)式的积分在数学上称为线积分。要计算该式积分，必须知道 $\boldsymbol{F}$ 和 φ 随路程变化的函数关系。

在一般情况下 $\boldsymbol{F}$ 是作用于同一个质点的各力的合力，即

$$\boldsymbol{F}=\boldsymbol{F}_1+\boldsymbol{F}_2+\cdots+\boldsymbol{F}_i+\cdots+\boldsymbol{F}_n=\sum_{i=1}^{n}\boldsymbol{F}_i$$

将上式代入功的表达式(2-4-5)式,得

$$\begin{aligned}A&=\int_P^Q \mathrm{d}A=\int_P^Q \boldsymbol{F}\cdot \mathrm{d}\boldsymbol{r}\\&=\int_P^Q(\boldsymbol{F}_1+\boldsymbol{F}_2+\cdots+\boldsymbol{F}_i+\cdots+\boldsymbol{F}_n)\cdot \mathrm{d}\boldsymbol{r}\\&=\int_P^Q \boldsymbol{F}_1\cdot \mathrm{d}\boldsymbol{r}+\int_P^Q \boldsymbol{F}_2\cdot \mathrm{d}\boldsymbol{r}+\cdots+\int_P^Q \boldsymbol{F}_n\cdot \mathrm{d}\boldsymbol{r}\\&=A_1+A_2+\cdots+A_n\end{aligned}\tag{2-4-6}$$

上式表示：合力对某质点所做的功,等于在同一过程中各分力所做功的代数和。

在直角坐标系中,合力 $\boldsymbol{F}$ 可以写为

$$\boldsymbol{F}=F_x\boldsymbol{i}+F_y\boldsymbol{j}+F_z\boldsymbol{k}$$

位移元 $\mathrm{d}\boldsymbol{r}$ 可以表示为

$$\mathrm{d}\boldsymbol{r}=\mathrm{d}x\boldsymbol{i}+\mathrm{d}y\boldsymbol{j}+\mathrm{d}z\boldsymbol{k}$$

将以上两式同时代入(2-4-5)式,得

$$A=\int_P^Q F_x\mathrm{d}x+F_y\mathrm{d}y+F_z\mathrm{d}z\tag{2-4-7}$$

(2-4-7)式表示,合力所做的功等于其直角坐标分量所做功的代数和。

(2-4-6)式和(2-4-7)式都为具体问题中计算功提供方便。

2.4.2　功率

在实际工作中不仅要考虑功,而且还需要知道完成一定功所花费的时间。对于一个做功的机械而言,完成一定功的快慢是这个机械做功性能的重要标志,做功快慢用功率表示。功率定义为单位时间内所完成的功,用 P 表示可写为

$$P=\frac{\mathrm{d}A}{\mathrm{d}t}。\tag{2-4-8}$$

功率还可以用另一种形式表示,因为

$$\mathrm{d}A=\boldsymbol{F}\cdot\mathrm{d}\boldsymbol{r}$$

所以

$$P=\boldsymbol{F}\cdot\frac{\mathrm{d}\boldsymbol{r}}{\mathrm{d}t}=\boldsymbol{F}\cdot\boldsymbol{v}\tag{2-4-9}$$

这表示：功率等于力在运动方向的分量与速率的乘积,或者等于力的大小与速度在力的方向上分量的乘积。

(2-4-9)式还表明：对于一定功率的机械,当速率小时,力就大;当速率大时,力必定小。例如,当汽车以最大功率行驶时,在平坦路上所需要的牵引力较小,可高速行驶;在上坡

时所需要的牵引力较大,必须放慢速度。

在国际单位制中,功的单位是J(焦耳,简称焦)

$$1\,\mathrm{J} = 1\,\mathrm{N}\cdot\mathrm{m}。$$

功率的单位是$\mathrm{J}\cdot\mathrm{s}^{-1}$(焦耳·秒$^{-1}$),又称为W(瓦特,简称瓦)。工程上常用kW(千瓦)作为功率的单位

$$1\,\mathrm{kW} = 1\,000\,\mathrm{W}$$

有时功也用功率与时间的乘积kW·h(千瓦·小时)为单位。1 kW·h表示以1千瓦的恒定功率做功的机械在1小时内所完成的功,它与焦耳的关系为

$$1\,\mathrm{kW}\cdot\mathrm{h} = 3.6\times10^{6}\,\mathrm{J}。$$

【例题2-6】 质量为m的小球系于长度为R的细绳的末端,细绳的另一端固定在A点,将小球悬挂在空间。现小球在水平推力$\boldsymbol{F}$的作用下,缓慢地从竖直位置移到细绳与竖直方向成α角的位置。求水平推力$\boldsymbol{F}$所做的功(不考虑空气阻力)。

解: 由于小球是缓慢移动的,所以在它经过的任意一位置θ,推力$\boldsymbol{F}$、细绳的张力$\boldsymbol{F}_T$和小球所受重力$m\boldsymbol{g}$三个力始终是平衡的,即

$$\boldsymbol{F} + \boldsymbol{F}_T + m\boldsymbol{g} = 0 \tag{1}$$

图2-10给出了偏离竖直方向为θ角时的情形。取y轴竖直向上,x轴水平向右,则可写出上式的分量式

$$\begin{cases} F - F_T\sin\theta = 0 \\ F_T\cos\theta - mg = 0 \end{cases}$$

两式相除,整理后可得水平推力$\boldsymbol{F}$的大小与偏角θ的关系

$$F = mg\tan\theta \tag{2}$$

由式(2)可见:水平推力$\boldsymbol{F}$的大小不是恒定的,而是随偏角θ的增大变化的,所以在小球移动的过程中是变力做功。设小球在偏离竖直方向θ角的位置上作微小位移$\mathrm{d}\boldsymbol{l}$,变力$\boldsymbol{F}$所做的元功为

$$\mathrm{d}A = \boldsymbol{F}\cdot\mathrm{d}\boldsymbol{l} = F\cos\theta\mathrm{d}s = F\cos\theta R\mathrm{d}\theta$$

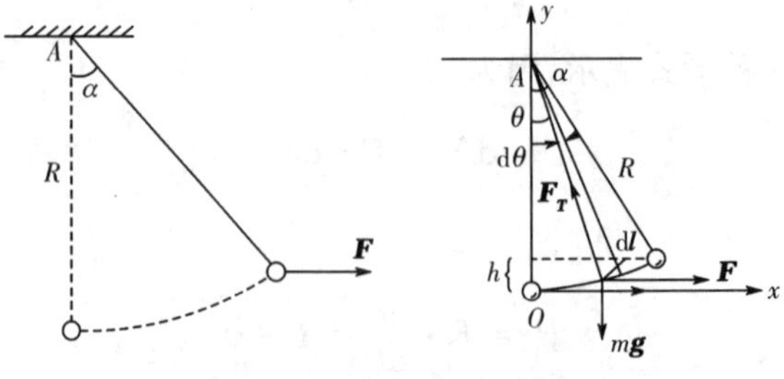

图2-10 例题2-6图

式中,ds是位移d$\boldsymbol{l}$所对应的路程。

由竖直位置到偏角为α的过程中,变力$\boldsymbol{F}$所做的总功为

$$A = \int_P^Q \boldsymbol{F} \cdot \mathrm{d}\boldsymbol{l} = \int_0^\alpha FR\cos\theta \mathrm{d}\theta$$
$$= \int_0^\alpha mgR\tan\theta\cos\theta\mathrm{d}\theta = mgR\int_0^\alpha \sin\theta\mathrm{d}\theta$$
$$= mgR(1-\cos\alpha)$$

【例题 2-7】 已知弹簧的劲度系数 $k = 200\ \mathrm{N \cdot m^{-1}}$，若忽略弹簧的质量和摩擦力，求将弹簧压缩 10 cm，弹性力所做的功和外力所做的功。

解： 这也是变力做功。取弹簧未被压缩时自由端的位置为坐标原点建立坐标系，如图 2-11 所示。

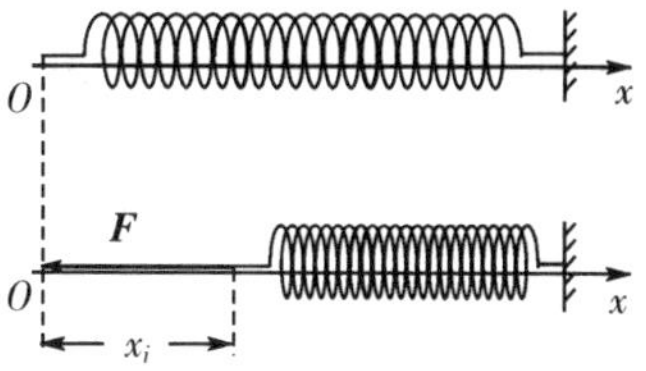

图 2-11　例题 2-7 图

弹簧的弹性力可表示为 $\boldsymbol{F} = -kx\boldsymbol{i}$，式中负号表示弹性力的方向与自由端位移的方向相反。现将弹簧的自由端压缩到 x 处，若继续使自由端作位移 $\mathrm{d}x$，弹性力所做的元功则为

$$\mathrm{d}A = \boldsymbol{F} \cdot \mathrm{d}\boldsymbol{r} = -kx\,\boldsymbol{i} \cdot \mathrm{d}x\boldsymbol{i} = -kx\mathrm{d}x$$

将弹簧压缩 10 cm，弹性力所做的总功为

$$A = \int \boldsymbol{F} \cdot \mathrm{d}\boldsymbol{r} = -\int_0^{0.1} kx\mathrm{d}x = -\frac{1}{2}kx^2\Big|_0^{0.1} = -1.0\ \mathrm{J}$$

负号表示在这种情况下弹性力做负功，也就是外力克服弹簧的弹性力而做功。外力当然做正功，即

$$A' = -A = 1.0\ \mathrm{J}$$

2.5　动能和动能定理

由牛顿第一定律可知，力的作用是物体运动状态变化的原因。上节的讨论表明：当力的作用引起物体位移时，力要做功。由此可以推断：外力对物体做功与物体运动状态的变化之间存在某种必然联系，本节将探讨这种联系。

设质点在变力 $\boldsymbol{F}$ 的作用下沿任意曲线运动由点 P 到点 Q，质点在点 P 和点 Q 的速度分别为 $\boldsymbol{v}_P$ 和 $\boldsymbol{v}_Q$，如图 2-12 所示。根据(2-4-5)式，合力 $\boldsymbol{F}$ 对质点所做的功应表示为

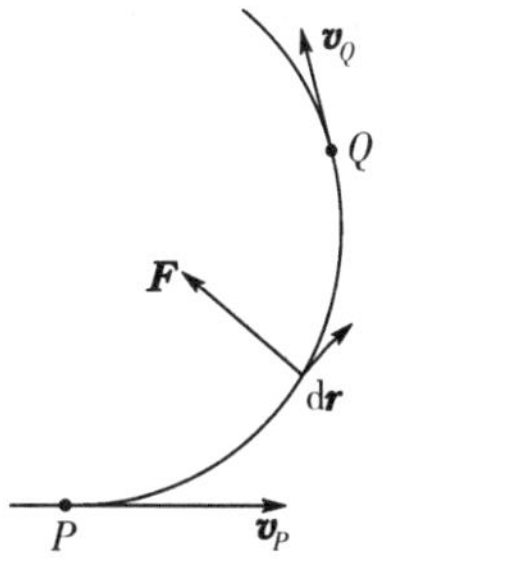

图 2-12　质点在变力 $\boldsymbol{F}$ 的作用下的曲线运动

$$A = \int_P^Q \boldsymbol{F} \cdot \mathrm{d}\boldsymbol{r} = \int_P^Q m\boldsymbol{a} \cdot \mathrm{d}\boldsymbol{r} \qquad (2-5-1)$$

式中，m 是质点的质量。

质点在力 $\boldsymbol{F}$ 的作用下获得的加速度 $\boldsymbol{a}$ 和位移元 $\mathrm{d}\boldsymbol{r}$ 可分别表示为

$$\boldsymbol{a} = \frac{\mathrm{d}\boldsymbol{v}}{\mathrm{d}t},\ \mathrm{d}\boldsymbol{r} = \boldsymbol{v}\mathrm{d}t$$

将以上两式代入(2-5-1)式，得

$$A=\int_P^Q m\boldsymbol{a}\cdot\boldsymbol{v}\,\mathrm{d}t=\int_P^Q m\boldsymbol{v}\cdot\mathrm{d}\boldsymbol{v} \tag{2-5-2}$$

因为

$$\mathrm{d}(\boldsymbol{v}\cdot\boldsymbol{v})=\mathrm{d}\boldsymbol{v}\cdot\boldsymbol{v}+\boldsymbol{v}\cdot\mathrm{d}\boldsymbol{v}=2\,\boldsymbol{v}\cdot\mathrm{d}\boldsymbol{v}$$

所以

$$\boldsymbol{v}\cdot\mathrm{d}\boldsymbol{v}=\frac{1}{2}\mathrm{d}(\boldsymbol{v}\cdot\boldsymbol{v})=\frac{1}{2}\mathrm{d}(v^2)$$

将上式代入(2-5-2)式,得

$$A=\int_P^Q\frac{1}{2}m\mathrm{d}(v^2)=\int_{v_P}^{v_Q}\mathrm{d}\left(\frac{1}{2}mv^2\right)=\frac{1}{2}mv_Q^2-\frac{1}{2}mv_P^2 \tag{2-5-3}$$

为赋予(2-5-3)式更鲜明的物理意义,引入一个物理量 E_k,将其定义为:质点的质量与其运动速率平方的乘积的一半,即

$$E_\mathrm{k}=\frac{1}{2}mv^2 \tag{2-5-4}$$

这个物理量称为质点的动能。动能的单位为J(焦)。这样,(2-5-3)式可以改写为

$$A=E_{\mathrm{k}Q}-E_{\mathrm{k}P} \tag{2-5-5}$$

式中 $E_{\mathrm{k}P}$ 和 $E_{\mathrm{k}Q}$ 分别是质点在点 P 和点 Q 的动能。

(2-5-5)式所表示的结果是在一般情况下得出的,所以是一个普遍结论。这个结论可以表述为:作用于质点的合力所做的功等于质点动能的增量。这个结论称为动能定理。

2.6 势能

本节从重力、万有引力、弹性力及摩擦力做功的特点出发,引出保守力、非保守力的概念,给出势能的概念,介绍重力、弹性力、引力势能以及势能曲线。

2.6.1 重力、万有引力、弹性力做功的特点

(1) 重力做功

如图2-13所示的坐标系中 $\boldsymbol{P}=-mg\boldsymbol{j}$,

$$A=\int\boldsymbol{F}\cdot\mathrm{d}\boldsymbol{r}=\int F_x\mathrm{d}x+F_y\mathrm{d}y=\int F_y\mathrm{d}y=-\int_{h_P}^{h_Q}mg\,\mathrm{d}y=-mg(h_Q-h_P)$$

$$A=mg(h_P-h_Q) \tag{2-6-1}$$

(2-6-1)式表明:重力做功只决定于物体始、末两点的位置,而与质点运动过程中所经历的中间路径无关。

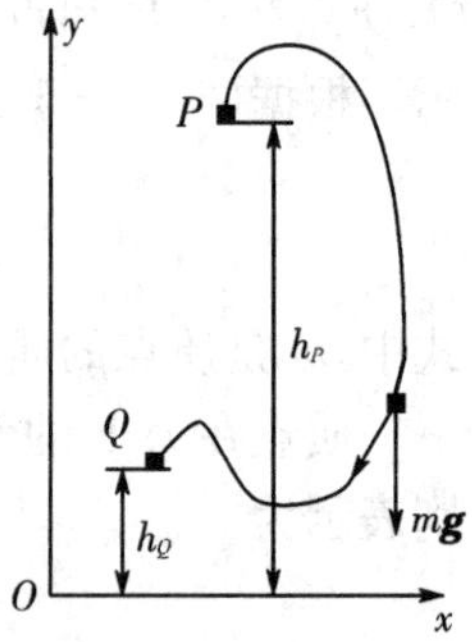

图2-13 重力做功

(2) 万有引力做功

设地球是质量为 M、半径为 R 的均匀球体，在地球引力场中有一个质量为 m 的物体，它在地球引力作用下沿任意曲线从点 P 运动到达点 Q，如图 2-14(a)所示。

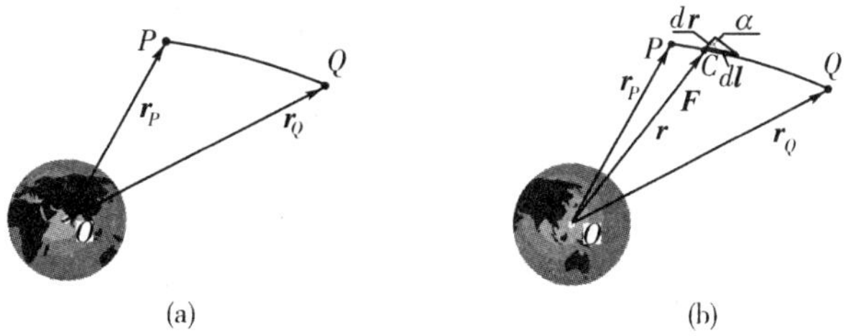

图 2-14　万有引力做功

P、Q 两点到地心的距离分别为 r_P 和 r_Q(都大于地球的半径 R)。如果选择地心 O 为坐标原点，则点 P 和点 Q 的位置矢量分别为 $\boldsymbol{r}_P$ 和 $\boldsymbol{r}_Q$。当物体到达曲线上任意一点 C(位置矢量为 $\boldsymbol{r}$)时，物体在 C 点附近的位移元 $\mathrm{d}\boldsymbol{l}$，与位置矢量 $\boldsymbol{r}$ 之间的夹角为 α。由图 2-14(b)可见

$$\mathrm{d}l\cos\alpha = \mathrm{d}r,\quad \boldsymbol{F} = -G\frac{Mm}{r^2}\left(\frac{\boldsymbol{r}}{r}\right)$$

物体移过位移元 $\mathrm{d}\boldsymbol{l}$，引力 $\boldsymbol{F}$ 所做的元功为

$$\mathrm{d}A = \boldsymbol{F}\cdot\mathrm{d}\boldsymbol{l} = F\cos\alpha\mathrm{d}l = -G\frac{Mm}{r^2}\mathrm{d}r$$

所以，物体从点 P 到点 Q 的整个运动过程中，引力 $\boldsymbol{F}$ 所做的总功为

$$A = \int_P^Q \mathrm{d}A = -\int_{r_P}^{r_Q} G\frac{Mm}{r^2}\mathrm{d}r = G\frac{Mm}{r_Q} - G\frac{Mm}{r_P} \tag{2-6-2}$$

(2-6-2)式表明：万有引力做功只决定于物体始、末两点的位置，而与质点运动过程中所经历的中间路径无关。

(3) 弹性力做功

如图 2-15(a)所示的弹簧，一端被固定，另一端连接一个物体，构成了弹簧系统。当弹簧既无拉伸又无压缩时，物体的位置为平衡位置，取其为坐标原点 O，建立如图 2-15(b)所示的坐标系。当弹簧被拉伸或压缩时，物体将受到弹簧所产生的弹性力的作用，这个弹性力可以表示为

$$\boldsymbol{F} = -kx\boldsymbol{i}$$

现在讨论物体从点 P 移到点 Q 的过程中，弹性力所做的功。如图 2-15(b)所示，物体在点 P 和点 Q 所对应的弹簧的伸长量分别为 x_P 和 x_Q，物体到达点 C 时弹簧的伸长量为 x。在点 C 附近，物体在弹性力 $\boldsymbol{F}$ 的作用下位移 $\mathrm{d}\boldsymbol{r}=\mathrm{d}x\boldsymbol{i}$，弹性力所做的元功为

$$\mathrm{d}A = \boldsymbol{F}\cdot\mathrm{d}\boldsymbol{r} = -kx\cdot\mathrm{d}x$$

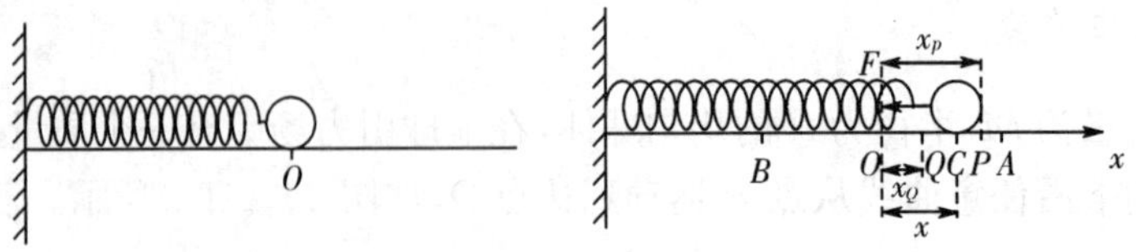

(a)　　　　(b)

图 2-15　弹性力做功

物体由点 P 移到点 Q 弹性力所做的总功为

$$A=\int \mathrm{d}A=\int_{x_P}^{x_Q}-kx\,\mathrm{d}x=\frac{1}{2}kx_P^2-\frac{1}{2}kx_Q^2 \tag{2-6-3}$$

(2-6-3)式表明：弹性力做功只决定于物体始、末两点的位置，而与质点运动过程中所经历的中间路径无关。

2.6.2　保守力与非保守力

若力所做的功仅由受力质点的始末位置决定，而与受力质点在运动过程中所经历的中间路径无关。或者说，物体在这种力的作用下沿任意闭合路径 L 绕行一周，这种力所做的功恒等于零，即

$$\oint_L \boldsymbol{F}\cdot \mathrm{d}\boldsymbol{l}\equiv 0 \tag{2-6-4}$$

(2-6-4)式就是力 $\boldsymbol{F}$ 所做的功的数学表达式，它只决定于物体的始、末两点的位置，而与中间过程无关，这种力称为保守力。

重力、弹性力、万有引力、静电场力都是保守力。并非所有的力都是保守力，如摩擦力、磁场力、内燃机的气缸中气体对活塞的推力等做功不仅与受力质点的始末位置有关，而且还与受力质点所经历的路径有关。若力所做的功不仅决定于受力质点的始末位置，而且与受力质点所经历的路径有关。或者说，物体在这种力的作用下沿任意闭合路径 L 绕行一周，这种力所做的功不等于零，则称这种力为非保守力，诸如滑动摩擦力在通常情况下做负功，常消耗能量，这类非保守力又称为耗散力。

2.6.3　势能

对于保守力，受力质点的始末位置一定，力所做的功也就一定。因此，保守力所做的功可表示为某个函数的末态量与初态量之差的负值，而与路径无关。这个函数称为势能函数或简称为势能。

用 E_p 表示终末态的势能，$E_{\mathrm{p}0}$ 表示初始态的势能，$A_{保}$ 表示从初位置到末位置保守力所做的功。于是，一般把保守力的功表示为

$$E_\mathrm{p}-E_{\mathrm{p}0}=-A_{保} \tag{2-6-5}$$

(2-6-5)式就是势能的一般定义。若保守力做正功，势能减少；若保守力做负功，则势能增加。系统势能的变化可用保守力所做的功来度量。例如，将物体举高，重力与物体运动

方向相反，重力做负功，物体的重力势能增加；反之，物体自高处下落，重力与物体的运动方向相同，重力做正功，物体的重力势能减少。

(2－6－5)式定义的势能是用势能的增量表述的，如何确定某一给定位置的势能？规定势能等于零的位置(空间点)称为势能零点。若规定计算保守力做功的起始位置为势能零点，$E_{p0}=0$，则末位置的势能为

$$E_p = -A_{保} \tag{2-6-6}$$

某一给定位置的势能在数值上等于从势能零点到此位置保守力所做的功的负值，这是势能的另一种定义。

若选择 $h=0$ 处的重力势能为零，则一个质量为 m、处于高度为 h 处的质点与地球组成的系统所具有的重力势能为

$$E_p = mgh \tag{2-6-7}$$

质点处于点 P 和点 Q 时系统所具有的重力势能分别为

$$E_{pP} = mgh_P, E_{pQ} = mgh_Q$$

如果重力做正功($A>0$)，系统的重力势能减少；如果重力做负功($A<0$)，系统的重力势能增加。

若选择两个以万有引力相互作用的质点相距无限远时的引力势能为零，则将

$$E_p = -G\frac{Mm}{r} \tag{2-6-8}$$

规定为一个质量为 m、处于与地心相距 $r(>R)$ 的质点与地球所组成的系统的引力势能。(2－6－8)式适用于描述任何两个以万有引力相互作用的质点系统的引力势能。质点处于图2－14的点 P 和点 Q 的引力势能分别为

$$E_{pP} = -G\frac{Mm}{r_P}, E_{pQ} = -G\frac{Mm}{r_Q}$$

若选择物体处于平衡位置时，系统的弹力势能为零，则弹簧形变量为 $\pm x$(正值表示弹簧被拉伸，负值表示弹簧被压缩)时，弹簧系统所具有的弹力势能 E_p 为

$$E_p = \frac{1}{2}kx^2 \tag{2-6-9}$$

如果弹性力做正功($A>0$)，即弹簧系统以弹性力对外界做功，则系统的弹力势能将减少；如果弹性力做负功($A<0$)，即外界反抗弹性力而对系统做功，则系统的弹力势能将增加。

势能取决于系统位置状态(即系统内物体间的相对位置)，势能也是一个标量，势能的单位与功的单位相同。势能只具有相对意义。一般选定地面作为重力势能零点；对于弹簧，选在弹簧处于原长(其伸长或压缩量 $x=0$)时的平衡位置作为弹性势能零点；对于万有引力，选择两质点相距为无限远处为引力势能零点。

由于非保守力所做的功将随所经历路径的不同而不同即其值是不确定的，所以不能引入与其相关的势能。

2.6.4 势能曲线

系统的势能决定于系统内相互作用的物体之间的相对位置。因此,可以把系统的势能表示为物体之间相对位置的函数 $E_p(x,y,z)$。若以 E_p 为纵坐标,以相对位置为横坐标,可得到系统的势能与物体间相对位置的关系曲线,这种曲线就是势能曲线。图 2-16(a)、(b)和(c)分别表示万有引力、重力和弹性力的势能曲线。

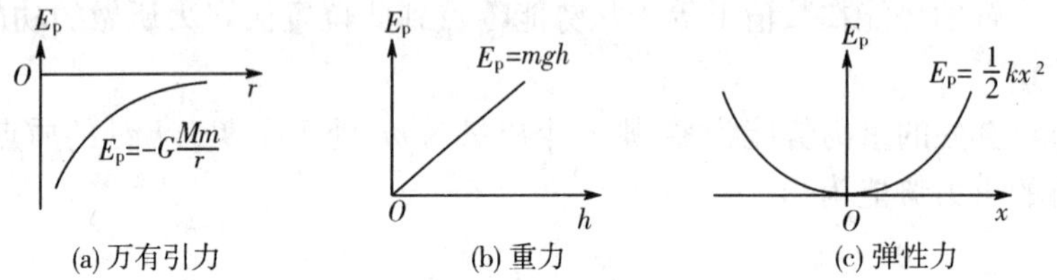

图 2-16 势能曲线

由势能曲线可以直观看出,系统势能随物体间相对位置的变化趋势。由图2-16(a)可以看出,万有引力势能 E_p 随物体间距离 r 以双曲线变化;图 2-16(b)表示重力势能 E_p 随物体高度 h 以线性变化;图 2-16(c)表明弹性力势能 E_p 随弹簧的形变量 x 以抛物线变化。从势能曲线所反映的系统势能随物体间相对位置的变化趋势,可以直接判断在某段位移上系统的保守力所做功的大小。

因为势能曲线所反映的系统势能的变化趋势,归根结底是代表了系统中保守力随物体间相对位置变化的规律,所以从势能曲线形状可以看出系统保守力在某处的大小、方向以及随距离变化的情况。

当系统中两个物体彼此距离改变 $\mathrm{d}\boldsymbol{r}$,保守力 $\boldsymbol{F}$ 做正功,系统势能 E_p 必定减少,所以有

$$\mathrm{d}E_p = -\boldsymbol{F}\cdot\mathrm{d}\boldsymbol{r}$$

即

$$F = -\frac{\mathrm{d}E_p}{\mathrm{d}r} \tag{2-6-10}$$

这表示,系统中物体间的一维保守力的大小 F 等于势能 E_p 对参量 r 导数的负值。利用(2-6-10)式可以求出引力势能、重力势能和弹力势能所对应的保守力。

2.7 机械能守恒定律

2.5 节讨论的动能定理是表示一个质点在运动过程中,它的功与能之间的关系。然而,任何一个物体都是与其他物体相互影响和相互制约的。那么,对于由几个相互作用的质点组成的系统(称为质点系),它们的功和能之间又将满足什么关系呢?

2.7.1　功能原理

(1) 质点系的动能定理

现在讨论的不是单个质点，而是由 n 个相互作用的质点所组成的系统——质点系。在一般情况下，系统中的每一个质点既受到来自系统以外的力(称为外力)的作用，又受到系统内部其他质点的力(称为内力)的作用，如图 2-17 所示。

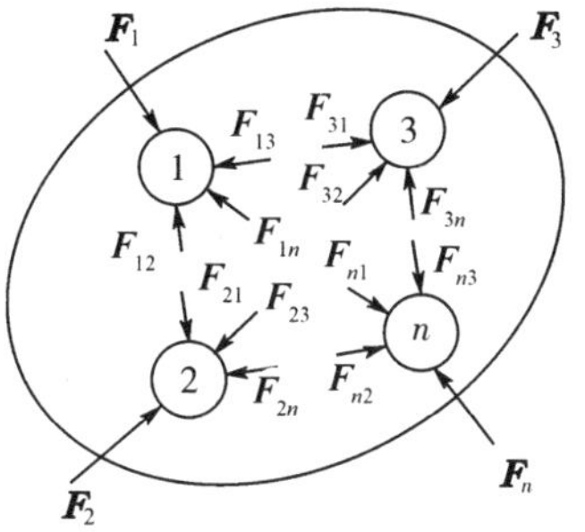

图 2-17　质点系的受力情况

设作用于第 1 个质点的合外力为 $\boldsymbol{F}_1$，内力分别为 $\boldsymbol{F}_{12}$、$\boldsymbol{F}_{13}$、…、$\boldsymbol{F}_{1n}$；作用于第 2 个质点的合外力为$\boldsymbol{F}_2$，内力分别为 $\boldsymbol{F}_{21}$、$\boldsymbol{F}_{23}$、…、$\boldsymbol{F}_{2n}$，其他质点的受力情况依此类推。

在这些力的作用下，系统从初状态 P 到末状态 Q。如果用 $E_{kP}^{(i)}$ 和 $E_{kQ}^{(i)}$分别表示第 i 个质点在状态 P 和状态 Q 的动能。根据动能定理，对于第 1 个质点应有

$$\int_P^Q \boldsymbol{F}_1 \cdot \mathrm{d}\boldsymbol{r} + \int_P^Q \left(\sum_{i\neq 1}^{n} \boldsymbol{F}_{1i}\right) \cdot \mathrm{d}\boldsymbol{r} = E_{kQ}^{(1)} - E_{kP}^{(1)}$$

对于第 2 个质点应有

$$\int_P^Q \boldsymbol{F}_2 \cdot \mathrm{d}\boldsymbol{r} + \int_P^Q \left(\sum_{i\neq 2}^{n} \boldsymbol{F}_{2i}\right) \cdot \mathrm{d}\boldsymbol{r} = E_{kQ}^{(2)} - E_{kP}^{(2)}$$

…

对于第 n 个质点应有

$$\int_P^Q \boldsymbol{F}_n \cdot \mathrm{d}\boldsymbol{r} + \int_P^Q \left(\sum_{i=1}^{n-1} \boldsymbol{F}_{ni}\right) \cdot \mathrm{d}\boldsymbol{r} = E_{kQ}^{(n)} - E_{kP}^{(n)}$$

这样就得到系统中 n 个质点的 n 个方程。将这 n 个方程的左边、右边分别相加，就得到整个系统的功与能的关系式

$$\left(\int_P^Q \boldsymbol{F}_1 \cdot \mathrm{d}\boldsymbol{r} + \int_P^Q \boldsymbol{F}_2 \cdot \mathrm{d}\boldsymbol{r} + \cdots + \int_P^Q \boldsymbol{F}_n \cdot \mathrm{d}\boldsymbol{r}\right) + \begin{bmatrix} \int_P^Q \left(\sum_{i\neq 1}^{n} \boldsymbol{F}_{1i}\right) \cdot \mathrm{d}\boldsymbol{r} + \int_P^Q \left(\sum_{i=2}^{n} \boldsymbol{F}_{2i}\right) \cdot \mathrm{d}\boldsymbol{r} + \\ \cdots + \int_P^Q \left(\sum_{i=1}^{n-1} \boldsymbol{F}_{ni}\right) \cdot \mathrm{d}\boldsymbol{r} \end{bmatrix}$$

$$= \left(E_{kQ}^{(1)} + E_{kQ}^{(2)} + \cdots + E_{kQ}^{(n)}\right) - \left(E_{kP}^{(1)} + E_{kP}^{(2)} + \cdots + E_{kP}^{(n)}\right) \qquad (2-7-1)$$

(2-7-1)式等号左边第一项是外力对系统中 n 个质点所做功的代数和，用 $A_{外}$ 表示；第二项是系统中内力所做功的代数和，用 $A_{内}$ 表示。(2-7-1)式等号右边第一项是系统内 n 个质点在 Q 状态的总动能，用 E_{kQ} 表示；第二项是系统内 n 个质点在 P 状态的总动能，用 E_{kP} 表示。

于是(2-7-1)式可简化为

$$A_{外}+A_{内}=E_{kQ}-E_{kP} \tag{2-7-2}$$

这个关系式表示，外力和内力对系统所做的功的代数和等于系统内所有质点的总动能的增量，这就是质点系的动能定理。

(2) 功能原理

根据上节讨论，物体之间的相互作用力有两类，即保守力和非保守力。在所讨论的问题中，质点之间的相互作用是系统的内力。所以，系统内力所做的功 $A_{内}$ 实际上应包括两部分，一部分是保守内力所做的功 $A_{保内}$，另一部分是非保守内力所做的功 $A_{非保内}$，即

$$A_{内}=A_{保内}+A_{非保内} \tag{2-7-3}$$

然而，保守内力所做的功 $A_{保内}$ 等于系统相应势能增量的负值，即

$$A_{保内}=-(E_{pQ}-E_{pP}) \tag{2-7-4}$$

将(2-7-3)式和(2-7-4)式代入(2-7-2)式，可得

$$A_{外}+A_{内}=A_{外}-(E_{pQ}-E_{pP})+A_{非保内}=E_{kQ}-E_{kP}$$

或改写为

$$A_{外}+A_{非保内}=(E_{kQ}+E_{pQ})-(E_{kP}+E_{pP}) \tag{2-7-5}$$

(2-7-5)式右边第一项是系统在状态 Q 的动能与势能之和，第二项是系统在状态 P 的动能与势能之和。系统的动能与势能之和称为系统的机械能。若用 $E(P)$ 和 $E(Q)$ 分别表示系统在状态 P 和状态 Q 的机械能，则(2-7-5)式可写为

$$A_{外}+A_{非保内}=E(Q)-E(P) \tag{2-7-6}$$

上式表明，在系统从一个状态变化到另一个状态的过程中，其机械能的增量等于外力做功和系统的非保守内力做功的代数和，此规律称为系统的功能原理。

【例题 2-8】 一物体以初速 $v_0=6.0\ \mathrm{m\cdot s^{-1}}$ 沿倾角 $\alpha=30°$ 的斜面(图 2-18)向上运动，物体沿斜面运行 $s=2.0\ \mathrm{m}$ 后停止。若忽略空气阻力不计，试求：(1) 斜面与物体之间的摩擦因数 μ；(2) 物体下滑到出发点的速率 v。

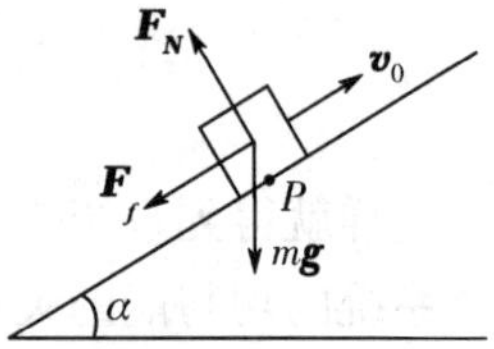

图 2-18 例题 2-8 图

解： 可将物体、斜面和地球看作一个系统。对这个系统而言，没有外力做功，但有物体与斜面之间摩擦力，这样的非保守内力做功。因此，可以用功能原理处理该问题，设初位置处的重力势能为零。

(1) 从物体以初速 v_0 开始向上运动(状态 P)到距离出发点 2.0 m 处停止(状态 Q)的整个过程中，根据系统的功能原理，摩擦力所做的功与系统机械能变化的关系可表示为

$$A = E(Q) - E(P)$$

即

$$\int_P^Q \boldsymbol{F}_f \cdot \mathrm{d}\boldsymbol{l} = mgs\sin\alpha - \frac{1}{2}mv_0^2 \tag{1}$$

上式等号左边是摩擦力做的功。根据图 2 - 18 所示，摩擦力 $\boldsymbol{F}_f$ 的大小为

$$F_f = \mu mg\cos\alpha$$

$\boldsymbol{F}_f$ 的方向与物体位移 $\mathrm{d}\boldsymbol{l}$ 的方向相反，所以

$$\int_P^Q \boldsymbol{F}_f \cdot \mathrm{d}\boldsymbol{l} = -\int_P^Q \mu mg\cos\alpha \mathrm{d}l = -\mu mgs\cos\alpha \tag{2}$$

将式(2)代入式(1)，得

$$mgs\sin\alpha - \frac{1}{2}mv_0^2 = -\mu mgs\cos\alpha$$

解出物体与斜面之间的摩擦因数

$$\mu = \frac{\frac{1}{2}v_0^2 - gs\sin\alpha}{gs\cos\alpha} = \frac{\frac{1}{2}\times 6.0^2 - 9.8\times 2.0\times 0.5}{9.8\times 2.0\times\frac{\sqrt{3}}{2}} = 0.48$$

(2) 由 2.0 m 处(状态 Q)下滑到出发点(状态 C)，功能关系表示为

$$A = E(C) - E(Q)$$

即

$$\int_Q^C \boldsymbol{F}_f \cdot \mathrm{d}\boldsymbol{l} = \frac{1}{2}mv^2 - mgs\sin\alpha \tag{3}$$

其中摩擦力所做的功可以表示为

$$\int_Q^C \boldsymbol{F}_f \cdot \mathrm{d}\boldsymbol{l} = -\int_Q^C \mu mg\cos\alpha \mathrm{d}l = -\mu mgs\cos\alpha$$

代入式(3) 可得

$$\frac{1}{2}mv^2 - mgs\sin\alpha = -\mu mgs\cos\alpha$$

从中解出 v

$$v = \sqrt{2gs(\sin\alpha - \mu\cos\alpha)} = \sqrt{2\times 9.8\times 2\times\left(0.5 - 0.48\times\frac{\sqrt{3}}{2}\right)}$$
$$= 1.8\ \mathrm{m}\cdot\mathrm{s}^{-1}。$$

2.7.2　机械能守恒定律

在(2 - 7 - 6)式中，如果 $A_{外} + A_{非保内} = 0$，则有

$$E(Q) = E(P)$$

或具体写为

$$E_{kQ} + E_{pQ} = E_{kP} + E_{pP} \tag{2-7-7}$$

(2-7-7)式表明：在外力和非保守内力都不做功或在任意微小过程中所做的功的代数和为零的情况下，系统内质点的动能和势能可以互相转换但它们的总和，即系统的机械能保持恒定。这个结论就为机械能守恒定律。

在机械运动范围内，能量的形式只有动能和势能即机械能，但是物质的运动形态除机械运动外，还有热运动，电磁运动，原子、原子核和粒子运动，化学运动以及生命运动等。某种形态的能量就是这种运动形态存在的反映。与这些运动形态相对应，存在热能、电磁能、核能、化学能以及生物能等各种形态的能量。大量事实表明，不同形态的能量之间可以相互转换。在系统的机械能减少或增加的同时，必然有等量的其他形态的能量增加或减少，而系统的机械能和其他形态能量的总和是恒定的。所以说，能量既不会消失、也不会产生，只能从一种形态转换为另一种形态，从一个物体传递给另一个物体，这就是能量转换与守恒定律。根据这个定律，对于一个与外界没有能量交换的孤立系统来说，无论在系统内发生何种变化，各种形态的能量可以互相转换，但能量的总和始终保持不变。

值得注意的是，只有当外力和非保守内力不存在，或不做功，或两者所做功的代数和为零时，系统机械能才守恒。但在实际问题中，这个条件并不能严格满足。因为物体在运动时，总要受到空气阻力和摩擦力的作用，它们都属于非保守力并始终要做功，因而系统机械能要改变。如果研究的问题，系统的机械能改变量比起系统的机械能总量小得多即改变量可以忽略，则可利用机械能守恒定律处理。

能量守恒定律是总结了无数实验事实建立起来的，它是物理学中最具普遍性的定律之一，也是整个自然界都遵从的普遍规律。机械能守恒定律只是能量守恒定律在力学范围内的一个特例。

【例题 2-9】 如图 2-19 所示，物体 Q 与一劲度系数为 24 $\text{N}\cdot\text{m}^{-1}$ 的橡皮筋连接，并在一水平(光滑)圆环轨道上运动，物体 Q 在 A 处的速度为 1.0 $\text{m}\cdot\text{s}^{-1}$，已知圆环的半径为 0.24 m，物体 Q 的质量为 5 kg，由橡皮筋固定端至 B 为 0.16 m，恰等于橡皮筋的自由长度。求：(1) 物体 Q 的最大速度；(2) 物体 Q 能否达到 D 点，并求出物体 Q 在此点的速度。

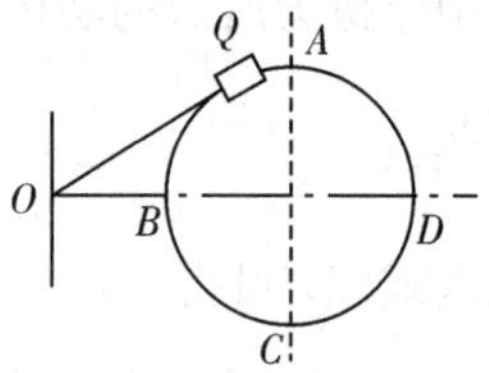

图 2-19　例题 2-9 图

解： 物体 Q 在整个运动过程中，只有橡皮筋的弹力做功，所以机械能守恒，总能量为：

$$E = \frac{1}{2}mv_A{}^2 + \frac{1}{2}k\left[\sqrt{R^2 + (R + l_0)^2} - l_0\right]^2$$

代入数据，求得 $E = 3.63$ J。

(1) 在 B 点，橡皮筋的势能全部转化为动能，所以在 B 点速度最大

$$mv_B^2/2 = E$$

$$v_B = (2E/m)^{1/2} = 1.2\ \text{m}\cdot\text{s}^{-1}$$

(2) 在 D 点的弹性势能

$$E_p = k(2R)^2/2 = 2kR^2$$

代入数据，求得 $E_p = 2.76\ \mathrm{J}$。

因为 $E_p < E$，所以物体 Q 能够达到 D 点。

$$mv_D{}^2/2 = E - E_p, v_D = [2(E - E_p)/m]^{1/2}$$

代入数据，求得 $v_D = 0.58\ \mathrm{m \cdot s^{-1}}$。

研究性课题：锥体上滚轮

锥体上滚轮演示装置中通过双轨道调节支架可调节双轨道的夹角，或通过前后移动该支架来调节轨道的坡度。

(a)

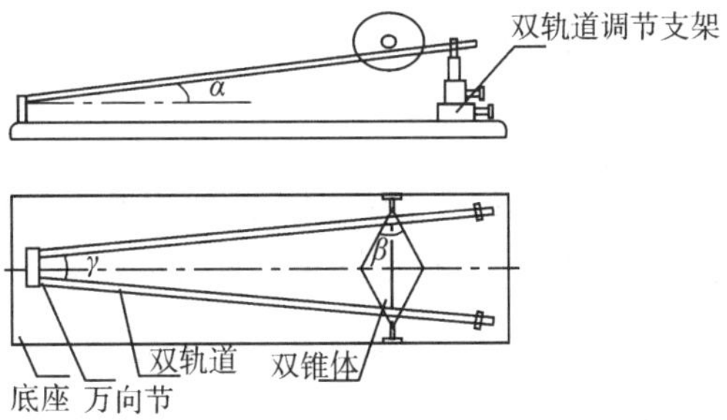

(b)

锥体上滚轮演示装置结构

在本装置中，影响锥体滚动的参数有三个：导轨的坡度角 α、双轨道的夹角 γ 和双锥体的锥顶角 β。锥顶角 β 是固定的，夹角 γ 与 α 是可调的。双锥体重心 O 能否移动与此三个角的大小有关系。请研究下面两个问题：

(1) 通过观察双锥体沿斜面轨道上滚的现象，说明重力场中的物体总是以降低重心来趋于稳定的。

(2) 根据物体具有从势能高的位置向势能低的位置的运动趋势，说明物体势能和动能的相互转换。

2.8　动量和动量定理

动量是描述质点运动状态的重要参量。在牛顿定律建立之前，人们就提出了动量这一概念，而牛顿第二定律也是利用动量对时间的变化率来表述的。在近代物理中，利用动量描述物体的运动状态和表述力学定律则更具普遍性。

2.8.1　冲量

冲量是力对时间的累积效应。例如，撑竿跳运动员从横杆跃过，落在海绵垫上不会摔伤,如果不是海绵垫子,而是大理石板(如图 2-20 所示),又会如何呢?汽车从静止开始运动加速到 20 $m\cdot s^{-1}$,牵引力大,所用时间就短,如果牵引力小,所用时间就长(如图 2-21所示)。可以看出,当物体的运动状态变化一定时,作用力越大,时间越短;作用力越小,时间越长。

图 2-20 撑竿跳运动中的冲量

图 2-21 汽车牵引力的冲量

(1) 恒力的冲量

如图 2-21 所示,设作用在汽车(可视为质点)上的力为恒力 $\boldsymbol{F}$,则定义恒力 $\boldsymbol{F}$ 与力的作用时间$(t-t_0)$的乘积为力 $\boldsymbol{F}$ 的冲量 $\boldsymbol{I}$,

$$\boldsymbol{I}=\boldsymbol{F}(t-t_0) \tag{2-8-1}$$

由冲量的定义可知,F-t 曲线图下的面积 S 在数值上等于恒力 F 在 $t_0\sim t$ 这段时间内的冲量(如图 2-22 所示),即

$$S=I=F(t-t_0)=F\Delta t$$

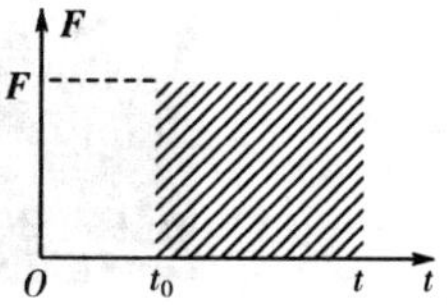

图 2-22 F-t 曲线图

冲量 $\boldsymbol{I}$ 是矢量,其方向为合外力的方向,单位为 N·s(牛顿·秒)。恒力冲量的方向与力的方向一致。如果 $\boldsymbol{F}$ 是方向不变而大小改变的力,那么冲量 $\boldsymbol{I}$ 的方向仍与力 $\boldsymbol{F}$ 的方向一致。

(2) 变力的冲量

在很多实际问题中,物体受到的力是随时间变化的。打棒球时(如图 2-23 所示),棒与球之间的作用力就是随时间变化的。

图 2-23 打棒球的冲量

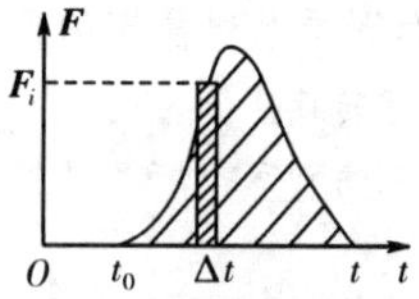

图 2-24 F-t 曲线下的面积冲量

$\boldsymbol{F}$-t 曲线图下的面积为冲量的数值,如图 2-24 所示。利用高等数学计算曲线下的面积方法将曲线下的面积分割成无数多的矩形面积,再求和可得

$$S=I=\lim_{\Delta t\to 0}\sum_i F_i\Delta t=\int_{t_0}^{t}F\mathrm{d}t$$

为变力的冲量,即

$$\boldsymbol{I} = \int_{t_0}^{t} \boldsymbol{F} \mathrm{d}t \tag{2-8-2}$$

(3) 平均冲力

由于力是随时间变化的，当变化较快时，力的瞬时值很难确定，可用一个平均力代替该过程中的变力，则平均力用$\overline{\boldsymbol{F}}$表示：

$$\boldsymbol{I} = \int_{t_0}^{t} \boldsymbol{F} \cdot \mathrm{d}t = \overline{\boldsymbol{F}} \cdot \Delta t$$

$$\overline{\boldsymbol{F}} = \frac{\int_{t_0}^{t} \boldsymbol{F} \cdot \mathrm{d}t}{t - t_0} = \frac{\boldsymbol{I}}{t - t_0} \tag{2-8-3}$$

平均力的作用效果与这段时间内变力的作用效果相同，用 $\boldsymbol{F}-t$ 图表示曲线下面积，用与之面积相同的矩形来代替，如图2-25所示。

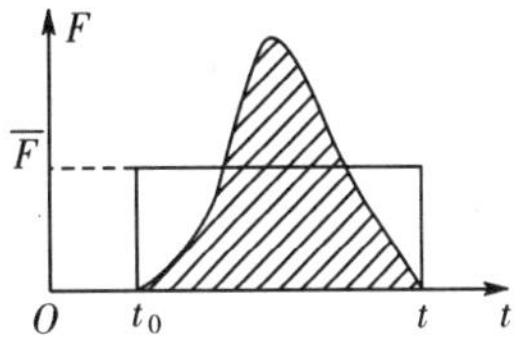

图 2-25　平均冲量

(4) 合力的冲量

若质点同时受 n 个力 $\boldsymbol{F}_1, \boldsymbol{F}_2, \cdots, \boldsymbol{F}_i, \cdots, \boldsymbol{F}_n$ 的作用时，合力 $\sum_i \boldsymbol{F}_i$ 的冲量为

$$\boldsymbol{I} = \int_{t_1}^{t_2} (\sum_i \boldsymbol{F}_i) \mathrm{d}t = \sum_i \int_{t_1}^{t_2} \boldsymbol{F}_i \mathrm{d}t = \sum_i \boldsymbol{I}_i \tag{2-8-4a}$$

即合力的冲量等于各分力冲量的矢量和。

变力 $\boldsymbol{F}$ 的冲量 $\boldsymbol{I}$ 的方向不能由某一瞬间 $\boldsymbol{F}$ 的方向决定。在这种情况下，(2-8-4a)式的积分表示无限多个无限小的矢量的叠加，一般情况下直接进行矢量叠加计算是困难的。通常是投影到一定的坐标轴上，把矢量叠加变成代数求和。在直角坐标系中(2-8-4a)式的分量式为

$I_x = \int_{t_1}^{t_2} \sum_i F_{ix} \mathrm{d}t$, $I_y = \int_{t_1}^{t_2} \sum_i F_{iy} \mathrm{d}t$, $I_z = \int_{t_1}^{t_2} \sum_i F_{iz} \mathrm{d}t$ ，分别对其积分，求出 I_x、I_y 和 I_z，利用下列公式，从而得出 $\boldsymbol{I}$。

$$\boldsymbol{I} = I_x \boldsymbol{i} + I_y \boldsymbol{j} + I_z \boldsymbol{k} \tag{2-8-4b}$$

2.8.2　动量　动量定理

通常采用速度表示物体的运动状态，而速度是否能全面反映物体的运动状态呢？例如，用速度相同的乒乓球和钢球去击打玻璃，它们产生的效果会有很大不同。因此，在研究物体的碰撞和打击在这类问题时，往往需要把物体的质量和速度联系起来进行物体运动的描写。于是，就引出了“动量”的概念。

把质点的质量 m 与它的速度$\boldsymbol{v}$的乘积$m\boldsymbol{v}$ 定义为该质点的动量，并用 $\boldsymbol{p}$ 表示

$$\boldsymbol{p} = m\boldsymbol{v} \tag{2-8-5}$$

动量是表征物体运动状态的最主要、最基本的物理量。引入动量后，牛顿第二定律可以表示为

$$\boldsymbol{F}=\frac{\mathrm{d}\boldsymbol{p}}{\mathrm{d}t} \tag{2-8-6a}$$

(2-8-6a)式表示，在任意瞬间，质点动量对时间的变化率等于同一瞬间作用于质点的合力，其方向与合力方向一致。如果把动量作为描述物体运动的最基本的物理量，那么(2-8-6a)式就可以看作是力的定义式，它表示：力是改变物体动量的原因；或者说，引起物体动量改变的就是力。物体的动量改变，就是其运动状态发生变化。

动量是矢量，它的方向与质点运动速度的方向是一致的。

在国际单位制中，动量的单位是 $\mathrm{kg\cdot m\cdot s^{-1}}$（千克·米·秒$^{-1}$）。

在经典力学范围内，$\boldsymbol{F}=\frac{\mathrm{d}\boldsymbol{p}}{\mathrm{d}t}$与牛顿第二定律的常用形式 $\boldsymbol{F}=m\boldsymbol{a}$ 是一致的。但当物体的运动速率达到可与光速相比拟时，根据相对论原理，其质量会显著增大，式 $\boldsymbol{F}=m\boldsymbol{a}$ 就不再正确，而公式 $\boldsymbol{F}=\frac{\mathrm{d}\boldsymbol{p}}{\mathrm{d}t}$却仍然有效。

由(2-8-6a)式可以得出

$$\boldsymbol{F}\mathrm{d}t=\mathrm{d}\boldsymbol{p} \tag{2-8-6b}$$

此式表示：力 $\boldsymbol{F}$ 在 $\mathrm{d}t$ 时间内的积累效应等于质点动量的增量 $\mathrm{d}\boldsymbol{p}$。如果在 $t_0\sim t$ 的时间内质点的动量从 $\boldsymbol{p}_0$ 变为 $\boldsymbol{p}$，那么力在这段时间内的积累效应为

$$\int_{t_0}^{t}\boldsymbol{F}\mathrm{d}t=\int_{\boldsymbol{p}_0}^{\boldsymbol{p}}\mathrm{d}\boldsymbol{p}=\boldsymbol{p}-\boldsymbol{p}_0 \tag{2-8-7}$$

$$\boldsymbol{I}=\boldsymbol{p}-\boldsymbol{p}_0=m\boldsymbol{v}-m\boldsymbol{v}_0 \tag{2-8-8}$$

上式表示：在运动过程中，作用于质点的合力在一段时间内的冲量等于质点动量的增量。这就是质点的动量定理。

因为动量和冲量都是矢量，(2-8-8)式是矢量方程。在处理具体问题时，常使用它们的分量式

$$I_x=p_x-p_{0x},\ I_y=p_y-p_{0y},\ I_z=p_z-p_{0z} \tag{2-8-9}$$

上式表明，冲量在某个方向的分量等于在该方向上质点动量分量的增量。冲量在任意方向的分量只能改变其所在方向的动量分量，而不能改变与之相垂直的其他方向的动量分量。由此可以得到：如果作用于质点的冲量在某个方向上的分量等于零，尽管质点的总动量在改变，但动量在这个方向的分量却保持不变。

【例题 2-10】 质量 $m=5.0\times10^2$ kg 的重锤从高度 $h=2.0$ m 处自由下落打在工件上，经 $\Delta t=1.0\times10^{-2}$ s 时间速度变为零。若忽略重锤自身的重量，求重锤对工件的平均冲力。

解：取重锤为研究对象并视其为质点。在打击工件时，重锤受到两个力作用(图 2-26)，一是工件对重锤的冲力 $\boldsymbol{F}$，竖直向上；另一个是重锤自身的重力 $m\boldsymbol{g}$，竖直向下。按题意后者可以忽略不计。

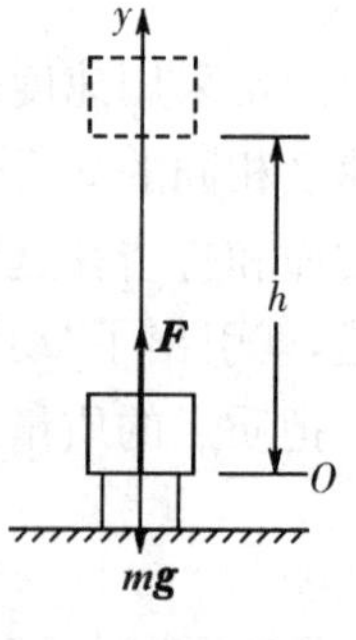

图 2-26 例题 2-10 图

取 y 轴竖直向上。当重锤与工件接触时，重锤的动量向下，大小为 $m\sqrt{2gh}$，经过 t 时间动量变为零。根据质点动量定理的分量

式可写出下面的方程

$$\int_0^{\Delta t} F\mathrm{d}t = mv_2 - mv_1$$

即

$$\overline{F}\Delta t = 0 - (-m\sqrt{2gh})$$

解出 $\overline{F}$，得

$$\begin{aligned}\overline{F} &= \frac{m\sqrt{2gh}}{\Delta t} \\ &= \frac{5\times10^2\times\sqrt{2\times9.8\times2.0}}{1\times10^{-2}}\ \mathrm{N} \\ &= 3.1\times10^5\ \mathrm{N}\end{aligned}$$

$\overline{F}$ 是工件对重锤的平均冲力，工件所受重锤的平均冲力则是 $\overline{F}$ 的反作用力，其大小相等、方向相反。

重锤的重量为 $mg=5.0\times10^2\times9.8\ \mathrm{N}=4\,900\ \mathrm{N}$，其平均冲力 $\overline{F}$ 约是重锤重量的 63 倍。可见，只要作用时间足够短，忽略重锤自身的重力作用是合理的。

2.9　质点系动量定理

前面讨论的动量定理是描述一个质点在运动过程中动量的变化规律，而在很多实际应用中，涉及的是彼此相互作用的多个质点的运动，即质点系的运动问题。这里讨论一个质点系在力的作用下动量变化所遵循的规律。

2.9.1　质点系动量定理

一个由 n 个质点组成的质点系，一般情况下每个质点既受外力作用，又受内力作用。假设第 1 个质点在初始时刻 t_0 的动量为 $m_1\boldsymbol{v}_{10}$，受到来自系统以外的合外力为 $\boldsymbol{F}_1$，同时受到系统内其他质点的作用力分别为 $\boldsymbol{F}_{12}$、$\boldsymbol{F}_{13}$、…、$\boldsymbol{F}_{1n}$，时刻 t 的动量变为 $m_1\boldsymbol{v}_1$，第 2 个质点在初始时刻 t_0 的动量为 $m_2\boldsymbol{v}_{20}$，受到来自系统以外的合外力为 $\boldsymbol{F}_2$，同时受到系统内其他质点的作用力分别为 $\boldsymbol{F}_{21}$、$\boldsymbol{F}_{23}$、…、$\boldsymbol{F}_{2n}$，时刻 t 的动量变为 $m_2\boldsymbol{v}_2$；系统内其他质点的情形依此类推。对系统内的每一个质点分别列出其运动方程

$$\boldsymbol{F}_1 + \sum_{i\neq1}^{n}\boldsymbol{F}_{1i} = \frac{\mathrm{d}}{\mathrm{d}t}(m_1\boldsymbol{v}_1)$$

$$\boldsymbol{F}_2 + \sum_{i\neq2}^{n}\boldsymbol{F}_{2i} = \frac{\mathrm{d}}{\mathrm{d}t}(m_2\boldsymbol{v}_2)$$

……

$$\boldsymbol{F}_n + \sum_{i\neq n}^{n}\boldsymbol{F}_{ni} = \frac{\mathrm{d}}{\mathrm{d}t}(m_n\boldsymbol{v}_n)$$

将以上 n 个方程相加，得到

$$\sum_{i=1}^{n}\boldsymbol{F}_i+\sum_{i=1}^{n}\sum_{i\neq j}^{n}\boldsymbol{F}_{ij}=\frac{\mathrm{d}}{\mathrm{d}t}\sum_{i=1}^{n}(m_i\boldsymbol{v}_i) \tag{2-9-1}$$

式中，求和号 $\sum\limits_{i=1}^{n}\sum\limits_{i\neq j}^{n}\boldsymbol{F}_{ij}$ 表示 i 和 j 都从 1 到 n 变化所得的各项相加但除去 $i=j$ 的那些项，即除去 $\boldsymbol{F}_{11}$、$\boldsymbol{F}_{22}$、…、$\boldsymbol{F}_{nn}$ 各项。该式表示质点系内各个质点之间相互作用的所有内力的矢量和。

根据牛顿第三定律，作用力 $\boldsymbol{F}_{ij}$ 与反作用力 $\boldsymbol{F}_{ji}$ 总是成对出现，大小相等、方向相反，所以

$$\boldsymbol{F}_{ij}+\boldsymbol{F}_{ji}=0\quad(j\neq i)$$

由此可见：(2-9-1)式等号左边的第二项实际上等于零，即质点系内各个质点之间相互作用的所有内力的矢量和恒为零。故有

$$\sum_{i=1}^{n}\boldsymbol{F}_i=\frac{\mathrm{d}}{\mathrm{d}t}\sum_{i=1}^{n}(m_i\boldsymbol{v}_i) \tag{2-9-2}$$

如果外力的作用时间为 $t_0\sim t$，则对上式积分可得

$$\int_{t_0}^{t}\sum_{i=1}^{n}\boldsymbol{F}_i\mathrm{d}t=\sum_{i=1}^{n}(m_i\boldsymbol{v}_i)-\sum_{i=1}^{n}(m_i\boldsymbol{v}_{i_0}) \tag{2-9-3}$$

式中，$\sum\limits_{i=1}^{n}(m_i\boldsymbol{v}_{i_0})$ 和 $\sum\limits_{i=1}^{n}(m_i\boldsymbol{v}_i)$ 分别表示质点系在初状态和末状态的总动量。

(2-9-3)式表明：在一段时间内，作用于质点系的外力矢量和的冲量等于质点系动量的增量，这就是质点系动量定理。(2-9-2)式可以称为质点系动量定理的微分形式。

质点系动量定理还表达这样一个事实：系统总动量随时间的变化完全是外力作用的结果，系统的内力不会引起系统总动量的改变。不论是万有引力、弹性力还是摩擦力，只要是作为内力出现，都不会改变质点系的总动量。

(2-9-3)式是矢量式，在处理具体问题时常使用其分量形式

$$\begin{cases}\displaystyle\int_{t_0}^{t}\sum_i F_{ix}\mathrm{d}t=\left(\sum_i m_i v_{ix}-\sum_i m_i v_{i0x}\right)\\ \displaystyle\int_{t_0}^{t}\sum_i F_{iy}\mathrm{d}t=\left(\sum_i m_i v_{iy}-\sum_i m_i v_{i0y}\right)\\ \displaystyle\int_{t_0}^{t}\sum_i F_{iz}\mathrm{d}t=\left(\sum_i m_i v_{iz}-\sum_i m_i v_{i0z}\right)\end{cases} \tag{2-9-4}$$

上式表明，外力矢量和在某一方向的冲量等于该方向上质点系动量分量的增量。

【例题 2-11】 质量为 1 500 kg 的汽车在静止的驳船上 5 s 内由静止加速至 5 m·s^{-1}，问缆绳作用于驳船的平均力有多大？(分别用质点系动量定理、牛顿定律求解)

解：(1) 用质点系动量定理求解

如图 2-27 所示，以岸为参考系，把车、船视为质点系，该质点系在水平方向只受缆绳拉力 F 的作用，应用质点系动量定理，有

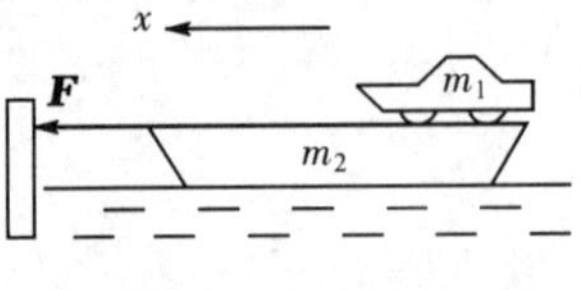

图 2-27　例题 2-11 图

$$F\Delta t = m_1 v$$

因此，$F = m_1 v/\Delta t = 1\,500 \times 5/5 = 1\,500\ \text{N}$

(2) 用牛顿定律求解

车、船两个质点的受力与运动情况如图 2－28 所示，其中 $\boldsymbol{F}_{f0}$ 为静摩擦力，$a_1 = v/\Delta t$，对两个质点分别应用牛顿第二定律：

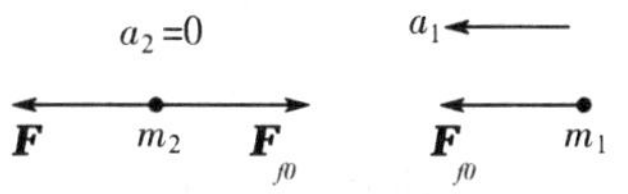

图 2－28 车、船的受力与运动情况

$$F_{f0} = m_1 a_1 = m_1 v/\Delta t = 1\,500\ \text{N}$$
$$F - F_{f0} = 0$$
$$F = F_{f0} = 1\,500\ \text{N}$$

*2.9.2 质心

当把一段绳子团起来斜抛出去时，不难想象绳子上各点的运动轨迹是十分复杂的，但必定存在这样一个特殊点，它的运动轨迹是抛物线。这个特殊点就是将要讨论的质心。

设由 n 个质点组成的质点系，m_1、m_2、…、m_n 分别是各质点的质量，$\boldsymbol{r}_1$、$\boldsymbol{r}_2$、…、$\boldsymbol{r}_n$ 分别是各质点的位置矢量，则

$$\boldsymbol{r}_c = \frac{m_1\boldsymbol{r}_1 + m_2\boldsymbol{r}_2 + \cdots + m_n\boldsymbol{r}_n}{m_1 + m_2 + \cdots + m_n} = \frac{\sum_{i=1}^{n} m_i\boldsymbol{r}_i}{\sum_{i=1}^{n} m_i} = \frac{\sum_{i=1}^{n} m_i\boldsymbol{r}_i}{m} \tag{2-9-5}$$

即为这个质点系质心的位置矢量。式中，$m = \sum_{i=1}^{n} m_i$ 是质点系的总质量。

质点系质心的位置矢量在直角坐标系的分量式可以表示为

$$x_c = \frac{1}{m}\sum_i m_i x_i,\quad y_c = \frac{1}{m}\sum_i m_i y_i,\quad z_c = \frac{1}{m}\sum_i m_i z_i \tag{2-9-6}$$

从以上质心位置矢量的表达式可以看到：选择不同的坐标系，质心的坐标值是不同的。但是质心相对于质点系的位置是不变的，它完全取决于质点系的质量分布。对于质量分布均匀、形状对称的实物，质心位于其几何中心处。对于不太大的实物，质心与重力作用点（重心）相重合。例如平面上有三质点，$m_1 = m, m_2 = 2m, m_3 = 3m$，它们的位置坐标分别为 $(x_1, y_1) = (2,2)$，$(x_2, y_2) = (1,3)$，$(x_3, y_3) = (4,8)$，则根据(2－9－6)式可得该质点系的质心坐标为：

$$x_c = \frac{m_1x_1 + m_2x_2 + m_3x_3}{m_1 + m_2 + m_3} = \frac{1\times2 + 2\times1 + 3\times4}{1+2+3} = 2.62$$

$$y_c = \frac{m_1y_1 + m_2y_2 + m_3y_3}{m_1 + m_2 + m_3} = \frac{1\times2 + 2\times3 + 3\times8}{1+2+3} = 5.33$$

如果物体的质量是连续分布的，式中求和可以用积分代替，那么质心位置矢量的分量式可以表示为：

$$x_c = \frac{\int x\mathrm{d}m}{\int \mathrm{d}m},\quad y_c = \frac{\int y\mathrm{d}m}{\int \mathrm{d}m},\quad z_c = \frac{\int z\mathrm{d}m}{\int \mathrm{d}m} \tag{2-9-7}$$

【例题 2－12】 求半径为 R、顶角为 2α 的均匀圆弧的质心。

解： 选择 x 轴为沿圆弧的对称轴，圆心 O 为坐标原点，如图 2－29 所示。在这种情形下，质心应处于 x 轴上。设圆弧的线密度（单位长度的质量）为 λ，则长度为 $\mathrm{d}\boldsymbol{l}$ 的元段的质量为 $\mathrm{d}m=\lambda R\mathrm{d}\theta$，元段 $\mathrm{d}\boldsymbol{l}$ 的坐标为 $x=R\cos\theta$。根据(2－9－7)式，圆弧质心的坐标为

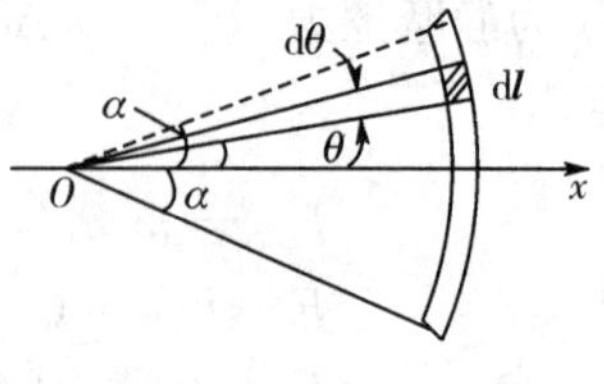

图 2－29　例题 2－12 图

$$x_c = \frac{\int x\mathrm{d}m}{\int \mathrm{d}m} = \frac{\int_{-\alpha}^{\alpha} x\lambda R\,\mathrm{d}\theta}{\int_{-\alpha}^{\alpha} \lambda R\,\mathrm{d}\theta} = \frac{\lambda R^2\int_{-\alpha}^{\alpha}\cos\theta\mathrm{d}\theta}{\lambda R\int_{-\alpha}^{\alpha}\mathrm{d}\theta} = \frac{R\sin\alpha}{\alpha}$$

由上面的例题可知，质心是与质点系的质量分布有关的空间几何点，该处不一定有质量。

根据质心定义有：$m\boldsymbol{v}_c = \sum\limits_i m_i\boldsymbol{v}_i = \sum\limits_i \boldsymbol{p}_i$，即质点系的总动量等于质点系的质量与质心速度的乘积。

2.9.3　质心运动定理

当质点系的各质点在空间运动时，其质心运动遵循一定规律。现在就从质点系动量定理来探讨这种规律。将质心位置矢量的定义式代入质点系动量定理的微分形式，即(2－9－2)式

$$\sum_{i=1}^{n}\boldsymbol{F}_i = \frac{\mathrm{d}}{\mathrm{d}t}\sum_{i=1}^{n}(m_i\boldsymbol{v}_i)$$

等号右边有

$$\frac{\mathrm{d}}{\mathrm{d}t}\sum_{i=1}^{n}(m_i\boldsymbol{v}_i) = \sum_{i=1}^{n}m_i\,\frac{\mathrm{d}^2}{\mathrm{d}t^2}\frac{\sum\limits_{i=1}^{n}(m_i\boldsymbol{r}_i)}{\sum\limits_{i=1}^{n}m_i} = \sum_{i=1}^{n}m_i\,\frac{\mathrm{d}^2\boldsymbol{r}_c}{\mathrm{d}t^2} \tag{2-9-8}$$

式中，$\frac{\mathrm{d}^2\boldsymbol{r}_c}{\mathrm{d}t^2}$ 显然就是质点系质心的加速度。

若用 $\boldsymbol{a}_c$ 表示，由(2－9－2)式和(2－9－8)式可以得到

$$\sum_{i=1}^{n}\boldsymbol{F}_i = m\boldsymbol{a}_c \tag{2-9-9}$$

(2－9－9)式与牛顿第二定律形式相同，它表示：质点系质心的运动与一个质点的运动具有相同的规律，该质点的质量等于质点系的总质量，作用于该质点的力等于作用于质点系的外力矢量和。这就是质心运动定理。

质心运动定理给出了质点系作为一个整体的运动规律，这一规律是由质心的运动状况来表述的，但是它未能给出各质点围绕质心的运动和系统内部的相对运动。

例题 2－11 也可以运用质心运动定理求解：$F=(m_1+m_2)a_c$，根据质心定义式，有：

$$(m_1+m_2)a_c=m_1a_1+m_2a_2$$

$\boldsymbol{a}_1$为车对岸的加速度，即

$$a_1=(v-0)/\Delta t=v/\Delta t,$$

$\boldsymbol{a}_2$为船对地的加速度，据题意可知，$a_2=0$，则 $a_c=a_1m_1/(m_1+m_2)$，代入 a_1，得

$$a_c=m_1v/[(m_1+m_2)\Delta t]$$

所以，

$$F=m_1v/\Delta t=1\,500\ \mathrm{N}$$

【例题 2－13】 如图 2－30 所示，长为 l 的匀质杆在力 $\boldsymbol{F}$ 和光滑地面支持力的作用下保持平衡，当外力 $\boldsymbol{F}$ 撤销后杆子倒下。试求杆子 A 端的运动方程。

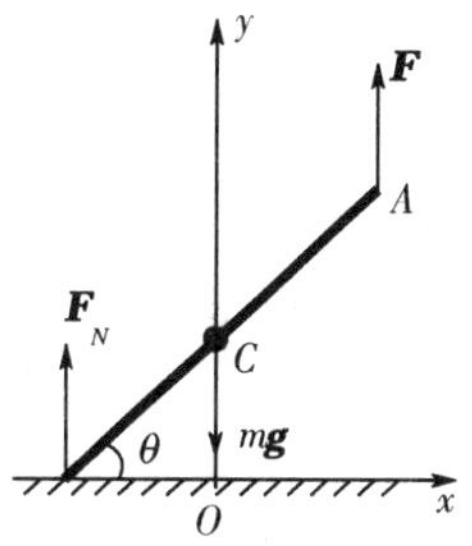

图 2－30　例题 2－13 图

解： 建立如图 2－30 所示的坐标系，y 轴过杆子的质心。

外力撤去后，杆子受力为：

$\sum\limits_i F_{iy}=-mg+F_N$，　$\sum\limits_i F_{ix}=0$，则 $a_{cx}=0$；

因为 $v_{c0}=0$，所以 $x_c=0$；

$x_A=\dfrac{l}{2}\cos\theta, y_A=l\sin\theta$，消去 θ 可得

$$(2x)^2+y^2=l^2$$

即为所求杆子 A 端的运动方程。

2.10　动量守恒定律

如果质点系所受外力的矢量和为零，即

$$\sum_{i=1}^{n}\boldsymbol{F}_i=0 \tag{2-10-1}$$

则由质点系动量定理的微分形式(2－9－2)式，可以得到

$$\sum_{i=1}^{n}(m_i\boldsymbol{v}_i)=\text{恒矢量} \tag{2-10-2}$$

此式表示：在外力矢量和为零的情况下，质点系的总动量不随时间变化，这就是动量守恒定律。该定律是物理学中另一个具有最大普遍意义的规律。

在理解动量守恒定律时，一定要注意动量的矢量性。质点系的总动量是指系统中所有质点动量的矢量和。系统的总动量保持不变，既不是指系统中每个质点动量的大小保持不变，也不是指系统中各质点动量大小之和保持不变，而是矢量和保持不变。

在处理具体问题时通常使用(2－10－2)式在直角坐标系的分量式

$$\begin{cases} 当\sum_{i=1}^{n}F_{ix}=0时，\sum_{i=1}^{n}(m_iv_{ix})=恒量 \\ 当\sum_{i=1}^{n}F_{iy}=0时，\sum_{i=1}^{n}(m_iv_{iy})=恒量 \\ 当\sum_{i=1}^{n}F_{iz}=0时，\sum_{i=1}^{n}(m_iv_{iz})=恒量 \end{cases} \tag{2-10-3}$$

由上式可以看出：虽然有时质点系所受外力矢量和不等于零，但可以适当选择坐标轴的取向，使 $\sum_{i=1}^{n}F_{ix}$、$\sum_{i=1}^{n}F_{iy}$ 和 $\sum_{i=1}^{n}F_{iz}$ 中有一个或两个等于零，那么在这一个或两个方向上质点系总动量的分量保持恒定即动量守恒定律成立，从而简化问题。

不过在一些具体问题中，这个条件往往得不到严格满足。如果系统中质点间的相互作用(内力)比它们所受的外力大得多且外力作用时间很短，以致系统中各质点动量的变化主要是由内力引起，这时可使用动量守恒定律对问题作近似处理。例如，当两个钢球在空间相碰时，两球的相互撞击力比空气的阻力、摩擦力甚至重力都要大得多。因而，可近似认为满足动量守恒定律成立的条件。

应用动量守恒定律时，只要求作用于系统的外力矢量和等于零，而不必知道系统内部质点间相互作用的细节，这也是应用动量守恒定律处理问题的方便之处。

将动量守恒定律应用于力学以外的领域，不仅产生一系列重大发现，而且使定律自身概念得以发展和完善。例如，原子核在β衰变中，放射出一个电子后自身转变为一个新原子核。如果衰变前原子核是静止的，根据动量守恒定律，新原子核必定在放射出电子的相反方向上反冲，以使衰变后总动量为零。但在云室照片上发现，两者的径迹不在一条直线上，这是动量守恒定律不适用于微观粒子，还是有什么别的原因呢？泡利为解释这种现象，于1930年提出中微子存在的假说，即在β衰变中除了放射出电子以外还产生一个中微子，它与新原子核和电子共同保证了动量守恒定律的成立，26年后终于在实验中找到了中微子，动量守恒定律也经受了一次重大的考验。

如果只考虑电磁相互作用，两个运动带电粒子的总动量并不守恒。若把动量的概念推广到电磁场，即认为电磁场具有动量，运动的带电粒子在运动时要激发电磁场，当把这部分由电磁场所携带的动量考虑在内时，运动带电粒子的总动量仍然守恒。动量概念也已扩展到光学领域，从光的电磁本性看，光属于电磁波，电磁波就是电场和磁场的交替激发和传播，电磁场具有动量，光自然也具有动量；从光的粒子性看，光是光子流，每个光子都具有确定的动量。所以，涉及光的过程都必定伴随动量的传递，并遵循动量守恒定律。

【例题 2-14】 如图 2-31 所示，大炮在发射时炮身会发生反冲现象。设炮身的仰角为 θ，炮弹和炮身的质量分别为 m 和 M，炮弹在离开炮口时的速率为 v，若忽略炮身反冲时与地面的摩擦力，求炮身的反冲速率。

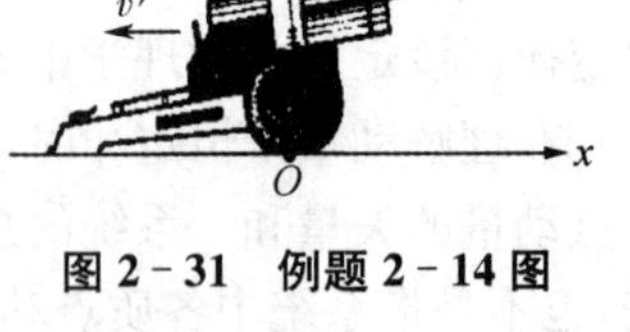

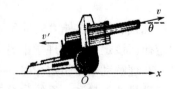

图 2-31　例题 2-14 图

解： 忽略炮身与地面的摩擦力，在水平方向上运用动量守恒定律。

设 x 轴沿水平向右(如图 2-31 所示)。炮弹发射前系统的总动量为零。发射时，炮弹以速度 v 沿与 x 轴成 θ 角的方向离开炮口，炮身则以速度 v'

沿 x 轴负方向运动，应有

$$Mv' + mv\cos\theta = 0$$

所以炮身的反冲速率为

$$v' = -\frac{mv\cos\theta}{M}。$$

【例题 2-15】 一原先静止的装置炸裂为质量相等的三块，已知其中两块在水平面内各以 $80\ \mathrm{m \cdot s^{-1}}$ 和 $60\ \mathrm{m \cdot s^{-1}}$ 的速率沿互相垂直的两个方向飞开。求第三块的飞行速度。

解：设碎块的质量都为 m，速度分别为 $\boldsymbol{v}_1$、$\boldsymbol{v}_2$ 和 $\boldsymbol{v}_3$。根据题意，$\boldsymbol{v}_1 \perp \boldsymbol{v}_2$，并处于水平面内。取水平面为 xOy 平面，并设 $\boldsymbol{v}_1$、$\boldsymbol{v}_2$ 分别沿 x 轴负方向和 y 轴负方向，如图 2-32 所示。

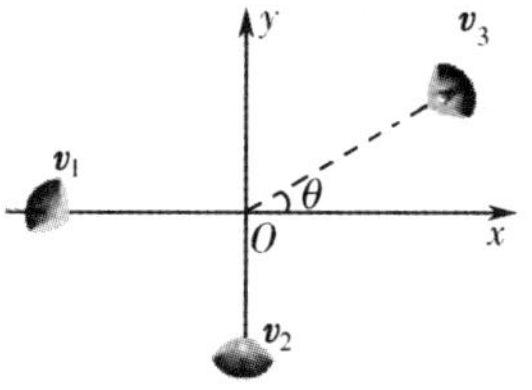

图 2-32　例题 2-15 图

将整个装置视为一个系统，在炸裂过程中内力远大于外力，可以运用动量守恒定律来处理。炸裂前动量为零，炸裂后总动量也必定为零，即

$$m_1\boldsymbol{v}_1 + m_2\boldsymbol{v}_2 + m_3\boldsymbol{v}_3 = 0$$

因为三碎块质量相等，所以

$$\boldsymbol{v}_1 + \boldsymbol{v}_2 + \boldsymbol{v}_3 = 0。 \tag{1}$$

题意已表明，两个碎块的动量都处于 xOy 平面内，第三个碎块的动量也必定处于 xOy 平面内，设其方向与 x 轴成 θ 角，于是可将(1)式写成两个分量方程

$$-v_1 + v_3\cos\theta = 0 \tag{2}$$

$$-v_2 + v_3\sin\theta = 0 \tag{3}$$

两式联立可解得

$$\tan\theta = \frac{60}{80} = 0.75$$

$$\theta = 37^\circ$$

将 $\theta = 37^\circ$ 值代入(2) 式，求得

$$v_3 = \frac{v_1}{\cos\theta} = \frac{80}{\cos 37^\circ}\ \mathrm{m \cdot s^{-1}} = 1.0 \times 10^2\ \mathrm{m \cdot s^{-1}}。$$

2.11　碰撞

2.11.1　碰撞现象

当两个或两个以上的物体互相接近时，在极短时间内它们之间的相互作用达到相当大的数值，致使它们的运动状况突然发生显著变化，这种现象称为碰撞。日常生活中属于碰撞的物理现象很多，例如锻打、打桩、球的撞击、人跳上车或跳下车，以及子弹射入物体内等。

碰撞的特点：① 碰撞物体间的相互作用力是冲力，作用时间极短，可以忽略外力的影响；② 作用时间极短，但碰撞物体的运动状态改变明显。为了研究方便，通常将碰撞的物体简化为球体，碰撞中不受外力作用。球的对心碰撞是指两小球碰撞前后的运动速度矢量都沿两球心的连线，这里仅讨论对心碰撞问题。

图 2-33 表示在光滑水平桌面上对心碰撞的几个阶段。图 2-33(a)中两小球碰撞开始接触。随后，若左边小球速率较大，两球相互挤压并彼此施以冲力，这一对冲力使右边小球加速，而左边小球减速，如图 2-33(b)所示。后来冲力最终使两小球速度相等，如图 2-33(c)所示，以上属于压缩阶段。由于冲力继续作用，右边小球速度继续增大，左边小球速度变慢，两小球形变减轻，逐渐恢复原状，最后又离开。一般情况下，两小球最终以不同速度运动。

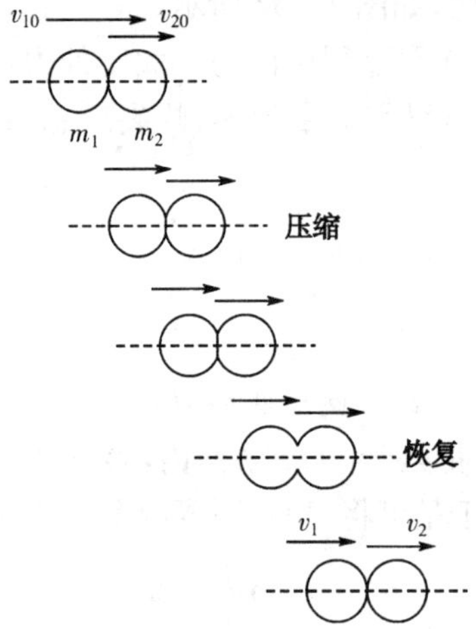

图 2-33　对心碰撞的几个阶段

尽管碰撞过程动量是守恒的，但参与碰撞的物体在碰撞前后的总动能却不一定保持不变。按照碰撞前后总动能是否变化，将碰撞现象分为两类：一类是总动能不变的碰撞，称为完全弹性碰撞；另一类是总动能改变的碰撞，称为非弹性碰撞。例如，象牙球之间的碰撞、玻璃球之间的碰撞以及钢球之间的碰撞，都可看为完全弹性碰撞。原子、原子核和粒子之间的碰撞有些是完全弹性碰撞，并且是迄今所知的唯一真正的完全弹性碰撞。除此之外，一般的碰撞都属于非弹性碰撞。在非弹性碰撞中有一种特殊情形，即两个物体碰撞之后结合为一体了，这种碰撞称为完全非弹性碰撞。例如，两个橡皮泥小球的碰撞，人跳上车，正、负离子碰撞后结合成分子等，都属于完全非弹性碰撞。

完全弹性碰撞和完全非弹性碰撞是碰撞问题中的两种极端情形，可以从这两种碰撞问题分析中了解碰撞现象的一些规律，以及处理这类问题的基本方法。

2.11.2　完全弹性碰撞

设两个小球的质量分别为 m_1 和 m_2，碰撞前的速度分别为 $\boldsymbol{v}_{10}$ 和 $\boldsymbol{v}_{20}$，碰撞后的速度分别为 $\boldsymbol{v}_1$ 和 $\boldsymbol{v}_2$。根据动量守恒定律，有

$$m_1\boldsymbol{v}_{10}+m_2\boldsymbol{v}_{20}=m_1\boldsymbol{v}_1+m_2\boldsymbol{v}_2 \tag{2-11-1}$$

在完全弹性碰撞中，总动能是不变的，于是又有

$$\frac{1}{2}m_1 v_{10}^2 + \frac{1}{2}m_2 v_{20}^2 = \frac{1}{2}m_1 v_1^2 + \frac{1}{2}m_2 v_2^2 \tag{2-11-2}$$

以上两式就是处理完全弹性碰撞问题的基本方程式。

式(2-11-1)是矢量方程，在一般情况下它包含了三个方程式，这样共有四个方程式，可以求解四个未知量，其他量必须由实验确定。

这里只分析完全弹性碰撞中最简单的一种情形——正碰(对心碰撞)，即就是两球在碰撞前的速度$\boldsymbol{v}_{10}$和$\boldsymbol{v}_{20}$都处于两球心的连线上，碰撞后的速度$\boldsymbol{v}_1$和$\boldsymbol{v}_2$也处于这条直线上。

在正碰情况下，取坐标轴与两球心的连线相重合，这样(2-11-1)式的分量式仍为一个方程式，即

$$m_1 v_{10} + m_2 v_{20} = m_1 v_1 + m_2 v_2 \tag{2-11-3}$$

(2-11-3)式是假定碰撞前、后两球都沿坐标轴的正方向运动。显然，如果知道了两球的质量和碰撞前的速度 v_{10} 和 v_{20}，就可以由(2-11-2)式和(2-11-3)式求得碰撞后的速度 v_1 和 v_2。求得的 v_1 和 v_2 若为负值，表示小球的实际运动方向与假定方向相反。

为求得碰撞后两球的速度 v_1 和 v_2，将方程(2-11-2)式和(2-11-3)式分别改写为

$$m_1(v_{10}^2 - v_1^2) = m_2(v_2^2 - v_{20}^2) \tag{2-11-4}$$

$$m_1(v_{10} - v_1) = m_2(v_2 - v_{20}) \tag{2-11-5}$$

在 $v_1 \neq v_{10}$ 和 $v_2 \neq v_{20}$ 的条件下，将(2-11-4)式除以(2-11-5)式得，$v_{10} + v_1 = v_{20} + v_2$，即

$$v_{10} - v_{20} = v_2 - v_1 \tag{2-11-6}$$

上式表示：在完全弹性正碰情况下，碰撞前两球互相接近的快慢与碰撞后两球互相分离的快慢是相同的。

由(2-11-5)式和(2-11-6)式可以解出

$$\begin{cases} v_1 = \left(\dfrac{m_1 - m_2}{m_1 + m_2}\right)v_{10} + \left(\dfrac{2m_2}{m_1 + m_2}\right)v_{20} \\ v_2 = \left(\dfrac{2m_1}{m_1 + m_2}\right)v_{10} + \left(\dfrac{m_2 - m_1}{m_1 + m_2}\right)v_{20} \end{cases} \tag{2-11-7}$$

这就是完全弹性正碰问题的解。

讨论：

(1) $m_1 = m_2$，$\begin{cases} v_1 = v_{20} \\ v_2 = v_{10} \end{cases}$ 两球交换速度。若 $v_{20} = 0$，则 $v_2 = v_{10}$，$v_1 = 0$；

(2) $m_1 \ll m_2$，且 $v_{20} = 0$，则 $v_1 \approx -v_{10}$，$v_2 \approx 0$，如分子与器壁的碰撞、乒乓球与铅球的碰撞等；

(3) $m_1 \gg m_2$，且 $v_{20} = 0$，则 $v_1 \approx v_{10}$，$v_2 \approx 2v_{10}$，如铅球碰不动的乒乓球。

2.11.3　完全非弹性碰撞

两个质量分别为 m_1 和 m_2 的物体各以速度 v_{10} 和 v_{20} 运动，发生正碰后结合为一体，并以

共同的速度 v 继续运动。根据动量守恒定律应有

$$m_1 v_{10} + m_2 v_{20} = (m_1 + m_2) v \tag{2-11-8}$$

如果已知 v_{10} 和 v_{20}，由上式即可求得碰撞后的共同速度

$$v = \frac{m_1 v_{10} + m_2 v_{20}}{m_1 + m_2} \tag{2-11-9}$$

在非弹性碰撞中，总要损失一部分动能，其中以完全非弹性碰撞中损失的动能为最大。这是因为在碰撞过程中物体要发生形变，致使物体各部分之间产生剧烈摩擦而造成一部分机械能转变为物体的内能。

【例题 2-16】 如图 2-34(a)所示的装置称为冲击摆，可用它来测定子弹的速度。质量为 M 的木块被悬挂在长度为 l 的细绳下端，一质量为 m 的子弹沿水平方向以速度 v 射中木块并停留在其中。木块受到冲击而向斜上方摆动，当到达最高位置时木块的水平位移为 s。试确定子弹的速度。

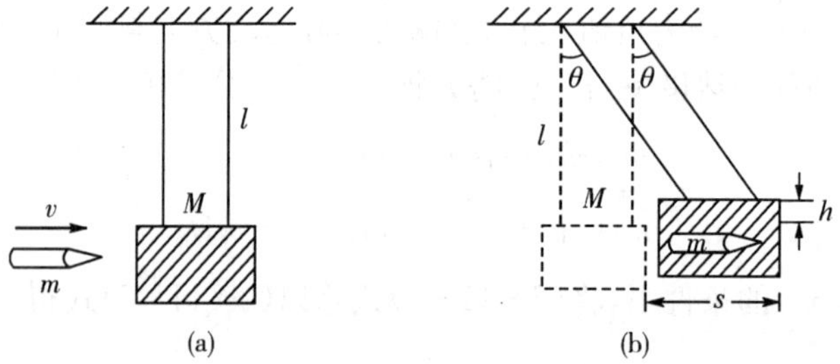

图 2-34　例题 2-16 图

解：这类问题通常分两步讨论。第一步，如图 2-34(a)所示，从子弹射中木块直到在木块中停止，这一步是完全非弹性碰撞过程，遵从动量守恒定律；第二步，如图 2-34(b)所示，从子弹和木块一起运动，直至摆动到最大水平位移，这一步是机械能转换的过程。木块在子弹的冲击下获得的动能，全部转变为摆动到最高点时与地球所组成的系统的势能，遵循机械能守恒定律。

由上面的分析可以得到两个方程式

$$mv = (m+M)u \tag{1}$$

$$\frac{1}{2}(m+M)u^2 = (m+M)gh \tag{2}$$

式中，u 是第一步结束时子弹和木块一起摆动的速率，h 是木块摆动的最大高度，显然它可由下式求得

$$h = l - \sqrt{l^2 - s^2}$$

如果木块摆动到最大高度时悬线的偏角为 θ，则 $s = l\sin\theta$，h 可以表示为

$$h = l(1 - \cos\theta)$$

由式(1)解出 u 并代入式(2)，得

$$\frac{m^2v^2}{2(m+M)}=(m+M)gh。$$

所以子弹的速度 v 可确定为

$$v=\frac{m+M}{m}\sqrt{2g(l-\sqrt{l^2-s^2})}。$$

物理学前沿：运载火箭的运动

宇宙飞船、航天飞机、人造卫星以及导弹的发射，动力都是由运载火箭产生的。运载火箭的发射反映了当代科技水平的综合实力，但就其动力学原理而言仍是动量定理和动量守恒定律。这里将其作为动量守恒定律的重要应用，简要分析运载火箭的运行原理。

运载火箭在运行时，自身携带的燃料(液态氢)在氧化剂(液态氧)的作用下急剧燃烧，生成炽热气体并以高速向后喷射使得火箭主体获得向前的动量。将火箭的总质量 M 分成两部分，一部分是火箭主体质量 $M-\mathrm{d}m$，另一部分是喷射物质的质量 $\mathrm{d}m$。在 t 时刻，$\mathrm{d}m$ 尚未被喷出，火箭总质量相对于地面的速度为 v，动量为 Mv；在 $t+\mathrm{d}t$ 时刻，$\mathrm{d}m$ 被以相对于火箭的速度(称为喷射速度) u 喷出，火箭主体则以 $v+\mathrm{d}v$ 的速度相对于地面运行。如果将火箭主体和喷射物质视为一个系统，并忽略作用于系统的仅有外力——火箭所受重力 $m_\Sigma g$。那么根据动量守恒定律，在 z 方向的分量式应有

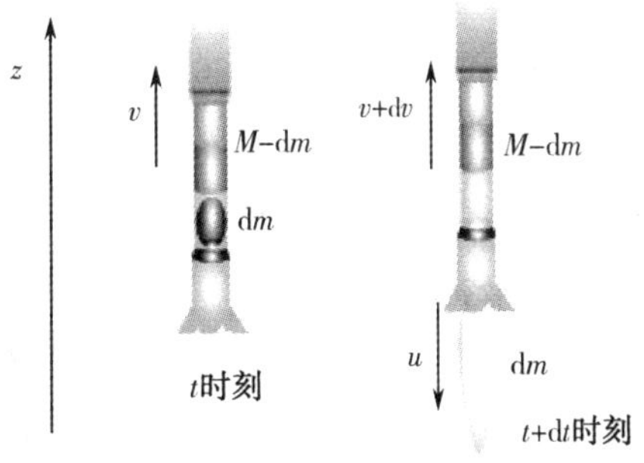

运载火箭的运动

$$0=[(m_\Sigma-\mathrm{d}m_\Sigma)(v+\mathrm{d}v)+(-\mathrm{d}m)(v+\mathrm{d}v-u)]-m_\Sigma v$$

由于 $\mathrm{d}m$ 的喷射，火箭总质量 m_Σ 在减少，其减少量为 $-\mathrm{d}m_\Sigma$，故有 $\mathrm{d}m=-\mathrm{d}m_\Sigma$。于是上式变为

$$\begin{aligned}0&=[(m_\Sigma-\mathrm{d}m_\Sigma)(v+\mathrm{d}v)+(-\mathrm{d}m_\Sigma)(v+\mathrm{d}v-u)]-m_\Sigma v\\&=m_\Sigma\mathrm{d}v+u\mathrm{d}m_\Sigma\end{aligned}$$

上式积分得

$$0=\int_0^v\mathrm{d}v+u\int_{m_{\Sigma0}}^{m_\Sigma}\frac{\mathrm{d}m_\Sigma}{m_\Sigma}=v-u\ln\frac{m_{\Sigma0}}{m_\Sigma}$$

所以，火箭主体在其质量从 $m_{\Sigma0}$ 变到 m_Σ 时所达到的速度为

$$v=u\ln\frac{m_{\Sigma0}}{m_\Sigma}$$

这就是火箭主体速度的近似公式。

上式表明，火箭所能达到的速度决定于喷射速度 u 和质量比 $(m_{\Sigma0}/m_\Sigma)$ 的自然对数。化学燃烧过程所达到的喷射速度理论值为 $5\times10^3\ \mathrm{m\cdot s^{-1}}$，而实际达到的只是该值的一半左右，所以提高火箭速度的潜力在于提高质量比 $(m_{\Sigma0}/m_\Sigma)$。

研究性课题：弹性碰撞仪

弹性碰撞仪

根据动量守恒和能量守恒原理，在理想情况下完全弹性碰撞的物理过程满足动量守恒和能量守恒。当两个等质量刚性球弹性正碰时，它们将交换速度。多个小球碰撞时可以进行类似分析。事实上，由于小球间的碰撞并非理想的弹性碰撞，还是有能量损失的，故最后小球还是要静止下来。

通过弹性碰撞仪实验装置的探究，了解到什么条件下弹性碰撞的能量能够得到最大的传递以及在弹性碰撞过程中的动量、能量变化过程。

2.12 力矩

2.12.1 力矩的一般意义

在一般意义上，力矩是对某一参考点而言的。如图 2-35(a)所示，如果质点 P 在坐标系 O-xyz中的位置矢量是 $\boldsymbol{r}$，那么作用于质点的力 $\boldsymbol{F}$ 相对于参考点 O 所产生的力矩，定义为

$$\boldsymbol{M}=\boldsymbol{r}\times\boldsymbol{F} \tag{2-12-1}$$

$\boldsymbol{M}$ 必定垂直于由矢量 $\boldsymbol{r}$ 和 $\boldsymbol{F}$ 所决定的平面，如图 2-35(b)所示。$\boldsymbol{M}$ 指向应由右手螺旋关系确定：右手四指由 $\boldsymbol{r}$ 的方向经小于 180°的角转向 $\boldsymbol{F}$ 的方向，伸直的拇指所指方向就是力矩 $\boldsymbol{M}$ 的方向。

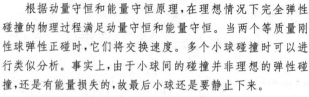

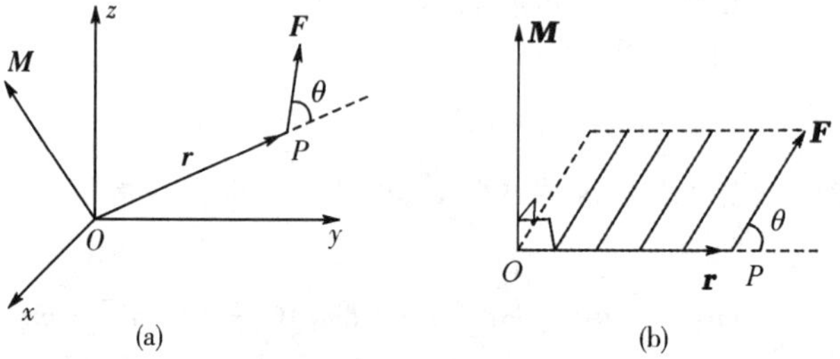

图 2-35 力矩

$\boldsymbol{M}$ 的大小等于以 $\boldsymbol{r}$ 和 $\boldsymbol{F}$ 为邻边的平行四边形的面积，即

$$M=rF\sin\theta \tag{2-12-2}$$

式中，θ 是 $\boldsymbol{r}$ 与 $\boldsymbol{F}$ 之间的夹角。

在国际单位制中，力矩的单位为 N·m(牛顿·米)。

力矩 $\boldsymbol{M}$ 与质点的位置矢量 $\boldsymbol{r}$ 有关，也就是与参考点 O 的选取有关。对于同样的作用力 $\boldsymbol{F}$，选择不同的参考点，力矩 $\boldsymbol{M}$ 的大小和方向也会不同。为了表示力矩 $\boldsymbol{M}$ 是相对于参考点 O 的，所以一般在画图时总是把力矩 $\boldsymbol{M}$ 画在参考点 O 上，而不是画在质点 P 上。

如果作用于质点上的力 $\boldsymbol{F}$ 是多个力的合力，即

$$\boldsymbol{F}=\boldsymbol{F}_1+\boldsymbol{F}_2+\cdots+\boldsymbol{F}_n$$

代入(2-12-1)式中，得

$$\begin{aligned} \boldsymbol{M} &= \boldsymbol{r}\times\boldsymbol{F} = \boldsymbol{r}\times(\boldsymbol{F}_1+\boldsymbol{F}_2+\cdots+\boldsymbol{F}_n) \\ &= \boldsymbol{r}\times\boldsymbol{F}_1+\boldsymbol{r}\times\boldsymbol{F}_2+\cdots+\boldsymbol{r}\times\boldsymbol{F}_n \\ &= \boldsymbol{M}_1+\boldsymbol{M}_2+\cdots+\boldsymbol{M}_n \end{aligned} \tag{2-12-3}$$

合力对某参考点 O 的力矩等于各分力对同一参考点力矩的矢量和。

2.12.2　力对轴的力矩

对转动起作用的力矩只是力矩矢量沿转轴的分量。若把转轴定为 z 轴，则是力矩沿 z 轴的分量 M_z。

在以参考点 O 为原点的直角坐标系中，将力矩矢量 $\boldsymbol{M}$ 表示为

$$\boldsymbol{M} = M_x\boldsymbol{i}+M_y\boldsymbol{j}+M_z\boldsymbol{k}$$

式中，M_x、M_y 和 M_z 分别是力矩矢量 $\boldsymbol{M}$ 沿 x 轴、y 轴和 z 轴的分量。

在同一个坐标系中，质点 P 的位置矢量 $\boldsymbol{r}$ 和作用力 $\boldsymbol{F}$ 可分别表示为

$$\boldsymbol{r} = x\boldsymbol{i}+y\boldsymbol{j}+z\boldsymbol{k}$$

$$\boldsymbol{F} = F_x\boldsymbol{i}+F_y\boldsymbol{j}+F_z\boldsymbol{k}$$

$$\begin{aligned} \boldsymbol{M} = \boldsymbol{r}\times\boldsymbol{F} &= \begin{vmatrix} \boldsymbol{i} & \boldsymbol{j} & \boldsymbol{k} \\ x & y & z \\ F_x & F_y & F_z \end{vmatrix} \\ &= (yF_z-zF_y)\boldsymbol{i}+(zF_x-xF_z)\boldsymbol{j}+(xF_y-yF_x)\boldsymbol{k} \end{aligned} \tag{2-12-4}$$

分量式为

$$\begin{cases} M_x = yF_z - zF_y \\ M_y = zF_x - xF_z \\ M_z = xF_y - yF_x \end{cases} \tag{2-12-5}$$

力矩矢量沿某坐标轴的分量通常称为力对该轴的力矩。

力 $\boldsymbol{F}$ 对 z 轴的力矩 M_z 可以先将矢量 $\boldsymbol{r}$ 和 $\boldsymbol{F}$ 投影到 xy 平面上，然后计算 M_z。如图 2-36 所示，设 $\boldsymbol{r}$ 和 $\boldsymbol{F}$ 在 xy 平面上的分矢量分别为 $\boldsymbol{R}$ 和 $\boldsymbol{F}'$，$\boldsymbol{R}$ 和 $\boldsymbol{F}'$ 与 Ox 轴的夹角分别为 α 和 β，$\boldsymbol{R}$ 与 $\boldsymbol{F}'$ 之间的夹角为 Φ。下面的几何关系成立

$$x = R\cos\alpha,\quad y = R\sin\alpha$$

$$F_x = F'\cos\beta,\quad F_y = F'\sin\beta$$

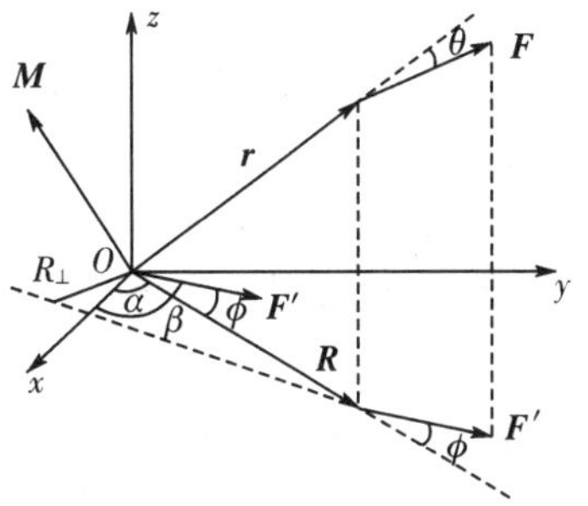

图 2-36　力矩的分量的几何关系

将上述关系代入(2-12-5)式的 M_z 中，得

$$\begin{aligned} M_z &= RF'(\cos\alpha\sin\beta-\sin\alpha\cos\beta) \\ &= RF'\sin(\beta-\alpha) = RF'\sin\Phi \end{aligned}$$

这就是对 z 轴的力矩表达式，其中 $R\sin\Phi$ 就是通常所说的力臂。

如果知道力矩矢量的大小以及与 z 轴之间的夹角 γ，那么力 F 对 z 轴的力矩为

$$M_z = M\cos\gamma = rF\sin\theta\cos\gamma \tag{2-12-6}$$

2.13 质点角动量守恒定律

2.13.1 角动量

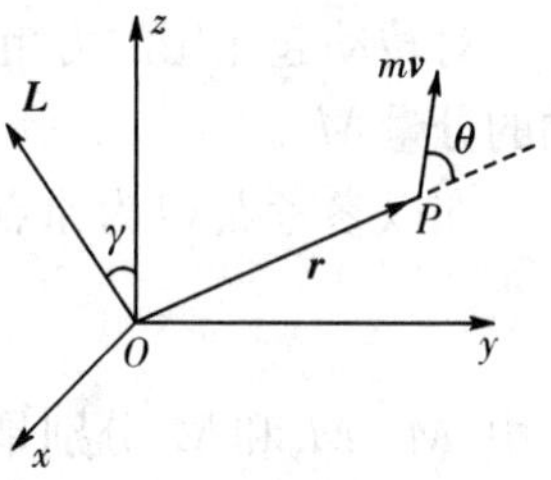

图 2-37 角动量

如果质量为 m 的质点，位置矢量为 $\boldsymbol{r}$，速度为 $\boldsymbol{v}$，则它相对于参考点 O 的角动量 $\boldsymbol{L}$ 定义为

$$\boldsymbol{L} = \boldsymbol{r} \times m\boldsymbol{v} \tag{2-13-1}$$

一个质点相对于参考点 O 的角动量等于质点的位置矢量与其动量的矢积，如图 2-37 所示。角动量是矢量，它的方向垂直于由矢量 $\boldsymbol{r}$ 和 $m\boldsymbol{v}$ 所决定的平面，其指向由右手螺旋关系确定：让右手的四指由位矢 $\boldsymbol{r}$ 的方向经小于 180°的角转到动量 $m\boldsymbol{v}$ 的方向，拇指所指的方向就是角动量 $\boldsymbol{L}$ 的方向。角动量的单位：$\mathrm{kg \cdot m^2 s^{-1}}$（千克·米^{2}秒$^{-1}$）。

如果位置矢量 $\boldsymbol{r}$ 与动量 $m\boldsymbol{v}$ 之间的夹角为 θ，那么角动量的大小为

$$L = rmv\sin\theta \tag{2-13-2}$$

质点对通过参考点 O 的任意轴线 Oz 的角动量 L_z，就是质点相对于同一参考点的角动量 $\boldsymbol{L}$ 沿该轴线的分量，可表示为

$$L_z = L\cos\gamma \tag{2-13-3}$$

式中，γ 是矢量 $\boldsymbol{L}$ 与 Oz 轴正方向的夹角。

当 $\gamma \leqslant \pi/2$ 时，$L_z \geqslant 0$；当 $\gamma \geqslant \pi/2$ 时，$L_z \leqslant 0$。

如果质点始终在 $O-xy$ 平面上运动，质点对 Oz 轴的角动量与对参考点 O 的角动量大小相等，

$$L_z = |\boldsymbol{L}| = rmv\sin\theta \tag{2-13-4}$$

式中，θ 仍是质点的位置矢量 $\boldsymbol{r}$ 与其动量 $m\boldsymbol{v}$ 之间的夹角，显然这时它也必定处于 $O-xy$ 平面内。不过应该注意，在这种情况下规定：面对 z 轴观察，由 $\boldsymbol{r}$ 方向沿逆时针转向 $m\boldsymbol{v}$ 的方向所形成的夹角才是 θ 角。

【例题 2-17】 一个质量为 m 的质点沿着 $\boldsymbol{r}=a\cos\omega t\boldsymbol{i}+b\sin\omega t\boldsymbol{j}$ 的平面曲线运动，其中 a、b 及 ω 皆为常数。试求：(1) 此质点所受的力对原点的力矩；(2) 质点对原点 O 的角动量。

解： (1) $\boldsymbol{v} = \mathrm{d}\boldsymbol{r}/\mathrm{d}t = -a\omega\sin\omega t\boldsymbol{i} + b\omega\cos\omega t\boldsymbol{j}$

$$\boldsymbol{a} = \mathrm{d}\boldsymbol{v}/\mathrm{d}t = -a\omega^2\cos\omega t\boldsymbol{i} - b\omega^2\sin\omega t\boldsymbol{j} = -\omega^2(a\cos\omega t\boldsymbol{i} + b\sin\omega t\boldsymbol{j}) = -\omega^2\boldsymbol{r}$$

$$\boldsymbol{F} = m\boldsymbol{a} = -m\omega^2\boldsymbol{r},\quad \boldsymbol{M} = \boldsymbol{r}\times\boldsymbol{F} = -m\omega^2\boldsymbol{r}\times\boldsymbol{r} = 0$$

(2) $\boldsymbol{L} = \boldsymbol{r}\times\boldsymbol{p} = m\boldsymbol{r}\times\boldsymbol{v}$

$$= m(a\cos\omega t\boldsymbol{i} + b\sin\omega t\boldsymbol{j})\times(-a\omega\sin\omega t\boldsymbol{i} + b\omega\cos\omega t\boldsymbol{j})$$

$$= m(ab\omega\cos^2\omega t\boldsymbol{k} + ab\omega\sin^2\omega t\boldsymbol{k}) = mab\omega\boldsymbol{k}$$

所以,质点所受的力对原点的力矩为 0,质点对原点 O 的角动量为 $mab\omega\boldsymbol{k}$。

2.13.2　角动量定理

质点在合力 $\boldsymbol{F}$ 的作用下,某瞬间的动量为 $m\boldsymbol{v}$,质点相对于参考点 O 的位置矢量为 $\boldsymbol{r}$。显然,此时质点相对于参考点 O 的角动量为

$$\boldsymbol{L}=\boldsymbol{r}\times m\boldsymbol{v}$$

根据牛顿第二定律,应有

$$\boldsymbol{F}=\frac{\mathrm{d}}{\mathrm{d}t}(m\boldsymbol{v})$$

用位置矢量 $\boldsymbol{r}$ 同时叉乘上式等号两边,得

$$\boldsymbol{r}\times\boldsymbol{F}=\boldsymbol{r}\times\frac{\mathrm{d}}{\mathrm{d}t}(m\boldsymbol{v})$$

$$\frac{\mathrm{d}}{\mathrm{d}t}(\boldsymbol{r}\times m\boldsymbol{v})=\frac{\mathrm{d}\boldsymbol{r}}{\mathrm{d}t}\times m\boldsymbol{v}+\boldsymbol{r}\times\frac{\mathrm{d}}{\mathrm{d}t}(m\boldsymbol{v}),$$

因为　$\dfrac{\mathrm{d}\boldsymbol{r}}{\mathrm{d}t}\times m\boldsymbol{v}=\boldsymbol{v}\times m\boldsymbol{v}=0,$

所以　$\dfrac{\mathrm{d}}{\mathrm{d}t}(\boldsymbol{r}\times m\boldsymbol{v})=\boldsymbol{r}\times\dfrac{\mathrm{d}}{\mathrm{d}t}(m\boldsymbol{v})$。

得　$\boldsymbol{r}\times\boldsymbol{F}=\dfrac{\mathrm{d}}{\mathrm{d}t}(\boldsymbol{r}\times m\boldsymbol{v})$,即

$$\boldsymbol{M}=\frac{\mathrm{d}\boldsymbol{L}}{\mathrm{d}t}\tag{2-13-5}$$

作用于质点的合力对某参考点的力矩等于质点对同一参考点的角动量随时间的变化率,这就是质点对参考点的角动量定理。

若把矢量方程式投影到 Oz 轴上,则可得到

$$M_z=\frac{\mathrm{d}L_z}{\mathrm{d}t}\tag{2-13-6}$$

质点对某轴的角动量随时间的变化率等于作用于质点的合力对同一轴的力矩,这就是质点对轴的角动量定理。

如果质点始终在 $O-xy$ 平面上运动,则

$$M_z=\frac{\mathrm{d}}{\mathrm{d}t}(rmv\sin\theta)\tag{2-13-7}$$

2.13.3　质点角动量守恒定律

如果作用于质点的合力对参考点的力矩等于零,即 $\boldsymbol{M}=0$,那么

$$\frac{d\boldsymbol{L}}{dt}=0$$

即

$$\boldsymbol{L}=\text{恒矢量} \tag{2-13-8}$$

若作用于质点的合力对参考点的力矩始终为零,则质点对同一参考点的角动量将保持恒定,这就是质点角动量守恒定律。

从力矩的定义(2-13-1)式可以看出：力矩等于零可能有三种情况：① $\boldsymbol{r}=0$,表示质点处于参考点上静止不动;② $\boldsymbol{F}=0$,表示所讨论的质点是孤立质点(或质点所受合力为零);③ $\boldsymbol{r}$ 和 $\boldsymbol{F}$ 都不为零,而 $\boldsymbol{r}\times\boldsymbol{F}=0$,也就是 $\boldsymbol{r}$ 与 $\boldsymbol{F}$ 平行或反平行,有心力是符合这个条件的力。

所谓有心力,就是其方向始终指向(或背离)固定中心的力,此固定中心称为力心。有心力存在的空间称为有心力场。例如,万有引力场、点电荷及均匀带电球体(或球面等)所产生的静电场都属于有心力场。行星绕太阳的运动就是在有心力作用下质点相对力心角动量守恒的典型例子。同时,由于有心力是保守力,行星运动的机械能也是守恒的。

如果作用于质点的合力矩不为零,而合力矩沿 Oz 轴的分量为零,那么可以得到

$$L_z=\text{恒量}(M_z=0\text{ 时}) \tag{2-13-9}$$

当质点所受对 Oz 轴的力矩为零时,质点对 z 轴的角动量保持不变,这就是质点对轴的角动量守恒定律。

质点作直线运动时,也可以讨论角动量的问题。如图 2-38 所示,一个质量为 m 的质点以速度 $\boldsymbol{v}$ 沿直线 ABC 作匀速运动,因为质点所受合力为零,所以质点对任意参考点 O 的角动量等于常量。角动量 $\boldsymbol{L}=\boldsymbol{r}\times m\boldsymbol{v}$ =恒矢量,其大小等于 $|\boldsymbol{L}|=|\boldsymbol{r}\times m\boldsymbol{v}|=r_\perp mv$=常量,方向保持不变。

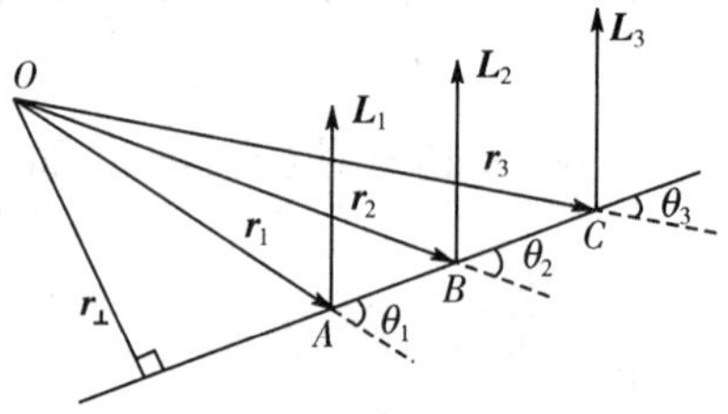

图 2-38 质点作直线运动时的角动量

【例题 2-18】 如图 2-39 所示,竖直放置的半径为 R 的光滑圆环上,在 A 点有一质量为 m 的小球,从静止开始下滑。若不计其他阻力,设 A 点与圆环中心同高,求小球到达 B 点时对圆环中心的角动量和角速度。

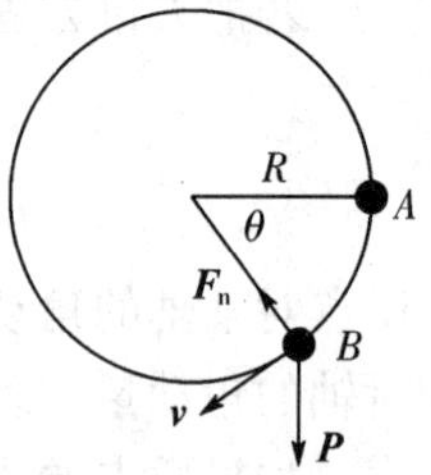

图 2-39 例题 2-18 图

解: 小球受重力矩作用,由角动量定理:

$$M=mgR\cos\theta=\frac{dL}{dt} \tag{1}$$

$$L=mRv=mR^2\omega=mR^2\frac{d\theta}{dt} \tag{2}$$

由式(2)可得:
$$dt=\frac{mR^2 d\theta}{L} \tag{3}$$

将式(3)代入式(1)并整理可得到: $LdL=m^2gR^3\cos\theta d\theta$。

利用初始条件对上式积分：$\int_0^L L\mathrm{d}L = m^2 gR^3 \int_0^\theta \cos\theta \mathrm{d}\theta$，　$L^2 = 2m^2 gR^3 \sin\theta$，

$$\omega = \sqrt{\frac{2g}{R}\sin\theta}$$

本题也可以运用质点的功能原理求解。

2.14　经典力学的适用范围

经典力学即牛顿力学包含以牛顿三定律为基础的动力学规律和牛顿万有引力定律。经典力学具有广泛的应用范围，但又与任何其他理论一样，经典力学也有它的局限性和适用范围。本节将更明确指出经典力学作为相对论和量子力学的极限情况而存在。

首先，经典力学的应用受到质点运动速度的限制。当物体运动的速度接近真空中的光速 c 时，经典力学不再适用，必须让位于相对论力学。在相对论力学中有许多与经典力学不同的概念。例如，在一个惯性系中观察一静止的钟和以一定速率 v 运动的钟，当 v 与 c 可以相比拟时，运动的钟要慢些，质点的质量将随速率的增加而增加。质量和能量是等价的，可以相互转换等等。当物体运动的速度比真空中的光速小得多时，质量、时间和长度的这种变化很小，可以忽略不计，经典力学完全适用。日常生活中见到的大都是低速运动的物体，2.5 倍音速的超音速飞机的速率不过为 $10^3\,\mathrm{m\cdot s^{-1}}$，即使阴极射线管中电子束中电子的运动速度也不过为 $10^7\,\mathrm{m\cdot s^{-1}}$，也可以不考虑狭义相对论效应。对于能量达到 5 MeV 的电子，如果仍按经典力学考虑，其速度已过高，此时必须按相对论力学考虑其运动。一般说来，经典力学在速率方面所受限制可以用速率 v 与真空中的光速 c 之比为标志。当 $v \ll c$ 时，若以 v 为标志，也可以说成 $c \to \infty$。因此，可将经典力学看作是相对论力学在 $c \to \infty$ 时的极限。

其次，牛顿力学的另一条限制是量子现象。随着物理学研究深入到微观世界，发现微观粒子不但具有粒子的性质，还能产生干涉、衍射现象。干涉和衍射是波所特有的性质，也就是说微观粒子具有波动性，这是牛顿经典力学无法解释的。正是在这种情形下，量子力学应运而生，量子力学能够很好地解释微观粒子的运动规律。一般情况下，讨论微观粒子的运动要运用量子力学，但是当粒子的能量比较大并且作用于粒子的力场变化比较慢时，仍然可以用经典力学来描述。在量子力学和经典力学之间找到一个常量，用它来标志在什么条件下可以用经典力学，而在什么条件下应该考虑用量子力学，此常量即为普朗克常数 h。若表征粒子运动的[能量]×[时间]、[动量]×[长度]、[角动量]等这样的量远远大于普朗克常数，则量子效应可以不予考虑，可以应用经典力学；若普朗克常数可以与之比拟，则应该考虑用量子力学。换言之，经典力学是量子力学在 $h \to 0$ 时的极限。

最后，从弱引力到强引力——广义相对论。天文观测发现行星的轨道并不严格闭合，它们的近日点在不断旋进，这种现象称为行星的轨道旋进。这是用牛顿万有引力定律无法得到满意解释的。爱因斯坦创立了广义相对论，根据广义相对论计算出的水星近日点的旋进与天文观测能很好吻合。广义相对论是一种新的时空引力理论，爱因斯坦还根据广义相对论预言了光线在经过大质量星体附近时会发生偏转，这也被天文观测所证实。根据牛顿万有引力定律，假定一个球形天体总质量不变，并通过压缩减小它的半径，天体表面上的引力

将增加，半径减小到原来的1/2，引力增大到原来的4倍。爱因斯坦引力理论表明，这个力实际上增大得更快些。天体半径越小，这种差别越大。根据牛顿万有引力定律理论，当天体被压缩成半径几乎为零的一个点时，引力趋于无穷大。爱因斯坦广义相对论则不然，引力趋于无穷大发生在半径接近一个“引力半径”时，这个引力半径的值由天体质量决定。例如太阳的引力半径为3 km，地球的引力半径为1 cm。因此，只要天体的实际半径远大于它们的引力半径，由爱因斯坦和牛顿引力理论计算出的力的差异并不大，但当天体的实际半径接近引力半径时，这种差异将急剧增大。这就是说，在强引力的情况下，牛顿引力理论将不再适用。

思 考 题

2-1　为什么说牛顿第一定律(惯性定律)蕴含惯性参考系的概念？

2-2　有人说牛顿第一定律是合外力为零时的第二定律，有人说牛顿第一定律已概括了全部运动定律的内涵，你对于这两种说法有何见解？

2-3　马拉车时，马和车的相互作用力大小相等而方向相反，为什么车能被拉动。试分析马和车的受力情况。

2-4　摩擦力是否一定阻碍物体的运动？试举例说明。

2-5　一个悬挂着的物体在水平面上作匀速圆周运动，有人在重力的方向上求合力，写出方程

$$F_T\cos\theta - mg = 0$$

另有人沿绳子拉力 F_T 的方向求合力，又写出方程

$$F_T - mg\cos\theta = 0$$

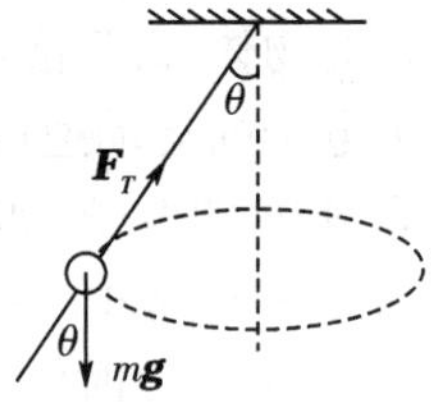

思考题 2-5 图

显然两者不能同时成立，试指出哪个方程式是错误的，为什么？

2-6　在系统的动量变化中内力起到什么作用？有人说，因为内力不改变系统的总动量，所以不论系统内各质点有无内力作用。只要外力相同，各质点的运动情况就相同。这种说法对吗？

2-7　若有一均匀的三角形薄板，试论证它的质心必在中线的交点上。

2-8　放焰火时，焰火质心的运动轨迹如何(不计空气阻力和风力)？为什么空中的焰火总是以球形逐渐扩大？

2-9　运动员跳高时用脚蹬地，地面对他的反作用力做功多少？他获得的重力势能是从哪里来的？地面反作用力有没有给他冲量？他获得向上的动量是从哪里来的？

2-10　将物体匀速或匀加速地拉起同样高度时，外力对物体所做的功是否相同？

2-11　给出物体在某一时刻的运动状态(位置、速度)，能确定此刻它的动能和势能吗？反之，如果已知物体的动能和势能，能否确定其运动状态？

2-12　在匀速运动的卡车上把木箱拉动一段距离时，人的拉力所做功的大小与参考系的选择有关吗？一个物体的机械能与参考系的选择有关吗？

习　　题

2－1　若要质点作直线运动，则质点必须　　（　　）

(A) 初速度为零，且不受外力

(B) 初速度为零，且外力是变化的

(C) 初速度不为零，但外力的方向始终沿初速度方向

(D) 初速度不为零，且外力是变化的

2－2　人造地球同步通信卫星(相对地球是静止的)，在卫星中物体的　　（　　）

(A) 视重为零，重力不为零　　(B) 重力为零，视重不为零

(C) 视重、重力都为零　　(D) 视重等于重力，不为零

2－3　质量同为 m 的两个小球 A 和 B 以一轻弹簧相连，然后将 A 球用细绳挂在天花板上，当细绳突然断掉时，两球落下的加速度为　　（　　）

(A) $a_A = a_B = g$　　(B) $a_A = 2g, a_B = g$

(C) $a_A = 2g, a_B = 0$　　(D) $a_A = g, a_B = g$

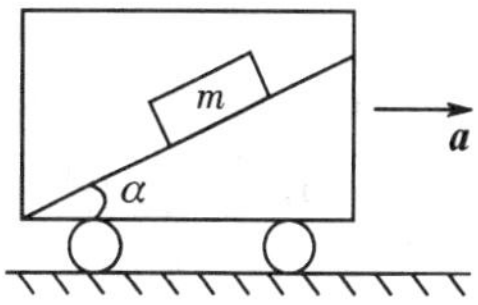

习题 2－4 图

2－4　车厢内有一倾角为 $\alpha(\alpha<\pi/4)$ 的光滑的固定斜面，一滑块 m 放在斜面上。当车厢沿水平路轨以恒定加速度 $|\boldsymbol{a}| = g$ 向左运动时，滑块 m 对斜面的作用力为　　（　　）

(A) $F_N = 0$　　(B) $0 < F_N < mg\cos\alpha$

(C) $F_N = mg\cos\alpha$　　(D) $F_N > mg\cos\alpha$

2－5　关于静摩擦力，下面哪些说法是错误的　　（　　）

(A) 静摩擦力的方向可以与物体运动的方向相同，也可以相反

(B) 只有在两个物体有相对运动趋势时，才存在静止摩擦力

(C) 静摩擦力的大小由接触面的性质决定

(D) 最大静摩擦力的大小等于正压力乘以静摩擦系数

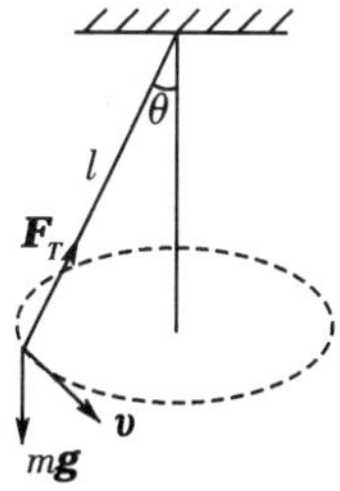

习题 2－6 图

2－6　一圆锥摆球在水平面内作匀速圆周运动，细线长 l，线中张力为 $\boldsymbol{F}_T$，小球重力为 $m\boldsymbol{g}$，忽略空气阻力，下述哪一个结论是错误的（　　）

(A) $F_T\cos\theta = mg$

(B) $F_T\sin^2\theta = \dfrac{mv^2}{l}$

(C) 合外力不做功，小球动量不变

(D) 重力不影响小球动量

2－7　一质量为 M 的平板车，以速度 v_0 在光滑水平面滑行，一质量为 m 的砂袋从高 h 处竖直自由落下，碰到车后两者合在一起，则其速度为　　（　　）

(A) v_0　　(B) $\dfrac{Mv_0+m\sqrt{2gh}}{M+m}$

(C) $\dfrac{Mv_0}{M+m}$　　(D) $\dfrac{m\sqrt{2gh}}{M+m}$

2－8　图中表示作用于物体上合外力随时间变化的曲线，该物体最初是静止的，则下列

陈述中有一个错误的是 ( )

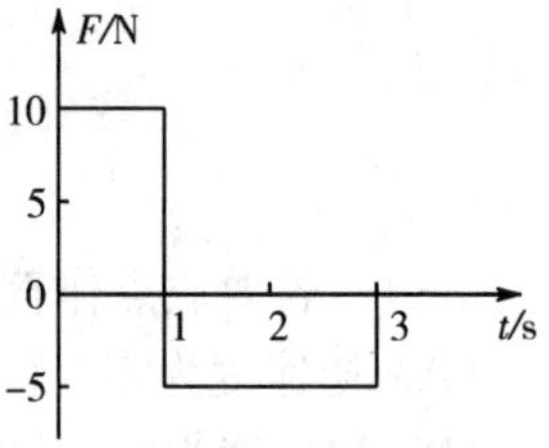

习题 2-8 图

(A) 前三秒内冲量为零

(B) 前三秒内外力的总功为零

(C) 第三秒末物体速度为零

(D) 前三秒内物体位移为零

2-9 用细线在竖直面内连接两个小球，手握一球使另一球绕它快速旋转，然后突然放手。在此后的运动过程中，(1) 动量守恒，(2) 对质心的角动量守恒，(3) 两球与地系统机械守恒。 ( )

(A) (1)、(3)正确　　(B) (1)、(2)正确

(C) (2)、(3)正确　　(D) 只有(3)正确

2-10 甲乙两个人造卫星质量相同，分别沿着各自的圆形轨道绕地球运行，甲的轨道半径较小，则和乙相比 ( )

(A) 甲的动能较小，势能较小，总能量较大

(B) 甲的动能较小，势能较大，总能量较大

(C) 甲的动能较大，势能较小

(D) 甲的动能较小，势能较小，总能量较小

2-11 物体以一定的动能 E_k 与静止的物体 B 作完全非弹性碰撞，设 $m_A=2m_B$，则碰撞后的总动能为 ( )

(A) $2E_k/3$　　(B) $E_k/2$

(C) $E_k/3$　　(D) E_k

2-12 下列说法中正确的是 ( )

(A) 物体动量不变，动能也不变

(B) 物体动能不变，动量也不变

(C) 物体动量变化，动能也一定变化

(D) 物体动能变化，动量却不一定变化

2-13 一个半径为 R 的匀质圆盘以角速度 ω 作匀速转动，一质量为 m 的人要从圆盘边缘走到中心处，圆盘对他所做的功为 ( )

(A) $mR\omega^2$　　(B) $-mR\omega^2$

(C) $\frac{1}{2}mR^2\omega^2$　　(D) $-\frac{1}{2}mR^2\omega^2$

2-14 下列各量中与惯性系选择无关的是 ( )

(A) $dA=\boldsymbol{F}\cdot d\boldsymbol{r}$　　(B) $dA=dE_x$

(C) $\boldsymbol{p}=m\boldsymbol{v}$　　(D) $E_k=\frac{1}{2}mv^2$

2-15 一滑冰者，以某一角速度开始转动，当他向内收缩双臂时， ( )

(A) 角速度增大，动能减小　　(B) 角速度增大，动能增大

(C) 角速度增大，动能不变　　(D) 角速度减小，动能减小

2-16　人造地球卫星在万有引力的作用下绕地球作椭圆运动，当它分别到达 A、B 两点时，则在 A、B 两点的　　　　　　　　　　　　　　　　　　　　　　　　　　（　　）

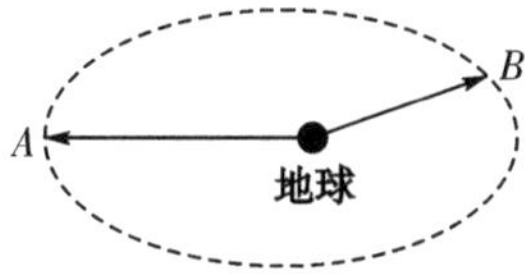

习题 2-16 图

(A) 受力大小相等　　　　　　　　　(B) 角动量相等

(C) 动量相等　　　　　　　　　　　(D) 动能相等

2-17　质量为 2 kg 的质点的运动学方程为 $\boldsymbol{r}=(6t^2-1)\boldsymbol{i}+(3t^2+3t+1)\boldsymbol{j}$，求证质点受恒力而运动，并求力的方向和大小。

2-18　质量为 m 的质点在 $O-xy$ 平面内运动，质点的运动学方程为：$\boldsymbol{r}=a\cos\omega t\boldsymbol{i}+b\sin\omega t\boldsymbol{j}$，其中，$a$，$b$，$\omega$ 为正常数，证明作用于质点的合力总指向原点。

2-19　如图所示，两物体的质量各为 m_1，m_2，物体之间及物体与桌面间的摩擦因数都为 μ，求在力 $\boldsymbol{F}$ 的作用下两物体的加速度及绳内张力，不计滑轮和绳的质量及轴承摩擦，绳不可伸长。

2-20　天平左端挂一定滑轮，一轻绳跨过定滑轮，绳的两端分别系上质量为 m_1，m_2 的物体（$m_1\neq m_2$），天平右端的托盘上放有砝码（如图所示）。问天平托盘和砝码共重多少，天平才能保持平衡？不计滑轮和绳的质量及轴承摩擦，且绳不伸长。

2-21　一个机械装置中，人的质量为 $m_1=60$ kg，人所站底板的质量为 $m_2=30$ kg，如图所示。设绳子和滑轮的质量以及滑轮轴承的摩擦力都可忽略不计，若想使人所站底板在空中静止不动，此人应以多大的力拉绳子？此时人对升降机的压力是多大？

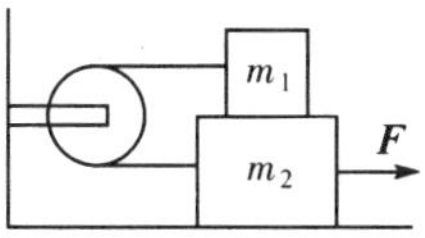

习题 2-19 图

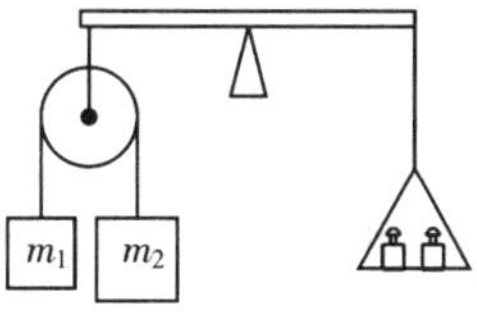

习题 2-20 图

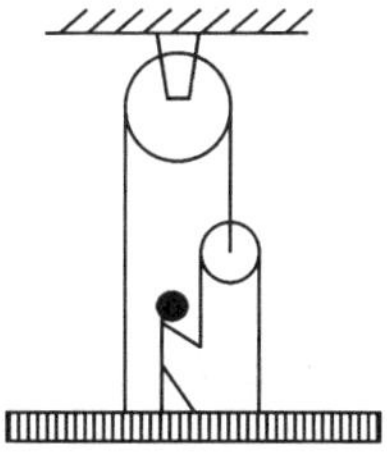

习题 2-21 图

2-22　桌面上有一质量为 $m_2=1$ kg 的木板，板上放一个质量为 $m_1=2$ kg 的物体。已知物体和木板之间的滑动摩擦因数为 $\mu_2=0.4$，静摩擦因数为 $\mu_0=0.5$，木板与桌面间的滑动摩擦因数为 $\mu_1=0.3$。(1) 今以水平力拉木板，物体和木板一起以加速度为 $a=1\ \mathrm{m\cdot s^{-2}}$ 运动，计算物体和木板以及木板与桌面间的相互作用力；(2) 若使木板从物体下抽出，至少需用多大的力？

2-23　沿竖直向上发射玩具火箭的推力随时间变化如图所示。火箭质量为2 kg，$t=0$ 时处于静止，求火箭发射后的最大速率和最大高度(注意：推力大于重力时，火箭才启动)。

2-24　汽车质量为 1.2×10^3 kg，在半径为 100 m 的水平圆形弯道上行驶，公路内外侧倾斜 15°，如图所示。沿公路取自然坐标，汽车运动学方程为 $s=0.5t^3+20t$ m。自 $t=5$ s 开始匀速运动，试求公路路面作用于汽车与前进方向垂直的摩擦力大小，并指出是由公路内侧指向外侧还是由外侧指向内侧？

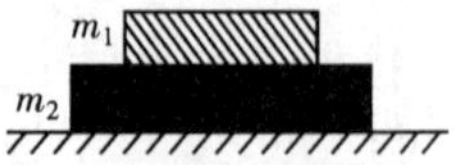

习题 2-22 图

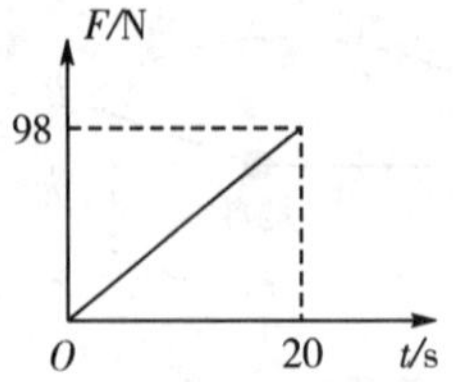

习题 2-23 图

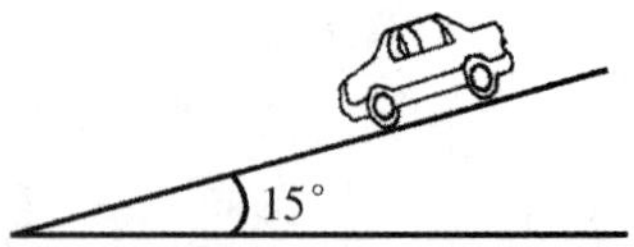

习题 2-24 图

2-25　一辆卡车能够沿着斜坡以 15 km·h^{-1}的速率向上行驶，斜坡与水平面夹角的正切 $\tan\alpha=0.02$，所受阻力等于卡车重量的 0.04 倍，如果卡车以同样功率匀速下坡，卡车的速率是多少？

2-26　质量为 $m=0.5$ kg 的木块可在水平光滑直杆上滑动，木块与一不可伸长的轻绳相连，绳跨过一固定的光滑小环（如图所示），绳端作用着大小不变的力 $F_T=50$ N，木块在 A 点时具有向右的速率 $v_0=6$ m·s^{-1}，求力 F_T 将木块从 A 点拉至 B 点时的速度。

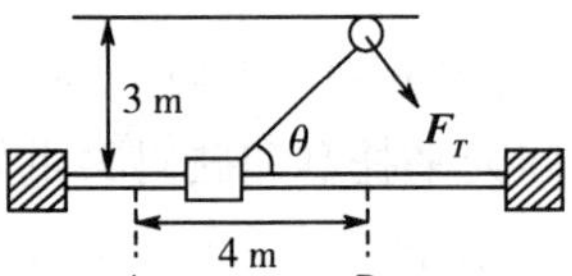

习题 2-26 图

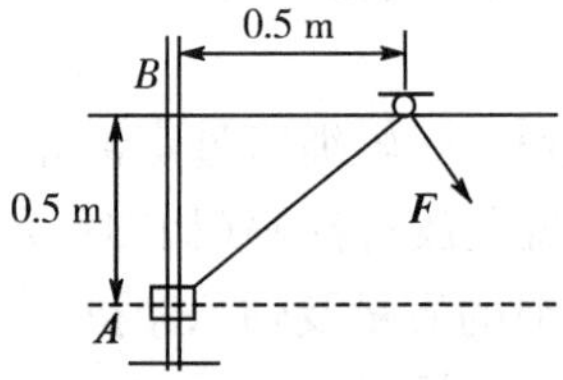

习题 2-27 图

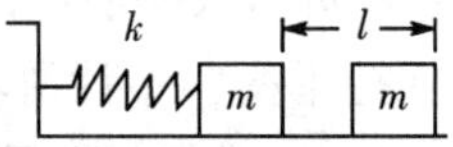

习题 2-28 图

2-27　质量为 1.2 kg 的木块套在光滑铅直杆上，不可伸长的轻绳跨过固定的光滑小环，环孔的直径远小于它到杆的距离，如图所示。绳端作用以恒力 $\boldsymbol{F}$，$F=60$ N，木块在 A 处有向上的速度 $v_0=2$ m·s^{-1}，求木块被拉至 B 点时的速度。

2-28　质量为 m 的物体与轻弹簧相连，最初 m 处于使弹簧既未压缩，又未伸长的位置，并以速度 v_0 向右运动，如图所示。弹簧的劲度系数为 k，物体与支撑面间的滑动摩擦系数为 μ。求证物体能达到的最远距离为 $l=\frac{\mu mg}{k}\left(\sqrt{1+\frac{k{v_0}^2}{\mu^2 mg^2}}-1\right)$。

2-29　滑雪运动员自 A 点自由下落，经 B 点越过宽为 d 的横沟到达平台 C 时，其速度 v_C 刚好为水平方向，如图所示。已知 A、B 两点的垂直距离为 25 m，坡道在 B 点的切线方向与水平面成 30°角，不计摩擦。求：(1) 运动员离开 B 点的速率 v_B；(2) B、C 的垂直高度差 h 及沟宽 d；(3) 运动员到达平台时的速率 v_C。

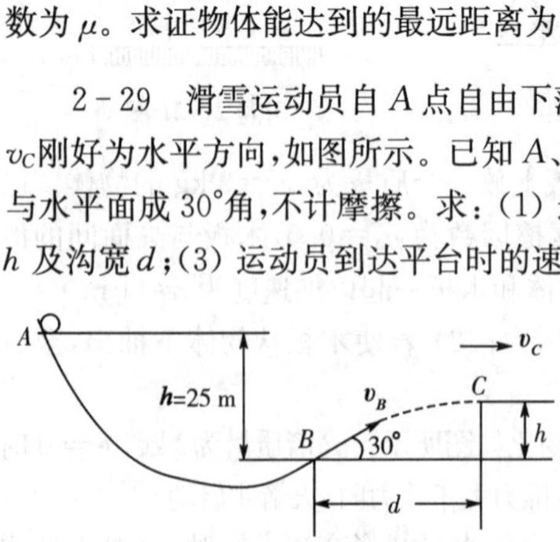

习题 2-29 图

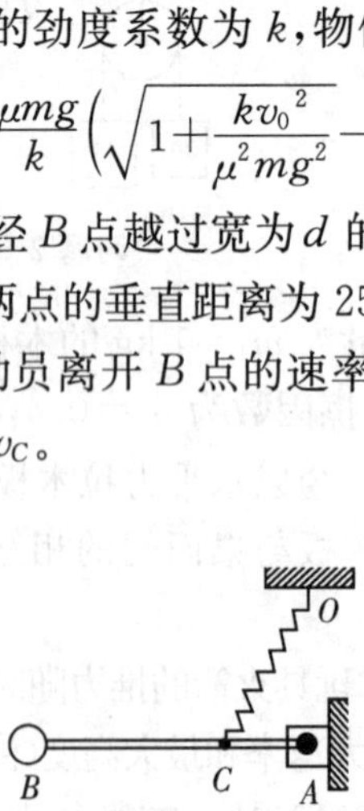

习题 2-30 图

习题 2-32 图

2-30　如图所示的装置中球的质量为 5 kg，杆 AB 长 1 m，AC 长 0.1 m，A 点距 O 点长 0.5 m，弹簧的劲度系数为 800 $N \cdot m^{-1}$，杆 AB 在水平位置时恰为弹簧自由状态，此时释放小球，小球由静止开始运动。求小球到铅垂位置时的速度，不计弹簧和杆的质量，以及摩擦。

2-31　卢瑟福在一篇文章中写道：可以预言，当 α 粒子和氢原子相碰时，可使之迅速运动起来。按正碰考虑很容易证明，氢原子速度可达 α 粒子碰撞前速度的 1.6 倍，即占入射 α 粒子能量的 64%。试证明此结论（碰撞是完全弹性的，且 α 粒子质量接近氢原子质量的 4 倍）。

2-32　m 为静止车厢的质量，质量为 M 的机车在水平轨道上自右以速率 v 滑行并与 m 碰撞挂钩，挂钩一起前进了 s 距离后静止，求轨道作用于车的阻力。

2-33　质量为 2 g 的子弹以 500 $m \cdot s^{-1}$ 的速度射向质量为 1 kg、用 $l=1$ m 长的绳子悬挂的摆，如图所示。子弹穿过摆后仍然有 100 $m \cdot s^{-1}$ 的速度，问摆沿铅直方向上升多高？

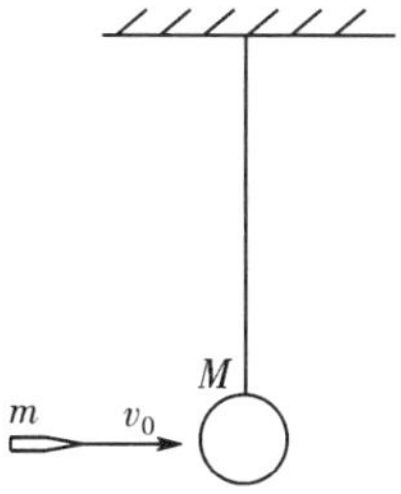

习题 2-33 图

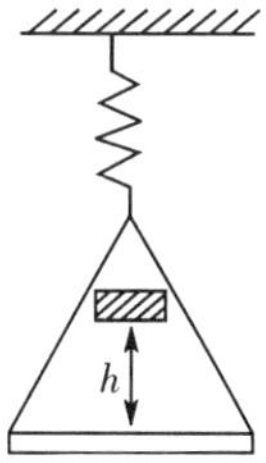

习题 2-34 图

2-34　一质量为 200 g 的框架用一弹簧悬挂使弹簧伸长 10 cm，有一质量为 200 g 的铅块在高 30 cm 处由静止落进框架，如图所示。求此框架向下移动的最大距离，不计弹簧质量和空气阻力。

2-35　质量为 $m_1=0.790$ kg 和 $m_2=0.800$ kg 的两物体以劲度系数为 10 $N \cdot m^{-1}$ 的轻弹簧相连，置于光滑水平桌面上，最初弹簧自由伸张如图所示。质量为 $m_0=0.01$ kg 的子弹以速率 $v_0=100$ $m \cdot s^{-1}$ 沿水平方向射于 m_1 内，问弹簧最多压缩多少？

2-36　一质量为 $m_1=10$ g 的子弹沿水平方向以速率为 110 $m \cdot s^{-1}$ 击中并射入质量为 $m_2=100$ g 的小鸟体内，小鸟原来站在离地面 $h=4.9$ m 高的树枝上（如图所示），求小鸟落地处与树枝的水平距离 s。

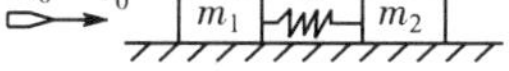

习题 2-35 图

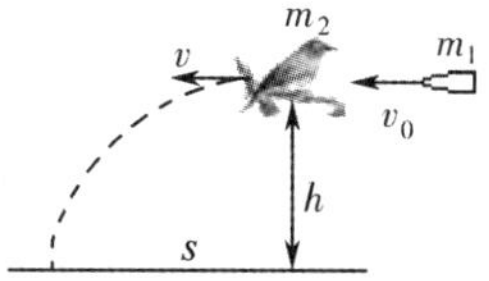

习题 2-36 图

2-37　棒球质量为 0.14 kg，用棒击棒球的力随时间的变化如图所示，设棒球被击前后速度增量大小为 70 $m \cdot s^{-1}$，求力的最大值（打击时不计重力）。

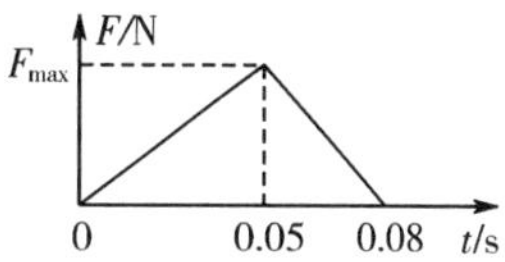

习题 2-37 图

2-38　地球质量为 6.0×10^{24} kg，地球与太阳相距 1.49×10^{8} km。视地球为质点，绕太阳作圆周运动，求地球对于圆轨道中心的角动量。

2-39　一个质量为 m 的质点在 $O-xy$ 平面内运动，其位置矢量为 $\boldsymbol{r}=a\cos\omega t\boldsymbol{i}+b\sin\omega t\boldsymbol{j}$，其中 a、b 和 ω 是正常数，试以运动学和动力学观点证明该质点对于坐标原点角动量守恒。

2-40　质量为 200 g 的小球 B 以弹性绳在光滑水平面上与固定点 A 相连，如图所示。弹性绳的劲度系数为 $8\ \mathrm{N\cdot m^{-1}}$，其自由伸展长度为 600 mm。最初小球的位置及速度 v_0，当小球的速率变为 v 时，它与 A 点的距离最大且等于 800 mm，求此时速率 v 和初速率 v_0。

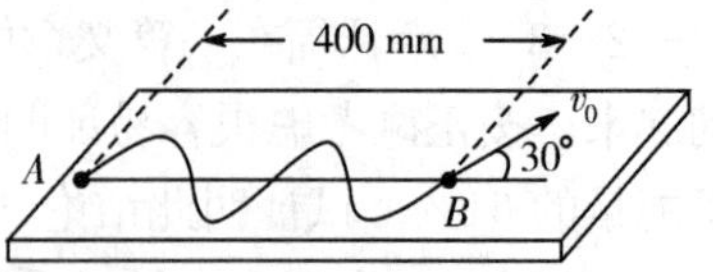

习题 2-40 图

2-41　两个滑冰运动员的质量均为 70 kg，以 $6.5\ \mathrm{m\cdot s^{-1}}$ 的速率沿相反方向滑行，滑行路线间的垂直距离为 10 m。当彼此交错时，各抓住 10 m 绳索的一端，然后相对旋转。(1) 在抓住绳索一端之前，各自对绳索中心的角动量是多少？抓住之后的角动量又是多少？(2) 它们各自收拢绳索至绳长为 5 m 时，各自的速率是多少？(3) 绳长为 5 m 时，绳内张力多大？(4) 两人在收拢绳索时，各自做了多少功？(5) 总动能如何变化？

第3章 刚体力学

对于机械运动的研究,只局限于质点的情况是很不够的。质点的运动只代表物体的平动。物体是有其形状和大小的,它可以做平动、转动以及更为复杂性的运动;而且在运动中,物体的形状也可能发生变化。但是在我们研究的问题中,如果物体的大小和形状必须考虑,而其形状的变化可以不考虑。此时,可以将物体看成大小形状在任何条件下都保持不变的物体——刚体。和质点一样,刚体也是一个理想模型。前两章介绍的力学的基本概念和定理、定律既可应用于质点也可用于质点系,因而刚体力学规律实际上是前两章的基本概念和原理在刚体上的具体应用。

刚体是指形状大小不变的物体,只有固体才可以近似地认为是刚体,而气体和液体与固体是不同的。它们没有一定形状的,它们可以以整体的形式从一个位置流动到另一个位置即具有流动性。因此,将气体和液体统称为流体。流体是一种特殊的质点系,同样可以用前两章介绍的力学概念和原理进行研究。

本章重点讨论刚体的定轴转动的情况,重要的概念有转动惯量、力矩、角速度和角动量等。简单介绍描述流体的基本概念,简要介绍流体力学的发展、理论基础及其应用。同时,守恒定律同样适用于刚体和流体的系统,如角动量守恒定律在现代物理学和航天科技中有着特别重要的意义,流体力学中最典型的原理——伯努利定理在航空、航海、气象等工程部门中都有广泛的应用。

3.1 刚体的定轴转动

3.1.1 平动和转动

平动和转动是刚体运动的最基本的两种形式。

如图 3-1 所示,在刚体运动过程中,如果刚体上的任意一条直线 AB 始终保持平行,这种运动就称为平动。根据这个定义可以得出,既然刚体上的任意一条直线在刚体平动过程中始终保持平行,那么直线上所有的点应有完全相同的位移、速度和加速度。又因为这条直线是任意的,故可断定在平动过程中刚体上所有的点的运动是完全相同的,它们具有相同的位移、速度和加速度。既然如此,就可以用刚体上任意一点的运动代表整个刚体的平动。因此,刚体的平动可以用质点的运动规律描述。

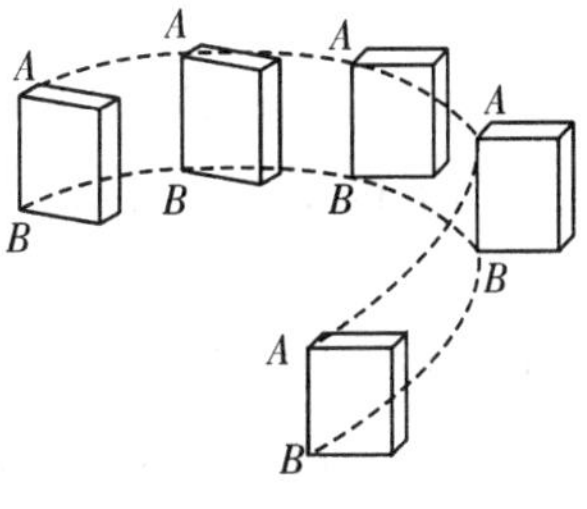

图 3-1 刚体平动

如图 3-2 所示,在刚体运动过程中如果刚体上所有的点都绕同一条直线作圆周运动,那么这种运动就称为转动,这条直线称为转轴。若转轴固定不动,则这种运动称为刚体的定轴转动,如图 3-3 所示。

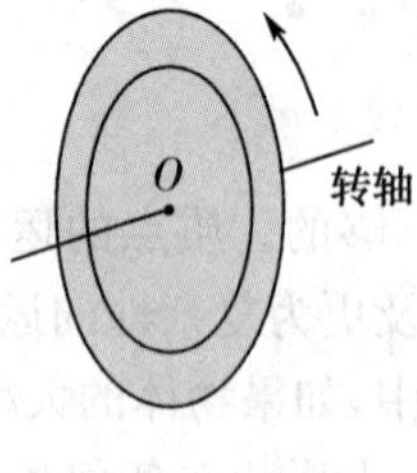

图 3-2　转动

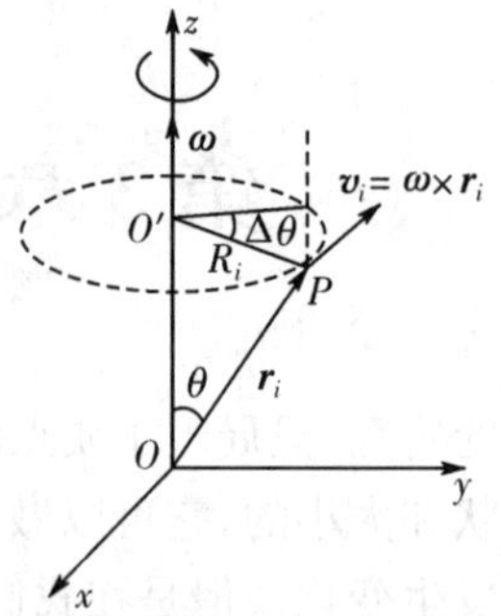

图 3-3　定轴转动

在一般情况下,刚体运动是相当复杂的,但无论多么复杂总可以分解为平动和转动。

3.1.2　刚体的定轴转动

定轴转动刚体上各点都在绕固定轴作圆周运动,圆周轨道所在平面垂直于转轴,这个平面称为转动平面,圆轨道的中心就是转动平面与转轴的交点 O,称为转心。刚体上各点(或质元)的半径(r_i)不等、速度 v_i 不同,但是刚体上各点半径在相同的时间间隔 Δt 内都转过相同的角度 $\Delta\theta$。刚体绕某一固定轴转动时,各质元的线速度、加速度一般是不同的,如图 3-4 所示。但是,由于各质元的相对位置保持不变,所以描述各质元运动的角量,如角位移、角速度和角加速度都是一样的。描述刚体转动时,采用角量较为方便。从刚体定轴转动的特点可知,在刚体内平行于转轴的直线上各点的运动情况完全相同。因此,该直线上的一点就可以代表该直线的运动。假想用一个与转轴垂直的平面截取刚体得到一个截面 S,若知道截面 S 各点的运动,那么整个刚体上各点的运动情况就都可以知道。因此,就可以用截面 S 代表定轴转动的刚体。

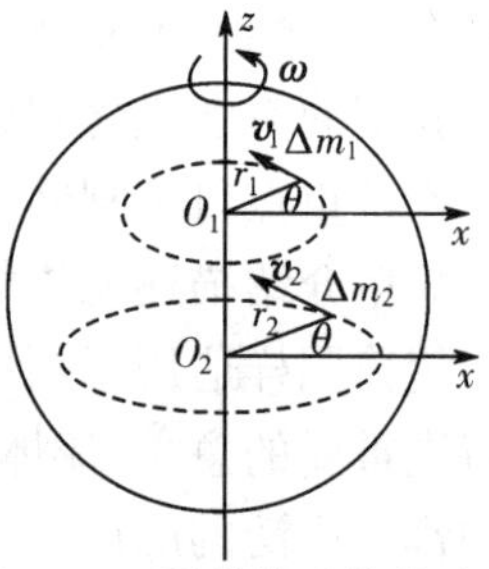

图 3-4　刚体转动的线速度与加速度

(1) 刚体转动的角速度和角加速度

定轴转动刚体在任意时刻的位置可以用角坐标表示

$$\theta=\theta(t) \tag{3-1-1}$$

(3-1-1)式即为刚体绕固定轴转动的运动学方程。

若用 $\mathrm{d}\theta\boldsymbol{k}$ 表示刚体在 $\mathrm{d}t$ 时间内转过的角位移,其角速度矢量为 $\boldsymbol{\omega}=\frac{\mathrm{d}\theta}{\mathrm{d}t}\boldsymbol{k}$,大小为 $|\boldsymbol{\omega}|=\left|\frac{\mathrm{d}\theta}{\mathrm{d}t}\right|$,而方向则规定为沿转轴的方向,具体指向由右手螺旋关系确定。角位移 $\Delta\theta$ 的正负确定:面对 z 轴看,逆时针方向转动,θ 增大,$\Delta\theta$ 取正;顺时针方向转动,θ 减小,$\Delta\theta$ 取负。

刚体定轴转动的角速度沿其转轴方向。所以,可以简化为标量,即

$$\omega=\frac{\mathrm{d}\theta}{\mathrm{d}t} \tag{3-1-2}$$

定轴转动中可用 ω 的正负表示转动方向。

角加速度为

$$\alpha=\frac{d\omega}{dt}=\frac{d^2\theta}{dt^2} \tag{3-1-3}$$

距离转轴为 r 的质元，其线速度 $\boldsymbol{v}$ 和刚体的角速度 $\boldsymbol{\omega}$ 的关系为

$$\boldsymbol{v}=\boldsymbol{\omega}\times\boldsymbol{r}=\boldsymbol{\omega}\times(x\boldsymbol{i}+y\boldsymbol{j}+z\boldsymbol{k}) \tag{3-1-4}$$

其线加速度与刚体的角加速度及角速度的关系为

$$a_t=r\alpha \tag{3-1-5}$$

$$a_n=r\omega^2 \tag{3-1-6}$$

(2) 匀变速转动

刚体定轴转动的一种简单情况是匀变速转动。在这种转动过程中，刚体转动的角加速度保持不变。以 ω_0 表示刚体在 $t=0$ 时的角速度，以 ω 表示刚体在 t 时刻的角速度，以 $\Delta\theta$ 表示刚体在 0 到 t 时刻的角位移，类比匀速直线运动可推导出相应的公式：

$$\omega=\omega_0+\alpha t \tag{3-1-7}$$

$$\omega^2-\omega_0^2=2\alpha\theta \tag{3-1-8}$$

$$\Delta\theta=\omega_0 t+\frac{1}{2}\alpha t^2 \tag{3-1-9}$$

【例题 3-1】 一个刚体以 60 r/min 的转速绕 z 轴作匀速转动（$\boldsymbol{\omega}$ 沿 z 轴正方向）。设某时刻刚体上一点 P 的位置矢量为 $\boldsymbol{r}=3\boldsymbol{i}+4\boldsymbol{j}$，其单位为 cm，若以 $1.0\ \text{cm}\cdot\text{s}^{-1}$ 为单位速度，则该时刻 P 点的速度为　　(　　)

(A) $\boldsymbol{v}=94.2\boldsymbol{i}+125.6\boldsymbol{j}$　　(B) $\boldsymbol{v}=-23.1\boldsymbol{i}+18.8\boldsymbol{j}$

(C) $\boldsymbol{v}=-25.1\boldsymbol{i}+18.8\boldsymbol{j}$　　(D) $\boldsymbol{v}=31.4\boldsymbol{k}$

解： $\boldsymbol{\omega}=\frac{60\times2\pi}{60}\boldsymbol{k}=2\pi\boldsymbol{k}\ \text{rad}\cdot\text{s}^{-1}$，$\boldsymbol{r}=3\boldsymbol{i}+4\boldsymbol{j}$

$\boldsymbol{v}=\boldsymbol{\omega}\times\boldsymbol{r}=2\pi\boldsymbol{k}\times(x\boldsymbol{i}+y\boldsymbol{j})=2\pi\boldsymbol{k}\times(3\boldsymbol{i}+4\boldsymbol{j})=-8\pi\boldsymbol{i}+6\pi\boldsymbol{j}\ (\text{cm}\cdot\text{s}^{-1})$，则 $\boldsymbol{v}=-25.1\boldsymbol{i}+18.8\boldsymbol{j}(\text{cm}\cdot\text{s}^{-1})$

故(C)正确。

【例题 3-2】 一条缆索绕过定滑轮拉动升降机，如图 3-5(a)所示。滑轮半径 $r=0.5$ m，如果升降机从静止开始以加速度 $a=0.4\ \text{m}\cdot\text{s}^{-2}$ 匀加速度上升，求：

(1) 滑轮的角加速度；

(2) 开始上升后，$t=5$ s 末滑轮的角速度；

(3) 在 5 s 内滑轮转过的圈数；

(4) 开始上升后，$t'=1$ s 末滑轮边缘上一点的

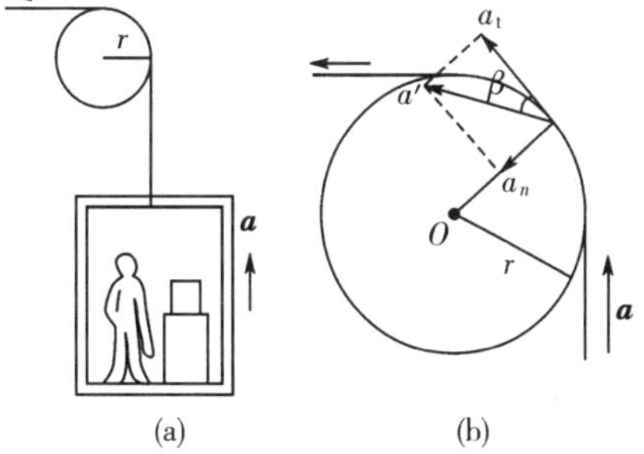

图 3-5　例题 3-2 图

加速度(假设缆索和滑轮之间不打滑)。

解: (1) 由于升降机的加速度和轮缘上一点的切向加速度相等,根据 $a_t=r\alpha$ 可得:

$$\alpha=\frac{a_t}{r}=\frac{a}{r}=\frac{0.4}{0.5}=0.8\ (\text{rad}\cdot\text{s}^{-2});$$

(2) $\omega=\alpha t$, $\omega=0.8\times5=4\ (\text{rad}\cdot\text{s}^{-1})$;

(3) $\theta=\frac{1}{2}\alpha t^2$, $\theta=\frac{1}{2}\times0.8\times5^2=10\ (\text{rad})$, $n=\frac{\theta}{2\pi}=\frac{10}{2\pi}=1.6$;

(4) 如图 3-5(b)所示,已知 $a_t=a=0.4\ (\text{m}\cdot\text{s}^{-2})$,又

$$\omega'=\alpha t'=0.8\times1=0.8\ (\text{rad}\cdot\text{s}^{-1}),$$

$$a_n=r\omega'^2=0.5\times0.8^2=0.32\ (\text{m}\cdot\text{s}^{-2}),$$

故

$$a'=\sqrt{a_n^2+a_t^2}=\sqrt{0.32^2+0.4^2}=0.51\ (\text{m}\cdot\text{s}^{-2})。$$

该加速度方向与轮缘切线方向的夹角 $\beta=\arctan\frac{a_n}{a_t}=\arctan\frac{0.32}{0.4}=38.7°$。

3.2 刚体定轴转动定理

牛顿定律是经典力学的基本规律,也是处理任何质点系力学问题的基本依据。处理质点系力学问题的基本方法是先隔离后求和,而刚体是一特殊质点系(刚体内任意两个质元之间的距离不随时间变化),基于这一考虑并结合转动特点,可导出刚体作定轴转动的动力学规律。

在外力矩的作用下绕定轴转动的刚体会产生角加速度并使角速度发生变化。这里将讨论作用在刚体上的外力矩与刚体转动的角加速度之间的关系。

3.2.1 转动定理

图 3-6 表示一绕 z 轴转动的刚体,为了研究刚体的转动规律,把刚体分成 n 个足够小的体积元,每个体积元都可以看作质点(亦称作质元)。刚体作定轴转动时,每个质点都作圆周运动。任选一个质点 P 进行分析,设其质量为 Δm_i,它距转轴 z 的距离为 r_i(相应的矢径为 $\boldsymbol{r}_i$)。设刚体绕轴转动的角速度和角加速度分别为 ω 和 α,Δm_i 所受的外力的合力和内力的合力分别为 $\boldsymbol{F}_i^{ex}$ 和 $\boldsymbol{F}_i^{in}$。为使讨论简化,假设 $\boldsymbol{F}_i$ 和 $\boldsymbol{F}_i^{in}$ 都在转动平面内,并设它们与矢径 $\boldsymbol{r}_i$ 的夹角分别为 φ_i 和 θ_i。

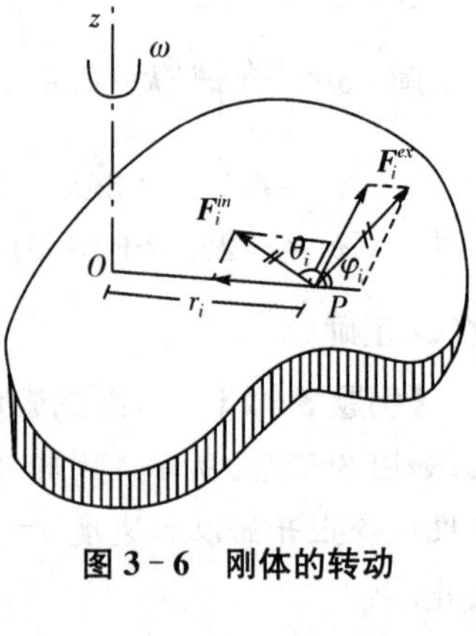

图 3-6 刚体的转动

对质点 P 应用牛顿第二定律,有

$$\boldsymbol{F}_i^{ex}+\boldsymbol{F}_i^{in}=\Delta m_i\boldsymbol{a}_i \tag{3-2-1}$$

式中,$\boldsymbol{a}_i$ 是质点 P 的加速度。

将(3-2-1)式按法向和切向分解,有

$$\text{法向：}F_{in}^{ex}+F_{in}^{in}=(\Delta m_i)a_{in} \tag{3-2-2a}$$

$$\text{切向：}F_{it}^{ex}+F_{it}^{in}=(\Delta m_i)a_{it} \tag{3-2-2b}$$

因为力的法向分量的作用线是通过转轴的，其力矩为零。所以，对转轴 z 的力矩($F_{it}^{ex}+F_{it}^{in}$)r_i 就是合力 $\boldsymbol{F}_i^{ex}+\boldsymbol{F}_i^{in}$ 对转轴 z 的力矩。

将(3-2-2b)式的两边各乘以 r_i，得到

$$(F_{it}^{ex}+F_{it}^{in})r_i=\Delta m_i a_{it} r_i$$

即 $F_i^{ex}r_i\sin\varphi_i+F_i^{in}r_i\sin\theta_i=\Delta m_i r_i^2\alpha$。

对整个刚体，有

$$\sum_{i=1}^{n}F_i^{ex}r_i\sin\varphi_i+\sum_{i=1}^{n}F_i^{in}r_i\sin\theta_i=\left(\sum_{i=1}^{n}\Delta m_i r_i^2\right)\alpha \tag{3-2-3}$$

因为内力中每对作用力与反作用力对转轴 z 力矩的矢量和恒为零，故所有内力对转轴 z 力矩的矢量和等于零。即(3-2-3)式左边第二项 $\sum\limits_{i=1}^{n}F_i^{in}r_i\sin\theta_i=0$。这样，(3-2-3)式左边只剩下第一项 $\sum\limits_{i=1}^{n}F_i^{ex}r_i\sin\varphi_i$。按定义，它是刚体所受各外力对转轴 z 的力矩之和，称为合外力矩，用 M 表示，则(3-2-3)式可写为

$$M=\sum_{i=1}^{n}F_i^{ex}r_i\sin\varphi_i=\left(\sum_{i=1}^{n}\Delta m_i r_i^2\right)\alpha \tag{3-2-4}$$

式中，$\sum\limits_{i=1}^{n}\Delta m_i r_i^2$ 是由刚体自身性质和转轴决定的物理量，叫做刚体对转轴 z 的转动惯量，常用 J 表示，即

$$J=\sum_{i=1}^{n}\Delta m_i r_i^2 \tag{3-2-5}$$

于是，(3-2-4)式可表示为

$$M=J\alpha=J\frac{\mathrm{d}\omega}{\mathrm{d}t} \tag{3-2-6}$$

(3-2-6)式表明：刚体所受到的对某一固定转轴的合外力矩等于刚体对同一转轴的转动惯量与刚体所获得的角加速度的乘积，即定轴转动刚体的角加速度与刚体所受的合外力矩成正比，与刚体对轴的转动惯量成反比。这就是刚体绕定轴转动的转动定理。

在刚体定轴转动的动力学中，形式上转动定理与平动的牛顿第二定律相对应。其物理内涵可以表述为：合外力矩作用在定轴转动刚体上的瞬时效应是产生角加速度，即改变刚体的转动状态。在应用转动定理时应注意下列几点：① M 是合外力矩，是各外力对 z 轴力矩的代数和，而不是各外力矢量和的力矩；② M、J、α 应是对同一转轴而言；③ 单位配套，三个量必须用同一单位制中的单位，即 M 的单位为 N·m(牛顿·米)；J 的单位为kg·m^2(千克·米^2)；α 的单位为 rad·s^{-2}(弧度·秒$^{-2}$)。

转动定理和牛顿第二定律在数学形式上相似，合外力矩与合外力相对应，转动惯量与质

量相对应,角加速度与加速度相对应。

3.2.2 转动惯量

首先明确转动惯量的物理意义。在对牛顿第二定律的讨论中已经知道,在相同外力作用下,质量较大的质点获得的加速度较小,即运动状态难改变,它的惯性大;质量较小的质点获得的加速度较大,即运动状态较容易改变,它的惯性小。由转动定理可以得出类似结论:在相同外力矩作用下,转动惯量较大的刚体获得的角加速度较小,转动状态不易改变,它的转动惯性大;转动惯量较小的刚体获得的角加速度较大,转动状态容易改变,它的转动惯性小。由此能够清楚地看到刚体的转动惯量是描述刚体转动惯性大小的物理量。因此,转动惯量 J 是刚体转动惯性大小的量度。

若刚体是由有限个分立质元组合而成,可直接用定义式(3-2-5)式通过求和的方法计算其转动惯量。

一般情况下,刚体的质量是连续分布的,这时刚体可视为无穷多个无限小质元的刚性组合,求转动惯量 J 的方法则由求和过渡到用积分计算。

$$J=\lim_{n\to\infty}\sum_{i=1}^{n}\Delta m_i r_i^2=\int_m r^2\,\mathrm{d}m \tag{3-2-7}$$

【例题 3-3】 *求质量为 m,长为 l 的匀质细棒对通过棒的中心并与棒垂直的转轴的转动惯量。*

解: 如图 3-7 所示,沿棒长方向取 x 轴,任取一长度元 $\mathrm{d}x$。以 λ 表示单位长度的质量,则这一长度元的质量为 $\mathrm{d}m=\lambda\mathrm{d}x$。根据转动惯量的定义 $J=\int_m r^2\mathrm{d}m$,得

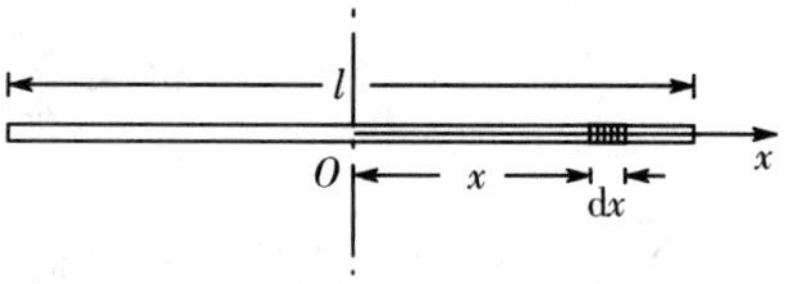

图 3-7 例题 3-3 图

$$J=\int_{-l/2}^{l/2}x^2\,\mathrm{d}m=\int_{-l/2}^{l/2}x^2\lambda\mathrm{d}x=\frac{1}{3}\lambda x^3\Big|_{-l/2}^{l/2}=\frac{1}{12}\lambda l^3$$

以 $\lambda=m/l$ 代入,可得

$$J=\frac{1}{12}ml^2。$$

只有几何形状简单、质量分布连续且密度按一定规律变化的刚体,才能用积分的方法计算其转动惯量。而对于任意刚体的转动惯量通常是用实验的方法测定。由于篇幅的限制,这里就不介绍具体测定方法,有兴趣的读者可以参考物理学专业的教材的相关内容。

在某些转轴不通过质心的情况下,为便于计算转动惯量,可借助下述平行轴定理进行计算。

3.2.3 平行轴定理和垂直轴定理

同一刚体对不同转轴的转动惯量不同,它们之间没有一个简单的数字关系,但若两根转轴彼此平行且其中一根通过刚体的质心(质量中心),则分别对这两根转轴的转动惯量之间有一简单关系。

(1) 平行轴定理

如图 3-8 所示，m 表示刚体的质量，J_c 表示刚体对通过其质心 c 轴的转动惯量，另一个转轴与通过质心的转轴平行并且它们之间相距 d，则此刚体对于该轴的转动惯量为：

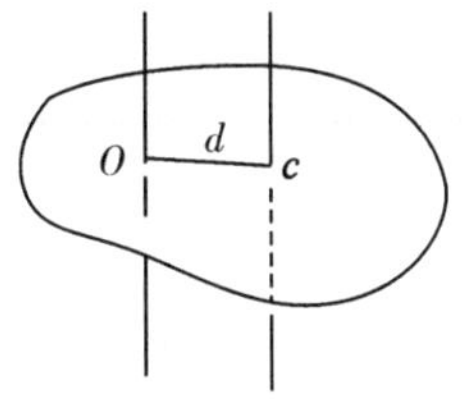

图 3-8　平行轴定理

$$J = J_c + md^2 \tag{3-2-8}$$

这一关系叫做平行轴定理。

利用平行轴定理可以求得质量为 m、长为 l 的均质细棒通过棒的一端并与棒垂直的转轴的转动惯量为：

$$J = J_c + md^2 = \frac{1}{12}ml^2 + m\left(\frac{l}{2}\right)^2 = \frac{1}{3}ml^2$$

对通过棒上离中心为 h 的一点并与棒垂直的转轴的转动惯量为：

$$J = J_c + md^2 = \frac{1}{12}ml^2 + mh^2 = m\left(\frac{l^2}{12} + h^2\right)$$

由此可以看出：同一刚体对于不同转轴的转动惯量是不同的。

(2) 垂直轴定理

如图 3-9 所示，若 z 轴垂直于厚度为无限小的刚体薄板的板面，xy 平面与板面重合，则此刚体薄板对三个坐标轴的转动惯量有如下关系：

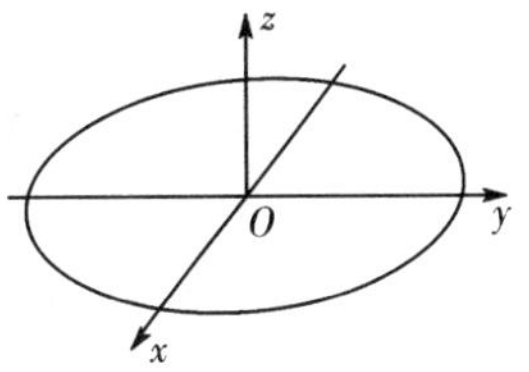

图 3-9　垂直轴定理

$$J_z = J_x + J_y \tag{3-2-9}$$

这一规律称为垂直轴定理。注意：对于厚度不是非常薄的板，该定理不适用。

关于上述两个定理的证明，一般的力学教科书上都可以找到，如有需要请读者自行查阅。

【例题 3-4】 求质量为 m，半径为 R 的均质薄圆盘绕下列两轴的转动惯量：(1) 通过中心并与此圆面垂直的转轴；(2) 通过盘心并处于盘面内的转轴的转动惯量。

解： (1) 设圆盘的质量面密度为 σ，则 $\sigma = \frac{m}{\pi R^2}$。如图 3-10 所示，取半径为 r、宽为 $\mathrm{d}r$ 的小环，则小环的转动惯量为 $\mathrm{d}J = r^2\mathrm{d}m = \sigma 2\pi r^3\mathrm{d}r$。

整个圆盘的转动惯量为 $J = \int \mathrm{d}J = \int_0^R r^2\mathrm{d}m = \int_0^R \sigma 2\pi r^3\mathrm{d}r = \frac{\pi}{2}\sigma R^4$

将 $\sigma = \frac{m}{\pi R^2}$ 代入上式，得 $J = \frac{1}{2}mR^2$。

(2) 根据垂直轴定理有　　$J_z = J_x + J_y$，

由于对称性，$J_x = J_y$，所以 $J_z = 2J_x = \frac{1}{2}mR^2$，

解得　　　　$J_x = J_y = \frac{1}{4}mR^2$。

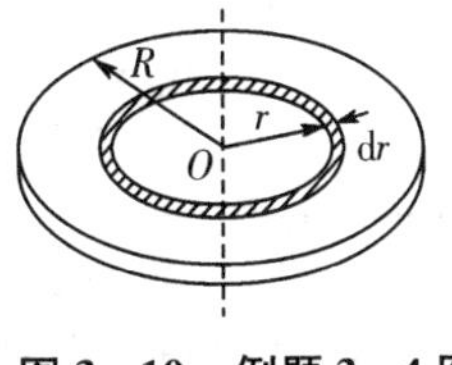

图 3-10　例题 3-4 图

读者可思考：圆盘绕通过其边缘并与此圆盘截面垂直的转轴的转动惯量为多少？

利用(3-2-7)式计算几种常见形状刚体的转动惯量，并将结果列在表3-1中。

表3-1　几种常见形状刚体的转动惯量

刚　体		转　轴	转动惯量
细棒	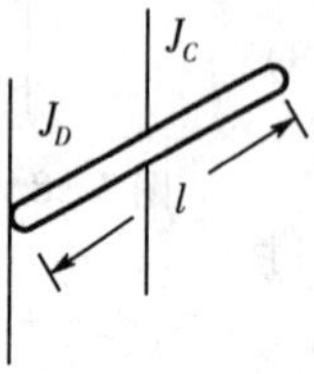	通过中心与棒垂直	$J_C=\frac{1}{12}ml^2$
		通过端点与棒垂直	$J_D=\frac{1}{3}ml^2$
薄圆环	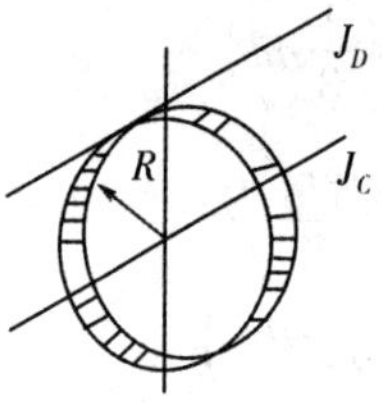	通过中心与环面垂直	$J_C=mR^2$
		通过边缘与环面垂直	$J_D=2mR^2$
圆盘	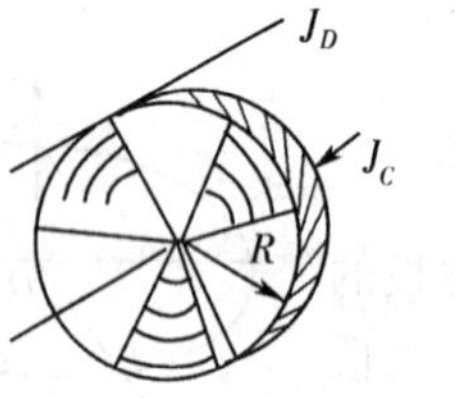	通过中心与盘面垂直	$J_C=\frac{1}{2}mR^2$
		通过边缘与盘面垂直	$J_D=\frac{3}{2}mR^2$
空心圆柱	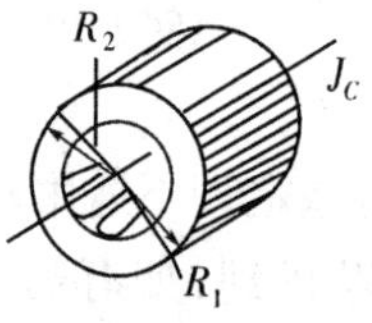	对称轴	$J_C=\frac{1}{2}m(R_1^2+R_2^2)$
球壳	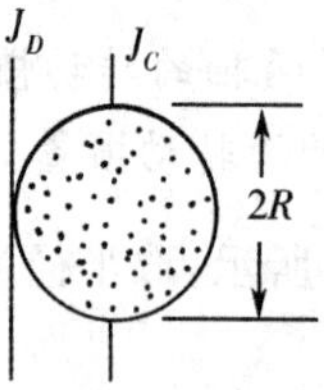	中心轴	$J_C=\frac{2}{3}mR^2$
		切线	$J_D=\frac{5}{3}mR^2$
球体	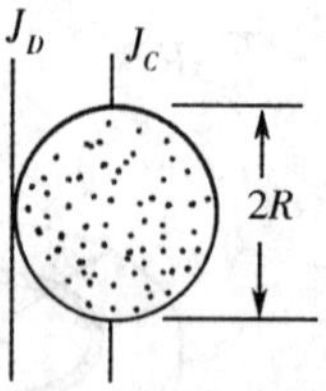	中心轴	$J_C=\frac{2}{5}mR^2$
		切线	$J_D=\frac{7}{5}mR^2$

由表3-1可以看出，刚体的转动惯量与下列因素有关：① 刚体的质量，各种形状刚体的转动惯量都与它自身的质量成正比；② 转轴的位置，刚体的大小、形状和质量都相同但转轴的位置不同，转动惯量也不同；③ 质量的分布，质量一定、密度相同的刚体，质量分布不同

（就是刚体的形状不同），转动惯量也不同。

【例题 3－5】 如图 3－11(a)所示，一质量为 M，半径为 R 的定滑轮（均匀圆盘）上绕有细绳。绳的一端固定在滑轮边上，另一端挂一个质量为 m 的物体而下垂。忽略轴处的摩擦，求物体下落时的加速度。

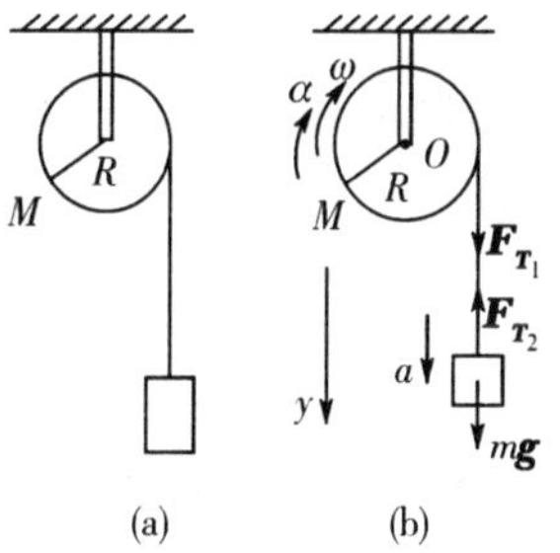

图 3－11　例题 3－5 图

解： 如图 3－11(b)所示，拉力 F_{T_1} 和 F_{T_2} 的大小相等，以 F_T 表示。

对定滑轮 M，由转动定理，对于轴 O，有：

$$RF_T = J\alpha = \frac{1}{2}MR^2\alpha \tag{1}$$

对物体 m，根据牛顿第二定律，沿 y 轴方向，有：

$$mg - F_T = ma \tag{2}$$

滑轮和物体的运动学关系为：

$$a = R\alpha \tag{3}$$

联立(1)、(2)和(3)式，可解得：

$$a = \frac{mg}{m + M/2}。$$

【例题 3－6】 如图 3－12 所示，一个飞轮质量 $m = 60$ kg，半径 $R = 0.25$ m，以初角速度 $\omega_0 = 1\,000\ \mathrm{r \cdot min^{-1}}$ 运行，现在要使飞轮在 0.5 s 内均匀减速而最后停下。求闸瓦对轮子的压力 F_N 为多大？设闸瓦与飞轮之间的滑动摩擦因数为 $\mu_k = 0.8$，飞轮的质量可以看作全部均匀分布在轮的外周上。

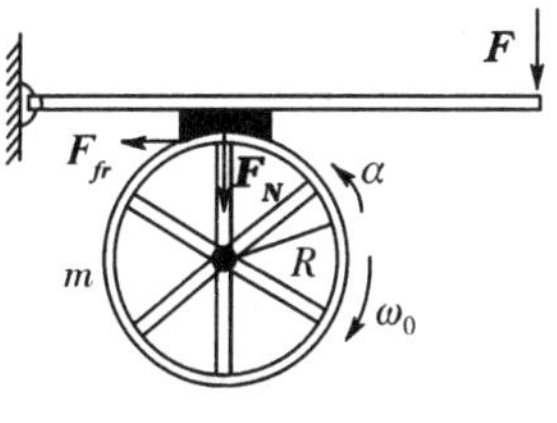

图 3－12　例题 3－6 图

解： $\omega_0 = (1\,000 \times 2\pi)/60 = 104.7\ (\mathrm{rad \cdot s^{-1}})$

飞轮在制动过程中的角加速度为：

$$\alpha = \frac{\omega - \omega_0}{t} = \frac{0 - 104.7}{5} = -20.9\ (\mathrm{rad \cdot s^{-2}})$$

式中负号表示 α 与 ω_0 的方向相反，减速运动。

飞轮的这一负角加速度是外力矩作用的结果，该外力矩就是当用力将闸瓦紧压到轮缘产生的摩擦力的力矩。以 ω_0 方向为正，摩擦力的力矩为负值。以 F_{fr} 表示摩擦力的数值，则它对轮的转轴的力矩为

$$M = -F_{fr}R = -\mu_k F_N R$$

根据刚体定轴转动定理有

$$-\mu_k F_N R = J\alpha$$

将 $J = mR^2$ 代入可得：

$$F_N = -\frac{mR\alpha}{\mu_k} = -\frac{60 \times 0.25 \times (-20.9)}{0.8} = 392\ (\mathrm{N})$$

所以，闸瓦对轮子的压力为 392 N 时可使飞轮在 0.5 s 内均匀减速并最后停止。

3.3 刚体绕定轴转动的角动量守恒定律

3.3.1 刚体对转轴的角动量

由(2-13-4)式可知：当质点在垂直于 z 轴的平面内绕 z 轴作圆周运动时，质点对 z 轴的角动量为 $L_z = rmv$。如图 3-13 所示，若刚体绕 z 轴作定轴转动，过刚体上任意一质量为 Δm_i 的体元作垂直于 z 轴的平面，交 z 轴于点 O，显然这个平面就是一个转动平面，体元 Δm_i 就在这个平面内绕 z 轴作半径为 r_i 圆周运动。根据(2-13-4)式，这个体元对 z 轴的角动量可以表示为

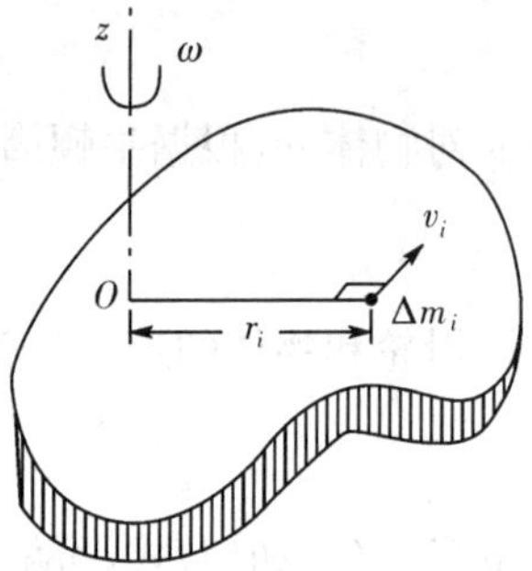

图 3-13　刚体对转轴的角动量

$$L_{zi} = r_i \Delta m_i v_i$$

式中，r_i 和 v_i 分别是体元 Δm_i 到转轴的距离和线速度。

若刚体作定轴转动的角速度为 ω，则 $v_i = r_i\omega$，于是

$$L_{zi} = \Delta m_i r_i^2 \omega \qquad (3-3-1)$$

因为所有转动平面都是等价的，组成刚体的每个体元对转轴的角动量都可以用(3-3-1)式表示，所以整个刚体对转轴的角动量则是将所有体元对转轴的角动量求和，即

$$L_z = \sum_i L_{zi} = (\sum_i \Delta m_i r_i^2)\omega = J\omega \qquad (3-3-2)$$

上式表示：作定轴转动的刚体对转轴的角动量等于刚体对同一转轴的转动惯量与角速度的乘积。这与质点的动量 $\boldsymbol{p} = m\boldsymbol{v}$ 的定义类似。

3.3.2 刚体对转轴的角动量定理

可以将转动定理写成另一种形式

$$M_z = \frac{\mathrm{d}(J\omega)}{\mathrm{d}t}$$

实验表明：转动定理写成这种形式比(3-2-5)式更具普遍性，当物体的转动惯量不是常量(如转动中的刚体组相对位置改变或发生形变的物体)时，(3-2-5)式不再适用，但上式仍然有效。由(3-3-2)式代入上式可以得到：

$$M_z = \frac{\mathrm{d}(J\omega)}{\mathrm{d}t} = \frac{\mathrm{d}L_z}{\mathrm{d}t} \qquad (3-3-3)$$

(3-3-3)式表示：作定轴转动刚体对转轴的角动量随时间的变化率等于刚体相对于同一转轴所受外力的合力矩。这一结论称为刚体对转轴的角动量定理。

(3-3-3)式可以改写为

$$dL_z = M_z dt \tag{3-3-4}$$

式中，$M_z dt$ 称为冲量矩，它等于力矩与力矩作用于刚体的时间的乘积。

(3-3-4)式表示：作定轴转动的刚体在时间间隔 $t \sim (t+dt)$ 内所受冲量矩等于刚体对同一转轴的角动量的增量。(3-3-3)式和(3-3-4)式是刚体绕定轴转动的角动量定理的微分形式。

如果刚体在从 t_1 到 t_2 的时间内受到力矩的作用使它绕定轴转动的角速度从 ω_1 变化到 ω_2，则对(3-3-4)式积分可得

$$\int_{t_1}^{t_2} M_z dt = J\omega_2 - J\omega_1 \tag{3-3-5}$$

这是刚体绕定轴转动的角动量定理的积分形式。

3.3.3　刚体对转轴的角动量守恒定律

在定轴转动中，如果刚体所受外力对转轴的合力矩为零即 $M_z=0$，那么由(3-3-3)式可得

$$\frac{dL_z}{dt} = \frac{d(J\omega)}{dt} = 0$$

或

$$L_z = J\omega = 恒量 \tag{3-3-6}$$

上式表示，当定轴转动的刚体所受外力对转轴的合力矩为零时，刚体对该转轴的角动量保持不变。这就是刚体对转轴的角动量守恒定律。

(3-3-6)式所表示的刚体对转轴的角动量守恒定律与质点系对轴的角动量守恒定律是一致的。这种一致性是显而易见的，因为刚体就是一个特殊的质点系。(3-3-6)式不仅适用于作定轴转动的刚体，也适用于绕同一转轴转动的多个刚体的组合(称为刚体组或刚体系)。刚体组在围绕同一转轴作定轴转动时，整个系统对转轴的角动量保持恒定，可能有两种情形：一种情形是系统的转动惯量和角速度的大小均保持不变；另一种情形是转动惯量改变(例如，在转动过程中各个刚体之间发生相对运动)，角速度的大小也同时改变，但两者的乘积保持不变。

图 3-14 表示，人手持哑铃坐在可绕竖直轴转动的凳子上，开始时人将双臂伸开并使人和凳子以一定的角速度转动。当人将双臂收拢，哑铃移到胸前时转动惯量减小，人和凳子的转动角速度显著增大。若人重新将双臂伸开，转动惯量增大，人和凳子的转动角速度又会减小。芭蕾舞演员和花样滑冰运动员在做各种快速旋转动作时，也是利用了对转轴的角动量守恒定律，开始时他们总是先将臂、腿伸展开以一定的角速度旋转，然后突然将臂、腿收拢，使转动惯量减小，转速则立即增大。

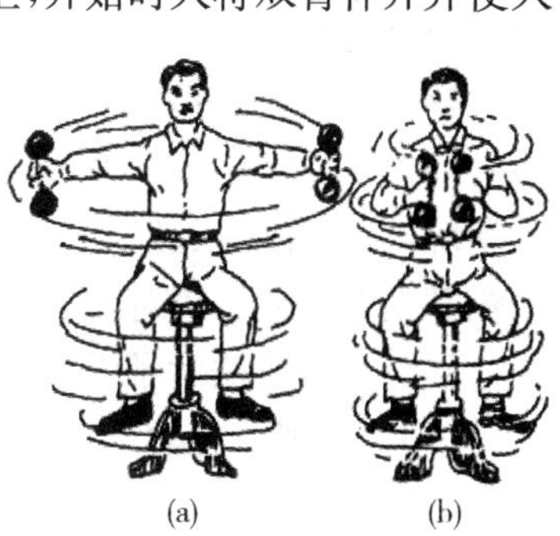

图 3-14　茹可夫斯基转椅

刚体角动量守恒的实例很多。例如，直升机在未发动前总角动量为零，发动后旋翼在水平面内高速旋转，角动量

守恒表明，机身必然会产生反向旋转。为了避免这种情况发生，在机尾上安装一个在竖直平面内旋转的尾翼，以此产生水平推力来阻碍机身的旋转。

刚体对转轴的角动量守恒定律具有重要应用。图 3-15 是一个安装在常平架上的回转仪（又称陀螺仪），它是具有轴对称性、相对于对称轴 OO' 具有较大转动惯量并可绕此轴高速旋转的物体 G。常平架是由支撑在框架 K 上的两个圆环 A 和 B 组成的，A 环和 B 环可分别绕其支点 a、a' 和 b、b' 所决定的轴自由转动。由图 3-15 可以看到，aa' 轴垂直于 bb' 轴，OO' 轴垂直于 bb' 轴，并且这三个轴都通过回转仪的重心。当回转仪以高速旋转时，因为它不受任何外力矩的作用，其转轴 OO' 在空间的取向将恒定不变。如果将这种装置安装在舰船、飞机或导弹上，并与自控系统配合，可以随时校正运行的方向，从而用于导航。

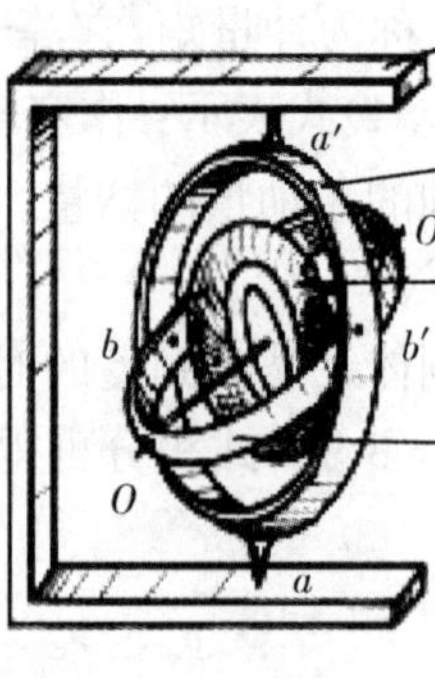

图 3-15　安装在常平架上的回转仪（陀螺仪）

【例题 3-7】 机器上的两飞轮 A 和 B，通过摩擦啮合后以相同转速一起转动，如图 3-16所示。A 和 B 对轴的转动惯量分别为 J_A、J_B，啮合前的角速度分别为 ω_{10} 和 ω_{20}，求啮合后两飞轮的共同角速度 ω。

解： 以两飞轮作为研究系统，所受外力为轴力和重力，对转轴的力矩都为零，故对转轴角动量守恒

$$J_A\omega_{10}+J_B\omega_{20}=(J_A+J_B)\omega$$

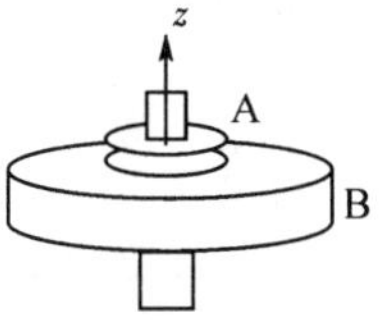

图 3-16　例题 3-7 图

所以

$$\omega=\frac{J_A\omega_{10}+J_B\omega_{20}}{J_A+J_B}$$

可见，当 ω_{10} 和 ω_{20} 同方向时，ω 与它们方向相同；当 ω_{10} 和 ω_{20} 反向时，ω 的方向决定于角动量较大的那个飞轮的转动方向；当 $\omega_{10}=-\dfrac{J_B\omega_{20}}{J_A}$ 时，$\omega=0$。工程上采用的摩擦离合器就是利用这一原理。

【例题 3-8】 如图 3-17 所示，一根长为 l、质量为 M 的均匀直木棒，其一端挂在一个水平光滑轴上而静止在竖直位置。今有一质量为 m 的子弹，以水平速度 v_0 射入棒的下端并留在木棒的下端内。求木棒和子弹开始一起运动时的角速度。

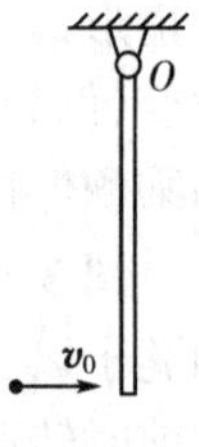

图 3-17　例题 3-8 图

解： 由于从子弹射入木棒到两者开始一起运动所经历的时间极短，在这一过程中木棒的位置基本不变即仍然保持竖直。因此，对于木棒和子弹组成的系统，在子弹射入过程中系统所受的外力（重力和轴的支持力）对于轴 O 的力矩都是零。故系统对 O 轴的角动量守恒。

设 ω、v 分别表示子弹和木棒一起运动时的角速度和木棒端点的速度，取垂直于纸面向外为正方向，则由角动量守恒得

$$mlv_0=\frac{1}{3}Ml^2\omega+mlv$$

将 $v = l\omega$ 代入上式得到木棒和子弹开始一起运动时的角速度为

$$\omega = \frac{3m}{3m+M} \cdot \frac{v_0}{l}$$

研究性课题：茹科夫斯基转椅

茹科夫斯基转椅是一个简易的实验装置。绕定轴转动的刚体当对转轴的合外力矩为零时，刚体对转轴的角动量守恒，即 $J\omega =$ 恒量。刚体的转动惯量 J 一般为常量，$J\omega$ 不变导致 ω 不变，即刚体在不受合外力矩时将维持匀角速转动。此时仅表明刚体存在转动惯性。但若转动物体是一种可变形固体，并可通过某种机制产生的内力改变它对转轴的转动惯量，则物体的角速度就会产生相应的自动变化。当 J 增大时 ω 就减小，J 减小时 ω 就增大，从而保持乘积 $J\omega$ 不变。茹可夫斯基转椅的实验，人和转椅的转速随着人手臂的伸缩而改变。因为人的双臂用力并不产生对转轴的外力矩，略去转轴受到的摩擦力矩，系统的角动量应保持守恒。在人伸缩双臂改变转动惯量时，系统的角速度就必然发生变化。通过本装置，探究合外力矩为零的条件下物体系统的角动量守恒，角动量守恒的物体系统的转动惯量变大或变小时，角速度又如何变化。

茹科夫斯基转椅

3.4　刚体绕定轴转动的动能定理

刚体转动时，作用在刚体上某点的力做的功仍然用此力和受力作用的质元位移的标积来定义。但是，对于刚体这个特殊的质点系，在转动中做的功可以用一个特殊形式表示，即力矩的功。

3.4.1　力矩的功

在刚体转动中，作用在刚体上某点力所做的功，仍等于此力和受力作用的质元位移的标积。首先，对于刚体这个特殊质点系，在运动过程中任意两个质元 i、j 的相对位移 $\Delta \boldsymbol{r}_{ij}$ 恒为零。质元间相互作用内力的功为

$$\Delta A_{ij} = \boldsymbol{F}_{ij}^{in} \cdot \Delta \boldsymbol{r}_{ij} \equiv 0 \tag{3-4-1}$$

因此，内力的功可以不考虑。

显然，外力对刚体做的总功应是各个外力对各相应质元所做功的总和。在刚体转动中，外力的功可以用一个特殊形式——力矩的功来表示。如图3-19所示，$\boldsymbol{F}$ 表示作用在刚体上 P 点的外力。当刚体绕固定轴 Oz（垂直于图面）有角位移 $\mathrm{d}\theta$ 时，P 点的位移为 $\mathrm{d}\boldsymbol{r}$，力 $\boldsymbol{F}$ 所做的元功为

$$\mathrm{d}A = \boldsymbol{F} \cdot \mathrm{d}\boldsymbol{r} = F\sin\alpha r\,\mathrm{d}\theta,$$

$$M_z = F\sin\alpha \cdot r$$

$$dA = M_z d\theta \qquad (3-4-2)$$

M_z 就是力 $\boldsymbol{F}$ 相对于转轴的力矩。

设刚体从 θ_0 转到 θ，则力 $\boldsymbol{F}$ 做的功可用积分表达

$$A = \int_{\theta_0}^{\theta} M_z d\theta \qquad (3-4-3)$$

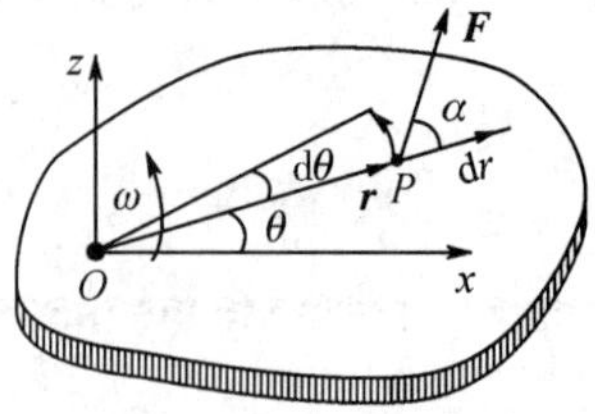

图 3-19　力矩的功

(3-4-3)式为力矩的功。它表明：当刚体转动时，作用在刚体上的某外力所做的功等于该力对转轴的力矩与角位移的积分。

力矩的功并不是新概念，本质上仍然是力做的功，即力的功在刚体转动中的特殊表示形式。在讨论刚体的转动时，采用这种表达形式比较方便。

若作用在刚体上的力 $\boldsymbol{F}$ 不在与转轴 z 垂直的平面内，则可将 $\boldsymbol{F}$ 分解为平行于转轴的分量 $\boldsymbol{F}_1$ 和垂直于转轴的分量 $\boldsymbol{F}_2$。注意到，$d\boldsymbol{r}$ 垂直于转轴，$\boldsymbol{F}_1 \cdot d\boldsymbol{r} = 0$，所以 $dA = \boldsymbol{F}_2 \cdot d\boldsymbol{r} = F_2 \sin\alpha r d\theta$。因为 $M_z = F_2 \sin\alpha \cdot r$，仍有 $dA = M_z d\theta$。

若作用在以 z 轴为转轴的刚体上有多个外力，它们分别是 $\boldsymbol{F}_1$、$\boldsymbol{F}_2$、…、$\boldsymbol{F}_i$、…、$\boldsymbol{F}_n$，则可以先考虑其中的任意力 $\boldsymbol{F}_i$ 对刚体的作用。外力 $\boldsymbol{F}_i$ 作用于刚体上的点 P，过点 P 作垂直于 z 轴的平面，交 z 轴于点 O，显然这个平面就是刚体的一个转动平面。在此平面内，点 P 相对于点 O 的位置矢量为 $\boldsymbol{r}_i$，$\boldsymbol{r}_i$ 与 $\boldsymbol{F}_i$ 的夹角为 α_i。在 dt 时间内刚体转过 $d\theta$ 角，与此相对应，点 P 的位移为 $d\boldsymbol{r}_i$。在此过程中，外力 $\boldsymbol{F}_i$ 所做的元功为

$$dA_i = \boldsymbol{F}_i \cdot d\boldsymbol{r}_i = F_i \sin\alpha_i \cdot r_i d\theta = M_{zi} d\theta \qquad (3-4-4)$$

式中，M_{zi} 是外力 $\boldsymbol{F}_i$ 对转轴 Oz 的力矩。

对于作用于刚体的其他外力，同样也可用上述方法分析，并得出与(3-4-4)式相同的结果。因此，在整个刚体转过 $d\theta$ 角的过程中，n 个外力所做的总功为

$$dA = \sum_i dA_i = \sum_i M_{zi} d\theta \qquad (3-4-5)$$

式中，$\sum_i M_{zi}$ 是作用于刚体的所有外力对 Oz 轴的力矩的代数和，也就是作用于刚体的外力对转轴的合外力矩 M_z。因此(3-4-5)式可以写为 $dA = M_z d\theta$。

力矩的瞬时功率可以表示为

$$P = \frac{dA}{dt} = M_z \frac{d\theta}{dt} = M_z \omega \qquad (3-4-6)$$

式中 ω 是刚体绕转轴的角速度。

(3-4-6)式表示：力矩的瞬时功率等于对转轴的力矩与角速度的乘积。与质点力学中力的功率 $P = \boldsymbol{F} \cdot \boldsymbol{v}$ 类似。

3.4.2　刚体的转动动能

如图 3-13 所示，设刚体绕固定轴 Oz 以角速度 ω 转动，可以认为刚体是由 n 个可视为质点的体元所组成，各体元的质量分别为 Δm_1、Δm_2、…、Δm_n，各体元到转轴 Oz 的距离依次

是 r_1、r_2、…、r_n。

显然，整个刚体的转动动能应该等于 n 个体元绕 Oz 轴作圆周运动的动能总和，即

$$E_k = \sum_{i=1}^{n} \frac{1}{2}\Delta m_i v_i^2 = \sum_{i=1}^{n} \frac{1}{2}\Delta m_i r_i^2 \omega^2 = \frac{1}{2}(\sum_{i=1}^{n} \Delta m_i r_i^2)\omega^2 \tag{3-4-7}$$

将(3－4－7)式与质点运动动能的表达式相比较，可以看到：如果将刚体转动角速度 ω 与质点运动速率 v 相对应，$\sum_{i=1}^{n}\Delta m_i r_i^2$ 为刚体对转轴的转动惯量 J。所以，刚体转动动能的一般表达式为

$$E_k = \frac{1}{2}J\omega^2 \tag{3-4-8}$$

(3－4－8)式表明刚体绕定轴转动的动能等于刚体对轴的转动惯量与角速度平方乘积的 1/2。由此可见，高速旋转的飞轮(刚体)能够储存较多的能量。刚体转动动能与质点运动动能在表达形式上的相似性是可以理解的，因为刚体转动动能实际上是组成这个刚体的所有质点作圆周运动的动能总和。这种表达形式上的相似性还表现在其他运动规律中。

【例题 3－9】 一根质量为 $m = 1.0\,\mathrm{kg}$、长为 $l = 1.0\,\mathrm{m}$ 的均匀细棒，绕通过棒的中心并与棒相垂直的转轴以角速度 $\omega = 63\,\mathrm{rad \cdot s^{-1}}$ 旋转，求细棒的转动动能。

解： 由上一节可知细棒对转轴的转动惯量 $J = \frac{1}{12}ml^2$，根据(3－4－8)式可得求转动动能 E_k 为

$$E_k = \frac{1}{2}J\omega^2 = \frac{1}{2}\cdot\frac{1}{12}ml^2\omega^2 = \frac{1}{24}\times 1.0 \times 1.0^2 \times 63^2 = 1.7\times 10^2\ (\mathrm{J})。$$

3.4.3　刚体绕定轴转动的动能定理

由质点组的动能定理 $\sum A_{外} + \sum A_{内} = \sum E_k - \sum E_{k0}$ 可知：作用于质点系的外力与内力对系统所做的总功等于系统动能的增量，这对于刚体这一特殊质点系无疑也是适用的。由于刚体内各质点的间距保持不变，刚体内各质元间相互作用的一切内力做功之和为零，即 $\sum A_{内} = 0$。对于定轴转动的刚体而言，外力所做的功总是表现为外力矩所做的功。这样，就可以写出下面的关系式

$$\mathrm{d}A = M\mathrm{d}\theta$$

由刚体定轴转动定理有 $M = J\alpha = J\frac{\mathrm{d}\omega}{\mathrm{d}t}$，上式可写成

$$\mathrm{d}A = M\mathrm{d}\theta = J\alpha\mathrm{d}\theta = J\frac{\mathrm{d}\omega}{\mathrm{d}t}\mathrm{d}\theta = J\frac{\mathrm{d}\theta}{\mathrm{d}t}\mathrm{d}\omega = J\omega\mathrm{d}\omega$$

若上式中的 J 为常量，则在 Δt 时间内合外力矩对刚体做功，使刚体的角速率由 ω_1 变到 ω_2，合外力对刚体所做的功为

$$A = \int \mathrm{d}A = J\int_{\omega_1}^{\omega_2}\omega\mathrm{d}\omega$$

对上式积分得

$$A=\frac{1}{2}J\omega_2^2-\frac{1}{2}J\omega_1^2 \tag{3-4-9}$$

上式表示：对于定轴转动的刚体，合外力矩对于绕固定轴转动的刚体所做的功等于刚体转动动能的增量。这就是刚体绕定轴转动的动能定理。

3.4.4 刚体的重力势能

如果一个刚体处在保守力场中也可以引入势能的概念。例如，在重力场中的刚体就具有一定的重力势能。它的重力势能就是它的各质元重力势能的总和。如图 3-20 所示，设刚体内任意质元 i 的质量为 Δm_i，设 $h=0$ 处为重力势能为零，则它的重力势能为

$$E_{pi}=\Delta m_i g h_i$$

整个刚体的重力势能为

$$E_p=\sum_i E_{pi}=\sum_i \Delta m_i g h_i=g\sum_i \Delta m_i h_i$$

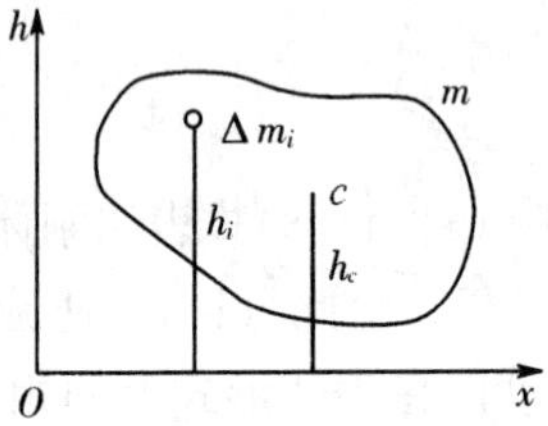

图 3-20 刚体的重力势能

根据质心的定义，设在某坐标系中刚体上第 i 个质元的质量为 Δm_i，位置矢量为 $\boldsymbol{r}_i$，则刚体质心位置定义为 $\boldsymbol{r}_c=\dfrac{\sum_i \Delta m_i \boldsymbol{r}_i}{\sum_i \Delta m_i}$，在直角坐标系中的分量式为

$$x_c=\frac{\sum_i \Delta m_i x_i}{\sum_i \Delta m_i},\ y_c=\frac{\sum_i \Delta m_i y_i}{\sum_i \Delta m_i},\ z_c=\frac{\sum_i \Delta m_i z_i}{\sum_i \Delta m_i}$$

当刚体的质量连续分布时，上述求和过渡成为积分。

此刚体重心的 z 坐标应为

$$z_c=\frac{\sum_i \Delta w_i z_i}{\sum_i \Delta w_i}=\frac{g\sum_i \Delta m_i z_i}{g\sum_i \Delta m_i}=\frac{\sum_i \Delta m_i z_i}{\sum_i \Delta m_i}$$

所以，刚体重心的高度应为

$$h_c=\frac{\sum_i \Delta m_i h_i}{\sum_i \Delta m_i}$$

所以

$$E_p=mgh_c \tag{3-4-10}$$

上式表明：刚体的重力势能决定于刚体质心距势能零点的高度，即计算刚体的重力势能时可把刚体的质量看成集中于其质心，计算其质点的势能即可。对于包括有刚体的系统，如果在运动过程中只有保守内力做功，则该系统的机械能必然守恒。

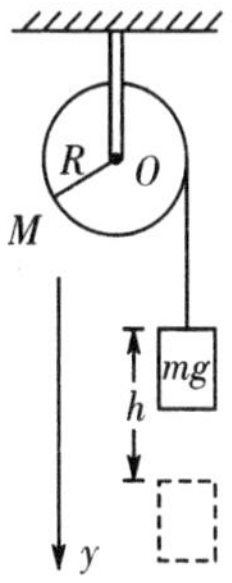

图 3-21　例题 3-10 图

【例题 3-10】　如图 3-21 所示，一个质量为 M、半径为 R 的定滑轮边上绕有细绳。绳的一端固定在定滑轮边上，另一端挂一质量为 m 的物体而下垂。忽略轴处摩擦，求物体由静止下落 h 高度时的速度和此刻滑轮的角速度。

解：选取滑轮、物体和地球为研究系统，在质量为 m 的物体下降的过程中，滑轮轴对滑轮的作用力（外力）所做的功为零（无位移）。因此，系统只有重力（保守力）做功，所以机械能守恒。

滑轮的重力势能不变，可以不考虑；取物体的初始位置为零势能点，则系统初态的机械能为零，末态的机械能为：

$$\frac{1}{2}J\omega^2+\frac{1}{2}mv^2+mg(-h)$$

机械能守恒：$\frac{1}{2}J\omega^2+\frac{1}{2}mv^2+mg(-h)=0$

将关系式　$J=\frac{1}{2}MR^2$ 和 $\omega=\frac{v}{R}$ 代入上式可得：

$$\frac{1}{4}MR^2\left(\frac{v}{R}\right)^2+\frac{1}{2}mv^2=mgh,\quad v^2\left(\frac{M+2m}{4}\right)=mgh$$

$$v=2\sqrt{\frac{mgh}{2m+M}} \tag{1}$$

滑轮的角速度为

$$\omega=\frac{v}{R}=\frac{2}{R}\sqrt{\frac{mgh}{(2m+M)}} \tag{2}$$

式(1)和(2)就是物体由静止下落 h 高度时的速度和滑轮的角速度。

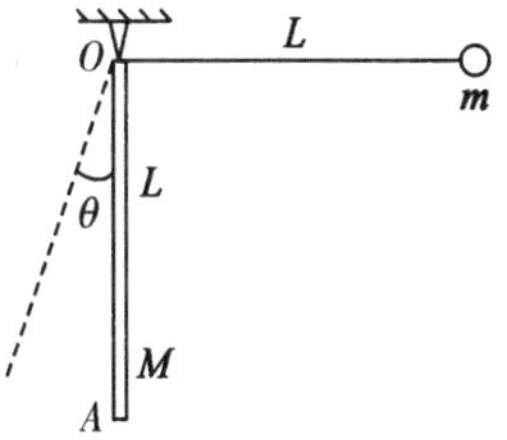

图 3-22　例题 3-11 图

【例题 3-11】　如图 3-22 所示，长为 L 的匀质细杆，一端悬于 O 点自由下垂，一个单摆也悬于 O 点，摆线长也为 L，摆球质量为 m。现将单摆拉到水平位置后静止释放，摆球在 A 点与杆作完全弹性碰撞后恰好静止，试求：(1) 细杆的质量 M；(2) 碰撞后细杆摆动的最大角度。

解：由机械能守恒定律可求得摆球在 A 点的速度为

$$v_0=\sqrt{2gL}$$

(1) 摆球在 A 点与杆的完全弹性碰撞过程中对 O 点的角动量守恒：

$$mLv_0=\frac{1}{3}ML^2\omega \tag{1}$$

机械能守恒：

$$\frac{1}{2}mv_0^2=\frac{1}{2}\times\frac{1}{3}ML^2\omega^2 \tag{2}$$

联立式(1)、(2)可解得：$\begin{cases} M = 3m \\ \omega = \sqrt{\dfrac{2g}{L}} \end{cases}$ (3)

(2) 由机械能守恒定律可得

$$Mg\frac{L}{2}(1-\cos\theta_{\max}) = \frac{1}{2}\times\frac{1}{3}ML^2\omega^2 \quad (4)$$

联立式(3)、(4)可解得：$\cos\theta_{\max} = \dfrac{1}{3}$，$\theta_{\max} = 70.53°$。

即细杆的质量 M 为摆球质量 m 的 3 倍，细杆摆动的最大角度为 $\theta_{\max} = 70.53°$。

思考：若细杆的质量与摆球质量相同，则单摆摆线 L 为多长时单摆拉到水平位置后静止释放，摆球在与杆作完全弹性碰撞后恰好静止。

为了便于理解刚体定轴转动的规律性，学习时必须注意将刚体运动规律形式和研究思路与质点相类比。为此将质点的运动和刚体的定轴转动的有关重要物理量和物理规律列成表 3－2。

表 3－2　质点的运动规律和刚体的定轴转动规律对照表

质点的运动	刚体的定轴转动
速度　$\boldsymbol{v} = \dfrac{d\boldsymbol{r}}{dt}$	角速度　$\omega = \dfrac{d\theta}{dt}$
加速度　$\boldsymbol{a} = \dfrac{d\boldsymbol{v}}{dt} = \dfrac{d^2\boldsymbol{r}}{d^2t}$	角加速度　$\alpha = \dfrac{d\omega}{dt} = \dfrac{d^2\theta}{dt^2}$
力　$\boldsymbol{F}$	力矩　$\boldsymbol{M} = \boldsymbol{r}\times\boldsymbol{F}$
质量　m	转动惯量　$J = \int r^2 dm$
运动定律　$\boldsymbol{F} = m\boldsymbol{a}$	转动定律　$M = J\alpha$
动量　$\boldsymbol{p} = m\boldsymbol{v}$，动能 $E_k = \dfrac{1}{2}mv^2$	动量　$\boldsymbol{p} = \sum_i \Delta m_i \boldsymbol{v}_i$，动能 $E_k = \dfrac{1}{2}J\omega^2$
角动量　$\boldsymbol{L} = \boldsymbol{r}\times m\boldsymbol{v}$	角动量　$L = J\omega$
动量定理　$\boldsymbol{F} = \dfrac{d(m\boldsymbol{v})}{dt}$	角动量定理　$M = \dfrac{d(J\omega)}{dt}$
动量守恒　$\sum_i \boldsymbol{F}_i = 0$，$\sum_i m_i\boldsymbol{v}_i =$ 恒量	角动量守恒　$M = 0$，$\sum_i J_i\omega_i =$ 恒量
动能定理　$A = \dfrac{1}{2}mv_B^2 - \dfrac{1}{2}mv_A^2$	动能定理　$A = \dfrac{1}{2}J\omega_B^2 - \dfrac{1}{2}J\omega_A^2$

*3.5　刚体的平面运动

3.5.1　刚体的平面平行运动

(1) 平面平行运动刚体上任意一点的速度

若刚体在运动过程中，其上各点均在与一个固定平面平行的各平面内运动，则该刚体所作的运动为平面平行运动。平面平行运动的特点是刚体内垂直于固定平面的直线上的各点运动情况都相同。

根据刚体平面平行运动的特点：利用与固定平面平行的假想平面在刚体内截取一个平面图形，以平面图形代表刚体，若此平面图形位置确定，则刚体的位置也就确定。平面平行运动可以视为刚体随基点的平动和绕过基点轴的转动的合运动。因此，描述平面运动需用三个独立变量。确定基点 $A(x, y)$ 和绕过基点轴的转动 θ，刚体作平面平行运动的自由度为 3，如图3－23所示。

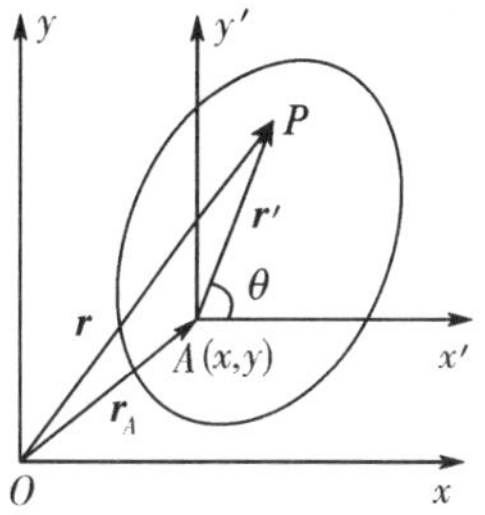

图 3－23　平面平行运动刚体上任意一点的速度

$$\boldsymbol{r}_A = \boldsymbol{r}_A(t) = x(t)\boldsymbol{i} + y(t)\boldsymbol{j}, \quad \theta = \theta(t) \tag{3-5-1}$$

或

$$x_A = x(t), \quad y_A = y(t), \quad \theta = \theta(t) \tag{3-5-2}$$

平面平行运动刚体上任意一点的速度：

$$\boldsymbol{r} = \boldsymbol{r}_A + \boldsymbol{r}', \quad \frac{\mathrm{d}\boldsymbol{r}}{\mathrm{d}t} = \frac{\mathrm{d}\boldsymbol{r}_A}{\mathrm{d}t} + \frac{\mathrm{d}\boldsymbol{r}'}{\mathrm{d}t}, \quad \boldsymbol{v}' = \frac{\mathrm{d}\boldsymbol{r}'}{\mathrm{d}t} = \boldsymbol{\omega} \times \boldsymbol{r}'$$

即

$$\boldsymbol{v} = \boldsymbol{v}_A + \boldsymbol{\omega} \times \boldsymbol{r}' \tag{3-5-3}$$

平面平行运动刚体上任意一点的速度等于刚体随基点的平动速度与刚体绕基点的转动速度的矢量和。

(2) 刚体平面运动的基本动力学方程

因为平面平行运动可看成是刚体随基点平动和绕过基点轴转动的合运动，如图 3－24 所示。选择质心为基点，建立惯性坐标系 $O-xyz$，$O-xy$ 平面与刚体作平面平行运动时的固定平面平行，质心系 $c-x'y'z'$ 的坐标轴与 $O-xyz$ 的坐标轴平行，则

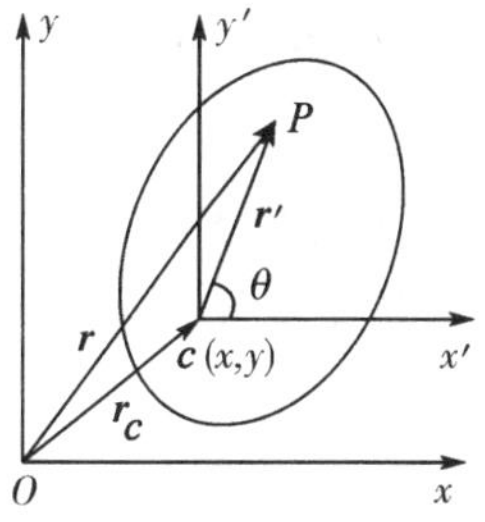

图 3－24　刚体随基点平动和绕过基点轴转动的合运动

$$\sum \boldsymbol{F}_i = m\boldsymbol{a}_c \quad \text{（质心运动）}$$

$$\sum F_{ix} = ma_{cx} \qquad \sum F_{iy} = ma_{cy} \tag{3-5-4}$$

绕质心轴的转动：
$$\sum M_{iz'} = \frac{\mathrm{d}L'_z}{\mathrm{d}t}$$

即
$$\sum M_{iz'} = J_{z'}\alpha_{z'} \tag{3-5-5}$$

(3-5-5)式为刚体对质心轴的转动定理,式中 $J_{z'}$ 表示刚体对质心轴的转动惯量;$\sum M_{iz'}$ 是作用与刚体上的力对质心轴 cz' 的合力矩,$\alpha_{z'}$ 是刚体转动的角加速度。

【例题 3-12】 如图 3-25(a)所示,一长为 L、质量为 m 的匀质细棒 AB,用细线拴住其两端,水平悬于空中。若将 A 端悬线剪断,试求剪断的瞬间,杆的质心加速度和 B 端悬线对细棒的拉力。

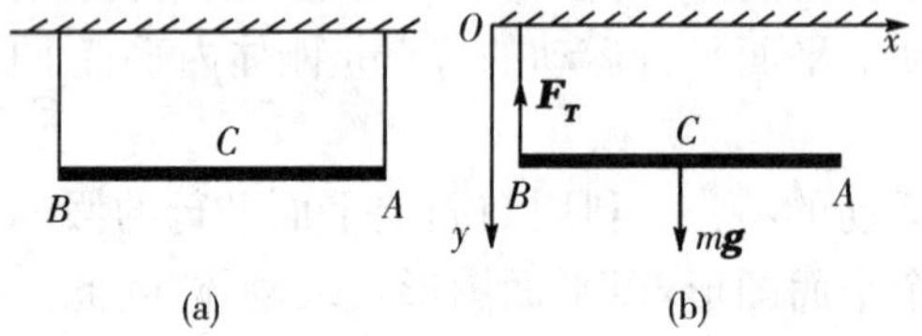

图 3-25 例题 3-12 图

解:在剪断的瞬间,细棒的受力如图 3-25(b)所示。建立如图 3-25(b)所示的坐标系,设细棒质心的加速度为 a_{cy},B 端悬线对细棒的拉力为 F_T,根据刚体平面平行运动的动力学方程有

细棒的受力分析: $\sum F_{ix} = 0 \quad \sum F_{iy} = mg - F_T$

细棒质心的平动: $$ma_{cy} = mg - F_T \tag{1}$$

细棒绕质心的转动: $$F_T \frac{L}{2} = \frac{1}{12}mL^2\alpha \tag{2}$$

平动与转动的约束关系: $$a_{cy} = \alpha \frac{L}{2} \tag{3}$$

解联立方程(1)、(2)、(3)可得:$a_{cy} = \frac{3}{4}g, F_T = \frac{1}{4}mg$。

细棒的质心加速度 $a_{cy} = \frac{3}{4}g$,方向向下;B 端悬线对细棒的拉力 $F_T = \frac{1}{4}mg$,方向向上。

【例题 3-13】 如图 3-26(a)所示,半径为 R、质量为 M 的匀质圆柱体 A 放在粗糙的水平面上,柱的侧面绕有不可伸长的轻绳,绳子跨过一个很轻的定滑轮 B 后悬挂一个质量为 m 的物体 P。设圆柱体只滚不滑,并且圆柱体与滑轮间的绳子是水平面的,滑轮 B 轴承处的摩擦不计。试求圆柱体 A 质心的加速度 a_1、物体 P 的加速度 a_2、绳中张力 F_T 及水平面对圆柱体的摩擦力 F_f。

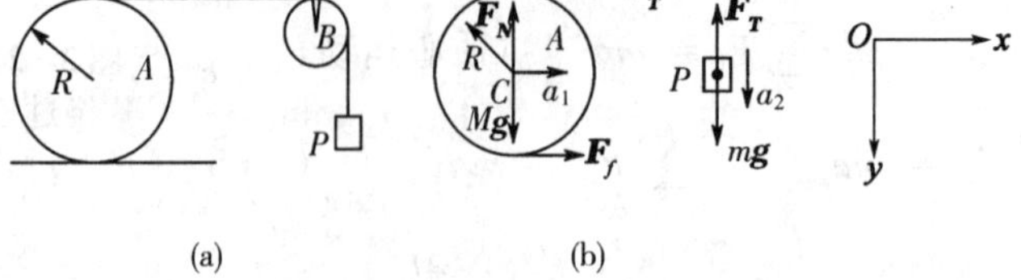

图 3-26 例题 3-13 图

解： 由题设可知，圆柱体作平面平行运动。如图 3－26(b)所示，设圆柱体绕质心转动的角加速度为 α，则根据刚体平面平行运动的动力学方程有

圆柱体质心的平动：　$Ma_1 = F_T + F_f$　(1)

圆柱体绕质心的转动：　$\frac{1}{2}MR^2\alpha = F_TR - F_fR$　(2)

物体 P 的运动：　$ma_2 = mg - F_T$　(3)

平动与转动的约束关系：　$\begin{cases} a_1 = \alpha R \\ a_2 = a_1 + \alpha R = 2a_1 \end{cases}$　(4)

联立方程(1)、(2)、(3)、(4)解得：圆柱体 A 质心的加速度 a_1、物体 P 的加速度 a_2、绳中张力 F_T 及水平面对圆柱体的摩擦力 F_f 分别为

$$a_1 = \frac{4m}{3M+8m}g,\quad a_2 = \frac{8m}{3M+8m}g$$

$$F_T = \frac{3Mm}{3M+8m}g,\quad F_f = \frac{Mm}{3M+8m}g$$

3.5.2　刚体的定点转动

刚体作定点运动时，任意瞬时都绕过该定点的某个轴转动，该轴称为瞬时轴。把固定点选作参考系的原点，并用沿瞬时轴方向的角速度矢量 $\boldsymbol{\omega}$ 描述这种运动。处理定点运动的基本方程是角动量定理

$$\boldsymbol{M}_{外} = \frac{\mathrm{d}\boldsymbol{L}}{\mathrm{d}t} \tag{3-5-6}$$

定点运动的一般情形很复杂。这里仅限于讨论外力矩只改变角动量的方向而不改变其大小的简单情形。在这种情况下，外力矩的方向与角动量的方向垂直，发生旋进(进动)现象。

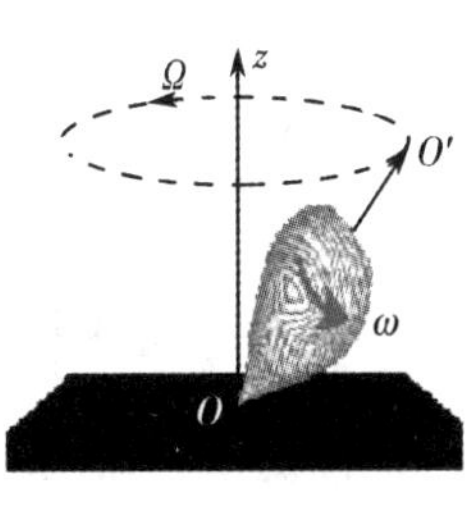

图 3－27　陀螺的回转效应

先看一个实验，如图 3－27 所示。若把静止(不转动)的陀螺放在固定的支点 O 上，则陀螺会倾倒在地。如果让陀螺以很高的角速度 ω 绕自身的对称轴 OO' 转动，则不会倾倒。一方面陀螺高速自旋，另一方面它的对称轴 OO' 以角速度 Ω 绕竖直轴 Oz 转动。这种自身对称轴围绕另一轴线的转动，称为旋进(也叫进动)。工程上常称为陀螺的回转效应。

旋进有着广泛应用。例如，空中飞行的弹头将受到空气阻力的作用，为了使弹头不致因空气阻力矩的作用而翻转，常利用弹筒内的来复线，使射出的弹头绕自身的对称轴高速自旋。由于回转效应，空气的阻力矩就只能使弹头的对称轴绕前进方向作旋进。这样，弹头对称轴便能与前进方向保持不太大的偏离，以保证弹头命中目标。

回转效应产生附加力矩。轮船转弯时，涡轮机轴承要承受附加力。附加力可能造成

轴承的损坏，也可能造成翻船事故，如图 3－28所示。此外，三轮车急拐弯时容易翻车（内侧车轮上翘）也是因回转效应的缘故。

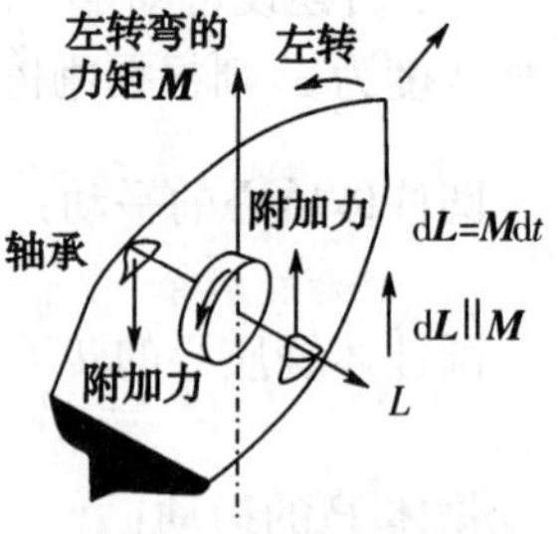

图 3－28　回转效应产生附加力矩

旋进的概念在微观世界中也常用到。例如，原子中的电子运动具有角动量，电子还具有自旋的固有角动量。在外磁场中，角动量以外磁场方向为轴线旋进，由此说明物质的磁性。顺便指出，电子的自旋仅仅是电子的内禀性质，不能按经典物理的图像理解为绕自身轴的转动，原子中的电子运动也没有确定的轨道，这些将在后续再讨论。

在实际中，由于外界的扰动，旋进（进动）轴会出现上下摆动，称为章动。

物理学与社会：陀螺仪

陀螺仪是一种既古老而又富有生命力的仪器，从第一台真正实用的陀螺仪问世以来已有大半个世纪。但直到现在，陀螺仪仍在吸引着人们对它的研究。陀螺仪最早用于航海导航，但随着科学技术的发展，陀螺仪在航空和航天事业中也得到广泛应用。陀螺仪不仅可以作为指示仪表，而更重要的是它可以作为自动控制系统中的一个敏感元件，即可作为信号传感器。根据需要，陀螺仪能提供准确的方位、水平、位置、速度和加速度等信号，以便驾驶员使用自动导航仪控制飞机、舰船或航天飞机等航行体按一定的航线飞行，而在导弹、卫星运载器或空间探测火箭等航行体的制导中，则直接利用这些信号完成航行体的姿态控制和轨道控制。作为稳定器，陀螺仪能使列车在单轨上行驶，减小船舶在风浪中的摇摆，能使安装在飞机或卫星上的照相机相对地面稳定等等。作为精密测试仪器，陀螺仪能够为地面设施、矿山隧道、地下铁路、石油钻探以及导弹发射井等提供准确的方位基准。由此可见，陀螺仪的应用范围相当广泛，在现代化的国防建设和国民经济建设中均占有重要地位。

*3.6　固体的形变和弹性

3.6.1　固体形变的一般情形

固体受外力作用所发生的形状变化，称为形变。当外力除去后，形变也随着消失，这种形变称为弹性形变；当外力除去后固体的形状不能完全恢复原样，产生了永久的形变，这种形变称为塑性形变。

为了定量地描述固体的形变，引入应力和应变的概念。当固体受外力作用而发生形变时，内力相应改变，固体横截面单位面积上内力的改变量称为应力。或者说，应力就是固体在单位横截面上产生的弹性力。应力不仅能抵抗外力的作用，而且当外力撤除后能消除形变使固体恢复原来的形状。所谓应变，就是固体在外力作用下所发生的相对形变量。

实验表明，当固体受力作用而被拉伸时从开始发生形变直至最后断裂的整个过程如图 3－29 所示。由图 3－29 可见，曲线 OP 段为直线，在此范围应力 σ 与应变 ε 成正比，点 P 所对应的应力是这一比例关系的最大应力，称为比例极限，用 σ_P 表示。点 E 所对应的应力 σ_E 是发生弹性形变的最大应力，称为弹性极限。当应力 $\sigma>\sigma_E$ 时，发生塑性形变。当应力达到点 C 所对应的应力 σ_C 时，若把外力撤除，固体的应力与应变的关系将沿 $O'C$ 变化，最后留下一定的剩余形变 OO'。当应力达到点 B 所对应的应力 σ_B 时，固体就断裂了，σ_B 称为强度极限。

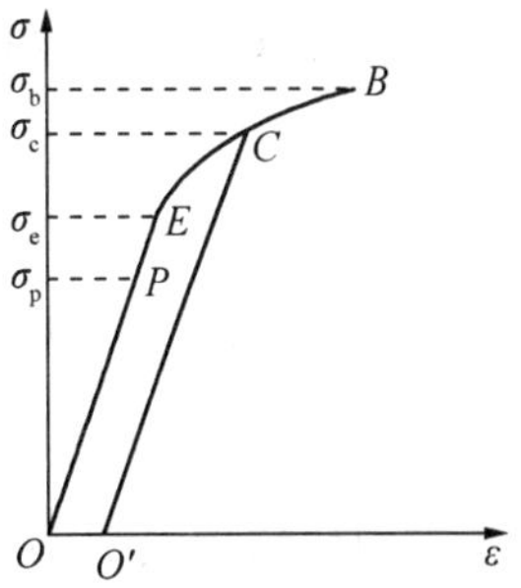

图 3－29　固体拉伸过程中的应力与应变关系

图 3－29 所表示的情况虽然是固体在受外力作用被拉伸过程中应力与应变的关系，但可以从中看到固体受力形变的一般情形。有些固体的弹性极限与强度极限十分接近，因而塑性形变很小，称为脆体；有些固体的弹性极限与强度极限相距较远，可以产生很大的塑性形变，称为可塑体。

3.6.2　固体的弹性形变

由上面的讨论可知，固体在弹性极限以内发生的形变都是弹性形变。而当应力不超过比例极限时，弹性形变的应力和应变之间才存在线性关系。胡克定律就反映了这种线性关系。

弹性形变有多种，最简单的是长变和剪切。

所谓长变，就是固体在外力作用下沿纵向拉伸或压缩。如果一均匀棒的长度为 L，横截面积为 S，在棒的两端沿纵向施以力 $\boldsymbol{F}_n$ 的作用，如图 3－30 所示。拉力规定为正力，对应的形变 ΔL 也是正的，表示固体被拉伸，如图 3－30(a)所示；压力规定为负力，对应的形变 ΔL 也是负的，表示固体被压缩，如图 3－30(b)所示。

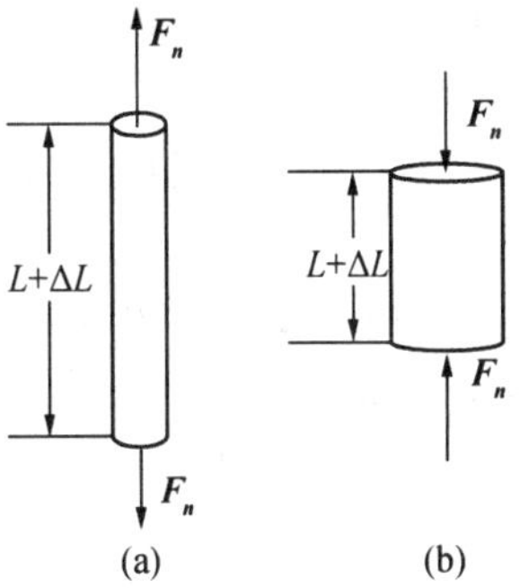

图 3－30　固体的拉伸和压缩

在长变的情况下，固体的拉伸应变 ε_n 可以表示为

$$\varepsilon_n=\frac{\Delta L}{L} \tag{3-6-1}$$

固体受到力 $\boldsymbol{F}_n$ 的作用而发生长变，则在任一横截面上出现的应力 σ_n 可以表示为

$$\sigma_n=\frac{F_n}{S} \tag{3-6-2}$$

根据胡克定律，在比例极限以内 ε_n 与 σ_n 之间存在线性关系，并可表示为

$$\sigma_n=Y\varepsilon_n \tag{3-6-3}$$

式中比例系数 Y 称为材料的长变弹性模量或杨氏模量，它决定于固体材料自身的性质。

所谓剪切就是当固体受到大小相等、方向相反、相距很近的两个平行力作用时，在两力间的固体各横截面将沿外力方向发生相对错动，如图 3－31 所示。物体错动的角度称为剪

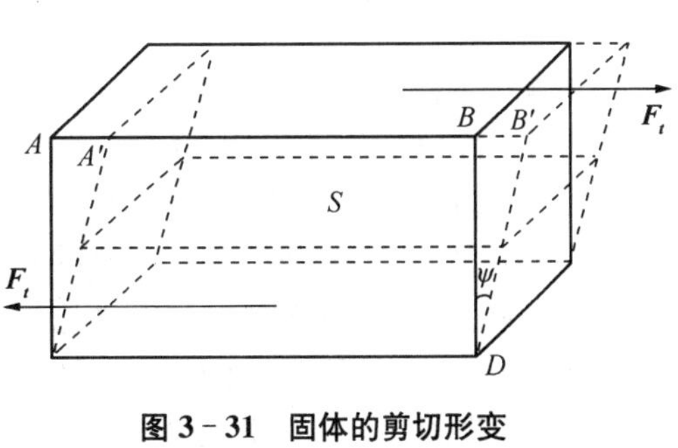

图 3－31　固体的剪切形变

切角，图中用ψ表示。固体的剪应变ε_t可以表示为

$$\varepsilon_t = \frac{BB'}{BD} \tag{3-6-4}$$

当剪切角ψ很小时，近似有

$$\varepsilon_t = \psi$$

在剪切的情况下，外力 F_t 与受它作用的面是平行的，所以固体横截面上产生的应力都与该截面相切，因而称为剪应力，如图 3-32 所示。若横截面的面积为 S，则剪应力 σ_t 可以表示为

$$\sigma_t = \frac{F_t}{S} \tag{3-6-5}$$

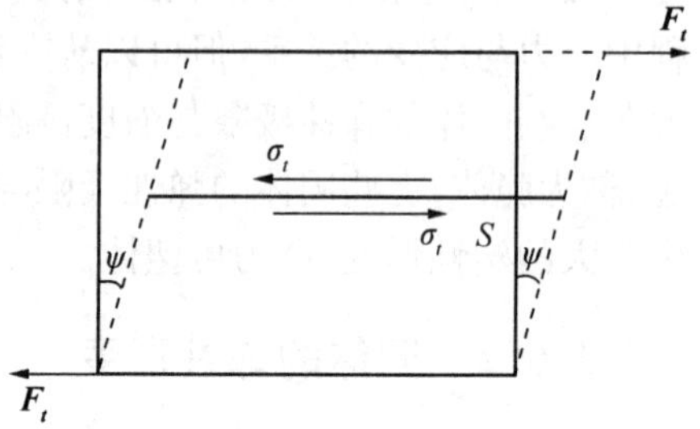

图 3-32 剪应力

根据胡克定律，应有

$$\sigma_t = G\varepsilon_t, \tag{3-6-6}$$

式中比例系数 G 称为固体材料的剪切模量简称剪模量，它也是由材料自身的性质决定的。对于大多数均匀的各向同性的固体材料，剪切模量 G 约等于其杨氏模量的 0.4 倍。

*3.7 流体力学简介

流体是与固体相对应的一种物体形态，是液体和气体的总称。由大量的、不断地作热运动而且无固定平衡位置的分子构成的，它的基本特征是没有一定的形状并且具有流动性。流体都有一定的可压缩性，液体可压缩性很小，而气体的可压缩性较大。在流体的形状改变时，流体各层之间也存在一定的运动阻力（即粘滞性）。当流体的粘滞性和可压缩性很小时，可近似看作是理想流体，它是人们为研究流体的运动和状态而引入的一个理想模型。是液压传动和气压传动的介质。流体力学主要研究在各种力的作用下流体本身的静止状态和运动状态以及流体和固体界壁间有相对运动时的相互作用和流动规律。流体力学是力学的一个分支。

3.7.1 流体力学的出现和发展

(1) 流体力学出现

流体力学是在人类同自然界作斗争和在生产实践中逐步发展起来的。中国有大禹治水疏通江河的传说。秦朝李冰父子（公元前 3 世纪）领导劳动人民修建了都江堰，至今还在发挥作用。大约与此同时，罗马人建成了大规模的供水管道系统。

对流体力学学科的形成作出贡献的首先是古希腊的阿基米德，他建立了包括物体浮力定理和浮体稳定性在内的液体平衡理论，奠定了流体静力学的基础。此后千余年间，流体力学没有重大发展，直到 15 世纪意大利达·芬奇在他的著作中才谈到水波、管流、水力机械、鸟的飞翔原理等问题。17 世纪，帕斯卡阐明了静止流体中压力的概念。但流体力学尤其是

流体动力学作为一门严密的科学，却是随着经典力学建立了速度、加速度，力、流场等概念，以及质量、动量、能量三个守恒定律的奠定之后才逐步形成的。

(2) 流体力学发展

17世纪力学奠基人——牛顿研究了在液体中运动的物体所受到的阻力，得到阻力与流体密度、物体迎流截面积以及运动速度的平方成正比的关系。他对粘性流体运动时的内摩擦力也提出了以下假设：即两流体层间的摩阻应力同此两层的相对滑动速度成正比而与两层间的距离成反比(即牛顿粘性定律)。之后，法国的皮托发明了测量流速的皮托管；达朗贝尔对运河中船只的阻力进行了许多实验工作，证实了阻力同物体运动速度之间的平方关系；瑞士的欧拉采用了连续介质的概念，把静力学中压力的概念推广到运动流体中，建立了欧拉方程，正确地用微分方程组描述了无粘流体的运动；伯努利从经典力学的能量守恒出发，研究供水管道中水的流动，精心地安排了实验并加以分析，得到了流体定常运动下的流速、压力、管道高程之间的关系——伯努利方程。欧拉方程和伯努利方程的建立，是流体动力学作为一个分支学科建立的标志，从此开始了用微分方程和实验测量进行流体运动定量研究的阶段。

从18世纪起，位势流理论有了很大进展，在水波、潮汐、涡旋运动、声学等方面都阐明了很多规律。法国的拉格朗日对于无旋运动，德国的亥姆霍兹对于涡旋运动作了不少研究。在他们的研究中，流体的粘性并不起重要作用即所考虑的是无粘流体，所以这种理论阐明不了流体中粘性的效应。

3.7.2 伯努利定理

流体力学的理论很多，如纳维和斯托克斯建立的纳维-斯托克斯方程、普朗特建立的边界层理论，等等。比较典型的是伯努利1738年发现的伯努利定理或称伯努利方程，它是飞机起飞原理的根据，在水力学和应用流体力学中有着广泛的应用。

伯努利定理的内容是：由不可压缩、理想流体沿流管作定常流动时流动速度增加，流体的静压将减小；反之，流动速度减小，流体的静压将增加。但是流体的静压和动压之和，称为总压始终保持不变。

伯努利定理是理想正压流体在有势彻体力(即体积力，由自身的质量决定，物体在一定力场上会受到力场的作用而有某种彻体力)作用下作定常运动时运动方程(即欧拉方程)沿流线积分，实质上是运动流体机械能守恒的方程。对于重力场中的不可压缩均质流体，方程为

$$p+\rho gh+\frac{1}{2}\rho v^2=C \tag{3-7-1}$$

式中 p、ρ、v 分别为流体的压强、密度和速度；h 为铅垂高度；g 为重力加速度。左边第一项相当于液柱底面压力为 p 时液柱的高度称为压力头；第二项代表流体质点在流线上所处的位置称为位势头；第三项代表流体质点在真空中以初速 v 铅直向上运动所能达到的高度称为速度头。按照方程(3-7-1)，速度头、位势头和压力头之和沿流线不变，说明总水头线是一水平直线(如图3-33所示)。

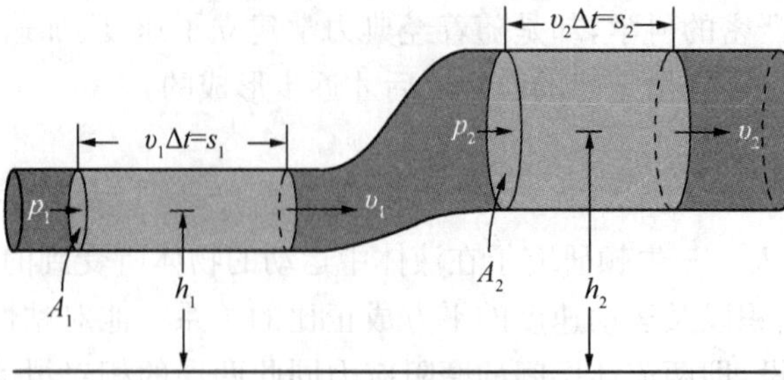

图 3-33 伯努利定理示意图

式(3-7-1)表示在沿流线运动过程中总和保持不变即总能量守恒，但各流线之间总能量(即上式中的常量值)可能不同。对于气体可忽略重力，方程简化为

$$p+\frac{1}{2}\rho v^2=常量(p_0) \tag{3-7-2}$$

式中各项分别称为静压、动压和总压。显然，流动中速度增大，压强就减小；速度减小，压强就增大；速度降为零，压强就达到最大(理论上应等于总压)。据此方程，测量流体的总压、静压即可求得速度，成为皮托管测速的原理。在无旋流动中，也可利用无旋条件积分欧拉方程而得到相同的结果但涵义不同。此时，公式中的常量在全流场不变，表示各流线上流体有相同的总能量，方程适用于全流场任意两点之间。在粘性流动中，粘性摩擦力消耗机械能而产生热，机械能不守恒，推广使用伯努利方程时，应加进机械能损失项。

根据伯努利定理可以推出一系列重要结果。例如，考虑大容器内的水在重力作用下的小孔出流问题。由伯努利定理可推出著名的托里拆利公式

$$v=\sqrt{2gh} \tag{3-7-3}$$

式中，v 为小孔处的流速；h 为小孔到大容器内水面的距离。可见，小孔处水的流速和质点从液面自由下落到达小孔时的速度相同(如图 3-34 所示)。

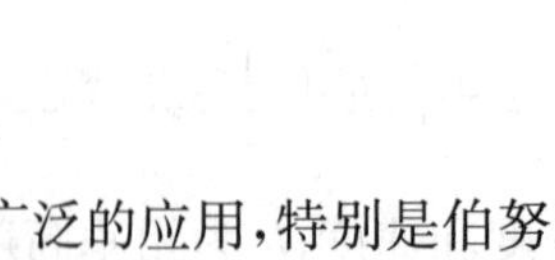

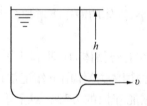

图 3-34 小孔的出流速度

3.7.3 流体力学的应用

流体力学在日常生活中有着广泛的应用，特别是伯努利原理有很多的应用。这里仅列举几个日常生活中常见的例子供参考。

(1) 列车(地铁)站台的安全线

在列车(地铁)站台上都划有黄色安全线。这是因为列车高速驶来时，靠近列车车厢的空气被带动而快速运动起来，压强就减小，站台上的旅客若离列车过近，旅客身体前后会出

现明显的压强差，身体后面较大的压力将把旅客推向列车而受到伤害。

所以，在火车（或者是大货车、大巴士）飞速而来时绝对不可以站在离路轨（道路）很近的地方，因为疾驶而过的火车（汽车）对站在它旁边的人有一股很大的吸引力。有人测定过，在火车以每小时 50 公里的速度前进时，竟有 80 N 左右的力从身后把人推向火车。

(2) 船吸现象

1912 年秋天，“奥林匹克”号轮船正在大海上航行，在距离这艘当时世界上最大远洋轮的 100 米处有一艘比它小得多的铁甲巡洋舰“豪克”号正在向前疾驶，两艘船似乎在比赛，彼此靠得比较近且平行着驶向前方。忽然，正在疾驶中的“豪克”号好像被大船吸引似地一点也不服从舵手的操纵，竟一头向“奥林匹克”号撞去。最后，“豪克”号的船头撞在“奥林匹克”号的船舷上撞出个大洞，酿成一件重大海难事故。

究竟是什么原因造成了这次意外的船祸？在当时，谁也说不上来，据说海事法庭在处理这件奇案时，也只得糊里糊涂地判处“豪克”号船长操作不当呢！后来，人们才算明白了，这次海面上的飞来横祸是“伯努利原理”现象。根据伯努利原理，流体的压强与它的流速有关，流速越大，压强越小；反之亦然。用这个原理来审视这次事故，就不难找出事故的原因了。

原来，当两艘船平行着向前航行时，在两艘船中间的水比外侧的水流得快，中间水对两船内侧的压强，也就比外侧对两船外侧的压强要小。于是，在外侧水的压力作用下两船渐渐靠近导致最后相撞。又由于“豪克”号较小，在同样大小压力的作用下它向两船中间靠拢时速度要快的多。因此，造成了“豪克”号撞击“奥林匹克”号的事故。现在航海上把这种现象称为“船吸现象”。

这种现象可以用图解分析一下：图 3 - 35(a)中的两艘船在静水里并排航行着，或者是并排地停在流动着的水里。两艘船之间的水面比较窄，所以这里的水的流速就比两船外侧的水的流速高而压力比两船外侧的小，结果这两艘船就会被围着船的压力比较高的水挤在一起。如果两艘船并排前进，而其中一艘稍微落后，像图 3 - 35(b)所画的那样，情况就会更加严重。使两艘船接近的两个力 $\boldsymbol{F}$ 和 $\boldsymbol{F}'$，会使船身转向，并且船 B 转向船 A 的力更大。在这种情况下，撞船是免不了的，因为舵已经来不及改变船的方向。

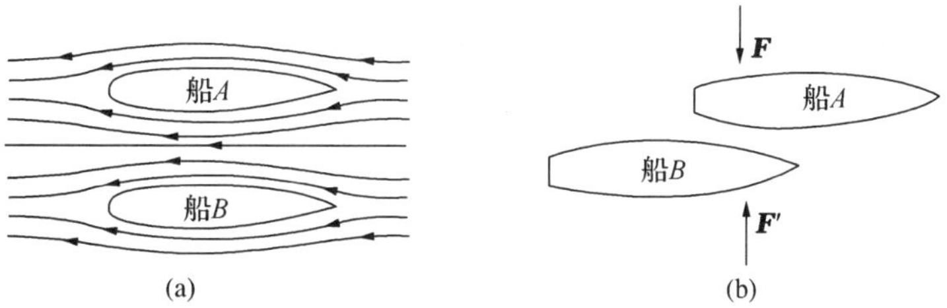

图 3 - 35　平行前进的两船互相吸引的解释

(3) 飞机的升力

飞机为什么能够飞上天？是因为飞机在前进时机翼受到向上的升力。如果把飞机的机翼从上往下切开，就会发现机翼的横截面不是上下对称的梭形或椭圆形，而是上面弧度大，下面弧度小的梭形。

这样，飞机在空中飞行时机翼切割空气使气流分别从机翼的上方和下方通过。由于机翼上方弧度大、路线长，所以空气流动得比较快；而下方弧度小、路线短，所以空气流动得比较慢。也就是：机翼上方的流线密、流速大，下方的流线疏、流速小。根据伯努利原理可知，机翼上方的压强小，下方的压强大（如图 3－36 所示）。这样的压强差，就产生了作用在机翼的向上的升力。

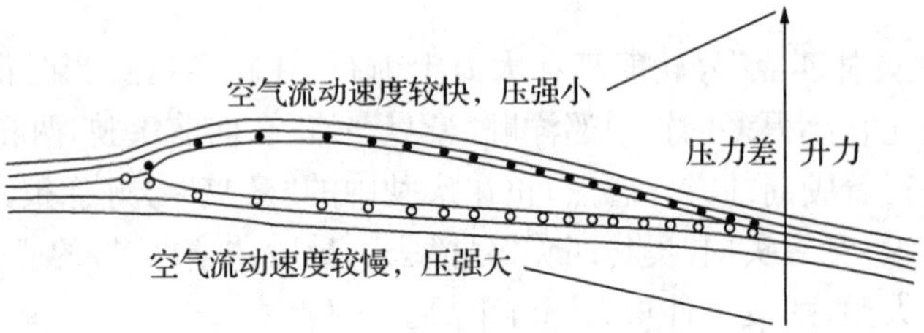

图 3－36　飞机升力产生原理

（4）弧线球

如果经常观看足球比赛的话，一定见过罚前场直接任意球。这时候，通常是防守方五六个球员在球门前组成一道“人墙”挡住进球路线。而进攻方的主罚队员起脚一记劲射，球绕过了“人墙”，眼看要偏离球门飞出，却又沿弧线拐过弯来直入球门，让守门员措手不及，眼睁睁地看着球进了大门。这就是颇为神奇的“弧线球”，也称“香蕉球”。

为什么足球会在空中沿弧线飞行呢？原来，罚“弧线球”的时候，运动员并不是把脚踢中足球的中心而是稍稍偏向一侧同时用脚背摩擦足球，球在空气中前进的同时还不断地旋转。这时，一方面空气迎着球向后流动，另一方面由于空气与球之间的摩擦，球周围的空气又会被带着一起旋转。这样，球一侧空气的流动速度加快，而另一侧空气的流动速度减慢（如图 3－37 所示）。

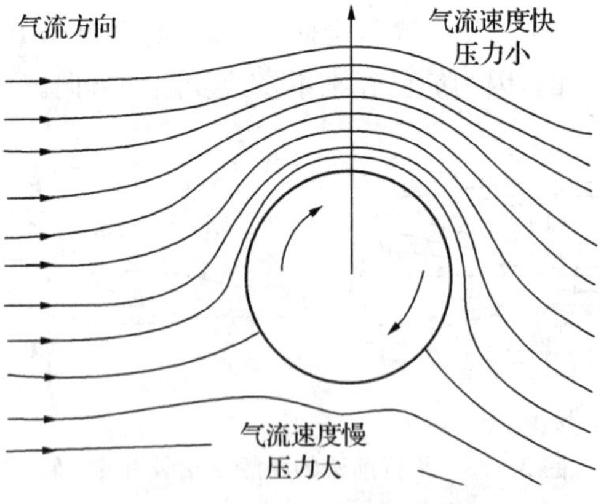

图 3－37　“弧线球”产生机理示意图

伯努利原理告诉我们：气体的流速越大，压强越小。由于足球两侧空气的流动速度不一样，它们对足球所产生的压强也不一样。于是，足球在空气压力的作用下被迫向空气流速大的一侧转弯了。乒乓球中，运动员在削球或拉弧圈球时球的线路会改变，道理与“弧线球”一样。

物理学家简介：伯努利

伯努利

丹尼尔·伯努利(1700—1782)，瑞士物理学家、数学家、医学家。先后担任数学教授、解剖学教授、动力学教授和物理学教授。他特别被为人所铭记的是数学到力学的应用，尤其是在流体力学和概率与数理统计领域做的先驱工作。他的名字被纪念在伯努利原理中，这个原理描述了力学中潜在的数学，促成20世纪两个重要技术的应用。在1725—1749年间，伯努利曾十次荣获法国科学院的年度奖。1747年当选为柏林科学院院士，1748年当选巴黎科学院院士，1750年当选英国皇家学会会员。

思 考 题

3-1 分析下列运动是平动还是转动：(1) 自行车脚蹬板的运动；(2) 月球绕地球运行。

3-2 把一本书放在桌子上，先使它绕竖直 z 轴转动 $90°$，再使它绕水平 x 轴转动 $90°$。然后重新开始，先绕水平 x 轴转动 $90°$，再使它绕竖直 z 轴转动 $90°$，这时书的放置方式与前面转动后书的放置方式是否相同？刚体角位移发生的顺序可以交换吗？

3-3 刚体的转动惯量跟哪些因素有关？

3-4 一个有固定轴的刚体受到两个力的作用。当这两个力的合力为零时，它们对轴的合力矩一定是零吗？当这两个力对轴的合力矩为零时，它们的合力一定是零吗？试举例说明。

3-5 两个半径相同、质量相同的轮子，一个轮子的质量聚集在边缘附近，而另一个轮子的质量分布均匀，试问：(1) 如果它们的角动量相同，哪个轮子转得快？(2) 如果它们的角速度相同，哪个轮子的角动量大？

3-6 刚体作定轴转动时，其动能的增量只取决于外力的功而与内力无关，非刚体是否也是如此？

3-7 动量守恒和角动量守恒的条件有何不同？有人说："碰撞过程的角动量一定守恒"，这种说法对不对？

3-8 如果一个刚体很大，它的重力势能还等于它的全部质量集中在质心时的势能吗？

3-9 花样滑冰运动员想要高速旋转时，她先把一条腿和两臂伸开并用脚蹬冰使自己转起来，然后她再收拢腿和臂，她的转速就明显加快，这利用了什么原理？

3-10 宇航员悬立在飞船坐舱内的空中时不接触舱壁，只要能用右脚顺时针划圈，身体就会向左转；当两臂伸直向后划圈时，身体又会向前转，这是为什么？

3-11 在长为 L 的细杆上，等间隔地分布质量均为 Δm 的5个质点，杆的质量可不计。若杆以它的垂直平分线为轴以角速度 ω 转动，试写出该系统对转动轴的转动惯量和角动量的表示式。

3-12 刚体绕定轴转动时，其动能 E_k、重力势能 E_p、转动惯量 J、动量 $\boldsymbol{p}$、绕轴转动的角动量 $\boldsymbol{L}$ 的表达式可分别写成下列形式：

$$E_k=\frac{1}{2}mv_c^2,\quad E_p=mgh_c,\quad J=mr_c^2,\quad \boldsymbol{p}=m\boldsymbol{v}_c,\quad \boldsymbol{L}=\boldsymbol{r}\times m\boldsymbol{v}_c$$

式中，m 为刚体质量；v_c 为质心速度；r_c 为质心到转轴的距离；h_c 为质心的高度。上述哪些表达式是正确的，哪些表达式是错误的？为什么？

3-13　螺旋桨式直升机为什么在尾部还需安装一个螺旋桨？

3-14　大多数汽车引擎的转轴指向车身的前后，在高速转动时角动量不可忽略。引擎的启动和加速是内部燃料燃烧的结果，还是外力矩的作用？什么物体给予汽车外力矩？引擎启动与加速为什么要有一段较长的时间过程？为什么在弯道高速行驶的汽车容易失控？弯道向左转还是向右转对汽车失控的危险性是一样的吗？若引擎是横着安装的，会有怎样的效应发生？

习　题

3-1　一刚体以 60 r/min 的转速绕 z 轴作匀速转动（ω 沿 z 轴正方向）。设某时刻刚体上一点 P 的位置矢量为 $\boldsymbol{r}=3\boldsymbol{i}+4\boldsymbol{j}+5\boldsymbol{k}$，其单位为“$10^{-2}$ m”，若以“$10^{-2}\ \mathrm{m\cdot s^{-1}}$”为速度单位，则该时刻 P 点的速度为　（　　）

(A) $\boldsymbol{v}=94.2\boldsymbol{i}+125.6\boldsymbol{j}+157.0\boldsymbol{k}$　　(B) $\boldsymbol{v}=-25.1\boldsymbol{i}+18.8\boldsymbol{j}$

(C) $\boldsymbol{v}=25.1\boldsymbol{i}-18.8\boldsymbol{j}$　　(D) $\boldsymbol{v}=31.4\boldsymbol{k}$

3-2　几个力同时作用在一个光滑固定转轴的刚体上，如果这几个力的矢量和为零，则此刚体　（　　）

(A) 必然不会转动　　(B) 转速必然不变

(C) 转速必然改变　　(D) 转速可能不变，也可能改变

3-3　一圆盘绕过盘心且与盘面垂直的光滑固定轴 O 以角速度 ω 按如图所示方向转动。将两个大小相等、方向相反但不在同一条直线的力 F 沿盘面同时作用到圆盘上，则圆盘的角速度 ω　（　　）

(A) 必然增大

(B) 必然减少

(C) 不会改变

(D) 如何变化，不能确定

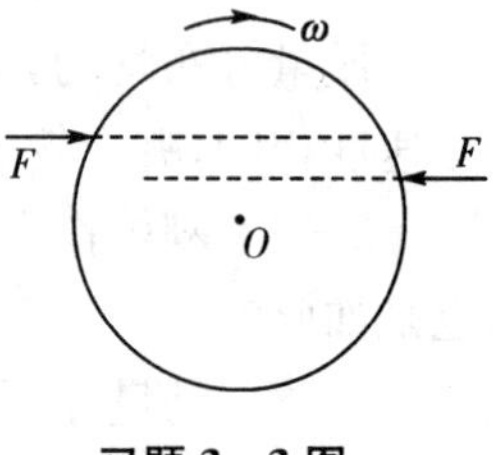

习题 3-3 图

3-4　均匀细棒 OA 可绕通过其一端 O，而与细棒垂直的水平固定光滑轴转动，如图所示。今使细棒从水平位置由静止开始自由下落，在细棒摆动到竖直位置的过程中，下述说法中正确的是　（　　）

(A) 角速度从小到大，角加速度从小到大

(B) 角速度从小到大，角加速度从大到小

(C) 角速度从大到小，角加速度从大到小

(D) 角速度从大到小，角加速度从小到大

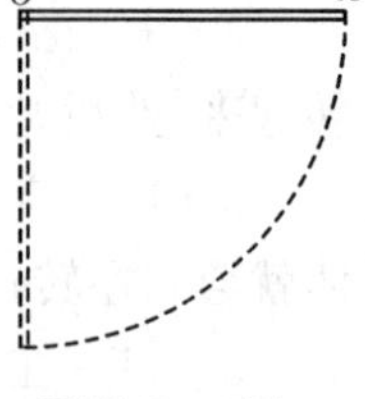

习题 3-4 图

3-5　关于刚体对轴的转动惯量，下列说法中正确的是　（　　）

(A) 只取决于刚体的质量，与质量的空间分布和轴的位置无关

(B) 取决于刚体的质量和质量的空间分布，与轴的位置无关

(C) 取决于刚体的质量、质量的空间分布和轴的位置

(D) 只取决于转轴的位置，与刚体的质量和质量的空间分布无关

3－6　一轻绳绕在有水平轴的定滑轮上，滑轮的转动惯量为 J，绳下端挂一物体，物体所受重力为 P，滑轮的角加速度为 α。若将物体去掉而以与 P 相等的力直接向下拉绳子，滑轮的角加速度 α 将　（　）

(A) 不变　(B) 变大

(C) 变小　(D) 如何变化无法判断

3－7　有两个半径相同、质量相等的圆环 A 和 B，A 环的质量分布均匀，B 环的质量分布不均匀，它们对通过环心并与环面垂直的轴的转动惯量分别为 J_A 和 J_B，则　（　）

(A) $J_A > J_B$　(B) $J_A < J_B$

(C) $J_A = J_B$　(D) 不能确定 J_A、J_B 哪个大

3－8　如图所示，光滑的水平桌面上，有一长为 $2L$、质量为 m 的匀质细杆，可绕过其中点且垂直于细杆的竖直光滑固定轴 O 自由转动，其转动惯量为 $\frac{1}{3}mL^2$。起初细杆静止，桌面上有两个质量均为 m 的小球，各自在垂直于细杆的方向上，正对着细杆的一端，以相同速率 v 相向运动。当两小球同时与细杆的两个端点发生完全非弹性碰撞后，就与杆粘在一起转动，则这一系统碰撞后的转动角速度应为　（　）

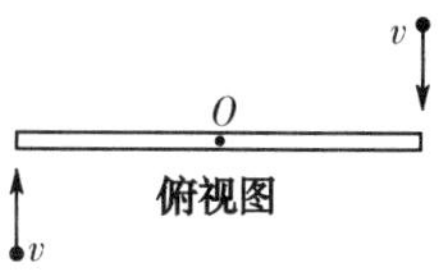

习题 3－8 图

(A) $\frac{6v}{7L}$　(B) $\frac{4v}{5L}$　(C) $\frac{2v}{3L}$　(D) $\frac{8v}{9L}$

3－9　一水平圆盘可绕通过其中心的固定竖直轴转动，盘上站着一个人。把人和圆盘取作系统，当此人在盘上随意走动时，若忽略轴的摩擦，此系统　（　）

(A) 动量守恒　(B) 机械能守恒

(C) 动量、机械能和角动量都守恒　(D) 对转轴的角动量守恒

3－10　如图所示，一圆盘正绕垂直于盘面的水平光滑固定轴 O 转动，如图射来两个质量相同、速度大小相同、方向相反并在一条直线上的子弹，子弹射入圆盘并且留在盘内，则子弹射入后的瞬间，圆盘的角速度 ω　（　）

(A) 增大　(B) 不变

(C) 减小　(D) 不能确定

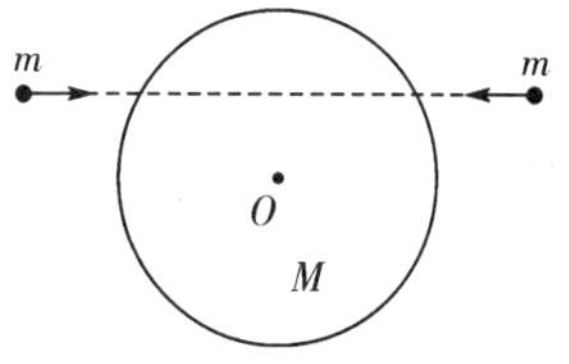

习题 3－10 图

3－11　一个物体正在绕固定光滑轴自由转动　（　）

(A) 它受热膨胀或遇冷收缩时，角速度不变

(B) 它受热时角速度变大，遇冷时角速度变小

(C) 它受热或遇冷时，角速度均变大

(D) 它受热时角速度变小，遇冷时角速度变大

3－12　质量相同、半径相同的圆柱和圆球沿同一斜面自相同的高度处向下作无滑滚动，则到达末端时　（　）

(A) 两者的转动动能相等　(B) 两者的总动能相等

(C) 两者的质心速度相等　(D) 两者的角速度相等

3 - 13　某发动机飞轮在时间间隔 t 内的角位移为

$$\theta = at + bt^3 - ct^4 \quad \text{（式中，}\theta\text{ 的单位为 rad，}t\text{ 单位为 s）}$$

求 t 时刻的角速度和角加速度。

3 - 14　桑塔纳汽车时速为 166 $\mathrm{km \cdot h^{-1}}$，车轮滚动半径为 0.26 m，自发动机至驱动轮的转速比为 0.909，试求发动机转速。

3 - 15　如图所示，质量为 m 的空心圆柱体，质量均匀分布，其内外半径为 r_1 和 r_2，求对通过其中心轴的转动惯量。

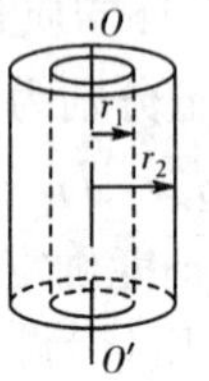

习题 3 - 15 图

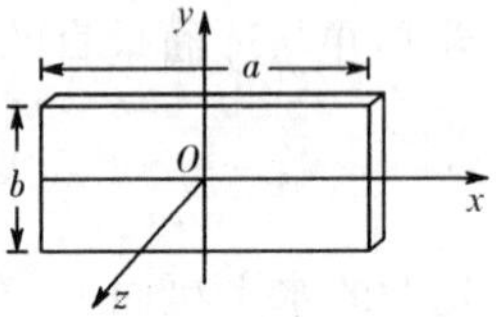

习题 3 - 16 图

3 - 16　一质量为 m 的矩形均匀薄板，边长分别为 a 和 b，中心 O 取为原点，坐标 $O-xyz$ 如图所示。试证明：

(1) 薄板对 Ox 轴转动惯量为 $J_{ox} = \frac{1}{12}mb^2$

(2) 薄板对 Oz 轴转动惯量为 $J_{oz} = \frac{1}{12}m(a^2 + b^2)$

3 - 17　如图所示，一半圆形细杆半径为 R、质量为 m，求过细杆二端 AA' 轴的转动惯量。

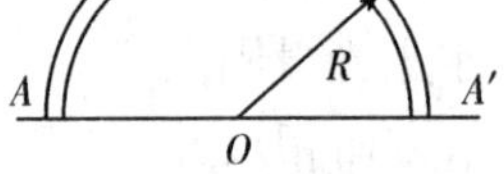

习题 3 - 17 图

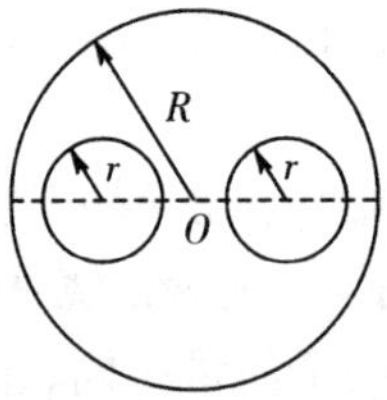

习题 3 - 18 图

3 - 18　如图所示，在质量为 M、半径为 R 的匀质圆盘上挖出两个半径为 r 的圆孔。圆孔中心在圆盘半径的中点。求剩余部分对过大圆盘中心且与盘面垂直的轴线的转动惯量。

3 - 19　一转动系统的转动惯量为 $J = 8.0\ \mathrm{kg \cdot m^2}$，转速为 $\omega = 41.9\ \mathrm{rad \cdot s^{-1}}$，两制动闸瓦对轮的压力都为 392 N，闸瓦与轮缘间的摩擦因数为 $\mu = 0.4$，轮半径为 $r = 0.4$ m，从开始制动到静止需要用多长时间？

3 - 20　一轻绳绕于 $r = 0.2$ m 的飞轮边缘，以恒力 $F = 98$ N 拉绳，如图(a)所示。已知飞轮的转动惯量 $J = 0.5\ \mathrm{kg \cdot m^2}$，轴承无摩擦。求：

(1) 飞轮的角加速度；

(2) 绳子拉下 5 m 时，飞轮的角速度和动能；

(3) 如把重量 $P = 98$ N 的物体挂在绳端（如图(b)所示），再求飞轮的角加速度。

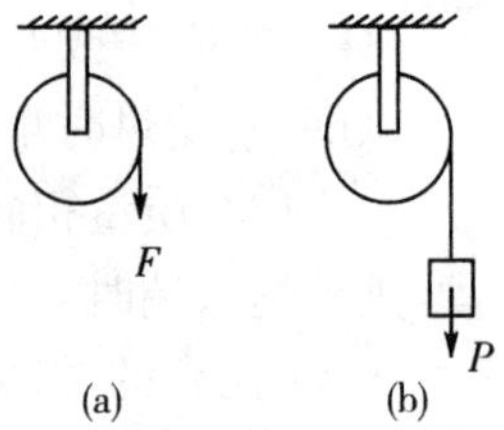

习题 3 - 20 图

3-21　现在用阿特伍德机测滑轮转动惯量，用轻线且尽可能润滑轮轴，两端悬挂重物质量分别为 $m_1=0.46$ kg，$m_2=0.5$ kg，滑轮半径为 0.05 m，自静止开始释放重物后并测得 5.0 s 内 m_2 下降 0.75 m，求滑轮转动惯量。

3-22　质量为 m、半径为 R 的均匀圆盘在水平面上绕中心轴转动，如图所示。圆盘与水平面的动摩擦因数为 μ，圆盘的初角速度为 ω_0，问到停止转动，圆盘共转了多少圈？

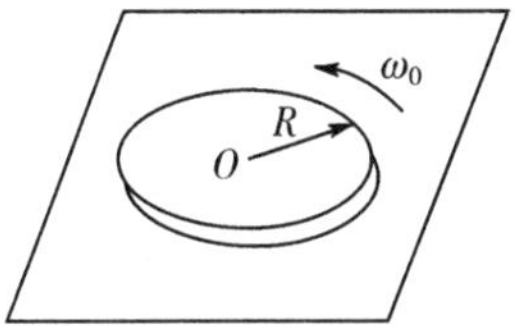

习题 3-22 图

3-23　一个轻质弹簧的劲度系数 $k=2.0\ \text{N}\cdot\text{m}^{-1}$，它的一端固定，另一端通过一条细线绕过定滑轮和一个质量为 $m_1=80$ g 的物体相连，如图所示。定滑轮可看作均匀圆盘，它的半径为 $r=0.05$ m，质量为 $m=100$ g。先用手托住物体 m_1，使弹簧处于其自然长度，然后松手。求物体 m_1 下降 $h=0.5$ m 时的速度？（忽略滑轮轴上的摩擦，并认为绳在滑轮边上不打滑）

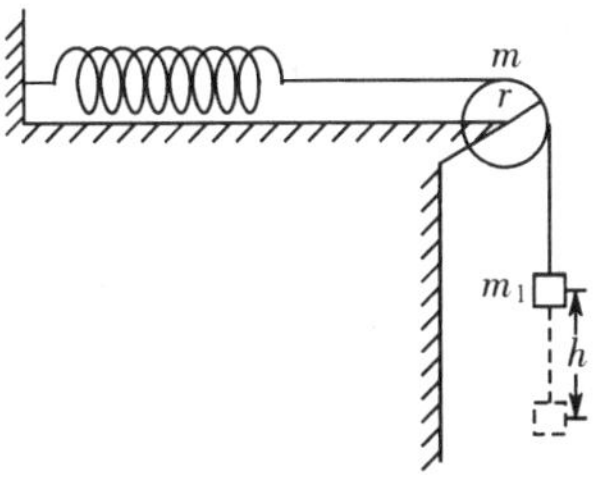

习题 3-23 图

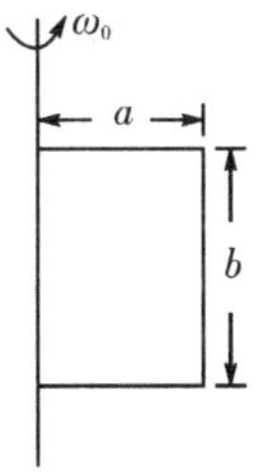

习题 3-24 图

3-24　如图所示，均质矩形薄板绕竖直边转动，初始角速度为 ω_0，转动时受到空气阻力。阻力垂直于板面，每一小面积所受阻力的大小与其面积及速度平方的乘积成正比，比例常数为 k。试计算经过多长时间，薄板角速度减为原来的一半。（设薄板竖直边长为 b，宽为 a，薄板质量为 m）

3-25　一个质量为 M、半径为 R 并以角速度 ω 旋转的飞轮（可看作匀质圆盘），在某一瞬间突然有一片质量为 m 的碎片从轮的边缘上飞出，如图所示。假定碎片脱离飞轮时的瞬时速度方向正好竖直向上，则

(1) 问碎片能上升多高？

(2) 求飞轮的余下部分的角速度、角动量和转动动能。

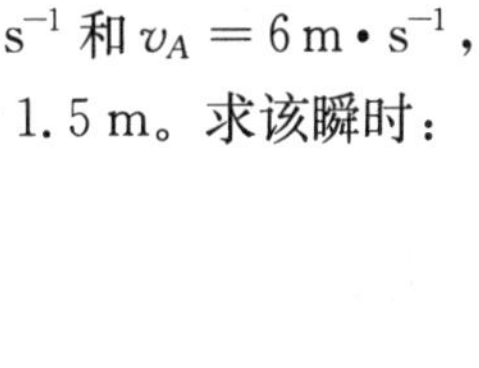

习题 3-25 图

3-26　两滑冰运动员在相距 1.5 m 的两平行线上相向而行。两人质量分别为 $m_A=60$ kg 和 $m_B=70$ kg，他们的速率分别为 $v_A=7\ \text{m}\cdot\text{s}^{-1}$ 和 $v_A=6\ \text{m}\cdot\text{s}^{-1}$，当两人最接近时，便拉起手开始绕质心作圆运动，并保持两人的距离为 1.5 m。求该瞬时：

(1) 系统对通过质心的竖直轴的总角动量；

(2) 系统的角速度；

(3) 两人拉手前、后的总动能。这一过程中能量是否守恒？

3-27　一均匀细棒长为 l、质量为 m，以与棒长方向相垂直的速度 v_0 在光滑水平面内平动时，与前方一固定的光滑支点 O 发生完全非弹性碰撞，碰撞点位于离棒中心一方 $l/4$ 处，如图所示，求细棒在碰撞后瞬时绕过 O 点垂直于细棒所在平面的轴转动的角速度 ω_0。

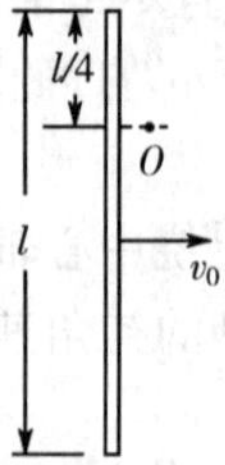

习题 3-27 图

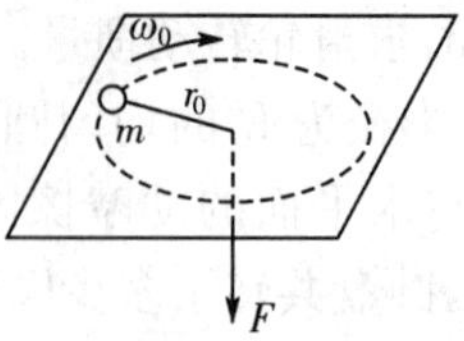

习题 3-28 图

3-28　一质量为 m 的小球由一绳索系着，以角速度 ω_0 在无摩擦的水平面上作半径为 r_0 的圆周运动。如果在绳的另一端作用一竖直向下的拉力，使小球作半径为 $r_0/2$ 的圆周运动。试求：(1) 小球新的角速度；(2) 拉力所做的功。

3-29　质量为 0.50 kg、长为 0.40 m 的均匀细棒，可绕垂直于棒的一端的水平轴转动。如将此棒放在水平位置，然后任其落下。求：(1) 当棒转过 60°时的角加速度和角速度；(2) 下落到竖直位置时的动能；(3) 下落到竖直位置时的角速度。

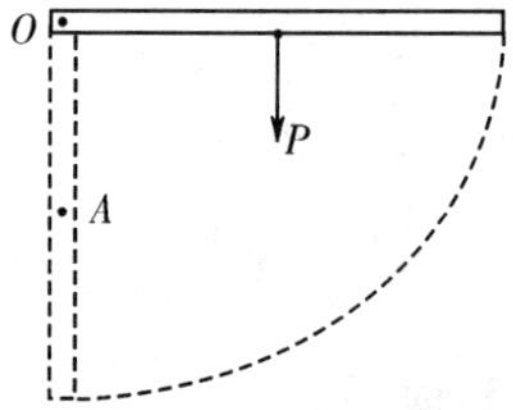

习题 3-29 图

3-30　A 与 B 两个飞轮的轴杆由摩擦啮合器连接，A 轮的转动惯量 $J_1=10.0\ \mathrm{kg\cdot m^2}$，开始时 B 轮静止，A 轮以 $n_1=600\ \mathrm{r\cdot min^{-1}}$ 的转速转动，然后使 A 与 B 连接，因而 B 轮得到加速而 A 轮减速直到两轮的转速都等于 $n=200\ \mathrm{r\cdot min^{-1}}$ 为止。求：(1) B 轮的转动惯量；(2) 在啮合过程中损失的机械能。

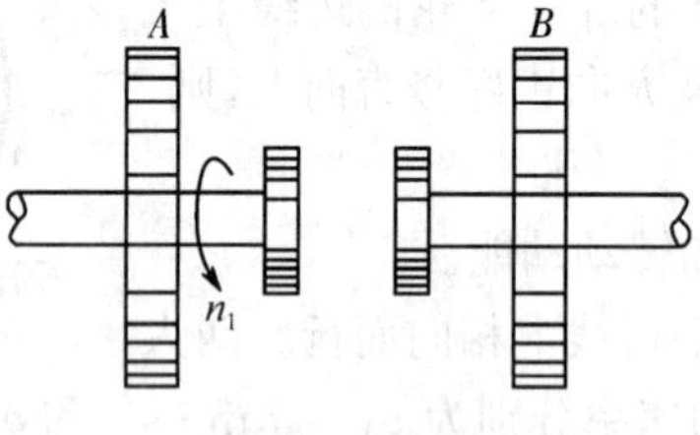

习题 3-30 图

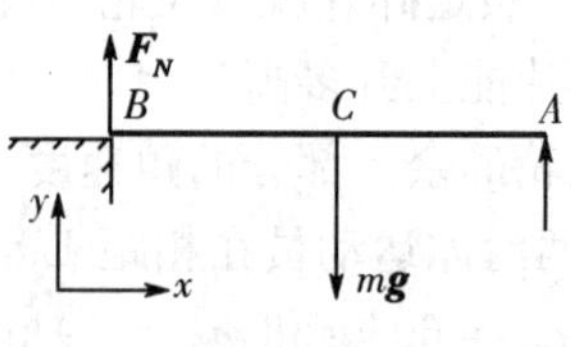

习题 3-31 图

3-31　质量为 m、长为 l 的匀质杆，其 B 端放在桌上，A 端用手支住，使杆成水平。突然释放 A 端，在此瞬时求：(1) 杆质心的加速度；(2) 杆 B 端所受的力。

第4章　狭义相对论基础

前三章介绍了以牛顿运动定律为基本内容的牛顿力学。对于宏观低速运动，牛顿力学(又称经典力学)所揭示的运动规律与实验结果相一致。牛顿力学在对科学技术的发展起到巨大的推动作用，同时本身也得到发展。20世纪初，物理学开始深入研究微观与高速运动领域，发现牛顿力学并不适用这些领域。针对高速运动问题，牛顿力学遇到了不能克服的困难，需要建立新的力学体系，这就是爱因斯坦等人所建立的狭义相对论。物体作低速运动时，狭义相对论力学就过渡为牛顿力学。本章将初步学习狭义相对论，主要包括经典力学的伽利略变换式、狭义相对论的基本原理、洛伦兹变换式、狭义相对论的时空观和一些相对论动力学的结论等内容。

4.1　经典力学的相对性原理和时空观

4.1.1　伽利略相对性原理

(1) 在相对于惯性系作匀速直线运动的参考系中，所总结出的力学规律都不会由于整个系统的匀速直线运动而有所不同；

(2) 既然相对于惯性系作匀速直线运动的参考系与惯性系中的力学规律无差异，则无法区分这两个参考系，或者说相对于惯性系作匀速直线运动的一切参考系都是惯性系。

由以上两点得出以下结论：对于描述力学规律而言，所有惯性系都是等价的。这个结论便是伽利略相对性原理，也称为力学相对性原理。

考虑到当时物理学的发展水平，伽利略所揭示的物理学原理被称为力学相对性原理。

4.1.2　伽利略变换

事件是在空间某一点和时间某一时刻发生的某一现象(如两粒子相撞)，事件描述是指事件发生的地点和发生时刻，一个事件可用一个时空坐标(x,y,z,t)表示。

如图4-1所示，有两个惯性参考系K和K′，它们对应的坐标轴相互平行，K′系相对于K系以恒定速度u沿Ox轴正方向运动。设$t=t'=0$时，两个参考系的原点O与O'重合。考虑P点发生的一个事件，惯性参考系K中的观测者测得此事件的时空坐标为(x,y,z,t)，惯性参考系K′中的观测者测得该事件的时空坐标为(x',y',z',t')。由牛顿力学的绝对时空观可知，任意时刻点P在这两个惯性参考系中的位置坐标和时间的关系为

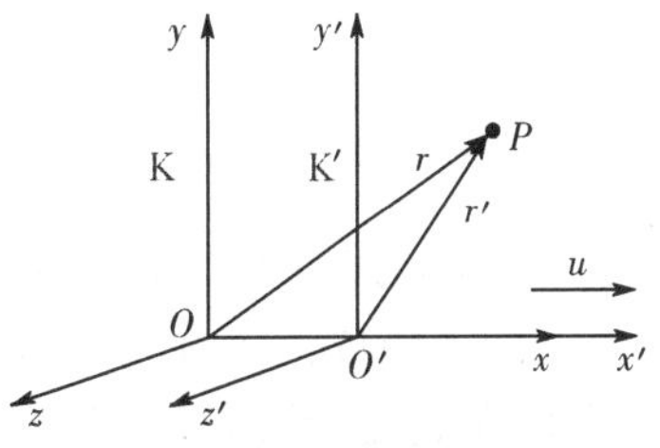

图4-1　K′相对K系以恒定速度u沿Ox轴正方向运动

$$\begin{cases} x' = x - ut \\ y' = y \\ z' = z \\ t' = t \end{cases} \tag{4-1-1}$$

其逆变换为

$$\begin{cases} x = x' + ut \\ y = y' \\ z = z' \\ t = t' \end{cases} \tag{4-1-2}$$

(4-1-1)式或(4-1-2)式为经典力学中不同惯性参考系之间时间空间的相互关系，称为伽利略时空变换。

从伽利略时空变换可得，$t' = t$，表示同时是绝对的。时间的量度是绝对的，与参考系无关。

时间间隔是绝对的。物理过程在惯性系 K′系中所经历的时间与在惯性系 K 系所经历的时间相同，即

$$\Delta t' = \Delta t \tag{4-1-3}$$

空间间隔是绝对的。空间间隔即空间两点的距离不管从哪个惯性系测量，结果都应相同。在 K′系中沿 Ox' 轴放置一静止杆子，其两端点在 K′系中的坐标为 x_1'、x_2'，则在 K′系中杆子的长度为

$$\Delta x' = x_2' - x_1'$$

在 K 系中，同时测得杆子两端的坐标为 x_1 和 x_2，则在 K 系中杆子的长度为 $\Delta x = x_1 - x_2$，根据伽利略变换有

$$x_2' - x_1' = (x_2 - x_1) - u(t_2 - t_1)$$

在 K 系中同时对杆子两端位置进行测量，即 $t_1 = t_2$，有

$$\Delta x' = \Delta x \tag{4-1-4}$$

同时绝对性、时间间隔的绝对性和空间间隔的绝对性是经典绝对时空观的基本假定。

将(4-1-1)式中的前三式对时间求一阶导数，即得

$$\begin{cases} v_x' = v_x - u \\ v_y' = v_y \\ v_z' = v_z \end{cases} \tag{4-1-5a}$$

式中，v_x'、v_y'、v_z'是点 P 相对于 K′系的速度分量，v_x、v_y、v_z是点 P 相对于 K 系的速度分量。

(4-1-5a)式为点 P 在 K 系和 K′系中的速度变换关系，称为伽利略速度变换式，也是经典力学中的速度变换法则。速度变换法则的其矢量形式为

$$\boldsymbol{v}' = \boldsymbol{v} - \boldsymbol{u} \tag{4-1-5b}$$

式中，$\boldsymbol{u}$ 就是相对运动中所述的牵连速度，$\boldsymbol{v}$ 和 $\boldsymbol{v}'$ 分别为点 P 在 K 系和 K′系中的速度。

【例题 4－1】 汽车在大雨中行驶，当车速为 80 $\mathrm{km\cdot h^{-1}}$，车上的乘客从车侧窗观察到雨滴与垂直方向向后成 60°，当汽车停下来时，乘客发现雨滴是垂直下落的。求雨滴相对于地面下落的速率。

解： 取车为 K′系，雨滴相对于车的速度为 $\boldsymbol{v}'$，取地面为 K 系，雨滴相对于地面的速度为 $\boldsymbol{v}$，则车相对于地的速度 $\boldsymbol{u}$ 的大小为 80 $\mathrm{km\cdot h^{-1}}$。由速度变换式可得：

$$\boldsymbol{v}=\boldsymbol{u}+\boldsymbol{v}'$$

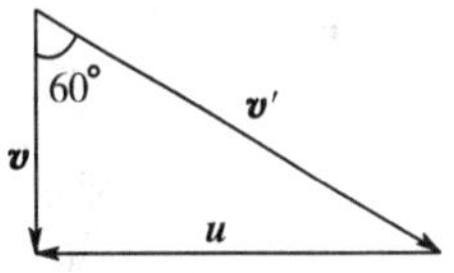

图 4－2　例题 4－1 图

可得如图 4－2 所示速度合成示意图，则有

$$v=u\cot 60°=80\times\frac{1\,000}{3\,600}\times 0.577=12.8\ \mathrm{m\cdot s^{-1}}。$$

(4－1－5a)式对时间求导数，得到经典力学中的加速度变换法则为

$$\begin{cases}a_x'=a_x\\a_y'=a_y\\a_z'=a_z\end{cases}\tag{4－1－6a}$$

其矢量形式为

$$\boldsymbol{a}'=\boldsymbol{a}\tag{4－1－6b}$$

(4－1－6)式表明：物体相对于两个惯性系中的加速度是相等的。经典力学认为质点的质量是与运动状态无关的常量，力只跟质点的相对位置或相对运动有关，力也是与参考系无关的。因此，只要 $\boldsymbol{F}=m\boldsymbol{a}$ 在惯性系 K 中是正确的，那么对于惯性系 K′来说，由于 $\boldsymbol{F}'=\boldsymbol{F}$，$m'=m$ 和(4－1－6)式，则必然有 $\boldsymbol{F}'=m'\boldsymbol{a}'$。上述结果表明：当由惯性系 K 变换到惯性系 K′时，牛顿运动定律的形式相同，牛顿运动方程对伽利略变换式来讲是不变的。可以推断：对于所有的惯性系，牛顿力学的规律都应具有相同形式，这是力学相对性原理(伽利略相对性原理)。力学相对性原理表明，研究力学规律时所有的惯性系都是等价的，不存在特殊的惯性系，没有一个参考系比别的参考系具有绝对的或优越的地位，不能在一个参考系内部做实验确定该参考系相对另一参考系的速度。经典力学相对性原理在宏观、低速的范围内是与实验结果相一致的。

4.1.3　牛顿力学的绝对时空观

什么是时间？什么是空间？牛顿认为“绝对的、真实的数学时间，就其本质而言是永远均匀地流着，与任何外界事物无关”。“绝对空间，就其本质而言是与任何外界事物无关的，它从不运动，而且永远不变。”上述关于时间和空间的两个假设构成了经典力学的绝对时空观。按照这种观点，时间和空间是彼此独立、互不相关且独立于物质运动之外的某种东西。这种绝对时空观可以形象地把空间比作一个存有宇宙万物的无形的永不运动的框架，而时间是独立的不断流逝的流水。经典绝对时空观与人们的日常生活感受基本一致，虽不能从理论上证明但适用于宏观低速情况。

物理学家简介：伽利略

伽利略

伽利略于1564年2月15日生于比萨，自幼受父亲的影响，对音乐、诗歌、绘画以及机械兴趣极浓。17岁时，伽利略遵从父命进入比萨大学学医，可是他对医学感到枯燥无味，课外常去听著名学者欧斯迪罗·里奇讲解欧几里得几何学和阿基米德静力学，并对此具有浓厚兴趣。1583年，伽利略在比萨教堂里注意到一盏悬灯的摆动，随后用线悬铜球作模拟(单摆)实验，确证了微小摆动的等时性以及摆长对周期的影响，由此研制出脉搏计，用于测量短时间间隔。1585年，伽利略因家贫退学，担任家庭教师，但他仍奋力自学。1586年，伽利略发明了浮力天平，并撰写论文《小天平》。伽利略是伟大的意大利物理学家和天文学家，科学革命的先驱。他是历史上首先在科学实验的基础上融会贯通了数学、物理学和天文学三门知识，扩大、加深并改变了人类对物质运动和宇宙的认识的科学家。为了证实和传播哥白尼的日心说，伽利略献出了毕生精力。因此，他晚年受到教会迫害，被终身监禁。伽利略以系统的实验和观察推翻了以亚里士多德为代表的纯属思辨的传统的自然观，并开创了以实验事实为根据，具有严密逻辑体系的近代科学，因此，伽利略被称为“近代科学之父”。他的工作为牛顿的理论体系建立奠定了基础。伽利略于1642年1月8日病逝。300多年后的1979年11月10日，罗马教皇不得不在公开集会上宣布：1633年对伽利略的宣判是不公正的。1980年10月重审这一案件，并在罗马组成一个包括不同宗教信仰的世界著名科学家委员会来研究伽利略案件的始末，研究科学同宗教的关系，研究伽利略学说的科学价值及其对现代科学思想的贡献。

4.2 狭义相对论的基本原理 洛伦兹变换

4.2.1 狭义相对论的基本原理

在物体低速运动的范围内，伽利略变换和经典力学相对性原理是符合实际情况的。但将经典力学相对性原理推广到电磁学时却遇到了麻烦。19世纪末，描述电磁学基本规律的麦克斯韦方程组预言了电磁波的存在，且电磁波在真空中的速率为

$$c = 1/\sqrt{\varepsilon_0 \mu_0} \tag{4-2-1}$$

式中，ε_0，μ_0 是两个电磁学常量，将其代入上式得 $c = 2.99 \times 10^8$ m/s。

电磁波在真空中的速率与当时的光速相近，可得到光是电磁波这一麦克斯韦方程组的另一预言。由于 ε_0，μ_0 与参考系无关，因此 c 也应与参考系无关，即在任何参考系内测得的光在真空的速率都应该是 c，c 是一个普适常量。但是在经典力学的伽利略变换中，任何速度都是相对于某一个参考系的，不存在普适的速度常量，且麦克斯韦方程组也不具备对伽利略变换的不变性。这样就面临两种选择：一种是肯定经典力学相对性原理是正确的，但不适用于电磁学理论，在电磁学理论中存在一个特殊的参考系称为“以太”参考系，在“以太”参考系中光速是 c；另一种选择是假定存在一个普遍正确的相对性原理，它既适用于力学又适用于电磁学，但经典力学的定律和伽利略变换要修改。爱因斯坦选择了后者，提出了相对性

原理和光速不变原理两个狭义相对论的基本假设。

相对性原理认为物理定律在一切惯性参考系中都具有相同的数学表达形式，所有惯性系对于描述物理规律都是等价的。

光速不变原理认为在所有惯性参考系中光在真空中沿各个传播方向的速率等于恒定值 c，与光源和观察者的运动无关。

狭义相对论的相对性原理是力学相对性原理的推广。这种推广体现了一个物理学的基本概念，即物理学规律的表达式在不同惯性参照系中是相同的。需要注意的是狭义相对论的光速不变假设与伽利略变换(或牛顿力学时空观)相矛盾的。设想火车站台上用于照明的灯光相对于地球以速度 c 传播，若以相对于火车站台运动速度为 v 的火车来看，按照光速不变原理，光仍以速度 c 传播。而按照伽利略变换，当光的传播方向与火车的运动方向一致时，由火车上测得的光速应为 $c-v$；当两者的方向相反时，由火车上测得的光速应为 $c+v$。

狭义相对论中的"狭义"是指该理论只适用于惯性参考系，以别于广义相对论。而广义相对论，爱因斯坦将其相对性原理推广到变速运动的参考系中。

4.2.2　洛伦兹变换

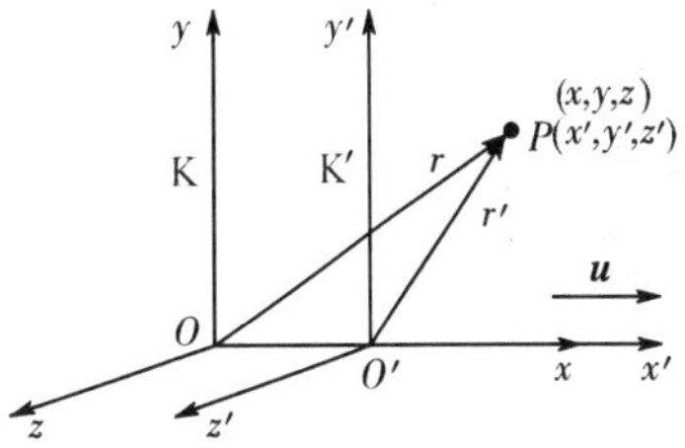

图 4-3　洛伦兹变换

如图 4-3 所示，设有两个惯性参考系 K 和 K′，它们对应的坐标轴相互平行，且 K′系相对 K 系以恒定速度 $\boldsymbol{u}$ 沿 Ox 轴正方向运动。开始时，两个参考系 O 与 O' 重合。设 P 为被观察的某一事件，在 K 系中测得是在时刻 t 发生在(x,y,z)，在 K′系中测得是在时刻 t' 发生在(x',y',z')，由相对性原理和光速不变原理可得：

$$\begin{cases} x' = \dfrac{x-ut}{\sqrt{1-\dfrac{u^2}{c^2}}} \\ y' = y \\ z' = z \\ t' = \dfrac{t-\dfrac{ux}{c^2}}{\sqrt{1-\dfrac{u^2}{c^2}}} \end{cases} \tag{4-2-2a}$$

逆变换式为

$$\begin{cases} x = \dfrac{x'+ut'}{\sqrt{1-\dfrac{u^2}{c^2}}} \\ y = y' \\ z = z' \\ t = \dfrac{t'+\dfrac{ux'}{c^2}}{\sqrt{1-\dfrac{u^2}{c^2}}} \end{cases} \tag{4-2-2b}$$

(4-2-2)式称为洛伦兹时空变换。

洛伦兹时空变换中，x'是x、t的函数、t'也是x、t的函数，且都与两个惯性系之间的相对速度u有关，洛伦兹变换体现了相对论关于时间、空间和物质运动三者紧密联系的关系。由此，在相对论中通常将t时刻发生在(x,y,z)的事件用四维坐标(x,y,z,t)的形式表示。

当$u \ll c$时，有

$$\begin{cases} x' = x - ut \\ y' = y \\ z' = z \\ t' = t \end{cases} \tag{4-2-3}$$

洛伦兹变换退化为伽利略变换，洛伦兹变换是对高速和低速运动都成立的变换。

从(4-2-2)式可知：当$u>c$时，洛伦兹变换式的分母出现虚数，该变换失去意义。所以，狭义相对论要求任何两个惯性系之间的相对运动速率都小于真空中的光速c。也就是说，按照狭义相对论真空中的光速是一切物体运动速率的上限。

【例题 4-2】 设K′系以1.8×10^8 m/s的速度相对于K系沿x轴正向运动，某事件在K′系中的时空坐标为(3×10^8 m，0 m，0 m，2 s)。试求该事件在K系中时空坐标。

解： 根据洛伦兹变换可得：

$$\begin{cases} x = \dfrac{x' + ut'}{\sqrt{1-\dfrac{u^2}{c^2}}} \\ y = y' \\ z = z' \\ t = \dfrac{t' + \dfrac{ux'}{c^2}}{\sqrt{1-\dfrac{u^2}{c^2}}} \end{cases}$$

计算得到，该事件在K系中时空坐标(8.25×10^8 m，0 m，0 m，3.25 s)。

4.2.3 相对论速度变换

K系中速度表达式为

$$v_x = \frac{\mathrm{d}x}{\mathrm{d}t},\quad v_y = \frac{\mathrm{d}y}{\mathrm{d}t},\quad v_z = \frac{\mathrm{d}z}{\mathrm{d}t}$$

K′系中速度表达式为

$$v'_x = \frac{\mathrm{d}x'}{\mathrm{d}t'},\quad v'_y = \frac{\mathrm{d}y'}{\mathrm{d}t'},\quad v'_z = \frac{\mathrm{d}z'}{\mathrm{d}t'}$$

根据洛伦兹变换，由

$$\mathrm{d}x' = \frac{\mathrm{d}x - u\mathrm{d}t}{\sqrt{1-\dfrac{u^2}{c^2}}},\ \mathrm{d}y' = \mathrm{d}y,\ \mathrm{d}z' = \mathrm{d}z,\ \mathrm{d}t' = \frac{\mathrm{d}t - \dfrac{u\mathrm{d}x}{c^2}}{\sqrt{1-\dfrac{u^2}{c^2}}}$$

得出相对论速度变换公式为

$$v_x'=\frac{v_x-u}{1-\frac{v_xu}{c^2}},v_y'=\frac{v_y\sqrt{1-\left(\frac{u}{c}\right)^2}}{1-\frac{v_xu}{c^2}},v_z'=\frac{v_z\sqrt{1-\left(\frac{u}{c}\right)^2}}{1-\frac{v_xu}{c^2}}\qquad(4-2-4)$$

其逆变换为

$$v_x=\frac{v_x'+u}{1+\frac{v_x'u}{c^2}},\ v_y=\frac{v_y'\sqrt{1-\left(\frac{u}{c}\right)^2}}{1+\frac{v_x'u}{c^2}},v_z=\frac{v_z'\sqrt{1-\left(\frac{u}{c}\right)^2}}{1+\frac{v_x'u}{c^2}}\qquad(4-2-5)$$

将(4-2-5)式与(4-1-5a)式相比较可以看出：相对论力学中的速度变换公式与经典力学中的速度变换公式不同，不仅速度的 x 分量要变换，而且 y 分量和 z 分量也要变换。但在 $v\ll c$ 的情况下，相对论速度变换将退化为经典速度变换。

例如，在 K 系中沿 x 方向发射一光信号，则在 K′系中观察的光速为

$$v_x'=\frac{v_x-u}{1-\frac{v_xu}{c^2}}=\frac{c-v}{1-\frac{vc}{c^2}}=c$$

说明光速在任何惯性系中均为同一常量，利用洛伦兹变换可将时间与距离测量联系起来。

【例题 4-3】 两只宇宙飞船相对某遥远的恒星以 $0.8c$ 的速率向相反方向移开。求一飞船相对于另一飞船的速度。

解：设恒星为 K 系，飞船 A 为 K′系并沿 x 轴正方向运动，即 $u=0.8c$。取另一飞船 B 为研究对象，沿 x 轴负方向运动，即 $v_x=-0.8c$。飞船 B 在 K′系中的速度为

$$v_x'=\frac{v_x-u}{1-\frac{v_xu}{c^2}}=\frac{-0.8c-0.8c}{1-\frac{-0.8c\times0.8c}{c^2}}=-\frac{40}{41}c$$

根据伽利略变换，飞船 B 在 K′系中的速度为

$$v_x'=v_x-u=-1.6c。$$

物理学家简介：洛伦兹

洛伦兹

洛伦兹(Hendrik Antoon Lorentz，1853—1928)，荷兰物理学家、数学家。主要从事普通物理和理论物理的教学，撰写《微积分》和《普通物理》等教科书。洛伦兹主要科学成就是创立电子论并提出了洛伦兹变换公式。他为人热诚谦虚，爱因斯坦、薛定谔和其他青年一代理论物理学家对洛伦兹非常尊敬，并多次到莱顿大学向他请教。爱因斯坦曾说过，他一生中受洛伦兹的影响最大。洛伦兹于 1928 年 2 月在荷兰的哈勃姆去世，终年 75 岁。为了悼念这位荷兰近代文化的巨人，在举行葬礼的那天，荷兰全国电信、电话中止 3 分钟，世界各地科学界的著名人物参加了葬礼。爱因斯坦在洛伦兹墓前致词，洛伦兹的成就“对我产生了最伟大的影响”，他是“我们时代最伟大、最高尚的人”。

4.3 狭义相对论的时空观

4.3.1 同时的相对性

假设在惯性系 K 中不同地点同时发生两个事件，时空坐标分别为$(x_1,0,0,t)$和$(x_2,0,0,t)$，若在惯性系 K′中观测，这两个事件会同时发生吗？根据洛伦兹变换(4-2-2a)式，有

$$t_1'=\frac{t-\frac{ux_1}{c^2}}{\sqrt{1-\frac{u^2}{c^2}}},\quad t_2'=\frac{t-\frac{ux_2}{c^2}}{\sqrt{1-\frac{u^2}{c^2}}} \tag{4-3-1}$$

K′系中两个事件时间间隔为

$$t_2'-t_1'=\frac{-\frac{u}{c^2}(x_2-x_1)}{\sqrt{1-\frac{u^2}{c^2}}}\neq 0 \tag{4-3-2}$$

可见：在某一个惯性系不同地点同时发生的两个事件，而在另一个惯性系中观测是不同时发生的，这是狭义相对论中的同时的相对性。当 $u\ll c$ 时，有

$$t_2'-t_1'=0$$

低速运动时 K′系中两个事件同时发生，绝对时空观中同时的绝对性是相对论同时相对性在低速运动时的特殊情况。

狭义相对论中时间和空间是相互关联的。若 u 沿 x 轴正方向，且 $x_2-x_1>0$，则 $t_2'-t_1'<0$，可得出结论：沿两个惯性系相对运动方向发生的两个事件在其中一个惯性系中表现为同时的，而另一惯性系中观察则总是在前一个惯性系运动的后方的那一个事件先发生。如果两个事件在 K 系同一地点同时发生，$x_2=x_1, t_2=t_1$ 则

$$t_2'-t_1'=\frac{-\frac{u}{c^2}(x_2-x_1)}{\sqrt{1-\frac{u^2}{c^2}}}=0 \tag{4-3-3}$$

$$x_2'-x_1'=\frac{(x_2-x_1)-u(t_2-t_1)}{\sqrt{1-\frac{u^2}{c^2}}}=0 \tag{4-3-4}$$

说明在某一个惯性系同一地点同时发生的两个事件在其他惯性系中进行测量，这两个事件仍是同时同地发生。

4.3.2 长度收缩

如图 4-4 所示，细棒 AB 相对于 K′系静止并沿着 Ox' 轴放置于其中，K′系中的观测者测得静止棒的长度称为棒的固有长度。设在 K′系中棒 AB 两端点的坐标为 x_1'、x_2'，该棒的

长度为

$$l_0 = x'_2 - x'_1$$

式中，l_0 为棒的固有长度。

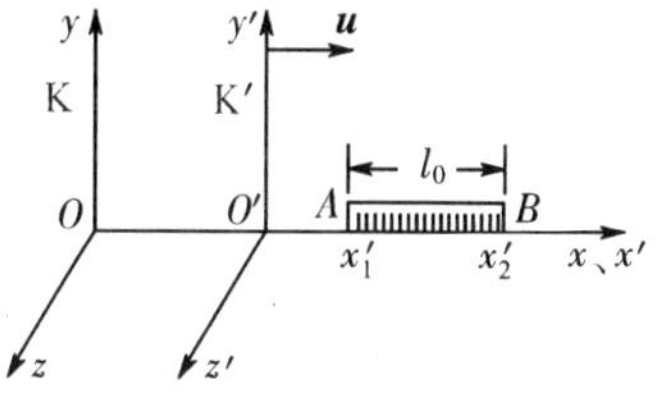

图 4－4　长度收缩效应

如在 K 系中测量棒 AB 的长度，需在 K 系中同时测量棒 AB 两端点的坐标 x_1、x_2，根据洛伦兹变换（4－2－2）式可得

$$x'_1 = \frac{x_1 - ut_1}{\sqrt{1-\frac{u^2}{c^2}}}, x'_2 = \frac{x_2 - ut_2}{\sqrt{1-\frac{u^2}{c^2}}} \tag{4-3-5}$$

测量时应满足同时性条件 $t_1 = t_2$，棒的运动长度为

$$l = x_2 - x_1 = l_0\sqrt{1-\frac{u^2}{c^2}} \tag{4-3-6}$$

表明：相对于 K 系中的观察者，运动物体在运动方向上的长度缩短。这是狭义相对论的长度收缩效应，即运动长度小于固有长度。

长度收缩效应是相对的。设两根完全一样的细棒分别放在 K 系和 K′系，则 K 系中的观测者说放在 K′系中的细棒缩短了，而 K′系中的观测者认为自己这根棒长度没有变而是 K 系中的细棒缩短了。

长度收缩效应是测量量而非观察量，测量效应与眼睛看到的效应是不同的。眼睛看物体时，看到的是由物体各点发出的同时到达视网膜的光信号形成的图像。物体运动时，由于光速有限同时到达视网膜的光信号是由物体各点不同时刻发出的，物体远端发出光信号的时刻比近端发出光信号的时刻要早一些。因此，眼睛看到的物体形状一般是发生了光学畸变的图像。

当 $u \ll c$ 时，（4－3－6）式为 $l = l_0$，低速运动时运动长度等于固有长度，这与空间间隔绝对性的经典绝对时空观一致。

4.3.3　时间延缓

设两个事件在 K′系中的同一地点 x' 处发生，用固定在 K′系中的时钟测量两个事件分别发生在 t'_1、t'_2 时刻，时间间隔为

$$\tau_0 = t'_2 - t'_1$$

静止于某一惯性系中的时钟测得同一地点先后发生的两个事件之间的时间间隔称为固有时间，即 τ_0 为固有时间。在 K 系中测量时间，两事件分别发生在 t_1，t_2 时刻，根据洛伦兹变换（4－2－2）式可得

$$t_1 = \frac{t'_1 + \frac{u}{c^2}x'}{\sqrt{1-\frac{u^2}{c^2}}}, \quad t_2 = \frac{t'_2 + \frac{u}{c^2}x'}{\sqrt{1-\frac{u^2}{c^2}}} \tag{4-3-7}$$

两式相减，得

$$\tau = t_2 - t_1 = \frac{\tau_0}{\sqrt{1-\frac{u^2}{c^2}}} \tag{4-3-8}$$

(4-3-8)式表明：K′系中同一地点发生的两个事件在 K 系中测得两个事件的时间间隔要比在 K′系测得的时间间隔(即固有时)长。换句话说，K 系中的观测者发觉 K′系中的时钟(即运动的时钟)变慢了。这就是时间延缓效应，也称时间膨胀。

测量一个过程从发生到结束的时间间隔，固有时间最短。时间延缓效应是相对的。

当 $u \ll c$ 时，(4-3-8)式变为 $\tau = \tau_0$，这就回到了经典力学的绝对时间观。

狭义相对论指出了时间和空间的量度与参考系的选择有关。时间与空间是相互联系的，并与物质的运动有着不可分割的联系。不存在孤立的时间，也不存在孤立的空间。时间、空间与运动三者之间的紧密联系，深刻反映了时空的性质。

同时的相对性、时间间隔的相对性和空间间隔的相对性是相对论时空观的基本结论。

【例题 4-4】 设想有一光子火箭相对于地球以速率 $u = 0.95\,c$ 直线飞行，若以火箭为参考系测得火箭长度为 15 m，问以地球为参考系，此火箭有多长？

解： 已知 $l_0 = 15$ m，$u = 0.95\,c$

地面上观察者测量飞船的长度就是运动长度：

$$l = l_0\sqrt{1-\frac{u^2}{c^2}} = 15\sqrt{1-0.95^2}\ \text{m} = 4.68\ \text{m}$$

【例题 4-5】 设想有一光子火箭相对于地球以速率 $u = 0.95\,c$ 直线飞行，火箭上宇航员的计时器记录他观测星云用去 10 min，则地球上的观察者测此事用去多少时间？

解： 设火箭为 K′系，地球为 K 系

$$\tau = \frac{\tau_0}{\sqrt{1-\frac{u^2}{c^2}}} = \frac{10}{\sqrt{1-0.95^2}}\ \text{min} = 32.01\ \text{min}$$

运动的时钟似乎走慢了。

4.4 狭义相对论动力学基础

经典力学中的物理定律在洛伦兹变换下不再保持不变，动量、质量和能量等物理学概念在相对论中必须重新定义，使相对论力学中的力学定律具有对洛伦兹变换的不变性，同时当物体的运动速度远小于光速时，必须还原为经典力学的形式。

4.4.1 相对论动量

经典力学中，速度为 $\boldsymbol{v}$ 、质量为 m 的质点的动量表达式为

$$\boldsymbol{p} = m\boldsymbol{v}$$

对于一个由许多质点组成的系统，其动量为

$$\boldsymbol{p}=\sum_i m_i \boldsymbol{v}_i$$

在没有外力作用于系统的情况下，系统的总动量是守恒的，即

$$\sum_i m_i \boldsymbol{v}_i = \text{常矢量}$$

牛顿力学中，质点的质量是不依赖于速度的常量，在不同惯性系间的速度变换遵循伽利略变换。因此，牛顿力学中动量守恒定律是建立在伽利略速度变换以及质量与速度无关的基础之上的。

狭义相对论中，惯性系中的速度变换遵循洛伦兹变换。若要动量守恒表达式在高速运动情况下仍然保持不变，就必须对上述各动量表达式进行修正，使其适合洛伦兹速度变换式。取相对论性动量表达式为

$$\boldsymbol{p}=\frac{m_0 \boldsymbol{v}}{\sqrt{1-\frac{v^2}{c^2}}} \tag{4-4-1}$$

式中，m_0为质点相对惯性系静止时的质量，称为静止质量；$\boldsymbol{v}$ 为质点相对某惯性系的速度。

取动量的表达式为 $\boldsymbol{p}=m\boldsymbol{v}$，则

$$m=\frac{m_0}{\sqrt{1-\frac{v^2}{c^2}}} \tag{4-4-2}$$

即在狭义相对论中，质量 m 与质点的速率有关，称其为相对论性运动质量。(4－4－2)式称为相对论质速关系。

质点的速度远小于光速即当 $v \ll c$ 时，$m \approx m_0$，相对论质量约等于静止质量，可认为质点的质量保持不变，且为一常量。相对论性动量 $\boldsymbol{p} \approx m_0 \boldsymbol{v}$ 与牛顿力学动量表达式相同。表明低速情况下，相对论性质量和动量可退化为与牛顿力学的质量和动量。

4.4.2　狭义相对论动力学的基本方程

由相对论性动量表达式可得：当外力作用于质点时，有

$$\boldsymbol{F}=\frac{\mathrm{d}\boldsymbol{p}}{\mathrm{d}t}=\frac{\mathrm{d}(m\boldsymbol{v})}{\mathrm{d}t}=\frac{\mathrm{d}}{\mathrm{d}t}\left[\frac{m_0 \boldsymbol{v}}{\sqrt{1-(v/c)^2}}\right] \tag{4-4-3}$$

(4－4－3)式为相对论动力学的基本方程。

当作用于系统的合外力为零时，系统的动量保持守恒。动量守恒定律的表达式为

$$\sum \boldsymbol{p}_i=\sum m_i \boldsymbol{v}_i=\sum \frac{m_{0i}}{\sqrt{1-\frac{v_i^2}{c^2}}}\boldsymbol{v}_i=\text{常矢量} \tag{4-4-4}$$

当质点的速度远小于光速即当 $v \ll c$ 时，$m \approx m_0$ 可视为常量，则(4－4－3)式变成牛顿第二定律的形式

$$\boldsymbol{F}=m_0\boldsymbol{a}$$

(4-4-4)式成为经典力学动量守恒定律的形式

$$\sum \boldsymbol{p}_i = \sum m_{oi}\,\boldsymbol{v}_i = \text{常矢量}$$

4.4.3 质量与能量的关系

由(4-4-3)式出发,可得到狭义相对论中物体的动能 E_k 表达式为

$$E_k = mc^2 - m_0c^2 \tag{4-4-5}$$

式中,m_0c^2 是物体的静能量;mc^2 是物体运动时具有的总能量。

(4-4-5)式表明物体的总能量等于物体的动能与其静能量之和。换句话说,物体的动能等于其总能与静能量之差。

用 E 和 E_0 分别表示总能量和静能量:

$$E = mc^2,\quad E_0 = m_0c^2 \tag{4-4-6}$$

这就是著名的质能关系式。质能关系式揭示了质量和能量是不可分割的,质量是物质所含有的能量的量度。

当 $v \ll c$ 时,物体的动能为

$$E_k = mc^2 - m_0c^2 = \frac{m_0c^2}{\sqrt{1-\frac{v^2}{c^2}}} - m_0c^2 \approx m_0c^2\left(1+\frac{1}{2}\frac{v^2}{c^2}\right) - m_0c^2 = \frac{1}{2}m_0v^2 \tag{4-4-7}$$

这与经典力学中的动能表达式完全一样。

质能关系的另一种表达方式是

$$\Delta E = \Delta mc^2 \tag{4-4-8}$$

它表明:物体吸收或释放能量时,必然伴随着质量的增加或减少。这一关系式是原子核物理以及原子能利用方面的理论基础。有些重原子能分裂成两个较轻的核,该过程有质量亏损同时释放出能量,这一过程称为核裂变。典型的是铀原子核 $^{235}_{92}\text{U}$ 的裂变,$^{235}_{92}\text{U}$ 中有 235 个核子在热中子的轰击下,$^{235}_{92}\text{U}$ 裂变为 2 个新的原子核和 2 个中子,同时释放能量 Q。再如轻核聚变,由轻核结合在一起形成较大的核,该过程有质量亏损同时释放能量,一个典型的轻核聚变是由两个氘核($^{2}_{1}\text{H}$,氢的同位素)聚变成氦核($^{4}_{2}\text{He}$),同时释放能量 Q。

4.4.4 动量与能量的关系

由(4-4-1)式和(4-4-6)式可得

$$E^2 = E_0^2 + c^2p^2 \tag{4-4-9}$$

这是相对论性动量和能量的关系式。

当 $m_0=0$(如光子的静质量为零)时,相对论性动量和能量的关系为

$$E = cp \tag{4-4-10}$$

【例题 4-6】 质子以速度 $v=0.8\,c$ 运动,求其总能量、动能和动量。

解：质子的静能 $E_0 = m_0c^2 = 938\ \text{MeV}$，

质子的能量 $E = mc^2 = \dfrac{m_0c^2}{\sqrt{1-v^2/c^2}} = 1\,563\ \text{MeV}$，

质子的动能 $E_k = E - m_0c^2 = 625\ \text{MeV}$，

质子的动量 $p = mv = \dfrac{m_0v}{\sqrt{1-v^2/c^2}} = 6.68\times10^{-19}\ \text{kg}\cdot\text{m}\cdot\text{s}^{-1}$。

【例题 4-7】 两个静止质量都是 m_0 的粒子，以大小相等、方向相反的速度 v 碰撞，反应形成一复合粒子。计算这个复合粒子的静止质量 M_0 和运动速度 V。

解：设这两个粒子的速率都是 v，由动量守恒和能量守恒定律得

$$\frac{m_0v}{\sqrt{1-(v/c)^2}} - \frac{m_0v}{\sqrt{1-(v/c)^2}} = \frac{M_0V}{\sqrt{1-(V/c)^2}} \tag{1}$$

$$\frac{M_0c^2}{\sqrt{1-\frac{V^2}{c^2}}} = \frac{2m_0c^2}{\sqrt{1-\frac{v^2}{c^2}}} \tag{2}$$

由(1)式得

$$V = 0$$

由(2)式得

$$M_0 = \frac{2m_0}{\sqrt{1-\frac{v^2}{c^2}}}$$

表明复合粒子的静止质量 M_0 大于 $2m_0$，两者的差值为

$$M_0 - 2m_0 = \frac{2m_0}{\sqrt{1-\frac{v^2}{c^2}}} - 2m_0 = \frac{2E_k}{c^2}$$

式中，E_k 为两粒子碰撞前的动能。

由此可见，与动能相联系的这部分质量转化为静止质量，从而使碰撞后复合粒子的静止质量增加。

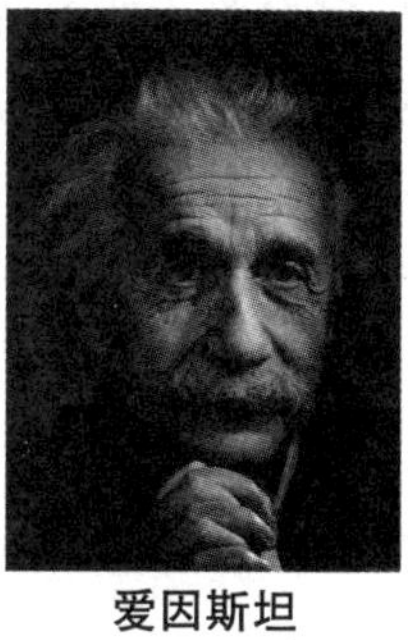

爱因斯坦

物理学家简介：爱因斯坦

爱因斯坦(1879—1955)，美籍德国犹太人。他创立了相对论，并为核能开发奠定了理论基础，被公认为自伽利略、牛顿以来最伟大的科学家、思想家。1921 年诺贝尔物理学奖获得者。现代物理学的开创者和奠基人，相对论——“质能关系”的提出者，“决定论量子力学诠释”的捍卫者(振动的粒子)——不掷骰子的上帝。1999 年 12 月 26 日，爱因斯坦被美国《时代周刊》评选为“世纪伟人”。爱因斯坦是世上最伟大的科学家之一。

*4.5 广义相对论简介

广义相对论描写物质间引力相互作用的理论,它是爱因斯坦于1915年完成、1916年正式发表的。这一理论首次把引力场解释成时空的弯曲。

4.5.1 广义相对论的诞生和发展过程

爱因斯坦在1905年发表了一篇探讨光线在狭义相对论中重力和加速度对其影响的论文,广义相对论的雏形开始形成。1912年,爱因斯坦发表了另外一篇论文探讨如何将重力场用几何的语言来描述,广义相对论的运动学出现了。到了1915年,爱因斯坦引力场方程的发表标准着广义相对论动力学的完成。

1915年后,广义相对论的发展多集中在解开场方程式上解答的物理解释以及寻求可能的实验与观测也占了很大的一部分。但因为场方程式是一个非线性偏微分方程很难得出解来,所以在没有计算机帮助的时代只有少数的解被解出来而已,其中最著名的有三个解:史瓦西解、雷斯勒一诺斯特朗姆解和克尔解。

在广义相对论的实验验证上有著名的三大验证。在水星近日点的进动中每百年43秒的剩余进动长期无法得到解释,被广义相对论完满地解释清楚了。光线在引力场中的弯曲,广义相对论计算的结果比牛顿理论正好大了1倍,爱丁顿和戴森的观测队利用1919年5月29日的日全食进行观测的结果,证实了广义相对论是正确的。再就是引力红移,按照广义相对论在引力场中的时钟要变慢,因此从恒星表面射到地球上来的光线,其光谱线会发生红移在很高精度上得到了证实。从此,广义相对论理论的正确性被得到了广泛的承认。

另外,宇宙的膨胀也创造出了广义相对论的另一场高潮。从1922年开始,科学家们就发现场方程式所得出的解答会是一个膨胀中的宇宙,爱因斯坦通过在场方程式中加入一个宇宙常数来使场方程式可以解出一个的稳定宇宙,但这个结果在数学上不是稳定的而且与实验观察的结果不一致。实际上,根据超新星的观察宇宙膨胀正在加速,宇宙常数似乎有再度复活的可能性,宇宙中存在的暗能量可能就必须用宇宙常数来解释。

由于牛顿引力理论对于绝大部分引力现象已经足够精确,广义相对论只提供了一个极小的修正,人们在实用上并不需要它。因此,广义相对论建立以后的半个世纪并没有受到充分重视,也没有得到迅速发展。到20世纪60年代,情况发生变化,发现强引力天体(中子星)和3K宇宙背景辐射,使广义相对论的研究蓬勃发展起来。广义相对论对于研究天体结构和演化以及宇宙的结构和演化具有重要意义。中子星的形成和结构、黑洞物理和黑洞探测、引力辐射理论和引力波探测、大爆炸宇宙学、量子引力以及大尺度时空的拓扑结构等问题的研究正在深入,广义相对论成为物理研究的重要理论基础。

4.5.2 广义相对论的基本原理

(1) 等效原理

等效原理表述为:惯性力场与引力场的动力学效应是局部不可分辨的。等效原理分为弱等效原理和强等效原理，弱等效原理认为惯性力场与引力场的动力学效应是局部不可分辨的。强等效原理则将“动力学效应”提升到“任何物理效应”。特别要强调是：等效原理仅对局部惯性系成立，对非局部惯性系等效原理不一定成立。

（2）广义相对性原理

广义相对性原理认为：所有的物理定律在任何参考系中都取相同的形式。该定理是狭义相对性原理的推广。在狭义相对论中，如果我们去定义惯性系会出现死循环。一般地，不受外力的物体在其保持静止或匀速直线运动状态不变的坐标系是惯性系，但如何判定物体不受外力？回答只能是，当物体保持静止或匀速直线运动状态不变时物体不受外力。很明显，逻辑出现了难以消除的死循环。这说明对于惯性系人们无法给出严格定义，这不能不说是狭义相对论的严重缺憾。为了解决这个问题，爱因斯坦直接将惯性系的概念从相对论中剔除，用“任何参考系”代替了原来狭义相对性原理中“惯性系”。

4.5.3　广义相对论中的一些基本概念

（1）黑洞

爱因斯坦的广义相对论理论在天体物理学中有着非常重要的应用，它直接推导出某些大质量恒星会终结为一个黑洞——时空中的某些区域发生极度的扭曲以至于连光都无法逸出；而多大质量的恒星会塌陷为黑洞则是印裔物理学家钱德拉塞卡的功劳——钱德拉塞卡极限（白矮星的质量上限）。

（2）引力透镜

有证据表明恒星质量黑洞以及超大质量黑洞是某些天体如活动星系核和微类星体发射高强度辐射的直接成因。光线在引力场中的偏折会形成引力透镜现象，这使得人们能够观察到处于遥远位置的同一个天体的多个成像。

（3）引力波

广义相对论还预言了引力波的存在（爱因斯坦于 1918 年写的论文《论引力波》），现已被直接观测所证实。此外，广义相对论还是现代宇宙学的膨胀宇宙模型的理论基础。宇宙中的强引力场天体非常之多，比如超大质量黑洞合并，脉冲星自转、超新星爆发等都是引力波的强有力来源。2016 年 2 月 11 日，美国自然基金会在新闻发布会中证实：人类首次直接探测到了引力波。爱因斯坦的预测是真的，引力波时代已经到来！

（4）万有引力

广义相对论是一种关于万有引力本质的理论。爱因斯坦曾经试图把万有引力定律纳入相对论的框架但都没有成功。于是，他将狭义相对性原理推广到广义相对性原理，又利用在局部惯性系中万有引力与惯性力等效的原理，建立了用弯曲时空的黎曼几何描述引力的广义相对论理论。

(5) 引力质量与惯性质量

人们做了许多实验以测量同一物体的惯性质量和引力质量。所有的实验结果都得出同一结论:惯性质量等于引力质量(实际上是成正比,调整系数后就变成"等于"了,这么做是为了方便计算)。爱因斯坦一直在寻找"引力质量与惯性质量相等"的解释,为了这个目标他作出了被称作"等同原理"的假设。它说明:如果一个惯性系相对于一个伽利略系被均匀地加速,那么就可以通过引入相对于它的一个均匀引力场而认为它(该惯性系)是静止的。

4.5.4 广义相对论中的一些应用

按照广义相对论,在局部惯性系内不存在引力,一维时间和三维空间组成四维平坦的欧几里得空间;在任意参考系内存在引力,引力引起时空弯曲,因而时空是四维弯曲的非欧黎曼空间。爱因斯坦找到了物质分布影响时空几何的引力场方程。时间空间的弯曲结构取决于物质能量密度、动量密度在时间空间中的分布,而时间空间的弯曲结构又反过来决定物体的运动轨道。在引力不强、时间空间弯曲很小情况下,广义相对论的预言同牛顿万有引力定律和牛顿运动定律的预言趋于一致;而引力较强、时间空间弯曲较大情况下两者有区别。广义相对论提出以来,预言了水星近日点反常进动、光频引力红移、光线引力偏折以及雷达回波延迟都被天文观测或实验所证实。关于脉冲双星的观测也提供了有关广义相对论预言存在引力波的有力证据。

(1) 水星近日点进动

1859年,天文学家勒威耶发现水星近日点进动的观测值,比根据牛顿定律计算的理论值每百年快38角秒。1882年,纽康姆经过重新计算得出水星近日点的多余进动值为每百年43角秒并提出有可能是水星因发出黄道光的弥漫物质使水星的运动受到阻力,但又不能解释为什么其他几颗行星也有类似的多余进动。1915年,爱因斯坦根据广义相对论把行星的绕日运动看成是它在太阳引力场中的运动,推算出水星多余进动值43″/百年,正好与纽康姆的结果相符,也成了广义相对论最有力的一个证据。后来测到的金星、地球和小行星伊卡鲁斯的多余进动跟理论计算也都基本相符。

(2) 光线在引力场中的弯曲

1911年爱因斯坦在《引力对光传播的影响》一文中讨论了光线经过太阳附近时由于太阳引力的作用会产生弯曲,1916年爱因斯坦根据完整的广义相对论推算出光线在引力场的偏角为:$\alpha=1.75''R_0/r$,其中R_0为太阳半径,r为光线到太阳中心的距离。这个结果与爱丁顿在西非几内亚湾的普林西比岛和巴西的索布腊儿尔两地观测的结果$1.61''\pm0.30''$和$1.98''\pm0.12''$跟爱因斯坦理论预期的结果基本相符。随着射电天文学的发展,用射电望远镜对类星体观测的结果在理论值和观测值之间的偏差不超过百分之一。

(3) 光谱线的引力红移

广义相对论指出,在强引力场中时钟要走得慢些,因此从巨大质量的星体表面发射到地球上的光线，会向光谱的红端移动。爱因斯坦 1911 年在《引力对光传播的影响》一文中就讨论了这个问题并给出了计算公式。1925 年，美国威尔逊山天文台观测到伴星天狼 A 发出的谱线，得到的频移与广义相对论的预期基本相符。1958 年穆斯堡尔效应得到发现，用这个效应可以测到分辨率极高的 γ 射线共振吸收。1959 年，庞德和雷布卡首先提出了运用穆斯堡尔效应检测引力频移，得到的结果与理论值相差约百分之五。

用原子钟测引力频移也能得到很好的结果。1971 年，海菲勒和凯丁用几台铯原子钟比较不同高度的计时率，其中有一台置于地面作为参考钟，另外几台由民航机携带登空在 1 万米高空沿赤道环绕地球飞行，实验结果与理论预期值在 10%内相符。1980 年魏索特等人用氢原子钟做实验，把氢原子钟用火箭发射至一万公里太空，得到的结果与理论值相差只有 $\pm 7\times10^{-5}$。

(4) 雷达回波延迟

光线经过大质量物体附近的弯曲现象可以看成是一种折射，相当于光速减慢，因此从空间某一点发出的信号如果途经太阳附近到达地球的时间将有所延迟。1964 年，夏皮罗首先提出这个建议。他的小组先后对水星、金星与火星进行了雷达实验，证明雷达回波确有延迟现象。后来用人造天体作为反射靶，实验精度有所改善。这类实验所得结果与广义相对论理论值比较，相差大约 1%。用天文学观测检验广义相对论的事例还有许多，如引力波的观测和双星观测，有关宇宙膨胀的哈勃定律，黑洞的发现，中子星的发现，微波背景辐射的发现等等。通过各种实验检验，广义相对论越来越令人信服。

思　考　题

4－1　什么是力学的相对性原理？在一个惯性参考系内做力学实验能否测出该惯性参考系相对于另一惯性参考系的加速度？

4－2　说明力学相对性原理与狭义相对论相对性原理之间的异同。

4－3　什么是同时的相对性？如果光速是无穷大，是否还有同时的相对性？

4－4　一列前进中的火车的车头和车尾各遭到一次闪电袭击，车上观察者测定两次袭击是同时发生的。地面观察者测定它们是否仍然同时？如果不是，何处先遭到闪电袭击？

4－5　长度的量度和同时性有什么关系？是否因为长度收缩效应，而使棒的实际长度受到压缩？

4－6　什么叫固有时间？为什么固有时间最短？

4－7　狭义相对论的时间和空间概念与牛顿力学的时间和空间概念有何不同？又有何联系？

4－8　光子的静止质量为零，试论证光子的运动速度为光速 c。

4－9　能把一个粒子加速到光速吗？

4－10　把一个粒子速度由 0.8×10^8 m/s 加速到 1.6×10^8 m/s，粒子的动量是否增加为 2 倍？粒子的动能是否增加为 4 倍？

习　题

4-1　两个事件分别由两个观察者 S、S'观察，S、S'彼此相对作匀速运动，观察者 S 测得两事件相隔 3 s，两事件发生地点相距 10 m，观察者 S'测得两事件相隔 5 s，S'测得两事件发生地的距离最接近于多少 m?　(　　)

(A) 2　　(B) 10　　(C) 17　　(D) 10^9

4-2　某种介子静止时的寿命为 10^{-8} s、质量为 10^{-25} g。如它在实验室中的速度为 $2\times10^8\ \text{m}\cdot\text{s}^{-1}$，则它的一生中能飞行多远(以 m 为单位)?　(　　)

(A) 10^{-3}　　(B) 2　　(C) $\sqrt{5}$　　(D) $6/\sqrt{5}$

4-3　一刚性直尺固定在 K'系中，它与 X'轴正向夹角 $\alpha'=45°$，在相对 K'系以 u 速沿 X'轴作匀速直线运动的 K 系中，测得该尺与 X 轴正向夹角为　(　　)

(A) $\alpha>45°$

(B) $\alpha<45°$

(C) $\alpha=45°$

(D) 若 u 沿 X'轴正向，则 $\alpha>45°$；若 u 沿 X'轴反向，则 $\alpha<45°$

4-4　电子的动能为 0.25 MeV，则它增加的质量约为静止质量的?　(　　)

(A) 0.1 倍　　(B) 0.2 倍　　(C) 0.5 倍　　(D) 0.9 倍

4-5　E_k 是粒子的动能，p 是它的动量，那么粒子的静能 m_0c^2 等于　(　　)

(A) $(p^2c^2-E_k^2)/2E_k$　　(B) $(p^2c^2-E_k)/2E_k$

(C) $p^2c^2-E_k^2$　　(D) $(p^2c^2+E_k^2)/2E_k$

4-6　在惯性系 K 中相距 $\Delta x=5\times10^6$ m 的两地，两事件时间间隔 $\Delta t=10^{-2}$ s；在相对 K 系沿 x 轴正向匀速运动的 K$'$系测得这两事件却是同时发生的，求 K$'$系中发生这两事件的地点间距 $\Delta x'$。

4-7　在惯性系 K 中两事件同时发生在 x 轴上，且相距 1.0×10^3 m 处，从惯性系 K$'$观测到这两个事件相距 2.0×10^3 m，试问从 K$'$测到此两事件的时间间隔是多少?

4-8　在正负电子对撞机中，电子和正电子以 $v=0.9\,c$ 的速率相向运动，两者的相对速率是多少?

4-9　一光源在 K$'$系的原点 O'发出一光线，其传播方向在 $x'y'$平面内且与 x'轴的夹角为 θ'。试求在 K 系中测得的此光线的传播方向，并证明在 K 系中此光线的速度仍是 c。

4-10　固有长度为 50 m 的飞船以 $u=9\times10^3$ m/s 的速率相对于地面匀速飞行，地面上观察者测量飞船的长度是多少?

4-11　若从一惯性系中测得宇宙飞船的长度为其固有长度的一半，宇宙飞船相对于该惯性系的速率是多少?

4-12　一根直杆位于 K 系中 Oxy 平面。在 K 系中观察，其静止长度为 l_0，与 x 轴的夹角为 θ，试求该直杆在 K$'$系中的长度及其与 x'轴的夹角。

4-13　半人马星座 α 星是离太阳系最近的恒星，它距地球 $s=4.3\times10^{16}$ m。设有一宇宙飞船自地球往返于半人马座 α 星之间。若宇宙飞船的速率是 $v=0.999\,c$，(1) 按地球上时钟计算，飞船往返一次需多少时间? (2) 以飞船上时钟计算，往返一次又为多少时间?

4-14　设 K$'$系以恒定速率相对于 K 系沿 xx'轴运动。在惯性系 K 中观察到两个事件发生在同一地点，其时间间隔为 4.0 s，从另一惯性系 K′中观察到这两个事件的时间间隔为 6.0 s，试问 K′系相对于 K 系的速度为多少？

4－15　某人测得一静止棒长为 l_0，质量为 m_0，于是求得此棒的线密度为 $\rho=m_0/l_0$。(1) 假定此棒以速度 v 在棒长方向运动，此人再测棒的线密度应为多少？(2) 若棒在垂直长度方向运动，它的线密度又为多少？

4－16　匀质细棒静止时质量为 m_0、长度为 l_0，当它沿棒长方向作高速的匀速直线运动时测得其长度为 l，则该棒所具有的动能 E_k 是多少？

4－17　静止的电子经过 1 000 000 V 高压加速后，其质量、速率、动量各为多少？

4－18　一个被加速的电子，其能量为 3.0×10^9 eV，试求该电子的速率。

4－19　如果将电子从 $0.8c$ 加速到 $0.9c$，需要对它做多少功？该电子的质量增加多少？

第5章　振动和波动

在自然界中,几乎到处都可以看到物体的一种特殊的运动方式,即物体在一定位置附近作往返运动,如钟摆的运动、琴弦的运动和气缸活塞的运动等等,这种运动方式称为振动。物体在某一平衡位置附近作周期性往复运动,称之为机械振动。除机械振动外,还有电磁振动,如电视、广播发射的信号等。广义地说,任何一个物理量在某一数值附近作周期性变化的都称为振动,变化的物理量称为振动量。由于一切振动现象都具有相似的规律,所以可以从机械振动的分析中了解振动现象的一般规律。

波动是振动在空间的传播,声波、水波、地震波、电磁波和光波都是波。在弹性介质中发生的波动是依靠弹性介质质点的机械振动而产生和传播的,因而称为机械波或弹性波。声波、水波和地震波都属于机械波。但是,并不是所有的波都依靠介质传播,光波、无线电波可以在真空中传播,它们属于另一类波,称为电磁波。微观粒子也具有波动性,这种波称为物质波或德布罗意波。尽管各类波具有各自的特性,但它们都具有类似的波动方程,都有干涉、衍射等波动所特有的性质。

5.1　简谐振动

5.1.1　简谐振动的基本特征

简谐振动是最简单也是最基本的振动形式,任何一个复杂的振动都可以由多个不同频率的简谐振动叠加而成。下面以弹簧振子为例研究简谐振动的运动规律。

在光滑的水平面上,有一个一端被固定的轻弹簧,弹簧的另一端系一小球,如图5-1(a)所示。当弹簧呈自然伸长状态时,小球在水平方向不受力的作用,小球所在的位置O,称为平衡位置。若将小球向右拉伸x,弹簧被拉长,如图5-1(b)所示。这时小球受到弹簧所产生的方向指向点O的弹性力$\boldsymbol{F}$的作用。将小球释放后,小球就在弹性力$\boldsymbol{F}$的作用下左右往返振动,并可以永远振动下去。由轻弹簧和物体构成的这个振动系统,由于弹簧质量可以忽略不计,它只提供物体作周期振动所需要的回复力,而物体质量集中于它的质心,具有一定的惯性,可以等效为一质点,这种系统称为弹簧振子。

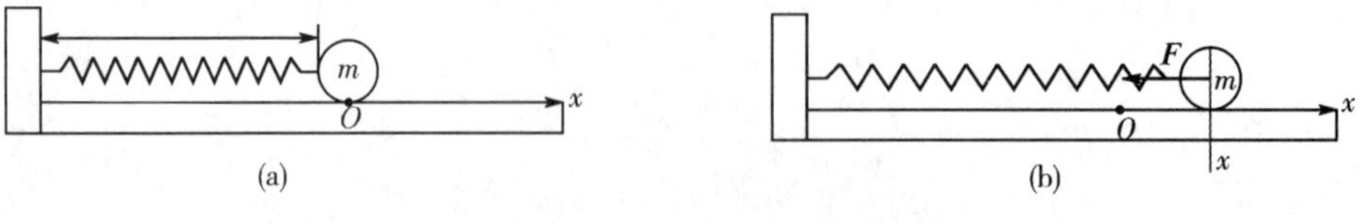

图5-1　弹簧振子作简谐振动的示意图

为了描述小球的这种运动,取小球的平衡位置O为坐标原点,通过点O的水平线为x轴,如图5-1所示。如果小球的位移为x,则它所受弹性力$\boldsymbol{F}$可以表示为

$$F = -kx \tag{5-1-1}$$

根据牛顿第二定律有

$$a = \frac{F}{m} = -\frac{k}{m}x = -\omega^2 x$$

即

$$\frac{d^2x}{dt^2} + \omega^2 x = 0 \tag{5-1-2}$$

其中，$\omega^2 = \frac{k}{m}$。

加速度 a 与位移的大小 x 成正比而方向相反，人们把具有这种特征的运动称为简谐振动。

由 $a = \frac{d^2x}{dt^2} = -\omega^2 x$ 积分可得简谐振动的表达式为

$$x = A\cos(\omega t + \varphi) \tag{5-1-3}$$

式中，积分常量 A 和 φ 分别称为振幅和初相位。

振动的速度和加速度分别为

$$v = \frac{dx}{dt} = -\omega A\sin(\omega t + \varphi) \tag{5-1-4}$$

$$a = \frac{d^2x}{dt^2} = -\omega^2 A\cos(\omega t + \varphi) \tag{5-1-5}$$

由上式可知：物体作简谐振动时，它的位移、速度和加速度都是在作周期性变化的，其变化曲线如图 5-2 所示，称为简谐振动曲线。

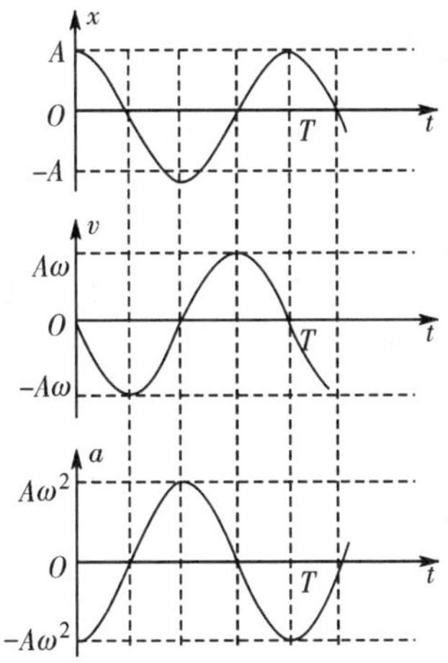

图 5-2　简谐振动曲线

上面分析了由轻弹簧和小球所组成的弹簧振子作无摩擦振动的例子。弹簧振子的振动是典型的简谐振动，它表明了简谐振动的基本特征。从分析中可以看出，物体只要在形如 $F = -kx$ 的线性回复力的作用下运动，其位移必定满足微分方程式(5-1-2)，而这个方程的解(5-1-3)式就一定是时间的余弦(或正弦)函数。简谐振动的这些基本特征在机械运动范围内是等价的，其中任何一项都可以作为判断物体是否作简谐振动的依据。但是，由于振动的概念已经扩展到物理学的各个领域，任何一个物理量在某定值附近作往返变化的过程都属于振动，于是可对简谐振动作如下普遍定义：

任何物理量 x 的变化规律若满足方程式

$$\frac{d^2x}{dt^2} + \omega^2 x = 0$$

并且 ω 是决定于系统自身的常量，则该物理量的变化过程就是简谐振动。

5.1.2　描述简谐振动的特征量

振幅、周期(或频率)和相位是描述简谐振动的三个重要物理量。若已知某简谐振动的这三个物理量，则该简谐振动就完全被确定，故称这三者为描述简谐振动的特征量。

(1) 振幅

振动物体离开平衡位置的最大幅度称为振幅。简谐振动 $x = A\cos(\omega t + \varphi)$，其中 A 是振幅，在国际单位制中机械振动振幅的单位是 m(米)。

(2) 周期和频率

振动物体完成一次振动所需要的时间称为振动周期，常用 T 表示；在 1 秒时间内所完成振动的次数称为振动频率，常用 ν 表示。振动物体在 2π 秒内所完成振动的次数称为振动角频率，就是(5-1-2)式中的 ω。显然，角频率 ω、频率 ν 和周期 T 三者之间的关系为

$$\nu = \frac{1}{T},\ \omega = 2\pi\nu = \frac{2\pi}{T} \tag{5-1-6}$$

在国际单位制中，周期 T、频率 ν 和角频率 ω 的单位分别是 s(秒)、Hz(赫兹)和 rad/s(弧度/秒)。

(3) 相位和初相位

(5-1-3)式中的 $(\omega t + \varphi)$ 称为简谐振动的相位，单位是 rad(弧度)。已知位置和速度是表示一个质点在任意时刻运动状态的充分而必要的两个物理量。由(5-1-3)式和(5-1-4)式可以看出：在已知振幅 A 和角频率 ω 的情况下，振动物体的位置和速度完全由相位 $(\omega t + \varphi)$ 所决定。相位 $(\omega t + \varphi)$ 中的 φ 称为初相位，在已知振幅 A 和角频率 ω 的情况下，振动物体在初始时刻的运动状态完全取决于初相位 φ。在(5-1-3)式和(5-1-4)式中，令 $t=0$，则分别成为下面的形式

$$\begin{aligned} x_0 &= A\cos\varphi \\ v_0 &= -A\omega\sin\varphi \end{aligned} \tag{5-1-7}$$

式中，x_0 和 v_0 分别是振动物体在初始时刻的位移和速度。这两个物理量表示了振动物体在初始时刻的运动状态，也就是振动物体的初始条件。

振幅 A 和初相位 φ 在数学上它们是在求解微分方程 $\frac{d^2x}{dt^2} + \omega^2 x = 0$ 时引入的两个积分常量，而在物理上它们是由振动系统的初始状态所决定的两个描述简谐振动的特征量，这是由初始条件(5-1-7)式可以求得

$$\begin{cases} A = \sqrt{x_0^2 + \dfrac{v_0^2}{\omega^2}} \\ \varphi = \arctan\left(-\dfrac{v_0}{\omega x_0}\right) \end{cases} \tag{5-1-8}$$

5.1.3 简谐振动的矢量图解法

简谐振动可以用一个旋转矢量描绘，如图 5-3 所示。自 Ox 轴的原点 O 为始端画一矢量 $\mathbf{A}$，使它的模等于振动的振幅 A，末端为 M 点。

若矢量 **A** 以匀角速度 ω 绕坐标原点 O 作逆时针方向转动时，则矢量末端 M 在 x 轴上的投影点 P 就在 x 轴上于点 O 两侧往返运动。如果在 $t=0$ 时刻，矢量 **A** 与 x 轴的夹角为 φ，那么这时投影点 P 相对于坐标原点 O 的位移可以表示为

$$x_0 = A\cos\varphi$$

式中，A 为矢量 **A** 的长度。

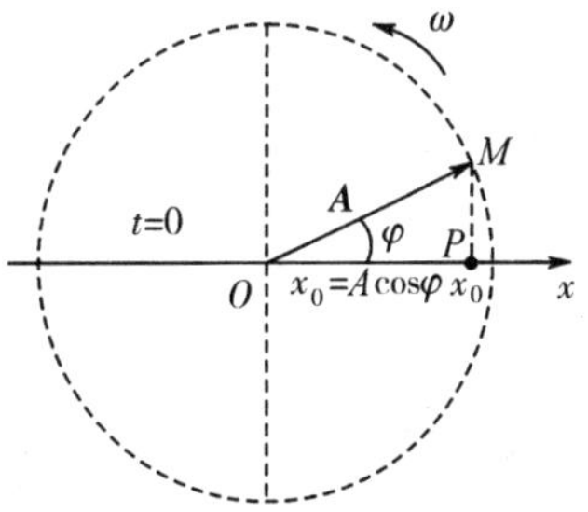

图 5-3　简谐振动的旋转矢量

在任意时刻 t，矢量 **A** 与 x 轴的夹角变为 $(\omega t+\varphi)$，则投影点 P 相对于坐标原点 O 的位移为

$$x = A\cos(\omega t+\varphi)$$

所以，当矢量 **A** 绕其始点(即坐标原点)以匀角速度 ω 旋转时，其末端在 x 轴上的投影点的运动与简谐振动规律相同，如图 5-4 所示。

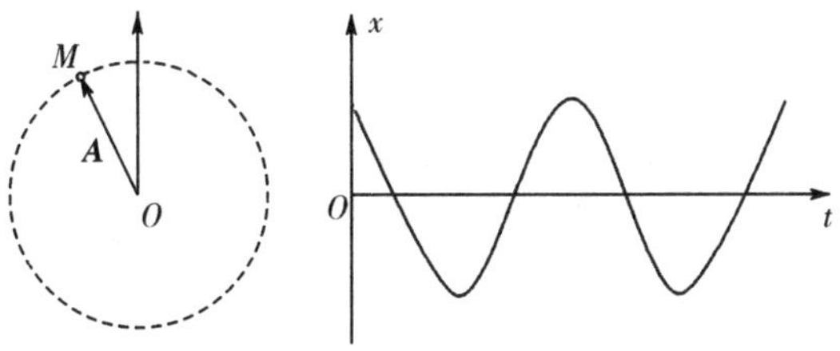

图 5-4　矢量末端的投影点的运动曲线

以上是用一个旋转矢量末端在一条轴线上的投影点的运动表示简谐振动，这种方法称为简谐振动的矢量图解法或旋转矢量法。

【例题 5-1】　有一劲度系数为 32.0 $N \cdot m^{-1}$ 的轻弹簧放置在光滑的水平面上，其一端被固定，另一端系一质量为 500 g 的物体。将物体沿弹簧长度方向拉伸至距平衡位置 10.0 cm处，然后将物体由静止释放，物体将在水平面上沿一条直线作简谐振动，分别写出振动的位移、速度和加速度与时间的关系。

解：设物体沿 x 轴作简谐振动，并取平衡位置 O 为坐标原点。在初始时刻 $t=0$，物体所处的位置在最大位移处，所以振幅为

$$A = 10.0\ \text{cm} = 0.10\ \text{m}$$

振动角频率为

$$\omega = \sqrt{\frac{k}{m}} = \sqrt{\frac{32.0}{0.500}} = 8.0\ (\text{rad} \cdot \text{s}^{-1})$$

如果把振动写为一般形式，即 $x=A\cos(\omega t+\varphi)$。当 $t=0$ 时，物体处于最大位移处，$x=A$，那么必定有 $\cos\varphi=1$，所以初相位 $\varphi=0$。这样就可以写出位移与时间的关系

$$x = 0.10\cos 8.0t\ \text{m}$$

速度和加速度的最大值分别为

$$v_m = \omega A = 8.0 \times 0.10\ \text{m} \cdot \text{s}^{-1} = 0.80\ \text{m} \cdot \text{s}^{-1}$$

$$a_m = \omega^2 A = 8.0^2 \times 0.10\ \mathrm{m \cdot s^{-2}} = 6.40\ \mathrm{m \cdot s^{-2}}$$

速度和加速度与时间的关系分别为

$$v = -0.80\sin 8.0t\ \mathrm{m \cdot s^{-1}}$$

$$a = -6.40\cos 8.0t\ \mathrm{m \cdot s^{-2}}$$

【例题 5-2】 已知某简谐振动的振动曲线(如图 5-5 所示),试写出该振动的位移与时间的关系。

解: 任何简谐振动都可以表示为

$$x = A\cos(\omega t + \varphi)$$

关键是要从振动曲线求得振幅 A、角频率 ω 和初相位 φ。

振幅 A 可以从振动曲线上得到。最大位移的点 P 所对应的位移的大小就是振幅

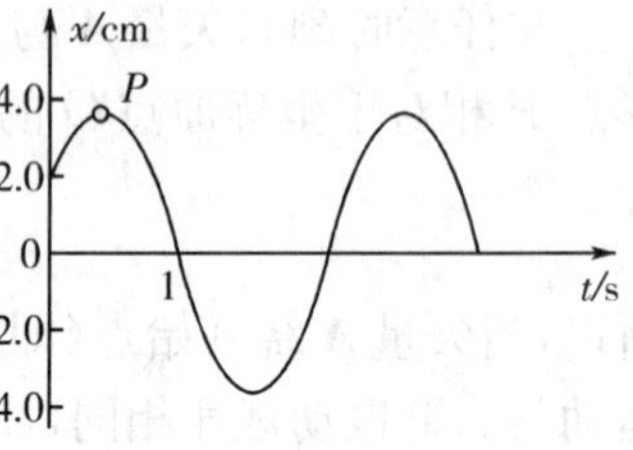

图 5-5 例题 5-2 图

$$A = 4.0 \times 10^{-2}\ \mathrm{m}$$

根据初始时刻的位移 x_0 和速度 v_0 来确定 φ。

$t = 0$ 时位移 x_0 和速度 v_0 分别由以下两式表示:

$$x_0 = A\cos\varphi \tag{1}$$

$$v_0 = -A\omega\sin\varphi \tag{2}$$

从振动曲线上可以得到 $x_0 = \dfrac{A}{2}$,将此值代入式(1),得:

$$\cos\varphi = \frac{1}{2},\quad \varphi = \pm\frac{\pi}{3}$$

由振动曲线在 $t = 0$ 附近的状况可知,$v_0 > 0$,同时因为 A 和 ω 都大于零。根据式(2),必定有

$$\sin\varphi < 0$$

这样就可以确定,在 $t=0$ 时旋转矢量是处于第四象限内,故取初相位为

$$\varphi = -\frac{\pi}{3}$$

最后求角频率 ω,从振动曲线可以看到:在 $t = 1$ s 时,位移 $x = 0$,代入

$$x = 4.0 \times 10^{-2}\cos\left(\omega t - \frac{\pi}{3}\right)\mathrm{m}$$

可得

$$0 = 4.0 \times 10^{-2}\cos\left(\omega t - \frac{\pi}{3}\right)\mathrm{m}$$

所以

$$\cos\left(\omega t-\frac{\pi}{3}\right)=0,\omega t-\frac{\pi}{3}=\pm\frac{\pi}{2}$$

因为 $\omega>0$，所以只能取 $+\frac{\pi}{2}$。另外，从振动曲线可以看到，在 $t=1\,\text{s}$ 时，位移 x 由正值变为负值。在旋转矢量图上，位移由正值变为负值，对应于旋转矢量处于 $+\frac{\pi}{2}$ 的位置而不是处于 $-\frac{\pi}{2}$ 的位置，故应取 $\omega-\frac{\pi}{3}=\frac{\pi}{2}$，所以

$$\omega=\frac{\pi}{2}+\frac{\pi}{3}=\frac{5\pi}{6}\ \text{rad}\cdot\text{s}^{-1}$$

这样，可以将该简谐振动具体地写为

$$x=4.0\times10^{-2}\cos\left(\frac{5\pi}{6}t-\frac{\pi}{3}\right)\text{m}$$

5.1.4　简谐振动的能量

从机械运动的观点来看：在振动过程中，若振动系统不受外力和非保守内力的作用，则其动能和势能的总和是恒定的。现在以弹簧振子为例，研究简谐振动中能量的转换和守恒问题。

弹簧振子的位移和速度分别为

$$x=A\cos(\omega t+\varphi)$$

$$v=-\omega A\sin(\omega t+\varphi)$$

在任意时刻，系统的动能为

$$E_k=\frac{1}{2}mv^2=\frac{1}{2}m\omega^2A^2\sin^2(\omega t+\varphi)\tag{5-1-9}$$

除了动能以外，振动系统还具有势能。对于弹簧振子，系统的势能就是弹力势能，并表示为

$$E_P=\frac{1}{2}kx^2=\frac{1}{2}kA^2\cos^2(\omega t+\varphi)\tag{5-1-10}$$

由(5-1-9)式和(5-1-10)式可见：弹簧振子的动能和势能都随时间作周期性变化。当位移最大时，速度为零，动能也为零，而势能达到最大值 $\frac{1}{2}kA^2$；当在平衡位置时，势能为零，而速度为最大值，所以动能也达到最大值 $\frac{1}{2}m\omega^2A^2$。

弹簧振子的总能量为动能和势能之和，即

$$E=E_k+E_P=\frac{1}{2}m\omega^2A^2\sin^2(\omega t+\varphi)+\frac{1}{2}kA^2\cos^2(\omega t+\varphi)$$

因为 $\omega^2=k/m$，所以上式可化为

$$E = \frac{1}{2}kA^2 \tag{5-1-11}$$

由上式可见，尽管在振动中弹簧振子的动能和势能都在随时间作周期性变化，但总能量是恒定不变的并与振幅的平方成正比。

由公式

$$E = \frac{1}{2}mv^2 + \frac{1}{2}kx^2 = \frac{1}{2}kA^2$$

可以得到

$$v = \pm\sqrt{\frac{k}{m}(A^2 - x^2)} = \pm\omega\sqrt{A^2 - x^2} \tag{5-1-12}$$

(5-1-12)式明确表示了弹簧振子中物体的速度与位移的关系。在平衡位置处，$x=0$，速度为最大；在最大位移处，$x=\pm A$，速度为零。

【例题 5-3】 一长度为 l 的无弹性细线，一端被固定在 A 点，另一端悬挂一质量为 m、体积很小的物体。静止时，细线沿竖直方向，物体处于点 O，这是振动系统的平衡位置(如图 5-6 所示)。若将物体移离平衡位置，使细线与竖直方向夹一小角度 θ，然后将物体由静止释放，物体就在平衡位置附近往返摆动。这种装置称为单摆。试证明：单摆的振动是简谐振动，并分析其能量。

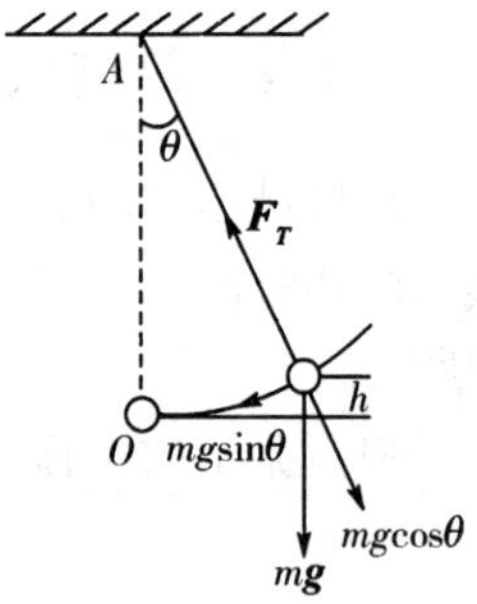

图 5-6 例题 5-3 图

解： 选择物体相对平衡位置 O 的角位移 θ 为描述单摆位置的变量，并规定物体处于平衡位置右方，θ 为正；处于平衡位置左方，θ 为负。

物体受到两个力的作用，一个是重力 $m\boldsymbol{g}$，另一个是细线的张力 $\boldsymbol{F}_T$。沿着物体运动的弧形路径，将重力 $m\boldsymbol{g}$ 分解成大小为 $mg\cos\theta$ 的径向分量和 $mg\sin\theta$ 的切向分量，其中径向分量 $mg\cos\theta$ 与细线的张力 $\boldsymbol{F}_T$ 一起为物体的运动提供向心力，而切向分量的作用是使物体返回平衡位置，其作用与弹簧振子中的弹性力一样。因此，单摆的振动方程为

$$ml\frac{\mathrm{d}^2\theta}{\mathrm{d}t^2} = -mg\sin\theta \tag{1}$$

当偏角 θ 很小时，$\sin\theta=\theta$，式(1)可以写为

$$ml\frac{\mathrm{d}^2\theta}{\mathrm{d}t^2} = -mg\theta \tag{2}$$

即

$$\frac{\mathrm{d}^2\theta}{\mathrm{d}t^2} + \omega^2\theta = 0 \tag{3}$$

其中，$\omega^2 = \frac{g}{l}$。

显然，单摆的振动方程(3) 与弹簧振子的振动方程完全相似，只是用变量 θ 代替了变量

x。所以，单摆的角位移 θ 与时间 t 的关系必定可以写成余弦函数的形式

$$\theta=\theta_0\cos(\omega t+\varphi)$$

式中，积分常量 θ_0 为单摆的振幅；φ 为初相位。

这就证明了在偏角 θ 很小时，单摆的振动是简谐振动。

单摆系统的机械能包括两部分，一部分是物体运动的动

$$E_k=\frac{1}{2}mv^2=\frac{1}{2}m\left(\frac{d\theta}{dt}\right)^2=\frac{1}{2}ml^2\theta_0^2\sin^2(\omega t+\varphi) \tag{4}$$

另一部分是系统的势能。取物体平衡位置为重力势能零点，则单摆与地球所组成的系统的重力势能

$$E_p=mgh=mgl(1-\cos\theta) \tag{5}$$

式中，h 是当角位移为 θ 时物体相对平衡位置上升的高度。

可将 $\cos\theta$ 展开为

$$\cos\theta=1-\frac{\theta^2}{2!}+\frac{\theta^4}{4!}-\frac{\theta^6}{6!}+\cdots\cdots$$

因为 θ 很小，可以只取上式的前两项。所以式(5)可以简化为

$$E_p=\frac{1}{2}mgl\theta^2=\frac{1}{2}mgl\theta_0^2\cos^2(\omega t+\varphi) \tag{6}$$

可见，单摆系统的动能和势能都是时间的周期函数。

单摆系统的总能量等于其动能和势能之和，即

$$E=E_k+E_p=\frac{1}{2}ml^2\theta_0^2\sin^2(\omega t+\varphi)+\frac{1}{2}mgl\theta_0^2\cos^2(\omega t+\varphi)$$

因为 $\omega^2=\frac{g}{l}$，所以上式可以简化为

$$E=\frac{1}{2}mgl\theta_0^2=\frac{1}{2}ml^2\omega^2\theta_0^2 \tag{7}$$

上式表示，尽管在简谐振动过程中单摆系统的动能和势能都随时间作周期性变化，但总能量是恒定不变的并与振幅的平方成正比。

【例题 5-4】 边长 $l=0.25$ m，密度 $\rho=800$ kg/m^3 的木块浮在水面上，今把木块完全压入水中然后放手，如不计水对木块的阻力，问木块的运动方程如何？($\rho_水=1\,000$ kg/m^3)

解： 设平衡时木块浸入水中的深度为 b，如图 5-7 所示。以平衡时质心 C 所在位置为坐标原点，建立如图 5-7 所示的坐标系。

当质心 C 的坐标为 x 时有

浮力：$(b-x)l^2\rho_水 g$，方向向上；

重力：$l^3\rho_木 g$，方向向下。

由牛顿第二定律得

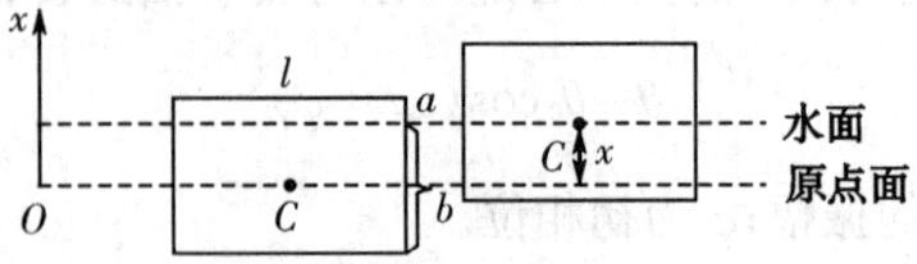

图 5-7　例题 5-4 图

$$(b-x)l^2\rho_{水}g - l^3\rho_{木}g = l^3\rho_{木}\frac{d^2x}{dt^2} \tag{1}$$

平衡时有

$$l^3\rho_{木}g = l^2b\rho_{水}g \tag{2}$$

由(1)、(2)两式可得：

$$\frac{d^2x}{dt^2} + \frac{\rho_{水}g}{\rho_{木}l}x = 0 \tag{3}$$

由(3)式可知，木块将作简谐振动，上式的解即为其运动方程。使木块作简谐振动的回复力是浮力与重力的合力，通常称这种与弹性力本质不同的恢复力为准弹性力。其振动的角频率为：

$$\omega = \sqrt{\frac{\rho_{水}g}{\rho_{木}l}} = \sqrt{\frac{1\,000\times 9.8}{800\times 0.25}} = 7\ \text{s}^{-1}$$

$$T = \frac{2\pi}{\omega} = \frac{2\pi}{7} = 0.9\ \text{s}$$

由(2)式得　$b = l\frac{\rho_{木}}{\rho_{水}} = 0.20\ \text{m}$

故其振幅为

$$l - b = 0.05\ \text{m}$$

设其运动方程为：$x = 0.05\cos(\omega t + \varphi)$

$$t = 0\ 时, x = -0.05\ \text{m}, v = 0$$

故有

$$\cos\varphi = -1, \sin\varphi = 0 \Rightarrow \varphi = \pi$$

最后得木块的振动表达式为

$$x = 0.05\cos(7t + \pi)(\text{SI})$$

5.2　简谐振动的叠加

前面说过，简谐振动是最简单也是最基本的振动形式，任何一个复杂的振动都可以由多个不同频率的简谐振动叠加而成。那么几个简谐振动是怎样合成一个复杂的振动的呢？一般的振动合成问题是比较复杂的，这里讨论只限于简谐振动合成的几种简单情况。

5.2.1　同方向同频率简谐振动的叠加

设一个物体同时参与了在同一直线(如 x 轴)上的两个频率相同的简谐振动,并且这两个简谐振动分别表示为

$$x_1 = A_1\cos(\omega t + \varphi_1)$$

$$x_2 = A_2\cos(\omega t + \varphi_2)$$

既然两个简谐振动处于同一条直线上,可以认为:x_1 和 x_2 是相对同一平衡位置的位移,于是,物体所参与的合振动就一定也处于这同一条直线上,合位移 x 应等于两个分位移 x_1 和 x_2 的代数和,即

$$x = x_1 + x_2 = A_1\cos(\omega t + \varphi_1) + A_2\cos(\omega t + \varphi_2)$$

根据简谐振动的矢量图解法求物体所参与的合振动。假设上述两个分振动分别与旋转矢量 $\boldsymbol{A}_1$ 和 $\boldsymbol{A}_2$ 相对应,如图 5-8所示。在初始时刻,这两个矢量与 x 轴的夹角分别为 φ_1 和 φ_2,即为这两个振动的初相位。两个振动的合成反映在矢量图上应该是两个矢量的合成,所以合振动应该是矢量 $\boldsymbol{A}_1$ 和 $\boldsymbol{A}_2$ 的合矢量 $\boldsymbol{A}$ 的末端在 x 轴上的投影点沿 x 轴的振动。由于矢量 $\boldsymbol{A}_1$ 和 $\boldsymbol{A}_2$ 都以角速度 ω 绕点 O 作逆时针方向旋转,所以它们的夹角是不变的,始终等于 $(\varphi_2 - \varphi_1)$。合矢量 $\boldsymbol{A}$ 的长度也必定是恒定的,并以同样的角速度 ω 绕点 O 作逆时针方向旋转。矢量 $\boldsymbol{A}$ 的末端在 x 轴上的投影点的位移可以表示为

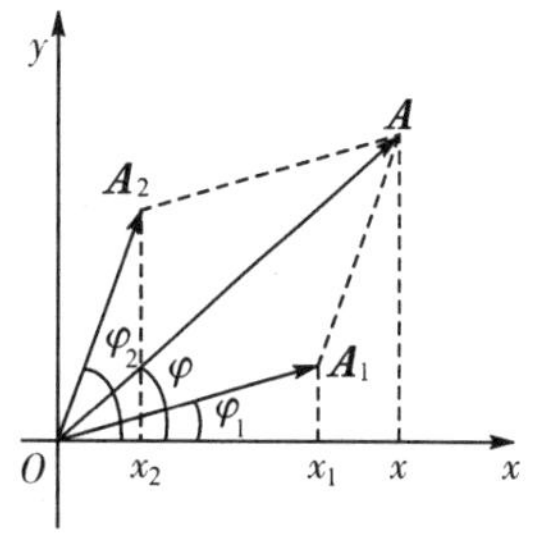

图 5-8　用旋转矢量法表示两个同方向同频率简谐振动的合成

$$x = A\cos(\omega t + \varphi) \tag{5-2-1}$$

这显然就是物体所参与的合振动的位移。此式表示,在同一条直线上两个频率相同的简谐振动的合振动是一个同频率的简谐振动。由图 5-8 可以求得合振动的振幅和初相位。

合振动的振幅为

$$A = \sqrt{A_1^2 + A_2^2 + 2A_1A_2\cos(\varphi_2 - \varphi_1)} \tag{5-2-2}$$

合振动的初相位为

$$\varphi = \arctan\frac{A_1\sin\varphi_1 + A_2\sin\varphi_2}{A_1\cos\varphi_1 + A_2\cos\varphi_2} \tag{5-2-3}$$

由(5-2-2)式可见:合振动的振幅不仅取决于两个分振动的振幅,而且还与它们的相位差 $(\varphi_2 - \varphi_1)$ 有关。根据相位差 $(\varphi_2 - \varphi_1)$ 的数值,可以有两种特殊情况:

(1) 如果相位差 $\varphi_2 - \varphi_1 = \pm 2k\pi, k = 0,1,2,\cdots$,那么由(5-2-2)式可得

$$A = \sqrt{A_1^2 + A_2^2 + 2A_1A_2} = A_1 + A_2 \tag{5-2-4}$$

这表示,当两个分振动相位相等或相位差为 π 的偶数倍时,合振动的振幅等于两个分振动的振幅之和,这种情形称为振动互相加强。

(2) 如果相位差 $\varphi_2-\varphi_1=\pm(2k+1)\pi, k=0,1,2,\cdots$，那么由(5-2-2)式可得

$$A=\sqrt{A_1^2+A_2^2-2A_1A_2}=|A_1-A_2| \tag{5-2-5}$$

这表示：当两个分振动相位相反或相位差为 π 的奇数倍时，合振动的振幅等于两个分振动振幅之差的绝对值，这种情形称为振动互相减弱。

在一般情况下，相位差 $(\varphi_2-\varphi_1)$ 不一定是 π 的整数倍，合振动的振幅 A 则处于 (A_1+A_2) 和 $|A_1-A_2|$ 之间的某一数值。

5.2.2 同一直线上两个频率相近的简谐振动的叠加

设某物体同时参与了在同一直线(如 x 轴)上的两个频率相近的简谐振动，并且这两个简谐振动分别为

$$x_1=A_1\cos(\omega_1 t+\varphi_1)$$

$$x_2=A_2\cos(\omega_2 t+\varphi_2)$$

与上一种情况相同，物体所参与的合振动必然在同一直线上，合位移 x 应等于两个分位移 x_1 和 x_2 的代数和，即

$$x=A_1\cos(\omega_1 t+\varphi_1)+A_2\cos(\omega_2 t+\varphi_2) \tag{5-2-6}$$

但是与上一种情况所不同的是，这时的合振动不再是简谐振动了，而是一种复杂的振动。

首先，用简谐振动的矢量图解法看一下这种振动的大致情况。两个分振动分别对应于旋转矢量 $\boldsymbol{A}_1$ 和 $\boldsymbol{A}_2$。由于这两个旋转矢量绕点 O 转动的角速度不同，所以它们之间的夹角随时间而变化。假如某一瞬间，旋转矢量 $\boldsymbol{A}_1$、$\boldsymbol{A}_2$ 和它们的合矢量 $\boldsymbol{A}$ 处于图 5-9 中所示的位置，而在以后的某一瞬间旋转矢量 $\boldsymbol{A}_1$ 和 $\boldsymbol{A}_2$ 分别到达 $\boldsymbol{A'}_1$ 和 $\boldsymbol{A'}_2$ 的位置，它们的合矢量变为 $\boldsymbol{A'}$。在这两个任意时刻，由于两个分振动所对应的旋转矢量的夹角不同，合矢量 $\boldsymbol{A}$ 和 $\boldsymbol{A'}$ 的长度也不同，由合矢量所对应的合振动的振幅自然也不一样。由此可以断定：合振动是振幅随时间变化的振动。

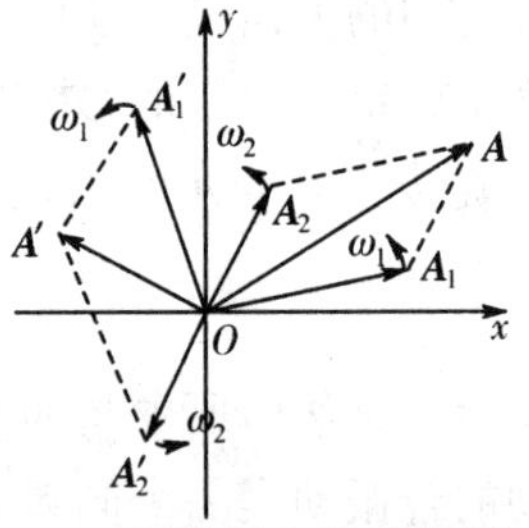

图 5-9　用旋转矢量法表示两个同方向频率相近的简谐振动的合成

在 t 时刻，旋转矢量 $\boldsymbol{A}_1$ 和 $\boldsymbol{A}_2$ 之间的夹角为 $[(\omega_2-\omega_1)t+(\varphi_2-\varphi_1)]$，合矢量 $\boldsymbol{A}$ 的长度即为合振动的振幅，可以表示为

$$A=\sqrt{A_1^2+A_2^2+2A_1A_2\cos[(\omega_2-\omega_1)t+(\varphi_2-\varphi_1)]} \tag{5-2-7}$$

由(5-2-7)式可见：合振动的振幅随时间在最大值 (A_1+A_2) 和最小值 $|A_1-A_2|$ 之间变化。如果 $\omega_2>\omega_1$，或者分振动的频率 $\nu_2>\nu_1$，那么每秒钟旋转矢量 $\boldsymbol{A}_2$ 绕点 O 转 ν_2 圈，旋转矢量 $\boldsymbol{A}_1$ 绕点 O 转 ν_1 圈，$\boldsymbol{A}_2$ 比 $\boldsymbol{A}_1$ 多转 $(\nu_2-\nu_1)$ 圈。若 $\boldsymbol{A}_2$ 比 $\boldsymbol{A}_1$ 每多转 1 圈就会出现一次两者方向相同的机会和一次两者方向相反的机会，所以在 1 s 内应出现 $(\nu_2-\nu_1)$ 次同方向的机会和 $(\nu_2-\nu_1)$ 次反方向的机会。当 $\boldsymbol{A}_1$ 和 $\boldsymbol{A}_2$ 同方向时，合振动的振幅为 (A_1+A_2)；当 $\boldsymbol{A}_1$ 和 $\boldsymbol{A}_2$ 反方向时，合振动的振幅为 $|A_1-A_2|$，这样便形成了因两个分振动

的频率的微小差异而产生的合振动振幅时而加强、时而减弱的现象称为拍现象。合振动在 1 s 内加强或减弱的次数称为拍频。显然拍频为

$$\nu = \nu_2 - \nu_1 \tag{5-2-8}$$

为简便起见，假定两个简谐振动的振幅和初相位分别相同，即为 A 和 φ，则(5-2-6)式可化为

$$x = 2A\cos\left(\frac{\omega_2 - \omega_1}{2}t\right)\cos\left(\frac{\omega_2 + \omega_1}{2}t + \varphi\right) \tag{5-2-9}$$

(5-2-9)式中，当 ω_1 和 ω_2 相差很小时，$(\omega_2 - \omega_1)$要比 ω_1 和 ω_2 小得多，因而 $2A\times\cos\left(\frac{\omega_2-\omega_1}{2}t\right)$是随时间缓慢变化的量，可以把它的绝对值看作合振动的振幅。这样，(5-2-9)式就是此合振动，即拍的数学表达式。由(5-2-9)式可见：合振动的振幅是时间的周期性函数。所以，振幅 $2A\left|\cos\left(\frac{\omega_2-\omega_1}{2}t\right)\right|$的周期是

$$T = \pi\left(\frac{2}{\omega_2 - \omega_1}\right) = \frac{2\pi}{\omega_2 - \omega_1}$$

故拍频为

$$\nu = \frac{1}{T} = \frac{\omega_2 - \omega_1}{2\pi} = \nu_2 - \nu_1 \tag{5-2-10}$$

与(5-2-8)式相同。

5.2.3　相互垂直同频率的简谐振动的叠加

两个相互垂直同频率的简谐振动分别为

$$x = A_1\cos(\omega t + \varphi_1),\ y = A_2\cos(\omega t + \varphi_2)$$

消去 t 可得合振动轨迹方程为

$$\frac{x^2}{A_1^2} + \frac{y^2}{A_2^2} - \frac{2xy}{A_1A_2}\cos(\varphi_2 - \varphi_1) = \sin^2(\varphi_2 - \varphi_1) \tag{5-2-11}$$

(5-2-11)式为一椭圆方程，即合振动的轨迹为一椭圆，如图 5-10 所示。

讨论：(1) 当 $\Delta\varphi = 0$ 或 π 时，(5-2-11)式化为

$$\left(\frac{x}{A_1} \mp \frac{y}{A_2}\right)^2 = 0$$

即

$$y = \pm\frac{A_2}{A_1}x \tag{5-2-12}$$

质点的轨迹为通过坐标原点的直线，如图 5-11 所示。

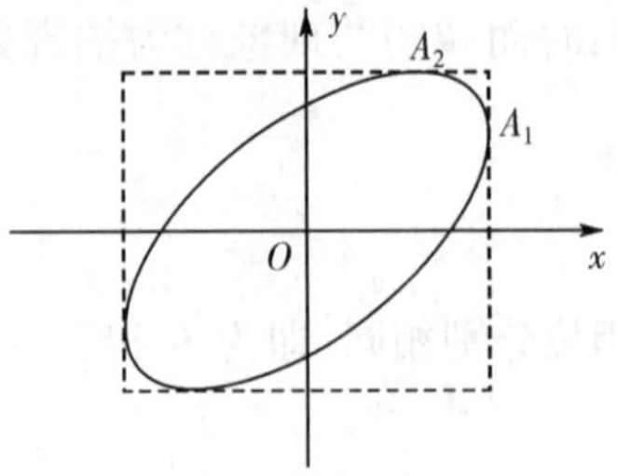

图 5-10　合振动的轨迹

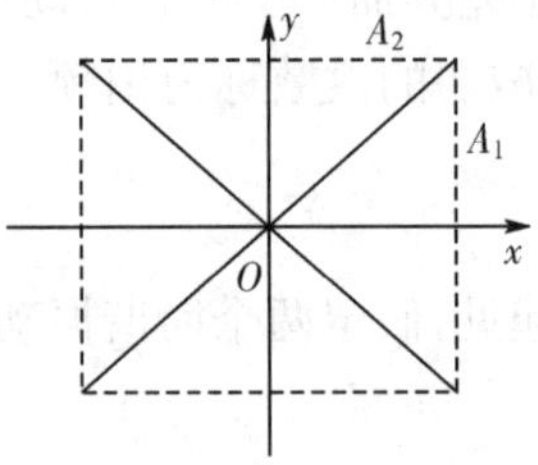

图 5-11　质点的轨迹

(2) 当 $\Delta\varphi=\frac{\pi}{2}$ 或 $\frac{3}{2}\pi$ 时,(5-2-11)式化为

$$\frac{x^2}{A_1^2}+\frac{y^2}{A_2^2}=1 \tag{5-2-13}$$

质点的轨迹为以坐标轴为主轴的椭圆。若 $A_1=A_2$，该质点轨迹则为圆。这说明：任何一个直线简谐振动,椭圆运动或匀速圆周运动都可以分解成两个互相垂直的简谐振动。一般情况下,两个互相垂直的振幅不同,周期相同的简谐振动的合成轨迹如图 5-12 所示。

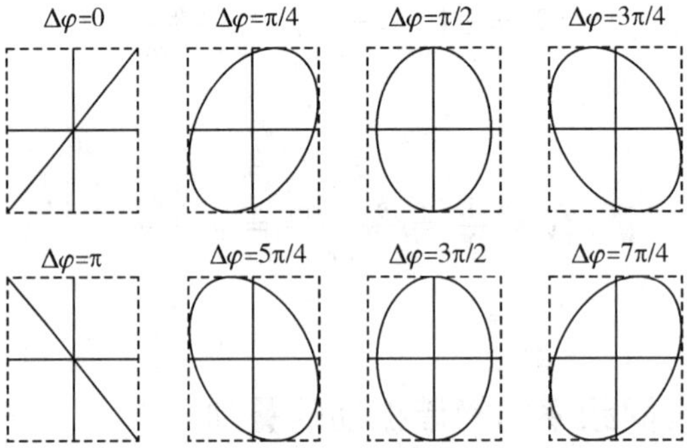

图 5-12　两个互相垂直的振幅不同,周期相同的简谐振动的合成轨迹

若两个振动的频率不同但有一个简单的整数比值关系时,也可以得到稳定的封闭的合成运动轨道,这种图形称为李萨如图形。图 5-13 为两个分振动频率之比为 1∶2、1∶3 和 2∶3 情况下的李萨如图形。

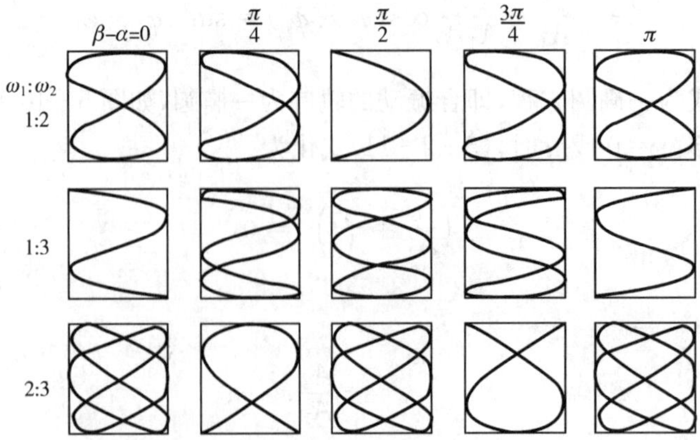

图 5-13　李萨如图形

这里讨论的仅是一些特殊情况。在一般情况下也不难证明：一个复杂的振动，总可以分解成许多不同方向、不同频率的简谐振动的合成。因此，简谐振动规律是研究复杂振动规律的基础。

*5.2.4　振动的分解

从对两个简谐振动的合成的讨论中已经看到：合成后的振动可能是简谐振动，而一般情况下则是复杂的振动。这就清楚地表明，一个复杂的振动是由两个或两个以上的简谐振动所合成的。由此可以断定：一个复杂的振动必定包含了两个或两个以上的简谐振动。

先看一个简单的例子。图 5－14 是周期分别为 T 和 $T/2$（或角频率分别为 ω 和 2ω）的两个简谐振动合成的情形；图 5－15 是周期分别为 T、$T/2$ 和 $T/3$（或角频率分别为 ω、2ω 和 3ω）的三个简谐振动合成的情形。

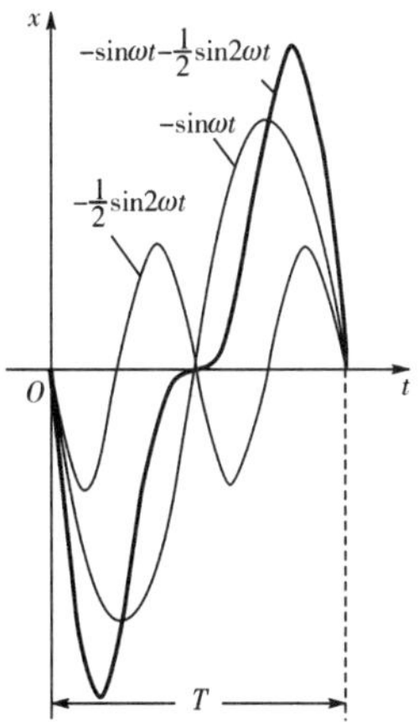

图 5－14　周期为 T 和 $T/2$ 的两个简谐振动合成情形

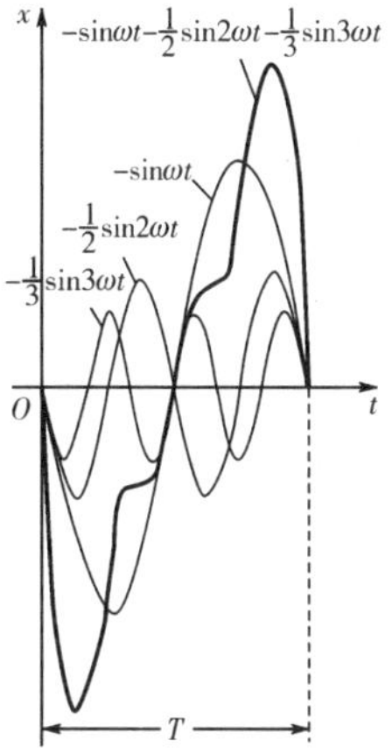

图 5－15　周期为 T、$T/2$ 和 $T/3$ 的三个简谐振动合成情形

由合成的结果可见，在这两种情形下所得合振动都是周期为 T 的周期性振动。由此可以推断：若把有限个或无限个周期分别为 T、$T/2$、$T/3$、…（或角频率分别为 ω、2ω、3ω、…）的简谐振动合成起来，所得合振动也一定是周期为 T 的周期性振动。这就意味着一个周期为 T 的任意周期性振动，必定包含了周期分别为 T、$T/2$、$T/3$、…（或角频率分别为 ω、2ω、3ω、…）的一系列简谐振动。既然如此，一个周期为 T 的任意周期性振动一定可以分解为周期分别为 T、$T/2$、$T/3$、…（或角频率分别为 ω、2ω、3ω、…）的一系列简谐振动，其中角频率为 ω 的简谐振动称为基频振动，角频率为 $n\omega$ 的简谐振动称为 n 次谐频振动。数学上的傅里叶级数理论确保了这种分解的可行性。傅里叶级数理论表示，一个以 T 为周期的周期性函数 $f(t)$ 可以展开为正弦或余弦函数的级数

$$f(t)=A_0+\sum_{n=1}^{\infty}A_n\cos(n\omega t+\varphi_n) \qquad (5-2-14)$$

式中，$\omega=2\pi/T$ 是函数 $f(t)$ 的角频率；级数的各项系数 A_n 就是各简谐振动的振幅，而各 φ_n 值就是各简谐振动的初相位，它们都可以由函数 $f(t)$ 的积分求得。

5.3 阻尼振动、受迫振动、共振

5.3.1 阻尼振动

以上所讨论的简谐振动是严格的周期性振动,即振动的位移、速度和加速度等每经过一个周期就完全恢复原值,但这毕竟只是一种理想情况。任何实际的振动都必然受到摩擦和阻力的影响,振动系统必须克服摩擦和阻力而做功,外界若不持续地提供能量,振动系统自身的能量将不断减少。振动能量减小的另一种途径是由于振动物体引起邻近介质质点的振动,并不断向外传播,振动系统的能量逐渐向四周辐射出去。由于振动能量正比于振幅的平方,所以随着能量的减少,振幅也逐渐减小。

振幅随时间减小的振动称为阻尼振动。在以下的讨论中,只考虑因摩擦和阻力引起的阻尼振动。

当物体在流体中以不太大的速率作相对运动时,物体所受流体的阻力主要是黏性阻力。黏性阻力的大小与物体运动的速率 v 成正比,方向与运动方向相反,可以表示为

$$F_f = -\gamma v = -\gamma \frac{\mathrm{d}x}{\mathrm{d}t} \tag{5-3-1}$$

式中,γ 称为阻力系数;负号表示黏性阻力的方向总是与物体在流体中的运动方向相反。

考虑了黏性阻力,物体的振动方程可以写为

$$m\frac{\mathrm{d}^2x}{\mathrm{d}t^2} + \gamma\frac{\mathrm{d}x}{\mathrm{d}t} + kx = 0 \tag{5-3-2}$$

令 $\omega_0^2 = \dfrac{k}{m}$,$2\beta = \dfrac{\gamma}{m}$,(5-3-2)式可以改写为

$$\frac{\mathrm{d}^2x}{\mathrm{d}t^2} + 2\beta\frac{\mathrm{d}x}{\mathrm{d}t} + \omega_0^2 x = 0 \tag{5-3-3}$$

式中,ω_0 称为振动系统的固有角频率;β 称为阻尼常量,它取决于阻力系数 γ。

对于阻尼振动,由于阻尼大小的不同,阻尼振动有三种情形:

(1) 欠阻尼

在阻尼较小的情况下,$\beta^2 < \omega_0^2$,(5-3-3)式的解为

$$x = A_0 \mathrm{e}^{-\beta t}\cos(\omega t + \varphi_1) \tag{5-3-4}$$

式中,

$$\omega = \sqrt{\omega_0^2 - \beta^2} \tag{5-3-5}$$

A_0 和 φ 为积分常量,可由初始条件决定。(5-3-4)式所表示的位移与时间的关系,可描绘成图 5-16 中曲线 a 所示的情形。

由图 5-16 可以看出:阻尼振动不是严格的周期运动,因为位移不能在每一个周期后

恢复原值，这是一种准周期性运动。若与无阻尼的情况相比较，阻尼振动的周期可表示为

$$T=\frac{2\pi}{\omega}=\frac{2\pi}{\sqrt{\omega_0^2-\beta^2}} \tag{5-3-6}$$

可见：由于阻尼的存在，周期变长，频率变小，即振动变慢。

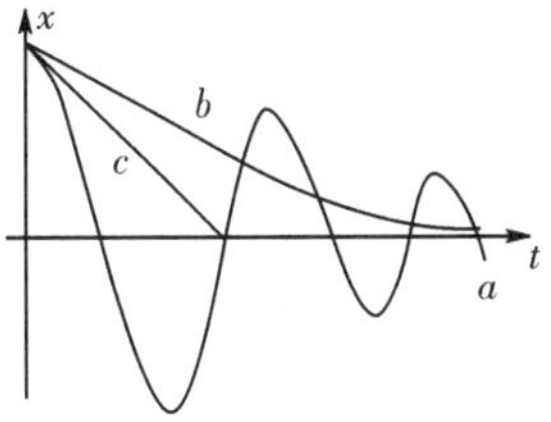

图 5-16　阻尼振动曲线

(2) 过阻尼

在阻尼较大的情况下，$\beta^2>\omega_0^2$，(5-3-4)式不再是方程式(5-3-3)式的解，这时的运动完全不是周期性的。由于阻尼足够大，运动进行太慢，偏离平衡位置的距离随时间按指数衰减，以致需要相当长时间系统才能达到平衡位置，如图 5-16 中曲线 b 所示的情形。

(3) 临界阻尼

任何一个振动系统，当阻尼增加到一定程度时物体的运动是非周期性的，物体振动连一次都不能完成，只是慢慢地回到平衡位置就停止。当阻力使振动物体刚能不作周期性振动而又能最快地回到平衡位置的情况，称为临界阻尼或中肯阻尼状态，如图 5-16 中曲线 c 所示的情形，这时 $\beta^2=\omega_0^2$。

5.3.2　受迫振动

物体在周期性外力作用下发生的振动称为受迫振动，如机器运转时所引起的机架、机壳和底座的振动，扬声器纸盆在音圈的带动下所发生的振动都属于受迫振动。引起受迫振动的周期性外力称为驱动力，它可以是简谐力，也可以是非简谐力。这里所要讨论的是在简谐力的作用下发生的受迫振动。

一个振动系统由于不可避免地要受到阻尼作用，振动能量将不断减小。若没有能量补充，系统的运动将以阻尼振动的形式逐渐衰减并停止下来。在对振动系统加上驱动力后，通过驱动力对振动系统做功可以不断对系统补充能量。如果补充的能量正好弥补了由于阻尼所引起的振动能量的损失，振动就得以维持并会达到稳定状态。设驱动力为 $F\cos pt$，则振动方程可写为

$$m\frac{\mathrm{d}^2x}{\mathrm{d}t^2}+\gamma\frac{\mathrm{d}x}{\mathrm{d}t}+kx=F\cos pt$$

或者

$$\frac{\mathrm{d}^2x}{\mathrm{d}t^2}+2\beta\frac{\mathrm{d}x}{\mathrm{d}t}+\omega_0^2x=h\cos pt \tag{5-3-7}$$

式中，$h=\dfrac{F}{m}$，而 β 和 ω_0 的定义同前所述。

(5-3-7)式的解可以写为

$$x=A_0\mathrm{e}^{-\beta t}\cos(\omega' t+\alpha)+A\cos(pt-\Psi) \tag{5-3-8}$$

(5-3-8)式表示：受迫振动是由阻尼振动 $A_0\mathrm{e}^{-\beta t}\cos(\omega t+\alpha)$ 和简谐振动 $A\cos(pt-\Psi)$ 两项叠加而成的。第一项随时间逐渐衰减，经过足够长时间后将不起作用，所以它对受迫振动

的影响是短暂的;第二项体现了简谐驱动力对受迫振动的影响。当受迫振动达到稳定状态时,位移与时间的关系可以表示为

$$x = A\cos(pt - \Psi) \tag{5-3-9}$$

可见,稳定状态的受迫振动是一个与驱动力同频率的简谐振动。

5.3.3 共振

(5-3-9)式表明:稳定状态的受迫振动振幅 A 与驱动力的角频率 ω' 有关,图 5-17 给出与不同阻尼常量 β 相对应的 A-$\frac{\omega'}{\omega_0}$ 曲线。由图 5-17 可以看出:当驱动力的角频率 ω' 与振动系统的固有角频率 ω_0 相差较大时,受迫振动的振幅 A 是很小的;当 p 接近 ω_0 时,A 迅速增大;当 p 为某确定值时,A 达到最大值。

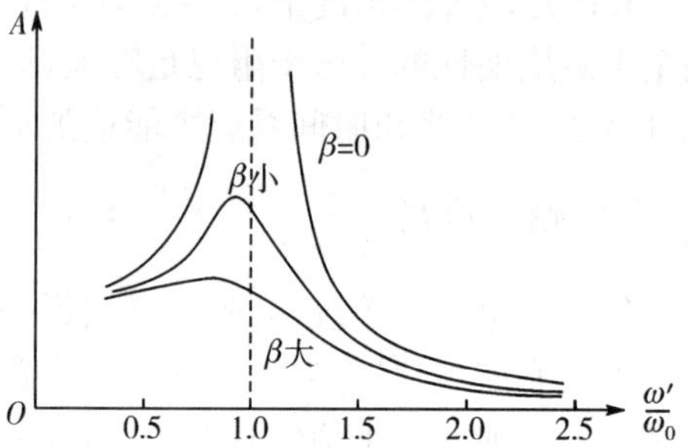

图 5-17　不同阻尼常量 β 相对应的 $A \sim \frac{\omega'}{\omega_0}$ 曲线

当驱动力角频率接近系统的固有角频率时,受迫振动振幅急剧增大的现象称为共振。振幅达到最大值时的角频率称为共振角频率。利用(5-2-7)式求振幅的极大值,并令变量 p 等于共振角频率 ω_r,可求得

$$\omega_r = \sqrt{\omega^2 - 2\beta^2}。 \tag{5-3-10}$$

可见,系统的共振角频率既与系统自身的性质有关,也与阻尼常量有关。

从图 5-17 还可看出:阻尼常量 β 越大,共振时振幅的峰值越低,共振角频率越小;阻尼常量 β 越小,共振时振幅的峰值越高,共振角频率越接近系统的固有角频率;当阻尼常量 β 趋于零时,共振时振幅的峰值趋于无限大,共振角频率趋于系统的固有角频率。图 5-17所表示的共振角频率随阻尼常量 β 的变化规律都已包含在(5-3-10)式中;而共振时振幅的峰值随阻尼常量 β 的变化情形可以由(5-3-9)式和(5-3-10)式求得。在(5-3-9)式中令 $p=\omega_r$,并将(5-3-10)式代入,可求得共振时振幅的峰值 A_r 与阻尼常量 β 的关系

$$A_r = \frac{h}{2\beta\sqrt{\omega^2 - \beta^2}} \tag{5-3-11}$$

共振现象的研究无论在理论上还是在实践上都具有重要意义。

物理学与社会:共振

共振是指一物理系统在特定频率下,比其他频率以更大的振幅做振动的情形;这些特定频率称之为共振频率。在共振频率下,很小的周期振动便可产生很大的振动,因为系统储存了动能。当阻力很小时,共振频率大约与系统自然频率或称固有频率相等,后者是自由振荡时的频率。

自然中有许多地方有共振的现象如：乐器的音响共振、太阳系一些类木行星的卫星之间的轨道共振、动物耳中基底膜的共振、电路的共振等。在建筑工地经常可以看到，建筑工人在浇灌混凝土的墙壁或地板时，为了提高质量，总是一面灌混凝土，一面用振荡器进行震荡，使混凝土之间由于振荡的作用而变得更紧密、更结实。此外，粉碎机、测振仪、电振泵、测速仪等，也都是利用共振现象进行工作的。人类也在其技术中利用或者试图避免共振现象，如持续发出的某种频率的声音会使玻璃杯破碎，机器的运转可以因共振而损坏机座，等等。

5.4　关于波动的基本概念

5.4.1　机械波的形成

机械振动在弹性介质（固体、液体和气体）中传播形成机械波，这是因为弹性介质内各质点之间有弹性力相互作用。当介质中某一质点离开平衡位置时，这就发生形变。于是，一方面邻近质点将对它施加弹性回复力使其回到平衡位置，并在平衡位置附近振动；另一方面根据牛顿第三定律，这个质点也将对邻近质点施加弹性力，迫使邻近质点也在自己的平衡位置附近振动。这样，当弹性介质中的一部分发生振动时，由于各部分之间的弹性相互作用，振动就由近及远地传播开去形成波动。另外，组成弹性介质的质点都具有一定的惯性，当质点在弹性力的作用下返回平衡位置时质点不可能突然停止在平衡位置上，而是要越过平衡位置继续运动。因此，弹性介质和惯性决定机械波的产生和传播过程。

在波的传播过程中，虽然波形沿介质由近及远地传播着，而参与波动的质点并没有随之迁移，只是在自己的平衡位置附近振动。所以，波动是介质整体所表现的运动状态，对于单个质点只能说它是否振动，而无波动可言。

弹性介质是产生和传播机械波的必要条件，而对于其他类型的波并不一定需要这个条件。也就是说，并不是所有的波都依靠介质传播，光波、无线电波属于电磁波，它们是变化的电场和磁场互相激发而产生的波，可以在真空中产生和传播。物质波或德布罗意波反映了微观粒子的一种属性即波动性，代表了粒子在空间存在的概率分布，并非某种振动的传播，更无须弹性介质的存在。

5.4.2　横波与纵波

按照质点振动方向和波的传播方向的关系，机械波可分为横波与纵波，这是波动的两种最基本的形式。

介质中质点振动的方向与波的传播方向垂直，这种波称为横波。用手上下抖动绳子时，绳子上各部分质点依次上下振动，这就是横波。对于横波，可以观察到绳子上交替出现凸起的波峰和凹下的波谷并且它们以一定的速度沿绳传播，这就是横波的波形特征。

如果介质中质点振动的方向与波的传播方向平行，这种波称为纵波。将一根水平放置的长弹簧的一端固定，用手拍打另一端，各部分弹簧就依次左右振动起来，这就是纵波。纵波的波形特征是弹簧出现交替的“稀疏”和“稠密”区域，并且它们以一定速度传播出去。

横波和纵波可以同时存在于同一波动中，如地震波。横波和纵波是最简单的两种波，各种复杂的波都可以分解为横波和纵波。在波动中，真正传播的是振动、波形和能量；波形传播是现象，振动传播是实质，能量传播是波动的量度。

5.4.3 波速 波长 周期和频率

波速 u、波长 λ、波的周期 T 或频率 ν 是描述波动的三个重要物理量。这三个物理量之间存在一定的联系。

波速是单位时间内振动传播的距离，也就是波面向前推进的速率。在固体中横波的波速为

$$u=\sqrt{\frac{G}{\rho}} \tag{5-4-1}$$

式中，G 是固体材料的剪切模量；ρ 是固体材料的密度。

在固体中纵波的传播速率为

$$u=\sqrt{\frac{Y}{\rho}} \tag{5-4-2}$$

式中，Y 是固体材料的杨氏模量。

在流体中只能形成和传播纵波，其传播速率可以表示为

$$u=\sqrt{\frac{B}{\rho}} \tag{5-4-3}$$

式中，B 是流体的体变模量，为流体发生单位体变需要增加的压强，即

$$B=-\frac{\Delta p}{\frac{\Delta V}{V}} \tag{5-4-4}$$

式中，负号是由于当压强增大时体积缩小，即 ΔV 为负值。

(5-4-1)式、(5-4-2)式和(5-4-3)式表明：波在弹性介质中的传播速率决定于弹性介质的弹性和惯性，弹性模量是介质弹性的反映，密度则是介质质元惯性的反映。

波在传播过程中沿同一波线上相位差为 2π 的两个相邻质点的运动状态必定相同，它们之间的距离为一个波长。在横波的情况下，波长等于两相邻的波峰之间或两相邻的波谷之间的距离；在纵波的情况下，波长等于两相邻的密部或疏部中心之间的距离。

一个完整的波(即一个波长的波)通过波线上某点所需要的时间，称为波的周期。周期的倒数等于波的频率，即

$$\nu=\frac{1}{T} \tag{5-4-5}$$

波的频率表示在单位时间内通过波线上某点的完整波的数目。

根据波速、波长、波的周期和频率的上述定义，不难想象：每经过一个周期，介质质点完成一次完全的振动，同时振动状态沿波线向前传播了一个波长的距离；在 1 s 内，质点振动了 ν 次，振动状态沿波线向前传播了 ν 个波长的距离，即波速。所以

$$u = \frac{\lambda}{T} = \lambda\nu \quad (5-4-6)$$

由于在一定的介质中波速是恒定的，所以波长完全由波源的频率决定。频率越高，波长越短；频率越低，波长越长。而对于频率或周期恒定的波源，由于波速与介质有关，则此波源在不同介质中激发的波的波长又由介质的波速决定，表 5-1 给出某些介质中的机械波速。

表 5-1　某些介质中的机械波速

介　质	速度/m·s^{-1}
空气	331(20 ℃)
海水	1 531(25 ℃)
木材	3 400～4 700(纵波)
钢	5 854(纵波),3 150(横波)
地表	8 000(纵波),4 450(横波)

5.4.4　波线　波面　波前

波线和波面都是为了形象地描述波在空间的传播而引入的概念。

从波源沿各传播方向所画的带箭头的线称为波线，用以表示波的传播路径和传播方向。波在传播过程中，所有振动相位相同的点连成的面称为波面。显然，波在传播过程中波面有无穷多个。在各向同性的均匀介质中，波线与波面相垂直。

波面有不同的形状。一个点波源在各向同性的均匀介质中激发的波，其波面是一系列同心球面。波面为球面的波，称为球面波；波面为平面的波，称为平面波。当球面波传播到足够远处，若观察的范围不大，波面近似为平面，可以认为是平面波。

图 5-18(a)和(b)分别表示了球面波的波面和平面波的波面，图中带箭头的直线表示波线。在波的传播方向上最前面的波面称为波前。

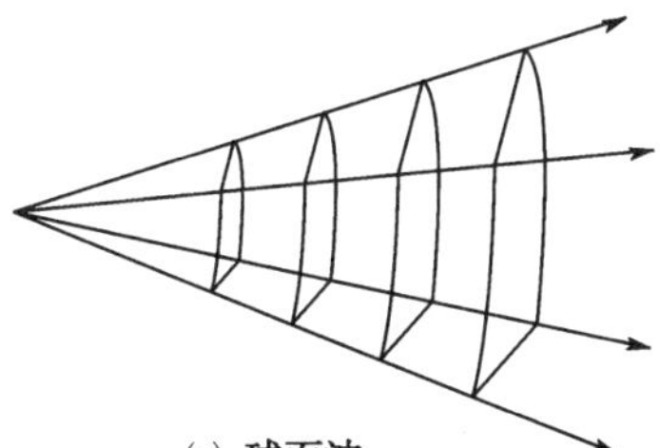

(a) **球面波**

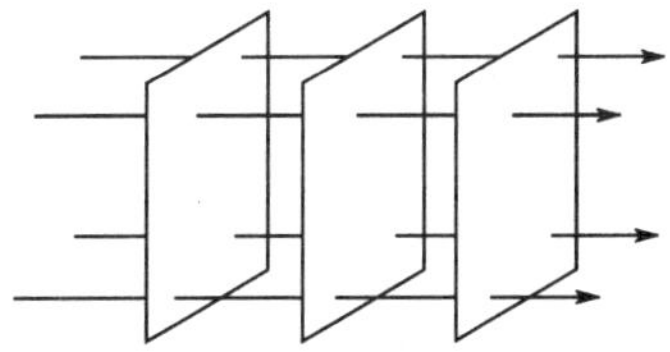

(b) **平面波**

图 5-18　波面

5.5　简谐波

机械波是机械振动在弹性介质内的传播，它是弹性介质内大量质点参与的一种集体运动形式。若要描述沿 x 方向传播的波，就应该知道 x 处的质点在任意时刻 t 的位移 y，即应该知道 $y(x,t)$。把这种描述波传播的函数 $y(x,t)$ 叫做波动函数，简称波函数。

一般情况下的波是很复杂的，但存在一种最简单也是最基本的波，这就是当波源作简谐振动时所引起的介质各点也作简谐振动而形成的波，这种波称为简谐波。任何一种复杂的波都可以表示为若干不同频率、不同振幅的简谐波的合成。波面为平面的简谐波称为平面简谐波。

5.5.1 平面简谐波的波函数

设有一平面简谐波，在无吸收的、均匀的、无限大的介质中沿 x 轴正方向传播。建立如图5-19所示的坐标系，设原点 O 的振动为 $y_0 = A\cos(\omega t + \varphi)$，其中 A 为振幅，ω 为角频率，φ 为初相位。

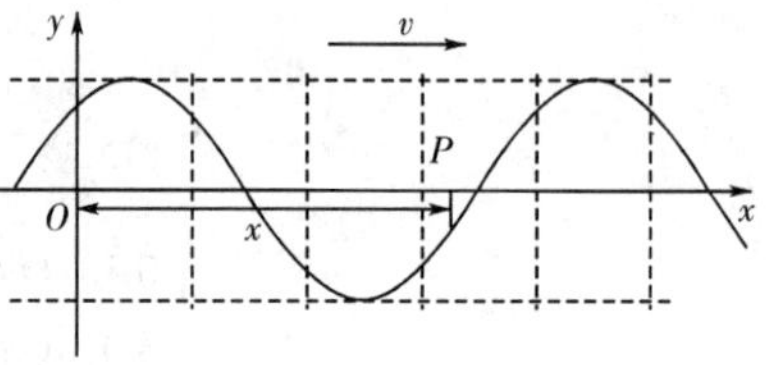

图 5-19 平面简谐波的波形图

为了找出 x 轴上所有质点在任意时刻的位移，在 x 轴正方向上任取一点 P，它距点 O 的距离为 x。显然，当振动从点 O 传播到点 P 时，点 P 将以相同的振幅和频率重复点 O 的振动，振动从 O 点传到 P 点所经历的时间为 $t_0=\frac{x}{u}$，相位落后 $\omega t_0=\omega\frac{x}{u}$，故 P 点的振动为

$$y = A\cos\left[\omega\left(t-\frac{x}{u}\right)+\varphi\right] \tag{5-5-1}$$

此式显然适用于描述 x 轴上所有质点的振动。因此，(5-5-1)式为沿 x 轴正方向传播的平面简谐波的波函数，也常称为平面简谐波的波动方程。

因为 $\omega = 2\pi\nu, u = \lambda\nu$，所以通常将(5-5-1)式写成

$$y = A\cos\left[2\pi\left(\nu t-\frac{x}{\lambda}\right)+\varphi\right] \tag{5-5-2}$$

5.5.2 波函数的物理含义

(1) x 一定时，(5-5-2)式为该处质点的振动表达式，对应曲线为该处质点作简谐振动的振动曲线，表达式为

$$y = A\cos(\omega t - \varphi')$$

式中，$\varphi'=-\frac{2\pi x}{\lambda}+\varphi$。

(2) t 一定时，(5-5-2)式为该时刻各质点位移分布，对应曲线为该时刻各质点的位移分布波形图，表达式为

$$y = A\cos\left(\varphi''-\frac{2\pi x}{\lambda}\right)$$

式中，$\varphi''=-\omega t+\varphi$。

(3) t、x 都变化时，(5-5-2)式表示波线上所有质点在各个时刻的位移情况，表达式为

$$y = A\cos\left[2\pi\left(\nu t-\frac{x}{\lambda}\right)+\varphi\right]$$

波的传播是相位的传播，也是振动这种运动形式的传播，或者说是整个波形的传播，波速 u 就是相位或波形向前传播的速度。总之，当 t 和 x 都变化时，波函数就描述波的传播过程。因而，这种波也称为行波，或前进波。

【例题 5-5】 有一列平面简谐波，坐标原点按照 $y=A\cos(\omega t+\varphi)$ 的规律振动。已知 $A=0.10\ \text{m}$，$T=0.50\ \text{s}$，$\lambda=10\ \text{m}$，试求：

(1) 写出此平面简谐波的波函数；

(2) 波线上相距 2.5 m 的两点的相位差；

(3) 假如 $t=0$ 时处于坐标原点的质点的振动位移为 $y_0=0.050\ \text{m}$，且向平衡位置运动，求初相位并写出波函数。

解：(1) 取过坐标原点的波线为 x 轴，x 轴的指向与波线的方向一致。根据波函数有

$$y=A\cos\left(\omega t-2\pi\frac{x}{\lambda}+\varphi\right)=A\cos\left[2\pi\left(\nu t-\frac{x}{\lambda}\right)+\varphi\right]$$

其中 $A=0.10\ \text{m}$，$\lambda=10\ \text{m}$，$\nu=\dfrac{1}{T}=2.0\ \text{s}^{-1}$，代入上式得

$$y=0.10\cos\left[2\pi\left(2.0t-\frac{x}{10}\right)+\varphi\right]\ \text{m}$$

(2) 因为波线上 x 点在任意时刻的相位都比坐标原点的相位落后 $2\pi x/\lambda$，如果一点的位置在 x，则另一点的位置在 $x+2.5\ \text{m}$，它们分别比坐标原点的相位落后 $2\pi x/\lambda$ 和 $2\pi(x+2.5)/\lambda$。所以，这两点的相位差为

$$\Delta\varphi=2\pi\left(\frac{x+2.5}{\lambda}-\frac{x}{\lambda}\right)=2\pi\frac{2.5}{10}=\frac{\pi}{2}$$

(3) 将 $t=0$ 和 $y_0=0.050\ \text{m}$ 代入坐标原点的振动表达式中，可得

$$0.050=0.10\cos\varphi$$

于是

$$\cos\varphi=0.50,\varphi=\pm\frac{\pi}{3}$$

φ 取正值还是取负值要根据 $t=0$ 时刻处于坐标原点的质点的运动趋势来决定。根据初始条件，初始时刻该质点的位移为正值并向平衡位置运动，所以与这个质点的振动相对应的旋转矢量在初始时刻处于第一象限，应取 $\varphi=\dfrac{\pi}{3}$。于是波函数应写为

$$y=0.10\cos\left[2\pi(2.0t-\frac{x}{10})+\frac{\pi}{3}\right]\text{m}$$

5.6　波的能量

5.6.1　波的能量

当波传播到介质中的某个质点上，这个质点将发生振动，因而具有动能；同时由于该处

介质发生弹性形变，因而也就具有势能。原来静止的质点，其动能和势能都为零。由于波的到来，质点发生振动，于是具有一定的能量。此能量显然是来自波源。所以，波源的能量随着波传播到波所到达的各处。

下面以图 5-20 所示的固体棒中传播的纵波为例分析波动能量的传播。现考察距棒端为 x 处一段长为 $\mathrm{d}x$ 的体积元。该棒的密度为 ρ，截面积为 S，则该体积元的体积为 $\mathrm{d}V=S\mathrm{d}x$，质量为 $\mathrm{d}m=\rho S\mathrm{d}x$。当波传到该体积元时，若它的左端发了位移 y，右端位移为 $y+\mathrm{d}y$，这表明它不仅发生了运动而且还发生了被拉长 $\mathrm{d}y$ 的形变，所以它应同时具有了振动动能和弹性势能。其振动动能为

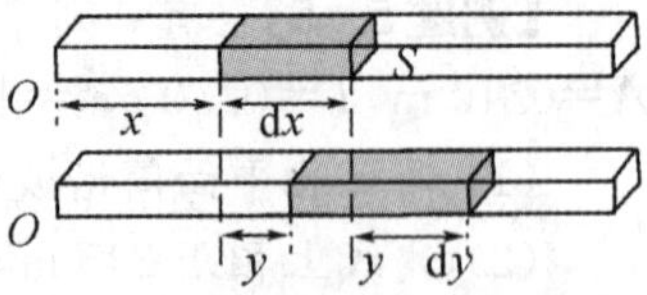

图 5-20　波动能量的传播分析

$$\mathrm{d}E_k=\frac{1}{2}(\mathrm{d}m)v^2=\frac{1}{2}(\rho\mathrm{d}V)v^2$$

而体积元的振动速度为

$$v=\frac{\partial y}{\partial t}=-\omega A\sin\omega\left(t-\frac{x}{u}\right)$$

所以

$$\mathrm{d}E_K=\frac{1}{2}\rho\,\mathrm{d}VA^2\omega^2\sin^2\omega\left(t-\frac{x}{u}\right) \tag{5-6-1}$$

同时，体积元因形变而具有弹性势能 $\mathrm{d}E_P=\frac{1}{2}k(\mathrm{d}y)^2$，此处 k 为棒的劲度系数，而 k 与弹性模量 Y 的关系为 $k=\frac{SY}{\mathrm{d}x}$。于是弹性势能为

$$\mathrm{d}E_P=\frac{1}{2}k(\mathrm{d}y)^2=\frac{1}{2}YS\mathrm{d}x\left(\frac{\mathrm{d}y}{\mathrm{d}x}\right)^2$$

式中，$S\mathrm{d}x$ 为体积元的体积 $\mathrm{d}V$。

再利用纵波速度 $u=\sqrt{\frac{Y}{\rho}}$，上式可改写为

$$\mathrm{d}E_P=\frac{1}{2}\rho u^2\mathrm{d}V\left(\frac{\mathrm{d}y}{\mathrm{d}x}\right)^2$$

现在考虑到 y 是 x 的函数，故上式中$\frac{\mathrm{d}y}{\mathrm{d}x}$应是 y 对 x 的偏导数，于是有

$$\mathrm{d}E_P=\frac{1}{2}\rho u^2\mathrm{d}V\left(\frac{\partial y}{\partial x}\right)^2$$

考虑到

$$\frac{\partial y}{\partial x}=-\frac{\omega}{u}A\sin\omega\left(t-\frac{x}{u}\right)$$

因此

$$dE_P = \frac{1}{2}\rho dVA^2\omega^2\sin^2\omega\left(t-\frac{x}{u}\right) \tag{5-6-2}$$

比较(5-6-1)和(5-6-2)可见 $dE_k = dE_P$，即两者时时相等。

体积元的总能量为其动能和势能之和即 $dE = dE_k + dE_P$，所以

$$dE = \rho dVA^2\omega^2\sin^2\omega\left(t-\frac{x}{u}\right) \tag{5-6-3}$$

(5-6-3)表明，质元的总能量随时间作周期性变化，时而达到最大值，时而为零。

介质中单位体积的波动能量，称为波的能量密度，表示为

$$w = \frac{E}{\Delta V} = \frac{E}{S\Delta x} = \rho A^2\omega^2\ \sin^2\omega\left(t-\frac{x}{u}\right) \tag{5-6-4}$$

显然，波的能量密度是随时间作周期性变化的，通常取其在一个周期内的平均值，这个平均值称为平均能量密度。因为正弦函数的平方在一个周期内的平均值是 1/2，所以波的平均能量密度表示为

$$\overline{w} = \frac{1}{2}\rho A^2\omega^2 \tag{5-6-5}$$

上式表示：波的平均能量密度与振幅的平方、频率的平方和介质密度的乘积成正比。

该公式虽然是从平面简谐波在固体棒中的传播导出的，但是对于所有机械波都是适用的。

5.6.2　波的能流和能流密度

能量随着波的传播在介质中流动，因而可以引入能流的概念。单位时间内通过介质中某面积的能量，称为通过该面积的能流。在介质中取垂直于波线的面积 S，则在单位时间内通过 S 面的能量等于体积 uS 内的能量，如图 5-21 所示。

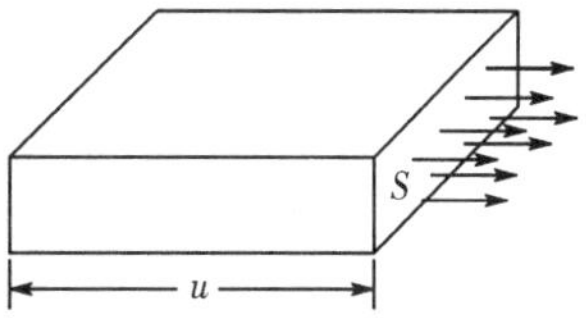

图 5-21　波的能流和能流密度

显然，通过 S 面的能流是随时间作周期性变化的，通常也取其在一个周期内的平均值，这个平均值称为通过 S 面的平均能流，并表示为

$$\overline{P} = \overline{w}uS = \frac{1}{2}\rho A^2\omega^2 uS \tag{5-6-6}$$

而单位时间内通过垂直于波线的单位面积的平均能流，称为能流密度，也称波强度，可以表示为

$$I = \frac{\overline{P}}{S} = \overline{w}u = \frac{1}{2}\rho A^2\omega^2 u \tag{5-6-7}$$

5.7　波的叠加

5.7.1　波的叠加原理

日常生活中，如听乐队演奏或几个人同时讲话时仍能从综合音响中辨别出每种乐器或某个人的声音，这表明某种乐器或某个人发出的声波，并不因其他乐器或人同时发出的声波而受

到影响。可见,波的传播是独立进行的。又如在水面上有两列水波相遇,或者几束灯光在空间相遇时都会有类似的情况发生。通过对这些现象的观察和总结,得到波的叠加原理:

(1) 当几列波在同一介质中传播时,在其相遇区域内任意一点的振动为各个波单独存在时在该点引起的振动的矢量和;

(2) 各列波相遇之后,仍保持它们原有的特性(频率、波长、振幅、振动方向等)不变,按照原来的方向继续前进,就像没有遇到其他波一样。

也正是由于波动遵循叠加原理,可以根据傅里叶分析把一列复杂的周期波表示为若干个简谐波的合成。

5.7.2 波的干涉

观察水波的干涉实验:把两个小球装在同一支架上使小球的下端紧靠水面。当支架沿垂直方向以一定的频率振动时,两小球和水面的接触点就成了两个频率相同、振动方向相同、相位相同的波源,各自发出一列圆形的水面波。从图 5-22(a)中可见:有些地方水面起伏很大(图 5-22(a)中亮处),说明这些地方振动加强,而有些地方水面只有微弱的起伏,甚至平静不动(图 5-22(a)中暗处),说明这些地方振动减弱,甚至完全抵消。频率相同、振动方向平行、相位相同或相位差恒定的两列波相遇时,使某些地方振动始终较强,而使另一些地方振动始终减弱的现象,叫做波的干涉。

图 5-22(b)中的 S_1 和 S_2 是两个相干波源,它们发出的两列相干波在空间的点 P 相遇,点 P 到 S_1 和 S_2 的距离分别为 r_1 和 r_2。下面分析点 P 的振动情形。为了保证相干条件的满足,假设波源 S_1 和 S_2 的振动方向垂直于 S_1、S_2 和点 P 所在的平面。两个波源的振动为简谐振动,即

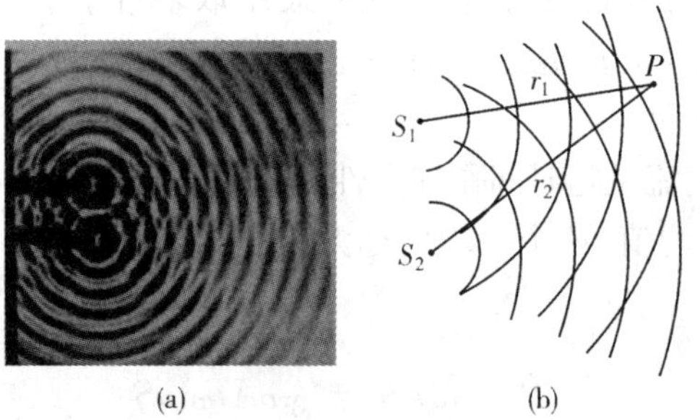

图 5-22 水波的干涉

波源的振动:

$$y_{10} = A_{10}\cos(\omega t + \varphi_1)$$
$$y_{20} = A_{20}\cos(\omega t + \varphi_2)$$

P 点的振动:

$$y_1 = A_1\cos\left(\omega t + \varphi_1 - \frac{2\pi r_1}{\lambda}\right)$$

$$y_2 = A_2\cos\left(\omega t + \varphi_2 - \frac{2\pi r_2}{\lambda}\right)$$

令 $\Delta\varphi = \varphi_2 - \varphi_1 - \dfrac{2\pi(r_2 - r_1)}{\lambda}$,由叠加原理得 P 点合振动:

$$y = y_1 + y_2 = A\cos(\omega t + \varphi)$$

$$A = \sqrt{A_1^2 + A_2^2 + 2A_1A_2\cos\Delta\varphi}$$

其中，$\Delta\varphi = \arctan \dfrac{A_1\sin\left(\varphi_1 - \dfrac{2\pi r_1}{\lambda}\right) + A_2\sin\left(\varphi_2 - \dfrac{2\pi r_2}{\lambda}\right)}{A_1\cos\left(\varphi_1 - \dfrac{2\pi r_1}{\lambda}\right) + A_2\cos\left(\varphi_2 - \dfrac{2\pi r_2}{\lambda}\right)}$。

① 干涉加强

$$\Delta\varphi = \pm 2k\pi \qquad (k = 0, 1, 2, \cdots)$$
$$\cos\Delta\varphi = 1 \qquad \text{称为同相}$$
$$\Rightarrow A_{max} = A_1 + A_2$$

② 干涉减弱

$$\Delta\varphi = \pm (2k + 1)\pi \qquad (k = 0, 1, 2, \cdots)$$
$$\cos\Delta\varphi = -1 \qquad \text{称为反相}$$
$$\Rightarrow A_{min} = |A_1 - A_2|$$

③ 其他情况合振幅介于最大值和最小值之间。

强度分布规律

$$I \propto A^2 = A_1^2 + A_2^2 + 2A_1A_2\cos\Delta\varphi = I_1 + I_2 + 2\sqrt{I_1I_2}\cos\Delta\varphi$$

如果 $I_1 = I_2$，则 $I = 4I_1\cos^2\dfrac{\Delta\varphi}{2}$。

干涉现象的强度分布如图 5－23(a)所示。图 5－23(b)是两个相位相同的相干波源 S_1 和 S_2 发出的波在空间相遇并发生干涉的示意图。图中实线表示波峰，虚线表示波谷。在两波的波峰与波峰相交处或波谷与波谷相交处，合振动的振幅为最大；在波峰与波谷相交处，合振动的振幅为最小。

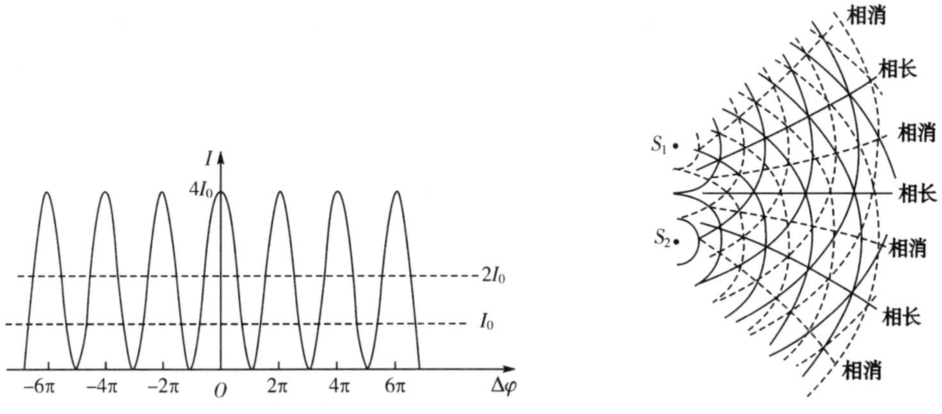

(a) 干涉现象的强度分布　　(b) 干涉现象的示意图

图 5－23　干涉现象

因此，同频率、同方向、相位差恒定的两列波在相遇区域内某些点的振动始终加强，另一些点的振动始终减弱。其干涉加强和减弱的条件除与两波源的初相差有关之外，只取决于该点至两相干波源间的波程差。

5.7.3 驻波

(1) 驻波的产生

驻波是干涉的特例。图 5-24 是用弦线作驻波实验的示意图。弦线的一端系在音叉上，另一端系着砝码使弦线拉紧。当音叉振动时，调节劈尖至适当的位置，可以看到 CB 段弦线被分成几段长度相等的作稳定振动的部分，即在整个弦线上并没有波形的传播。线上各点的振幅不同，有些点始终静止不动即振幅为零，而另一些点则振动最强即振幅最大，这就是驻波。

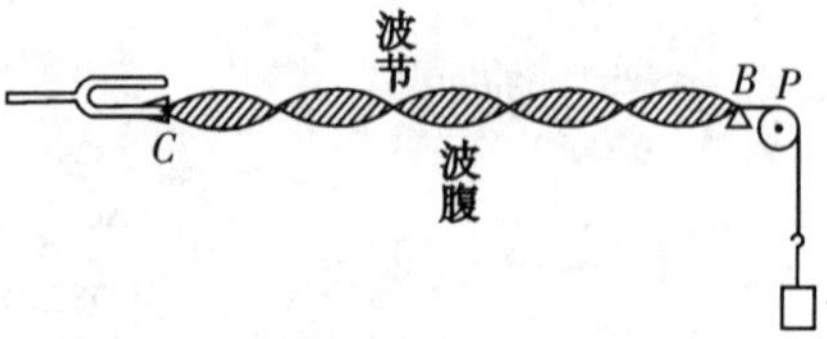

图 5-24　弦线作驻波实验的示意图

(2) 驻波方程

两列振幅相同、频率相同、初相位皆为零且分别沿 x 轴正、负方向传播的简谐波的波函数为

$$y_1 = A\cos 2\pi\left(\nu t - \frac{x}{\lambda}\right)$$

$$y_2 = A\cos 2\pi\left(\nu t + \frac{x}{\lambda}\right)$$

两列波在任意点任意时刻叠加产生的合位移为

$$y = y_1 + y_2 = 2A\cos 2\pi\frac{x}{\lambda}\cdot\cos 2\pi\nu t$$

其中，振幅为 $\left|2A\cos 2\pi\frac{x}{\lambda}\right|$，因此形成了各点作频率相同、振幅不同的简谐振动。

驻波的特征如下：

① 波节和波腹

根据振幅 $\left|2A\cos 2\pi\frac{x}{\lambda}\right|$ 的表达式，当 $\cos 2\pi\frac{x}{\lambda}=0$ 时，振幅为 0，这些点称为波节。即 $x=\pm(2k+1)\frac{\lambda}{4}$，$(k=0,1,2,\cdots)$ 的位置为相应的波节位置。

两相邻波节间的距离：$x_{n+1}-x_n=\frac{\lambda}{2}$。

当 $\left|\cos 2\pi\frac{x}{\lambda}\right|=1$ 时，振幅为 $2A$，这些点称为波腹。即 $x=\pm 2k\frac{\lambda}{4}$，$(k=0,1,2,\cdots)$ 的位置为相应的波腹位置。

两个相邻波腹间的距离为：$x_{n+1}-x_n=\frac{\lambda}{2}$，与相邻波节间的距离相等。而两相邻波节与波腹之间的距离为$\frac{\lambda}{4}$。

② 相位

根据 $y=2A\cos 2\pi \frac{x}{\lambda}\cos 2\pi\nu t$，当 $\cos 2\pi \frac{x}{\lambda}>0$ 时，相位为 $2\pi\nu t$；当 $\cos 2\pi \frac{x}{\lambda}<0$ 时，相位为 $2\pi\nu t+\pi$。

相邻波节之间各质点的相位相同，波节两边各质点的相位相反，即波节两边各点同时沿相反方向达到各自位移的最大值，又同时沿相反的方向通过平衡位置；而两波节之间各点相同方向达到各自的最大值，又同时沿相同方向通过平衡位置。可见，弦线不仅分段振动，而且各段也是一个整体，一起同步振动。在每一时刻，驻波都有一定的波形，但波形既不左移也不右移，各点以确定的振幅在各自的平衡位置附近振动，因此叫做驻波。

(3) 相位跃变

在两种介质的分界面上，若形成波节说明入射波与反射波在此处的相位时时相反，即反射波在分界处的相位较之入射波跃变了π，相当于出现了半个波长的波程差。这种相位突变π的现象称为半波损失。

介质的密度 ρ 和波速 u 的乘积叫做波阻 ρu，波阻大的物质叫做波密介质，波阻小的物质叫做波疏介质。

当波从 ρ_1 介质传播到 ρ_2 介质时要发生发射，对反射波存在如下情况：① 当波从波密介质垂直入射到波疏介质即 $\rho_1 u_1>\rho_2 u_2$ 时，无半波损失；② 当波从波疏介质垂直入射到波密介质即 $\rho_1 u_1<\rho_2 u_2$ 时，有半波损失。

(4) 驻波的能量

以弦线上的驻波实验为例讨论驻波的能量问题，所得结论对其他驻波也适用。

当弦线上各质点到各自的最大位移时振动速度为零，因而动能都为零，但此时弦线各段都有了不同程度的形变，且越靠近波节处的形变越大。因此，这时驻波的能量具有势能的形式，基本上集中于波节附近。当弦线上各质点同时回到平衡位置时，弦线的形变完全消失，势能为零，但此时驻波的能量具有动能的形式，基本上集中于波腹附近。其他时刻，动能和势能同时存在。因此，在弦线上形成驻波时，动能和势能不断相互转换，形成能量交替地由波腹附近转向波节附近，即驻波不传播能量。

5.7.4　惠更斯原理

荷兰物理学家惠更斯于 1679 年首先提出：介质中波动传播到各点都可以视为发射次波的波源，在其后任意时刻这些次波的包络就是新的波前。

惠更斯原理表述为：波所到之处各点都可以看作是发射次波的波源，在以后任意一时刻这些次波的包络就是波在该时刻的波面。利用惠更斯原理，可以由 t 时刻的波面求得 $t+\Delta t$时刻的波面。在图 5-25(a)中，波从波源 O 发出以速率 u 向四周传播，在 t 时刻的波面是半径为 R_1 的球面 S_1。根据惠更斯原理，t 时刻的波面 S_1 上的各点都可以看作为发射子波的波源。所以，以 S_1 上的各点为中心、以 $R=u\Delta t$ 为半径画许多半球面形的次波，再作这些半球面的包络面 S_2，S_2 就是 $t+\Delta t$ 时刻的波面。显然，S_2 是以波源 O 为中心、以 $R_2(=R_1+u\Delta t)$ 为半径的球面。

对于平面波(图 5－25(b))，t 时刻的波面为 S_1，以 S_1 面上各点为中心、以 $R=u\Delta t$ 为半径画许多半球面形的次波，再做这些半球面的包络面 S_2，S_2 就是 $t+\Delta t$ 时刻的波面。显然，S_2 也是平面。由惠更斯原理可以推知，当波在各向同性的均匀介质中传播时，波面的几何形状不变；当波在各向异性或不均匀介质中传播时，由于不同方向上波速不同，波面的形状会发生变化。

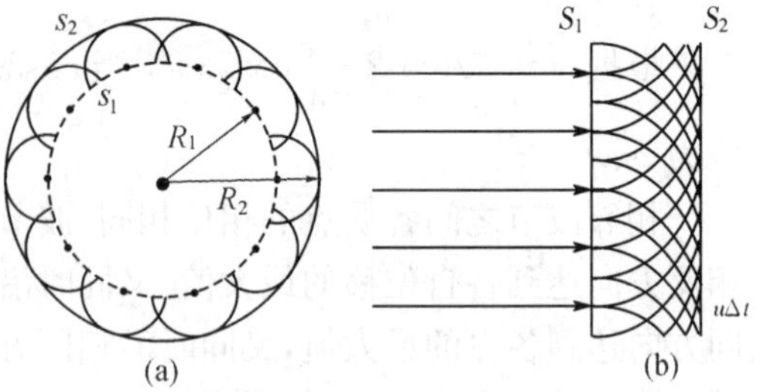

图 5－25　惠更斯原理

对于任何波动过程(机械波或电磁波)，不论其传播波动的介质是均匀的还是非均匀的，是各向同性的还是各向异性的，惠更斯原理都是适用的。若已知某一时刻波前的位置，就可以根据这一原理，用几何作图的方法确定出下一时刻波前的位置，从而确定波传播的方向。惠更斯原理不仅适用于机械波，也适用于电磁波。因此，惠更斯原理在广泛的范围内解释了波的传播问题，在波动光学中将进一步讨论这个原理。

5.7.5　波的衍射

当波在传播过程中遇到障碍物时，其传播方向绕过障碍物而发生方向改变，称为波的衍射。衍射现象是否显著和障碍物的大小与波长之比有关。若障碍物的线度远大于波长，衍射现象不明显；若障碍物的线度与波长差不多，衍射现象就比较明显；若障碍物线度小于波长，则衍射现象更加明显。声学中，由于声音的波长与所碰到的障碍物的大小差不多，故声波的衍射较显著。机械波和电磁波都会产生衍射现象，衍射现象是波动的重要特征之一。

用惠更斯原理能够定性说明衍射、干涉及反射等现象。

物理学家简介：惠更斯

惠更斯(Christian Haygen，1629—1695)，荷兰物理学家、数学家、天文学家。惠更斯 1629 年出生于海牙，1655 年获得法学博士学位，1663 年成为伦敦皇家学会的第一位外国会员。他的重要贡献有：①建立了光的波动学说，打破了当时流行的光的微粒学说，提出了光波面在介质中传播的惠更斯原理；②1673 年他解决了物理摆的摆动中心问题，测定了重力加速度之值，改进了摆钟，得出离心力公式，还发明了测微计；③他首先发现了双折射光束的偏振性，并用波动观点进行解释；④在天文学方面，他自己设计和制造了望远镜，并于 1665 年发现了土星卫星——土卫六，且观察到了土星环。惠更斯的主要著作是 1690 年出版的《论光》，共有 22 卷。

惠更斯

5.8　多普勒效应

波源和观察者相对于介质静止时，波源的频率和观察者感觉到的频率相同。如果波源与观察者之间有相对运动，则观察者接收到的波频率不同于波源的频率，这种现象称为多普勒效应。

在日常生活中可以发现，当高速行驶的火车鸣笛而来时人们听到的汽笛音调变高，即频率变大；反之，当火车鸣笛离去时人们听到的音调变低，即频率变小，这就是声波的多普勒效应。

研究声波的多普勒效应，涉及以下三个频率：

① 波源的频率 ν，是波源在单位时间内振动的次数，或在单位时间内发出完整波的数目；

② 观察者接收到的频率 ν'，是观察者在单位时间内接收到的振动次数或完整波数目；

③ 波的频率 ν_b，是介质内质点在单位时间内振动的次数，或单位时间内通过介质内某一点的完整波的数目（波数）。

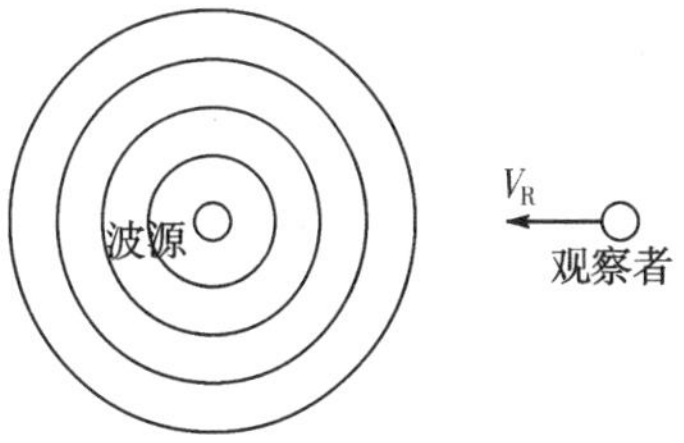

图 5-26　观察者运动而波源不动

设波源的频率为 ν，波长为 λ，周期为 T，在介质中的传播速度为 u，下面分几种情况讨论：

（1）波源不动，观察者相对介质以速度 V_R 运动

先讨论观察者向着波源运动，则接收到的波数要多，即频率增加，如图 5-26 所示。由于观察者以 V_R 运动，则单位时间内波通过的总距离为 $u+V_R$，则有

$$\nu' = \frac{u+V_R}{\lambda} = \frac{u+V_R}{u/\nu} = \frac{u+V_R}{u}\nu > \nu$$

若观察者波源运动远离，同样分析有

$$\nu' = \frac{u-V_R}{u}\nu$$

规定：观察者接近波源 V_R 取正，远离取负，则公式统一为

$$\nu' = \frac{u+V_R}{u}\nu \tag{5-8-1}$$

（2）观察者不动，波源相对介质以速度 V_S运动

先讨论波源向着观察者运动。此种情况下，由于波源运动，波长变小，如图 5-27 所示。

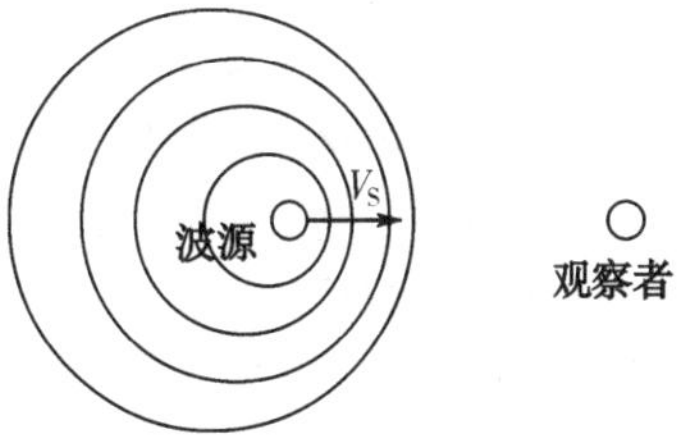

图 5-27　波源运动而观察者不动

$$\lambda_{实} = uT - V_S T$$

$$\nu' = \frac{u}{\lambda_{实}} = \frac{u}{uT - V_S T} = \frac{u}{u - V_S}\nu$$

若波源远离观察者，则 $\nu' = \dfrac{u}{u+V_S}\nu$。

规定：波源向着观察者运动 V_S 取正，远离取负，则公式统一为：

$$\nu' = \frac{u}{u-V_S}\nu \qquad (5-8-2)$$

(3) 波源与观察者同时相对介质运动

综合上述分析，此种情况下如图 5-28 所示，有

$$\nu' = \frac{u+V_R}{u-V_S}\nu \qquad (5-8-3)$$

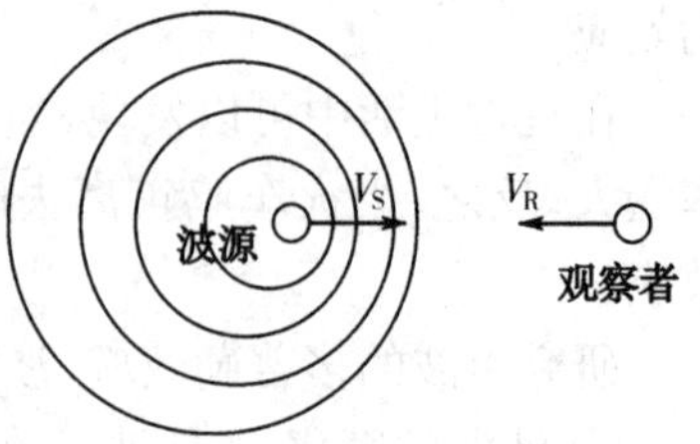

图 5-28　波源和观察者都运动

(5-8-3)式为多普勒效应方程。

从(5-8-3)式可知：不论是波源运动还是观察者运动，或是两者同时运动。定性地说，只要两者互相接近，接收到的频率就高于原来波源的频率；两者互相远离，接收的频率就低于原来波源的频率。

即使波源与观察者并非沿着它们的连线运动，以上所得各式仍可适用，只是其中 V_R 和 V_S 应作为运动速度沿连线方向的分量即可，而垂直于连线方向的分量是不产生多普勒效应的。即

$$\nu' = \frac{u+V_R\cos\theta_R}{u-V_S\cos\theta_S}\nu$$

注意：由于两者的运动，不同时刻 θ_S 及 θ_R 可能不一样，即不同时刻 V_R 和 V_S 的分量不一样。因此，接收到的频率将随时间变化。

不仅机械波有多普勒效应，电磁波也有多普勒效应。由于电磁波传播的速度为光速，所以要运用相对论来处理这个问题，且观察者接收频率的公式将与(5-8-3)式有所不同。然而波源与观察者互相接近时，频率变大；互相远离时，频率变小的结论仍然成立。

物理学应用：多普勒效应

多普勒效应是为纪念奥地利物理学家及数学家克里斯琴·约翰·多普勒而命名的。多普勒于 1842 年首先提出：物体辐射的波长因为波源和观测者的相对运动而产生变化，称为多普勒效应。在运动的波源前面，波被压缩，波长变得较短，频率变得较高(俗称“蓝移”)；在运动的波源后面时，会产生相反的效应。波长变得较长，频率变得较低(俗称“红移”)；波源的速度越高，所产生的效应越大。根据波红(蓝)移的程度，可以计算出波源循着观测方向运动的速度。

生活中有这样一个有趣的现象：当一辆救护车迎面驶来的时候，听到声音越来越高；而车离去的时候声音越来越低。你可能没有意识到，这个现象和医院使用的彩超同属于一个原理，那就是“多普勒效应”。

5.9　声波、超声波和次声波

5.9.1　声波

(1) 声波分类

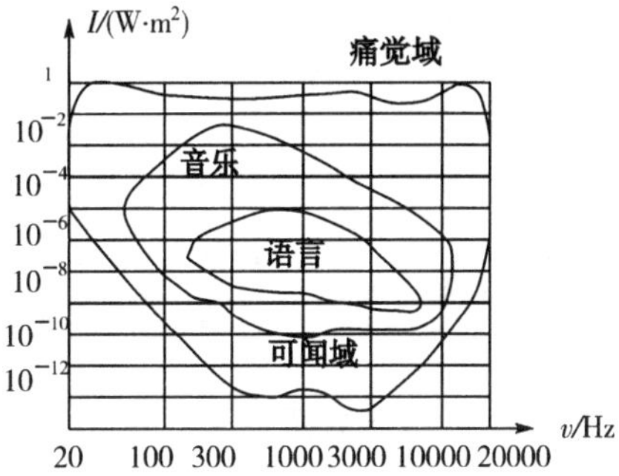

图 5-29　人的听觉范围

在弹性介质中传播的机械纵波，频率在 20～20 000 Hz 范围内能够引起人的听觉的，就是声波或可听声；频率低于 20 Hz 的称为次声波；而高于 20 000 Hz 的称为超声波。图 5-29 为人的听觉范围。从波动的基本特征来看，次声波和超声波与能引起听觉的声波并没有本质的差异。

(2) 声压

介质中有声波传播时的压强与无声波时的静压强之间的差额称为声压。

声压表达式

$$P = -\rho u \omega A \sin \omega\left(t - \frac{x}{u}\right) = -P_m \sin\omega\left(t - \frac{x}{u}\right)$$

$$= P_m \cos\left[\omega\left(t - \frac{x}{u}\right) - \frac{\pi}{2}\right] \tag{5-9-1}$$

式中，P_m 称为声压振幅，$P_m = \rho u \omega A$。

由此可知：声压波比位移波在位相上落后 $\pi/2$。在声学工程中，讨论声压比讨论位移更为有用。

(3) 声强和声强级

声波的平均能流密度叫做声强。

$$I = \frac{\overline{P}}{S} = \bar{\omega} u = \frac{1}{2}\rho A^2 \omega^2 u \tag{5-9-2}$$

定义声强级

$$L = \lg\left(\frac{I}{I_0}\right) \tag{5-9-3}$$

式中，$I_0 = 10^{-12}\,\text{W/m}^2$。

声强级的单位为 B(贝耳)。贝耳这个单位量级太大，实际应用中常采用分贝(dB)，此时声强级公式为：

$$L_I = 10 \lg \frac{I}{I_0} \tag{5-9-4}$$

人耳感觉到的声音响度与声强级有一定的关系。声强级越高，人耳感觉越响。表 5-2

列出几种声音似近的声强、声强级和响度。

表 5-2 几种声音近似的声强、声强级和响度

声源	声强/($W\cdot m^{-2}$)	声强级/dB	响度
引起痛觉的声音	1	120	
转岩机或铆钉机	10^{-2}	100	震耳
交通繁忙街道	10^{-5}	70	响
通常谈话	10^{-6}	60	正常
耳语	10^{-10}	20	轻
树叶沙沙声	10^{-11}	10	极轻
引起听觉最弱声音	10^{-12}	0	

5.9.2 超声波

频率高(可达10^9 Hz)、波长短的超声波具有明显特点：

(1)衍射现象不显著,因而具有良好的定向传播特性；

(2) 超声波的功率大,因而穿透能力很大,特别是在液体和固体中传播时吸收较气体中少得多,在不透明的固体中穿透几十米的厚度；

(3) 超声波在液体中会引起空化作用,产生高频强烈振荡。

超声波的频率高、功率大可引起液体的疏密变化,使液体时而受压、时而受拉。由于液体承受拉力的能力很差,所以在较强的拉力作用下液体就会断裂,而产生一些近似真空的小空穴。在液体压缩过程中,空穴内的压力会达到大气压强的几万倍,空穴被压而产生崩溃,伴随着压力的巨大突变会产生局部高温。此外,在小空穴形成的过程中,由于摩擦产生正、负电荷还会引起放电发光等现象。超声波的这种作用称为空化作用。

5.9.3 次声波

次声波又称亚声波,一般指频率在$10^{-4}\sim20$ Hz之间的机械波。次声波的频率低,衰减极小,它在大气中传播几百万米后吸收还不到万分之几分贝。因此次声波已经成为研究地球、海洋、大气等大规模运动的有力工具。对次声波的产生、传播接收和应用等方面的研究,已形成现代声学的一个新分支,称为次声学。

研究性课题：声音为什么在晚上传得更远?

"月落乌啼霜满天,江枫渔火对愁眠。姑苏城外寒山寺,夜半钟声到客船。"这是唐朝人张继流传给后人的著名诗篇《枫桥夜泊》。又如诗人张说的《山夜闻钟》诗中有"夜卧闻夜钟,夜静山更响",白居易有"新秋松影下,半夜钟声后",温庭筠有"悠然旅思频回首,无复松山半夜钟",陈羽有"隔水悠扬午夜钟"。唐诗中不仅有这么多的诗写到半夜钟、夜半钟、午夜钟,还有写到夜间的笛声、琴声。从张继的《枫桥夜泊》到现在已有一千二百多年了,在这段漫长的岁月中科学的发展证实张继等人的写法非常符合科学道理。在这许多诗句中,概括了一个科学事实：夜间的声音传得远,这是为什么呢?

思　考　题

5－1　什么是简谐振动？下列运动中哪个是简谐振动？(1) 拍皮球时球的运动；(2) 锥摆的摆动；(3) 一小球在半径很大的光滑凹球面底部的小幅度摆动。

5－2　如果把一弹簧振子和一单摆拿到月球上去，振动的周期如何改变？

5－3　当一弹簧振子的振幅增大到 2 倍时，试分析它的下列物理量将受到什么影响：振动的周期、最大速度、最大加速度和振动的能量？

5－4　把一单摆从平衡位置拉开使悬线与竖直方向成一小角度 φ，然后放手任其摆动。如果从放手时开始计时，此 φ 角是否为振动的初相？单摆的角速度是否为振动的角频率？

5－5　两小球质量分别为 m_1 和 m_2 悬挂在同样长的细线上，线长 $l \gg r$(r 为小球的半径)，把两小球分别拉开至与铅垂直线成处 $\theta_1 = 4°$ 和 $\theta_2 = 5°$ 处，让它们从静止状态同时落下，它们在什么位置相撞？

5－6　已知一简谐振动在 $t=0$ 时物体在平衡位置，试结合旋转矢量图说明此条件能否确定物体振动的初相。

5－7　稳定受迫振动的频率由什么决定？这个振动频率与振动系统本身性质有何关系？

5－8　弹簧振子的无阻尼自由振动是简谐振动，同一弹簧振子在简谐驱动力持续作用下的稳态受迫振动也是简谐振动，这两种简谐振动有什么不同？

5－9　简谐振动的一般表达式为 $x = A\cos(\omega t + \varphi)$，此式可以改写为 $x = B\cos\omega t + C\sin\omega t$，试用振幅 A 和初相 φ 表示振幅 B 和 C，并用旋转矢量图说明此表示形式的意义。

5－10　一个弹簧刚度系数为 k，一质量为 m 的物体挂在该弹簧的下面。若把该弹簧分割成两半，物体挂在分割后的一根弹簧上，问分割前后两个弹簧振子的振动频率是否一样？其关系如何？

5－11　任何一个实际的弹簧都是有质量的，如果考虑到弹簧的质量，弹簧振子的振动周期将变大还是变小？

5－12　为什么在没有看见火车和听到火车鸣笛的情况下，把耳朵靠在铁轨上可以判断远处是否有火车驶来？

5－13　机械波可以传送能量，机械波能传送动量吗？

5－14　拉紧的橡皮绳传播横波时，在同一时刻何处动能密度最大？何处弹性势能密度最大？何处总能量密度最大？又何处这些能量密度最小？

5－15　驻波中各质元的相有什么关系？为什么说相没有传播？

5－16　两个喇叭并排放置，由同一话筒驱动以相同的功率向前发送声波。下述两种情况下：(1) P 点到两个喇叭的距离相等；(2) P 点到两个喇叭的距离差半个波长，在它们前方较远处的 P 点的声强与单独一个喇叭发声时在该点的声强相比如何？

5－17　如果发生地震时，你站在地面上。纵波怎样摇晃你？横波怎样摇晃你？你先感到哪种摇晃？

5－18　波在传播时，介质的质元并不随波迁移，但水面上由波形成时可以看到漂在水面上的树叶沿水波前进方向移动，为什么？

5－19　如果你在做健身操时，头顶有飞机飞过时你会发现你向下弯腰和向上直起所听到的飞机声音音调不同。何时听到的音调高些？为什么？

习　题

5-1　质量为 m 的物体两边各连着劲度系数为 k_1 及 k_2 的弹簧，将两个弹簧的另一端固定，弹簧与物体均置于一光滑的水平面上，如果使物体平行于弹簧方向振动，则其频率为（　　）

(A) $\nu=\frac{1}{2\pi}\sqrt{\frac{k_2-k_1}{m}}$　　(B) $\nu=\frac{1}{2\pi}\sqrt{\frac{m}{k_1+k_2}}$

(C) $\nu=\frac{1}{2\pi}\sqrt{\frac{k_2+k_1}{m}}$　　(D) $\nu=\frac{1}{2\pi}\sqrt{\frac{m}{k_2-k_1}}$

5-2　一光滑圆弧形轨道半径为 R，在圆心处放置一小球 A，圆心竖直下方 C 点旁边放一个与 A 完全相同的小球 B，B 与 C 点非常靠近，现让 A、B 同时运动，则小球到达 C 点的情况是（　　）

(A) B 先到　　(B) A 先到

(C) 同时到　　(D) 无法判断

5-3　一质点作简谐振动，振幅为 A，在起始时刻质点的位移为 $\frac{A}{\sqrt{2}}$，且向 x 轴正方向运动，则其初相位为（　　）

(A) $\frac{\pi}{4}$　　(B) $-\frac{\pi}{4}$　　(C) $\frac{3\pi}{4}$　　(D) $\frac{5\pi}{4}$

5-4　如图所示为质点作简谐振动的 $x-t$ 曲线，则质点的振动表达式为（　　）

(A) $x=0.2\cos\left(\frac{2\pi}{3}t+\frac{2\pi}{3}\right)$m

(B) $x=0.2\cos\left(\frac{2\pi}{3}t-\frac{2\pi}{3}\right)$m

(C) $x=0.2\cos\left(\frac{4\pi}{3}t+\frac{2\pi}{3}\right)$m

(D) $x=0.2\cos\left(\frac{4\pi}{3}t-\frac{2\pi}{3}\right)$m

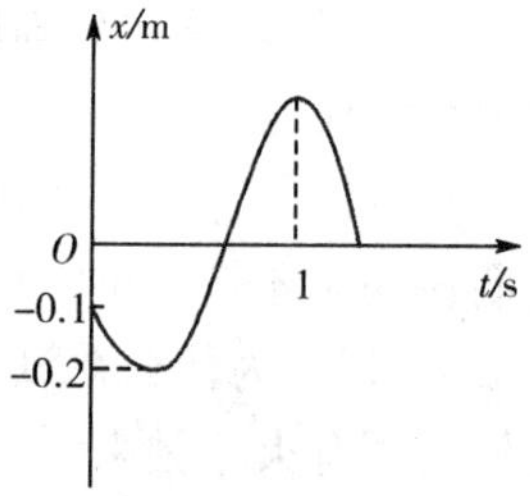

习题 5-4 图

5-5　一个弹簧振子作简谐振动，已知该振子势能的最大值为 100 J，当振子处于最大位移的一半处时，其动能的瞬时值为（　　）

(A) 25 J　　(B) 50 J　　(C) 75 J　　(D) 100 J

5-6　当质点以频率 ν 作简谐振动时，其动能的变化频率为（　　）

(A) ν　　(B) 2ν　　(C) 4ν　　(D) $\frac{1}{2}\nu$

5-7　一水平放置的轻弹簧，劲度系数为 k，其一端固定、另一端系一质量为 M 的滑块 A，A 旁又有一个质量相同的滑块 B，如图所示。设两滑块与底面间无摩擦，若用外力将 A，B 一起推压使弹簧

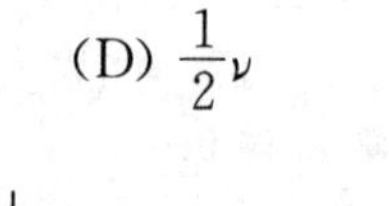

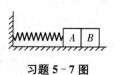

习题 5-7 图

压缩距离为 d 而静止，然后撤去外力，则 B 离开时的速度为　　（　　）

(A) $\frac{d}{2k}$　　(B) $d\sqrt{\frac{k}{m}}$　　(C) $d\sqrt{\frac{k}{2m}}$　　(D) $d\sqrt{\frac{2k}{m}}$

5-8　若一平面简谐波的波函数为 $y=A\cos(Bt-cx)$，式中 A,B,c 为正值恒量，则　　（　　）

(A) 波速为 c　　(B) 周期为 $1/B$

(C) 波长为 $\frac{2\pi}{c}$　　(D) 角频率为 $\frac{2\pi}{B}$

5-9　横波以波速 u 沿 x 轴的负方向传播，t 时刻波形曲线如图所示，则该时刻　　（　　）

(A) A 点振动速度大于零

(B) B 点静止不动

(C) C 点向下

(D) D 点振动速度小于零

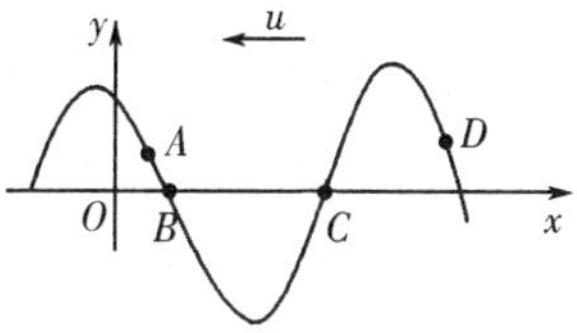

习题 5-9 图

5-10　一平面简谐波在弹性介质中传播，在某一瞬时介质中某质元正处于平衡位置，此时它的能量是　　（　　）

(A) 动能为零，势能最大　　(B) 动能为零，势能为零

(C) 动能最大，势能最大　　(D) 动能最大，势能为零

5-11　如图所示为质点作简谐振动的 $x-t$ 图线，求简谐振动的表达式。

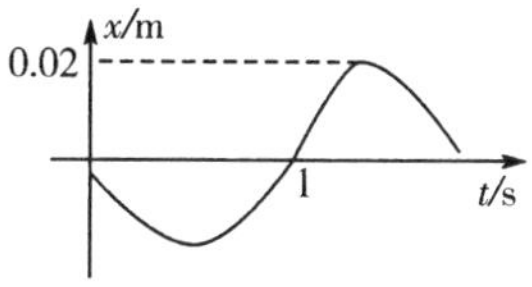

习题 5-11 图

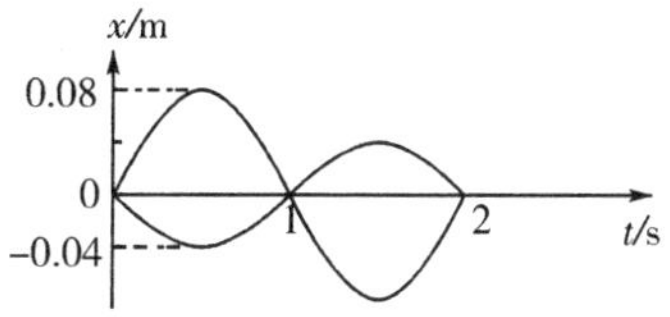

习题 5-12 图

5-12　如图所示为两个谐振动的振动曲线，若以余弦函数表示这两个振动的合成结果，求该合振动的表达式。

5-13　两个同方向、同频率的简谐振动，其合振动的振幅为 20 cm，与第一个简谐振动的相位差为 $\frac{\pi}{6}$，若第一个简谐振动的振幅为 $10\sqrt{3}$cm，则第二个简谐振动的振幅为多少？第一、二两个简谐振动的相位差为多少？

5-14　若简谐振动表达式为 $x=0.10\cos\left(20\pi t+\frac{\pi}{4}\right)$，式中 x 的单位为 m，t 的单位为 s。求：(1) 振幅、频率、角频率、周期和初相；(2) $t=2$ s 时的位移、速度和加速度。

5-15　一放置在水平桌面上的弹簧振子，振幅 $A=2.0\times10^{-2}$m，周期 $T=0.50$ s。当 $t=0$ 时，试求以下各情况的振动表达式：(1) 物体在正方向端点上；(2) 物体在平衡位置，向负方向运动；(3) 物体在 $x=1.0\times10^{-2}$m 处，向负方向运动；(4) 物体在 $x=-1.0\times10^{-2}$m 处，向正方向运动。

5-16　有一弹簧当其下端系一质量为 m 的物体时，伸长量为 9.8×10^{-2}m。若使物体上下振动且规定向下为正方向，(1) 当 $t=0$ 时，物体在平衡位置上方 8.0×10^{-2}m 处，由静止开始向下运动，求其振动表达式；(2) 当 $t=0$ 时，物体在平衡位置并以 0.60 m/s 的速度向上运动，求其振动表达式。

5-17　作简谐振动的物体由平衡位置向 x 轴正方向运动，试问经过下列路程所需的最短时间各为周期的几分之几？(1) 由平衡位置到最大位移处；(2) 由平衡位置到 $x=A/2$ 处；(3) 由 $x=A/2$ 处到最大位移处。

5-18　一平面简谐波沿 x 轴正向传播，已知坐标原点的振动表达式为 $y=0.05\cos\left(\pi t+\frac{\pi}{2}\right)$。设同一波线上 A、B 两点之间的距离为 0.02 m，B 点的相位比 A 点的相位落后 $\frac{\pi}{6}$，求波长、波速和波函数。

5-19　已知平面简谐波 $A=5$ cm，$\nu=100$ Hz，波速 $u=400$ m/s，沿 x 轴正方向传播，以位于坐标原点 O 的质元过平衡位置向正方向运动的时刻为时间起点，试求：(1) 点 O 的振动表达式；(2) 波函数；(3) $t=1$ s 时，距原点 100 cm 处质元的相位。

5-20　一简谐波周期 $T=0.5$ s，波长 $\lambda=10$ m，振幅 $A=10$ cm。当 $t=0$ 时刻，波源振动位移恰好为正方向最大值，若坐标原点与波源重合，且波沿 x 轴正方向传播，求：(1) 波函数；(2) $t=\frac{T}{4}$ 时刻，$x=\frac{\lambda}{4}$ 处质点的位置；(3) $t=\frac{T}{2}$ 时刻，$x=\frac{\lambda}{4}$ 处质点的振动速度。

5-21　一警车以 25 m/s 的速度在静止空气中行驶，假设车上警笛的频率为 800 Hz，求：(1) 静止站在路边的人听到警车驶近和离去时的警笛声波频率；(2) 如果警车追赶一辆速度为 15 m/s 的客车，则客车上人听到的警笛声波频率是多少？(设空气中声速为 $u=330$ m/s)

第二篇　热　学

热学是研究热现象的理论，其研究对象是由大量微观粒子组成的系统，其任务是研究物质热运动的规律。根据研究方法的不同，热学理论又分为热力学和统计物理。热力学是通过实验总结得到的关于热现象的宏观理论，而统计物理则是关于热现象的微观理论，是在气体动理论的基础上发展起来的。

第6章　气体动理论

一切宏观物体都是由大量微观粒子（分子、原子等）组成的复杂系统（固体、液体和气体等），而且这些微观粒子都在作永不停息地无规则运动。这种无规则运动的剧烈程度在宏观上表现为温度的高低，因此这种无规则运动通常称为热运动。人们所熟知的气体的物理性质和气态现象，如布朗运动，扩散运动，物体的热胀、冷缩和固、液、气三态相互转变等，这些与温度有关的物理现象统称为热现象。热现象是组成物体的大量微观粒子热运动的集体表现。

本章将气体动理论运用于理想气体，用组成气体的分子行为解释气体的宏观性质——诸如压强和温度等来揭示宏观量的微观本质。

6.1　理想气体模型

6.1.1　系统

在热学中，将所研究的对象称为热力学系统（简称为系统），是大量的具有一定质量、大小，并总在作无规则热运动的气体分子所组成的宏观物质体系，例如气缸内的气体。系统所处的外部环境称为外界，例如除气缸内的气体之外的气缸壁、活塞和周围环境都为系统的外界。一般而言，外界和系统之间存在着相互作用，并使系统和外界的状态发生改变。如果一个热力学系统与外界没有任何能量和物质交换，则称为孤立系统；如果只有能量交换而没有物质交换，则称为封闭系统；如果与外界既有能量交换又有物质交换，则称为开放系统。

6.1.2 平衡态 状态参量

(1) 平衡态

实验表明：孤立系统经过足够长的时间，必将达到一个稳定的、其宏观性质不随时间变化的状态，这种状态称为平衡态。平衡态的特征是系统内没有宏观粒子流动和能量流动。

系统处于平衡态时，其宏观性质不随时间变化。但从微观来看，平衡状态下的稳定的宏观性质是通过气体分子的热运动和相互碰撞过程来实现并维持的。所以，上述的平衡实际上是动态平衡，系统的平衡状态实际上是热动平衡态。

(2) 状态参量

在质点力学中，一个质点所处的运动状态是由质点的位置矢量和速度矢量描述的，这些物理量称为质点运动的态参量。对于一个物质系统(如气体、液体和各向同性的固体等)处于平衡态下，可以用一组宏观物理量来描述它所处的平衡态，这组描述系统状态的宏观物理量，称为状态参量。

一个均匀的物质系统在没有外场作用的情况下，常用以下三个状态参量描述其平衡态：

① 系统的压强 p，表示气体作用于容器器壁单位面积上的垂直压力的大小，其单位为 Pa(帕斯卡)，有时也采用以下单位：

$$1\ \mathrm{atm} = 76\ \mathrm{cmHg} = 1.013 \times 10^5\ \mathrm{Pa}。$$

② 系统的体积 V，表示系统中气体分子所能达到的空间体积，而不是系统中分子体积的总和，单位为 m^3(米^3)。

③ 系统的温度 T，宏观上表示系统的冷热程度，将在 6.2 节中介绍温度在微观上是反映系统中分子热运动的强弱程度的。热力学的中心概念是温度。温度的宏观意义是在热力学第零定律的基础上建立的。

当原先各自都处于一定平衡态的两个系统 A 和 B 相互接触时，它们之间若发生热量的传递，就称这两个系统发生了热接触。实验证明，A 与 B 发生热接触后各自原先所处的平衡态都遭到破坏。经过一定时间后，这两个系统的状态不再变化并达到一个共同的稳定状态，即新的平衡态。这时，这两个系统彼此处于热平衡。

将上述概念应用到三个系统。如果系统 A 和系统 B，同时与第三个系统 C 处于热平衡，则系统 A、B 之间也必定处于热平衡，这个规律称为热力学第零定律。

温度是决定一个系统是否与其他系统处于热平衡的宏观标志。处于热平衡的物体具有相同的温度，这正是利用温度计测量物体温度的理论依据。温度的数值表示法叫温标。国际上规定热力学温标为基本温标，用 T 表示。热力学温度是国际单位制中七个基本单位之一，其单位是 K(开尔文，简称开)。摄氏温标是常用的温标，用 t 表示，其单位是℃(摄氏度)。这两种温标的数学关系表达式为

$$T = t + 273.15。$$

6.1.3　理想气体模型

实际气体系统中的分子状况在用来处理具体问题时过于复杂，因此需加以简化，理想气体就是对气体系统中分子状况的一种简化模型。

在系统的压强不太大、温度不太低的情况下，实际气体都可以当成理想气体处理。理想气体模型的要点：

(1) 构成理想气体系统的分子是具有一定质量的单个质点或多个质点的某种组合。这实际上是忽略了气体分子的大小和体积。在标准状态下，气体分子间的距离大约是分子有效直径的 10 倍。气体越稀薄，分子间的平均距离越大，分子的大小与分子间的平均距离相比就越小，可以把分子当质点看待。

(2) 视为质点的气体分子的运动遵循牛顿运动定律。牛顿运动定律只适于描述宏观物体的低速运动，而不能用于描述单个分子、原子或电子等微观粒子的运动状态。这里认为理想气体分子遵从牛顿运动定律，这就意味理想气体模型本身以及由此所得出的结论都属于经典物理的范畴，所得结论的正确性应根据实验来判断。

(3) 气体分子之间和分子与容器器壁分子之间除以碰撞的形式发生相互作用外，不存在分子力的作用。

在系统的压强不太大、温度不太低的情况下，由于分子间的力随距离增加而很快衰减，而分子间的距离远大于分子的有效作用距离，因而除碰撞的瞬间外分子可以认为是“自由”的即不受力，这就意味着任意两次碰撞之间，分子是在作匀速直线运动。

(4) 气体分子之间以及气体分子与容器器壁分子之间的碰撞都是完全弹性碰撞，因而在碰撞前后不但动量守恒，而且动能也保持不变。

对于一定量的气体，它的状态参量压强 p、体积 V 和温度 T 之间的函数关系表示为

$$f(p,V,T)=0$$

这个函数关系称为气体的物态方程。

一般而言，在温度不太低(与室温相比)、压强不太大(与大气压强相比)的条件下，各种实际气体具有共同的特性，都遵守下面三个实验定律：

① 玻意耳-马略特定律，即当气体的温度保持不变时，其压强与体积成反比($pV=$常量)；

② 查理定律，即当气体的体积保持不变时，其压强与温度成正比($p/T=$常量)；

③ 盖-吕萨克定律，即当气体的压强保持不变时，其体积与温度成正比($V/T=$常量)。

把同时服从这三个实验定律的气体称为理想气体。由这三个实验规律可以推导出

$$pV=\frac{M}{\mu}RT \qquad (6-1-1)$$

或者

$$pV=\nu RT \qquad (6-1-2)$$

式中，M、μ 和 ν 分别是系统中气体的质量、摩尔质量和物质的量；R 是普适气体常量，其值为8.31 J/mol·K。

(6-1-1)式和(6-1-2)式是理想气体的物态方程。

理想气体是严格遵循理想气体物态方程的气体，但是理想气体只是一种理想模型，实际是并不存在的。理想气体的行为大致描述了真实气体的共同特征，但没有哪一种真实气体的性质完全与理想气体的相同。实验表明：在高温、低压条件下，各种真实气体的行为都很接近理想气体物态方程所反映的规律。

【例题 6-1】 图 6-1 是一种化学上测定易挥发液体分子量的常用装置的示意图。将盛有适量的四氯化碳的开口细颈玻璃容器放在热水中加热，四氯化碳急剧挥发并将容器内的空气驱赶出。当四氯化碳全部汽化时立即将细颈封住，这时容器内只有压强等于大气压的四氯化碳蒸气。如果称得容器内蒸汽的质量为 1.60×10^{-3} kg，容器的容积为 301×10^{-6} m^3，热水的温度为80 ℃，则可求得四氯化碳的分子量。

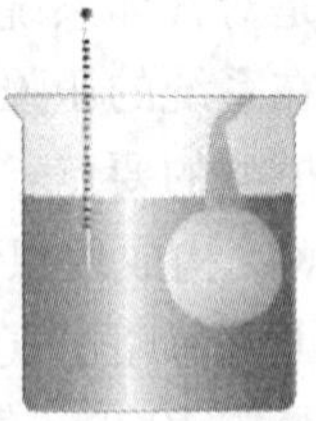

图 6-1 例题 6-1 图

解： 根据题意，可以把容器内的四氯化碳蒸气当作理想气体，遵循理想气体物态方程：

$$pV=\frac{M}{\mu}RT$$

从中解出摩尔质量：

$$\mu=\frac{MRT}{pV}$$

将各已知量代入上式，可求得四氯化碳的摩尔质量

$$\mu=\frac{1.60\times10^{-3}\times8.31\times(80+273)}{1.013\times10^{5}\times301\times10^{-6}}\ \text{kg}\cdot\text{mol}^{-1}=154\times10^{-3}\ \text{kg}\cdot\text{mol}^{-1}$$

所以四氯化碳的分子量为 154。

6.2 理想气体的压强和温度

6.2.1 理想气体的压强

雨天打伞，稀疏的大雨滴对伞面的冲力是间断且不均匀的，密集的雨滴冲击到伞面上好像有个持续的恒力作用。分子对容器器壁的碰撞，与雨滴对伞面的冲击相似，大量的气体分子对器壁碰撞形成稳定的压力。处于平衡态的系统内压强处处相等，气体内部的压强与气体分子对容器器壁的压强数值相等。因此，通过求出容器内的大量气体分子对器壁的压强，即可知该理想气体的压强。

(1) 统计规律

由上述可知，系统是由大量分子组成的，同时大量实验事实表明，这些分子都在不停地作无规则热运动。由于分子数目巨大，故分子之间发生碰撞是极其频繁的，从而造成分子运动的无序性。正是这种频繁碰撞的存在，使得气体内各部分分子的平均速率相同，气体内各部分的温度、压强趋于相等从而达到平衡态。我们仔细观察就可以发现，气体处于平衡态时，不管个别分子的运动状态具有何种无序性、偶然性，但大量分子的整体表现确实是有规

律的。平衡态下的压强 p、体积 V 和温度 T 处处均匀，这表明：在大量的无序、偶然的分子运动中包含着一种规律。这种规律来自大量偶然事件的集合，故称为统计规律。本节的理想气体的压强和温度公式，以及 6.3 节的能量均分定理和 6.4 节的麦克斯韦速率分布律都是大量气体分子的统计规律的表现。下面以伽尔顿板实验说明存在统计规律。

如图 6-2(a)所示，有一块竖直的平板，平板顶部有漏斗形入口，上部钉上一排排等间隔的铁钉，下部用薄隔板隔成等宽的狭槽，若在入口掷下一个小钢球，它落在哪个窄槽中完全是偶然的。当将大量的小钢球掷下，会呈现图6-2(b)所示的规律分布，重复实验还是得到相似的结果。伽尔顿板实验证明大量小球下落是具有统计规律性的。

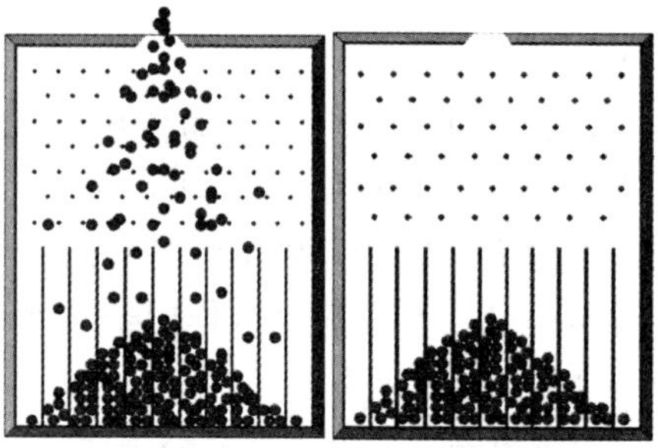

图 6-2　伽尔顿板实验

为了简化压强公式的推导过程，我们使用理想气体的模型。由于构成气体系统的大量分子总在作无规则热运动，系统整体表现出一定的规律性。因此，理想气体处于平衡态时可作如下统计假设：① 若忽略重力影响，每个分子在容器中任一点处出现的概率相同，即分子在容器中分布是均匀的，尽管在某个瞬间某处的数密度 n 可能是变化的，但平均而言整个容器的分子数密度 n 处处近似相等；② 气体分子沿各个方向运动的概率是相同的，没有任何一个方向气体分子的运动比其他方向更占优势，平均而言分子速度在各个方向上的统计平均值相等，例如沿 x, y, z 三个坐标轴的分子速度分量的统计平均值都等于零

$$\overline{v_x} = \overline{v_y} = \overline{v_z} = 0$$

各分量平方的平均值相等，即 $\overline{v_x^2} = \overline{v_y^2} = \overline{v_z^2}$，由于 $v^2 = v_x^2 + v_y^2 + v_z^2$ 所以

$$\overline{v_x^2} = \overline{v_y^2} = \overline{v_z^2} = \frac{1}{3}\overline{v^2} \tag{6-2-1}$$

当然，这种统计的论断只有对大量分子在平均意义上才是正确的。

(2) 压强公式的推导

容器器壁上的压强为大量气体分子在单位时间内作用于容器器壁单位面积上的平均冲量，或单位面积上的平均冲力。

如图 6-3 所示，设在一个边长分别为 l_1、l_2 和 l_3 的长方体容器中有 N 个气体分子，容器体积为 $V = l_1 l_2 l_3$，单位体积内的分子数为 n，即分子数密度 $n = N/V$，并且 N 和 n 都是大数。在平衡态下，气体分子对容器各种取向的器壁的碰撞都是等同的。因此，只考虑某个特定取向的壁面的情形。

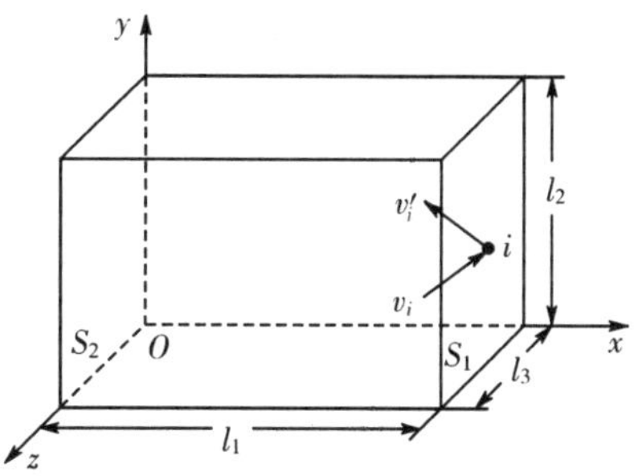

图 6-3　气体动理论的压强公式的推导

设容器内任意一个分子 i 的运动速度 $\boldsymbol{v}_i = v_{ix}\boldsymbol{i} + v_{iy}\boldsymbol{j} + v_{iz}\boldsymbol{k}$，当它与垂直于 x 轴的壁面 S_1 完全弹性碰撞后只在 x 方向的速度分量改变了符号，其他速度

分量保持不变,所以速度变为 $\boldsymbol{v}'_i=-v_{ix}\boldsymbol{i}+v_{iy}\boldsymbol{j}+v_{iz}\boldsymbol{k}$。由此可见,对于 S_1 面来说只考虑 x 方向的运动。若分子的质量为 m,则分子每与 S_1 面碰撞一次,其动量的增量为 $-2mv_{ix}$。由动量定理可知,这一动量的增量应等于分子受到 S_1 面的冲量。根据牛顿第三定律,分子所受壁面 S_1 的冲量与该壁面所受分子的冲量大小相等、方向相反。所以壁面 S_1 受到分子 i 的冲量为 $2mv_{ix}$。

分子受到壁面 S_1 的冲力作用而被弹回,以 $-v_{ix}$ 飞向壁面 S_2,与 S_2 碰撞并被弹回后又以速度 v_{ix} 去撞击壁面 S_1。由于 S_1 面和 S_2 面相距 l_1,分子 i 与 S_1 面连续两次碰撞所需要的时间为 $T=2l_1/v_{ix}$,则单位时间内分子 i 对 S_1 面的碰撞次数为 $v_{ix}/2l_1$,对 S_1 面提供的冲量为 mv_{ix}^2/l_1。单位时间内作用于 S_1 面的冲量就等于 S_1 面所受冲力。所以,壁面 S_1 所受分子 i 的冲力的大小为 mv_{ix}^2/l_1。

由于容器内包含了大量分子,每一瞬间在壁面的每一部分都受到大量分子的撞击,因而在宏观上就表现为一个均匀的、连续的压力。S_1 面所受的总的平均冲力大小应为

$$\overline{F}=\sum_{i=1}^{N}\left(\frac{mv_{ix}^2}{l_1}\right)=\frac{m}{l_1}\sum_{i=1}^{N}v_{ix}^2=\frac{mN}{l_1}\left(\frac{v_{1x}^2+v_{2x}^2+\cdots+v_{Nx}^2}{N}\right)=\frac{mN}{l_1}\overline{v_x^2}$$

式中,$\overline{v_x^2}$ 是系统中分子速度 x 分量的平方的平均值。

$\overline{v_x^2}$ 应表示为

$$\overline{v_x^2}=\frac{v_{1x}^2+v_{2x}^2+\cdots+v_{Nx}^2}{N}$$

作用于壁面 S_1 的压强应为

$$p=\frac{\overline{F}}{l_2l_3}=\frac{mN}{l_1l_2l_3}\overline{v_x^2}=nm\overline{v_x^2} \tag{6-2-2}$$

将(6-2-1)式代入(6-2-2)式,得

$$p=\frac{1}{3}nm\overline{v^2} \tag{6-2-3}$$

(6-2-3)式为理想气体的压强公式。

若取垂直于 y 轴或 z 轴的壁面来讨论,必然会得到与(6-2-3)式完全相同的结果。

引入分子的平均平动动能,将其定义为分子的质量与系统中分子速率平方的平均值的乘积之半,即

$$\bar{\varepsilon}_k=\frac{1}{2}m\overline{v^2} \tag{6-2-4}$$

将(6-2-4)式代入(6-2-3)式,得

$$p=\frac{2}{3}n\bar{\varepsilon}_k \tag{6-2-5}$$

这就是所求的气体压强公式。这个公式把系统的宏观量——压强与微观量——分子平动动能的平均值联系起来,说明了气体压强是由大量分子对容器器壁作无规则剧烈碰撞的平均结果。容器中单位体积的分子数越多,分子的平均平动动能越大,容器器壁所受的压强也越大。

6.2.2 温度的微观解释

从6.1.2节对温度的宏观意义的分析中已经看到：两个温度不同的系统通过热接触能够实现热平衡，并达到相同的温度。对于这两个系统而言，达到相同的温度并不需要外界的影响。它们之间的热接触只是为达到相同温度创造了条件。因此，每个系统在热平衡时的温度，只取决于系统内部的热运动状态，或者说：温度是反映系统内部分子热运动状态的特征物理量。

将理想气体物态方程改写为

$$p = \frac{M}{V\mu}RT \tag{6-2-6}$$

如果气体分子的质量为 m，系统中气体分子的总数为 N，则有

$$M = Nm$$

或

$$\mu = N_A m$$

式中，N_A 为阿伏伽德罗常量。

将以上两式代入(6-2-6)式，得

$$p = \frac{N}{V}\frac{R}{N_A}T = n\frac{R}{N_A}T \tag{6-2-7}$$

这里，引入物理学中另一个重要常量，称为玻耳兹曼常量，用 k 表示。

$$k = \frac{R}{N_A} = \frac{8.31}{6.02 \times 10^{23}}\ \mathrm{J \cdot K^{-1}} = 1.38 \times 10^{-23}\ \mathrm{J \cdot K^{-1}}$$

将玻耳兹曼常量 k 代入(6-2-7)式，就得到压强的另一表达式

$$p = nkT。 \tag{6-2-8}$$

此式表示：气体系统的压强 p 与系统中分子数密度 n 成正比，与系统的热力学温度 T 成正比。如果两个系统的温度和压强对应相等，那么这两个系统中分子数密度 n 一定相同。

将气体压强公式(6-2-5)式代入(6-2-8)式，可得

$$\bar{\varepsilon}_k = \frac{3}{2}kT \tag{6-2-9}$$

上式表明：理想气体分子的平均平动动能 $\bar{\varepsilon}_k$ 唯一地取决于系统的热力学温度 T，并与温度 T 成正比。

有人对这一结论做实验进行证明，发现悬浮在温度均衡的液体中各种布朗粒子平均平动动能确实相等。

由(6-2-9)式可以得到温度的微观解释：温度是气体内部分子热运动强弱程度的标志。温度越高，分子热运动就越剧烈。同时，(6-2-9)式还将温度与分子热运动的平均平动动能联系在一起，这说明：温度是大量分子热运动的集体表现，具有统计意义。对单个分

子而言，温度是没有意义的。

由(6－2－4)式和(6－2－9)式可以计算气体分子在温度 T 时的方均根速率

$$\sqrt{\overline{v^2}}=\sqrt{\frac{3kTN_A}{mN_A}}=\sqrt{\frac{3kT}{m}}=\sqrt{\frac{3RT}{\mu}} \tag{6-2-10}$$

由上式可以得到：在同一温度下，两种不同气体分子的方均根速率之比与它们的分子质量的平方根成反比，即

$$\sqrt{\frac{\overline{v_1^2}}{\overline{v_2^2}}}=\sqrt{\frac{m_2}{m_1}}$$

上式表明：平均地说，在相同温度下质量较大的气体分子运动速率较小，扩散较慢；质量较小的分子运动速率较大，扩散较快。铀分离工厂就是利用这一原理将 $^{235}_{92}\mathrm{U}$ 与 $^{238}_{92}\mathrm{U}$ 相分离的，并获得纯度达 99％的 $^{235}_{92}\mathrm{U}$ 核燃料。

【例题 6－2】 标准状态下 1 cm³ 气体所含的分子数称为洛喜密脱常量，求该常量并估算分子间的平均距离。

解： 由(6－2－8)式得标准状态下气体分子数密度为：

$$n=\frac{p}{kT}=\frac{1.013\times10^5}{1.38\times10^{-23}\times273.15}=2.687\times10^{25}(\mathrm{m^{-3}})$$
$$=2.687\times10^{19}\,\mathrm{cm^{-3}}$$

设分子间的平均距离为 $\bar{l}$，则由 $n\cdot\bar{l}^3=1\ \mathrm{cm^3}$，可得：

$$\bar{l}=\sqrt[3]{\frac{1}{n}}\approx10^{-9}(\mathrm{m})$$

分子有效直径的数量级为 10^{-10} m。估算表明，常温常压下气体分子间的平均距离约为分子直径的 10 倍。

【例题 6－3】 一容器内储有氧气，其压强为 $p=1.013\times10^5$ Pa，温度 $t=27$ ℃。求：(1) 单位体积内的分子数；(2) 氧气的密度；(3) 氧分子的质量；(4) 分子间的平均距离(分子所占的空间看作球状)；(5) 氧分子的平均平动动能。

解： (1) 单位体积内的分子数 $n=\dfrac{p}{kT}=\dfrac{1.013\times10^5}{1.38\times10^{-23}\times(27+273)}=2.45\times10^{25}(\mathrm{m^{-3}})$；

(2) 由物态方程 $pV=\dfrac{M}{\mu}RT$，可得氧气密度 $\rho=\dfrac{M}{V}=\dfrac{\mu p}{RT}=\dfrac{32\times10^{-3}\times1.013\times10^5}{8.31\times300}=$ $1.30\ (\mathrm{kg/m^3})$；

(3) 氧分子的质量 $m=\dfrac{\mu}{N_A}=\dfrac{32\times10^{-3}}{6.02\times10^{23}}=5.32\times10^{-26}\ (\mathrm{kg})$；

(4) 由分子的体积 $V_0=\dfrac{1}{n}=\dfrac{4}{3}\pi\left(\dfrac{\bar{d}}{2}\right)^3$，可得

分子间的平均距离 $\bar{d}=\sqrt[3]{\dfrac{6}{\pi n}}=\sqrt[3]{\dfrac{6}{3.14\times2.45\times10^{25}}}=4.27\times10^{-9}(\mathrm{m})$；

(5) 分子的平均平动动能 $\bar{\varepsilon}_k=\dfrac{3}{2}kT=1.5\times1.38\times10^{-23}\times300=6.21\times10^{-21}\ (\mathrm{J})$。

玻尔兹曼

物理学家简介:玻尔兹曼

路德维希·玻尔兹曼(1844—1906),奥地利物理学家和哲学家,是热力学和统计物理学的奠基人之一。作为一名物理学家,他最伟大的功绩是发展了通过原子的性质(例如,原子量、电荷量、结构等)来解释和预测物质的物理性质(例如,粘性、热传导、扩散等)的统计力学,并且从统计意义对热力学第二定律进行了阐释。

6.3　理想气体的内能

根据气体动理论的观点,内能是系统内大量分子作热运动所具有的能量。不同结构的分子,其热运动的方式是不同的。单原子分子的热运动只有平动一种方式,双原子分子和多原子分子的热运动不仅有平动,还有转动和振动。因此,有必要先引入分子运动自由度的概念。

6.3.1　分子运动的自由度

分子运动的自由度就是决定一个分子在空间的位置所需要的独立坐标数目。

以刚体举例,如图 6－4 所示,其在空间的运动有平动和转动,其自由度可按下述步骤决定:① 刚体上某点(通常取其质心)C 的位置应由 3 个独立坐标 x、y 和 z 决定;② 过 C 点的轴线 QQ' 在空间的取向可由其方位角 α、β 和 γ 中的任意两个决定;③ 刚体绕轴线 QQ' 的转动应由参数 θ 决定,θ 为刚体绕 QQ' 转动的角位置。所以刚体的运动应有 6 个自由度,即 3 个平动自由度 x、y、z 和 3 个转动自由度 α、β、θ。如果刚体运动存在某些限制条件,自由度就会相应减少。

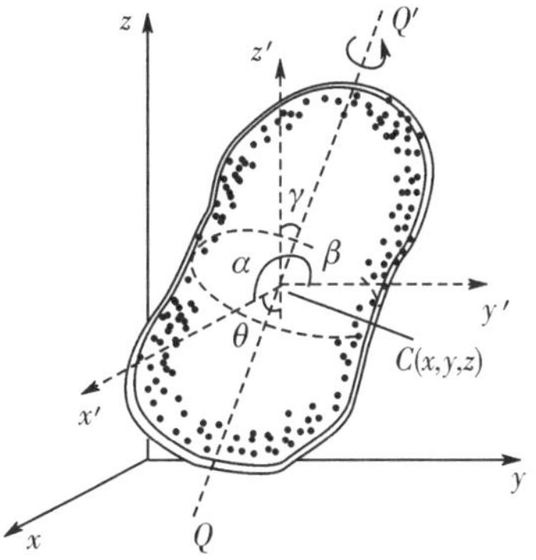

图 6－4　刚体的自由度

理想气体分子的自由度也可以仿照上述方法确定。单原子分子可看作一个质点,有 3 个平动自由度;双原子分子可视为用刚性棒连接在一起的 2 个质点,整体的运动应由 3 个自由度确定,2 个原子连线的方位应由 2 个自由度确定,共 5 个自由度;三原子分子和多原子分子与刚体的相同,有 6 个自由度。

上面对分子自由度的讨论,只涉及平动和转动。对分子光谱的分析表明,双原子分子、三原子分子和多原子分子除了平动和转动这两种运动方式外分子内部的原子还要发生振动,因此还存在振动自由度。考虑了振动自由度后,双原子分子和三原子分子可分别用图 6－5(a)和(b)的

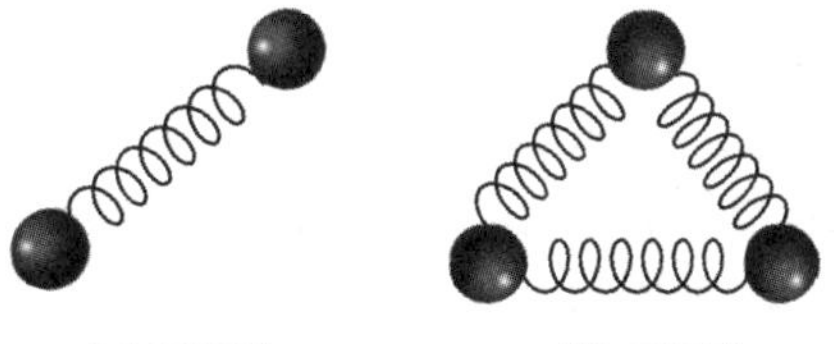

(a) 双原子　　(b) 三原子

图 6－5　非刚性双原子和三原子的模型

模型表示，即连接质点的不是刚性棒而是弹簧。如果分子的平动自由度、转动自由度、振动自由度和总自由度分别用 t、r、s 和 i 表示，则各种分子的自由度数值见表 6-1。

表 6-1 各种分子的自由度数

分　子	平动自由度(t)	转动自由度(r)	振动自由度(s)	总自由度(i)
单原子分子	3	0	0	3
刚性双原子分子	3	2	0	5
非刚性双原子分子	3	2	1	6
刚性三原子及多原子分子	3	3	0	6

实际上，气体分子的运动是相当复杂的，运动方式与温度有关。例如，氢分子在低温下多表现为平动，室温下可能有平动和转动，高温下才同时出现平动、转动和振动；又例如，氯分子在室温下这三种运动方式可能同时存在。

在了解分子可能的运动方式后，还必须知道每种运动方式的能量，才可能计算理想气体的内能。

6.3.2 能量均分定理

在一个处于平衡态的气体系统中，分子运动速度的三个分量与速率之间存在下面的关系

$$\frac{1}{3}\overline{v^2} = \overline{v_x^2} = \overline{v_y^2} = \overline{v_z^2}$$

用 $m/2$ 乘以上式，得

$$\frac{1}{3}\left(\frac{1}{2}m\overline{v^2}\right) = \frac{1}{2}m\overline{v_x^2} = \frac{1}{2}m\overline{v_y^2} = \frac{1}{2}m\overline{v_z^2} \tag{6-3-1}$$

根据(6-2-9)式和(6-3-1)式，理想气体分子的平均平动动能可以表示为

$$\bar{\varepsilon}_k = \frac{1}{2}m\overline{v^2} = \frac{3}{2}kT \tag{6-3-2}$$

由式(6-3-1)和式(6-3-2)可以得到下面的重要关系

$$\frac{1}{2}m\overline{v_x^2} = \frac{1}{2}m\overline{v_y^2} = \frac{1}{2}m\overline{v_z^2} = \frac{1}{2}kT \tag{6-3-3}$$

上式表示，分子的平均平动动能 $3kT/2$ 被平均地分配在每一个平动自由度上，并分得 $kT/2$ 的能量。

将上面的结果可以推广到分子运动的所有自由度，即平动、转动和振动自由度，于是得到这样的结论：在平衡态下，分子的每一个自由度上都具有相同的平均动能，并等于 $kT/2$。这个就是能量均分定理。

能量按自由度均分是对大量分子统计平均的结果，是依靠分子之间的频繁碰撞实现的。通过碰撞，动能不仅可以在分子之间传递，而且会从一个自由度传递到另一个自由度。图

6-6给出了两个双原子分子 A 和 B 的相互碰撞的情形。如果发生了图 6-6(a)所示的碰撞，分子 A 的转动动能与分子 B 的振动动能（或平动动能）之间将互相转换；如果发生图 6-6(b)所示的碰撞，两个分子的平动动能与振动动能之间将互相转换。对于大量分子而言，由于热运动的无规则性，各种情况的碰撞都会发生并且频繁地进行着。所以，哪一个自由度的能量都不可能始终高于或始终低于其他自由度的能量。平均地说，各自由度的能量应该是均等的。

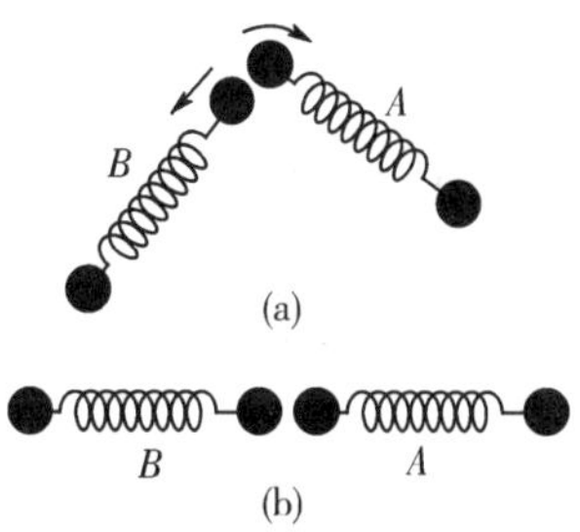

图 6-6　非刚体双原子的碰撞情形

但是，能量均分定理毕竟是一个经典概念，经典概念只能在一定的范围内适用。因此，在用这个定理得到的一些结论去解释气体现象时，也只能在一定的范围内是正确的，并且其正确程度应由实验确定。原子、分子等微观粒子的运动遵循量子力学规律，只有用量子力学才能对各种气体现象给出圆满的解释。

6.3.3　理想气体的内能

系统内所有分子的各种运动方式的动能（包括平动动能、转动动能和振动动能），分子内部原子间的振动势能以及分子之间与分子力有关的势能的总和，就是气体系统的内能。但是，对于理想气体，分子之间无分子力作用，系统的内能只是分子的各种运动方式的动能和分子内原子间振动势能的总和。

根据能量均分定理，分子的平均平动动能、平均转动动能和平均振动动能分别为 $\frac{t}{2}kT$、$\frac{r}{2}kT$ 和 $\frac{s}{2}kT$。分子内原子的振动可近似看作简谐振动。根据简谐振动的基本规律，振子在一个周期内的平均动能与平均势能相等。所以，分子内原子的平均振动势能也为 $\frac{s}{2}kT$。这样，单个分子的平均能量为

$$\bar{\varepsilon} = \frac{t+r+2s}{2}kT = \frac{i+s}{2}kT$$

式中，$i=t+r+s$ 是分子的总自由度。

理想气体的内能可以表示为

$$U = \frac{M}{\mu}N_A\bar{\varepsilon} = \frac{M}{\mu}\frac{1}{2}(t+r+2s)RT = \nu\frac{i+s}{2}RT \qquad (6-3-4)$$

上式表示，一定量的理想气体的内能只决定于分子的自由度和系统的温度，而与系统的体积和压强无关。

【例题 6-4】　一容器内贮存有氧气 0.100 kg，压强为 10.0 atm，温度为 47 ℃。由于工作上的要求，需放掉一部分气体。放气后，系统的压强变为原来的 5/8，温度降为 27 ℃。若把氧气看作非刚性的双原子分子构成的理想气体，求放气后系统的内能（假设能量均分定理在上述温度下适用）。

解：先根据放气前的已知条件，求出容器的体积 V：

$$V=\frac{M}{\mu}\frac{RT}{p}=\frac{0.100\times 8.31\times(273+47)}{32\times 10^{-3}\times 1.013\times 10^{5}\times 10}\text{m}^{3}=8.20\times 10^{-3}\ (\text{m}^{3})$$

然后根据放气后的已知条件，求出容器内剩下的气体质量 M'：

$$M'=\frac{\mu p'V}{RT'}=\frac{32\times 10^{-3}\times(5/8)\times 10\times 1.013\times 10^{5}\times 8.20\times 10^{-3}}{8.31\times(273+27)}\ (\text{kg})$$
$$=6.66\times 10^{-2}\ (\text{kg})。$$

最后根据式(6-3-4)求出放气后系统的内能：

$$U=\frac{M}{\mu}\frac{i+s}{2}RT'$$

对于非刚性的双原子分子 $i=6$，$s=1$，与 $M'=66.6\times 10^{-3}$ kg、$T'=300$ K 代入上式，得

$$U=\frac{66.6\times 10^{-3}\times 7\times 8.31\times 300}{32\times 10^{3}\times 2}\text{J}=1.82\times 10^{4}\ \text{J}。$$

6.4 麦克斯韦速率分布律

6.4.1 麦克斯韦速率分布律

(6-2-10)式方均根速率仅给出给定温度下的气体中分子速率的一般概念，但想要知道的参数更多。例如，有多大比例的分子具有比方均根速率大的速率？又有多大比例的分子具有比2倍方均根速率大的速率？为回答这样的问题，需要知道分子中速率的可能值是怎样分布的。在一个处于平衡态的气体系统中，由于热运动的无规则性和分子间的频繁碰撞，分子的运动速率不仅千差万别而且瞬息万变，然而从大量分子整体来看，在一定的条件下它们的速率分布却都遵循着一定的统计规律。

1852年，苏格兰物理学家麦克斯韦首先解决了气体分子的速率分布的问题，并被称为麦克斯韦速率分布律。

伽尔顿板实验说明小球落入到哪个狭槽的概率是不变的。同样，如果一个系统内共有 N 个分子处于不同速率间隔内的分子数目是不同的。设处于 v 到 $v+\text{d}v$ 间隔内的分子数为 $\text{d}N$，占分子总数的比率为 $\text{d}N/N$。显然，比率 $\text{d}N/N$ 与所取间隔 $\text{d}v$ 的大小有关。为便于比较，可取比值 $\text{d}N/(N\text{d}v)$。比值 $\text{d}N/(N\text{d}v)$ 表示在速率 v 附近，处于单位速率间隔内的分子数在分子总数中所占的比率。麦克斯韦指出，对于处于平衡态的给定气体系统，$\text{d}N/(N\text{d}v)$ 是 v 的确定函数，用 $f(v)$ 表示，即

$$f(v)=\frac{\text{d}N}{N\text{d}v}$$

这个函数称为气体分子的速率分布函数。

速率分布函数 $f(v)$ 在某一速率处的值，表示分布于这个速率附近单位速率间隔内分子数的比率，或者表示分子处于该速率附近单位速率间隔内的概率。图6-7给出了 $f(v)$ 与 v

的关系曲线，这条曲线称为速率分布曲线。曲线从坐标原点出发，随着速率的增大，分布函数迅速达到一极大值，然后很快减小，随速率延伸到无限大，分布函数逐渐趋于零。速率在从 v 到 $v+dv$ 之间的分子数比率 dN/N，等于曲线下从 v 到 $v+dv$ 之间的面积，如图 6－7 中阴影部分所示。

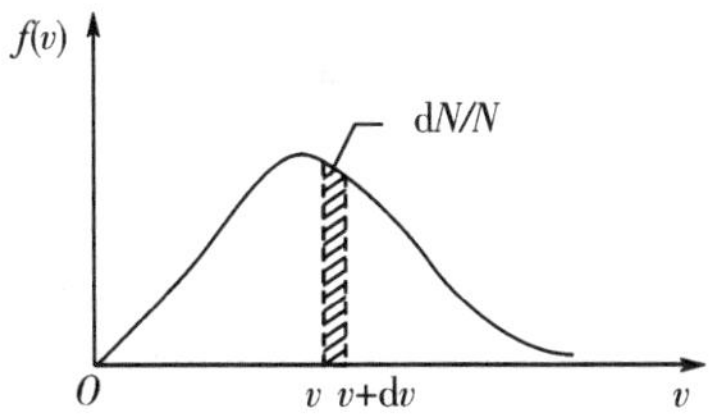

图 6－7　速率分布曲线

如果要确定分布在速率从 v_1 到 v_2 间隔内的分子数在分子总数中的比率，可以在从 v_1 到 v_2 的速率范围内对分布函数 $f(v)$ 积分，即

$$\frac{\Delta N}{N}=\int_{v_1}^{v_2} f(v)\,dv$$

因为所有 N 个分子的速率必然处于从 0 到∞之间，也就是在速率间隔从 0 到∞的范围内的分子数占分子总数的比率为 1，即

$$\int_0^{\infty} f(v)\,dv = 1$$

这就是分布函数 $f(v)$ 必须满足的条件，称为归一化条件。

麦克斯韦进一步指出，在平衡态下分子速率分布函数可以具体写为

$$f(v)=\frac{dN}{N\,dv}=4\pi\left(\frac{m}{2\pi kT}\right)^{\frac{3}{2}} e^{-\frac{m}{2kT}v^2}\,v^2 \qquad (6-4-1)$$

式中，T 是气体系统的热力学温度；k 是玻耳兹曼常量；m 是单个分子的质量。(6－4－1)式称为麦克斯韦速率分布函数。

对于一定的气体，分布曲线的形状随温度的不同而不同。温度越高，分子的热运动速率越大，速率大的分子越多，曲线必定向右延伸。但由于曲线下的面积是恒定的，所以曲线的高度要降低。图 6－8(a)给出了氧分子在两种不同温度下的速率分布曲线。可见，高温速率分布曲线较低温的曲线平缓。图 6－8(b)是在相同温度下，分布曲线的形状随气体分子的摩尔质量(或分子质量)的不同而不同。因为分子的平均平动动能只决定于温度。温度一定，分子的平均平动动能也就一定，质量较小的分子热运动速率必然较大，大速率的分子必然较多，所以曲线将向右延伸。这种情形与上面所分析的温度高低的情形相似。因此，在相同温度下，小质量分子组成的气体系统的速率分布曲线比大质量分子组成的曲线平缓。

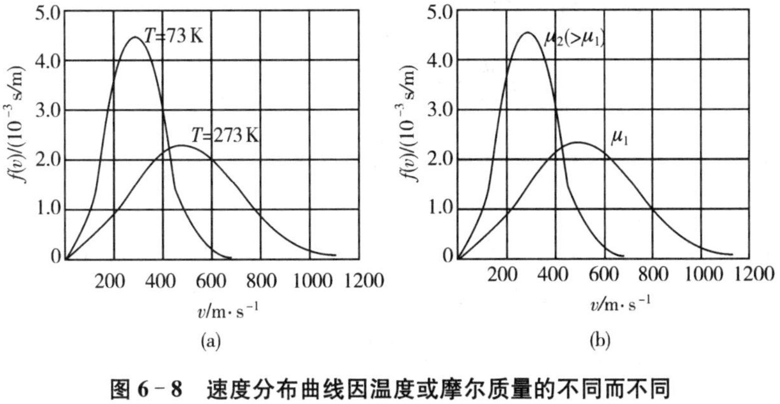

图 6－8　速度分布曲线因温度或摩尔质量的不同而不同

6.4.2 用速率分布函数求分子速率的统计平均值

由速率分布曲线可以看出,在气体系统中具有很大速率和很小速率的分子数都很少,而处于中间速率的分子数较多。把与分布函数极大值相对应的速率称为最概然速率,即图 6-9 中的 v_p。最概然速率表示系统中在该速率附近的单位速率间隔内分子数比率是最大的。v_p 的数值可以从速率分布函数 $f(v)$ 对速率 v 的微商等于零求出,由此得到 v_p。

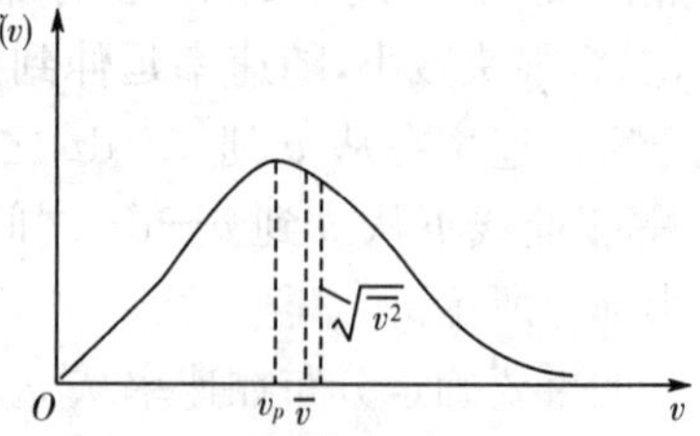

图 6-9 同一速率分布曲线中的三种速率大小的比较

$$v_p = \sqrt{\frac{2kT}{m}} = \sqrt{\frac{2RT}{\mu}} = 1.41\sqrt{\frac{RT}{\mu}} \tag{6-4-2}$$

利用速率分布函数还可以求得分子的平均速率 $\overline{v}$ 和方均根速率 $\sqrt{\overline{v^2}}$。速率的算术平均值就是分子的平均速率,可以表示为

$$\overline{v} = \frac{\sum N_i v_i}{N}$$

将求和变为积分,得

$$\begin{aligned}\overline{v} &= \frac{\int v\mathrm{d}N}{N} = \int v\frac{\mathrm{d}N}{N} = \int_0^\infty vf(v)\mathrm{d}v = 4\pi\left(\frac{m}{2\pi kT}\right)^{\frac{3}{2}}\int_0^\infty \mathrm{e}^{-\frac{m}{2kT}v^2}v^3\mathrm{d}v \\ &= \sqrt{\frac{8kT}{\pi m}} = \sqrt{\frac{8RT}{\pi\mu}} \\ &= 1.60\sqrt{\frac{RT}{\mu}}\end{aligned} \tag{6-4-3}$$

方均根速率 $\sqrt{\overline{v^2}}$ 可以用同样的方法算得,

$$\overline{v^2} = \frac{\sum N_i v_i^2}{N} = \int_0^\infty v^2 f(v)\mathrm{d}v$$

将(6-4-1)式代入上式,并算出积分,得

$$\sqrt{\overline{v^2}} = \sqrt{\frac{3kT}{m}} = \sqrt{\frac{3RT}{\mu}} = 1.73\sqrt{\frac{RT}{\mu}} \tag{6-4-4}$$

以上利用速率分布函数求得了三个特征速率的表示式,比较三者的大小,有 $\sqrt{\overline{v^2}} > \overline{v} > v_p$,见图 6-9。

只要给出具体条件,就可以由这些表达式算出相应的数值。例如,在室温($T=300$ K)下处于平衡态的氧气系统,三个速率分别为:

$$v_p = 1.41\sqrt{\frac{RT}{\mu}} = 1.41\sqrt{\frac{8.31\times300}{32.0\times10^{-3}}}\ \mathrm{m\cdot s^{-1}} = 394\ \mathrm{m\cdot s^{-1}}$$

$$\bar{v} = 1.60\sqrt{\frac{RT}{\mu}} = 1.60\sqrt{\frac{8.31\times 300}{32.0\times 10^{-3}}}\ \mathrm{m\cdot s^{-1}} = 447\ \mathrm{m\cdot s^{-1}}$$

$$\sqrt{\overline{v^2}} = 1.73\sqrt{\frac{RT}{\mu}} = 1.73\sqrt{\frac{8.31\times 300}{32.0\times 10^{-3}}}\ \mathrm{m\cdot s^{-1}} = 483\ \mathrm{m\cdot s^{-1}}$$

从这些数值可以看出：气体系统中分子的热运动是相当剧烈的。尽管这三个速率的数值不同，然而它们具有同样的规律性，即与温度的平方根成正比，与单个分子的质量或气体的摩尔质量的平方根成反比。

*6.4.3　麦克斯韦速率分布律的实验验证

我国物理学家葛正权于 1934 年利用铋蒸气验证了麦克斯韦速率分布律。图 6－10(a)是其实验装置的示意图，图中 O 是分子射线源，它是一个存贮有铋蒸气的金属容器，在器壁上开一狭缝 S，使铋分子能从容器中逸出。当狭缝很小时，少量铋分子的逸出不致破坏容器内铋蒸气的平衡态。为了获得窄束分子射线，在铋分子由 S 射出后的路径上放置另一个狭缝 S_1。R 是一个可绕中心轴线(垂直于纸面)旋转的空心圆筒，筒壁上开一狭缝 S_2。全部装置都放于真空容器内。

如果 R 不转动，铋分子穿过狭缝 S_2 进入圆筒，并沉积在贴于 R 内壁的弯曲玻璃片的 P 处。显然，P 与 S、S_1 以及 S_2 在一条直线上。如果 R 以一定的角速度旋转，图 6－10(b)中铋分子在由 S_2 到达玻璃片的这段时间内，由于 R 转过了某个角度而沉积在 P' 处。所以，在分子射线束中具有不同速率的铋分子，将沉积在 R 内壁玻璃片的与 P 相距不同弧长的位置上。

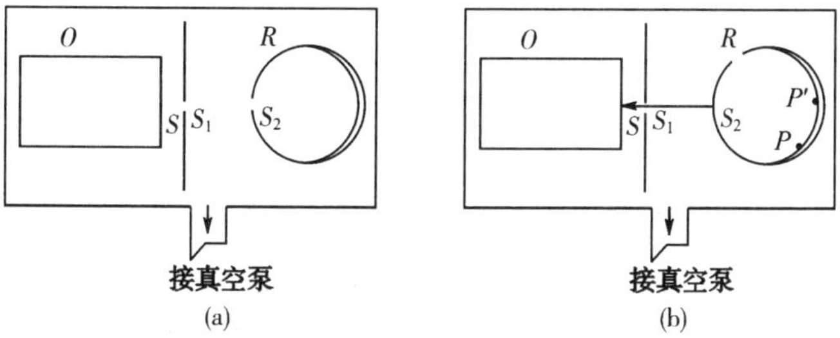

图 6－10　测定气体分子速率的试验装置

假设 R 的直径为 D、角速度为 ω、速率为 v 的铋分子落在 P' 处，弧 PP' 的长度为 l，铋分子由 S_2 到达 P' 所需时间为

$$t = \frac{D}{v}$$

在这段时间内，R 转过的角度为 $\theta = \omega t$，则弧长可以表示为

$$l = \frac{D}{2}\theta = \frac{1}{2}D\omega t$$

由以上两式可求得速率

$$v=\frac{D^2\omega}{2l}$$

由此可见：铋分子的速率 v 与弧长 l 相对应。

在 R 以恒定角速度旋转较长一段时间后，取下玻璃片并用测微光度计测出玻璃片上铋层的厚度。从铋层厚度与 l 的关系中能得到铋分子数按速率分布的规律。实验所得结果与麦克斯韦速率分布律相符，从而证实了麦克斯韦速率分布律的正确性。

*6.5 范德瓦耳斯方程

理想气体模型主要在两个问题上对实际气体分子进行简化：一是忽略了气体分子的体积；二是忽略了分子力的相互作用。前面曾指出，在高温、低压条件下实际气体的行为接近理想气体。这说明，在高温、低压条件下实际气体分子的体积和分子力作用是可以忽略的。由此可以推断，当偏离高温、低压条件时，实际气体的行为偏离理想气体的原因，也正是此时分子的体积和分子力作用不能再忽略了。下面从分子的体积和分子力的作用这两个方面对理想气体物态方程进行修正，从而得出更能描述实际气体行为的范德瓦耳斯方程。

6.5.1 范德瓦耳斯方程的导出

(1) 体积修正

为简便起见，这里先讨论在 1 mol 气体系统中，再考虑分子自身体积后所引起的物态方程的变化。

由 6.1 节中理想气体物态方程

$$pV_{\mathrm{m}}=RT$$

式中，V_{m} 表示 1 mol 气体所占据的体积。

因为理想气体是把分子看成没有大小的质点，所以这个体积也就是可供分子自由活动的容器的容积。现在若把气体分子看成具有一定体积的球体，那么任何两个分子的中心都不可能无限地靠近。对任何一个分子而言，能自由活动的空间不再等于容器的容积，而必须从容器的容积中扣除一个与气体分子自身体积有关的修正量 b，即应以 $V_{\mathrm{m}}-b$ 代替理想气体物态方程中的 V_{m}，则上式应改为

$$p(V_{\mathrm{m}}-b)=RT \tag{6-5-1}$$

可以从以下分析中理解修正量 b 的物理意义。由理想气体物态方程可以推知：当压强趋于无限大时，气体的体积必然趋于零。然而，若考虑到分子自身的体积，气体的体积就不可能为零。当压强很大时，气体分子紧密排列在一起，自由活动的空间已经没有，气体变得不可压缩但气体仍占有一定的体积。按照(6-5-1)式，当 p 趋于无限大时整个气体系统的体积趋于 b。这就表示，修正量 b 是 1 mol 气体在压强很高时所趋近的体积，修正量 b 大约等于 1 mol 气体分子自身体积的 4 倍。

(2) 分子力修正

拉断一根钢丝必须用很大的力，说明分子之间存在引力；而液体和固体很难压缩，表明分子之间存在斥力。可见，分子之间既有引力又有斥力。定性地讨论分子力性质时指出，气体分子之间通常表现为引力相互作用，而引力的大小随着分子间距的增大而迅速减小。通常，分子力只有在两个分子中心的间距小于或等于分子力作用半径(10^{-10} m 左右)时才发生作用。所以，对任意一个分子而言与它发生引力作用的分子都处于以该分子中心为球心、以分子力作用半径 l 为半径的球体内，此球称为分子力作用球。显然，容器内部的分子所受其他分子的引力作用是球对称的，其合力为零，如图 6－11 所示的分子 α 情形。而处于靠近器壁、厚度为 l 的边界层内(即图6－11 中虚线与器壁之间的区域)的气体分子情形就不同了，其分子引力作用球总有一部分被器壁所割，所受其他分子的引力不再是球对称的，引力的合力也不再等于零，合力的方向总是垂直于器壁并指向气体内部，图 6－11 中分子 β 和 γ 就是属于这种情形。所以，处于边界层中的分子都受到一个垂直于器壁且指向气体内部的拉力(简称内向拉力)作用。

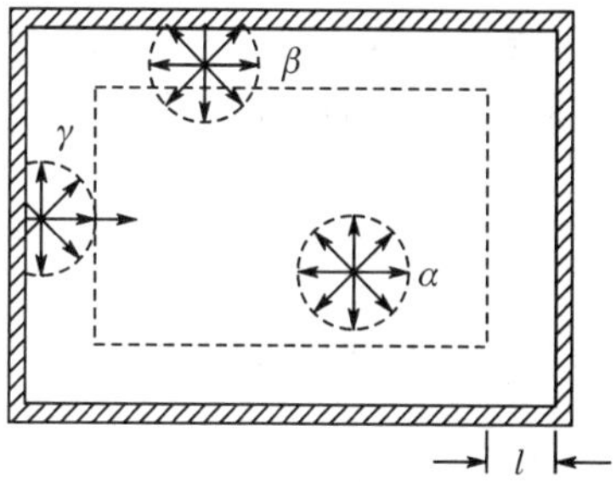

图 6－11　容器内不同区域分子力的表现

根据上面的分析，气体内部的分子在进入边界层以前的运动情形，与忽略分子力作用的理想气体模型没有区别。由于气体对器壁的压强是由分子对器壁的碰撞引起的，分子要与器壁碰撞就必须通过边界层。分子到达边界层内就要受到内向拉力的作用，致使在垂直于器壁方向上的动量减小。于是，分子与器壁碰撞而作用于器壁的冲量也相应减小。所以，这时器壁实际受到的冲力要比理想气体的情形小一些。假设由于内向拉力的存在使器壁受到的压强减小了 p_i(通常称为内压强)，则器壁实际受到的压强应为

$$p=\frac{RT}{V_{\mathrm{m}}-b}-p_i$$

或者

$$(p+p_i)(V_{\mathrm{m}}-b)=RT \tag{6-5-2}$$

根据气体动理论对压强的解释，气体的压强等于分子对单位器壁面积所施加的平均冲力。现在由于在边界层中的分子受到内向拉力的作用，当分子与器壁碰撞时施于器壁的冲力将减小。若以 ΔF_i 表示每个分子对器壁冲力减小的数值，则 p_i 必定正比于撞击单位器壁面积的分子数与 ΔF_i 的乘积。其中，撞击单位器壁面积的分子数正比于容器内单位体积的分子数 n；ΔF_i 与边界层中的分子所受的内向拉力成正比，而内向拉力也与容器内单位体积的分子数 n 成正比。因此

$$p_i \propto n^2$$

在容器内气体量不变的情况下，单位体积的分子数 n 与容器的容积 V_{m} 成反比，所以

$$p_i \propto \frac{1}{V_{\mathrm{m}}^2}$$

或者

$$p_i = \frac{a}{V_m^2} \tag{6-5-3}$$

式中,比例系数 a 是由气体的性质决定。

将(6-5-3)式代入(6-5-2)式,就得到 1 mol 气体的物态方程

$$\left(p + \frac{a}{V_m^2}\right)(V_m - b) = RT \tag{6-5-4}$$

这就是范德瓦耳斯方程。

(3) 范德瓦耳斯常量

修正量 a 和 b 称为范德瓦耳斯常量。对于一定种类的气体,范德瓦耳斯常量都有确定的值;对不同种类的气体,范德瓦耳斯常量也不同。还必须注意的是,在(6-5-4)式中范德瓦耳斯常量 a 和 b 都是对 1 mol 的气体的修正量。a 和 b 都应由实验确定。表 6-2 列出了一些气体的范德瓦耳斯常量。在后面 6.5.2 节中将介绍测定范德瓦耳斯常量的实验方法。

表 6-2 一些气体的范德瓦耳斯常量

气 体	$a/(10^{-6}\,\text{atm}\cdot\text{m}^6\cdot\text{mol}^{-2})$	$b/(10^{-6}\,\text{m}^3\cdot\text{mol}^{-1})$
氢(H_2)	0.244	27
氦(He)	0.034	24
氮(N_2)	1.39	39
氧(O_2)	1.36	32
氩(Ar)	1.34	32
水蒸汽(H_2O)	5.46	30
二氧化碳(CO_2)	3.59	43
正戊烷(C_5H_{12})	19.0	146

(4) 范德瓦耳斯方程的一般形式

如果质量为 M 的气体体积为 V,则在相同温度和压强下 V 与 V_m 的关系为

$$V = \frac{M}{\mu}V_m \text{ 或 } V_m = \frac{V}{M/\mu} \tag{6-5-5}$$

将(6-5-5)式代入(6-5-4)式,得

$$\left(p + \frac{M^2 a}{\mu^2 V^2}\right)\left(V - \frac{M}{\mu}b\right) = \frac{M}{\mu}RT \tag{6-5-6}$$

上式就是质量为 M 的气体的范德瓦耳斯方程,也就是范德瓦耳斯方程的一般形式。式中范德瓦耳斯常量 a,b 与 1 mol 气体时的修正量相同。实验表明:范德瓦耳斯方程比理想气体物态方程更准确地反映了实际气体的行为和性质。

6.5.2　范德瓦耳斯等温线和临界点

对于任何一个确定的温度 T，都可由范德瓦耳斯方程得到一条 p-V 关系曲线，并称之为温度 T 的范德瓦耳斯等温线。不同的温度可以得到不同的范德瓦耳斯等温线，如图6－12所示。

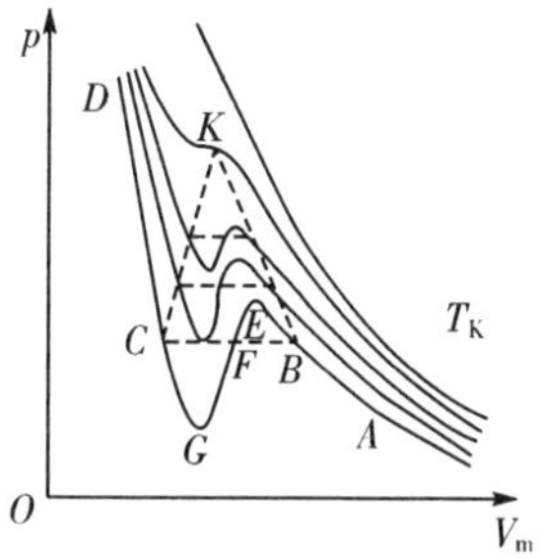

图 6－12　不同温度下的范德瓦耳斯等温线

针对其中一条范德瓦耳斯等温线 $ABEFGCD$。其中，AB 段处于低压范围，表示随压强的增大、体积单调减小，与实际气体的行为一致。$BEFGC$ 段的情况比较复杂，与实际气体的行为也有显著区别。实际气体的等温线在这一区域是一条水平直线即 BFC，表示了气体的液化过程。当状态达到 B 点时，气体系统中开始出现液体，对应的压强 p_B 称为气体的饱和蒸汽压；当状态到达 C 点时，系统中的所有气体都转变为液体。在 B、C 之间，气、液两态共存。曲线的 BE 段和 CG 段实验上是可以实现的。BE 段相当于过饱和蒸汽的情形。当系统中没有尘埃或电荷时，气体中缺少凝结核心由 B 点压缩到 E 点，气体仍然不液化。CG 段相当于过热液体的情形，当系统中缺少汽化核心时由 C 点膨胀到 G 点，液体仍然不汽化。过饱和蒸气和过热液体都是不稳定的亚稳态，一旦受到扰动就立即变化。曲线的 EGF 段是不可能实现的。CD 段表示液体的某些性质。

由图 6－12 可以看出，随着温度的升高，等温线的位置逐渐移向右上方，气、液共存区域变得越来越狭窄。当系统的温度达到某一特定温度 T_K 时，气、液共存区域缩为一点，这时的等温线称为临界等温线。临界等温线上与气、液共存区域相对应的那一点 K 是该曲线的拐点，称为临界点。临界点对应系统的摩尔体积 V_{mK}，称为临界摩尔体积。临界点对应的系统的压强 p_K，称为临界压强。每种气体的临界温度 T_K、临界摩尔体积 V_{mK} 和临界压强 p_K 都有确定的值。在临界点附近，气体内由于局部的凝结核心忽而形成、忽而溃灭，使气体呈现乳浊状，这种现象称为临界乳光。当温度高于临界温度 T_K 时，系统的压强 p 和摩尔体积 V_m 之间出现了单调变化的关系而不再出现气、液共存的区域。这时，范德瓦耳斯方程与理想气体物态方程所反映的规律变得相近。

因为临界点 K 是范德瓦耳斯临界等温线的拐点，压强 p 对摩尔体积 V_m 的微商和二级微商在这点上都为零。根据这个性质可以得到范德瓦耳斯常量 a 和 b 与各临界值之间的关系，由这些关系可以确定 a 和 b。

从临界等温线方程

$$\left(p+\frac{a}{V_m^2}\right)(V_m-b)=RT_K \tag{6-5-7}$$

中解出

$$p=\frac{RT_K}{V_m-b}-\frac{a}{V_m^2} \tag{6-5-8}$$

由在拐点上的性质，得到

$$\frac{\mathrm{d}p}{\mathrm{d}V_{\mathrm{m}}}=-\frac{RT_K}{(V_{\mathrm{m}}-b)^2}+\frac{2a}{V_{\mathrm{m}}^3}=0\quad(\text{当}\,V_{\mathrm{m}}=V_{\mathrm{m}K}\,\text{时})\tag{6-5-9}$$

$$\frac{\mathrm{d}^2p}{\mathrm{d}V_{\mathrm{m}}^2}=\frac{2RT_K}{(V_{\mathrm{m}}-b)^3}-\frac{6a}{V_{\mathrm{m}}^4}=0\quad(\text{当}\,V_{\mathrm{m}}=V_{\mathrm{m}K}\,\text{时})\tag{6-5-10}$$

由(6－5－9)式得

$$\frac{RT_K}{(V_{\mathrm{m}K}-b)^2}=\frac{2a}{V_{\mathrm{m}K}^3}\tag{6-5-11}$$

将(6－5－11)式代入(6－5－10)式,得

$$b=\frac{V_{\mathrm{m}K}}{3}\tag{6-5-12}$$

在(6－5－8)式中令 $V_{\mathrm{m}}=V_{\mathrm{m}K}$,$p=p_K$,并代入(6－5－11)式,得

$$p_K+\frac{a}{V_{\mathrm{m}K}^2}=\frac{2a}{V_{\mathrm{m}K}^3}(V_{\mathrm{m}K}-b)\tag{6-5-13}$$

将(6－5－12)式代入(6－5－13)式,得

$$a=3V_{\mathrm{m}K}^2p_K\tag{6-5-14}$$

将(6－5－12)式和(6－5－14)式代入(6－5－8)式,得

$$R=\frac{8p_KV_{\mathrm{m}K}}{T_K}\tag{6-5-15}$$

由(6－5－12)、(6－5－14)式和(6－5－15)式可以求得 a 和 b 用 p_K 和 T_K 的表达式:

$$a=\frac{27R^2T_K^2}{64p_K},b=\frac{RT_K}{8p_K}$$

由实验测出临界值 p_K 和 T_K,就可根据以上两式求得范德瓦耳斯常量。

6.6 气体内的输运过程

从 6.4 节讨论可知:气体分子运动速率很大。例如,在 0 ℃时,氧气分子中大多数分子的速率都在 200～600 m/s,即在 1 s 内气体分子要走几百米。但在几米远处打开香水瓶,却要经过数秒钟甚至数分钟才能闻到香水的气味,何故?这是因为气体分子从一处移至另一处时要不断与其他分子碰撞,碰撞后分子不是沿直线运动而是折线运动(这个问题是克劳修斯提出的)。

碰撞是气体分子运动论的重要问题之一,具有一定的应用上的理论价值。例如,研究输运过程时,必须考虑到分子之间的相互作用对运动情况的影响,即分子间的碰撞机制。

气体系统由非平衡态向平衡态转变的过程,称为输运过程。当系统各处气体密度不均匀时就会发生扩散过程,使系统各处的密度趋于均匀;当系统各处的温度不均匀时就会发生热传导过程,使各处的温度趋于均匀;当系统各处的流速不均匀时,就会发生黏性现象,使系统各处的流速趋于一致。扩散过程、热传导过程和黏性现象都是典型的输运过程。

如前所述，气体系统由非平衡态向平衡态的转变是通过气体分子的热运动和相互碰撞得以实现的。所以，把热运动过程中分子间的碰撞作为气体内输运过程的机制。

6.6.1　气体分子的碰撞频率和平均自由程

气体分子在热运动中进行着频繁的碰撞，假如忽略了分子力作用，那么在连续两次碰撞之间分子所通过的自由路程的长短完全是偶然事件。但对大多数分子而言，在连续两次碰撞之间所通过的自由路程的平均即平均自由程却是一定的，是由气体系统自身性质决定的。

不难想象，气体分子的平均自由程与系统中单位体积分子数有关，与分子自身大小有关。事实上，平均自由程的表达式是

$$\bar{\lambda} = \frac{1}{\sqrt{2}\pi d^2 N/V} \tag{6-6-1}$$

为了证明(6－6－1)式，首先应对气体系统和分子作一些简化处理：① 认为气体分子是刚性球，把两个分子中心间最小距离的平均值认为是刚性球的有效直径，用 d 表示，并且分子间的碰撞是完全弹性碰撞；② 系统中气体分子的密度不很大，以致发生三个分子互相碰撞在一起的概率很小，可以忽略，只要考虑两个分子的碰撞过程就足够了；③ 当某个分子与其他分子碰撞时，它们的中心间距为 d，可以认为这个分子的直径为 $2d$，而所有与其发生碰撞的分子都视为没有大小的质点，这不改变对碰撞的论证；④ 如果分子热运动的相对速率的平均值为 $\bar{u}$，可以假定这个被跟踪的分子以 $\bar{u}$ 运动，而所有与其发生碰撞的分子都静止不动。

在上述简化处理下，跟踪分子 A，观察它与其他分子碰撞的情形。在分子 A 的运动过程中，它将扫过一个以 πd^2 为截面积、以其中心的运动轨迹为轴线的圆柱体，凡是处于这个圆柱体内的质点都将与分子 A 发生碰撞。因此把截面积 πd^2 称为分子的碰撞截面。这个圆柱体必定是曲折的(如图 6－13 所示)，这是因为在与其他分子发生碰撞的地方，分子 A 改变了运动方向。在 t 时间内，分子所扫过的曲折圆柱体的总长度(即其轴线的长度)为$\bar{u}t$，相应的圆柱体的体积为$\bar{u}t\pi d^2$。如果系统中单位体积内的分子数为 n，那么包含在圆柱体内的分子数为 $n\bar{u}t\pi d^2$。因为圆柱体内包含的分子都与分子 A 发生碰撞，所以圆柱体内包含的分子数必定等于在 t 时间内分子 A 与其他分子碰撞的次数。若用 $\bar{Z}$ 表示在单位时间内分子 A 与其他分子的平均碰撞次数，则应有

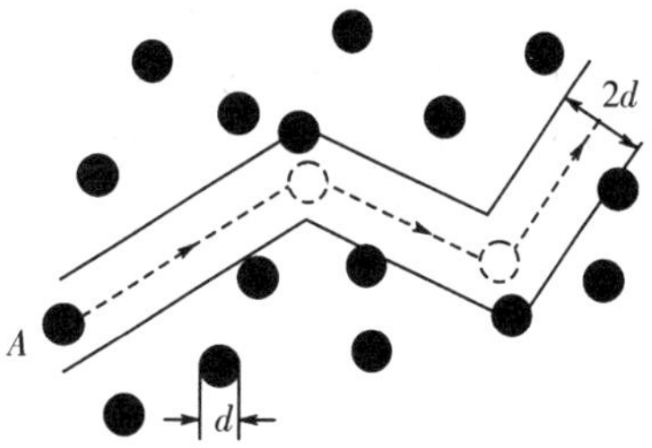

图 6－13　分子碰撞次数的计算

$$\bar{Z} = \frac{n\bar{u}t\pi d^2}{t} = n\bar{u}\pi d^2 \tag{6-6-2}$$

式中，$\bar{Z}$ 为分子的平均碰撞频率。

考虑到分子的实际速率分布后详细计算给出，分子热运动的平均相对速率 $\bar{u}$ 与平均速率 $\bar{v}$ 之间存在下面的关系

$$\bar{u} = \sqrt{2}\bar{v} \tag{6-6-3}$$

将(6-6-3)式代入(6-6-2)式，得

$$\overline{Z}=\sqrt{2}\pi d^2 n\overline{v} \tag{6-6-4}$$

分子 A 在 1 s 内运动的平均路程为 $\overline{v}$，在这段时间内发生了 $\overline{Z}$ 次碰撞，因而每连续两次碰撞所通过的平均路程，即平均自由程为

$$\overline{\lambda}=\frac{\overline{v}}{\overline{Z}}=\frac{1}{\sqrt{2}n\pi d^2} \tag{6-6-5}$$

上式表示，分子的平均自由程与分子的有效直径的平方成反比，与单位体积内分子数成反比，而与分子的平均速率无关。

由于温度恒定时气体的压强与单位体积内分子数成正比，即 $p=nkT$，所以可以得到分子平均自由程与压强的关系

$$\overline{\lambda}=\frac{kT}{\sqrt{2}\pi d^2 p} \tag{6-6-6}$$

这表示：在温度恒定时，分子的平均自由程与气体压强成反比。

【例题 6-5】 (1) 在温度 $T=300$ K，压强 $p=1.0$ atm 下，氧气分子的平均自由程是多少？设分子的直径 $d=290$ pm，并且是理想气体。(2) 设氧分子的平均速率为 $\overline{v}=450$ m/s。任一给定分子在两次相继碰撞之间的平均时间 t 是多少？分子的平均碰撞频率是多少？

解：(1) 用(6-6-6)式求平均自由程，得

$$\overline{\lambda}=\frac{kT}{\sqrt{2}\pi d^2 p}=\frac{1.38\times10^{-23}\times300}{\sqrt{2}\pi\times(2.9\times10^{-10})^2\times1.01\times10^5}\ \text{m}=1.1\times10^{-7}\ \text{m}$$

这大约是 380 个分子的直径。

(2) 为求两次相继碰撞之间的平均时间 t，可以认为在两次相继碰撞之间分子以速率 $\overline{v}$ 走过平均自由程 $\overline{\lambda}$。因此，两次相继碰撞之间的平均时间 t 为

$$t=\frac{\overline{\lambda}}{\overline{v}}=\frac{1.1\times10^{-7}}{450}\ \text{s}=2.44\times10^{-10}\ \text{s}$$

$$\overline{Z}=\frac{\overline{v}}{\overline{\lambda}}=\frac{450}{1.1\times10^{-7}\ \text{s}}=4.1\times10^{9}\ \text{s}^{-1}$$

平均来说，任意给定的氧分子每秒大约做 40 亿次碰撞。

6.6.2 气体内的输运现象

关于气体内分子碰撞的统计规律是在气体处于平衡态的条件下得到的。不过，对于与平衡态偏离不是太大的非平衡状态，也可以借助上面导出的结果进行分析。

若气体处在非平衡状态，气体内各部分物理性质(如密度、流速或温度)是不均匀的。由于气体分子作热运动和不断互相碰撞，气体内各部分将由不均匀而逐渐趋于均匀一致。在此过程中，至少有一个物理量(动量、质量或能量)在气体内由一处输运(迁移)到另一处，这样的过程称为气体内的输运过程(也称内迁移过程)。气体内的输运现象有以下三种：

(1) 粘滞现象

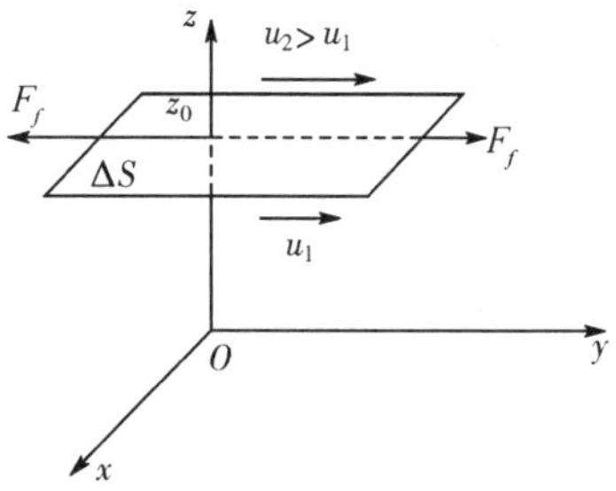

图 6-14　气体中各气层的流动速率的不同

粘滞现象也称为内摩擦现象，是由于气体内气层之间速度的不均匀性引起的，被输运的是动量。

在作相对运动的两层流体之间的接触面上，将产生一对阻碍两层流体相对运动的、大小相等而方向相反的黏力作用(如图 6-14 所示)，其大小为

$$F_f = \pm \eta \left(\frac{\mathrm{d}u}{\mathrm{d}z}\right)_{z_0} \Delta S \qquad (6-6-7)$$

式中，η 是流体的黏度，流体沿 y 方向作定向流动，并且流动速率沿 z 方向递增；$\left(\frac{\mathrm{d}u}{\mathrm{d}z}\right)_{z_0}$ 是流体定向流动速率梯度在 z_0 处之值；ΔS 是在 z_0 处两流体层接触面的面积。

将(6-6-7)式所反映的宏观规律应用于现在讨论的气体系统中。从气体动理论观点来看：系统中每个分子除具有热运动的动量外，还具有定向运动的动量。设分子的质量为 m，则分子定向运动的动量为 mu。在接触面 ΔS 下侧的气体层中的分子定向运动的速度为 u_1，定向运动的动量为 mu_1。在接触面 ΔS 上侧的气体层中的分子，定向运动的速度为 u_2，定向运动的动量为 mu_2，并且 $mu_2>mu_1$，如图 6-15所示。由于热运动，下气层中的分子携带较小的定向运动动量 mu_1，通过接触面 ΔS 迁移到上气层中。又由于分子间的碰撞，定向运动动量被均匀化，所以上气层中定向运动动量减小。与此同时，上气层中的分子携带较大的定向运动动量 mu_2，通过接触面 ΔS 迁移到下气层中，使下气层中定向运动动量增大。这种分子定向运动动量均匀化的过程，在宏观上就表现为两气层之间相互作用的黏力。所以，黏性现象是气体分子定向运动动量输运的宏观表现。

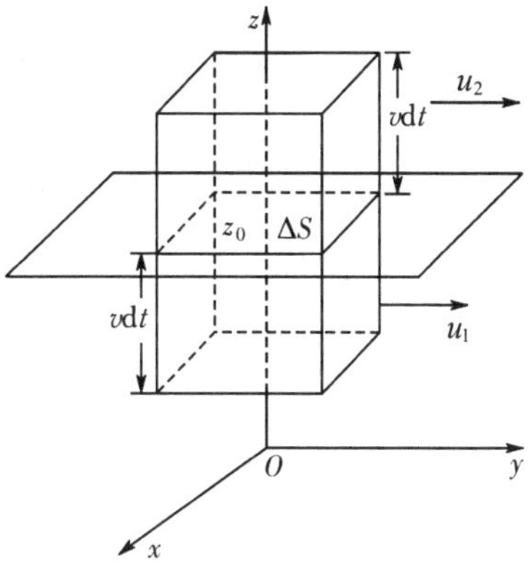

图 6-15　导出气体层之间的黏力公式用图

下面先讨论在 $\mathrm{d}t$ 时间内两气层通过 ΔS 面交换的分子数，再讨论分子穿越 ΔS 所输运的定向运动动量。

在接触面 ΔS 上侧的气层中，$\mathrm{d}t$ 时间内能够穿越 ΔS 面到达下侧气层的分子数是图 6-15所示的以 ΔS 为底、以$\bar{v}\mathrm{d}t$ 为高的柱体内的一部分分子。如果系统内单位体积的分子数为 n，设想一个单位体积内的 n 个分子由于热运动在 $\mathrm{d}t$ 时间内全部离去。与此同时，相同数目的分子由该立方体以外的空间进入该立方体。这个立方体的 6 个面中的任何一个都不比其他面特殊，所以通过单位立方体的任何一个面进入或离去的分子数都是$n/6$。于是，在 $\mathrm{d}t$ 时间内，穿越 ΔS 面由上侧气层到达下侧气层的分子数应为

$$\mathrm{d}N = \left(\frac{1}{6}n\right)\Delta S\bar{v}\mathrm{d}t = \frac{1}{6}n\,\bar{v}\Delta S\mathrm{d}t$$

同理，在 $\mathrm{d}t$ 时间内穿越 ΔS 面由下侧气层到达上侧气层的分子数也必定等于 $\mathrm{d}N$。

分子的交换引起定向运动动量的迁移，上、下气层通过接触面 ΔS 所迁移的定向运动动量的大小为

$$\mathrm{d}p=(mu_2-mu_1)\mathrm{d}N=\frac{1}{6}nm\,\overline{v}(u_2-u_1)\Delta S\mathrm{d}t$$

因为气体定向流动的速率沿 z 方向递增，所以实际上 $\mathrm{d}p$ 是沿 z 轴的负方向由上侧气层通过 ΔS 面输运到下气层的定向运动动量，应该写为

$$\mathrm{d}p=-\frac{1}{6}nm\,\overline{v}(u_2-u_1)\Delta S\mathrm{d}t \tag{6-6-8}$$

处于 ΔS 面下侧气层中将要交换的分子，在穿越 ΔS 面以前最后一次碰撞的位置上定向运动速率为 u_1，那么最后一次被碰撞的位置应该在何处？显然，对于每一个即将穿越 ΔS 面的分子来说所处位置是不同的，但不管怎样不同，通过最后一次碰撞它们都一定穿越 ΔS 面到达上气层中。所以平均地说，可以认为它们是处于 ΔS 面以下并与 ΔS 面相距一个平均自由程的位置，即处于 $z_0-\overline{\lambda}$ 处。在 ΔS 面上侧气层中将要交换的分子，穿越 ΔS 面以前最后一次碰撞的位置上定向运动速率为 u_2，同样可以认为这些分子是处于 ΔS 面以上，并与 ΔS 面相距一个平均自由程的位置即处于 $z_0+\overline{\lambda}$ 处。所以

$$u_2-u_1=\left(\frac{\mathrm{d}u}{\mathrm{d}z}\right)_{z_0}[(z_0+\overline{\lambda})+(z_0-\overline{\lambda})]=2\overline{\lambda}\left(\frac{\mathrm{d}u}{\mathrm{d}z}\right)_{z_0} \tag{6-6-9}$$

将(6-6-9)式代入(6-6-8)式，得

$$\mathrm{d}p=-\frac{1}{3}nm\,\overline{v}\,\overline{\lambda}\left(\frac{\mathrm{d}u}{\mathrm{d}z}\right)_{z_0}\Delta S\mathrm{d}t$$

以 ΔS 相隔的两层气体层之间的黏力为

$$F_f=\frac{\mathrm{d}p}{\mathrm{d}t}=-\frac{1}{3}nm\,\overline{v}\,\overline{\lambda}\left(\frac{\mathrm{d}u}{\mathrm{d}z}\right)_{z_0}\Delta S=-\frac{1}{3}\rho\overline{v}\,\overline{\lambda}\left(\frac{\mathrm{d}u}{\mathrm{d}z}\right)_{z_0}\Delta S \tag{6-6-10}$$

式中，ρ 是气体的密度，$\rho=nm$。

将式(6-6-7)与式(6-6-10)相比较，可以得到气体的黏度 η 与分子微观量平均值 $\overline{v}$、$\overline{\lambda}$ 等之间的关系

$$\eta=\frac{1}{3}\rho\overline{v}\,\overline{\lambda} \tag{6-6-11}$$

上式表示，气体的黏度 η 取决于系统中单位体积的分子数 n、分子的质量 m、分子热运动的平均速率 $\overline{v}$ 和平均自由程 $\overline{\lambda}$，而这些量都是由气体自身性质和所处状态决定的。

决定气体黏度 η 的三个量(ρ、$\overline{v}$ 和 $\overline{\lambda}$)，其中平均速率 $\overline{v}$ 与气体的压强无关，密度 ρ 与气体的压强成正比，分子的平均自由程 $\overline{\lambda}$ 与压强成反比。于是，由(6-6-11)式可以得到气体的黏度与压强无关的结论。对于这个结论解释为：虽然随着系统压强的降低，单位体积内的分子数将减少，穿越 ΔS 面交换的分子对数将减少，但由于分子的平均自由程随压强的降低而增大，距离 ΔS 面更远的分子也能穿越 ΔS 面而参与交换，致使参与交换的分子所携带

的定向运动动量增大，所以参与交换的分子所迁移的总的定向运动动量仍能保持不变，故黏度与压强无关，这个结论也得到实验的证实。表 6－3 列出了在不同压强下测得的二氧化碳气体的黏度值。

表 6－3　在不同压强下测得的二氧化碳气体的黏度值

压强/10^2 Pa	黏度/(10^{-6} Pa·s)	压强/10^2 Pa	黏度/(10^{-6} Pa·s)
1 013	14.9	2.666	14.7
506.5	14.9	0.799 7	13.8
26.66	14.8		

由表 6－3 中的数据可见，二氧化碳气体的黏度在很宽的压强范围内都保持恒定，仅当压强很低时才表现出变化的趋势。在极低压强下，气体的黏度不再是恒定的，而是与压强成正比。这是因为在极低压强下分子的平均自由程变化很大，当 $\bar{\lambda}$ 等于或大于容器的线度时，分子的实际自由程被容器器壁所限定，可以认为分子的平均自由程的最大值就是容器的线度。此时这三个决定气体黏度 η 的量(ρ、$\bar{v}$ 和 $\bar{\lambda}$)中只有 ρ 与压强成正比。所以，在极低压强下，气体黏度 η 与压强成正比。由于 ρ 和 $\bar{\lambda}$ 与温度无关，而 $\bar{v}$ 与热力学温度的平方根$\sqrt{T}$成正比，所以气体的黏度 η 与$\sqrt{T}$成正比。这正是 6.4 节中曾指出的气体黏度随温度升高而增大的原因。

(2) 热传导现象

热传导现象是由于气体内各处温度的不均匀性而引起的，被输运的是能量。

当气体系统中温度不均匀时，热量将会从高温处传到低温处，这就是热传导过程。假设温度沿 z 方向逐渐升高，即沿 z 方向存在温度梯度$\left(\frac{\mathrm{d}T}{\mathrm{d}z}\right)$。在 z_0 处取一截面 ΔS 垂直于 z 轴，热量将通过 ΔS 面从上部传到下部，如图 6－16 中箭头所示。

若以 $\mathrm{d}Q$ 表示在 $\mathrm{d}t$ 时间内通过 ΔS 面沿 z 轴正方向传递的热量，则存在下面的宏观规律：

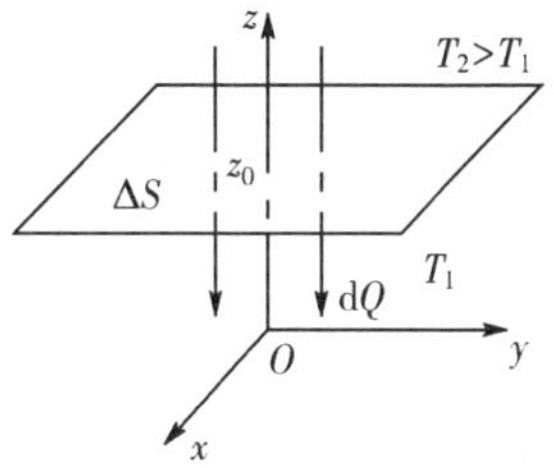

图 6－16　导出热传导公式用图

$$\mathrm{d}Q=-\kappa\left(\frac{\mathrm{d}T}{\mathrm{d}z}\right)_{z_0}\Delta S\mathrm{d}t \qquad (6-6-12)$$

式中，$\left(\frac{\mathrm{d}T}{\mathrm{d}z}\right)_{z_0}$ 表示在 z_0 处的温度梯度；比例系数 κ 称为气体的热导率，它决定于气体的性质和所处的状态；式中负号(－)表示热量沿温度降低的方向传递，即沿 z 轴负方向传递，如图 6－16 中箭头所示。

从气体动理论观点来看，温度的高低就是分子热运动平均动能的大小，热传导过程是分子热运动平均动能输运的宏观表现。可以用与黏性现象相似的方法分析热传导过程，并得到气体的热导率 κ 与微观量平均值 $\bar{v}$、$\bar{\lambda}$ 等之间的关系

$$\kappa = \frac{1}{3}\rho\bar{v}\bar{\lambda}c_V \tag{6-6-13}$$

式中，c_V 是气体系统在等体过程中的比热。

(6-6-13)式表明，气体的热导率取决于系统中单位体积的分子数 n、分子质量 m、分子平均速率 $\bar{v}$、平均自由程 $\bar{\lambda}$ 以及气体的定体比热 c_V。

比较(6-6-12)式和(6-6-13)式，可得

$$\kappa = \eta c_V$$

因为 c_V 只决定于气体分子自身的性质且是常量，所以 κ 的基本性质与 η 相似。在通常压强下 κ 也应与压强无关，而在极低压强下 κ 与压强成正比。杜瓦瓶(生活中常用的热水瓶是杜瓦瓶的一种)就是根据热导率 κ 的这种性质制成的，它是一种双层薄壁的玻璃容器，夹层间空气被抽得很稀薄，当达到上述极低压强的范围时，热导率随夹层中气压的降低而减小，从而达到绝热的目的。κ 与温度的关系也和 η 与温度的关系相同，即与$\sqrt{T}$成正比。

在国际单位制中，热导率的单位是 $W \cdot m^{-1} \cdot K^{-1}$(瓦/(米·开))。

(3) 扩散现象

扩散现象是由于气体内各处密度的不均匀性而引起的，被输运的是质量。在混合气体系统中，当某种气体的密度不均匀时，这种气体的分子将从密度大的地方向密度小的地方迁移，从而使整个系统的气体成分趋于均匀，这种现象称为扩散现象。这里所要讨论的扩散现象是一种最简单的情况，即当分子质量相近、有效直径相近的两种气体相混合，系统中出现成分不均匀时，就其中一种气体而言存在密度不均匀，并在系统温度和压强各处一致的条件下，通过分子的迁移而实现成分均匀化的过程。

如果系统中某种气体沿 z 方向的密度逐渐增大，即沿 z 轴方向存在密度梯度$\left(\frac{d\rho}{dz}\right)$。同样可以在 z_0 处取一垂直于 z 轴的截面 ΔS，如图 6-17 所示。

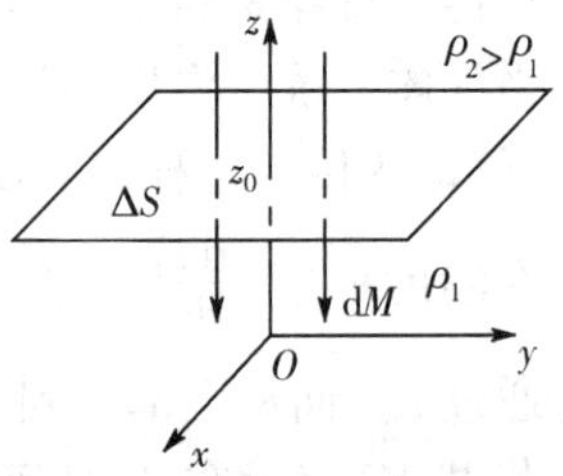

图 6-17　导出气体的扩散公式用图

如果在 dt 时间内沿 z 轴正方向穿越 ΔS 面迁移的气体质量为 dM，根据由实验总结出的宏观规律，dM 可以表示为

$$dM = -D\left(\frac{d\rho}{dz}\right)_{z_0}\Delta S dt \tag{6-6-14}$$

式中，$\left(\frac{d\rho}{dz}\right)_{z_0}$ 表示在 z_0 处所讨论气体的密度梯度的大小；比例系数 D 称为气体的扩散系数；式中负号表示质量迁移的方向是密度减小的方向，这里就是沿 z 轴的负方向，如图6-17中箭头所示。

从气体动理论的观点来看，扩散过程是气体分子携带自身的质量输运的宏观表现，可用与黏性现象和热传导过程相似的方法来分析扩散过程，并得到气体扩散系数 D 与分子微观量 $\bar{v}$、$\bar{\lambda}$ 之间的关系

$$D=\frac{1}{3}\bar{v}\bar{\lambda} \tag{6-6-15}$$

(6－6－15)式表示，气体的扩散系数 D 取决于系统中分子的平均速率 $\bar{v}$ 和平均自由程 $\bar{\lambda}$。

因为气体分子的平均自由程 $\bar{\lambda}$ 与压强成反比，而平均速率 $\bar{v}$ 与压强无关，所以气体的扩散系数 D 与混合气体的总压强成反比，即在较稀薄的气体中扩散进行较快。又因为分子的平均速率 $\bar{v}$ 正比于 $\sqrt{T}$，而平均自由程 $\bar{\lambda}$ 在气体压强一定时与 T 成正比，所以气体的扩散系数 D 与系统热力学温度的二分之三次方成正比。

在国际单位制中，扩散系数 D 的单位是 $m^2\cdot s^{-1}$（米^2/秒）。

以上讨论了气体的黏性现象、热传导过程和扩散过程，得到了宏观量 η、κ 和 D 与微观量平均值 $\bar{v}$、$\bar{\lambda}$ 等的关系，揭示了气体三种输运过程的微观机制，解释了输运过程的基本规律。但是在分析过程中，由于做了一些过于简化的假定，如认为所有的分子都以同样的速率 $\bar{v}$ 运动，具有同样的自由程 $\bar{\lambda}$，在穿越 ΔS 面之前所具有的特性都由与面 ΔS 相距 $\bar{\lambda}$ 来决定等。因此，使得最后的结果在定量方面是粗略的。

研究性课题：揭开香槟酒美丽气泡的秘密

香槟酒产生气泡

喜庆的场合，人们常常开启香槟庆贺，香槟酒杯中不断腾然而起的气泡如同串串晶莹剔透的珍珠，亮丽而愉悦。尽管目前并没有任何研究发现，气泡的多少与香槟酒的品质有关，但是人们还是会将两者联系起来，在品位美酒的同时欣赏浪漫的气泡如同串串珍珠般浮起的美妙景象，聆听气泡破裂时微小的声音交奏而出的曼妙乐曲。那么，香槟酒倒入酒杯之后为什么会产生串串气泡呢？

思　考　题

6－1　两端分别置于沸水和冰水中的铜棒达到稳定时其温度分布不变，该铜棒是处于平衡态吗？

6－2　气体在平衡态时有何特征？气体的平衡态与力学中的平衡态有何不同？

6－3　气体动理论的研究对象是什么？理想气体的宏观模型和微观模型各如何？

6－4　对汽车轮胎打气，使之达到所需要的压强。在冬天与夏天，打入轮胎内的空气质量是否相同？为什么？

6－5　计算下列一组粒子平均速率和方均根速率。

N_i	21	4	6	8	2
$v_i/m\cdot s^{-1}$	10.0	20.0	30.0	40.0	50.0

6－6　速率分布函数 $f(v)$ 的物理意义是什么？试说明下列各量的物理意义（n 为分子

数密度，N 为系统总分子数）。

（1） $f(v)\mathrm{d}v$；（2） $nf(v)\mathrm{d}v$；（3） $Nf(v)\mathrm{d}v$；（4） $\int_0^v f(v)\mathrm{d}v$；（5） $\int_0^\infty f(v)\mathrm{d}v$；(6) $\int_{v_1}^{v_2} Nf(v)\mathrm{d}v$

6-7 最概然速率的物理意义是什么？方均根速率、最概然速率和平均速率，它们各有何用处？

6-8 容器中盛有温度为 T 的理想气体，试问该气体分子的平均速度是多少？为什么？

6-9 在同一温度下，不同气体分子的平均平动动能相等，就氢分子和氧分子相比较，氧分子的质量比氢分子大，所以氢分子的速率一定比氧分子大，这种说法对吗？

6-10 如果盛有气体的容器相对某坐标系运动，容器内的分子速度相对这坐标系增大，温度因此会升高吗？

6-11 温度概念的适用条件是什么？温度微观本质是什么？

6-12 下列系统各有多少个自由度：

(1) 在一平面上滑动的粒子；

(2) 可以在一平面上滑动并可围绕垂直于平面的轴转动的硬币；

(3) 一弯成三角形的金属棒在空间自由运动。

6-13 何谓理想气体的内能？为什么理想气体的内能是温度的单值函数？

习　题

6-1 如果在一固定容器内，理想气体分子速率都提高为原来的 2 倍，那么（　　）

(A) 温度和压强都升高为原来的 2 倍

(B) 温度升高为原来的 2 倍，压强升高为原来的 4 倍

(C) 温度升高为原来的 4 倍，压强升高为原来的 2 倍

(D) 温度与压强都升高为原来的 4 倍

6-2 处于平衡状态下的一瓶氦气和一瓶氮气的分子数密度相同，分子的平均平动动能也相同，则它们（　　）

(A) 温度、压强均不相同

(B) 温度相同，但氦气压强大于氮气的压强

(C) 温度、压强均相同

(D) 温度相同，但氦气压强小于氮气的压强

6-3 在一密闭容器中存储有 A、B、C 三种理想气体处于平衡状态。A 种气体的分子数密度为 n_1，它产生的压强为 p_1，B 种气体的分子数密度为 $2n_1$，C 种气体的分子数密度为 $3n_1$，则混合气体的压强 p 为（　　）

(A) $3p_1$　　(B) $4p_1$　　(C) $5p_1$　　(D) $6p_1$

6-4 1 mol 刚性双原子分子理想气体，当温度为 T 时其内能为（　　）

(A) $\frac{3}{2}RT$　　(B) $\frac{3}{2}kT$　　(C) $\frac{5}{2}RT$　　(D) $\frac{5}{2}kT$

(式中，R 为摩尔气体常数；k 为玻耳兹曼常数)。

6－5　一定量的理想气体，在温度不变、容积增大时，分子的平均碰撞次数 $\overline{Z}$ 和平均自由程 $\overline{\lambda}$ 的变化情况是　　　　(　　)

(A) $\overline{Z}$ 减小而 $\overline{\lambda}$ 不变　　　　(B) $\overline{Z}$ 减小而 $\overline{\lambda}$ 增大

(C) $\overline{Z}$ 增大而 $\overline{\lambda}$ 减小　　　　(D) $\overline{Z}$ 不变而 $\overline{\lambda}$ 增大

6－6　有一水银气压计当水银柱高度为 0.76 m 时，管顶离水银柱液面为 0.12 m。管的截面积为 $2.0\times10^{-4}\,\mathrm{m}^2$。当有少量氦气混入水银管内顶部，水银柱高度下降为 0.60 m。此时温度为 27℃，试计算有多少质量氦气在管顶？(氦气的摩尔质量为 $0.004\ \mathrm{kg\cdot mol^{-1}}$，0.76 m 水银柱压强为 $1.013\times10^5\,\mathrm{Pa}$)

6－7　一体积为 $1.0\times10^{-3}\,\mathrm{m}^3$ 容器中含有 $4.0\times10^{-5}\,\mathrm{kg}$ 的氦气和 $4.0\times10^{-5}\,\mathrm{kg}$ 的氢气，它们的温度为 30℃，试求容器中的混合气体的压强。

6－8　目前，真空设备内部的压强可达 $1.01\times10^{-10}\,\mathrm{Pa}$，在此压强下温度为 27℃时 1 m^3 体积中有多少个气体分子？

6－9　计算在 300 K 温度下，氢、氧和水银蒸气分子的方均根速率和平均平动动能。

6－10　一个容器内储有氧气，其压强为 1.01×10^5 Pa、温度为 27℃，计算：(1) 气体分子数密度；(2) 氧气的密度；(3) 分子平均平动动能；(4) 分子间的平均距离(设分子均匀等距排列)。

6－11　储有氧气的容器以速率 $v=100\ \mathrm{m\cdot s^{-1}}$ 运动，假设容器突然停止运动，全部定向运动的动能转变为气体分子热运动动能，容器中氧气的温度将上升多少？

6－12　有一带有活塞的容器中盛有一定量的气体，如果压缩气体并对它加热使它的温度从 27℃升到 177℃、体积减少一半，求气体压强变化多少？这时气体分子的平均平动动能变化了多少？分子的方均根速率变化了多少？

6－13　某些恒星的温度可达到约 $1.0\times10^8\,\mathrm{K}$，这是发生聚变反应(也称热核反应)所需的温度。通常在此温度下恒星可视为由质子组成，求：(1) 质子的平均动能是多少？(2) 质子的方均根速率为多大？

6－14　一容器被中间的隔板分成相等的两半，一半装有氦气，温度为 250 K；另一半装有氧气，温度为 310 K。二者压强相等。求去掉隔板两种气体混合后的温度。

6－15　设氢气的温度为 300℃。求速度大小在 $3\,000\ \mathrm{m\cdot s^{-1}}$ 到 $3\,010\ \mathrm{m\cdot s^{-1}}$ 之间的分子数 n_1 与速度大小在 v_p 到 $v_p+10\ m\cdot s^{-1}$ 之间的分子数 n_2 之比。

6－16　求氢气在 300 K 时分子速率在 $v_p-10\ \mathrm{m\cdot s^{-1}}$ 到 $v_p+10\ \mathrm{m\cdot s^{-1}}$ 之间的分子数占总分子数百分比。

6－17　设空气的温度为 0℃，空气的摩尔质量为 $0.028\,9\ \mathrm{kg\cdot mol^{-1}}$。求上升到什么高度处，大气的压强减到地面的 75％。

6－18　导体中自由电子的运动类似于气体分子的运动。设导体中共有 N 个自由电子。电子气中电子的最大速率 v_F 叫做费米速率。电子的速率在 v 与 $v+\mathrm{d}v$ 之间的概率为

$$\frac{\mathrm{d}N}{N}=\begin{cases}\dfrac{4\pi v^2 A\mathrm{d}v}{N}, & v_F>v>0\\[2mm] 0, & v>v_F\end{cases}$$

式中 A 为归一化常量。(1) 由归一化条件求 A;(2) 证明电子气中电子的平均动能$\bar{\omega}=\frac{3}{5}\left(\frac{1}{2}mv_F^2\right)=\frac{3}{5}E_F$,此处 E_F 叫做费米能。

6-19　一容器内储有温度为 127℃的理想气体,其压强为 2.07×10^4 Pa。求该气体的(1) 分子数密度;(2) 分子平均平动动能;(3) 理想气体是 H_2时的方均根速率;(4) 理想气体是 CO_2时的平均速率。

6-20　电工元件真空管中的真空度为 1.33×10^{-3} Pa,试求在 27℃时单位体积中的分子数及分子碰撞自由程(设分子的有效直径 3.0×10^{-10} m)。

6-21　设氮分子的有效直径为 10^{-10} m,(1) 求氮气在标准状态下的平均碰撞次数;(2) 如果温度不变,气压降到 1.33×10^{-4} Pa,则平均碰撞次数又为多少?

第7章　热力学基础

热力学主要是从能量转化的观点来研究物质的热性质，它揭示了能量从一种形式转换为另一种形式时应遵循的宏观规律。热力学是总结物质的宏观现象而得出的热学理论，不涉及物质的微观结构和微观粒子的相互作用。因此，它是一种唯象的宏观理论，具有高度的可靠性和普遍性。热力学的完整理论体系是由几个基本定律以及相应的基本态函数构成的。

热力学第一定律是能量守恒定律在一切涉及热现象的宏观过程中的具体表现。描述系统热运动能量的态函数是内能，通过做功、传热等方式，系统与外界交换能量而改变内能。

热力学第二定律指出一切涉及热现象的宏观过程是不可逆的，阐明了在这些过程中能量转换或传递的方向、条件和限度。相应的态函数是熵，熵的变化指明了热力学过程进行的方向，熵的大小反映了系统所处状态的稳定性。

热力学第三定律指出绝对零度是不可能达到的。

上述热力学定律以及三个基本态函数（内能、熵和温度）构成了完整的热力学理论体系。

本章将重点讨论涉及热现象的能量守恒及宏观过程的方向等问题。

7.1　热力学第一定律

假设在寒冷的冬天，冰冷的双手抱着一杯暖和的咖啡杯，手会感到越来越暖和而杯子却越来越凉，然而这绝不会向反方向发生，即手越来越凉而暖和的咖啡杯子变得更暖和。虽然反方向的事件并没有违反能量守恒定律但其不可能发生。我们所熟悉的世界遵循着能量守恒定律，热力学是以气体作为研究对象，其中的能量是通过什么途径获得，怎样相互转换？又由谁决定过程进行的方向？

7.1.1　热力学中的基本概念

(1) 准静态过程

热力学所要研究的是某个给定系统从一个状态变化到另一个状态过程中的现象和规律。其中，“状态”是指平衡态，“过程”是指准静态过程。

什么是准静态过程呢？这里先讨论一个具体的例子。设活塞将一定量的气体密封在气缸中，如图7-1所示。活塞上压有装有若干铅粒的容器，这时气体处于初平衡态。如果将装有铅粒的容器移走，则活塞被迅速向上推起，气缸各处的性质是不均匀的并随时间变化。经过一段时间后，容器各处的宏观性质将达到均匀并不随时间变化，则把这时状态称为末平衡态。这个气体系统从初平衡态过渡到末平衡态所经历的过程，就是所要研究的状态变化过程。显然，在上述状态变化过程中所经历的许多中间状态都是非平衡态，这种变化过程称为非静态过程。设想如果不是把容器拿走，而是把里面的铅粒一颗一颗慢慢移走，活塞无限缓慢移动，这时状态转变过程所经历的中间状态接近于平衡态。如果在变化过程中的每一瞬间系统都处于平衡态，这种过程则称为准静态过程。然而，实际过程不可能无限缓慢进行，系统在过程的每一瞬间也不可能真正处于平衡态。但在很多情况下，可以近似地将其视为准静态过程来处理。

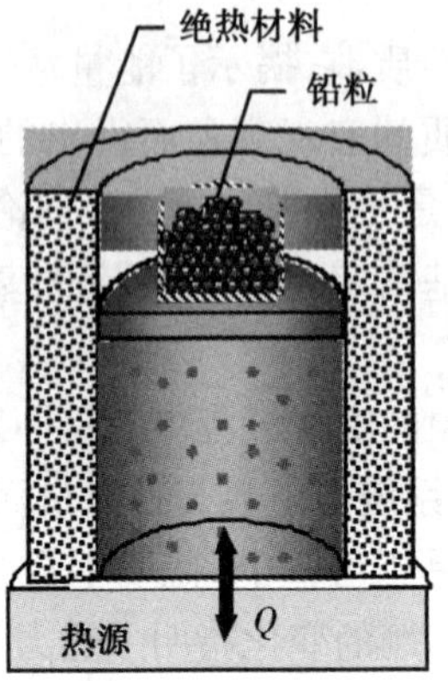

图 7－1　准静态过程

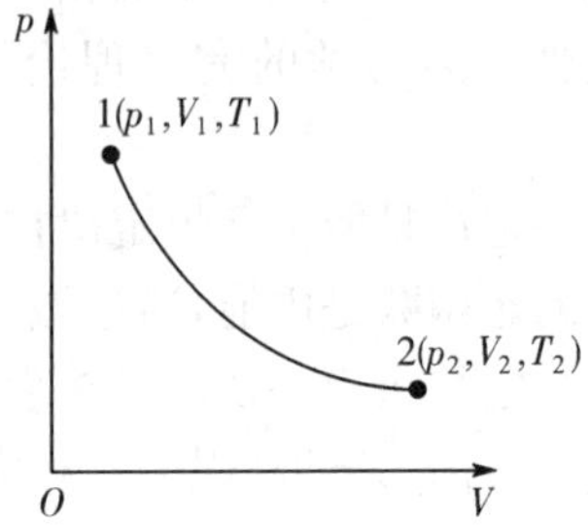

图 7－2　准静态过程 p-V 图

一个既定的均匀系统在没有外场作用的情况下，可以用两个独立的物态参量（p 和 V）完全确定它所处的任意平衡态。若以 p 为纵坐标、以 V 为横坐标可以作 p-V 图（如图 7－2 所示）。p-V 图中任意一点都代表系统的一个平衡态，如图 7－2 中的点 1 和点 2；p-V 图中任意一条曲线都代表系统的一种准静态过程，如图 7－2 中曲线 12 表示系统从状态（p_1，V_1，T_1）到状态（p_2，V_2，T_2）的一种准静态变化过程。

（2）系统的内能

系统所具有由其热学状态决定的能量，称为系统的内能。无数实验表明，对于任意给定系统由状态 1 转变为状态 2，无论沿着什么过程（如图 7－3 中的过程Ⅰ、过程Ⅱ或过程Ⅲ），系统内能的变化都是相等的。这表明，系统内能的改变只决定于初、末两个状态，而与所经历的中间过程无关。热学中具有这种性质的量称为态函数，即该量是状态的函数。外界可以通过对系统做功或传递热量来改变系统所处的状态，从而也就改变系统的内能。

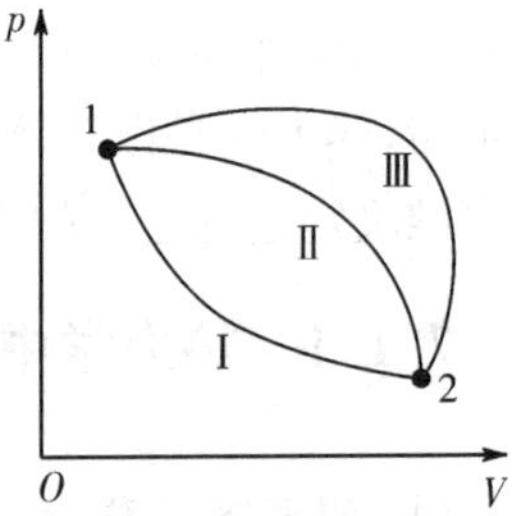

图 7－3　三种过程

（3）功与内能的关系

力学中的基本规律已经表明，当力对一个物体（可看作为一个力学系统）做功时物体的运动状态将发生变化，从而改变系统的机械能。这一概念可以推广到机械运动以外的物质运动形态中去。对于热力学系统而言，外力对系统做功同样使系统的状态发生变化，从而改变系统的内能。这里所说的功不限于机械功，也包括电场力做功、磁场力做功等，即广义功。同样，相应的力是广义力，相应的位移是广义位移。可以把除热的形式以外的各种传递能量的形式都归结为做功。因此，由上述被推广了的功与能的关系可以得到这样的结论：做功是改变系统内能的一个途径，外力对系统做功可使系统的内能增加；系统对外界做功可使系统的内能降低。

现在分析一个气体系统做功的情形。在6.1节中曾指出，一个均匀的物质系统(如气体、液体和各向同性的固体等)在没有外场作用的情况下，常用 p、V 和 T 这三个态参量描述系统的平衡态，并且这三个态参量由物态方程相联系，所以只有两个参量是独立的。设有一个盛有一定量气体的截面积为 S 的柱状容器，容器内装有一个可以自由移动的活塞，如图7-4所示。最初系统处于平衡态1(p_1,V_1)，移走几颗铅粒，气体膨胀，状态发生变化，系统达到一个新的平衡态2(p_2,V_2)。用 A 表示外界对系统做功。当活塞移动一微小距离 $\mathrm{d}\boldsymbol{l}$ 时，外界对系统做的元功 δA(δA 表示无限小过程的无限小量)为

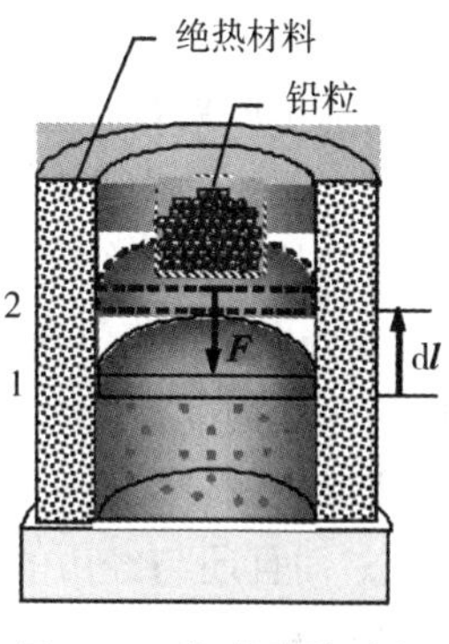

图7-4 气体膨胀过程

$$\delta A = \boldsymbol{F}\cdot \mathrm{d}\boldsymbol{l} = -F\mathrm{d}l = -pS\mathrm{d}l = -p\mathrm{d}V \tag{7-1-1}$$

从初态到末态外界对系统所做的总功为

$$A = \int \delta A = -\int_{V_1}^{V_2} p\mathrm{d}V \tag{7-1-2}$$

如果已知系统从初态变化到末态的具体过程，即已知压强 p 随体积 V 变化的函数关系，便可以由上式求得系统在这个具体过程中外界所做的总功。

在图7-5所表示的 p-V 图中，初态1到末态2的实线表示系统状态变化的过程。显然由积分的几何意义可知，在 p-V 图中曲线下阴影的小长方形的面积就是元功的大小，体积增加便是系统对外界做正功。沿实线由1到2，曲线下在 V_1 和 V_2 之间的面积就是在这个具体过程中外界对系统所做的总功。系统体积膨胀可判断外界对系统做负功($A<0$)；若沿虚线由2到1，系统体积压缩，外界对系统做正功($A>0$)。

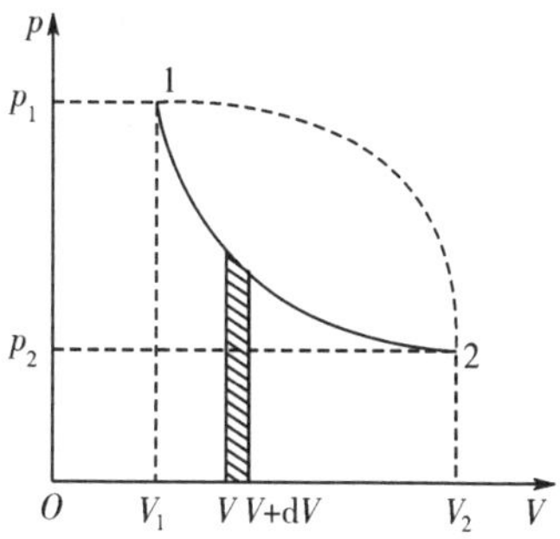

图7-5 功的 p-V 图表示

由图7-6(a)、(b)、(c)和(d)可以看出，系统由状态1到达状态2可以经历实线所示的若干过程，显然在这几个过程中外界对系统所做的功是不同的，这说明功不仅与初、末状态有关，而且还与过程有关。

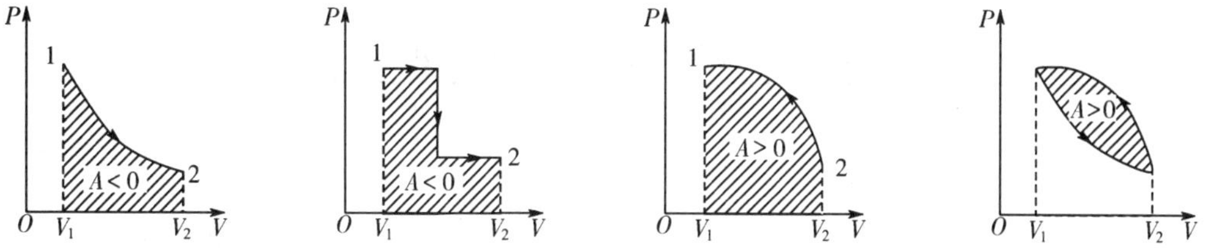

(a) 因为系统体积增大，A 为负

(b) 相同的初态和末态，A 仍为负，大小有变化

(c) 系统体积被压缩，A 为正

(d) 将图(a)和(c)合并，即系统作循环工作，在整个循环中系统做的净功为循环曲线所包围的阴影面积

图7-6 系统从状态1到状态2时所做的功

(4) 传热与内能的关系

当两个原来存在温度差的系统热接触时将有热量自动地从高温系统流向低温系统，结果使两个系统的内能都发生变化。可见，传递热量和做功一样也是改变系统内能的一个途径。当把热量传递给系统，系统的内能将增大；当系统释放出热量，系统的内能将减小。一个系统可以通过做功改变内能，也可以通过传递热量改变内能，还可以既通过做功又通过传递热量改变内能。

实验表明：系统从一个状态变化到另一个状态所获得的或释放的热量不仅决定于初、末状态，而且还与经历的过程有关。

传热和做功都是改变系统内能的途径，也都是系统内能变化的量度，但是它们都不与内能相同。因为内能是系统状态的函数即态函数，而做功和传热不仅取决于初、末状态，而且与经历的过程有关即过程量。既然做功和传热都能改变系统的内能，都可以用来量度系统内能的变化，因此它们之间存在等效性。焦耳于 1843 年首先用实验测定了热功当量，热功当量的精确值为

$$1\,\text{热化学卡} = 4.184\,0\ \text{J}$$

在国际单位制中，热量和功的单位都是 J(焦耳)，不再使用 Cal(卡)这个单位。

尽管如此，做功和传热是改变系统内能的两种不同的方式。做功是通过系统在广义力的作用下产生广义位移来实现，而传热则是通过分子之间的相互作用来实现的。

7.1.2 热力学第一定律

综上所述，如果外界对系统做功 A 同时系统从外界吸收热量 Q，那么系统的状态将发生变化，即从一个平衡态变化到另一个平衡态由做功和传热对系统提供的能量使系统的内能增大了 ΔU。根据能量守恒定律，下面的关系必定成立：

$$Q + A = \Delta U \tag{7-1-3}$$

这个关系称为热力学第一定律。Q 和 A 虽然都不是态函数，但由(7-1-3)式可见：$Q+A$ 只决定于初、末状态，而与过程无关。

应该指出：在(7-1-3)式中，Q、A 和 ΔU 都可以为正值，也可以为负值。热力学第一定律的符号规定见表 7-1。

表 7-1 热力学第一定律的符号规定

符　号	Q	A	ΔU
+	系统吸热	外界对系统做功	内能增加
−	系统放热	系统对外界做功	内能减少

若系统状态发生微小变化，系统内能改变量为 $\mathrm{d}U$。在此过程中，系统从外界吸收微量热量 δQ，并且外界对系统做元功 δA，这时热力学第一定律可用下面形式表示

$$\delta Q + \delta A = \mathrm{d}U \tag{7-1-4}$$

如果系统状态的这一微小变化是准静态过程，则外界所做元功表示为

$$\delta A = -p\mathrm{d}V \tag{7-1-5}$$

这时热力学第一定律可写为

$$\delta Q - p\mathrm{d}V = \mathrm{d}U \tag{7-1-6}$$

应该指出的是，由于 Q 和 A 都不是态函数，与过程有关，所以用 δQ 和 δA 表示无限小过程的无限小量，而不同于态函数的全微分 $\mathrm{d}U$、$\mathrm{d}V$ 等的表示。

热力学第一定律是能量守恒定律在涉及热现象的宏观过程的表现形式。它是在长期生产实践和大量科学实验的基础上总结出来的，适用于自然界中在平衡态之间进行的一切过程。历史上曾有不少人幻想制造一种机械，不需要消耗任何形式的能量而能够持续对外界做功。在热力学中，这种机械称为第一类永动机。显然，第一类永动机是违背热力学第一定律的，是不可能实现的。热力学第一定律也可以表述为：第一类永动机不可能实现。

7.1.3　摩尔热容

当系统的温度升高 1 K 时所吸收的热量称为该系统的热容。由于系统从一个状态变化到另一个状态所获得的或释放的热量不仅决定于初、末状态，而且与经历的过程有关。所以，系统的热容是与过程有关的，则必须指明是何种过程的热容。例如，定体热容是指保持系统体积不变的过程中的热容；定压热容是指维持系统压强不变的过程中的热容，等等。另外，热容还与物质的量有关，单位质量的热容称为该物质的比热，1 mol 物质的热容称为该物质的摩尔热容。

在等体过程中，外界对系统不做功。根据热力学第一定律，系统从外界吸收的热量全部用于自身内能的增加即 $\mathrm{d}U=\delta Q$，于是系统的定体热容可以表示为

$$C_V = \left(\frac{\delta Q}{\mathrm{d}T}\right)_V = \left(\frac{\partial U}{\partial T}\right)_V \tag{7-1-7}$$

式中，V 表示系统在吸热或放热过程中保持体积不变。在一般情况下系统的内能 U 是 T 与 V 的函数，所以 U 对 T 的微商用偏微商表示。

在等压过程中，系统从外界吸收的热量

$$(\delta Q)_p = \mathrm{d}U + p\mathrm{d}V = \mathrm{d}(U + pV) \tag{7-1-8}$$

式中，U、p、V 都是系统的状态量。因此 $(U+pV)$ 也是系统的态函数，称其为焓。

系统的定压热容可以表示为

$$C_p = \left(\frac{\delta Q}{\mathrm{d}T}\right)_p \tag{7-1-9}$$

根据 6.3 节中的结论，一定量的理想气体的内能，只决定于分子的自由度和系统的温度，而与系统的体积和压强无关。如果分子的自由度为 i，气体的量是 ν mol，则理想气体的内能可以表示为

$$U = \frac{1}{2}\nu(i+s)RT$$

式中，s 是分子的振动自由度。

系统的定体热容和定压热容分别为

$$C_V = \left(\frac{\partial U}{\partial T}\right)_V = \frac{1}{2}\nu(i+s)R \tag{7-1-10}$$

$$C_p = C_V + \nu R = \frac{1}{2}\nu(i+s+2)R \tag{7-1-11}$$

利用(7-1-10)式和(7-1-11)式，可以得到定压热容与定体热容的关系

$$C_p = C_V + \nu R \tag{7-1-12}$$

由此可得：定压摩尔热容与定体摩尔热容的关系 $C_{p,\mathrm{m}} = C_{V,\mathrm{m}} + R$，称为迈耶公式。系统的定体摩尔热容和定压摩尔热容的比值，称为比热比。

$$\gamma = \frac{C_{p,\mathrm{m}}}{C_{V,\mathrm{m}}}。$$

内能用定体摩尔热容表示

$$U = \frac{M}{\mu}\frac{1}{2}(t+r+2s)RT = \nu C_{V,\mathrm{m}}T \tag{7-1-13}$$

对于 1 mol 的单原子分子气体，$i=3$，$s=0$，可算得定体热容 $C_{V,\mathrm{m}}=\frac{3}{2}R$，定压热容 $C_{p,\mathrm{m}}=\frac{5}{2}R$，比热比 $\gamma=\frac{5}{3}$，与实验结果相符合；对于双原子分子气体，$i=5$，若不考虑振动自由度，可算得定体热容 $C_{V,\mathrm{m}}=\frac{5}{2}R$，定压热容 $C_{p,\mathrm{m}}=\frac{7}{2}R$，$\gamma=\frac{7}{5}$，此结论除在低温下的氢气以外，也与实验结果相符。但若考虑振动自由度，理论结果则与实验有较大差异。表 7-2 给出了标准状态下几种气体的 $C_{p,\mathrm{m}}$，$C_{V,\mathrm{m}}$ 和 γ 的实验值。

表 7-2　标准状态下几种气体的 $C_{p,\mathrm{m}}$，$C_{V,\mathrm{m}}$ 和 γ 的实验值

气体分子类型	气　体	$C_{p,\mathrm{m}}$	$C_{V,\mathrm{m}}$	$C_{p,\mathrm{m}}-C_{V,\mathrm{m}}$	γ
单原子	氦	20.9	12.5	8.4	1.67
	氩	21.2	12.5	8.7	1.65
双原子	氢	28.8	20.4	8.4	1.41
	氮	28.6	20.4	8.2	1.41
	氧	28.9	21.0	7.9	1.40
多原子	水蒸汽	36.2	27.8	8.4	1.31
	氯仿	72.0	63.7	8.3	1.13
	乙醇	87.5	79.2	8.2	1.11

7.2　理想气体的热力学过程

本节主要讨论热力学第一定律在四种特殊过程中的应用。在等体、等压、等温和绝热过程中，系统的内能、功和热等三种能量之间的转换关系。(7-1-2)式、(7-1-3)式和

(7-1-13)式是本节讨论理想气体准静态过程的基本方程。

7.2.1　等体过程

系统的体积保持不变的过程，称为等体过程。如图 7-7(a)所示，保持容器内活塞的位置不变，而将气缸内气体缓慢加热，使其温度上升、压强逐渐增大。这样的过程就是等体过程。

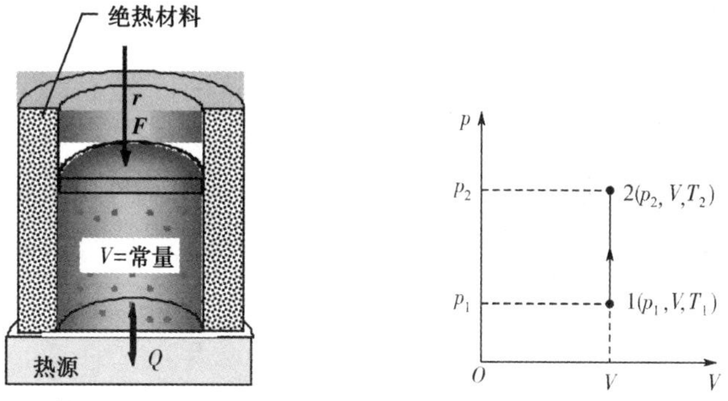

(a) 保持活塞位置不变的气缸　　(b) p-V 图

图 7-7　等体过程

在等体过程中 $dV=0$，外界不对系统做功 $\delta A=0$。由热力学第一定律可知，系统所获得的热量全部用于增加自身的内能，即

$$\delta Q = dU \tag{7-2-1}$$

如果系统从状态 $1(p_1, V, T_1)$ 按等体过程到达状态 $2(p_2, V, T_2)$，则在 p-V 图中表示与 V 轴垂直的直线段，如图 7-7(b)所示。系统所吸收的热量可表示为

$$Q = U_2 - U_1 = \nu C_{V,m}(T_2 - T_1) \tag{7-2-2}$$

式中，U_1 和 U_2 分别表示系统在状态 1 和状态 2 的内能。

7.2.2　等压过程

系统的压强保持不变的过程，称为等压过程。如图 7-8(a)所示，当对气缸内的气体缓慢加热时系统的压强和体积都可能增大，若由外界对活塞施加一定的压力(如在活塞上放一重物)，则在系统体积膨胀过程中压强 p 可保持恒定。

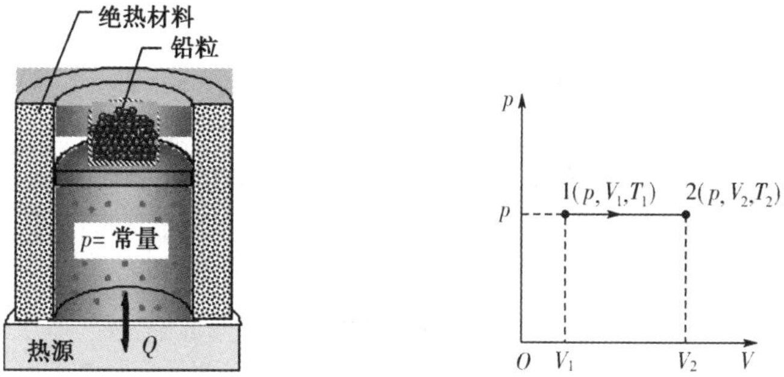

(a) 保持压强恒定的气缸　　(b) p-V 图

图 7-8　等压过程

在等压过程中，系统从外界获得的热量，一部分用于增大内能，一部分用于对外做功，即

$$\delta Q = \mathrm{d}U - \delta A \tag{7-2-3}$$

如果系统从状态 1(p, V_1, T_1)按等压过程到达状态 2(p, V_2, T_2)，则在 p-V 图中表示与 p 轴垂直的直线段，如图 7-8(b)所示。系统所吸收的热量可表示为

$$Q = (U_2 - U_1) - A \tag{7-2-4}$$

系统的内能增加可表示为

$$U_2 - U_1 = \nu C_{V,\mathrm{m}}(T_2 - T_1) \tag{7-2-5}$$

因为内能是态函数，其变化与过程无关，所以(7-2-5)式可用于理想气体内能变化的任何过程。在等压过程中，外界对系统所做的功为

$$A = -\int_{V_1}^{V_2} p\mathrm{d}V = -p(V_2 - V_1) = -\nu R(T_2 - T_1) \tag{7-2-6}$$

将(7-2-6)式和(7-2-4)式代入(7-2-5)式，可得

$$Q_p = \nu C_{V,\mathrm{m}}(T_2 - T_1) + \nu R(T_2 - T_1) = (\nu C_{V,\mathrm{m}} + \nu R)(T_2 - T_1) \tag{7-2-7}$$

系统在等压过程中获得的热量可以表示为

$$Q_p = \nu C_{p,\mathrm{m}}(T_2 - T_1) \tag{7-2-8}$$

比较(7-2-8)式和(7-2-7)式，可以得到定压热容与定体热容之间的关系

$$C_{p,m} = C_{V,m} + \nu R$$

这与(7-1-12)式的结论一致。

7.2.3 等温过程

系统的温度保持恒定的过程，称为等温过程。假如使盛有理想气体的气缸与一个恒温热源发生热接触，如图 7-9(a)所示。这样，系统的其他态参量发生变化而温度却保持不变。

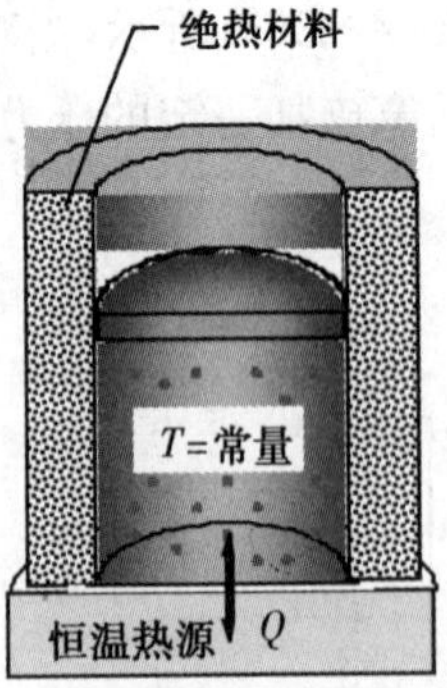

(a) 保持温度不变的气缸

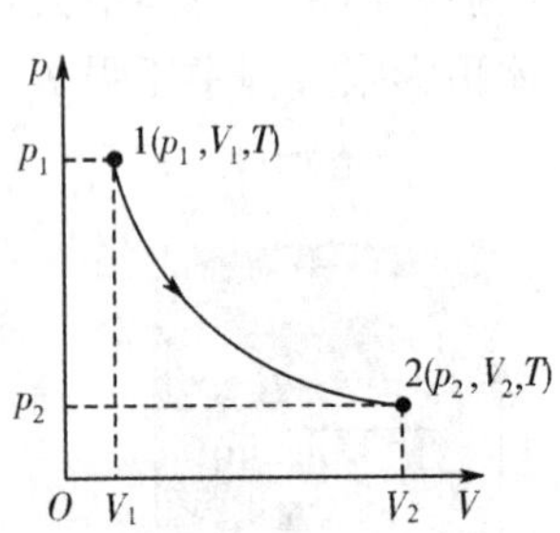

(b) p-V 图

图 7-9 等温过程

在等温过程中，即使系统从外界吸收热量而系统的温度却仍然保持恒定。由于理想气

体的内能只决定于温度。所以，系统的内能也保持不变，所吸收的热量全部用于对外界做功，即

$$\delta Q = -\delta A = p\mathrm{d}V \tag{7-2-9}$$

如果系统从状态 1(p_1,V_1,T)按等温过程到达状态 2(p_2,V_2,T)，如图 7-9(b)中 1→2 的曲线所示，则系统所获得的热量可表示为

$$Q_T = \int_{V_1}^{V_2} p\mathrm{d}V \tag{7-2-10}$$

由理想气体物态方程

$$pV = \nu RT = \text{恒量} \tag{7-2-11}$$

可以看出：等温线是等轴双曲线。

将(7-2-11)式代入(7-2-10)式并积分，得

$$Q_T = \nu RT \int_{V_1}^{V_2} \frac{\mathrm{d}V}{V} = \nu RT \ln \frac{V_2}{V_1} = \nu RT \ln \frac{p_1}{p_2} \tag{7-2-12}$$

对于等温膨胀过程，系统从外界获得的热量全部用于对外做功；对于等温压缩过程，系统向外界释放的热量全部来自外界对系统所做的功。

7.2.4　绝热过程

如果在整个过程中系统与外界没有热量交往，则这种过程称为绝热过程。若仍以上述盛有理想气体的气缸为例，此时气缸的周壁应以良好的绝热材料与外界隔绝，如图 7-10 所示。气缸内发生的过程则可看作为绝热过程。

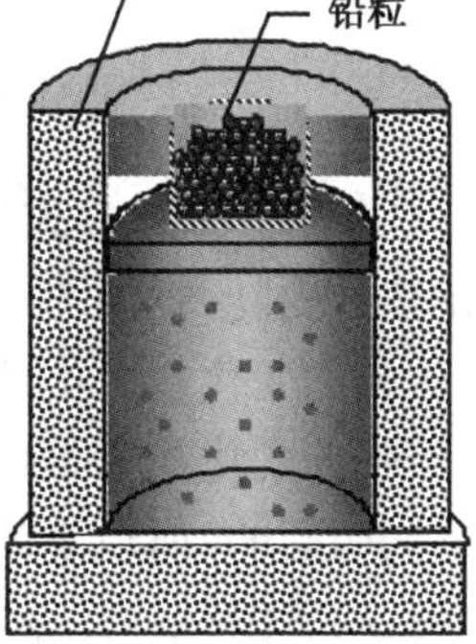

图 7-10　绝热过程

在绝热过程中，系统既不从外界获得热量，又不向外界释放热量，所以 $\delta Q=0$。根据热力学第一定律，若系统对外界做功，则必然以降低自身的内能为代价。若外界对系统做功，则必然使系统的内能增加，即

$$\mathrm{d}U = \delta A = -p\mathrm{d}V \tag{7-2-13}$$

如果系统从状态 1(p_1,V_1,T_1)按绝热过程到达状态 2(p_2,V_2,T_2)，则外界对系统所做的功为

$$A = U_2 - U_1 = \nu C_{V,\mathrm{m}}(T_2 - T_1) \tag{7-2-14}$$

现在探讨绝热过程中压强与体积的关系。对于绝热过程中状态的任意微小变化，系统内能的改变可以表示为

$$\mathrm{d}U = \nu C_{V,\mathrm{m}}\mathrm{d}T$$

将上式代入(7-2-13)式，得

$$-p\mathrm{d}V = \nu C_{V,\mathrm{m}}\mathrm{d}T$$

对理想气体物态方程微分，得

$$p\mathrm{d}V + V\mathrm{d}p = \nu R\mathrm{d}T$$

由以上两式消去 $\mathrm{d}T$，可得

$$(\nu C_{V,\mathrm{m}} + \nu R)p\mathrm{d}V = -\nu C_{V,\mathrm{m}}V\mathrm{d}p$$

将上式整理为

$$\frac{\mathrm{d}p}{p} + \gamma\frac{\mathrm{d}V}{V} = 0 \qquad (7-2-15)$$

式中，$\gamma = \dfrac{C_{p,\mathrm{m}}}{C_{V,\mathrm{m}}}$，在温度变化不很大时可将其看作常量。

将式(7-2-15)积分，得

$$\gamma\ln V + \ln p = 常量$$

或

$$pV^{\gamma} = 常量 \qquad (7-2-16)$$

这就是在绝热过程中压强与体积的关系，这个关系称为泊松公式。

在 p-V 图中根据泊松公式描绘出绝热过程所对应的曲线，此曲线称为绝热线。泊松公式就是绝热线方程。根据泊松公式和理想气体物态方程，分别得到绝热过程中体积与温度、压强与温度的关系

$$TV^{\gamma-1} = 常量 \qquad (7-2-17)$$

$$p^{\gamma-1}T^{-\gamma} = 常量 \qquad (7-2-18)$$

比较(7-2-11)式与(7-2-16)式，$\gamma>1$ 时等温线相比绝热线更陡些，如图 7-11 所示。这是因为在等温过程中，压强的变化仅是由体积的变化所引起，而在绝热过程中，压强的变化不仅是由体积的变化，同时还由温度的变化共同引起的，所以系统压强的变化更为显著。例如，从绝热线与等温线的交点所代表的状态出发，将气体系统分别按两种过程膨胀到同一体积 V_0。在等温膨胀中，由于系统体积增大，压强降低至 p'；在绝热膨胀中，不仅由于体积膨胀使压强降低，而且系统的温度同时也降低，从而使系统的压强进一步降低 p 达到 p''，且 $p''<p'$。

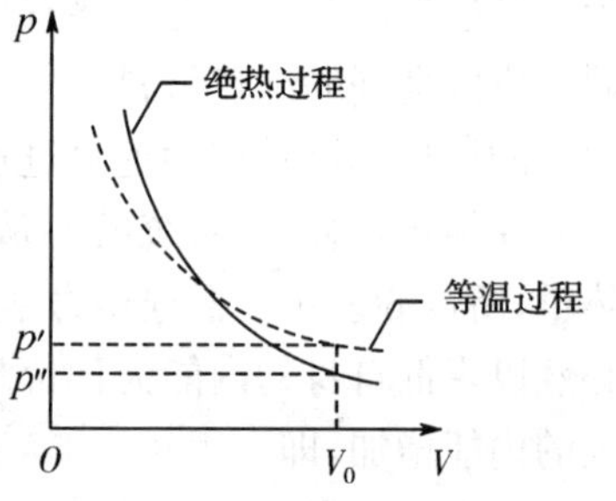

图 7-11　等温过程与绝热过程的比较

以上的分析和结论只适用于以准静态过程进行的绝热过程而不适用于以非静态过程进行的绝热过程。因为对于非静态过程，下列关系不成立

$$\delta A = -p\mathrm{d}V$$

而且也不能用物态方程的微分表示过程中间状态的微小变化，所以也就得不到泊松公式，以及(7-2-17)式和(7-2-18)式。

下面计算在准静态绝热过程中，外界对系统所做的功。根据泊松公式可得

$$pV^{\gamma} = p_1V_1^{\gamma} = 恒量$$

式中，p_1 和 V_1 分别表示初状态系统的体积和压强。

外界对系统做功为

$$A=-\int_{V_1}^{V_2} p\mathrm{d}V=-\int_{V_1}^{V_2}\frac{p_1V_1^{\gamma}}{V^{\gamma}}\mathrm{d}V=p_1V_1^{\gamma}\int_{V_1}^{V_2}\frac{\mathrm{d}V}{V^{\gamma}}=\frac{1}{\gamma-1}(p_2V_2-p_1V_1)$$

(7－2－19)

可以证明(7－2－19)式与(7－2－14)式是一致的。

*7.2.5　多方过程

理想气体的热力学过程也常用下面公式表示

$$pV^n=\text{恒量} \qquad (7-2-20)$$

式中，n 为常量。

凡是满足(7－2－20)式的过程，称为多方过程。显然，当 $n=1$ 时，(7－2－20)式表示等温过程；当 $n=\gamma$ 时，(7－2－20)式表示绝热过程。等压过程($n=0$)和等体过程($n=\infty$)也可看作为多方过程的特例。

理想气体系统的等体、等压、等温、绝热和多方过程的主要特征列为表 7－3，以便于进行比较。

表 7－3　理想气体系统的等体、等压、等温、绝热和多方过程的主要特征

过程	方程式	吸收热量	系统对外做功	内能变化	摩尔热容
等体	V=常量	$\nu C_{V,\mathrm{m}}(T_2-T_1)$	0	$\nu C_{V,\mathrm{m}}(T_2-T_1)$	$C_{V,\mathrm{m}}$
等压	p=常量	$\nu C_{p,\mathrm{m}}(T_2-T_1)$	$p(V_2-V_1)$	$\nu C_{V,\mathrm{m}}(T_2-T_1)$	$C_{p,\mathrm{m}}=C_{V,\mathrm{m}}+R$
等温	pV=常量	$\nu RT\ln\frac{V_2}{V_1}$	$\nu RT\ln\frac{V_2}{V_1}$	0	∞
绝热	pV^{γ}=恒量 $TV^{\gamma-1}$=常量 $p^{\gamma-1}T^{-\gamma}$=常量	0	$\frac{1}{\gamma-1}(p_2V_2-p_1V_1)$	$\nu C_{V,\mathrm{m}}(T_2-T_1)$	0
多方 (n 任意 实数)	pV^{n}=常量 TV^{n-1}=常量 $T^{-n}p^{n-1}$=常量	$\frac{M}{\mu}C_{n,\mathrm{m}}(T_2-T_1)$	$\frac{1}{n-1}(p_2V_2-p_1V_1)$	$\nu C_{V,\mathrm{m}}(T_2-T_1)$	$C_{n,\mathrm{m}}=\frac{n-\gamma}{n-1}C_{V,\mathrm{m}}$

【例题 7－1】　内燃机是利用燃料在气缸内直接燃烧推动活塞做功的。汽油(柴油机)的工作物质是汽油(柴油)和空气的混合物。如图 7－12 所示的四冲程工作循环称为奥托循环(Otto cycle)，一个理想气体系统由状态 1(T_1)经绝热过程到达状态 2(T_2)，由状态 2 经等体过程到达状态3(T_3)，又由状态 3 经绝热过程到达状态 4(T_4)，最后由等体过程回到状态 1。求系统在整个过程中吸收和放出的热量，系统对外界做的净功以及内能的变化。

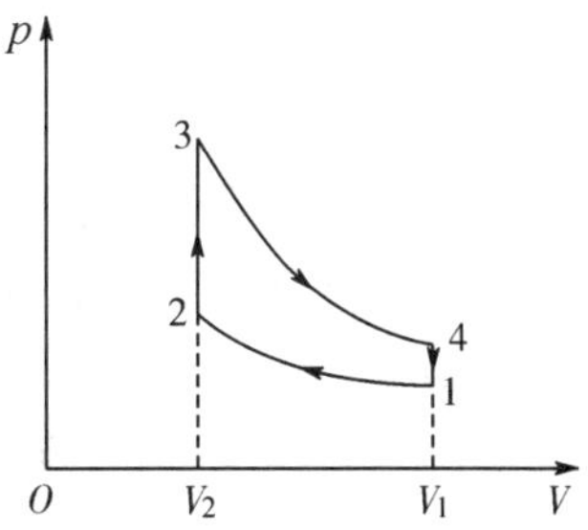

图 7－12　例题 7－1 图

解：由图 7－12 可见，整个过程构成一闭合曲线，从状态 1 出发、最后又回到状态 1，所以系统的内能不变。

过程 1→2 和过程 3→4 都是绝热过程，系统与外界不发生热交换；过程 2→3 是等体过程，系统的体积不变而不做功。根据热力学第一定律，系统从外界吸收的热量 Q_1 全部用于内能的增加，因而系统的温度升高、压强增大，故有

$$Q_1 = U_3 - U_2 = \nu C_{V,m}(T_3 - T_2)$$

过程 4→1 也是等体过程，不做功，向外界释放的热量 Q_2 是以降低内能为代价，所以系统温度降低、压强减小。故有

$$Q_2 = U_1 - U_4 = \nu C_{V,m}(T_1 - T_4)$$

上式中，$T_4 > T_1$，$Q_2 < 0$，系统向外界释放热量。

过程 1→2 是绝热压缩过程。根据热力学第一定律，外界对系统所做的功 A_1 等于系统内能的增加，因此

$$A_1 = (U_2 - U_1) = \nu C_{V,m}(T_2 - T_1)$$

同样，在过程 3→4 中外界对系统所做的功 A_2 应表示为

$$A_2 = (U_4 - U_3) = \nu C_{V,m}(T_4 - T_3)$$

在整个过程中系统对外界所做的功为

$$-A = -(A_1 + A_2) = \nu C_{V,m}[(T_3 - T_2) - (T_4 - T_1)]。$$

7.3 卡诺循环

7.3.1 循环

若一个系统从某一状态出发，经一系列任意的过程又回到原来的状态，那么这一系列过程就组成了一个循环，构成系统的物质称为工作物质。显然，在经历一个循环后系统的内能没有变化，这是循环的重要特征。准静态循环可以在 p-V 图中表示出来，如图 7－13 中的闭合曲线 BC_1DC_2B 所示。若循环是沿顺时针方向进行的，称为正循环；若循环是沿逆时针方向进行的，称为逆循环。需要指出，这里用 A 和 Q 分别表示功和热量时，均指其数值的大小或是绝对值。

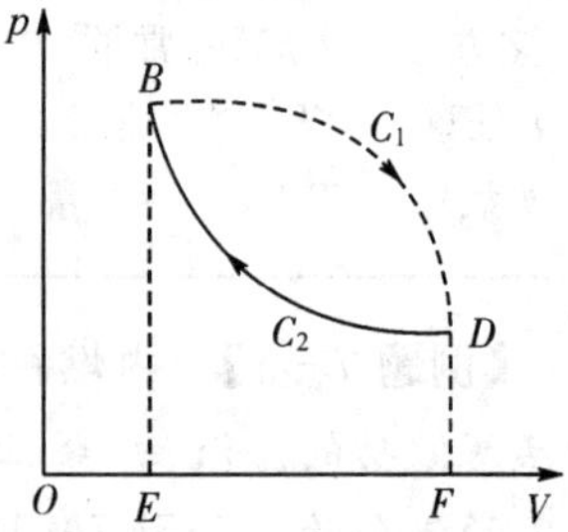

图 7－13 准静态循环

现在分析正循环中能量的转换情况。图 7－13 中箭头所表示的方向就是正循环的方向。系统由状态 B 出发，沿过程 BC_1D 到达状态 D，这是膨胀过程。系统对外界做功 A_1，显然 A_1 等于 BC_1DFEB 的面积。系统由状态 D 出发，沿过程 DC_2B 回到状态 B，这是压缩过程，外界对系统做功 A_2，A_2 等于 DC_2BEFD 的面积。所以，完成一个正循环系统对外界做功应为

$$A = A_1 - A_2$$

A 必定等于闭合曲线 BC_1DC_2B 所包围的面积。

系统在完成一个正循环回到原状态时内能不变，而系统从外界吸收的热量 Q_1 必定大于释放的热量 Q_2。根据热力学第一定律，两者之差 $Q_1 - Q_2$ 就等于系统对外界所做的功 A。所以说，系统在正循环中从高温热源吸收热量，对外界做功。同时还必须向低温热源释放热量，系统对外界所做的功等于系统吸收的热量与释放的热量之差。

在技术上往往要求工作物质能连续不断地把热转变为功，能满足这一要求的装置称为热机。以蒸汽机为例，图 7－14 是早期的蒸汽机车，其进行的循环为正循环。正循环所表示的能量转换关系就反映出热机的能量转换的基本过程。

图 7－14　早期的蒸汽机车

效率是热机性能的一个重要标志，定义为

$$\eta = \frac{A}{Q_1} = \frac{Q_1 - Q_2}{Q_1} = 1 - \frac{Q_2}{Q_1} \qquad (7-3-1)$$

由上式可见，热机效率的高低表示热机由外界吸收来的热量中有多少被转变为有用的功。

再看一下逆循环中能量的转换情况。图 7－13 中箭头的反方向，即逆时针方向就是逆循环的方向。在逆循环中热量传递和做功的方向都与正循环中的相反。所以，在逆循环中外界对系统做功 A，使系统从低温热源吸收热量 Q_2，同时还必须向高温热源释放热量 Q_1，系统释放的热量 Q_1 等于系统吸收的热量与外界对系统所做功之和，即 $Q_2 + A$。逆循环所表示的能量转换情况，反映了制冷机的能量转换的基本过程。

技术上利用对工作物质连续不断地做功以获得低温的装置，称为制冷机。电冰箱、空调机等是常见的制冷机。

制冷系数是制冷机性能的一个重要标志，定义为

$$\varepsilon = \frac{Q_2}{A} = \frac{Q_2}{Q_1 - Q_2} \qquad (7-3-2)$$

由上式可见，制冷机制冷系数的大小，表示外界对制冷机做单位功时制冷机可以从低温物体所取走热量的多少。

【例题 7－2】　在例题 7－1 中所表示的循环称为奥托循环。如果已知两个等体过程的体积 V_1 和 V_2（图 7－12），求奥托循环的效率。

解：在例题 7－1 中已经解得系统在一个奥托循环中从外界吸收的热量 Q_1 和向外界释放的热量 Q_2 分别为

$$Q_1 = \nu C_{V,m}(T_3 - T_2)$$

$$Q_2 = U_4 - U_1 = \nu C_{V,m}(T_4 - T_1)$$

根据热机效率的定义，有

$$\eta = \frac{Q_1 - Q_2}{Q_1} = 1 - \frac{T_4 - T_1}{T_3 - T_2}$$

因为 1→2 和 3→4 都是绝热过程，所以有

$$\frac{T_4}{T_3}=(\frac{V_2}{V_1})^{\gamma-1},\frac{T_1}{T_2}=(\frac{V_2}{V_1})^{\gamma-1}$$

由此可得

$$\frac{T_1}{T_2}=\frac{T_4}{T_3}=\frac{T_4-T_1}{T_3-T_2}$$

所以

$$\eta=1-\frac{T_1}{T_2}=1-(\frac{V_2}{V_1})^{\gamma-1}=1-(\frac{V_1}{V_2})^{1-\gamma}$$

式中，V_1/V_2 称为绝热压缩比。

由上式可以看出，奥托循环的效率完全决定于绝热压缩比。

7.3.2 卡诺循环

卡诺循环是一种重要的循环，是卡诺于 1824 年首先提出的，这种循环确定了热转变为功的最大限度。以理想气体为工作物质讨论这种循环，工作原理如图 7-15(a)所示。卡诺循环是由两条等温线和两条绝热线构成的循环(如图 7-15(b)所示)，1→2 和 3→4 两条温度分别为 T_1 和 T_2 的等温线。在这两个过程中，系统分别与温度为 T_1 的高温热源和温度为 T_2 的低温热源热接触并进行热传递。2→3 和 4→1 是两条绝热线，在这两个过程中系统不再与任何热源进行热接触，并与外界没有热量的交换。

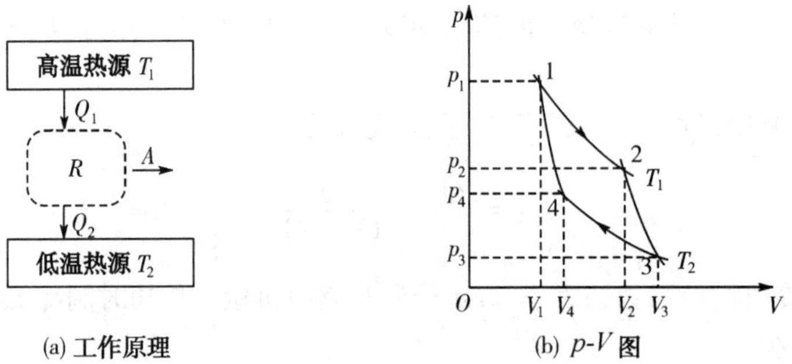

图 7-15 卡诺循环

先研究正卡诺循环的效率。如果系统的理想气体最初处于状态 1(p_1,V_1,T_1)，按等温膨胀过程缓慢地到达状态 2(p_2,V_2,T_1)。在此过程中，系统与高温热源作热接触，从中吸收热量 Q_1。根据等温过程的特征，Q_1 的数值可以表示为

$$Q_1=\nu RT_1\ln\frac{V_2}{V_1} \tag{7-3-3}$$

系统由状态 3(p_3,V_3,T_2)按等温压缩过程到达状态 4(p_4,V_4,T_2)。在此过程中，系统与低温热源作热接触，系统向外界释放热量 Q_2，其数值可表示为

$$Q_2=\nu RT_2\ln\frac{V_3}{V_4} \tag{7-3-4}$$

根据热机效率的定义，卡诺循环的效率可表示为

$$\eta=\frac{A}{Q_1}=\frac{Q_1-Q_2}{Q_1}=1-\frac{T_2\ln\frac{V_3}{V_4}}{T_1\ln\frac{V_2}{V_1}} \tag{7-3-5}$$

根据绝热方程，应有

$$T_1V_2^{\gamma-1}=T_2V_3^{\gamma-1},T_1V_1^{\gamma-1}=T_2V_4^{\gamma-1}$$

即

$$\left(\frac{V_3}{V_2}\right)^{\gamma-1}=\frac{T_1}{T_2},\left(\frac{V_4}{V_1}\right)^{\gamma-1}=\frac{T_1}{T_2}$$

由上式可得

$$\frac{V_3}{V_4}=\frac{V_2}{V_1} \tag{7-3-6}$$

将(7－3－6)式代入(7－3－5)式，就得到卡诺循环效率的表示式

$$\eta=1-\frac{T_2}{T_1} \tag{7-3-7}$$

由上式可见，以理想气体为工作物质的卡诺循环的效率，只取决于高温热源的温度 T_1 和低温热源的温度 T_2。当高温热源的温度 T_1 越高、低温热源的温度 T_2 越低时，卡诺循环的效率越高。

再研究逆卡诺循环的情形。在一次逆循环中，系统从状态 1 出发沿着图7－15(b)中箭头所示的相反方向即沿闭合曲线 1→4→3→2→1 循环一周返回状态 1。外界对系统做功 A，系统从低温热源吸取热量 Q_2，同时向高温热源释放热量 Q_1。根据(7－3－5)式和(7－3－7)式，逆卡诺循环的制冷系数表示为

$$\varepsilon=\frac{Q_2}{A}=\frac{T_2}{T_1-T_2} \tag{7-3-8}$$

上式表示：逆卡诺循环的制冷系数也只取决于高温热源的温度 T_1 和低温热源的温度 T_2，其工作原理如图 7－16 所示。当低温热源的温度 T_2 越低时，制冷系数越小。这说明，系统从温度较低的低温热源中吸取热量时，外界必须消耗较多的功。为了节省能源，在逆循环中系统向高温热源排放的热量是可以利用的。

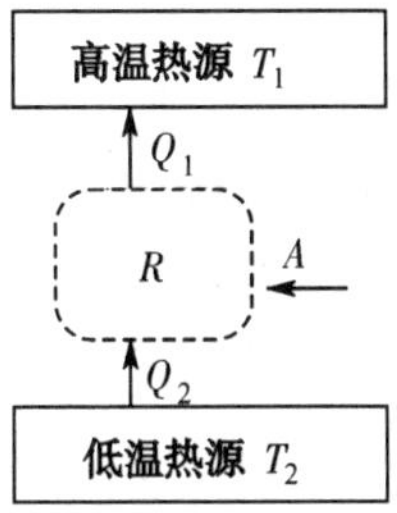

图 7－16　逆卡诺循环工作原理

【例题 7－3】　一热机在 1 000 K 和 300 K 的两热源之间工作，如果(1) 高温热源提高为 1 100 K；(2) 低温热源降低为 200 K，从理论上说热机效率各增加多少？为了提高热机效率哪一种方案最好？

解: 热机在 1 000 K 和 300 K 的两热源之间工作，$\eta=\frac{T_1-T_2}{T_1}=\frac{1\,000-300}{1\,000}=70\%$。

(1) 高温热源提高为 1 100 K：$\eta_1=\frac{1\,100-300}{1\,100}=72.73\%$，

效率提高：$\Delta\eta_1=2.73\%$；

(2) 低温热源降低为 200 K：$\eta_2=\frac{1\,000-200}{1\,000}=80\%$，

效率提高：$\Delta\eta_2=10\%$。

所以，提高热机效率，降低低温热源的温度的方案最好。

物理学家简介：卡诺

卡诺

萨迪·卡诺(N. L. Sadicarnot，1796—1832)，法国青年工程师，热力学的创始人之一，第一个把热和动力联系起来的人。卡诺出色地、创造性地用“理想实验”的思维方法提出了最简单、并有重要理论意义的热机循环——卡诺循环，并假定该循环在准静态条件下是可逆的、与工质无关，创造了一部理想的热机(卡诺热机)。卡诺的目标是揭示热产生动力的真正的、独立的过程和普遍的规律。1824 年，卡诺提出了对热机设计具有普遍指导意义的卡诺定理，指出了提高热机效率的有效途径，揭示了热力学的不可逆性，被后人认为是热力学第二定律的先驱。

7.4 热力学第二定律

7.4.1 可逆过程和不可逆过程

若系统由状态 1 出发经过某一过程到达状态 2，再由状态 2 返回状态 1 时原过程对外界产生的一切影响也同时消除，则由状态 1 到状态 2 的过程称为可逆过程，否则就是不可逆过程。

例如，一个理想气体系统由状态 $1(p_1, V_1, T)$ 出发按准静态等温膨胀过程到达状态 $2(p_2, V_2, T)$，如图 7-17 中 1→2 的曲线所示。假如在此过程中，不存在诸如摩擦力、黏性力等引起耗散效应的因素，那么过程 1→2 就是可逆过程。在此过程中，系统从外界吸收的热量 Q_T 全部用于对外界做功 A，它们数值相等，并为

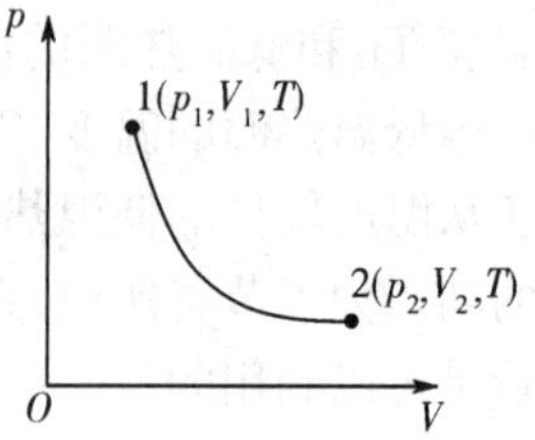

图 7-17 准静态等温膨胀过程

$$Q_T=A=\nu RT\ln\frac{V_2}{V_1}$$

若系统由状态 2 返回状态 1，经历了与过程 1→2 相同的中间状态即过程 2→1，那么过程 2→1 一定是准静态等温压缩过程。在过程 2→1 中，外界对系统做功 A'，全部转变为系

统向外界释放的热量 Q'_T，数值为

$$Q'_T = A' = \nu \ RT\ln\frac{V_2}{V_1}$$

所以

$$Q'_T = Q_T, \quad A' = A$$

这表示，当系统由状态 2 返回状态 1 时在原过程 1→2 中系统从外界吸收的热量，又释放给了外界，系统对外界所做的功，外界又以等量的功归还给系统。系统和外界都恢复了原状。因此，过程 1→2 是可逆过程。

应该指出，可逆过程只要求在系统返回到初态时原过程对外界产生的一切影响也同时消除，但并不要求必须沿原过程的相同路径反向返回。

由上面的讨论可见，可逆过程必须是准静态过程，而且必须是无耗散效应的过程。

准静态过程是一种进行无限缓慢的过程，以致过程所经历的每一个中间状态都接近于平衡态。可见，严格的准静态过程是不存在的，它只是一种理想状况。另外，无耗散效应的过程实际上也是不存在的。例如，当活塞移动时必须克服气缸壁对活塞的摩擦力而做功，这部分功将以热能的形式散发到周围的空气中。所以，无耗散效应的过程也只是一种理想状况。由此得到，严格的可逆过程实际上是不存在的。自然界中发生的一切与热现象有关的过程都是不可逆过程，热力学第二定律正是这种不可逆性的反映。

7.4.2　热力学第二定律的两种表述

热力学第二定律的开尔文表述：不存在这样一种循环，只从单一热源吸收热量并全部转变为功。长期以来，人们曾幻想制造一种热机，只从单一热源（如海洋、大气等）吸收热量，并将它全部转变为功，即在(7-3-5)式中 $Q_2 = 0, \eta = 1$。显然这种热机是违背热力学第二定律的开尔文表述的，这种热机称为第二类永动机。热力学第二定律的开尔文表述也可以表示为：第二类永动机是不可能制成的。

热力学第二定律的克劳修斯表述：热量不可能自动地从低温物体传向高温物体。从对逆循环的讨论中知道，系统从低温物体吸收热量而向高温物体释放热量，外界必须对系统做功。根据热力学第二定律的克劳修斯表述，假如外界不对系统做功，系统不可能从低温物体吸取热量并向高温物体释放热量，从而达到使低温物体制冷的目的。

无论是第二类永动机，还是热量自动地从低温物体传向高温物体，都不违背热力学第一定律，可是都不能实现。这就表明，自然界中过程的进行除必须遵循能量守恒定律之外，还必须受到方向性的限制，即某一方向的过程可以实现而另一方向的过程则不可能实现。

热力学第二定律的这两种表述看上去似乎没有什么联系，然而它们是等效的，即由其中一个可以推导出另一个。现在用反证法来证明这两种表述的等效性。

假如开尔文表述不成立，即存在一种循环只从单一热源吸取热量并将它全部转变为功，那么可以利用这种循环制作一个热机 R 只从高温热源 T_1 吸取热量 Q' 并全部转变为功 A。如果利用功 A 去推动一个制冷机 S，这个制冷机在一个逆循环中将从低温热源 T_2 吸取热量 Q_2，并向高温热源 T_1 释放热量 $Q_2 + A = Q_2 + Q'$，如图 7-18(a)所示。如果将热机 R 和

制冷机 S 组合起来，那么这个组合体将从低温热源 T_2 吸取热量 Q_2，并向高温热源 T_1 释放热量 $(A+Q_2)-Q'=Q_2$，除此之外不发生任何其他变化，如图 7-18(b)所示。这就是说克劳修斯表述也不成立，热量 Q_2 自动地从低温热源 T_2 传向高温热源 T_1。

假如克劳修斯表述不成立，即热量可以自动地从低温热源传向高温热源，那么可以制作一个装置 Z。通过这个装置，低温热源的热量 Q 自动地传向高温热源，如图 7-19 所示。同时在高温热源 T_1 和低温热源 T_2 之间设计一个卡诺热机 K，它在一个循环中从高温热源 T_1 吸取热量 Q，一部分用于对外做功 A，另一部分 Q_2 被释放到低温热源 T_2，如图 7-19(a)所示。如果将 Z 和 K 组合起来，那么这个组合体将只从低温热源 T_2 吸取热量 $Q-Q_2$，并完全转变为对外界做功 A，如图 7-19(b)所示。这就是说开尔文表述也不成立，存在一种循环(这种循环可由 ZK 组合体来完成)，只从单一热源吸取热量并全部转变为功。

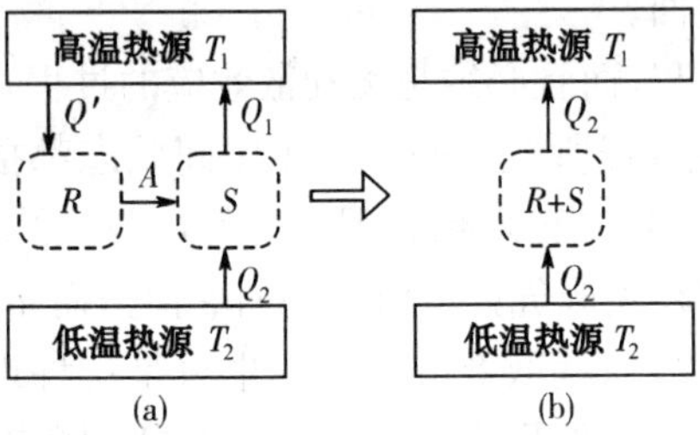

图 7-18　热力学第二定律两种方法等效(一)

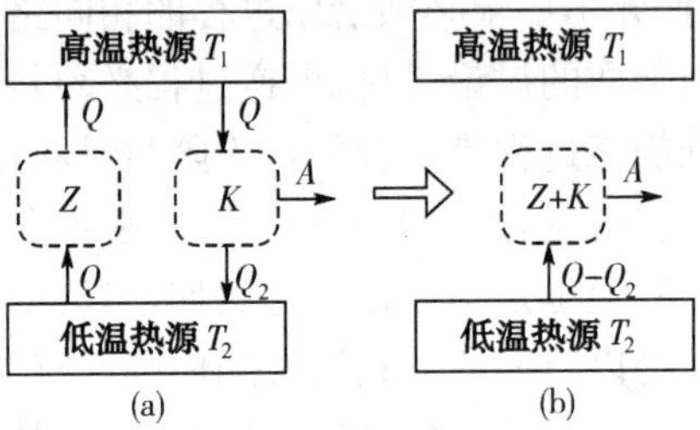

图 7-19　热力学第二定律两种方法等效(二)

以上证明了热力学第二定律的两种表述是完全等效的，如果其中一个不成立，另一个也必定不能成立。

7.4.3　热力学第二定律的实质

热力学第二定律的每一种表述都表明了一种过程的不可逆性。开尔文表述表明了功转变为热的过程的不可逆性，克劳修斯表述表明了热量从高温物体传向低温物体过程的不可逆性。

上面已经证明了这两种表述的等效性，这也就说明了这两种不可逆过程是互相联系的，只要其中一个过程是不可逆的，另一个过程也必定是不可逆的。实际上自然界中的一切与热现象有关的过程都是互相联系的，热力学第二定律既指出了两种过程的不可逆性，也指出了自然界中的一切与热现象有关的过程的不可逆性。

下面以气体自由膨胀的例子说明这种联系。

设一个容器被隔板分为 A 和 B 两部分，其中 A 部分充有理想气体、B 部分是真空，如图 7-20(a)所示。当把隔板抽掉，A 部分的气体将迅速向真空的 B 部分膨胀，这就是气体的自由膨胀。经过一段时间后，气体将均匀地分布于整个容器，如图 7-20(b)所示。现在用热力学第二定律证明，气体的这种自由膨胀过程是不可逆过程。假如这种过程是可逆的，则必然存在某种过程。通过这种过程，气体可以自动地由状态 B 返回状态 A。所谓“自动地”，就是这种过程不引起外界的任何变化。设计一种装置，当气体自动收缩后使系统与热源进行热接触，气体吸取热量 Q 作等温膨胀，从而对外界做功 A，显然 $A=Q$。然后气体又自动收缩，并重复上述过程。于是这样的气体系统就可以连续地从一个热源吸取热量，又连续地完全转变为对外界所做的功。但是，这违背了热力学第二定律的开尔文表述。因此，不可能存在使气体自动收缩的过程，所以气体的自由膨胀过程必定是不可逆过程。

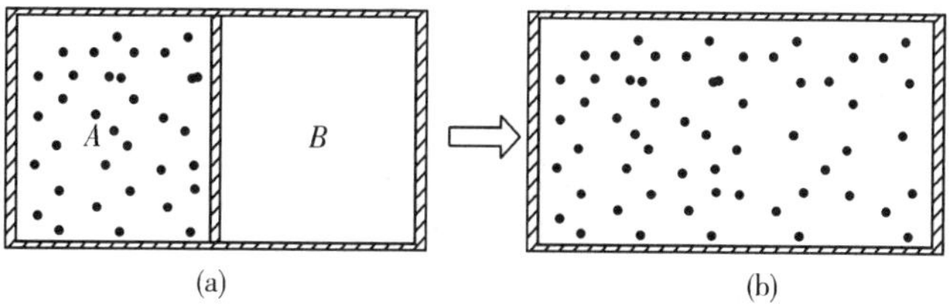

图 7-20 气体自由膨胀过程

还可以举出更多的事例，利用热力学第二定律证明它们是不可逆过程。因此，得到这样的结论：热力学第二定律的实质就是在于揭示自然界中的一切与热现象有关过程的不可逆性。

7.5 卡诺定理

在 7.3 节中曾以理想气体为工作物质分析了卡诺循环的效率，并得出

$$\eta = 1 - \frac{T_2}{T_1}$$

实际上这个公式具有更普遍的意义可由卡诺定理表述。卡诺定理包括以下两方面的内容：

(1) 在相同的高温热源和相同的低温热源之间工作的一切可逆热机，无论使用什么工作物质其效率都相等，并可表示为

$$\eta = 1 - \frac{T_2}{T_1}$$

(2) 在相同的高温热源和相同的低温热源之间工作的一切不可逆热机，其效率都不可能超过可逆热机的效率，即

$$\eta' \leqslant 1 - \frac{T_2}{T_1} \tag{7-5-1}$$

卡诺定理中所说的可逆热机是在某个一定温度(T_1)的热源吸热、对外界做功，同时又向另一个一定温度(T_2)的热源放热。这样的热机必定是在由两条等温线和两条绝热线所组成的循环中工作，所以必定是卡诺热机。为了证明卡诺定理，假定有两部可逆卡诺热机 R 和 R' 都在高温热源 T_1 和低温热源 T_2 之间工作，在一个循环中分别从高温热源吸收热量 Q_1 和 Q'_1，向低温热源释放热量 Q_2 和 Q'_2，并分别对外界做功 A 和 A'，其效率分别为 η 和 η'。假设 $\eta > \eta'$，这时令 R' 机作逆循环，因为 R' 机是可逆的，所以在一次逆循环中，外界对它做功 A'，它将从低温热源吸热 Q'_2，并向高温热源放热 Q'_1。如果 R 机作 N 周正循环对外界做功 NA，正好等于 R' 机作 N' 逆循环外界所做的功 $N'A'$，那么应有下列能量关系

$$N'Q'_1 = N'Q'_2 + N'A'$$

$$NQ_1 = NQ_2 + NA$$

两式相减，得

$$N'Q'_1 - NQ_1 = N'Q'_2 - NQ_2$$

上面已经假设 $\eta > \eta'$，也就是

$$\frac{NA}{NQ_1} > \frac{N'A'}{N'Q'_1}$$

由于 $N'A' = NA$，必定有 $N'Q'_1 > NQ_1$，于是可得

$$N'Q'_1 - NQ_1 = N'Q'_2 - NQ_2 > 0$$

这表明：在 R 机运行 N 周和 R' 机运行 N' 周的情况下，热量（$N'Q'_1 - NQ_1$）自动地从低温热源传向高温热源。这显然违背了热力学第二定律的克劳修斯表述，所以上述假设 $\eta > \eta'$ 不能成立，只可能有 $\eta \leqslant \eta'$。

用同样的方法证明 $\eta \geqslant \eta'$，这样就只能有 $\eta = \eta'$。在上面的分析中 R 和 R' 是任意的可逆卡诺热机，其中包括以理想气体为工作物质的可逆卡诺热机，既然已经证明了它们的效率都相等，当然就与工作物质无关。这就证明了卡诺定理的第(1)条。

为证明卡诺定理的第(2)条，取 R 为可逆热机而 R' 为不可逆热机，并假设 $\eta < \eta'$。这时令 R' 作正循环、R 作逆循环，用与上述相同方法可以证得 $\eta \geqslant \eta'$（由于 R' 为不可逆热机，不能让其作逆循环，所以不能证得 $\eta \leqslant \eta'$）。已知可逆热机 R 的效率 η 可由(7-5-1)式表示，所以

$$\eta' \leqslant 1 - \frac{T_2}{T_1}$$

卡诺定理得证。

卡诺定理给出了热机效率的极限值。从上面的讨论可以得出，高温热源的温度 T_1 越高、低温热源的温度 T_2 越低，热机的效率就越高。而低温热源的温度一般取环境温度最为经济。另外，还应使循环尽量接近卡诺循环，减少过程的不可逆性，如减少散热损失、漏气和摩擦等。

*7.6 熵增加原理

7.6.1 熵的概念

根据卡诺定理，一切可逆热机的效率都可以表示为

$$\eta = 1 - \frac{Q_2}{Q_1} = 1 - \frac{T_2}{T_1}$$

由此式可以得到

$$\frac{Q_1}{T_1} = \frac{Q_2}{T_2}$$

或者写为

$$\frac{Q_1}{T_1}-\frac{Q_2}{T_2}=0 \tag{7-6-1}$$

式中，Q_1 是工作物质从温度为 T_1 的高温热源吸收的热量；Q_2 是工作物质向温度为 T_2 的低温热源释放的热量。

根据热力学第一定律对热量符号的规定，当系统放热时此热量应以负值表示，所以 Q_2 应以 $-Q_2$ 代替，于是(7-6-1)式成为

$$\frac{Q_1}{T_1}+\frac{Q_2}{T_2}=0 \tag{7-6-2}$$

这是在一次可逆卡诺循环中必须遵循的规律。

一个任意的可逆循环 $ACBDA$，总可以用大量微小的可逆卡诺循环去代替，如图 7-21 所示。而对于其中的每一个卡诺循环，都可以列出相应于(7-6-2)式的关系式，将所有这样的关系式叠加起来，就得到

$$\sum\frac{Q_i}{T_i}=0$$

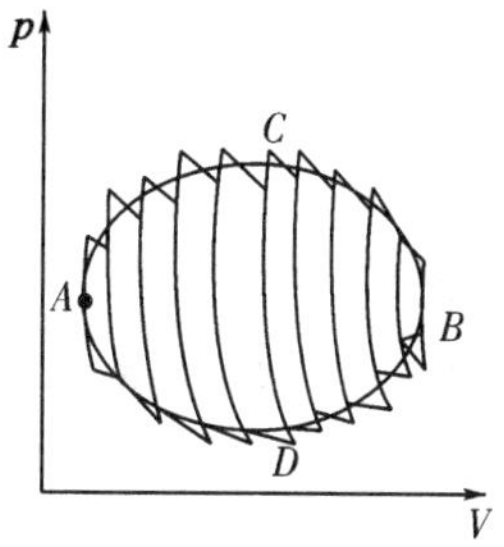

图 7-21　任意可逆循环可看作由无限多个卡诺循环组成

当无限缩小每一个小循环时，上式中的 Q_i 可用 δQ 代替，求和号可用沿环路 $ACBDA$ 的积分代替，于是上式可以写为

$$\oint\frac{\delta Q}{T}=0 \tag{7-6-3}$$

此式称为克劳修斯等式。对于任意可逆循环，克劳修斯等式都成立。

在图 7-21 中，可以将点 A 看作为初状态，将点 B 看作为末状态，由初状态 A 到达末状态 B 可以沿过程 ACB 进行，也可以沿过程 ADB 进行。根据式(7-6-3)，应有

$$\int_{(ACB)}\frac{\delta Q}{T}+\int_{(BDA)}\frac{\delta Q}{T}=0$$

可以改写为

$$\int_{(ACB)}\frac{\delta Q}{T}-\int_{(ADB)}\frac{\delta Q}{T}=0$$

即

$$\int_{(ACB)}\frac{\delta Q}{T}=\int_{(ADB)}\frac{\delta Q}{T} \tag{7-6-4}$$

上式表示，沿不同路径从初状态 A 到末状态 B，$\delta Q/T$ 的积分值都相等。或者说，$\delta Q/T$ 的积分值只决定于初、末状态，而与过程无关。可见，$\delta Q/T$ 的积分值必定是一个态函数，这个态函数就称为熵，常用 S 表示。从初态 A 到末态 B，熵的变化可以表示为

$$\Delta S=S_B-S_A=\int_A^B\frac{\delta Q}{T} \tag{7-6-5}$$

对于无限小的过程可以写为

$$\mathrm{d}S=\frac{\delta Q}{T} \tag{7-6-6}$$

上式给出在无限小可逆过程中，系统的熵变 $\mathrm{d}S$ 与其温度 T 和系统在该过程中吸收的热量 δQ 的关系。

熵是态函数，完全由状态所决定，也就是完全由描述状态的态参量所决定，所以确定了只要系统所处的平衡态，也就完全确定这个系统的熵，而与通过什么过程到达这个平衡态无关。在由(7-6-5)式计算的熵值中总包含了一个任意常量，这可以从(7-6-5)式的积分式

$$S-S_0=\int_A^B\frac{\delta Q}{T},\quad 或者\quad S=\int_A^B\frac{\delta Q}{T}+S_0$$

中看到，式中 S_0 就是这个任意常量。这与力学中求势能的情形相似，力学中为了消除或确定这个包含在势能中的常量，总是要选择势能零点。在这里，为了消除或确定包含在熵值中的常量也需要选择熵值为零或为某定值的参考态。

既然态函数熵完全由状态所决定，那么从初状态 A 到末状态 B 熵变(S_B-S_A)就完全由 A、B 两个状态所决定，而与从初状态到末状态经历怎样的过程无关。但是要计算熵变(S_B-S_A)，却必须沿一条可逆过程从 A 到 B 对 $\delta Q/T$ 积分。也就是说，在由(7-6-5)式计算熵变时，积分路径代表连接初、末两状态的任意可逆过程。所以在计算熵变时，总是在初、末两状态之间设计一个可逆过程，或者在 p-V 图中找寻一条便于积分的路径，或者计算出熵作为态参量的函数关系，再代入初、末两状态的态参量代入。

7.6.2 熵增加原理和热力学基本关系式

以上从可逆过程得出熵的概念。对于不可逆热机，根据卡诺定理其效率都不会超过可逆热机，即

$$\eta'\leqslant 1-\frac{T_2}{T_1}$$

也就是

$$\eta'=1-\frac{Q_2}{Q_1}\leqslant 1-\frac{T_2}{T_1}$$

于是，对于不可逆过程，克劳修斯等式(7-6-5)应由克劳修斯不等式

$$\oint\frac{\delta Q}{T}\leqslant 0 \tag{7-6-7}$$

代替，其中 δQ 表示工作物质从温度为 T 的热源吸收的热量。熵变则可表示为

$$\Delta S\geqslant\int_A^B\frac{\delta Q}{T} \tag{7-6-8}$$

或表示为

$$dS \geqslant \frac{\delta Q}{T} \tag{7-6-9}$$

(7-6-8)式或(7-6-9)式可以作为热力学第二定律的普遍表达式，它们反映了热力学第二定律对过程的限制，违背此不等式的过程是不可能实现的。因此，可以根据此表达式研究在各种约束条件下系统的可能变化。

对于一个孤立系统，因为它与外界不进行热量交换，所以无论发生什么过程，总有 $\delta Q=0$，根据(7-6-8)式和(7-6-9)式，必定有

$$\Delta S \geqslant 0 \tag{7-6-10}$$

$$dS \geqslant 0 \tag{7-6-11}$$

这表明孤立系统的熵永远不会减小。对于可逆过程，熵保持不变；对于不可逆过程，熵总是增加的，这就是熵增加原理。热力学第二定律指出了一切与热现象有关的宏观过程的不可逆性，假如发生这种过程的系统是孤立系统，那么根据熵增加原理，这个系统的熵必定是增加的。所以热力学第二定律有时也称为熵增加原理。

熵增加原理可以判明一个孤立系统发生某过程的可能性。计算系统的熵变，如果熵增加说明该过程能够进行，如果熵减小说明该过程不能发生。假如系统不是孤立的，在某过程中与外界发生热量交换，这时可以将系统和与之发生热交换的外界一起作为孤立系统，从而应用熵增加原理。

热力学第一定律可以表示为

$$\delta Q = dU - \delta A$$

将热力学第二定律的数学表达式(7-6-11)代入上式，可得

$$TdS \geqslant dU - \delta A \tag{7-6-12}$$

上式称为热力学基本关系式。式中不等号与不可逆过程相对应，此时 T 表示热源的温度，等号与可逆过程相对应，此时 T 既是热源的温度，也是系统的温度。对于可逆过程并且只存在膨胀功的情况下，热力学基本关系式可以写为

$$TdS = dU + pdV \tag{7-6-13}$$

上式虽然是从可逆过程得到的，但应该把它理解为在两相邻平衡态的态参量 U、S、V 的增量之间的关系，态参量的增量只决定于两平衡态，而与连接两态的过程无关。

思　考　题

7-1　在热力学中为什么要引入准静态过程的概念?

7-2　关于热容量的以下说法是否正确?

(1) 热容量是物质含有热量多少的量度；(2) 热容量是与过程有关的量；(3) 热容量不可能是负值。

7-3　所讨论的理想气体热功转换的 4 个过程中，哪些地方应用了热力学第一定律?在这 4 个过程中，哪一个过程的热功转换效率最大?

7-4 评论下述说法正确与否?

(1) 功可以完全变成热,但热不能完全变成功;

(2) 热量只能从高温物体传到低温物体,不能从低温物体传到高温物体。

(3) 可逆过程就是能沿反方向进行的过程,不可逆过程就是不能沿反方向进行的过程。

7-5 下列过程是否可逆,为什么?

(1) 高温下加热使水蒸发;(2) 绝热过程中,不同温度的两种液体混合;(3) 在体积不变下加热容器内的气体,使其温度由 T_1 变化到 T_2。

7-6 根据热力学第二定律判断下面说法是否正确?

(1) 功可以全部转化为热,但热不能全部转化为功;(2) 热量能从高温物体传向低温物体,但不能从低温物体传向高温物体。

7-7 系统从某一初态开始,分别经过可逆与不可逆两个过程到达同一末态,则在这两个过程中系统的熵变一样大吗?

7-8 由卡诺循环效率的公式,从数学角度看能否使 η 达到 100%? 这是什么样的能量转换关系?

7-9 由卡诺制冷系数的公式,从数学角度看能否使 ε 达到无穷大? 这是什么样的能量转换关系?

习　　题

7-1 一定量的理想气体,经历某过程后温度升高了,则根据热力学定律可以断定:

(1) 该理想气体系统在此过程中吸了热

(2) 在此过程中外界对该理想气体系统做了正功

(3) 该理想气体系统的内能增加了

(4) 在此过程中理想气体系统既从外界吸了热,又对外做了正功

以上正确的断言是: ( )

(A) (1)、(3)　(B) (2)、(3)　(C) (3)　(D) (3)、(4)

7-2 如果卡诺热机的循环曲线所包围的面积从图中的 $abcda$ 增大为 $ab'c'da$,那么循环 $abcda$ 与 $ab'c'da$ 所做的净功和热机效率变化情况是: ( )

(A) 净功增大,效率提高

(B) 净功增大,效率降低

(C) 净功和效率都不变

(D) 净功增大,效率不变

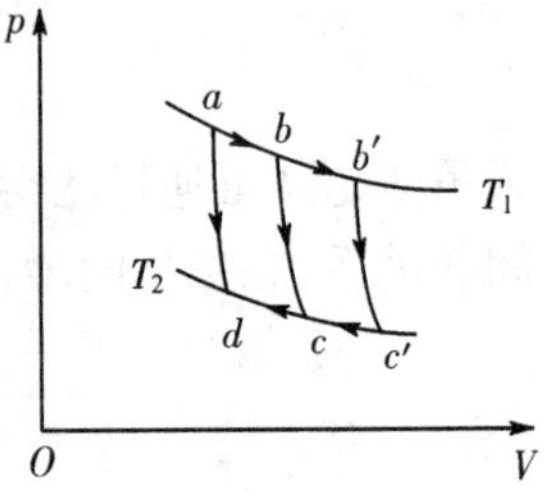

习题 7-2 图

7-3 根据热力学第二定律可知: ( )

(A) 功可以全部转换为热,但热不能全部转换为功

(B) 热可以从高温物体传到低温物体,但不能从低温物体传到高温物体

(C) 不可逆过程就是不能向相反方向进行的过程

(D) 一切自发过程都是不可逆的

7-4 设有以下一些过程:

(1) 两种不同气体在等温下互相混合　　(2) 理想气体在定体下降温
(3) 液体在等温下汽化　　(4) 理想气体在等温下压缩
(5)理想气体绝热自由膨胀
在这些过程中,使系统的熵增加的过程是:　　(　　)
(A) (1)、(2)、(3)　　(B) (2)、(3)、(4)
(C) (3)、(4)、(5)　　(D) (1)、(3)、(5)

7-5　1 mol 单原子理想气体从 300 K 加热到 350 K,问在下列两过程中吸收了多少热量?增加了多少内能?对外做了多少功?(1) 体积保持不变;(2) 压力保持不变。

7-6　压强为 1.0×10^5 Pa、体积为 0.008 2 m^3 的氮气,从初始温度 300 K 加热到400 K,如加热时(1) 体积不变(2) 压强不变,问各需热量多少?哪一个过程所需热量大?为什么?

7-7　有一定量的理想气体,其压强按 $p=\frac{C}{V^2}$ 的规律变化,C 是个常量。求气体从容积 V_1 增加到 V_2 所做的功,该理想气体的温度是升高还是降低?

7-8　1 mol 的氢,在压强为 1.0×10^5 Pa,温度为 20℃时,其体积为 V_0。今使它经以下两种过程达到同一状态:(1) 先保持体积不变,加热使其温度升高到 80℃,然后令它作等温膨胀,体积变为原体积的 2 倍;(2) 先使它作等温膨胀至原体积的 2 倍,然后保持体积不变,加热使其温度升到 80℃。试分别计算以上两种过程中吸收的热量,气体对外做的功和内能的增量;并在 $p-V$ 图上表示两过程。

7-9　0.01 m^3 氮气在温度为 300 K 时,由 0.1 MPa(即 1 atm)压缩到 1.0 MPa。试分别求氮气经等温及绝热压缩后的(1) 体积;(2) 温度;(3) 各过程对外所做的功。

7-10　理想气体由初状态(p_1,V_1)经绝热膨胀至末状态(p_2,V_2)。试证过程中气体所做的功为

$$A=\frac{p_1V_1-p_2V_2}{\gamma-1}$$

式中,γ 为气体的比热容比。

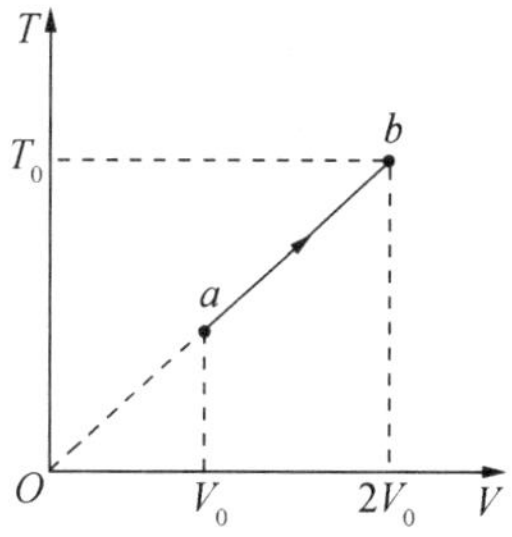

习题 7-11 图

7-11　1 mol 的理想气体的 $T-V$ 图(如图所示),ab 为直线,延长线通过原点 O。求 ab 过程气体对外做的功。

7-12　有单原子理想气体,若绝热压缩使其容积减半,问气体分子的平均速率变为原来的速率的几倍?若为双原子理想气体,又为几倍?

7-13　1 mol 理想气体在 400 K 与 300 K 之间完成一个卡诺循环,在 400 K 的等温线上起始体积为 0.001 m^3,最后体积为 0.005 m^3,试计算气体在此循环中所做的功,以及从高温热源吸收的热量和传给低温热源的热量。

7-14　一热机在 1 000 K 和 300 K 的两热源之间工作。如果(1) 高温热源提高到 1 100 K,(2) 低温热源降到 200 K,求理论上的热机效率各增加多少?为了提高热机效率哪一种方案更好?

7-15　一卡诺热机在 1 000 K 和 300 K 的两热源之间工作,试计算:(1) 热机效率;(2) 若低温热源不变,要使热机效率提高到 80%,则高温热源温度需提高多少?(3) 若高温热源不变,要使热机效率提高到 80%,则低温热源温度需降低多少?

7-16　用一卡诺循环的制冷机从 7℃的热源中提取 1 000 J 的热量传向 27℃的热源,

需要多少功？从-173℃向27℃呢？

7-17　以理想气体为工作热质的热机循环，如图所示。试证明其效率为

$$\eta=1-\gamma\frac{\left(\frac{V_1}{V_2}\right)-1}{\left(\frac{p_1}{p_2}\right)-1}$$

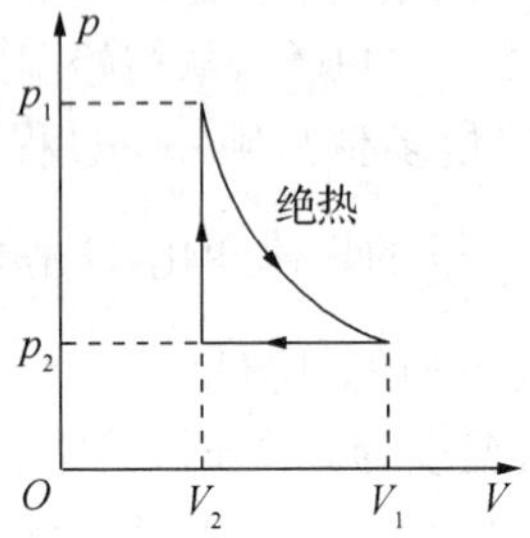

习题7-17图

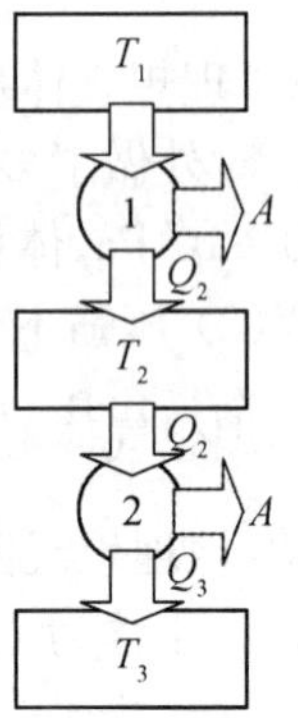

习题7-18图

7-18　两部可逆机串联起来，如图所示。可逆机1工作于温度为T_1的热源1与温度为$T_2=400$ K的热源2之间。可逆机2吸收可逆机1放给热源2的热量Q_2，转而放热给$T_3=300$ K的热源3。在两部热机效率和做功相同的情况下求T_1的值。

7-19　一热机每秒从高温热源($T_1=600$ K)吸取热量$Q_1=3.34\times10^4$ J，做功后向低温热源($T_2=300$ K)放出热量$Q_2=2.09\times10^4$ J，(1) 问它的效率是多少？它是不是可逆机？(2) 如果尽可能地提高热机的效率，问每秒从高温热源吸热3.34×10^4 J，则每秒最多能做多少功？

7-20　把质量为5 kg、比热容(单位质量物质的热容)为544 J·kg^{-1}的铁棒加热到300℃然后浸入一大桶27℃的水中。求在这冷却过程中铁的熵变。

7-21　一房间有N个气体分子，半个房间的分子数为n的概率为

$$w(n)=\sqrt{\frac{2}{N\pi}}e^{-2(n-\frac{N}{2})^2/N}$$

(1) 写出这种分布的熵的表达式$S=k\ln w$；

(2) $n=0$状态与$n=0.5$ N状态之间的熵变是多少？

(3) 如果$N=6\times10^{23}$，计算这个熵差。

7-22　有2 mol的理想气体，经过可逆的等压过程，体积从V_0膨胀到$3V_0$，求这一过程中的熵变。

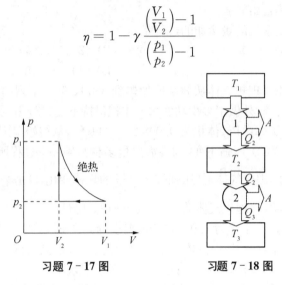

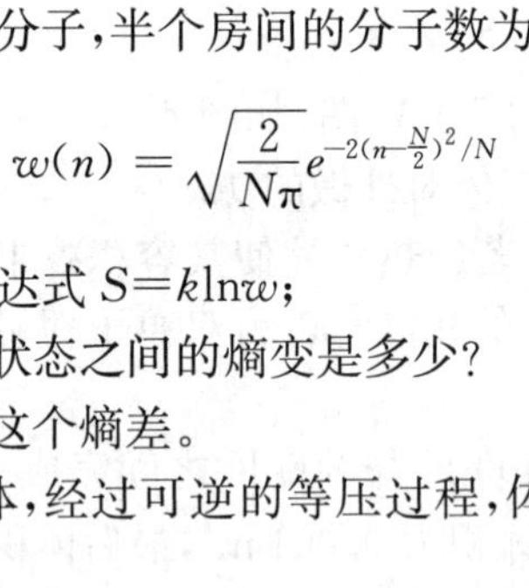

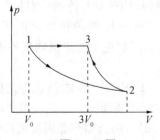

习题7-22图

附　录

附录1　矢量及其运算

一、矢量

(1) 矢量与标量

标量：仅用数值就能作出充分描述的量(如质量、密度、时间、能量等)。

矢量：具有一定大小和方向，且加法遵循平行四边形法则的量(如力、动量、位移、加速度等)。

(2) 量的表示

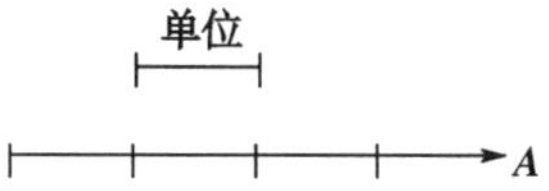

图Ⅰ-1　矢量的单位

矢量是用一个有单位，有向线段表示，如图Ⅰ-1所示。

矢量的大小——矢量的模(有向线段的长度)，$|\boldsymbol{A}|=A$

有向线段的方向即矢量的方向。

(3) 单位矢量

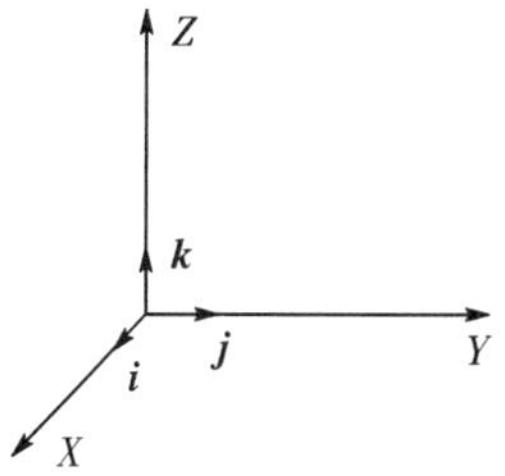

图Ⅰ-2　单位矢量

模等于1的矢量，如 $\boldsymbol{i}$、$\boldsymbol{j}$、$\boldsymbol{k}$、$\boldsymbol{A}^0$，如图Ⅰ-2所示。

$$\boldsymbol{i}+\boldsymbol{j}+\boldsymbol{k}\neq \text{单位矢量}$$

零矢量：模等于0的矢量，记为：$\boldsymbol{0}$ 或 0。

若 $\boldsymbol{A}=\boldsymbol{B}$，则表示 $\boldsymbol{A}$，$\boldsymbol{B}$ 的大小相等、方向相同。

二、矢量的加法与减法

(1) 加法

① 平行四边形法则(图Ⅰ-3)

$$\boldsymbol{A}+\boldsymbol{B}=\boldsymbol{C}$$

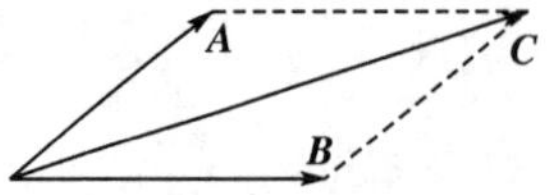

图Ⅰ-3　平行四边形法则

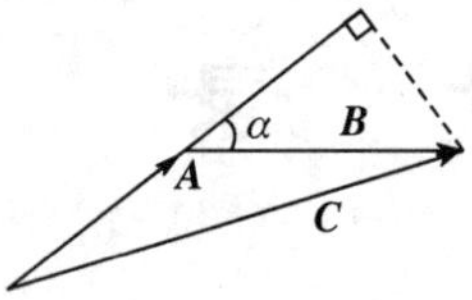

图Ⅰ-4　三角形法

② 三角形法(图Ⅰ-4)

$$\begin{cases} C = \sqrt{A^2 + B^2 + 2AB\cos\alpha} \\ \tan\beta = B\sin\alpha / (A + B\cos\alpha) \end{cases}$$

③ 三个以上的矢量相加(图Ⅰ-5)

$$\boldsymbol{F} = \boldsymbol{A} + \boldsymbol{B} + \boldsymbol{C}$$

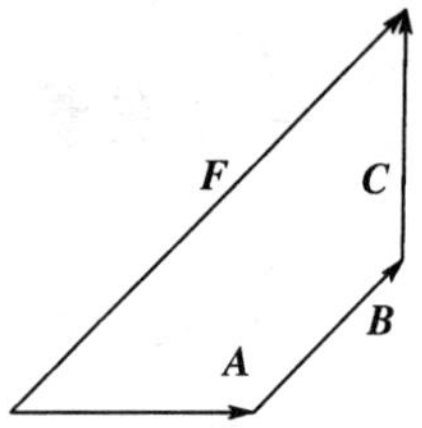

图Ⅰ-5　多矢量的合成

④ 一般法则：$\boldsymbol{F} = \sum_i \boldsymbol{F}_i$

⑤ 加法交换律与结合律：$\boldsymbol{A} + \boldsymbol{B} = \boldsymbol{B} + \boldsymbol{A}$

$$(\boldsymbol{A} + \boldsymbol{B}) + \boldsymbol{C} = \boldsymbol{A} + (\boldsymbol{B} + \boldsymbol{C}) = (\boldsymbol{A} + \boldsymbol{C}) + \boldsymbol{B}$$

(2) 减法

如图Ⅰ-6所示，若 $\boldsymbol{A} + \boldsymbol{B} = \boldsymbol{C}$，则 $\boldsymbol{B} = \boldsymbol{C} - \boldsymbol{A}$，作图时要注意矢量的始末端。

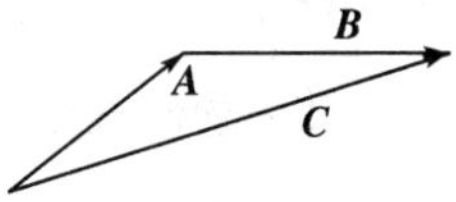

图Ⅰ-6　矢量减法

三、矢量的数乘

(1) 定义

矢量 $\boldsymbol{A}$ 与实数 m 的乘积仍为矢量

$$m\boldsymbol{A}\begin{cases} 模：|m|\,|\boldsymbol{A}| \\ 方向：\begin{cases} m > 0 —— m\boldsymbol{A} 与 \boldsymbol{A} 同方向 \\ m < 0 —— m\boldsymbol{A} 与 \boldsymbol{A} 反方向 \end{cases} \end{cases}$$

(2) 性质

① 分配律

$$(\lambda + \mu)\boldsymbol{A} = \lambda\boldsymbol{A} + \mu\boldsymbol{A}$$

$$\lambda(\boldsymbol{A} + \boldsymbol{B}) = \lambda\boldsymbol{A} + \lambda\boldsymbol{B}$$

② 交换律

$$\lambda(\mu\boldsymbol{A}) = \mu(\lambda\boldsymbol{A}) = (\lambda\mu)\boldsymbol{A}$$

用与矢量 **A** 同向的单位矢量 $\boldsymbol{A}^0$ 表示矢量 **A**：

令 $m=|\boldsymbol{A}|$，则 $\boldsymbol{A}=m\boldsymbol{A}^0=A\boldsymbol{A}^0$，$m=-1$，$m\boldsymbol{B}=-\boldsymbol{B}$，与 **B** 等大反向。

$$\boldsymbol{C}-\boldsymbol{B}=\boldsymbol{C}+(-\boldsymbol{B})$$

四、矢量的正交分解

矢量的合成(加减法)结果是唯一的，矢量的分解结果不是唯一的，仅当指定某些条件后，结果才确定。

【例 1】 已知一个矢量，将其分解为两个分矢量，(1) 两个分矢量的大小已知；(2) 两个分矢量中的一个大小方向已知，其结果才是唯一的。

一般分解方法：将一个矢量分解为直角坐标系各坐标轴上的分矢量。如图Ⅰ-7 所示，A_x、A_y、A_z是矢量在 x、y、z 轴上的投影，是标量。

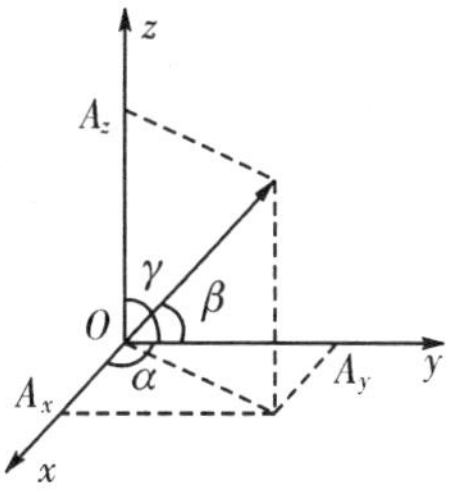

图Ⅰ-7　例 1 图

$A=\sqrt{A_x^2+A_y^2+A_z^2}$，$\alpha$、$\beta$、$\gamma$ 是矢量 **A** 的方向角。

$$\cos\alpha=\frac{A_x}{A},\cos\beta=\frac{A_y}{A},\ \cos\gamma=\frac{A_z}{A}$$

$$\cos^2\alpha+\cos^2\beta+\cos^2\gamma=1,\ \boldsymbol{A}=A_x\boldsymbol{i}+A_y\boldsymbol{j}+A_z\boldsymbol{k}$$

$$\boldsymbol{C}=\boldsymbol{A}+\boldsymbol{B}=(A_x+B_x)\boldsymbol{i}+(A_y+B_y)\boldsymbol{j}+(A_z+B_z)\boldsymbol{k}=C_x\boldsymbol{i}+C_y\boldsymbol{j}+C_z\boldsymbol{k}$$

$$C_x=A_x+B_x,\ C_y=A_y+B_y,C_z=A_z+B_z$$

$$\boldsymbol{D}=\boldsymbol{A}-\boldsymbol{B}=(A_x-B_x)\boldsymbol{i}+(A_y-B_y)\boldsymbol{j}+(A_z-B_z)\boldsymbol{k}=D_x\boldsymbol{i}+D_y\boldsymbol{j}+D_z\boldsymbol{k}$$

$$D_x=A_x-B_x,\ D_y=A_y-B_y,\ D_z=A_z-B_z$$

【例 2】 给定二矢量，**A**：$|\boldsymbol{A}|=27$ 且指向正东，**B**：$|\boldsymbol{B}|=15$ 且指向东偏北 40°。求 **A**+**B**。

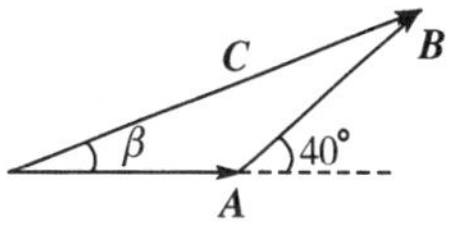

图Ⅰ-8　例 2 图(1)

解：如图Ⅰ-8 所示，令 **C**=**A**+**B**

则：$|\boldsymbol{C}|=C=\sqrt{(A+B\cos 40^\circ)^2+B^2\sin^2 40^\circ}$

$$=\sqrt{(27+15\cos 40^\circ)^2+(15\sin 40^\circ)^2}=39.68$$

$$\tan\beta=\frac{B\sin 40^\circ}{A+B\cos 40^\circ}=\frac{15\sin 40^\circ}{27+15\cos 40^\circ}=0.250\,5$$

$$\beta=14.06^\circ$$

所以矢量 **A**+**B** 的大小为 39.68；方向为东偏北 14.06°。

用正交分解法求：建立图Ⅰ-9 所示的坐标系

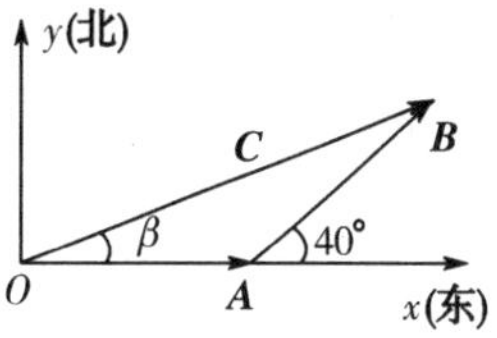

图Ⅰ-9　例 2 图(2)

$$\boldsymbol{A}=A\boldsymbol{i}=27\boldsymbol{i}=A_x\boldsymbol{i}$$

$$\boldsymbol{B}=B\cos 40^\circ\boldsymbol{i}+B\sin 40^\circ\boldsymbol{j}=11.489\boldsymbol{i}+9.642\boldsymbol{j}=B_x\boldsymbol{i}+B_y\boldsymbol{j}$$

$$C = A + B = (A_x + B_x)i + (A_y + B_y)j = (27 + 11.49)i + 9.642j,$$

$$|C| = C = \sqrt{(38.49)^2 + 9.642^2} = 39.68,$$

$$\tan\beta = \frac{C_y}{C_x} = \frac{9.642}{38.49} = 0.2505, \beta = 14.06°。$$

五、矢量的标积与矢积

(一) 矢量的标积

(1) 定义

矢量 $\boldsymbol{A}$ 和 $\boldsymbol{B}$ 的标积：$\boldsymbol{A}\cdot\boldsymbol{B} = |\boldsymbol{A}|\cdot|\boldsymbol{B}|\cos\theta$，
其中，θ 为矢量 $\boldsymbol{A}$ 和 $\boldsymbol{B}$ 的夹角，其取值范围为 $[0,\pi]$

(2) 矢量在坐标轴上投影(分量的值)

$A_x = A\cos\theta = |\boldsymbol{A}|\,|\boldsymbol{i}|\cos\theta = \boldsymbol{A}\cdot\boldsymbol{i}$，$A_y = \boldsymbol{A}\cdot\boldsymbol{j}$，$A_z = \boldsymbol{A}\cdot\boldsymbol{k}$。

若 $|\boldsymbol{A}|\neq 0$，$|\boldsymbol{B}|\neq 0$ 且 $\boldsymbol{A}\cdot\boldsymbol{B}=0$，则必有 $\boldsymbol{A}\perp\boldsymbol{B}$。

(3) 标积的性质

① 满足交换律：$\boldsymbol{A}\cdot\boldsymbol{B}=\boldsymbol{B}\cdot\boldsymbol{A}$；
② 满足分配律：$(\boldsymbol{A}+\boldsymbol{B})\cdot\boldsymbol{C}=\boldsymbol{A}\cdot\boldsymbol{C}+\boldsymbol{B}\cdot\boldsymbol{C}$；
③ 满足结合律：$(\boldsymbol{A}\cdot\boldsymbol{B})\lambda=(\lambda\boldsymbol{A})\cdot\boldsymbol{B}=\boldsymbol{A}\cdot(\lambda\boldsymbol{B})$，$\lambda$ 为实数。

(4) 用直角坐标系中的投影计算矢量的标积

$$\begin{aligned}\boldsymbol{A}\cdot\boldsymbol{B} &= (A_x\boldsymbol{i} + A_y\boldsymbol{j} + A_z\boldsymbol{k})\cdot(B_x\boldsymbol{i} + B_y\boldsymbol{j} + B_z\boldsymbol{k}) \\ &= A_xB_x + A_yB_y + A_zB_z\end{aligned}$$

(5) 应用

① 力学中
计算功：$dA=\boldsymbol{F}\cdot d\boldsymbol{r}$；流量：$dQ=\boldsymbol{v}\cdot d\boldsymbol{S}$。
② 电磁学中
计算通量：$d\Phi_E=\boldsymbol{E}\cdot d\boldsymbol{S}$；$d\Phi_B=\boldsymbol{B}\cdot d\boldsymbol{S}$。

【例 1】 已知矢量 $\boldsymbol{A}=-\boldsymbol{i}+\boldsymbol{j}$ 和 $\boldsymbol{B}=\boldsymbol{i}-2\boldsymbol{j}+2\boldsymbol{k}$，试计算二矢量的夹角。

解： $|\boldsymbol{A}| = \sqrt{2}$，$|\boldsymbol{B}| = \sqrt{9} = 3$，$\boldsymbol{A}\cdot\boldsymbol{B} = -1-2 = -3$，

$$\cos\theta = \frac{\boldsymbol{A}\cdot\boldsymbol{B}}{|\boldsymbol{A}|\,|\boldsymbol{B}|} = \frac{-3}{\sqrt{2}\cdot 3} = -\frac{\sqrt{2}}{2},\quad \theta = 135°。$$

(二) 矢量的矢积

(1) 定义

矢量 $\boldsymbol{A}$ 和 $\boldsymbol{B}$ 的矢积：$\boldsymbol{C}=\boldsymbol{A}\times\boldsymbol{B}$，$\boldsymbol{C}$ 为矢量。

则 $\boldsymbol{C}$ 的模：$|\boldsymbol{C}|=|\boldsymbol{A}|\,|\boldsymbol{B}|\sin\theta$，其中 θ 是矢量 $\boldsymbol{A}$ 和 $\boldsymbol{B}$ 的夹角。

方向：$\boldsymbol{C}=\boldsymbol{A}\times\boldsymbol{B}$（右手螺旋关系，转过的角度小于 180°），如图Ⅰ-10 所示。

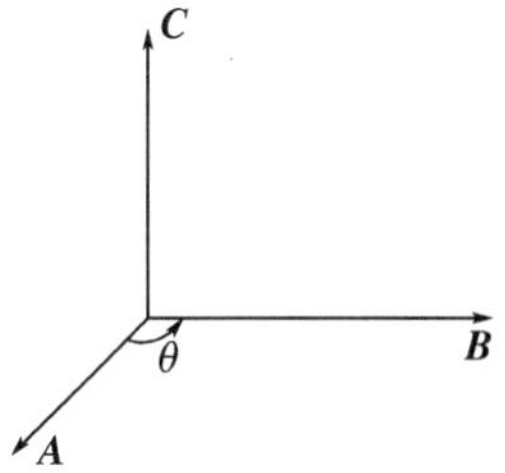

图Ⅰ-10 矢量的矢积

(2) 矢量积运算的性质

① $\boldsymbol{A}\times\boldsymbol{A}=0(\boldsymbol{i}\times\boldsymbol{i}=\boldsymbol{j}\times\boldsymbol{j}=\boldsymbol{k}\times\boldsymbol{k}=0,\boldsymbol{i}\times\boldsymbol{j}=\boldsymbol{k},\boldsymbol{i}\times\boldsymbol{k}=-\boldsymbol{j},\boldsymbol{k}\times\boldsymbol{j}=-\boldsymbol{j}\times\boldsymbol{k}=-\boldsymbol{i})$；

② 两个非零矢量 $\boldsymbol{A}$ 和 $\boldsymbol{B}$ 平行的充要条件：$\boldsymbol{A}\times\boldsymbol{B}=0$；

③ 不满足交换律：$\boldsymbol{A}\times\boldsymbol{B}\neq\boldsymbol{B}\times\boldsymbol{A}$

④ 满足分配律：$\boldsymbol{C}\times(\boldsymbol{A}+\boldsymbol{B})=\boldsymbol{C}\times\boldsymbol{A}+\boldsymbol{C}\times\boldsymbol{B}$

⑤ 数乘：$(\lambda\boldsymbol{A})\times\boldsymbol{B}=\lambda(\boldsymbol{A}\times\boldsymbol{B})=\boldsymbol{A}\times(\lambda\boldsymbol{B})$

(3) 用矢量在直角坐标系中的投影式计算矢积

$$\begin{aligned}\boldsymbol{A}\times\boldsymbol{B}&=(A_x\boldsymbol{i}+A_y\boldsymbol{j}+A_z\boldsymbol{k})\times(B_x\boldsymbol{i}+B_y\boldsymbol{j}+B_z\boldsymbol{k})\\&=A_xB_x\boldsymbol{i}\times\boldsymbol{i}+A_xB_y\boldsymbol{i}\times\boldsymbol{j}+A_xB_z\boldsymbol{i}\times\boldsymbol{k}+\\&\quad A_yB_x\boldsymbol{j}\times\boldsymbol{i}+A_yB_y\boldsymbol{j}\times\boldsymbol{j}+A_zB_z\boldsymbol{j}\times\boldsymbol{k}+\\&\quad A_zB_x\boldsymbol{k}\times\boldsymbol{i}+A_zB_y\boldsymbol{k}\times\boldsymbol{j}+A_zB_z\boldsymbol{k}\times\boldsymbol{k}\\&=(A_yB_z-A_zB_y)\boldsymbol{i}+(A_zB_x-A_xB_z)\boldsymbol{j}+(A_xB_y-A_yB_z)\boldsymbol{k}\\&=\begin{vmatrix}\boldsymbol{i}&\boldsymbol{j}&\boldsymbol{k}\\A_x&A_y&A_z\\B_x&B_y&B_z\end{vmatrix}\end{aligned}$$

应用：计算力矩、角动量、旋度、洛伦兹力等。

【例2】 已知矢量 $\boldsymbol{A}=-\boldsymbol{i}+\boldsymbol{j}$ 和 $\boldsymbol{B}=\boldsymbol{i}-2\boldsymbol{j}+2\boldsymbol{k}$，试计算二矢量的矢量积和夹角。

解： $\boldsymbol{A}\times\boldsymbol{B}=(2-0)\boldsymbol{i}+(0+2)\boldsymbol{j}+(2-1)\boldsymbol{k}=2\boldsymbol{i}+2\boldsymbol{j}+\boldsymbol{k}$，

$|\boldsymbol{A}\times\boldsymbol{B}|=\sqrt{2^2+2^2+1^2}=3$，$|\boldsymbol{A}|=\sqrt{2}$，则 $|\boldsymbol{B}|=3$，

$$\sin\theta=\frac{|\boldsymbol{A}\times\boldsymbol{B}|}{|\boldsymbol{A}|\,|\boldsymbol{B}|}=\frac{\sqrt{2}}{2}，则\ \theta=\frac{\pi}{4}\ 或\ \frac{3\pi}{4}，$$

通过作图Ⅰ-11 可知：$\theta=\dfrac{3\pi}{4}$。

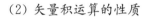

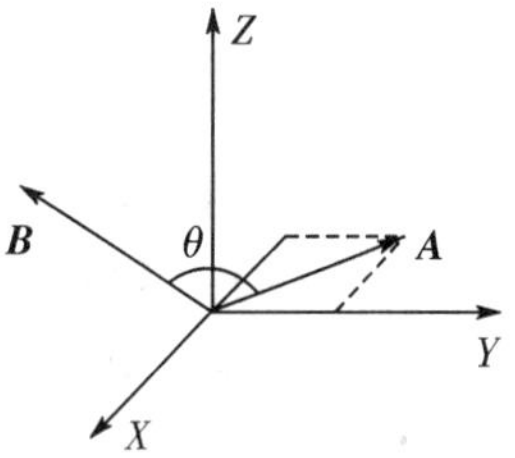

图Ⅰ-11 例2图

六、矢量导数

(一) 矢量函数

$$\boldsymbol{A}=\boldsymbol{A}(t)=A_x(t)\boldsymbol{i}+A_y(t)\boldsymbol{j}+A_z(t)\boldsymbol{k}$$

$$\boldsymbol{r}=\boldsymbol{r}(t)=x(t)\boldsymbol{i}+y(t)\boldsymbol{j}+z(t)\boldsymbol{k}$$

(二) 矢量函数的导数

$$\frac{\mathrm{d}\boldsymbol{A}(t)}{\mathrm{d}t}=\lim_{\Delta t\to 0}\frac{\Delta\boldsymbol{A}}{\Delta t}=\lim_{\Delta t\to 0}\frac{\boldsymbol{A}(t+\Delta t)-\boldsymbol{A}(t)}{\Delta t}$$
$$=\frac{\mathrm{d}A_x(t)}{\mathrm{d}t}\boldsymbol{i}+\frac{\mathrm{d}A_y(t)}{\mathrm{d}t}\boldsymbol{j}+\frac{\mathrm{d}A_z(t)}{\mathrm{d}t}\boldsymbol{k}$$

$$\left|\frac{\mathrm{d}\boldsymbol{A}(t)}{\mathrm{d}t}\right|=\left\{\left[\frac{\mathrm{d}A_x(t)}{\mathrm{d}t}\right]^2+\left[\frac{\mathrm{d}A_y(t)}{\mathrm{d}t}\right]^2+\left[\frac{\mathrm{d}A_z(t)}{\mathrm{d}t}\right]^2\right\}^{\frac{1}{2}}$$

(三) 矢量函数的求导法则

$$\frac{\mathrm{d}}{\mathrm{d}t}(\boldsymbol{A}+\boldsymbol{B})=\frac{\mathrm{d}\boldsymbol{A}}{\mathrm{d}t}+\frac{\mathrm{d}\boldsymbol{B}}{\mathrm{d}t},\ \frac{\mathrm{d}}{\mathrm{d}t}(f\boldsymbol{A})=\frac{\mathrm{d}f}{\mathrm{d}t}\boldsymbol{A}+f\frac{\mathrm{d}\boldsymbol{A}}{\mathrm{d}t}$$

式中,f 为标量函数。

【例 1】 已知:$\boldsymbol{A}=5t^2\boldsymbol{i}+3t\boldsymbol{j}+(19t+2)\boldsymbol{k}$,求 $\frac{\mathrm{d}\boldsymbol{A}}{\mathrm{d}t}$ 和 $\left|\frac{\mathrm{d}\boldsymbol{A}}{\mathrm{d}t}\right|$

解: $\frac{\mathrm{d}\boldsymbol{A}}{\mathrm{d}t}=10t\boldsymbol{i}+3\boldsymbol{j}+19\boldsymbol{k}$,$\left|\frac{\mathrm{d}\boldsymbol{A}}{\mathrm{d}t}\right|=\sqrt{(10t)^2+3^2+19^2}=\sqrt{100t^2+390}$。

【例 2】 已知 $\boldsymbol{r}=R\cos t\boldsymbol{i}+R\sin t\boldsymbol{j}+2t\boldsymbol{k}$。求分别在 $t=0$、$t=\pi/2$ 时 $\frac{\mathrm{d}\boldsymbol{r}}{\mathrm{d}t}$ 和 $\frac{\mathrm{d}^2\boldsymbol{r}}{\mathrm{d}t^2}$。

$$\frac{\mathrm{d}\boldsymbol{r}}{\mathrm{d}t}=-R\sin t\boldsymbol{i}+R\cos t\boldsymbol{j}+2\boldsymbol{k},\quad\begin{cases}t=0\text{ 时}, & \frac{\mathrm{d}\boldsymbol{r}}{\mathrm{d}t}=R\boldsymbol{j}+2\boldsymbol{k}\\ t=\pi/2\text{ 时}, & \frac{\mathrm{d}\boldsymbol{r}}{\mathrm{d}t}=-R\boldsymbol{i}+2\boldsymbol{k}\end{cases}$$

$$\frac{\mathrm{d}^2\boldsymbol{r}}{\mathrm{d}t^2}=-R\cos t\boldsymbol{i}-R\sin t\boldsymbol{j},\quad\begin{cases}t=0\text{ 时}, & \frac{\mathrm{d}^2\boldsymbol{r}}{\mathrm{d}t^2}=-R\boldsymbol{i}\\ t=\pi/2\text{ 时}, & \frac{\mathrm{d}^2\boldsymbol{r}}{\mathrm{d}t^2}=-R\boldsymbol{j}\end{cases}$$

习　题

1. 计算下列各式:

(1) $\boldsymbol{i}\cdot(\boldsymbol{j}\times\boldsymbol{k})+\boldsymbol{j}\cdot(\boldsymbol{k}\times\boldsymbol{i})+\boldsymbol{k}\cdot(\boldsymbol{i}\times\boldsymbol{j})$

(2) $\boldsymbol{A}\cdot(\boldsymbol{B}\times\boldsymbol{A})$

2. 已知 $\boldsymbol{A}=t^2\boldsymbol{i}+\mathrm{e}^{-t}\boldsymbol{j}-\boldsymbol{k}$,求 $\frac{\mathrm{d}\boldsymbol{A}}{\mathrm{d}t}$ 和 $\frac{\mathrm{d}^2\boldsymbol{A}}{\mathrm{d}t^2}$。

3. 已知 $\boldsymbol{A}=3\mathrm{e}^{-x}\boldsymbol{i}-(4t^3-1)\boldsymbol{j}$,$\boldsymbol{B}=4t^2+3t$,求 $\frac{\mathrm{d}}{\mathrm{d}t}(\boldsymbol{A}\cdot\boldsymbol{B})$。

附录 2　常见物理学常量及单位

物理常数	符号	最佳实验值
真空中的光速	c	$299\,792\,458 \pm 1.2\ \mathrm{m \cdot s^{-1}}$
引力常数	G_0	$(6.672\,0 \pm 0.004\,1) \times 10^{-11}\ \mathrm{m^3 \cdot s^{-2}}$
阿伏伽德罗(Avogadro)常数	N_A	$(6.022\,045 \pm 0.000\,031) \times 10^{23}\ \mathrm{mol^{-1}}$
普适气体常数	R	$(8.314\,41 \pm 0.000\,26)\mathrm{J \cdot mol^{-1} \cdot K^{-1}}$
玻耳兹曼(Boltzmann)常数	k	$(1.380\,662 \pm 0.000\,041) \times 10^{-23}\ \mathrm{J \cdot K^{-1}}$
理想气体摩尔体积	V_m	$(22.413\,83 \pm 0.000\,70) \times 10^{-3}$
基本电荷(元电荷)	e	$(1.602\,189\,2 \pm 0.000\,004\,6) \times 10^{-19}\ \mathrm{C}$
原子质量单位	u	$(1.660\,565\,5 \pm 0.000\,008\,6) \times 10^{-27}\ \mathrm{kg}$
电子静止质量	m_e	$(9.109\,534 \pm 0.000\,047) \times 10^{-31}\ \mathrm{kg}$
电子荷质比	e/m_e	$(1.758\,804\,7 \pm 0.000\,004\,9) \times 10^{-11}\ \mathrm{C \cdot kg^{-2}}$
质子静止质量	m_p	$(1.672\,648\,5 \pm 0.000\,008\,6) \times 10^{-27}\ \mathrm{kg}$
中子静止质量	m_n	$(1.674\,954\,3 \pm 0.000\,008\,6) \times 10^{-27}\ \mathrm{kg}$
真空电容率	ε_0	$(8.854\,187\,818 \pm 0.000\,000\,071) \times 10^{-12}\ \mathrm{F \cdot m^{-2}}$
真空磁导率	μ_0	$12.566\,370\,614\,4 \times 10^{-7}\ \mathrm{H \cdot m^{-1}}$
电子磁矩	μ_e	$(9.284\,832 \pm 0.000\,036) \times 10^{-24}\ \mathrm{J \cdot T^{-1}}$
质子磁矩	μ_p	$(1.410\,617\,1 \pm 0.000\,005\,5) \times 10^{-23}\ \mathrm{J \cdot T^{-1}}$
玻尔(Bohr)半径	α_0	$(5.291\,770\,6 \pm 0.000\,004\,4) \times 10^{-11}\ \mathrm{m}$
玻尔(Bohr)磁子	μ_B	$(9.274\,078 \pm 0.000\,036) \times 10^{-24}\ \mathrm{J \cdot T^{-1}}$
核磁子	μ_N	$(5.059\,824 \pm 0.000\,020 \pm \times 10^{-27}\ \mathrm{J \cdot T^{-1}}$
普朗克(Planck)常数	h	$(6.626\,176 \pm 0.000\,036) \times 10^{-34}\ \mathrm{J \cdot s}$
精细结构常数	a	$7.297\,350\,6(60) \times 10^{-3}$
里德伯(Rydberg)常数	R	$1.097\,373\,177(83) \times 10^{7}\ \mathrm{m^{-1}}$
电子康普顿(Compton)波长	λ	$2.426\,308\,9(40) \times 10^{-12}\ \mathrm{m}$
质子电子质量比	m_p/m_e	$1\,836.151\,5$

部分参考答案

第一章

1-9 (1) 轨迹方程：$z=2$，$xy=1$

(2) $\Delta \boldsymbol{r}=-7.2537\boldsymbol{i}+7.2537\boldsymbol{j}(\mathrm{m})$，$|r|=7.2537\sqrt{2}\ \mathrm{m}$，$\alpha=135^\circ$，$\beta=45^\circ$，$\gamma=90^\circ$

1-10 (1) $t=0$：$\boldsymbol{v}=R\boldsymbol{j}+2\boldsymbol{k}(\mathrm{m\cdot s^{-1}})$，$\boldsymbol{a}=-R\boldsymbol{i}\ \mathrm{m\cdot s^{-2}}$，$t=\pi/2$，$\boldsymbol{v}=-R\boldsymbol{i}+2\boldsymbol{k}(\mathrm{m\cdot s^{-1}})$，$\boldsymbol{a}=-R\boldsymbol{j}\ \mathrm{m\cdot s^{-2}}$ (2) $t=0$，$\boldsymbol{v}=3\boldsymbol{i}\ \mathrm{m\cdot s^{-1}}$，$\boldsymbol{a}=-9\boldsymbol{j}\ \mathrm{m\cdot s^{-2}}$，$t=1$，$\boldsymbol{v}=3\boldsymbol{i}-9\boldsymbol{j}+18\boldsymbol{k}(\mathrm{m\cdot s^{-1}})$，$\boldsymbol{a}=-9\boldsymbol{j}+36\boldsymbol{k}(\mathrm{m\cdot s^{-2}})$。

1-11 (1) $4\ \mathrm{m\cdot s^{-1}}$ (2) $t=3\ \mathrm{s}$时，$-18\ \mathrm{m\cdot s^{-1}}$，$t=4\ \mathrm{s}$：$-48\ \mathrm{m\cdot s^{-1}}$

(3) $t=3\ \mathrm{s}$：$-24\ \mathrm{m\cdot s^{-2}}$，$t=4\ \mathrm{s}$：$-36\ \mathrm{m\cdot s^{-2}}$

1-12 $x=a\cos t$，$v_x=\mathrm{d}x/\mathrm{d}t=-a\sin t$，$a_x=\mathrm{d}v_x/\mathrm{d}t=-a\cos t$

质点随时间按余弦规律作周期性运动，运动范围：$-a\leqslant x\leqslant a$，$-a\leqslant v_x\leqslant a$，$-a\leqslant a_x\leqslant a$

1-13 a 种运动：$v=\tan120^\circ=-\sqrt{3}\ \mathrm{m\cdot s^{-1}}$，$x|_{t=0}=20\ \mathrm{m}$，$t|_{x=0}=20\tan30^\circ=11.55\ \mathrm{s}$；

b 种运动：$v=\tan30^\circ=\sqrt{3}/3\ \mathrm{m\cdot s^{-1}}$，$x|_{t=0}=10\ \mathrm{m}$，$t|_{x=0}=-10/\tan30^\circ\approx-17.32\ \mathrm{s}$；

c 种运动：$v=\tan45^\circ=1\ \mathrm{m\cdot s^{-1}}$，$t|_{x=0}=25\ \mathrm{s}$，$x|_{t=0}=-25\tan45^\circ=-25\ \mathrm{m}$。

1-14 (1) $v_0=0$时，$v_x=t^2$，$x=\frac{1}{3}t^3$；$x(6)=\frac{1}{3}\times6^2=72\ \mathrm{cm}$；

$\Delta x=x(6)-x(0)=72\ \mathrm{m}$，路程 $S=\Delta x=72\ \mathrm{cm}$

(2) $v_0=-9$时，$v_x=t^2-9$，$x=\frac{1}{3}t^3-9t$；$\Delta x=x(6)-x(0)=18\ \mathrm{cm}$，路程 $S=\Delta x=54\ \mathrm{cm}$

1-15 $v_x=\dfrac{v_0}{1+v_0bt}$，$x=\dfrac{1}{b}\ln(1+v_0bt)$

1-16 (1) 令 $x_1=x_2$，求得相遇时间：$t=30\ \mathrm{s}$ (2) 上坡者：60 m，下坡者：135 m

1-17 0.64 m

1-18 2.38 m

1-19 1 531 m

1-20 $40\ \mathrm{m\cdot s^{-1}}$，$a_\tau=-2\ \mathrm{m\cdot s^{-2}}$，$a_n=1.067\ \mathrm{m\cdot s^{-2}}$，$a=2.267\ \mathrm{m\cdot s^{-2}}$，加速度与速度所成夹角为 $\alpha\approx152^\circ$

1-21 起点处加速度最大，$a_{max}=22.1\ \mathrm{m\cdot s^{-2}}$

1-22 $a=4.126\ \mathrm{m\cdot s^{-2}}$，加速度 $\boldsymbol{a}$ 与切向单位矢量 $\boldsymbol{e}_r$ 夹角：$\theta=18.16^\circ$

第二章

2-17 $12\sqrt{5}\mathrm{N}$，力与 x 轴的夹角 $26^\circ34'$

2-19 $\dfrac{F-2\mu m_1g}{m_1+m_2}-\mu g$，$\dfrac{m_1(F-2\mu m_1g)}{m_1+m_2}$

2-20 $\dfrac{4m_1m_2g}{m_1+m_2}$

2-21 拉力：220.5 N，压力：367.5 N

2-22 (1) $F_{物板}=2\ \mathrm{N}$，$F_{板桌}=8.82\ \mathrm{N}$ (2) $F\geqslant23.52\ \mathrm{N}$

2-23 $314\ \mathrm{m\cdot s^{-1}}$，6 702 m。

2-24　$F_f=\dfrac{m(g\tan\alpha-a_n)}{\cos\alpha+\sin\alpha\tan\alpha}$，指向内侧

2-25　12.5 m·s^{-1}

2-26　20.88 m·s^{-1}

2-27　3.86 m·s^{-1}

2-29　(1) 22.1 m·s^{-1}　(2) 6.3 m, 21.6 m　(3) 19.1 m·s^{-1}

2-30　4.28 m·s^{-1}

2-32　$F_f=\dfrac{M^2v^2}{2s(M+m)}$

2-33　0.033 m

2-34　0.3 m

2-35　0.25 m

2-36　10 m

2-37　$F_{max}=245$ N

2-38　2.65×10^{40} kg·m^2·s^{-1}

2-40　$v_0\approx1.3$ m·s^{-1}　$v\approx0.33$ m·s^{-1}

2-41　(1) 2 275 kg·m^2·s^{-1}　(2) 13 m·s^{-1}　(3) 4 732 N　(4) 4 436 J　(5) 8 872 J

第三章

3-13　$\omega=a+3bt^2-4ct^3$, $\alpha=6bt-12ct^2$

3-14　1.54×10^3 rad/min

3-15　$\dfrac{1}{2}m(r_1^2+r_2^2)$

3-17　$\dfrac{1}{2}mR^2$

3-18　$\dfrac{M}{2}\left(R^2-r^2-\dfrac{2r^4}{R^2}\right)$

3-19　$t=2.67$ s

3-20　(1) 39.2 rad/s　(2) 44.3 rad/s, 490 J　(3) 21.8 rad/s^2, 33 rad/s, 272.5 J

3-21　$J=1.39\times10^{-2}$ kg·m^2

3-22　$\dfrac{3R\omega_0^2}{16\pi\mu g}$

3-23　1.48 m/s

3-24　$\dfrac{4m}{3ka^2b\omega_0}$

3-25　(1) $\dfrac{R^2\omega^2}{2g}$　(2) ω, $\left(\dfrac{1}{2}MR^2-mR^2\right)\omega$, $\dfrac{1}{2}\left(\dfrac{1}{2}MR^2-mR^2\right)\omega^2$

3-26　(1) 6.3×10^2 kg·m^2·s^{-1}　(2) 8.67 rad·s^{-1}　(3) 动能不守恒，总能量守恒

3-27　$\dfrac{12v_0}{7l}$ rad·s^{-1}

3-28　(1) $\omega=\dfrac{J_1}{J_0}\omega_0=4\omega_0$　(2) $A=\dfrac{1}{2}J_1\omega_1^2-\dfrac{1}{2}J_0\omega_0^2=\dfrac{3}{2}mr_0^2\omega_0^2$

3-29　(1) $\alpha=18.4$ s^{-2}, $\omega=7.98$ rad·s^{-1}　(2) $E_K=0.98$ J　(3) $E=8.57$ rad·s^{-2}

3-30　(1) $J_2=20.0$ kg·m^2　(2) $\Delta E=-1.32\times10^4$ J，式中负号表示啮合过程中机械能减少

3-31　(1) $\dfrac{3}{4}g$　(2) $F_N=mg/4$

第四章

4-6 4×10^{6} m

4-7 $\Delta t'=-5.77\times10^{-6}$ s

4-8 $0.994c$

4-9 略

4-10 49.999 999 98 m

4-11 $\frac{\sqrt{3}}{2}c$

4-12 $l=\sqrt{\Delta x'^{2}+\Delta y'^{2}}=l_0\sqrt{1-\frac{u^2}{c^2}\cos^2\theta}$，$\theta'=\arctan\frac{\Delta y'}{\Delta x'}=\arctan\left[\tan\theta\left(1-\frac{u^2}{c^2}\right)^{-1/2}\right]$

4-13 （1）2.87×10^{8} s （2）1.28×10^{7} s

4-14 $\frac{\sqrt{5}}{3}c$

4-15 （1）$\frac{m_0}{l_0(1-v^2/c^2)}$ （2）$\frac{m_0}{l_0\sqrt{1-v^2/c^2}}$

4-16 $m_0c^2\left(\frac{l_0}{l}-1\right)$

4-17 2.69×10^{-30} kg，$0.94c$，7.59×10^{-22} kg·m/s

4-18 $0.999\,999\,985c$

4-19 3.21×10^{5} eV，5.71×10^{-31} kg

第五章

5-11 $x=0.02\cos\left(\pi t+\frac{\pi}{2}\right)$

5-12 $x=0.04\cos\left(\pi t-\frac{\pi}{2}\right)$

5-13 10 cm，$\frac{\pi}{2}$

5-14 （1）$A=0.10$ m，$\omega=20\pi s^{-1}$，$\varphi=0.25\pi$，$T=\frac{2\pi}{\omega}=0.10$ s，$v=\frac{1}{T}=10$ Hz

（2）$x=7.07\times10^{-2}$ m，$v=-4.44$ m·s^{-1}，$a=-2.79\times10^{2}$ m·s^{-2}

5-15 （1）$x=A\cos\omega t$ （2）$x=A\cos\left(\omega t+\frac{\pi}{2}\right)$ （3）$x=A\cos\left(\omega t+\frac{\pi}{3}\right)$ （4）$x=A\cos\left(\omega t+\frac{4\pi}{3}\right)$

5-16 （1）$x_1=(8.0\times10^{-2}\text{ m})\cos(10t+\pi)$ （2）$x_2=(6.0\times10^{-2}\text{ m})\cos(10t+0.5\pi)$

5-17 （1）$\frac{1}{4}T$ （2）$\frac{1}{12}T$ （3）$\frac{1}{6}T$

5-18 （1）$\lambda=0.24$ m，$u=0.12$ m/s （2）$y=0.05\cos\pi\left(t-\frac{x}{0.12}+\frac{1}{2}\right)$

5-19 （1）$x=0.05\cos\left(200\pi t-\frac{\pi}{2}\right)$ m （2）$y=0.05\cos\left[200\pi\left(t-\frac{x}{400}\right)-\frac{\pi}{2}\right]$ m （3）199π

5-20 （1）$y=0.1\cos4\pi\left(t-\frac{x}{20}\right)$ m （2）0.1 m （3）-1.26 m/s

5-21 （1）865.6 Hz，743.7 Hz （2）826.2 Hz

第6章

6-6 1.92×10^{-6} kg

6-7　7.55×10^4 Pa

6-8　$2.45\times10^{10}\ \mathrm{m^{-3}}$

6-9　$1.93\times10^3\ \mathrm{m\cdot s^{-1}}$，$4.83\times10^3\ \mathrm{m\cdot s^{-1}}$，$1.93\times10^2\ \mathrm{m\cdot s^{-1}}$，$6.21\times10^{-21}$ J

6-10　(1) $2.44\times10^{25}\ \mathrm{m^{-1}}$　(2) $1.30\ \mathrm{kg\cdot m^{-3}}$　(3) 6.21×10^{-21} J　(4) 3.45×10^{-9} m

6-11　7.7 K

6-12　3 倍，1.5 倍，1.22 倍

6-13　(1) 2.07×10^{-15} J　(2) $1.96\times10^6\ \mathrm{m\cdot s^{-1}}$

6-14　284 K

6-15　0.78

6-16　1.05%

6-17　2 304 m

6-18　(1) $A=\dfrac{3N}{4\pi V_F^3}$　(2) $\dfrac{3}{5}E_F$

6-19　(1) $3.75\times10^{24}\ \mathrm{m^{-3}}$　(2) 8.28×10^{-21} J　(3) $2.23\times10^3\ \mathrm{m\cdot s^{-1}}$　(4) $439\ \mathrm{m\cdot s^{-1}}$

6-20　$3.22\times10^{17}\ \mathrm{m^{-1}}$　7.8 m

6-21　(1) $5.42\times10^8\ \mathrm{s^{-1}}$　(2) $0.71\ \mathrm{s^{-1}}$

第七章

7-5　(1) 623.25 J，623.25 J，0　(2) 1 038.75 J，623.25 J，415.5 J

7-6　(1) 683 J　(2) 956 J

7-7　降低

7-8　(1) 1 246.5 J，2 033.3 J，3 279.8 J　(2) 1 687.7 J，1 246.5 J，2 934.2 J

7-9　$1\times10^{-3}\ \mathrm{m^3}$，300 K，$-4.67\times10^3$ J；1.96×10^{-3} m，579 K，-2.35×10^4 J

7-10　略

7-11　$\dfrac{RT_0}{2}$

7-12　1.26，1.15

7-13　1 338 J，4 013 J

7-14　2.7%，10%

7-15　70%，500 K，100 K

7-16　71.4 J，2 000 J

7-17　略

7-18　533 K，500 K

7-19　(1) 37.4%，不可逆机　(2) 1.67×10^4 J

7-20　$-1\,760\ \mathrm{J\cdot K^{-1}}$

7-21　(1) $k\left[-\dfrac{2\left(n-\dfrac{N}{2}\right)}{N}+\ln\sqrt{\dfrac{2}{\pi N}}\right]$　(2) $k\dfrac{N}{2}$　(3) $4.14\ \mathrm{J\cdot K^{-1}}$

7-22　$2C_p\ln3$

参考书目

[1] 刘克哲.普通物理学(上,下册).第三版.北京:高等教育出版社,2003

[2] 程守洙等.普通物理学(第1、2、3册).第五版.北京:高等教育出版社,1999

[3] 马文蔚等.物理学(上、中、下册).第五版.北京:高等教育出版社,2005

[4] 马文蔚等.物理学教程(上、下册).第二版.北京:高等教育出版社,2005

[5] 马文蔚等.物理学原理在工程技术中的应用.第三版.北京:高等教育出版社,2006

[6] 卢德馨.大学物理学(上、下册).北京:高等教育出版社,1998

[7] 周岳明,张瑞明.大学物理解题方法.北京:电子工业出版社,1985

[8] 张三慧,史田兰.大学物理学(第1、2、3、4册).北京:清华大学出版社,1991

[9] 郭奕玲,沈慧君.物理学史.北京:清华大学出版社,1993

[10] 漆安慎,杜婵英.力学(普通物理学教程).北京:高等教育出版社,2001

[11] 赵凯华等.力学(新概念物理教程).北京:高等教育出版社,1999

[12] 秦允豪.热学(面向21世纪课程教材).北京:高等教育出版社,1990

[13] 赵凯华,罗蔚茵.热学(新概念物理教程).北京:高等教育出版社,1998

[14] 李椿,章立源.热学.北京:高等教育出版社,1997

[15] 赵凯华.电磁学.北京:高等教育出版社,2003

[16] 贾瑞皋,薛庆忠.电磁学.北京:高等教育出版社,2003

[17] 赵凯华,钟锡华.光学.北京:北京大学出版社,1984

[18] 赵凯华.光学(新概念物理教程).北京:高等教育出版社,2004

[19] 宣桂鑫.光学.上海:华东师范大学出版社,1998

[20] 褚圣麟.原子物理学.北京:人民教育出版社,1979

[21] 杨福家等.原子核物理.上海:复旦大学出版社,2002

[22] 沈黄晋.物理演示实验教程.北京:科学出版社,2009

"十二五"江苏省高等学校重点教材

2015-1-093

DAXUE WULI

大学物理 下

第三版

主编　刘成林

南京大学出版社

图书在版编目(CIP)数据

大学物理 / 刘成林主编. — 3 版. — 南京：南京大学出版社，2017.6(2023.7 重印)
ISBN 978-7-305-18890-9

Ⅰ. ①大… Ⅱ. ①刘… Ⅲ. ①物理学-高等学校-教材 Ⅳ. ①04

中国版本图书馆 CIP 数据核字(2017)第 140688 号

出版发行 南京大学出版社
社　　址 南京市汉口路 22 号　　邮编 210093
出 版 人 王文军

书　　名 大学物理(下册)
主　　编 刘成林
责任编辑 贾　辉　吴　汀　　编辑热线 025-83596531

照　　排 南京开卷文化传媒有限公司
印　　刷 盐城市华光印刷厂
开　　本 787×1092 1/16 印张 14.5 字数 362 千
版　　次 2023 年 7 月第 3 版第 4 次印刷
ISBN 978-7-305-18890-9
定　　价 64.00 元(上下册)

网　　址：http://www.njupco.com
官方微博：http://weibo.com/njupco
官方微信号：njupress
销售咨询热线：(025)83594756

第3版前言

随着应用型高校的教学改革，对学生来说主要是工程应用能力培养的要求。考虑到物理在工程中的应用越来越广泛，物理学知识在不断更新，对应得教学内容需要不断地更新。因此，依据《非物理类理工学科大学物理课程教学基本要求》和工科专业标准的征求意见稿中对《大学物理》课程的要求，在征求使用教材的任课教师、学生的意见和建议的基础上对该教材进行完善和修订，以便适应时代的发展，形成校本教材的特色。

在教材修订过程中，遵循《非物理类理工学科大学物理课程教学基本要求》的基本精神与理念，努力落实“四基”，着重培养学生发现问题、提出问题、分析问题与解决问题的能力。按照《非物理类理工学科大学物理课程教学基本要求(2010 年版)》的基本要求，增删相关内容，严格控制要求与难度。保持成功有效的特色，鲜明到位，使其更好地发挥作用。从任课教师与使用教材学生的角度换位思考，对教材的知识内容与训练系统的修订，使教材成为教师好教、学生好学的蓝本。做到科学严谨，慎之又慎，反复研磨与阅改，力争成为精品教材。

在修订工程中，更加重视物理学家简介、物理学与社会等阅读材料和“研究性课题”，增加了相应的二维码作为拓展与延伸课堂学习的范围。紧密结合训练物理思维方法，在实际物理问题中紧密围绕提高解决问题能力。吸取相关科研成果，适当贯穿介绍了现代的科学研究方法，使内容尽可能丰富翔实，增加本书的趣味性与可读性。增加物理学在工程中的应用等内容，提高学生的工程意识。部分调整教材结构，完善物理知识体系。适当增补或删减一些内容，使更好地适应应用型本科人才培养的需要。

全书仍保持原教材的结构，共分为 5 篇 13 章。第 1 篇包括力学基础(1—3 章)、相对论(第 4 章)和机械振动和机械波(第 5 章)，第 2 篇为热学(6—7 章)，第 3 篇为电磁学(8—10 章)，第 4 篇为光学(11 章)，第 5 篇近代物理(12—13 章)。本书修订工作由教材编写组全体老师负责，分板块、逐章逐节进行研读修订，同时还外请一些具有丰富教学经验的《大学物理》或《基础物理》教师审阅。修订组通过多次研讨后定稿，主编最后审定教材终稿。

在编写和修订的过程中，我们参考部分教材、文献和网上资料，同时得到了江苏省教育厅重点教材立项支持和盐城师范学院大学物理教研室的各位老师的帮助，在此表示衷心感谢！

由于水平有限，书中疏漏或错误之处在所难免，恳请读者批评指正。

编　者

2017 年 5 月

目　录

第三篇　电磁学

第四篇　光　学

第五篇　近代物理

第三篇　电磁学

电磁学是研究电、磁和电磁相互作用现象及其规律和应用的物理学分支学科。根据近代物理学的观点，磁现象是由运动电荷产生的。因而，在电学的范围内必然不同程度地包含磁学的内容。所以，电学和磁学的内容很难截然划分，而“电学”有时也作为“电磁学”的简称。

早期，磁现象曾被认为是与电现象独立无关的，同时也因磁学本身的发展和应用，如近代磁性材料和磁学技术的发展，新的磁效应和磁现象的发现和应用等等，使得磁学内容不断扩大，所以实际上磁学也作为一门与电学平行的学科来研究。

电磁学从原来互相独立的两门学科（电学、磁学）发展成为物理学中一个完整的分支学科，主要是基于两个重要的实验发现，即电流的磁效应和变化磁场的电效应。基于这两个实验现象，加上麦克斯韦关于变化电场产生磁场的假设，从而奠定了电磁学的整个理论体系，进而发展了对现代文明具有重大影响的电工和电子技术。

麦克斯韦电磁理论的重大意义不仅在于该理论支配着一切宏观电磁现象（包括静电、稳恒磁场、电磁感应、电路、电磁波等），而且在于将光学现象统一于该理论框架内，深刻影响着人们认识物质世界的思想。

电磁波（又称电磁辐射）是由同相振荡且互相垂直的电场与磁场在空间中以波的形式移动，且有别于机械波的另一种形式的波动。电磁波的传播方向垂直于由电场与磁场构成的平面，有效传递能量和动量。电磁辐射按照频率大小分类，从低频率到高频率，包括有无线电波、微波、红外线、可见光、紫外光、X 射线和 γ 射线等等。光是人眼可接收到的电磁辐射，波长在 400～760 nm 之间的，称为可见光。因此，光属于电磁波，也是一种波动。

第 8 章　静电场

电磁运动是自然界中物质运动的又一种形式，自然界中很多变化都与电和磁相联系。电磁相互作用是自然界中四种基本相互作用之一。日常生产生活中，对物质结构深入认识的进程都要涉及电磁运动。所以，研究电磁运动对深入认识物质世界和促进社会生产力发展都是十分重要的。因此，学习和掌握电磁运动的规律，在理论和实践上具有极其重要的作用。本章将主要研究静电场的基本性质，如点电荷产生静电场的基本规律——库仑定律，静电场的两个基本定理——静电场的高斯定理和安培环路定理等。

8.1 电荷和库仑定律

8.1.1 电荷

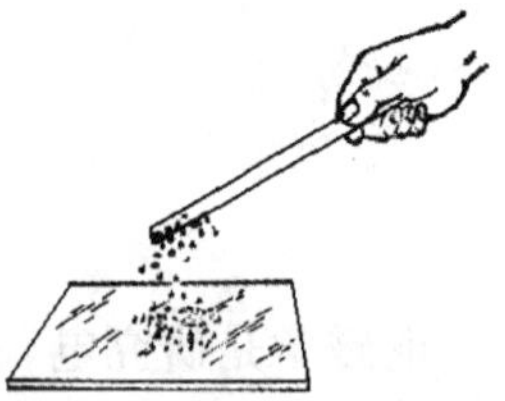

图 8-1 摩擦起电

很早以前，人们就发现了用毛皮摩擦过的琥珀能够吸引羽毛、头发等轻小物体。后来发现，摩擦后能够吸引轻小物体的现象并不是琥珀所独有的，像玻璃棒、硬橡胶棒、硫黄块或水晶块等用毛皮或丝绸摩擦过后，也都能吸引轻小物体(图 8-1)。这种现象称为摩擦起电现象，简称摩擦起电。

如果把用丝绸摩擦过的玻璃棒用线系其中间并水平地悬挂起来，用另一根丝绸摩擦过的玻璃棒去靠近它，它们将相互排斥；而用毛皮摩擦过的硬橡胶棒去靠近它，它们将相互吸引。这说明，用丝绸摩擦过的玻璃棒和用毛皮摩擦过的硬橡胶棒都带有电荷，并且带有不同的电荷。人们把用丝绸摩擦过的玻璃棒所带的电荷，规定为正电荷；而把用毛皮摩擦过的硬橡胶棒所带的电荷，规定为负电荷。大量实验都证明：电荷只有两种——正电荷和负电荷。

原子通常由质子、中子和电子组成。质子带有一个单位的正电荷，电子带有一个单位的负电荷，中子则不带电荷。质子和中子的质量相近，电子的质量约为它们的 1/1 840。因此，原子的电性是由它所包含的质子数和电子数决定的，而质量则是由它所包含的质子数和中子数决定的。质子和中子组成紧密实体，称为原子核。电子则在原子核外围绕着原子核运动。在正常情况下，原子核所带的质子数与核外的电子数相等，整个原子呈电中性。由于电子离开原子核很远，特别是最外层的电子受原子核引力作用很小，容易失去。如果原子中失去一个或多个电子，原子就表现为带正电，称为正离子；如果原子获得了一个或多个电子，原子就表现为带负电，称为负离子。原子失去或获得电子的过程，称为电离。正常情况下，物质是由电中性的原子组成，其整体也呈电中性。通过摩擦或其他方法使物体带电的过程，就是使原子电离转变为离子的过程。很明显，当一个物体失去一些电子而带正电时，必然有另一个物体获得这些电子而带负电。摩擦或其他方法使物体带电，并没有也不可能产生电荷，只是把电子从一个物体迁移到另一个物体，从而改变了物体的电中性状态。因此，一个与外界没有电荷交换的孤立系统，无论发生什么变化，整个系统的电荷总量(正、负电荷的代数和)必定保持不变，这个结论称为电荷守恒定律。该定律是物理学中具有普遍意义的定律之一，也是自然界普遍遵循的一个基本规律，它不仅适用于宏观现象和过程，也适用于微观现象和过程。

物体所带过剩电荷的总量称为电荷量，简称电荷或电量。通过数年努力，1913 年R. A. 密立根终于从实验中得出结论：带电体的电荷是电子电荷的整数倍。若用 e 表示质子所带电量，电子的电量则为 $-e$，物体所带电量表示为

$$q = ne \tag{8-1-1}$$

式中，n 是正的或负的整数；e 就是电量的基本单元。

电量只能取分立的、不连续数值的性质，称为电量的量子化。在近代物理学中，量子化是一个重要的基本概念。1964 年，美国物理学家马雷·盖尔曼大胆提出新理论，强子(如质

子、中子、介子和超子等)是由夸克构成的,而不同类型的夸克带有不同的电量,其值为 e 的 1/3 或 2/3。但到目前为止还没有发现以自由状态存在的夸克。可以相信,随着研究的深入,电量的最小单元不排除有新的结论,但是电量量子化的基本规律是不会改变的。

在国际单位制中,电量的单位是 C(库仑)。根据 1986 年国际科技数据委员会推荐的数值,电量基本单元为

$$e = 1.602\,177\,33 \times 10^{-19}\ \text{C}。$$

8.1.2　库仑定律

发现电现象后两千多年的时期内,人们对电的了解一直处于定性的初级阶段。直到 18 世纪末,法国物理学家库仑通过扭秤实验测定了两个带电球体之间的相互作用的电场力,并提出了两个点电荷之间相互作用的规律,即库仑定律。"点电荷"的概念与质点、刚体等概念一样,是对实际情况的抽象,是一种理想模型。当带电体自身的几何线度比起带电体之间的距离小得多时,这种带电体的形状和电荷在其内分布已无关紧要,可以把带电体抽象成一个带电的几何点。

库仑定律表述如下:在真空中,两个相对于观察者静止的点电荷之间的相互作用力的大小与它们所带电量的乘积成正比,与它们之间距离的平方成反比;作用力的方向沿着两点电荷的连线,同号电荷相斥,异号电荷相吸。

根据库仑定律,如果两个点电荷的电量分别为 q_1 和 q_2,从 q_1 到 q_2 所引的有向线段 $\boldsymbol{r}_{12}$(如图 8-2 所示),那么电荷 q_2 受到电荷 q_1 的作用力 $\boldsymbol{F}_{12}$ 可以表示为:

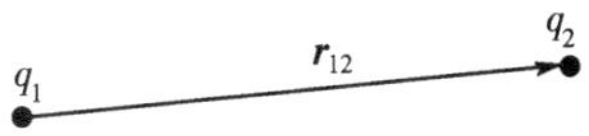

图 8-2　库仑定律

$$\boldsymbol{F}_{12} = \frac{1}{4\pi\varepsilon_0}\frac{q_1 q_2}{r_{12}^3}\boldsymbol{r}_{12} \tag{8-1-2}$$

上式表明,当 q_1 与 q_2 同号时,$q_1q_2>0$,两者之间表现为斥力;当 q_1 与 q_2 异号时,$q_1q_2<0$,两者之间表现为引力。式中的比例系数是由实验测得的,其数值为

$$\frac{1}{4\pi\varepsilon_0} = 8.987\,551\,8 \times 10^9\ \text{N}\cdot\text{m}^2\cdot\text{C}^{-2}$$

式中,$\varepsilon_0 = 8.85 \times 10^{-12}\ \text{C}^2/(\text{N}\cdot\text{m}^2)$,称为真空电容率。

静止电荷间的电相互作用力,又称库仑力。库仑定律虽然描述的是两个相对于观察者静止的点电荷之间的相互作用,但当两个点电荷相对于观察者运动时,只要其速率非常小($v \ll c$),库仑定律仍然适用。值得注意的是,两静止电荷之间的库仑力遵循牛顿第三定律。当研究的电荷处于静止或其速率远远小于光速时,牛顿第二定律以及由牛顿第二定律所导出的结论也都能适用于有库仑力作用的情形。

自然界中存在四种力,即强力、弱力、电磁力和万有引力。若把在 10^{-15}m 的尺度上两个质子之间的强力规定为 1,那么其他各力分别是:电磁力为 10^{-2},弱力为 10^{-9},万有引力为 10^{-39}。强力和弱力只在 10^{-15}m 的范围之内起作用。因此,在原子的构成、原子结合成分子以及固体的形成和液体的凝聚等方面,库仑力起着主要作用。

【例题 8-1】　三个点电荷 q_1、q_2 和 Q 所处的位置如图 8-3 所示,它们所带的电量分别为 $q_1=q_2=2.0\times10^{-6}$C,$Q=4.0\times10^{-6}$C。求 q_1 和 q_2 对 Q 的作用力。

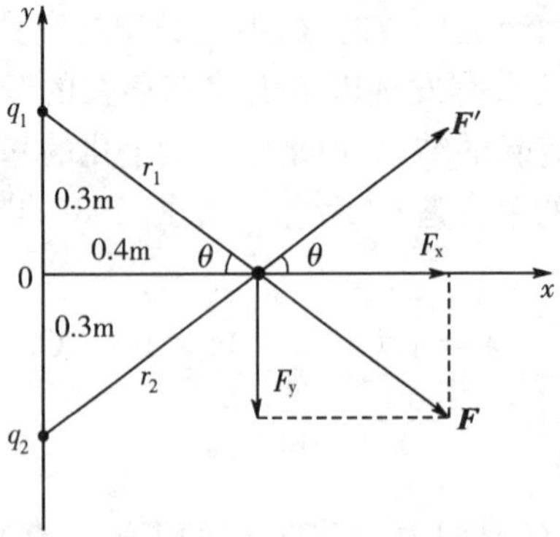

图 8-3　例题 8-1 图

解：首先利用库仑定律分别计算出 q_1 对 Q 的作用力 $\boldsymbol{F}$ 和 q_2 对 Q 的作用力 $\boldsymbol{F}'$，然后再求出这两个作用力的合力。首先计算 q_1 对 Q 的作用力 $\boldsymbol{F}$，$\boldsymbol{F}$ 的方向如图 8-3 所示。$\boldsymbol{F}$ 的大小为

$$F=\frac{1}{4\pi\varepsilon_0}\frac{q_1Q}{r_1{}^2}=8.99\times10^9\times\frac{2.0\times10^{-6}\times4.0\times10^{-6}}{0.3^2+0.4^2}\text{ N}=0.29\text{ N}$$

$\boldsymbol{F}$ 沿 x 轴和 y 轴的两个分量为

$$F_x=F\cos\theta=0.29\times\frac{0.4}{0.5}\text{ N}=0.23\text{ N},$$

$$F_y=-F\sin\theta=-0.29\times\frac{0.3}{0.5}\text{ N}=-0.17\text{ N}。$$

同样可以求出 q_2 对 Q 的作用力 $\boldsymbol{F}'$，$\boldsymbol{F}'$ 的方向如图 8-3 所示。$\boldsymbol{F}'$ 的大小为 0.29 N。$\boldsymbol{F}'$ 的两个分量为

$$F'_x=F\cos\theta=0.23\text{ N},$$
$$F'_y=F\sin\theta=0.17\text{ N}。$$

显然，由于 $\boldsymbol{F}$ 和 $\boldsymbol{F}'$ 的 y 轴分量大小相等、方向相反，因而互相抵消。Q 所受 q_1 和 q_2 对它的作用力的合力方向沿 x 轴正方向，大小为

$$F_{合}=F_x+F'_x=0.23\times2\text{ N}=0.46\text{ N}。$$

物理学家简介：库　仑

库仑(Charlse Augustinde Coulomb，1736—1806)，法国工程师、物理学家。库仑于 1736 年 6 月 14 日生于法国昂古莱姆，1806 年 8 月 23 日在巴黎逝世。

库　仑

库仑早年就读于美西也尔工程学校。离开学校后，库仑进入皇家军事工程队当工程师。法国大革命时期，库仑辞去一切职务到布卢瓦致力于科学研究。法皇执政统治期间，库仑回到巴黎成为新建的研究院成员。

库仑在 1773 年发表有关材料强度的论文，提出计算物体上应力和应变分布情况的方法，并成为结构工程的理论基础。1777 年，库仑开始研究静电和磁力问题，此后发明了扭秤。1779 年，库仑对摩擦力进行分析，提出有关润滑剂的科学理论，还设计出水下作业法，类似现代的沉箱。1785～1789 年，库仑用扭秤测量静电力和磁力，导出著名的库仑定律。

8.2　电场和电场强度

8.2.1　电场

推桌子是通过手和桌子直接接触，力作用在桌子上。马拉车是通过绳子和车接触，力作用到车上。这些例子中，力都是存在于直接接触的物体之间的，这种力的作用叫做接触作用或近距作用。但是电力（电荷之间的相互作用的电场力）、磁力（磁体对铁块的吸引力）和重力等几种力却发生在两个相隔一定距离的物体之间，一个物体对另一个物体的作用力，若不是通过直接接触来传递，那这些力究竟是怎样传递的？在很长的时间内，人们认为带电体之间是超距作用，即两物体直接作用且发生作用也不用时间传递。直到 20 世纪，法拉第提出了场观点，认为在带电体周围存在着电场，其他带电体受到的电力是电场给予的。

近代物理学的发展表明：在电荷周围空间存在一种特殊物质，借以传递电荷之间的相互作用力，这种特殊物质就是电场。当物体带电时，在它的周围就产生电场。如果电荷相对于观察者是静止的，那么电荷在自己周围产生的电场就是静电场。本章所讨论的电场都属于静电场。电场有一种重要属性，即任何一个进入电场的电荷都将受到由该电场传递的力的作用，称为电场力。由静电场传递的力称为静电力，例如电荷 q_1 处于另一个电荷 q_2 附近，就是处于由 q_2 产生的电场中，q_1 所受到的电场力就是 q_2 产生的电场传递给它的，反之亦然。

根据以上表述，可以把电荷之间的相互作用归结为：电荷激发电场，电场对处于其中的其他电荷施以电场力的作用。由此，便得到判断电场存在的方法，将一个电荷引到空间某点，如果它受到电场力的作用，该点必定存在电场。

8.2.2　电场强度

一般情况下，当把电荷 q_0 引入某带电体所产生的电场中时，由于电荷 q_0 所产生的电场的作用，使带电体上的电荷重新分布，因而带电体所激发的电场也发生变化。如果电荷 q_0 的电量很小，它所引起的电场变化也很小。因此，用来探测电场的电荷 q_0 必须是一个电量很小的电荷。另外，为了确切探测空间某点的电场状况，电荷 q_0 的体积必须很小，即 q_0 为一个点电荷。因此，用来探测电场状况的电荷必须是电量很小的点电荷，称为试探电荷。

从静电场力的表现出发，可以利用试探电荷引出电场强度的概念。试探电荷 q_0（点电荷且 $|q_0|$ 很小）放入 A 点，它受的电场力为 $\boldsymbol{F}$（图 8－4），将 q_0 电荷量加倍则受的电场力也增加相同的倍数，即

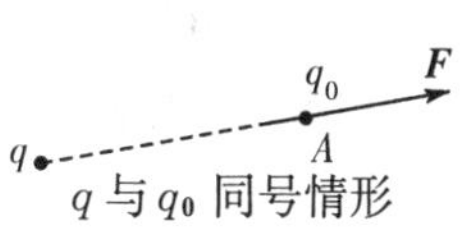

图 8－4　试探电荷在电场中所受电场力

试探电荷：$q_0, 2q_0, 3q_0, \cdots, nq_0$

受　　力：$\boldsymbol{F}, 2\boldsymbol{F}, 3\boldsymbol{F}, \cdots, n\boldsymbol{F}$

$$\frac{\text{电场力}}{\text{试验电荷}} = \frac{\boldsymbol{F}}{q_0} = \frac{2\boldsymbol{F}}{2q_0} = \frac{3\boldsymbol{F}}{3q_0} = \cdots = \frac{n\boldsymbol{F}}{nq_0}$$

可见：$\boldsymbol{F}$ 与 q_0 之比，无论大小或方向都与 q_0 无关，这反映了电场的自身特征。因此，用 $\boldsymbol{F}$ 与 $\boldsymbol{q}_0$ 之比描述电场的状况，称为电场强度。

若用 $\boldsymbol{E}$ 代表电场强度，则

$$\boldsymbol{E}=\frac{\boldsymbol{F}}{q_0}, \tag{8-2-1}$$

即电场中某点的电场强度大小，等于单位电荷在该点所受电场力的大小。电场强度的方向与正电荷在该点所受电场力的方向一致。

电场强度的单位可根据(8-2-1)式确定，其国际单位为 $\mathrm{N\cdot C^{-1}}$（牛顿/库仑）或 $\mathrm{V\cdot m^{-1}}$（伏特/米）。

8.2.3 电场强度的计算

(1) 单个点电荷产生的电场

空间一点电荷 q，则距离该点电荷为 $\boldsymbol{r}$ 的点 P 的电场强度，可根据上述确定电场强度的方法将试探电荷 q_0 引到点 P。由库仑定律，作用于 q_0 的电场力为

$$\boldsymbol{F}=\frac{1}{4\pi\varepsilon_0}\frac{qq_0}{r^3}\boldsymbol{r}$$

其中 $\boldsymbol{r}$ 是点 P 相对于点电荷的位置矢量。根据(8-2-1)式可得，点 P 的电场强度为

$$\boldsymbol{E}=\frac{\boldsymbol{F}}{q_0}=\frac{1}{4\pi\varepsilon_0}\frac{q}{r^3}\boldsymbol{r} \tag{8-2-2}$$

式中表示：点电荷在空间任意一点 P 所产生的电场强度 $\boldsymbol{E}$ 的大小决定于该点电荷电量与点 P 到该点电荷的距离。电场强度 $\boldsymbol{E}$ 的方向决定于这个点电荷的符号：q 为正，电场强度 $\boldsymbol{E}$ 与位置矢量 $\boldsymbol{r}$ 方向相同；q 为负，电场强度 $\boldsymbol{E}$ 与位置矢量 $\boldsymbol{r}$ 方向相反。电场强度 $\boldsymbol{E}$ 的方向与 q 符号的关系如图 8-5 所示。

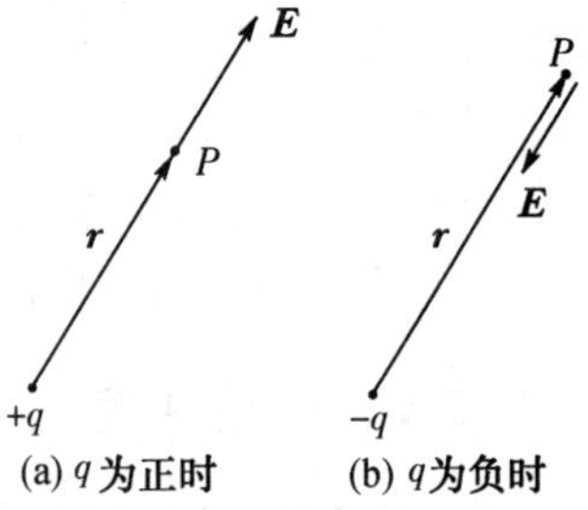

图 8-5 点电荷的电场强度

(2) 点电荷系产生的电场

若空间存在 n 个点电荷 $q_1, q_2, q_3, \cdots, q_n$（图 8-6），现求任意一点 P 的电场强度。按照上述方法仍将试探电荷 q_0 引到点 P。根据力的叠加原理，作用于 q_0 的电场力应该等于各个点电荷分别作用于 q_0 的电场力的矢量之和，即

$$\boldsymbol{F}=\boldsymbol{F}_1+\boldsymbol{F}_2+\boldsymbol{F}_3+\cdots+\boldsymbol{F}_n。$$

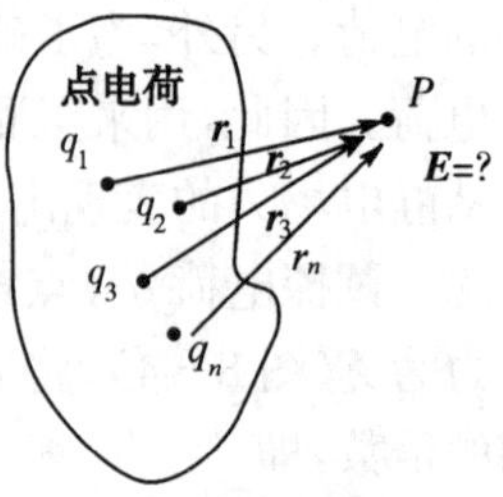

图 8-6 点电荷系的电场强度

根据电场强度的定义，点 P 的电场强度应表示为

$$\boldsymbol{E}=\frac{\boldsymbol{F}}{q_0}=\frac{\boldsymbol{F}_1}{q_0}+\frac{\boldsymbol{F}_2}{q_0}+\frac{\boldsymbol{F}_3}{q_0}+\cdots+\frac{\boldsymbol{F}_n}{q_0}=\boldsymbol{E}_1+\boldsymbol{E}_2+\boldsymbol{E}_3+\cdots+\boldsymbol{E}_n \tag{8-2-3}$$

这表明：点 P 的电场强度等于各个点电荷单独在点 P 产生的电场强度的矢量和，称为电场

强度的叠加原理。于是，点 P 的电场强度可表示为

$$\boldsymbol{E}=\sum_{i=1}^{n}\boldsymbol{E}_i=\frac{1}{4\pi\varepsilon_0}\sum_{i=1}^{n}\frac{q_i}{r_i^3}\boldsymbol{r}_i \tag{8-2-4}$$

式中，$\boldsymbol{r}_i$ 是点 P 相对于第 i 个点电荷的位置矢量。

图 8-7 给出 3 个点电荷 q_1、q_2 和 q_3 在点 P 产生的电场强度 $\boldsymbol{E}$ 的叠加情形。

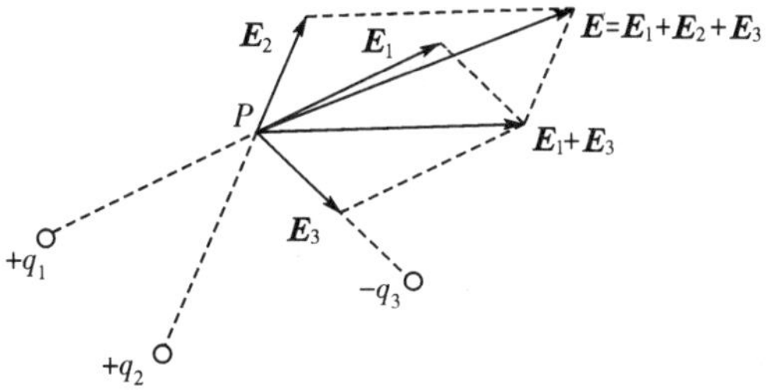

图 8-7 电场强度的叠加原理

(3) 任意带电体产生的电场

可以把一个带电体所带的电荷看成是很多极小的电荷元 dq 的集合(图 8-8)，每一个电荷元 dq 在空间任意一点 P 所产生的电场强度与点电荷在同一点产生的电场强度相同，即遵循(8-2-4)式。整个带电体在点 P 产生的电场强度则等于所有电荷元在该点产生的电场强度的矢量和。如果点 P 相对于电荷元 dq 的位置矢量为 $\boldsymbol{r}$，则 dq 在点 P 产生的电场强度应表示为

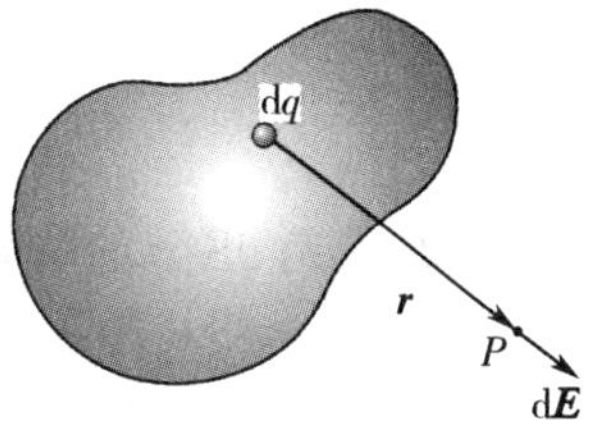

图 8-8 带电体的电场强度

$$d\boldsymbol{E}=\frac{1}{4\pi\varepsilon_0}\frac{dq}{r^3}\boldsymbol{r}, \tag{8-2-5}$$

整个带电体在点 P 产生的电场强度为

$$\boldsymbol{E}=\frac{1}{4\pi\varepsilon_0}\int\frac{dq}{r^3}\boldsymbol{r} \tag{8-2-6}$$

在应用(8-2-6)式计算电场强度时，通常写出 $d\boldsymbol{E}$ 在 x、y 和 z 三个方向的分量，分别对其积分运算。

为了运用(8-2-6)式处理具体问题，引入了电荷密度的概念。如果电荷分散在一个具有一定体积的物体中，可以在物体内任取一点，围绕该点取体元 $\Delta\tau$，其中包含的电量为 Δq，当 $\Delta\tau$ 不断缩小时，比值 $\frac{\Delta q}{\Delta\tau}$ 的极限可以定义为该点的电荷体密度，即

$$\rho=\lim_{\Delta\tau\to 0}\frac{\Delta q}{\Delta\tau}=\frac{dq}{d\tau} \tag{8-2-7}$$

值得注意的是：在(8-2-7)式中，$\Delta\tau$ 趋于零，从物理上说是不适宜的。因为电荷都是由电子和质子这样一些微观粒子所携带，如果 $\Delta\tau$ 缩小一点正好落在这样的带电粒子上，ρ 将为很大的值，如果落在电子或质子以外的区域，ρ 将为零。所以，$\Delta\tau$ 应该趋于某个小区

域,这个小区域在宏观上看是非常小的,而在微观上看仍然是很大的,包含了大量的微观带电粒子,这样的小区域可称为物理无限小。由(8-2-7)式所确定的电荷密度则是物理无限小区域内的平均值。

如果电荷作体分布,可以把带电体分割为成很多很小的体元 $\Delta\tau$,每个体元内包含的电荷可视为点电荷。根据(8-2-7)式可表示为

$$dq = \rho d\tau \tag{8-2-8}$$

将(8-2-8)式代入(8-2-6)式,整个带电体在空间任意一点产生的电场强度可以表示为

$$\boldsymbol{E} = \frac{1}{4\pi\varepsilon_0}\iiint_\tau \frac{\rho d\tau}{r^3}\boldsymbol{r} \tag{8-2-9}$$

(8-2-9)式积分是对整个带电体进行的。

如果电荷沿平面或曲面分布,即带电体是一平面或曲面,可仿照电荷体密度表达式(8-2-7)式定义电荷面密度

$$\sigma = \frac{dq}{dS} \tag{8-2-10}$$

式中,dq 是面元 dS 上的电量。对于这样的带电体,(8-2-6)式可以写为

$$\boldsymbol{E} = \frac{1}{4\pi\varepsilon_0}\iint_S \frac{\sigma dS}{r^3}\boldsymbol{r} \tag{8-2-11}$$

(8-2-11)式积分是对整个带电面进行的。

如果电荷沿直线或曲线分布,即带电体是一细线,引入电荷线密度

$$\lambda = \frac{dq}{dl} \tag{8-2-12}$$

式中,dq 是线元 dl 上的电量。对于这样的带电体,(8-2-6)式可以写为

$$\boldsymbol{E} = \frac{1}{4\pi\varepsilon_0}\int_L \frac{\lambda dl}{r^3}\boldsymbol{r} \tag{8-2-13}$$

(8-2-13)式积分是沿整个带电细线进行的。

(4) 电偶极子

等量异号点电荷相距 l(图 8-9),这样的一对点电荷称为电偶极子。从负电荷到正电荷所引的有向线段 $\boldsymbol{l}$ 叫做电偶极子的轴,电荷 q 与电偶极子的轴 $\boldsymbol{l}$ 的乘积定义为电偶极子的电矩,用 $\boldsymbol{p}$ 表示,即

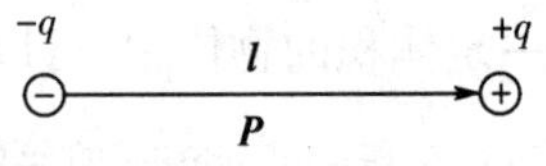

图 8-9 电偶极子

$$\boldsymbol{p} = q\boldsymbol{l} \tag{8-2-14}$$

【例题 8-2】 如图 8-10 所示,有两个电量相等而符号相反的点电荷 $+q$ 和 $-q$,相距 l。求在两点电荷连线的中垂面上任意一点 B 的电场强度。

解: 以 l 的中点为原点建立坐标系,如图 8-10 所示。设点 B 到点 O 的距离为 r,电荷

$+q$ 和 $-q$ 在点 B 产生的电场强度分别用 $\boldsymbol{E}_+$ 和 $\boldsymbol{E}_-$ 表示，它们的大小相等，为

$$E_- = E_+ = \frac{q}{4\pi\varepsilon_0\left(r^2+\frac{l^2}{2^2}\right)}$$

它们的方向如图 8-10 所示。

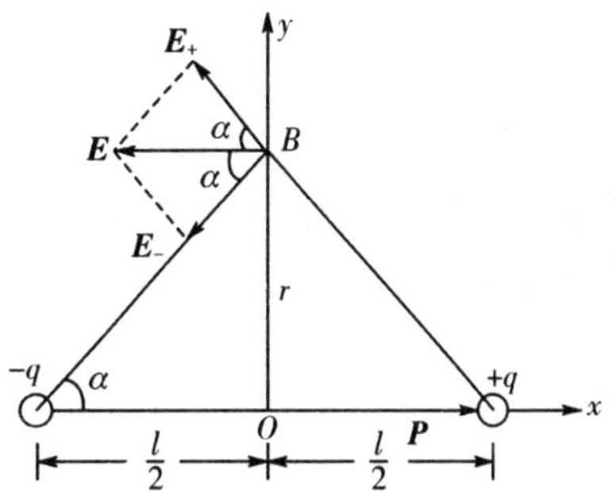

图 8-10　例题 8-2 图

点 B 的电场强度 $\boldsymbol{E}$ 应为 $\boldsymbol{E}_+$ 和 $\boldsymbol{E}_-$ 的矢量和，即

$$\boldsymbol{E} = \boldsymbol{E}_+ + \boldsymbol{E}_-$$

$\boldsymbol{E}$ 的 x 分量为

$$E_x = -(E_+\cos\alpha + E_-\cos\alpha) = -2E_+\cos\alpha$$

由图 8-10 可知

$$\cos\alpha = \frac{\frac{l}{2}}{\sqrt{r^2+\frac{l^2}{4}}}$$

故

$$E_x = \frac{-ql}{4\pi\varepsilon_0\left(r^2+\frac{l^2}{4}\right)^{\frac{3}{2}}}$$

$\boldsymbol{E}$ 的 y 分量为

$$E_y = (E_+)_y + (E_-)_y = E_+\sin\alpha - E_-\sin\alpha = 0$$

所以，点 B 的电场强度 $\boldsymbol{E}$ 的大小为

$$E = |E_x| = \frac{ql}{4\pi\varepsilon_0\left(r^2+\frac{l^2}{4}\right)^{\frac{3}{2}}}$$

$\boldsymbol{E}$ 的方向沿 x 轴的负方向。

讨论：当 $r \gg l$ 时，有 $\left(r^2+\frac{l^2}{4}\right)^{\frac{3}{2}} \approx r^3$，在电偶极子的轴的中垂面上任意一点的电场强度为

$$E_B = E_{Bx} = -\frac{p}{4\pi\varepsilon_0 r^3} \Rightarrow \boldsymbol{E}_B = -\frac{\boldsymbol{p}}{4\pi\varepsilon_0 r^3}$$

【例题 8-3】　有一均匀带电的细直棒，长度为 l，所带总电量为 q。直棒外一点 P 到直棒的距离为 a，点 P 至直棒两端的连线与直棒之间的夹角分别为 α 和 β，如图 8-11 所示。求点 P 的电场强度。

解：把点 P 到直棒的垂足 O 取作坐标原点并建立坐标系，如图 8-11 所示。因为电荷在直棒上是均匀分布的，所以线电荷密度可以表示为

$$\lambda = \frac{q}{l}$$

在棒上 x 处取棒元 dx，dx 到点 P 的距离为 l，dx 所带电量为 dq，并且 $dq=\lambda dx$。dq 在点 P 产生的电场强度的大小为

$$dE = \frac{\lambda dx}{4\pi\varepsilon_0 l^2} \tag{1}$$

$d\boldsymbol{E}$ 的方向如图 8-11 所示。

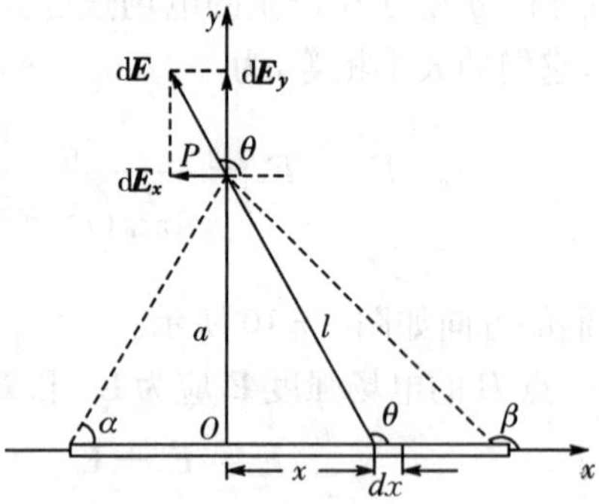

图 8-11 例题 8-3 图

因为 $d\boldsymbol{E}$ 与 x 轴正方向的夹角为 θ，所以 $d\boldsymbol{E}$ 的两个分量分别为

$$dE_x = dE\cos\theta \tag{2}$$

$$dE_y = dE\sin\theta \tag{3}$$

在 dE_x 和 dE_y 中包含的变量有 x，l 和 θ，实际上这 3 个变量是相互联系的，可以用一个变量表示。由图 8-11 可见，x，l 和 θ 的关系分别为

$$l^2 = a^2 + x^2 = a^2\csc^2\theta \tag{4}$$

$$x = -a\cot\theta \tag{5}$$

由(5)式可得：

$$dx = d(-a\cot^2\theta) = a\csc^2\theta d\theta \tag{6}$$

把(4)式和(6)式代入(2)式和(3)式，可得：

$$dE_x = dE\cos\theta = \frac{\lambda}{4\pi\varepsilon_0 a}\cos\theta d\theta$$

$$dE_y = dE\sin\theta = \frac{\lambda}{4\pi\varepsilon_0 a}\sin\theta d\theta$$

对以上两式积分，得

$$E_x = \int dE_x = \int_\alpha^\beta \frac{\lambda\cos\theta d\theta}{4\pi\varepsilon_0 a} = \frac{\lambda}{4\pi\varepsilon_0 a}(\sin\beta - \sin\alpha) = \frac{q}{4\pi\varepsilon_0 al}(\sin\beta - \sin\alpha) \tag{7}$$

$$E_y = \int dE_y = \int_\alpha^\beta \frac{\lambda\sin\theta d\theta}{4\pi\varepsilon_0 a} = -\frac{\lambda}{4\pi\varepsilon_0 a}(\cos\beta - \cos\alpha) = -\frac{q}{4\pi\varepsilon_0 al}(\cos\beta - \cos\alpha) \tag{8}$$

如果该均匀带电细棒是无限长的，则 $\alpha=0$，$\beta=\pi$，代入(7)式和(8)式，可得：

$$E_x = 0$$

$$E_y = \frac{\lambda}{2\pi\varepsilon_0 a}$$

说明点 P 的电场强度只有 y 分量，电场强度的大小与棒的线电荷密度 λ 成正比，与点 P 离开棒的距离 a 成反比。

8.3　高斯定理

8.3.1　电场线

为了形象地描述电场在空间的分布情况，通常引入电场线的概念。利用电场线可以对电场中各点的场强的分布情况给出比较直观的图像。

在电场中画一系列曲线：曲线上各点的切线方向与该点的电场强度的方向一致；在与电场强度垂直的单位面积上，穿过曲线的条数与该处电场强度的大小成正比，即曲线分布稠密的地方电场强度大，曲线分布稀疏的地方电场强度小，这样的曲线就称为电场线。电场线不是客观实在，而是对物理现象的一种形象描述。

图 8－12 给出了几种常见电场的电场线图。由图 8－12 中所表示的电场线分布情形，可以看出静电场的电场线具有如下性质：

(1) 起于正电荷(或无限远)，止于负电荷(或无限远)；

(2) 不闭合，也不在没有电荷的地方中断；

(3) 两条电场线在没有电荷的地方不会相交。

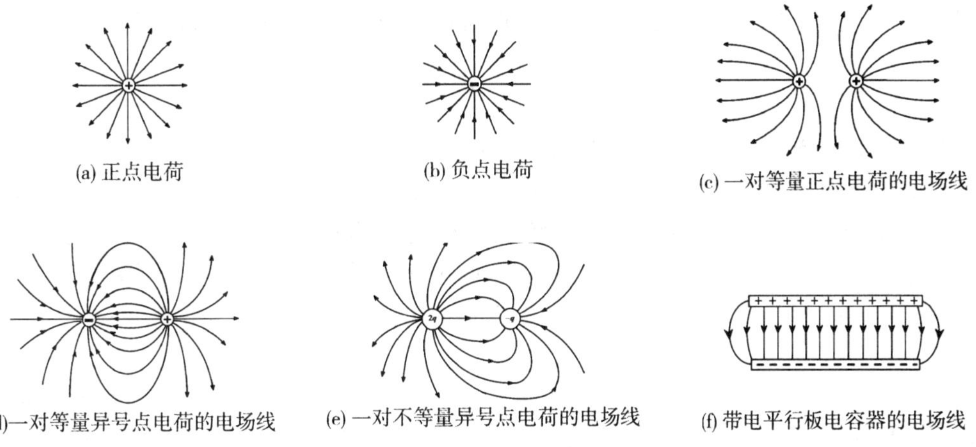

(a) 正点电荷　(b) 负点电荷　(c) 一对等量正点电荷的电场线

(d)一对等量异号点电荷的电场线　(e) 一对不等量异号点电荷的电场线　(f) 带电平行板电容器的电场线

图 8－12　几种常见电场的电场线

8.3.2　电通量

根据电场线的定义，在与电场强度垂直的单位面积上穿过的电场线条数与该处电场强度的大小成正比。所以，如果垂直于电场强度的面积为 dS，穿过的电场线条数为 $d\Phi_E$，那么

$$E \propto \frac{d\Phi_E}{dS}$$

若选择比例系数为 1，则有

$$d\Phi_E = EdS \tag{8-3-1}$$

如果在电场强度为 $\boldsymbol{E}$ 的匀强电场中，平面 S 与电场强度 $\boldsymbol{E}$ 相垂直，如图 8－13(a)所示。根据(8－3－1)式，穿过平面 S 的电场线条数为

$$\Phi_E = ES \quad (8-3-2)$$

如果在电场强度为 $\boldsymbol{E}$ 的匀强电场中，平面 S 与电场强度 $\boldsymbol{E}$ 不垂直，其法线 $\boldsymbol{e}_n$ 与电场强度 $\boldsymbol{E}$ 成 θ 夹角，如图 8－13(b)所示。根据(8－3－2)式，穿过平面 S 的电场线条数应等于穿过平面 S' 的电场线条数。平面 S' 是平面 S 在垂直于 $\boldsymbol{E}$ 方向上的投影面。由图8－13(b)可以看出，$S' = S\cos\theta$。所以，穿过平面 S 的电场线条数为

$$\Phi_E = ES\cos\theta \quad (8-3-3)$$

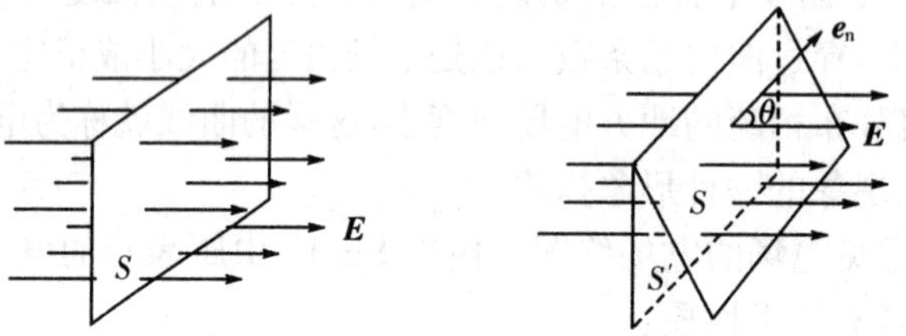

(a) 平面S与电场强度E垂直（$\theta=0$）　(b) 平面S与电场强度E成 θ 夹角

图 8－13　匀强电场电通量计算

在(8－3－3)式中，穿过平面 S 的电场线条数 Φ_E 是标量，而电场强度 $\boldsymbol{E}$ 和面积 $\boldsymbol{S}$ 都是矢量，矢量 $\boldsymbol{S}$ 的方向就是它的法线 $\boldsymbol{e}_n$ 的方向。因此，(8－3－3)式可以改写为

$$\Phi_E = \boldsymbol{E}\cdot\boldsymbol{S} \quad (8-3-4)$$

如果在非匀强电场中有一任意曲面 S(如图 8－14 所示)，那么为了求得穿过曲面 S 的电场线条数，可以把曲面 S 划分成许多小面元 $\mathrm{d}\boldsymbol{S}$。$\mathrm{d}\boldsymbol{S}$ 足够小，以致可以把它看为平面，并且在 $\mathrm{d}\boldsymbol{S}$ 范围内电场强度 $\boldsymbol{E}$ 的大小和方向可认为处处相同。这样，穿过面元 $\mathrm{d}\boldsymbol{S}$ 的电场线条数可以表示为

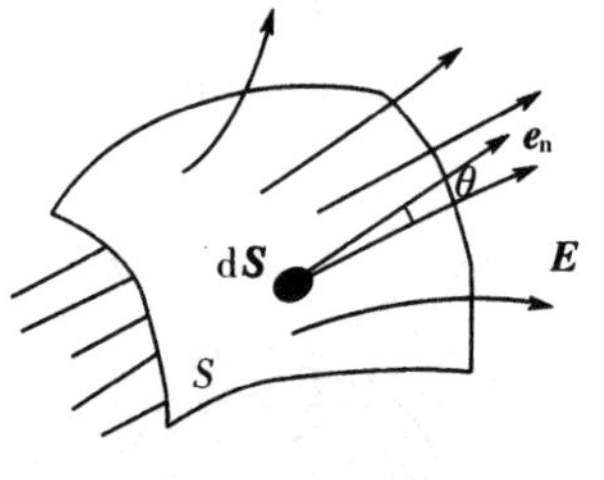

图 8－14　非匀强电场电通量计算

$$\mathrm{d}\Phi_E = \boldsymbol{E}\cdot\mathrm{d}\boldsymbol{S} \quad (8-3-5)$$

式中，矢量 $\mathrm{d}\boldsymbol{S}$ 的大小等于面积 $\mathrm{d}S$，方向与面元 $\mathrm{d}\boldsymbol{S}$ 的法线 $\boldsymbol{e}_n$ 的方向一致。因此，穿过整个曲面 S 的电场线条数为

$$\Phi_E = \iint_{(S)} \boldsymbol{E}\cdot\mathrm{d}\boldsymbol{S} \quad (8-3-6)$$

(8－3－6)式积分沿着整个曲面 S 进行。

(8－3－6)式通常为电通量的定义式。通过任意曲面 S 的电通量定义为：S 面上任意一点的电场强度 $\boldsymbol{E}$ 与该点处面元 $\mathrm{d}\boldsymbol{S}$ 的标积 $\boldsymbol{E}\cdot\mathrm{d}\boldsymbol{S}$ 在整个曲面 S 上的电通量。前面曾用穿过面 S 的电场线条数表示通过曲面 S 的电通量，这与采用电场线表示电场中某处的电场强度相对应。但是，电场线毕竟不是客观实在的，借助穿过某曲面的电场线条数表示通过该曲面的电通量，仅仅是为了使电通量的概念形象化，便于读者接受。

对于一闭合曲面 S 而言，通过它的电通量按(8－3－6)式可以表示为

$$\Phi_E = \oiint_{(S)} \boldsymbol{E} \cdot d\boldsymbol{S} \tag{8-3-7}$$

式中，$\oiint_{(S)}$ 表示积分沿闭合曲面 S 进行。

在计算(8－3－7)式时必然涉及在曲面各部分的法线 $\boldsymbol{e}_n$ 的方向，因为在闭合曲面上任意一点的法线 $\boldsymbol{e}_n$ 可以指向闭合曲面的内部，也可以指向闭合曲面的外部。通常规定：法线 $\boldsymbol{e}_n$ 的正方向为垂直于曲面并指向闭合曲面的外部。这样，通过曲面上各面元的电通量就可能有正负之分。如果电场线由内向外穿出，电通量为正；如果电场线由外向内穿进，电通量为负。一个处于电场中的闭合曲面 S，在曲面各处的电场强度 $\boldsymbol{E}$ 的方向与该处面元法线 $\boldsymbol{e}_n$ 的方向之间的夹角 θ 各不相同，如图8－15所示。$\theta > \frac{\pi}{2}$，表示电场线穿入曲面内部，$\boldsymbol{E} \cdot d\boldsymbol{S} < 0$；$\theta < \frac{\pi}{2}$，表示电场线从曲面内部穿出，$\boldsymbol{E} \cdot d\boldsymbol{S} > 0$。

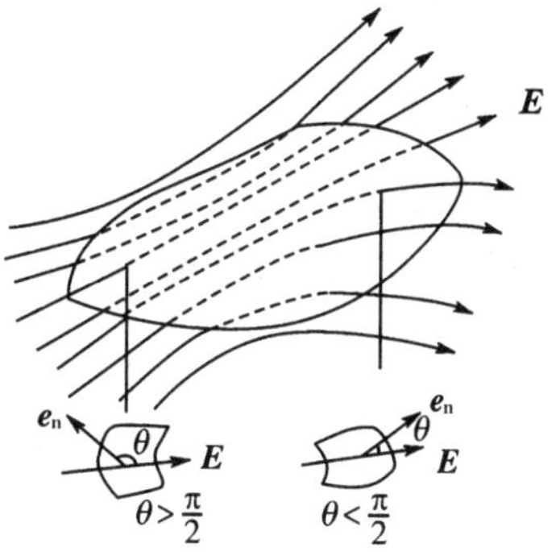

图 8－15　通过闭合曲面电通量正负判断

8.3.3　高斯定理

高斯定理表述为：通过一个任意闭合曲面 S 的电通量 Φ_E 等于该闭合曲面所包围的所有电量的代数和 $\sum q$ 除以 ε_0，而与闭合面以外的电荷无关。

用公式表达高斯定理，则有

$$\oiint_{(S)} \boldsymbol{E} \cdot d\boldsymbol{S} = \frac{1}{\varepsilon_0} \sum_{S_{内}} q \tag{8-3-8}$$

式中，$\sum_{S_{内}} q$ 表示对闭合曲面 S 内部的电荷求代数和，该闭合曲面 S 称为高斯面。

高斯定理是电磁理论的基本方程之一，它反映了电场强度与电荷之间的普遍关系。下面我们来证明这个定理。

(1) 点电荷 q 被半径为 r 的球面所包围，并且 q 处于球心

如图 8－16 所示，在球面上任意一点，$\boldsymbol{E}$ 和 $d\boldsymbol{S}$ 的方向一致，都沿着半径向外。通过整个球面的电通量应为

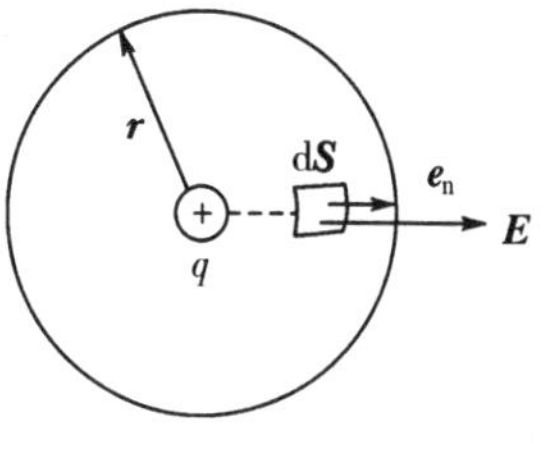

图 8－16　导出高斯定理用图

$$\Phi_E = \oiint_{(S)} \boldsymbol{E} \cdot d\boldsymbol{S} = \oiint_{(S)} \frac{q}{4\pi\varepsilon_0 r^3} \boldsymbol{r} \cdot d\boldsymbol{S} = \frac{q}{4\pi\varepsilon_0 r^2} \oiint_{(S)} d\boldsymbol{S} = \frac{q}{\varepsilon_0} \tag{8-3-9}$$

与高斯定理给出的结果一致。

上面的计算过程和结果表明：① 高斯定理的成立与库仑定律满足平方反比密切相关；② 点电荷 q 对于包围它的球面的电通量只与该点电荷的电量有关，而与包围它的球面半径

r 无关，即点电荷 q 发出的电场线总条数是 q/ε_0，无论用多大的球面去包围它，总有全部电场线无一遗漏地从球面内穿出。这也表明：电场线不会在没有电荷的地方中断或闭合，而是一直延伸到无限远。

(2) 任意闭合曲面 S 包围点电荷 q

以 q 所在点为中心，分别作两个同心球面 S_1 和 S_2，并使 S_1 和 S_2 分别处于闭合曲面 S 的内部和外部，如图 8-17 所示。根据前面的讨论，穿过球面 S_1 和 S_2 的电场线的条数都为 $\frac{q}{\varepsilon_0}$，穿过球面 S_1 又穿过球面 S_2 的电场线，必定也穿过闭合曲面 S。所以，穿过任意闭合曲面 S 的电场线条数，即电通量必然为 $\frac{q}{\varepsilon_0}$，即

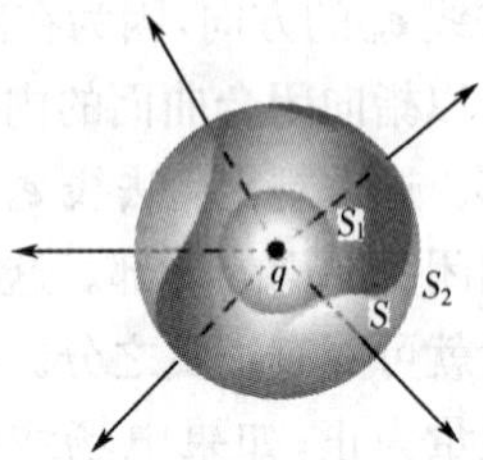

图 8-17 任意闭合曲面

$$\Phi_E = \oiint_{(S)} \boldsymbol{E} \cdot \mathrm{d}\boldsymbol{S} = \frac{q}{\varepsilon_0}。$$

可见，对于包围着一个点电荷的任意闭合曲面，高斯定理是成立的。

(3) 任意闭合曲面 S 包围多个点电荷 $q_1, q_2, \cdots, q_n$

根据电通量的定义和电场强度的叠加原理，通过闭合曲面 S 的电通量表示为

$$\begin{aligned}\Phi_E &= \oiint_{(S)} \boldsymbol{E} \cdot \mathrm{d}\boldsymbol{S} = \oiint_{(S)} (\boldsymbol{E}_1 + \boldsymbol{E}_2 + \boldsymbol{E}_3 + \cdots + \boldsymbol{E}_n) \cdot \mathrm{d}\boldsymbol{S} \\ &= \oiint_{(S)} \boldsymbol{E}_1 \cdot \mathrm{d}\boldsymbol{S} + \oiint_{(S)} \boldsymbol{E}_2 \cdot \mathrm{d}\boldsymbol{S} + \oiint_{(S)} \boldsymbol{E}_3 \cdot \mathrm{d}\boldsymbol{S} + \cdots + \oiint_{(S)} \boldsymbol{E}_n \cdot \mathrm{d}\boldsymbol{S} \\ &= \Phi_{E1} + \Phi_{E2} + \Phi_{E3} + \cdots + \Phi_{En},\end{aligned} \tag{8-3-10}$$

这表示，闭合曲面 S 的电通量等于各个点电荷对曲面 S 的电通量的代数和。可见，电通量也满足叠加原理。通过闭合曲面 S 的电通量应为

$$\Phi_E = \frac{q_1}{\varepsilon_0} + \frac{q_2}{\varepsilon_0} + \cdots + \frac{q_n}{\varepsilon_0} = \frac{1}{\varepsilon_0}\sum_{i=1}^{n} q_i, \tag{8-3-11}$$

这表示，对于包围多个点电荷的任意闭合曲面，高斯定理是正确的。

(4) 任意闭合曲面 S 不包围电荷，点电荷 q 处于 S 之外

根据上述结论，电场线不在没有电荷的地方中断，而一直延伸到无限远。所以，由 q 发出的电场线，凡是穿入 S 面的必定又从 S 面穿出，如图 8-18 所示。于是，穿过 S 面的电场线净条数必定等于零，即曲面 S 的电通量必定等于零，与高斯定理的结论一致。

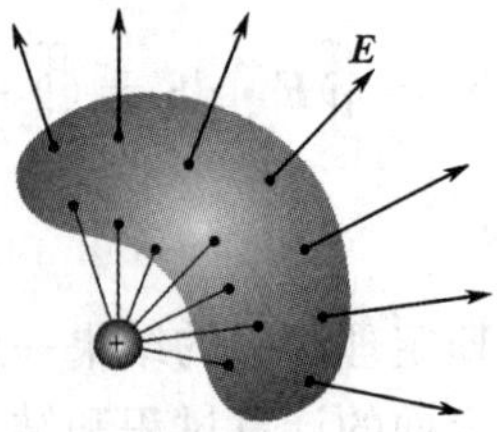

图 8-18 点电荷在闭合曲面之外

(5) 多个点电荷分布在曲面 S 的内外

多个点电荷 $q_1, q_2, \cdots, q_n$，其中 k 个被任意闭合曲面 S 所包围，另外 $n-k$ 个处于 S 面之外。

根据前面的证明，闭合曲面 S 外的 $n-k$ 个电荷对 S 面的电通量无贡献，S 面的电通量只决定于其内部的 k 个电荷，并应表示为

$$\Phi_E = \oint\!\!\!\!\oint_{(S)} \boldsymbol{E} \cdot d\boldsymbol{S} = \frac{1}{\varepsilon_0} \sum_{i=1}^{n} q_i \tag{8-3-12}$$

可见，对于这种情形，高斯定理也是成立的。

(6) 任意闭合曲面 S 包围了一个任意的带电体

这时，可以把带电体划分成很多很小的体元 $d\tau$，体元所带的电荷 $dq=\rho d\tau$ 可看作点电荷，与前面的结果一致。不过，这时 S 的电通量可表示为

$$\Phi_E = \oint\!\!\!\!\oint_{(S)} \boldsymbol{E} \cdot d\boldsymbol{S} = \frac{1}{\varepsilon_0} \iiint \rho d\tau \tag{8-3-13}$$

(8-3-13)式中的积分应对高斯面 S 所包围的体积 τ 进行。

以上用较为简便的方法证明了高斯定理。应该指出：在高斯定理的表达式(8-3-8)式中，等号右端的 $\sum_{S_内} q$ 是包围在高斯面内电荷的代数和，而左端的 $\boldsymbol{E}$ 却是空间(包括高斯面内和高斯面外)所有电荷在高斯面上产生的合电场强度。这就是说，高斯面以外的电荷只对高斯面上的电场强度有贡献，而对高斯面的电通量无贡献。由此可以断定，高斯面内若无电荷，高斯面上的电场强度不一定处处为零，而若高斯面上的电场强度处处为零，高斯面内必定不包围电荷。

在静电学中，常常利用高斯定理来求解电荷分布具有一定对称性的电场问题。

【例题 8-4】 一无限长均匀带电细棒，其线电荷密度为 λ。求距离细棒 a 处的电场强度。

解： 以细棒为轴作一个高为 l、截面半径为 a 的圆柱面，如图 8-19所示。以该圆柱面为高斯面，运用高斯定理。由于对称性，圆柱侧面上各点的电场强度 $\boldsymbol{E}$ 的大小处处相等，方向都垂直于圆柱侧面向外。通过这个圆柱面的电通量，应等于通过圆柱侧面的电通量和通过两个底面的电通量的代数和，但是由于电场线与两个底面的法线相垂直，电通量为零。这样，通过这个圆柱面的电通量就只是通过其侧面的电通量，即

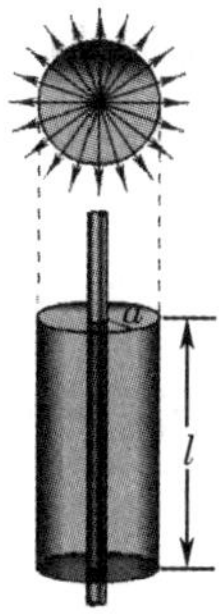

图 8-19　例题 8-4 图

$$\oint\!\!\!\!\oint_{(S)} \boldsymbol{E} \cdot d\boldsymbol{S} = \iint_{侧面} \boldsymbol{E} \cdot d\boldsymbol{S} = 2\pi a l E = \frac{\lambda l}{\varepsilon_0}$$

由此可以求得与细棒相距 a 处的电场强度的大小为

$$E = \frac{1}{4\pi\varepsilon_0} \frac{2\lambda}{a}$$

这个结果与8.2节中[例题8-3]将长度为l的带电细棒外推到无限长时的结论完全一致，而在这里用高斯定理求解要简便很多。

【例题8-5】 电荷均匀分布在一个半径为R的球形区域内，带电量为Q，体电荷密度为ρ。求空间各点的电场强度。

解： 因为电荷分布具有球对称性，所以电场分布具有球对称。先来求球外空间任意一点A的电场强度。如果点A距离球心O为r_1，则以O为中心、以r_1为半径作球形高斯面，如图8-20所示。对这个高斯面运用高斯定理，得

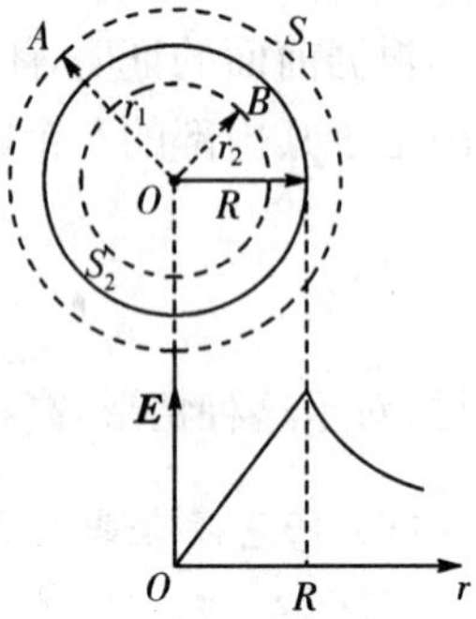

图8-20 例题8-5图

$$\oiint_{S_1}\boldsymbol{E}\cdot d\boldsymbol{S}=\frac{1}{\varepsilon_0}\sum_{S_1内}q$$

根据对称性，该球面上各点的电场强度大小相等，方向都沿球面在该点的法线方向，所以上式可化为

$$E4\pi r_1^2=\frac{1}{\varepsilon_0}\cdot\frac{4}{3}\pi R^3\rho。$$

由此求得

$$E=\frac{\rho R^3}{3\varepsilon_0 r_1^2}$$

将总电量$Q=\frac{4}{3}\pi R^3\rho$代入上式，得

$$E=\frac{1}{4\pi\varepsilon_0}\frac{Q}{r_1^2}$$

其矢量形式为

$$\boldsymbol{E}=\frac{1}{4\pi\varepsilon_0}\frac{Q}{r_1^3}\boldsymbol{r}_1$$

可见：对于球外各点的电场强度，就像把总电量集中在球心所得的结果一样。

现在求球内任意一点B的电场强度。如果点B距离球心O为r_2，以O为中心、以r_2为半径作球形高斯面，如图8-20所示。对这个高斯面运用高斯定理，得

$$\oiint_{S_2}\boldsymbol{E}\cdot d\boldsymbol{S}=\frac{1}{\varepsilon_0}\sum_{S_2内}q$$

这个高斯面上的电场强度分布也满足球对称的特点，上式可化为

$$4E\pi r_2^2=\frac{1}{\varepsilon_0}\cdot\frac{4}{3}\pi r_2^3\rho$$

故得

$$E=\frac{\rho}{3\varepsilon_0}r_2。$$

上式表示：在均匀带电的球体内部任意一点，电场强度的大小与该点到球心的距离成正比。若用总电量Q来表示，则为

$$E = \frac{1}{4\pi\varepsilon_0}\frac{Q}{R^3}r_2$$

其矢量形式为

$$\boldsymbol{E} = \frac{1}{4\pi\varepsilon_0}\frac{Q}{R^3}\boldsymbol{r}_2$$

该均匀带电球体在空间各点产生的电场强度随到球心距离的变化情形，如图 8－20 所示。

物理学家简介：高　斯

高　斯

高斯（Carlfriedrich Gauss，1777—1855），德国数学家和物理学家。高斯于 1777 年 4 月 30 日生于德国布伦瑞克，幼时家境贫困，聪敏异常，受一贵族资助才进入学校接受教育。1795～1789 年，高斯在哥廷根大学学习，1799 年获博士学位；1807 年担任哥廷根大学数学教授和哥廷根天文台台长，直到逝世；1833 年，高斯和物理学家韦伯共同建立地磁观测台，组织磁学学会，联系全世界的地磁台站网。高斯于 1855 年 2 月 23 日在哥廷根逝世。

高斯长期从事数学研究，并将数学应用于物理学、天文学和大地测量学等领域，著作丰富，成就甚多。他一生共发表 323 篇（种）著作，提出 404 项科学创见（发表 178 项），主要成就有：物理学和电磁学中关于静电学、温差电和摩擦电的研究；利用绝对单位（长度、质量和时间）法则量度非力学量以及地磁分布的理论研究。利用几何学知识研究光学系统近轴光线行为和成像，建立高斯光学；天文学和大地测量学中的如小行星轨道的计算，地球大小和形状的理论研究等；结合试验数据的测算，发展了概率统计理论和误差理论，发明了最小二乘法，引入高斯定理误差曲线。此外，在纯数学方面，对数论、代数、几何学的若干基本定理做出严格证明。

8.4　电势

电场强度矢量反映了静电场的力的性质。静电场的另一方面的性质即能的性质，是由电势反映或描述的。电场强度和电势这两个描述静电场性质的物理量，既有差异又有联系。

8.4.1　静电场的环路定理

首先从库仑定律和场的叠加原理出发，证明静电场力做功与路径无关。因为静电场是保守场，然后引入电势能。

将试探电荷 q_0 引入到由点电荷 q 所产生的电场中，当试探电荷 q_0 沿任意路径 L 由点 P 移到点 Q 时，考察电场力所做的功。如图 8－21 所示，点 P 和点 Q 到场源电荷 q 的距离分别为 r_P 和 r_Q，而路径上的任意一点 C 到场源电荷 q 的距离为 r，此处点 C 的电场强度为

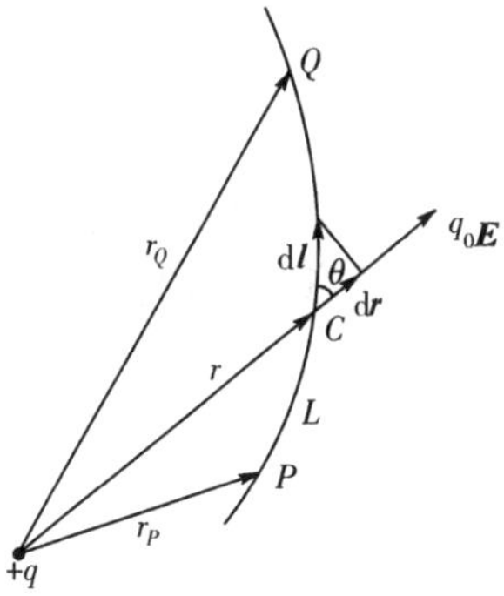

图 8－21　电场力做功

$$\boldsymbol{E} = \frac{1}{4\pi\varepsilon_0}\frac{q}{r^3}\boldsymbol{r}$$

如果试探电荷 q_0 在点 C 附近沿 L 移动了位移元 $\mathrm{d}\boldsymbol{l}$,那么电场力所做的元功为

$$\mathrm{d}A = q_0\boldsymbol{E}\cdot\mathrm{d}\boldsymbol{l} = q_0 E\cos\theta\mathrm{d}l = q_0 E\mathrm{d}r$$

式中,θ 是电场强度 $\boldsymbol{E}$ 与位移元 $\mathrm{d}\boldsymbol{l}$ 之间的夹角;$\mathrm{d}\boldsymbol{r}$ 是位移元 $\mathrm{d}\boldsymbol{l}$ 沿电场强度 $\boldsymbol{E}$ 方向的分量。

试探电荷 q_0 由点 P 移到点 Q 电场力所做的总功为

$$A = \int_L \mathrm{d}A = \int_{r_P}^{r_Q} q_0 E\mathrm{d}r = \frac{q_0}{4\pi\varepsilon_0}\int_{r_P}^{r_Q}\frac{q}{r^2}\mathrm{d}r = \frac{q_0 q}{4\pi\varepsilon_0}\left(\frac{1}{r_P}-\frac{1}{r_Q}\right) \tag{8-4-1}$$

上式表明:在由点电荷 q 产生的电场中,试探电荷 q_0 运动过程,电场力所做的功只与始点和末点的位置有关,而与运动路径无关。这就是说,点电荷所产生的电场是保守场。

任何一个带电体都可以看成为由许多很小电荷元组成的集合体,每一个电荷元都可以认为是点电荷。整个带电体在空间产生的电场强度 $\boldsymbol{E}$ 等于各个电荷元产生的电场强度的矢量和,即

$$\boldsymbol{E} = \boldsymbol{E}_1 + \boldsymbol{E}_2 + \cdots + \boldsymbol{E}_n$$

在电场强度为 $\boldsymbol{E}$ 的电场里,试探电荷 q_0 从点 P 移动到点 Q 电场力所做的总功可以表示为

$$\begin{aligned} A &= \int_P^Q q_0\boldsymbol{E}\cdot\mathrm{d}\boldsymbol{l} = \int_P^Q q_0(\boldsymbol{E}_1+\boldsymbol{E}_2+\cdots+\boldsymbol{E}_n)\cdot\mathrm{d}\boldsymbol{l} \\ &= \int_P^Q q_0\boldsymbol{E}_1\cdot\mathrm{d}\boldsymbol{l} + \int_P^Q q_0\boldsymbol{E}_2\cdot\mathrm{d}\boldsymbol{l} + \cdots + \int_P^Q q_0\boldsymbol{E}_n\cdot\mathrm{d}\boldsymbol{l} \end{aligned} \tag{8-4-2}$$

既然 $\boldsymbol{E}_1,\boldsymbol{E}_2,\cdots,\boldsymbol{E}_n$ 是各个点电荷单独产生的电场强度,那么 $q_0\boldsymbol{E}_1,q_0\boldsymbol{E}_2,\cdots,q_0\boldsymbol{E}_n$ 就是试探电荷 q_0 在各个点电荷单独产生的电场中所受到的电场力。所以,(8-4-2)式中的每一项积分都表示 q_0 在各个点电荷单独产生的电场里从点 P 移到点 Q 电场力所做的功。已证明:每一项电场力所做功都与路径无关,电场力所做的总功 A 也必定与路径无关。于是得到结论:在任何静电场中,电荷运动时电场力所做的功只与始点和末点的位置有关,而与电荷运动的路径无关。这就表明,静电场是保守场。

曾经把保守力的特征表示为

$$\oint_{(L)}\boldsymbol{F}\cdot\mathrm{d}\boldsymbol{l} \equiv 0$$

物体在保守力作用下沿任意闭合路径 L 运行一周,保守力所做的功恒等于零。试探电荷 q_0 从任意一点出发,沿任意闭合路径运行一周又回到该点,电场力所做功也必定等于零,即

$$\oint_{(L)} q_0\boldsymbol{E}\cdot\mathrm{d}\boldsymbol{l} = 0 \tag{8-4-3}$$

于是,得

$$\oint_{(L)} \boldsymbol{E} \cdot \mathrm{d}\boldsymbol{l} = 0 \tag{8-4-4}$$

(8-4-4)式表示，在静电场中电场强度沿任意闭合路径的环路积分等于零，这就是静电场的环路定理。该定理与静电场是保守力场的说法是完全等价的。静电场的环路定理是表述静电场性质的重要定理之一。

8.4.2　电势能、电势差和电势

对于保守场，总可以引入一个与位置有关的势能函数。当物体从一个位置移动到另一个位置时，保守力所做的功等于这个势能函数增量的负值。对于静电场，引入电势能的概念。如果用 W_P 和 W_Q 分别表示试探电荷 q_0 在静电场的点 P 和点 Q 的电势能，那么从点 P 移到点 Q 电场力对试探电荷 q_0 所做的功可以表示为

$$A_{PQ} = q_0 \int_P^Q \boldsymbol{E} \cdot \mathrm{d}\boldsymbol{l} = -(W_Q - W_P) \tag{8-4-5}$$

在试探电荷 q_0 的移动过程中，如果电场力做正功，$A_{PQ}>0$ 则 $W_P>W_Q$，表示 q_0 从点 P 移到点 Q 电势能是减小的；如果电场力做负功，即外力克服电场力做功，$A_{PQ}<0$ 则 $W_P<W_Q$，表示 q_0 从点 P 移到点 Q 电势能是增加的。

关于电势能还必须指出，(8-4-5)式只确定了试探电荷在电场中 P、Q 两点的电势能之差，而没给出 q_0 在某一点上的电势能的数值。要确定 q_0 在电场中某一点的电势能必须选择一个电势能为零的参考点，这与力学很相似。

由(8-4-5)式可知，试探电荷 q_0 在运动过程中，电势能的减小(W_P-W_Q)与其电量 q_0 成正比，但是它们的比值

$$\frac{W_P - W_Q}{q_0} = \int_P^Q \boldsymbol{E} \cdot \mathrm{d}\boldsymbol{l} \tag{8-4-6}$$

却与试探电荷的电量 q_0 无关，完全是由电场在 P、Q 两点的状况所决定。把 $\frac{W_P}{q_0}-\frac{W_Q}{q_0}$ 称为电场中 P、Q 两点的电势差并用 U_P-U_Q 表示，于是有

$$U_P - U_Q = \int_P^Q \boldsymbol{E} \cdot \mathrm{d}\boldsymbol{l} \tag{8-4-7}$$

(8-4-7)式表示：电场中 P、Q 两点间的电势差就是单位正电荷在这两点的电势能之差，等于单位正电荷从点 P 移到点 Q 电场力所做的功。电势差也称电压。

把 U_P 和 U_Q 分别称为电场中点 P 的电势和点 Q 的电势，它们分别等于单位正电荷在点 P 和点 Q 的电势能。(8-4-7)式给出的只是电场中两点的电势差而不是各点的电势。为了确定某点的电势，必须选择一个电势为零的参考点。理论上，如果电荷分布在有限空间内，则可选择无限远处的电势为零。然而，在实际问题中，常选择大地的电势为零。电势能零点的选择与电势零点的选择是一致的。电荷处于电场中电势为零的地方，其电势能也必定为零。如果选择无限远处的电势为零，根据(8-4-7)式，电场中任意一点 P 的电势可以表示为

$$U_P = U_P - U_\infty = \int_P^\infty \boldsymbol{E} \cdot \mathrm{d}\boldsymbol{l} \tag{8-4-8}$$

(8-4-8)式表示：电场中某点的电势等于把单位正电荷从该点经任意路径移到无限远处电场力所做的功。如果知道电场的分布，则可由(8-4-8)式求得电场中各点的电势。

电势是标量。在国际单位制中，电势的单位是 V(伏特，简称伏)，即

$$1\,\mathrm{V} = \frac{1\,\mathrm{J}}{1\,\mathrm{C}}$$

8.4.3 电势的计算

(1) 在单个点电荷产生的电场中任意一点的电势

空间有一点电荷 q，求与它相距 r 的点 P 的电势。根据(8-4-8)式，点 P 的电势应为

$$U_P = \int_P^\infty \boldsymbol{E} \cdot \mathrm{d}\boldsymbol{l}$$

上式积分与路径无关，选择从点电荷 q 到点 P 的连线 r 的延长线作为积分路径，故

$$U_P = \int_{r_P}^\infty \boldsymbol{E} \cdot \mathrm{d}\boldsymbol{r} = \frac{1}{4\pi\varepsilon_0}\int_{r_P}^\infty \frac{q}{r^2}\mathrm{d}r = \frac{q}{4\pi\varepsilon_0 r} \tag{8-4-9}$$

(8-4-9)式表示：在点电荷电场中任意一点的电势与点电荷的电量 q 成正比，与该点到点电荷的距离 r 成反比。当点电荷 q 为正号时，U_P 为正值；当点电荷 q 为负号时，U_P 为负值。这就是说：当选择无限远处为电势零点时，正点电荷电场的电势恒为正值，负点电荷电场的电势恒为负值。

(2) 在多个点电荷产生的电场中任意一点的电势

空间有 n 个点电荷 $q_1, q_2, \cdots, q_n$，求其任意一点 P 的电势。这时点 P 的电场强度 $\boldsymbol{E}$ 等于各个点电荷单独在点 P 产生的电场强度 $\boldsymbol{E}_1, \boldsymbol{E}_2, \cdots, \boldsymbol{E}_n$ 的矢量之和，所以点 P 的电势可以表示为

$$\begin{aligned} U_P &= \int_P^\infty \boldsymbol{E} \cdot \mathrm{d}\boldsymbol{l} = \int_P^\infty (\boldsymbol{E}_1 + \boldsymbol{E}_2 + \cdots + \boldsymbol{E}_n) \cdot \mathrm{d}\boldsymbol{l} \\ &= \int_P^\infty q_0 \boldsymbol{E}_1 \cdot \mathrm{d}\boldsymbol{l} + \int_P^\infty q_0 \boldsymbol{E}_2 \cdot \mathrm{d}\boldsymbol{l} + \cdots + \int_P^\infty q_0 \boldsymbol{E}_n \cdot \mathrm{d}\boldsymbol{l} \\ &= \sum_{i=1}^n \int_P^\infty \boldsymbol{E}_i \cdot \mathrm{d}\boldsymbol{l} = \sum_{i=1}^n U_i \end{aligned}$$

式中，$\boldsymbol{E}_i$ 和 U_i 分别是第 i 个点电荷 q_i 单独在点 P 产生的电场强度和电势。

因此，上式表示为在多个点电荷产生的电场中，任意一点的电势等于各个点电荷在该点产生的电势的代数和。电势的这种性质，称为电势的叠加原理。如果第 i 个点电荷到点 P 的距离为 r_i，那么

$$U_i = \int_P^\infty \boldsymbol{E}_i \cdot \mathrm{d}\boldsymbol{l} = \frac{1}{4\pi\varepsilon_0}\frac{q_i}{r_i}$$

所以，点 P 的电势为

$$U_P = \sum_{i=1}^{n} U_i = \frac{1}{4\pi\varepsilon_0}\sum_{i=1}^{n}\frac{q_i}{r_i} \tag{8-4-10}$$

(3) 在任意带电体产生的电场中任意一点的电势

把带电体看为很多很小电荷元的集合体，每个电荷元在空间某点产生的电势与相同电量的点电荷在该点产生的电势相等。整个带电体在空间某点产生的电势，等于各个电荷元在同一点产生电势的代数和。所以，(8－4－10)式中的求和可用积分号代替，即

$$U_P = \frac{1}{4\pi\varepsilon_0}\int\frac{\mathrm{d}q}{r} \tag{8-4-11}$$

式中，r 是电荷元 $\mathrm{d}q$ 到所讨论的点 P 的距离。

在处理具体问题时，可以根据电荷在带电体上的分布情况分别引入电荷体密度 ρ、电荷面密度 σ 和电荷线密度 λ。这时，(8－4－11)式可分别写为

$$U_P = \frac{1}{4\pi\varepsilon_0}\iiint_{(\tau)}\frac{\rho\mathrm{d}\tau}{r} \tag{8-4-12}$$

$$U_P = \frac{1}{4\pi\varepsilon_0}\iint_{(S)}\frac{\sigma\mathrm{d}S}{r} \tag{8-4-13}$$

$$U_P = \frac{1}{4\pi\varepsilon_0}\int_L\frac{\lambda\mathrm{d}l}{r} \tag{8-4-14}$$

计算电势时，如果已知电荷的分布，尚不知电场强度的分布，总可以利用(8－4－12)式至(8－4－14)式直接计算电势。对于电荷分布具有一定对称性的问题，往往先利用高斯定理求出电场的分布，然后通过(8－4－8)式计算电势。

8.4.4　等势面

把电场中电势相等的点连起来所形成的一系列曲面，称为等势面。例如，在点电荷产生的电场中，等势面是以点电荷为中心的一系列同心球面，如图 8－22 中虚线所示。

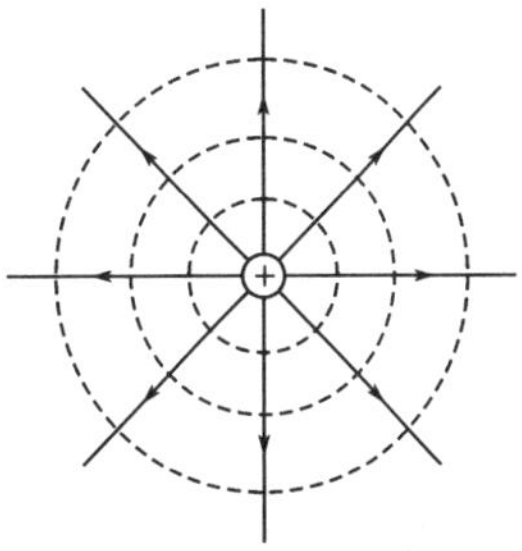

图 8－22　点电荷的等势面

电荷沿等势面移动，电场力是不做功的，这是等势面的一个性质。如果试探电荷 q_0 在电场中作位移 $\mathrm{d}\boldsymbol{l}$，对应于此位移的电势增量为 $\mathrm{d}U$，则电场力做的功为

$$\mathrm{d}A = -q_0\mathrm{d}U$$

如果位移 $\mathrm{d}\boldsymbol{l}$ 沿等势面，那么 $\mathrm{d}U=0$。所以，电场力做的功也必定为零。

等势面处处与电场线正交，这是等势面的另一个性质。当试探电荷 q_0 在电场强度为 $\boldsymbol{E}$ 的电场中沿等势面作位移 $\mathrm{d}\boldsymbol{l}$，电场力做的功还可以表示为

$$\mathrm{d}A = q_0\boldsymbol{E}\cdot\mathrm{d}\boldsymbol{l} = q_0E\mathrm{d}l\cos\theta \tag{8-4-15}$$

式中，θ 是位移 $\mathrm{d}\boldsymbol{l}$ 与该处电场强度 $\boldsymbol{E}$ 之间的夹角，如图 8－23 所示。

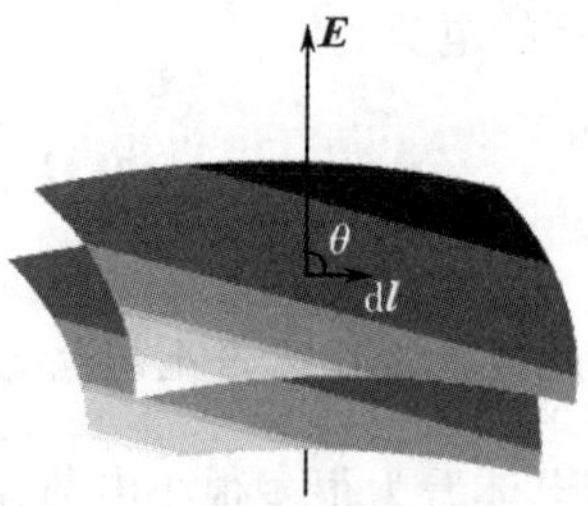

图 8-23　位移 dl 与电场强度 E 之间的关系

由于电荷沿等势面移动电场力不做功，$dA=0$，必定有 $\cos\theta=0$，$\theta=\pi/2$，即 $d\boldsymbol{l}$ 与 $\boldsymbol{E}$ 相垂直。因为 $d\boldsymbol{l}$ 是处于等势面上的任意微小位移，所以 $\boldsymbol{E}$ 必定与该处的等势面相垂直。

等势面在实际工作中具有重要意义。这是因为电势比电场强度容易计算，即使在没有计算出电场中各点电势的情况下，也可以用实验方法精确地描绘出等势面。所以，在实际工作中往往需要由等势面的分布得知各点的电场强度的大小和方向。

*8.4.5　电势与电场强度的关系

电场强度和电势都是描述电场的物理量，它们是同一事物的两个不同的方面，它们之间存在一定关系。实际上，(8-4-8)式已经反映了这种关系，通过这种关系可以根据电场强度的分布求得电势的分布。可是，在实际问题中往往需要由测得的电势(或等势面)分布情况来估计电场强度的分布情况。因此，在理论上建立一个由电势分布求电场强度的关系式就变得十分重要。

一个在电场中缓慢移动的电荷，电场力若做正功，该电荷的电势能必定降低；电场力若做负功，该电荷的电势能必定升高。试探电荷 q_0 在电场强度为 $\boldsymbol{E}$ 的电场中作位移 $d\boldsymbol{l}$，由于 $d\boldsymbol{l}$ 很小，在 $d\boldsymbol{l}$ 的范围内可以认为电场是均匀的。若 q_0 完成了位移 $d\boldsymbol{l}$ 后，电势增高了 dU，则其电势能的增量为 $q_0 dU$，这时电场力必定做负功，因而有

$$q_0 dU = -q_0 \boldsymbol{E}\cdot d\boldsymbol{l}$$

即

$$dU = -E dl\cos\theta$$

式中，θ 是电场强度 $\boldsymbol{E}$ 与位移 $d\boldsymbol{l}$ 之间的夹角。

由此，可以得到

$$E\cos\theta = -\frac{dU}{dl}$$

上式等号左边 $E\cos\theta$ 就是电场强度 $\boldsymbol{E}$ 在位移 $d\boldsymbol{l}$ 方向的分量，用 E_l 表示；而等号右边是电势沿位移方向的变化率，是 U 沿 $d\boldsymbol{l}$ 方向的微商，负号表示 $\boldsymbol{E}$ 指向电势降低的方向。

于是，上面的关系式可以写为

$$E_l = -\frac{\partial U}{\partial l} \tag{8-4-16}$$

(8-4-16)式表示：电场强度在任意方向的分量，等于电势沿该方向的变化率的负值。

为弄清电势梯度的物理意义，查看图 8-24 所示的等势面，其法线方向单位矢量用 $\boldsymbol{e}_n$ 表示，指向电势增大的方向。

电场强度 $\boldsymbol{E}$ 的方向沿着 $\boldsymbol{e}_n$ 的反方向。电场强度的大小可以表示为

$$E=\frac{\partial U}{\partial e_{\mathrm{n}}}$$

电场强度矢量可以表示为

$$\boldsymbol{E}=-\frac{\partial U}{\partial e_{\mathrm{n}}}\boldsymbol{e}_{\mathrm{n}} \qquad (8-4-17)$$

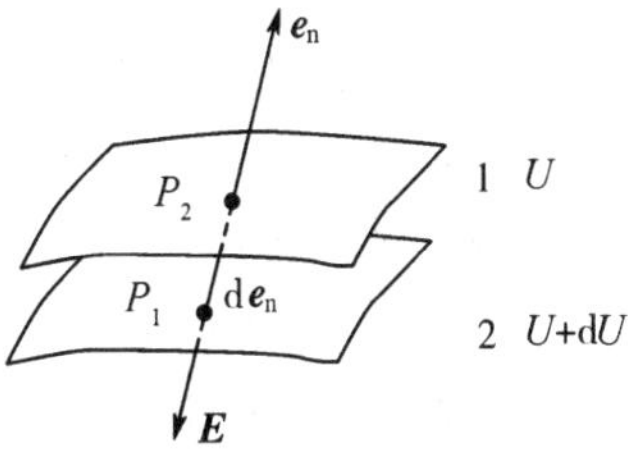

图 8-24　电场和电势的关系

由此可见：电势梯度是一个矢量，它的大小等于电势沿等势面法线方向的变化率，它的方向沿着电势增大的方向。

由(8-4-16)式可以得到电场强度的另一个单位，即 $\mathrm{V}\cdot\mathrm{m}^{-1}$(伏特/米)。

【例题 8-6】 半径为 r 的球面均匀带电，所带总电量为 q。求电势在空间的分布。

解： 先由高斯定理求得电场强度在空间的分布：

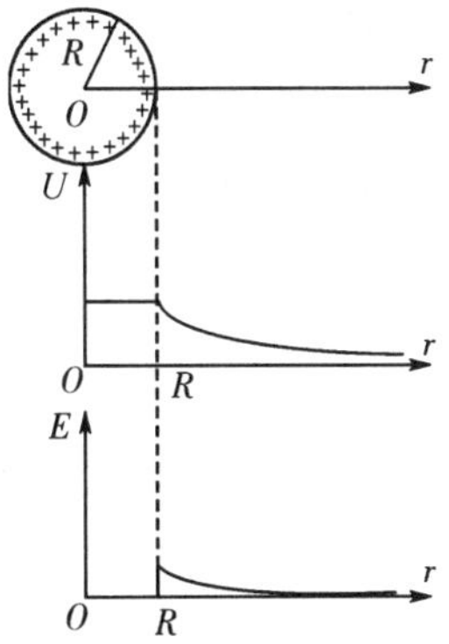

图 8-25　例题 8-6 图

在球内($r<R$)

$$E_1=0$$

在球外($r>R$)

$$E_2=\frac{1}{4\pi\varepsilon_0}\frac{q}{r^2}$$

其方向沿球的径向向外。

对于球外的任意一点，若距球心为 $r(>R)$，则电势为

$$U_2=\int_r^{\infty}\boldsymbol{E}\cdot\mathrm{d}\boldsymbol{l}=\frac{1}{4\pi\varepsilon_0}\int_r^{\infty}\frac{q}{r^2}\cdot\mathrm{d}r=\frac{1}{4\pi\varepsilon_0}\frac{q}{r}$$

对于球内的任意一点，若距球心为 $r(<R)$，电势为

$$U_1=\int_r^{\infty}\boldsymbol{E}\cdot\mathrm{d}\boldsymbol{l}=\int_r^{R}\boldsymbol{E}_1\cdot\mathrm{d}\boldsymbol{l}+\int_R^{\infty}\boldsymbol{E}_2\cdot\mathrm{d}\boldsymbol{l}$$

$$=\frac{1}{4\pi\varepsilon_0}\int_R^{\infty}\frac{q}{r^2}\cdot\mathrm{d}r=\frac{1}{4\pi\varepsilon_0}\frac{q}{R}$$

以上结果表明：在球面外部的电势，如同把电荷集中在球心的点电荷的情形相同；在球面内部，电势为一恒量。图 8-25 表示电势随离开球心的距离 r 的变化情形。

8.5　静电场中的金属导体

8.5.1　金属导体的静电平衡条件

通常的金属导体都是以金属键结合的晶体，处于晶格结点上的原子很容易失去外层的价电子而成为正离子。脱离原子核束缚的价电子可以在整个金属中自由运动，称为自由电子。在不受外电场作用时，自由电子只作无规则的热运动，不发生电子的宏观定向运动，因而整个金属导体的任何宏观部分都呈电中性状态。

当把金属导体放入电场强度为 $\boldsymbol{E}_0$ 的静电场中，情况将发生变化。金属导体中的自由电子在外电场 $\boldsymbol{E}_0$ 的作用下，相对于晶格离子作定向运动，如图 8-26(a)所示。由于电子的定向运动并在导体一侧面集结，使该侧面出现负电荷，而相对的另一侧面出现正电荷，如图 8-26(b)所示，这就是静电感应现象。由静电感应现象所产生的电荷，称为感应电荷。感应电荷必然在空间激发电场，这个电场与原来的电场相叠加，因而改变了空间各处的电场分布。把感应电荷产生的电场，称为附加电场，用 $\boldsymbol{E}'$ 表示。空间任意一点的电场强度应为

$$\boldsymbol{E}=\boldsymbol{E}_0+\boldsymbol{E}' \tag{8-5-1}$$

在导体内部，附加电场 $\boldsymbol{E}'$ 与外加电场 $\boldsymbol{E}_0$ 方向相反，并且只要 $\boldsymbol{E}'$ 不足以抵消外加电场 $\boldsymbol{E}_0$，导体内部自由电子的定向运动就不会停止，感应电荷就会继续增加，附加电场 $\boldsymbol{E}'$ 将相应增大，直至 $\boldsymbol{E}'$ 与 $\boldsymbol{E}_0$ 完全抵消，导体内部的电场为零(如图 8-26(c)所示)，这时自由电子的定向运动也就停止。在金属导体中，自由电子没有定向运动的状态，称为静电平衡。金属导体建立静电平衡的过程就是静电感应发生并达到稳定的过程。实际上，这个过程是在极其短暂的时间内完成的。

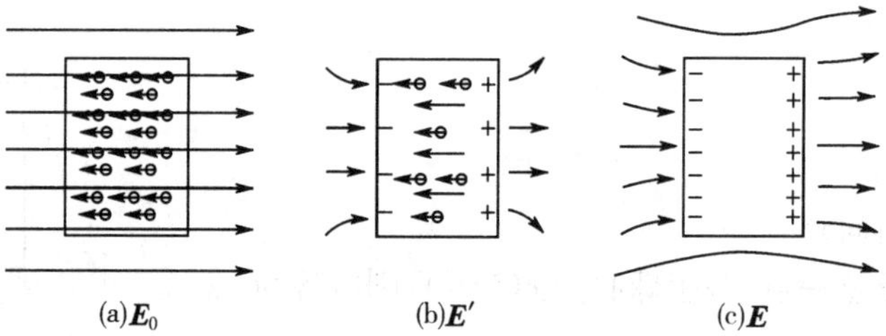

图 8-26 静电感应现象

感应电荷所激发的附加电场 $\boldsymbol{E}'$，不仅导致导体内部的电场强度为零，而且改变了导体外部空间各处原来电场的大小和方向，甚至还可能会改变产生原来外加电场 $\boldsymbol{E}_0$ 的带电体上的电荷分布。

根据静电平衡时金属导体内部不存在电场，自由电子没有定向运动的特点，不难推断处于静电平衡的金属导体必定具有下列性质。

(1) 整个导体是等势体，导体的表面是等势面

在导体内部任取两点 P 和 Q，它们之间的电势差可以表示为

$$U_P-U_Q=\int_P^Q \boldsymbol{E}\cdot \mathrm{d}\boldsymbol{l} \tag{8-5-2}$$

因为处于静电平衡的导体内部电场强度为零，上述积分必定为零，所以 $U_P=U_Q$。可见，导体内部任意两点的电势都相等，整个导体必定是等势体，导体的表面必定是等势面。

(2) 导体表面附近的电场强度处处与表面垂直

因为电场线与等势面垂直，所以导体表面附近的电场强度必定与该处表面相垂直。

(3) 导体内部不存在净电荷，所有过剩电荷都分布在导体表面上

在导体内部任取一闭合曲面 S 并运用高斯定理，应有

$$\oiint_{(S)} \boldsymbol{E} \cdot \mathrm{d}\boldsymbol{S} = \frac{1}{\varepsilon_0} \sum_{i=1} q_i \tag{8-5-3}$$

因为导体内部的电场强度为零，上述积分为零，必定有 $\sum_{i=1} q_i = 0$，所以导体内部不存在净电荷。

8.5.2　导体表面的电荷和电场

导体表面电荷的分布与导体本身的形状以及附近带电体的状况等因素有关，即使其附近没有其他导体和带电体，也不受任何外来电场作用所谓的孤立导体，表面电荷分布与其曲率之间没有简单的函数关系，但存在大致的规律为：表面凸起部分尤其是尖端处，电荷面密度较大；表面平坦处，电荷面密度较小；表面凹陷处，电荷面密度很小，甚至为零。

由于电荷在导体表面的分布与表面的状况有关，所以导体表面附近的电场强度也与表面状况有关。在带电导体表面上任取一面元 ΔS，ΔS 足够小以致可以认为其所带电荷的分布是均匀的，电荷面密度是 σ。包围 ΔS 作一圆柱状闭合面，使其上、下底面的大小都等于 ΔS，并与导体表面相平行，上底面在导体表面外侧，下底面在导体内部，如图 8－27 所示。显然，圆柱侧面与电场强度方向相平行，电通量为零；导体内部电场强度为零，下底面的电通量也为零。所以，通过整个圆柱状闭合面的电通量就等于通过圆柱上底面的电通量，即

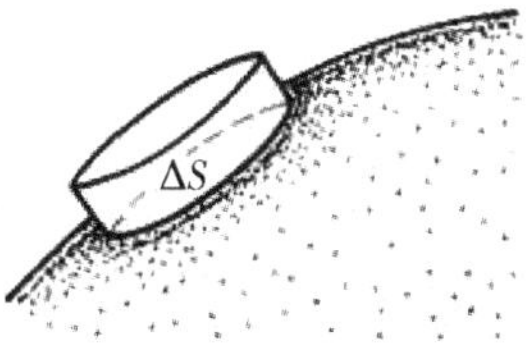

图 8－27　带电导体表面

$$\oiint_{(S)} \boldsymbol{E} \cdot \mathrm{d}\boldsymbol{S} = E\Delta S$$

根据高斯定理，有

$$\oiint_{(S)} \boldsymbol{E} \cdot \mathrm{d}\boldsymbol{S} = \frac{q}{\varepsilon_0} = \frac{\sigma \Delta S}{\varepsilon_0}$$

由以上两式可得

$$E\Delta S = \frac{\sigma \Delta S}{\varepsilon_0}$$

解得

$$E = \frac{\sigma}{\varepsilon_0} \tag{8-5-4}$$

上式表示，带电导体表面附近的电场强度大小与该处电荷面密度成正比。表面凸起部分尤其是尖端处，电荷面密度较大，附近的电场强度也较强。利用这个结论可以解释尖端放电现象。

如果把金属针接在起电机的一个电极上让它带上足够的电量，这时在金属针的尖端附近就会产生很强的电场，可使空气分子电离并使离子急剧运动。在离子运动过程中，由于碰撞可使更多的空气分子电离。与金属针上电荷异号的离子向着尖端运动，落在金属针上并与那里的电荷中和，与金属针上电荷同号的离子背离尖端运动，形成“电风”，并会把附近的蜡烛火焰吹向一边(如图8－28所示)，这就是尖端放电现象。在离子撞击空气分子时，有时由于能量较小而不足以使分子电离，但会使分子获得一部分能量而处于高能状态。处于高能状态的分子是不稳定的，总要返回低能量的基态。在返回基态的过程中要以发射光子的形式将多余的能量释放出去，于是在尖端周围就会出现暗淡的光环，这种现象称为电晕。避雷针就是尖端放电现象的一种应用。

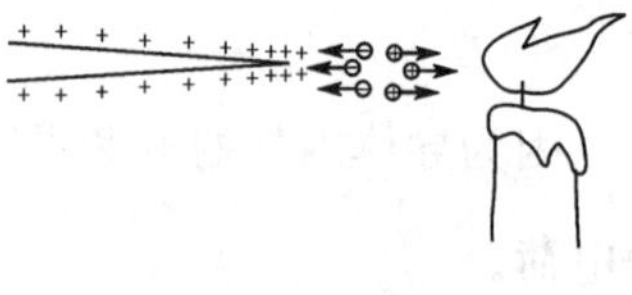

图 8－28　尖端放电现象

8.5.3　导体空腔

导体空腔就是空心导体。若腔内空间没有带电体，则导体空腔必定具有下列性质：

(1) 导体内表面上不存在净电荷，所有净电荷都只分布在外表面

在导体中取仅仅包围导体内表面的闭合曲面 S，如图 8－29 所示。根据高斯定理，导体内表面上所带的总电量一定等于零。内表面上总电量等于零，可能有两种情形：第一种情形是等量异号电荷宏观上相分离，并处于导体内表面的不同位置上；第二种情形是导体内表面上处处电量都为零。实际上，第一种情形是不可能出现的，因为一旦出现了这种情形，在出现正电荷的地方将发出电场线，此电场线必然终止于出现负电荷的地方(如图 8－29 中箭头所示)，这就与处于静电平衡的金属导体是等势体的结论相违背。所以，只能是第二种情形，即导体内表面上处处没有净电荷。

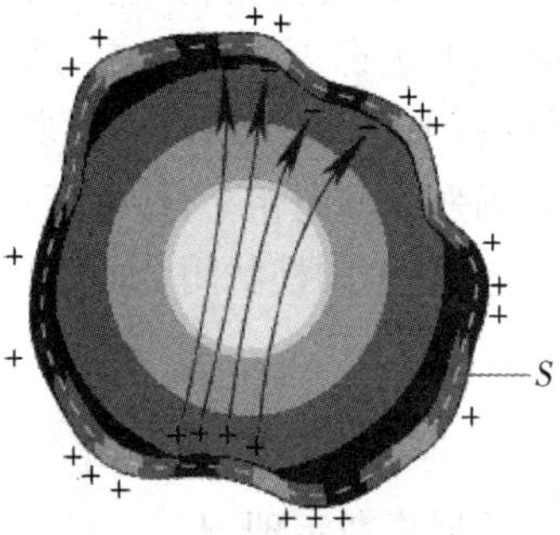

图 8－29　空腔导体电荷分布

(2) 腔内无电场，电势处处相等

导体内表面上电荷面密度为零，导体内表面附近就不会有电场。腔内空间若存在电场，这种电场的电场线只能在腔内空间闭合，而静电场的环路定理已经表明，静电场的电场线不可能是闭合线，所以整个腔内空间不可能存在电场。腔内没有电场，意味着电势无梯度，即电势处处相等并等于导体的电势。

若腔内空间存在带电体，用高斯定理不难证明：空腔内表面必定带有与腔内带电体等量异号的电荷。

8.5.4　导体静电平衡性质的应用

(1) 静电屏蔽

根据导体空腔的性质可以得出：在一个导体空腔内部若不存在其他带电体，则无论导

体外部电场如何分布，也不管导体空腔自身带电情况如何，只要处于静电平衡，腔内必定不存在电场。另外，如果空腔内部存在电量为 q 的带电体，则在空腔内、外表面必将分别产生 $-q$ 和 $+q$ 的电荷，外表面的电荷 $+q$ 将会在空腔外部空间产生电场。若将导体接地，则由外表面电荷产生的电场将随之消失，于是腔外空间将不再受腔内电荷的影响。

利用导体静电平衡性质，使导体空腔内部空间不受腔外电荷和电场的影响，或者将导体空腔接地，使腔外空间免受腔内电荷和电场影响，称为静电屏蔽。

静电屏蔽在电磁测量和无线电技术中有广泛应用。例如，常把测量仪器或整个实验室用金属壳或金属网罩起来，使测量免受外部电场的影响。

(2) 场致发射显微镜

图 8-30 是场致发射显微镜的原理图。在抽成真空后充以少量氦气的玻璃泡的中心放置被测试的金属针(尖端的直径约为 100 nm)，在玻璃泡的内壁涂敷一层很薄的荧光导电膜。若在金属针与荧光导电膜之间加上很大的电势差，则会在泡内上部空间产生辐射状的电场(如图 8-30 中箭头所示)，金属尖端处的电场强度会高达 $4\times10^{9}\ \mathrm{V\cdot m^{-1}}$。当氦分子与尖端相碰时就会被电离成氦离子，氦离子被电场加速并沿辐射状电场线射向荧光导电膜。于是在膜上产生一个荧光点，这个荧光点就是该氦离子与金属尖端相碰的那个金属原子的“像”。所以，玻璃泡荧光膜上的光点将描绘出金属针尖端表面的原子分布图像。

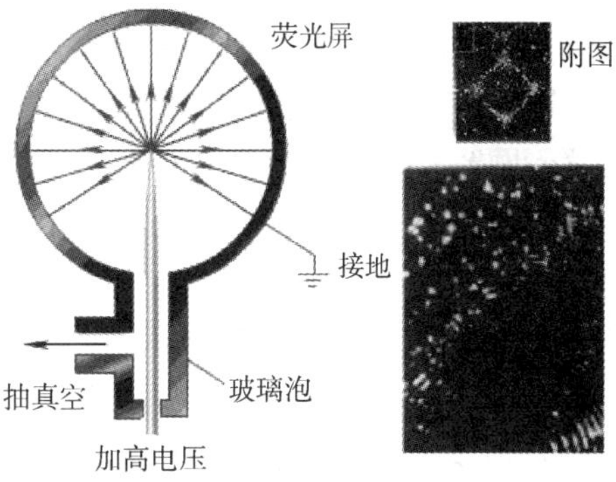

图 8-30　场致发射显微镜的原理图

(3) 范德格拉夫静电高压起电机

范德格拉夫静电高压起电机是利用导体空腔所带电荷总是分布在外表面的原理制作而成的。图 8-31 是范德格拉夫静电高压起电机的示意图。与直流电源的正极相连的金属尖端，由于尖端放电而向由橡胶或丝织物制成的传送带喷射电荷，携带电荷的传送带由滑轮带动进入空心导体球的腔内。金属尖端与导体球的内表面相连，当携带正电荷的传送带从尖端附近经过时，由于静电感应而使带负电荷，导体球则带正电荷。由于尖端放电，金属尖端上的负电荷与传送带上的正电荷相中和，而导体球所带的正电荷则分布在外表面。这样传送带周而复始地运行，导体球所带的正电荷越来越多，其电势也随之增高。这种装置是静电加速器的关键部件，可以使导体球的电势高达 $2\times10^{6}\ \mathrm{V}$。

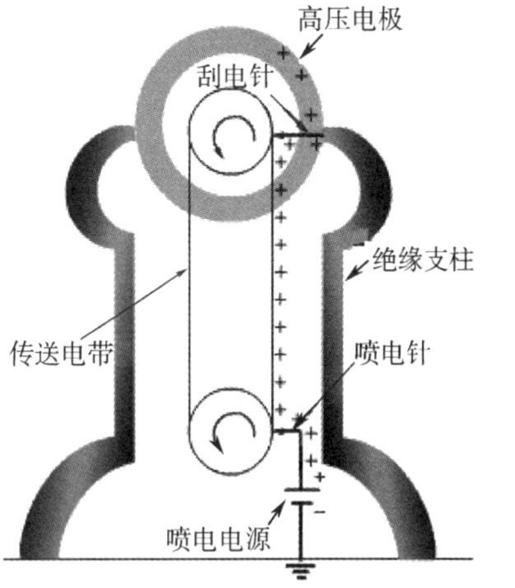

图 8-31　范德格拉夫静电高压起电机的示意图

(4) 库仑平方反比律的精确证明

由于库仑定律是电磁理论的基本规律之一,库仑定律是否为严格的平方反比律,即

$$F \propto \frac{1}{r^{2\pm\delta}} \tag{8-5-5}$$

式中,δ 是否严格等于零是与一系列重大物理问题相联系的。所以,人们不满足于扭秤实验的精度,而寻找更精确的实验验证。在证明高斯定理时已经看到:高斯定理的成立是由于库仑定律满足平方反比律,即 $\delta=0$;而处于静电平衡的金属导体内部不存在净电荷是高斯定理的直接结果。试设想库仑平方反比律不严格成立,高斯定理就不存在,处于静电平衡的金属导体内部就可能存在净电荷。所以,用实验方法测量导体内部是否存在净电荷,可以精确地验证库仑平方反比律。

【例题 8-7】 两块导体平板平行并相对放置,所带电量分别为 Q 和 Q',如图 8-32 所示。如果两块导体板的四个平行表面的面积都是 S 且都可视为无限大平板,试求这四个面上的电荷面密度。

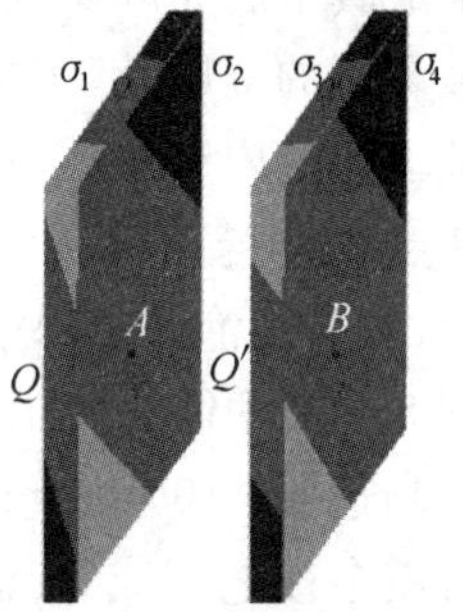

图 8-32 例题 8-7 图

解: 设四个面的面电荷密度分别为 σ_1、σ_2、σ_3 和 σ_4,如图 8-32 所示。显然,空间任意一点的电场强度都是由四个面上的电荷共同提供的。根据高斯定理,每个面上的电荷为空间任意一点所提供的电场强度的大小都是 $\sigma_i/2\varepsilon_0$。另外,处于静电平衡的导体内部的电场强度合成的结果必定为零。若取向右为正方向,则处于导体内部的点 A 和点 B 的电场强度可以表示为

$$E_A = \frac{1}{2\varepsilon_0}(\sigma_1 - \sigma_2 - \sigma_3 - \sigma_4) = 0$$

$$E_B = \frac{1}{2\varepsilon_0}(\sigma_1 + \sigma_2 + \sigma_3 - \sigma_4) = 0$$

又根据已知条件

$$S(\sigma_1 + \sigma_2) = Q$$
$$S(\sigma_3 + \sigma_4) = Q'$$

可解得

$$\sigma_1 = \sigma_4 = \frac{Q + Q'}{2S}$$

$$\sigma_2 = -\sigma_3 = \frac{Q - Q'}{2S}。$$

这个结果说明:对于两块无限大的导体平板,相对的内侧表面上电荷面密度大小相等、符号相反;相背的外侧表面上电荷面密度大小相等、符号相同。

如果 $Q=-Q'$,则有

$$\sigma_1 = \sigma_4 = 0, \quad \sigma_2 = -\sigma_3 = \frac{Q}{S}$$

这表示,电荷全部分布于相对的内侧表面上。

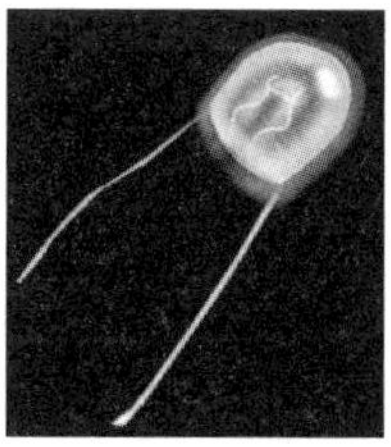

静电灯泡

物理学与社会：有趣的静电灯泡

人体的所产生的静电超过 10 000 V 的电压。如果能够将这部分静电利用起来岂不是很好？在干燥的环境中，人体很容易带上静电。人们通常可以通过静电释放器或者触摸一下门把手来释放静电，但是如果能够亲眼看到自己身上的静电带来的光明那一定会很有趣。静电灯泡就可以利用身上的静电来发光。当然，由于人体携带的静电的电量有限，也只能闪烁一下而已。

研究性课题：静电摆球

静电摆球装置

静电摆球装置主要是由两块竖直放置的平行导体平板和一个悬挂于平行导体平板之间的涂覆金属膜的乒乓球组成。实验时，将两块导体平板分别与高压静电电源的正负极相连。开启高压电源后，两块导体平板之间就产生大量沿水平方向的电场。轻轻拨动悬挂乒乓球的绝缘细线，使乒乓球与其中一块平板相碰，乒乓球则带上了与之接触的平板符号相同的电荷。由于同号电荷相斥，乒乓球在被排斥弹回的同时，在电场力的作用下又飞向另一块平板，接触平板时乒乓球先中和掉所带的电荷，同时又带上了与之刚接触的平板符号相同的电荷。同样是同号电荷相斥，乒乓球又被排斥弹回，在电场力的作用下乒乓球又向相反的方向飞去，在另一个平板处重复上述过程。乒乓球来回往返碰撞的，同时转移电荷，能量的来源是与平板相连的高压静电电源。静电场对飞行中的带电乒乓球所做的功补充了因空气阻力而产生的能耗，所以乒乓球在两平板间的来回碰撞可以持续进行下去。

根据此装置可以研究：① 带电小球在静电场中的运动；② 平行导体平板产生的静电场对带电小球的作用；③ 如果平行导体平板产生的电场分布一定且不随时间变化，研究带电小球运动的周期与哪些因素有关；④将涂覆金属膜的乒乓球改为无弹性的金属小球，研究该金属小球所受的作用及其运动。

8.6　电容和电容器

8.6.1　孤立导体的电容

理论和实验都表明：不同大小和形状的孤立导体若带等量的电荷，其电势各不相同，并且随着电量的增加，各导体的电势将按各自一定比例上升。该理论与不同大小和形状的容器盛水的原理十分相似。为描述这种性质，引入了孤立导体的电容，并定义为

$$C = \frac{Q}{U} \tag{8-6-1}$$

式中，Q 是孤立导体所带电量；U 是该导体的电势。

孤立导体的电容 C 只决定于导体自身的几何因素，与所带电荷和电势无关的常量，它反映了孤立导体储存电荷和电能的能力。

例如，一个半径为 R 并带有电量为 Q 的孤立导体球，其电势表示为

$$U=\frac{Q}{4\pi\varepsilon_0 R}$$

根据(8-6-1)式，这个孤立导体球的电容为

$$C=\frac{Q}{U}=4\pi\varepsilon_0 R$$

可见：这个孤立导体球的电容只与导体自身的大小和形状有关。这一结论也适用于其他形状的孤立导体，即孤立导体的电容只决定于导体自身的大小和形状。

在国际单位制中，电容的单位是 F(法拉)

$$1\,\text{F}=1\,\text{C}\cdot\text{V}^{-1}。$$

在实际应用中，F 的单位量级太大，常采用 μF(微法)和 pF(皮法)，它们与 F 的关系为

$$1\,\text{F}=10^6\,\mu\text{F}=10^{12}\,\text{pF}。$$

8.6.2 电容器

孤立导体可以携带电荷，但若把孤立导体作为装载电荷的器具就必须与其他导体或带电体打交道，因而丧失了"孤立"的条件。这时该导体的电势不仅与它所带电荷和自身的几何因素有关，而且还与其他导体和带电体所带电荷、几何形状及相对位置有关。用一个导体空腔把这个导体包围起来，使它免受外界因素的影响，如图 8-33 所示用导体空腔 B 把导体 A 包围起来，B 以外的导体和电场都不会影响导体 A 以及 A、B 之间的电场。

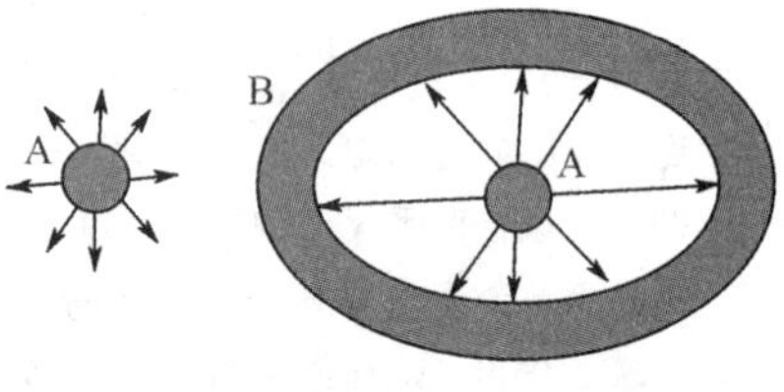

图 8-33 完全屏蔽的电容器不受外界干扰

可以证明：导体 A、B 之间的电势差 U_A-U_B 与导体 A 所带电量成正比，而与外界因素无关。把这种由两个导体组成的导体系统称为电容器，电容器的电容定义为

$$C=\frac{Q_A}{U_A-U_B}=\frac{Q_A}{U_{AB}} \tag{8-6-2}$$

因此，电容器的电容只决定于导体的几何形状和排列位置，而与所带电量无关。

有了电容器的电容的概念后，可以把孤立导体的电容理解为它与无限远处的导体组成的电容器的电容。

在组成电容器的两个导体中，带正电的导体称为电容器的正极板，带负电的导体称为电容器的负极板。

电容器在交流电路和无线电电路中应用广泛。由于用途和要求的不同，电容器种类繁多。按充电介质分为空气电容器、云母电容器、纸质电容器、油浸纸质电容器、陶瓷电容器、涤纶电容器和电解质电容器等；按电容量是否可以改变分为可变电容器、半可变电容器(微

调电容器)和固定电容器等。

8.6.3　电容的计算

电容器电容的计算大致可按如下步骤进行：先假设两个极板分别带有$+Q$和$-Q$的电荷，计算极板间的电场强度；再根据电场强度求出两极板的电势差；最后由极板电量和两极板电势差计算电容。

(1) 平行板电容器的电容

平行板电容器是由两块彼此靠得很近的平行金属板构成，如图8－34所示。设金属板的面积为S，内侧表面间的距离为d，两极板所带电量分别为$+Q$和$-Q$。在极板间距d远小于板面的线度的情况下可以忽略边缘效应，即把平板看为无限大平面，两极板之间的电场可看为匀强电场。若电荷面密度为σ，则两极板间的电场强度大小为

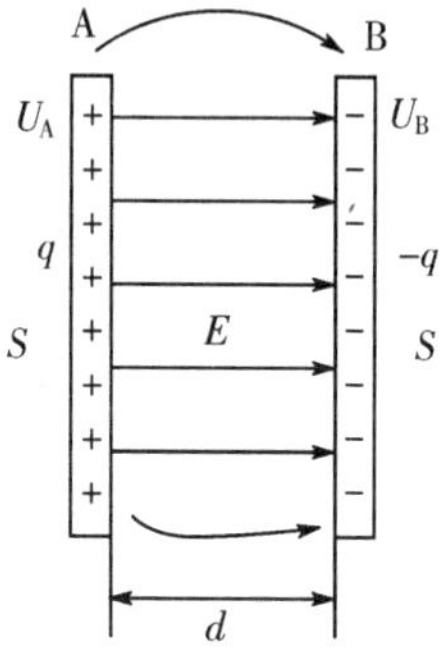

图 8－34　平行板电容器

$$E=\frac{\sigma}{\varepsilon_0}=\frac{Q}{\varepsilon_0 S}$$

两极板的电势差为

$$U_{AB}=\int_A^B \boldsymbol{E}\cdot \mathrm{d}\boldsymbol{l}=Ed=\frac{Qd}{\varepsilon_0 S}$$

根据(8－6－2)式，平行板电容器的电容为

$$C=\frac{Q}{U_{AB}}=\frac{\varepsilon_0 S}{d} \tag{8-6-3}$$

可见，平行板电容器的电容与极板的正对面积S成正比，与两极板之间的距离d成反比。

(2) 同心球形电容器的电容

同心球形电容器是由两个同心放置的导体球壳构成(图 8－35)。设内、外球壳的半径分别为R_A和R_B，内球壳上带电量为$+Q$，外球壳上带电量为$-Q$。根据高斯定理可以求得两球壳之间的电场强度的大小为

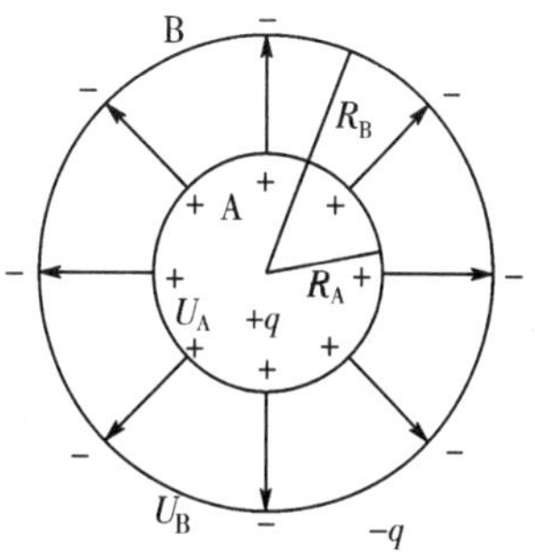

图 8－35　同心球形电容器

$$E=\frac{1}{4\pi\varepsilon_0}\frac{Q}{r^2}$$

其方向沿半径向外。

而两球壳间的电势差为

$$U_{AB}=\int_A^B \boldsymbol{E}\cdot \mathrm{d}\boldsymbol{r}=\int_{R_B}^{R_A}\frac{1}{4\pi\varepsilon_0}\frac{Q}{r^2}\mathrm{d}r=\frac{Q}{4\pi\varepsilon_0}\left(\frac{1}{R_A}-\frac{1}{R_B}\right)$$

根据(8－6－2)式，同心球形电容器的电容为

$$C=\frac{Q}{U_{AB}}=\frac{4\pi\varepsilon_0 R_A R_B}{R_B-R_A} \tag{8-6-4}$$

(3) 同轴柱形电容器的电容

同轴柱形电容器是由两个彼此靠得很近的同轴导体圆柱面构成(图8-36)。设内、外柱面的半径分别为R_A和R_B,圆柱的长度为l,且内柱面上带正电、外柱面上带负电,内柱面单位长度所带电量为$\lambda=\frac{q}{l}$。当$l\gg(R_A-R_B)$时,可忽略柱面两端的边缘效应,认为圆柱是无限长的。利用高斯定理可以求得两柱面间的电场强度的大小为

$$E=\frac{\lambda}{2\pi\varepsilon_0 r}$$

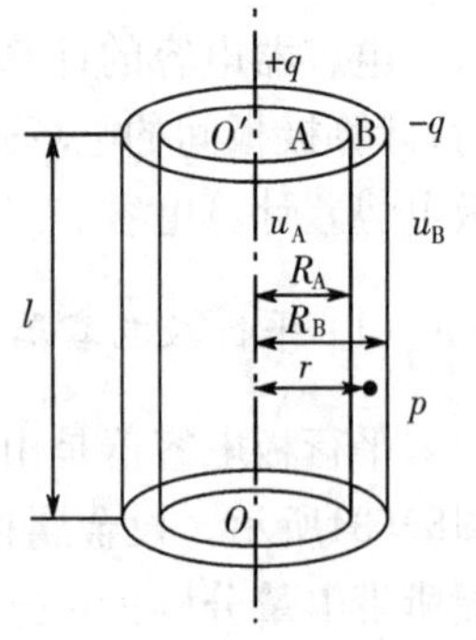

图 8-36　同轴柱形电容器

式中,λ是内柱面单位长度所带的电量。

两柱面间的电势差为

$$U_{AB}=\int_A^B \boldsymbol{E}\cdot d\boldsymbol{r}=\int_{R_A}^{R_B} E dr=\int_{R_A}^{R_B}\frac{\lambda}{2\pi\varepsilon_0 r}dr=\frac{\lambda}{2\pi\varepsilon_0}\ln\frac{R_B}{R_A}$$

因为内柱面上的总电量为$Q=\lambda l$,所以同轴柱形电容器的电容为

$$C=\frac{Q}{U_{AB}}=\frac{Q}{\frac{\lambda}{2\pi\varepsilon_0}\ln\frac{R_B}{R_A}}=\frac{2\pi\varepsilon_0 l}{\ln\frac{R_B}{R_A}}。 \tag{8-6-5}$$

8.6.4　电容器的连接

在电路中使用电容器时必须注意两个指标:电容器电容和所能承受的电压(耐压)。电容不足或过大是不符合电路的要求。若电路加在电容器两极板上的电势差超过了它所能承受的量值,电容器极板间填充的电介质就会被击穿,电容器被损坏。当单个电容器不能同时满足这两个指标要求时,可将多个电容器串联或并联起来使用。

如图 8-37 所示,将n个电容器C_1、C_2、…、C_n串联,即n个电容器的极板首尾相接,其特点为:各电容所带的电量相同。设 A、B 间的电压为U_{AB},两端极板电荷分别为$+q$,$-q$,根据静电感应可以确定,其他极板电量情况如图 8-37 所示。

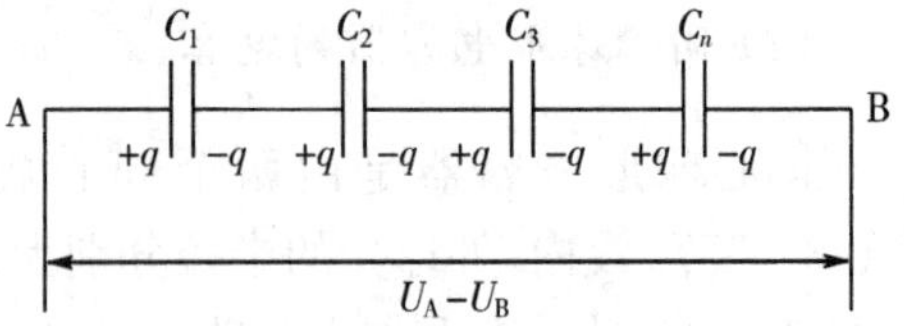

图 8-37　电容器串联

$$U_{AB}=\frac{q}{C_1}+\frac{q}{C_2}+\frac{q}{C_3}+\cdots+\frac{q}{C_n}$$

由电容定义(8-6-2)式有

$$C=\frac{q}{U_{AB}}=\frac{1}{\frac{1}{C_1}+\frac{1}{C_2}+\frac{1}{C_3}+\cdots+\frac{1}{C_n}}$$

则 n 个电容器 C_1、C_2、…、C_n 串联，其等值电容 C 满足：

$$\frac{1}{C}=\frac{1}{C_1}+\frac{1}{C_2}+\frac{1}{C_3}+\cdots+\frac{1}{C_n} \tag{8-6-6}$$

若 n 个电容器 C_1、C_2、…、C_n 并联，即将每个电容器的一端接在一起，另一端也接在一起，如图 8-38 所示。其特点为：每个电容器两端的电压相同且均为 U_{AB}，但每个电容器上电量不一定相等，等效电量为

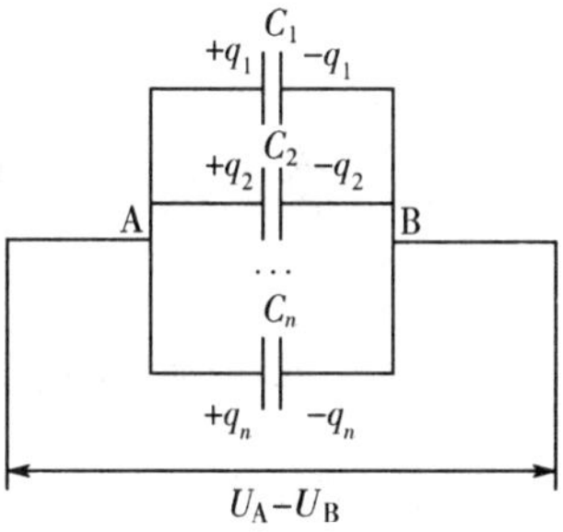

图 8-38　电容器并联

$$q=q_1+q_2+q_3+\cdots+q_n$$

由电容定义(8-6-2)式有：

$$C=\frac{q}{U_{AB}}=\frac{q_1+q_2+q_3+\cdots+q_n}{U_{AB}}$$
$$=C_1+C_2+C_3+\cdots+C_n$$

其等值电容 C 满足：

$$C=C_1+C_2+C_3+\cdots+C_n \tag{8-6-7}$$

应该指出：当电容器串联时，总电容降低，加在每个电容器上的电势差也降低；当电容器并联时，总电容增加了，而加在每个电容器上的电势差都等于电路在结点处的电势差。所以，在每个电容器的电容都过大，且所能承受的电压偏低的情况下可以采用电容器串联，使组合后的电容达到电路要求。在每个电容器的电容都不足，且所能承受的电压都较高的情况下可以采用电容器并联，使组合后的电容达到电路要求。

【例题 8-8】　半径为 a 的两平行长直导线相距为 d ($d\gg a$)，两者电荷线密度为 $+\lambda$，$-\lambda$，试求：(1) 两导线间电势差；(2) 此导线组单位长度的电容。

解：(1) 在垂直于导线的平面内，取带正电导线的中心 O 为坐标原点、两中心连线的延长线为 x 轴，建立坐标系，如图 8-39 所示。处于 x 轴上、两导线之间任意一点(坐标为 x)的电场强度的大小可由高斯定理求出，则 P 点场强大小为：

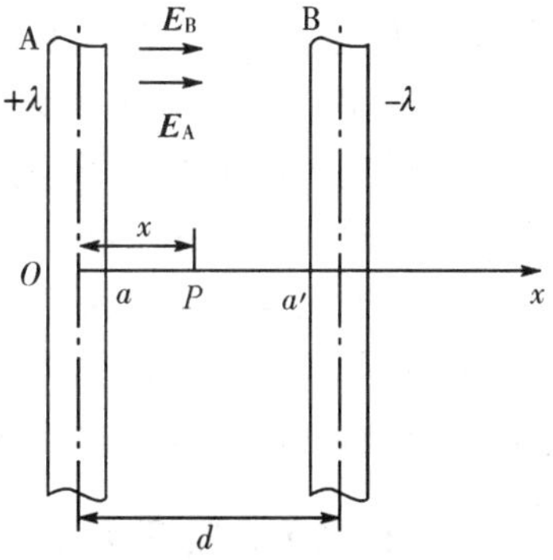

图 8-39　例题 8-8 图

$$E=E_A+E_B=\frac{\lambda}{2\pi\varepsilon_0 x}+\frac{\lambda}{2\pi\varepsilon_0(d-x)}$$

$$U_{AB}=\int_A^B \boldsymbol{E}\cdot d\boldsymbol{x}=\int_A^B E dx$$
$$=\int_a^{d-a}\left[\frac{\lambda}{2\pi\varepsilon_0 x}+\frac{\lambda}{2\pi\varepsilon_0(d-x)}\right]dx$$
$$=\frac{\lambda}{2\pi\varepsilon_0}[\ln x-\ln(d-x)]\Big|_a^{d-a}=\frac{\lambda}{2\pi\varepsilon_0}\ln\frac{x}{d-x}\Big|_a^{d-a}$$
$$=\frac{\lambda}{2\pi\varepsilon_0}\ln\left(\frac{d-a}{a}\cdot\frac{d-a}{a}\right)=\frac{\lambda}{\pi\varepsilon_0}\ln\frac{d-a}{a}。$$

(2) 由此可计算单位长度的电容

$$C=\frac{q}{U_{AB}}=\frac{\lambda l}{\frac{\lambda}{\pi\varepsilon_0}\ln\frac{d-a}{a}}=\frac{\pi\varepsilon_0}{\ln\frac{d-a}{a}}。$$

8.7 静电场中的电介质

8.7.1 电介质的极化

绝缘体都属于电介质。在绝缘体中不存在自由电荷，所有电荷都束缚在分子的范围内。因此，电介质在静电场中将表现出与导体根本不同的行为和性质。但有一点却是相似的，即在静电场的作用下电介质的表面上也将出现电荷，这种电荷称为极化电荷。电介质出现极化电荷的现象，称为电介质极化。

在电介质分子中，负电荷一般都不集中于一点，而是处于远离该电介质分子的地方。分布在电介质分子中各处的负电荷的作用，与处于某一位置上的一个等效负电荷的作用相同，这个位置称为分子的负电荷"重心"。同样，电介质分子中的正电荷也存在一个正电荷"重心"。正、负电荷"重心"相重合的分子，称为无极分子。由无极分子构成的电介质，称为无极分子电介质，如 H_2、N_2 和 CH_4 等。正、负电荷"重心"不重合的分子，称为有极分子。由有极分子构成的电介质，称为有极分子电介质，如 SO_2、H_2S、HCl 和有机酸等。

无极分子电介质在外电场作用下，其分子的正、负电荷的"重心"将沿电场的方向发生相对位移而成为电偶极子，且产生分子电矩，宏观上表现为电介质表面出现极化电荷，这种极化机制称为位移极化。在有极分子电介质中，每一个分子本来就有一定的电矩，由于热运动使这些电矩是混乱取向的，所以宏观上不呈现电性。当受到外电场作用时，分子电矩都在一定程度上转向外电场方向，宏观上表现为电介质表面出现极化电荷，这种极化机制称为取向极化。尽管这两种极化机制在微观上有差异，但宏观效果却是相同的。

从以上对极化机制的讨论可以看到：虽然电介质中不存在自由电荷，而束缚在分子范围内的电荷作集体地微观位移的结果却表现出宏观电荷，即极化电荷。极化电荷属于束缚电荷，不能自由运动，也不能转移到其他物体上去。

8.7.2 极化强度矢量

为了表征电介质的极化状态，引入极化强度的概念。极化强度为电介质的单位体积中分子电矩的矢量和，用 $\boldsymbol{P}$ 表示，即

$$\boldsymbol{P}=\frac{\sum\boldsymbol{p}}{\Delta\tau} \tag{8-7-1}$$

式中，$\sum\boldsymbol{p}$ 是在电介质体元 $\Delta\tau$ 内分子电矩的矢量和。

在国际单位制中，极化强度 $\boldsymbol{P}$ 的单位是 $C\cdot m^{-2}$（库仑/米^2）。如果电介质内各处极化强度的大小和方向都相同，称为均匀极化。均匀极化要求电介质也是均匀的。这里只讨论均匀极化的情形。

8.7.3　极化强度与极化电荷的关系

极化电荷是由于电介质极化所产生的。因此，极化强度与极化电荷之间必定存在某种关系。可以证明，对于均匀极化的情形，极化电荷只出现在电介质的表面上。在极化的电介质内切出一个长度为 l、底面积为 ΔS 的斜柱体，使极化强度 $\boldsymbol{P}$ 的方向与斜柱体的轴线相平行，而与底面的外法线 $\boldsymbol{e}_n$ 的方向成 θ，如图 8－40 所示。

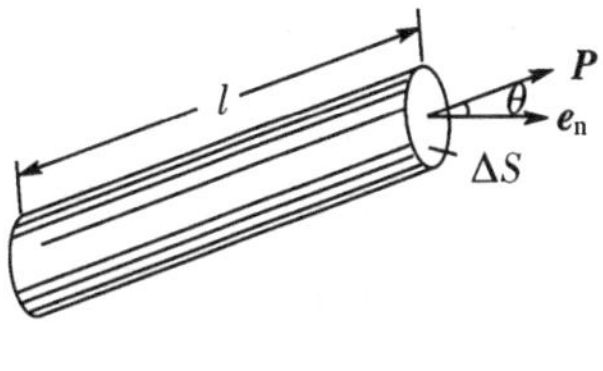

图 8－40　斜柱体极化

假定在两个端面上的极化电荷面密度分别为 $+\sigma'$ 和 $-\sigma'$，把整个斜柱体看为一个“大电偶极子”，其电矩的大小为 $(\sigma'\Delta S)l$。这个电矩是由斜柱体内所有分子电矩提供的。所以，斜柱体内分子电矩的矢量和的大小可以表示为

$$\left|\sum \boldsymbol{p}\right| = (\sigma'\Delta S)l$$

斜柱体的体积为

$$\Delta\tau = \Delta S l\cos\theta$$

根据(8－7－1)式可得，极化强度的大小为

$$P = |\boldsymbol{P}| = \frac{\left|\sum \boldsymbol{p}\right|}{\Delta\tau} = \frac{\sigma'\Delta S l}{\Delta S l\cos\theta} = \frac{\sigma'}{\cos\theta}$$

由此得到

$$\sigma' = P\cos\theta = P_n$$

或者

$$\sigma' = \boldsymbol{P}\cdot\boldsymbol{e}_n \qquad (8-7-2)$$

式中，P_n 是极化强度矢量 $\boldsymbol{P}$ 沿介质表面外法线方向的分量。

(8－7－2)式表示，极化电荷面密度等于极化强度沿该面法线方向的分量。而对于图8－40中的斜柱体，在其右底面上 $\theta<\pi/2$，$\cos\theta>0$，σ' 为正值；而在其左底面上 $\theta>\pi/2$，$\cos\theta<0$，σ' 为负值；在其侧面上 $\theta=\pi/2$，$\cos\theta=0$，σ' 为零值。

为了得出极化强度与极化电荷的关系，可以作任意一闭合曲面 S，并与极化强度为 $\boldsymbol{P}$ 且沿轴线方向极化的电介质斜柱体相截，截面为 S'，如图 8－41 所示。

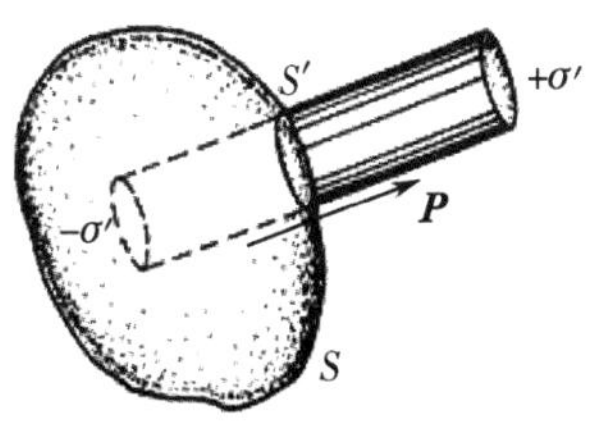

图 8－41　极化强度与极化电荷关系

在闭合曲面 S 上取面元 $\mathrm{d}\boldsymbol{S}$，以 $\mathrm{d}\boldsymbol{S}$ 乘以(8－7－2)式等号两边，并对整个曲面 S 积分，得

$$\oint\!\!\!\oint_{(S)} \boldsymbol{P}\cdot\mathrm{d}\boldsymbol{S} = \oint\!\!\!\oint_{(S)} \sigma'\mathrm{d}S$$

上式等号右边是闭合曲面 S 上极化电荷的总量，而这些极化电荷都处于 S 与介质相截的截面 S' 上，用 $-\sum q_i'$ 表示。另外，无论电介质是否极化，其整体总是电中性的，既然在 S 面上出现了量值为 $-\sum q_i'$ 的极化电荷，那么 S 面内必定存在着量值为 $-\sum q_i'$ 的极化电荷。所以

$$\oiint_{(S)} \boldsymbol{P} \cdot \mathrm{d}\boldsymbol{S} = -\sum_{S_{内}} q'_i \tag{8-7-3}$$

必定成立，即极化强度沿任意闭合曲面的面积分（即 $\boldsymbol{P}$ 对该闭合曲面的通量）等于该闭合曲面所包围的极化电荷的负值。显然，当闭合曲面 S 所包围的整个空间充满均匀电介质时，由于均匀电介质内部不存在极化电荷，所有极化电荷都处于其表面上，所以该闭合曲面的极化强度通量必定等于零。

仿照电场线，可以引入 $\boldsymbol{P}$ 线表示在介质中极化强度的分布状况。由(8-7-3)式得出：$\boldsymbol{P}$ 线起始于极化负电荷，终止于极化正电荷。

8.7.4 极化电荷对电场的影响

处于静电场 $\boldsymbol{E}_0$ 中的电介质由于极化而在其表面上产生极化电荷，极化电荷在空间产生的电场称为附加电场，用 $\boldsymbol{E}'$ 表示。空间各处的电场强度 $\boldsymbol{E}$ 应为外加电场 $\boldsymbol{E}_0$ 与附加电场 $\boldsymbol{E}'$ 的矢量和，即

$$\boldsymbol{E} = \boldsymbol{E}_0 + \boldsymbol{E}' \tag{8-7-4}$$

对于电介质内部，由于 $\boldsymbol{E}'$ 与 $\boldsymbol{E}_0$ 的方向相反，于是有

$$E = E_0 - E' \tag{8-7-5}$$

因而，实际作用于电介质的电场 $\boldsymbol{E}$ 要比外电场 $\boldsymbol{E}_0$ 小，即极化电荷产生的附加电场 $\boldsymbol{E}'$ 把作用于电介质的实际电场减弱，电介质的极化程度也就相应减弱。所以，在电介质内部的附加电场 $\boldsymbol{E}'$ 有一个特殊的名称，称为退极化场。图 8-42 表示一个被匀强外电场 $\boldsymbol{E}_0$ 极化的电介质球所产生的附加电场 $\boldsymbol{E}'$ 对电场 $\boldsymbol{E}_0$ 影响的情形。

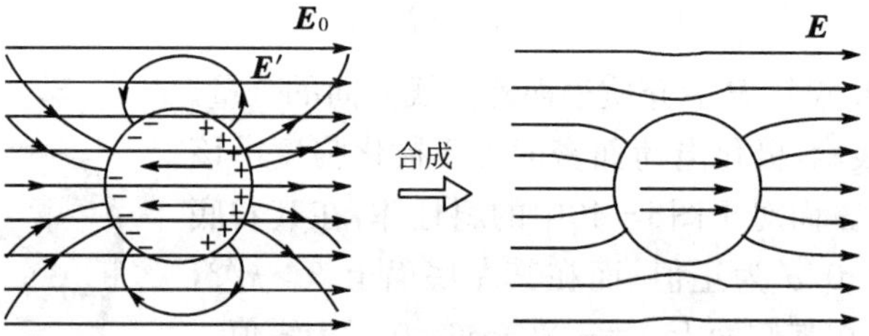

图 8-42 电介质表面极化电荷

如图 8-43 所示，如果电容器极板上所带自由电荷面密度分别为 $+\sigma$ 和 $-\sigma$，则两板之间的电场强度的大小为

$$E_0 = \frac{\sigma}{\varepsilon_0}。$$

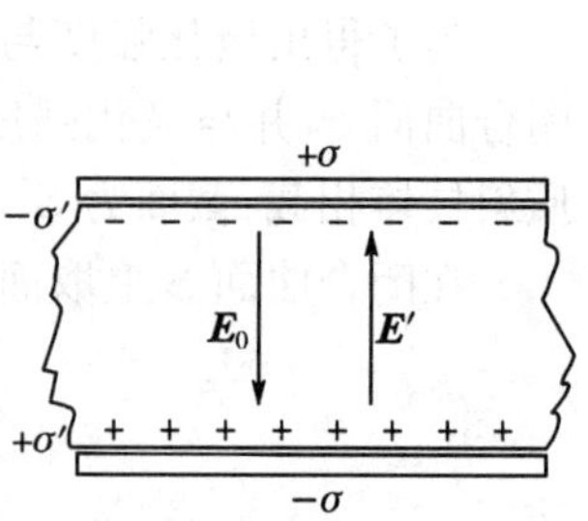

图 8-43 有电介质的平板电容器

若电介质表面的极化电荷面密度分别为 $+\sigma'$ 和 $-\sigma'$，则电介质内部附加电场的电场强度的大小为

$$E' = \frac{\sigma'}{\varepsilon_0}$$

$\boldsymbol{E}'$的方向与$\boldsymbol{E}_0$ 的方向相反。

总电场强度$\boldsymbol{E}$ 的大小表示为

$$E' = E_0 - E' = \frac{\sigma - \sigma'}{\varepsilon_0} \tag{8-7-6}$$

实验表明：对于各向同性的电介质，极化强度$\boldsymbol{P}$与作用于电介质内部的实际电场$\boldsymbol{E}$ 成正比，并且两者方向相同，表示为

$$\boldsymbol{P} = \chi_e \varepsilon_0 \boldsymbol{E} \tag{8-7-7}$$

式中，χ_e是电介质的极化率。

引入电介质的相对电容率，定义为

$$\varepsilon_r = 1 + \chi_e \tag{8-7-8}$$

由(8-7-2)式、(8-7-6)式、(8-7-7)式和(8-7-8)式可得

$$E = \frac{E_0}{\varepsilon_r} = \frac{\sigma}{\varepsilon_0 \varepsilon_r} = \frac{\sigma}{\varepsilon} \tag{8-7-9}$$

式中，ε 为电介质的绝对电容率，简称电介质的电容率，$\varepsilon = \varepsilon_0 \varepsilon_r$。

(8-7-9)式表示：在均匀电介质充满电场的情况下，电介质内部的电场$\boldsymbol{E}'$的大小等于自由电荷所产生的电场强度$\boldsymbol{E}_0$ 的 $1/\varepsilon_r$。由于$\varepsilon_r > 1$，所以$\boldsymbol{E}$ 的大小总小于$\boldsymbol{E}_0$ 的大小。

由于电场强度的减小，电容器极板间的电势差U_{12}也相应减小，并为电介质不存在时的$1/\varepsilon_r$，即

$$U_{12} = Ed = \frac{E_0}{\varepsilon_r} d = \frac{1}{\varepsilon_r} U_{012}, \tag{8-7-10}$$

式中，U_{012}是电介质不存在时电容器极板间的电势差；d 是两极板间的距离。

在保持电容器极板所带电量不变的情况下，电容与电势差成反比，所以

$$\frac{C}{C_0} = \frac{U_{012}}{U_{12}} = \varepsilon_r$$

即

$$C = \varepsilon_r C_0 \tag{8-7-11}$$

式中，C_0是电介质不存在时电容器的电容。

可见，由于电容器内充满了相对电容率为ε_r的电介质，其电容增大为原来的ε_r倍。

8.7.5　电介质存在时的高斯定理

真空中的高斯定理表示为

$$\oiint_{(S)} \boldsymbol{E} \cdot \mathrm{d}\boldsymbol{S} = \frac{1}{\varepsilon_0} \sum q_i$$

式中，$\sum\limits_i q_i$ 是包围在高斯面S 内电荷的代数和。

因为真空中不存在极化电荷，所以 $\sum_i q_i$ 都是自由电荷。而电场中有电介质时，高斯面内可能同时包含自由电荷与极化电荷，高斯定理应表示为

$$\oint\!\!\!\!\oint_{(S)} \boldsymbol{E} \cdot \mathrm{d}\boldsymbol{S} = \frac{1}{\varepsilon_0}\left(\sum_i q_{0i} + \sum_i q'_i\right) \tag{8-7-12}$$

式中，$\sum_i q_{0i}$、$\sum_i q'_i$ 分别是包围在高斯面 S 内的自由电荷的代数和、极化电荷的代数和。

极化电荷是极化以后出现的，一般是未知量，它的出现使高斯定理方程式求解变得复杂。所以，必须设法将其从方程式中抵消，可用预先得知的量代替。

将(8－7－3)式代入(8－7－12)式，整理后得

$$\oint\!\!\!\!\oint_{(S)} (\varepsilon_0 \boldsymbol{E} + \boldsymbol{P}) \cdot \mathrm{d}\boldsymbol{S} = \sum_i q_{0i} \tag{8-7-13}$$

引入辅助物理量 $\boldsymbol{D}$，定义为

$$\boldsymbol{D} = \varepsilon_0 \boldsymbol{E} + \boldsymbol{P} \tag{8-7-14}$$

式中，$\boldsymbol{D}$ 为电感应强度矢量或电位移矢量。

真空中，电感应强度等于电场强度的 ε_0 倍。对于各向同性的电介质，可将(8－7－7)式代入(8－7－14)式，得

$$\boldsymbol{D} = \varepsilon_0 \varepsilon_r \boldsymbol{E} = \varepsilon \boldsymbol{E} \tag{8-7-15}$$

(8－7－15)式表示，对于各向同性的电介质，电感应强度矢量与电场强度同向，并存在正比关系。

将(8－7－14)式代入(8－7－13)式，可得到

$$\oint\!\!\!\!\oint_{(S)} \boldsymbol{D} \cdot \mathrm{d}\boldsymbol{S} = \sum_i q_{0i} \tag{8-7-16}$$

或者

$$\oint\!\!\!\!\oint_{(S)} \boldsymbol{D} \cdot \mathrm{d}\boldsymbol{S} = \iiint_{\tau} \rho_0 \mathrm{d}\tau \tag{8-7-17}$$

式中，ρ_0 为自由电荷的体密度；τ 为 S 所包围的体积。

(8－7－16)式就是有电介质存在时的高斯定理，也是高斯定理的普遍形式，它表示：对于任意闭合曲面电感应强度的通量等于该闭合曲面所包围的自由电荷的代数和。利用(8－7－16)式，可以避开极化电荷的影响而方便处理具有一定对称性的静电场问题。

【例题 8－9】 半径为 R 的金属球带电量 Q，球外同心地放置相对电容率为 ε_r 的电介质球壳，球壳的内、外半径分别为 R_1 和 R_2。求空间各点的电感应强度 $\boldsymbol{D}$、电场强度 $\boldsymbol{E}$ 以及电介质球壳表面的极化电荷密度 σ'。

解： 以金属球心为中心、以大于 R 的任意长 r 为半径作球形高斯面，如图 8－44 中的虚线所示。由高斯定理可求得

$$\boldsymbol{D} = \frac{1}{4\pi} \frac{Q\boldsymbol{e}_r}{r^2}$$

$\boldsymbol{D}$ 的方向沿径向向外。

高斯面分别取在金属球与电介质球壳内表面之间 ($R < r < R_1$)，在电介质内部 ($R_1 < r < R_2$) 和在电介质球壳之外的空间 ($r > R_2$)，以及对于金属球以外的整个空间。

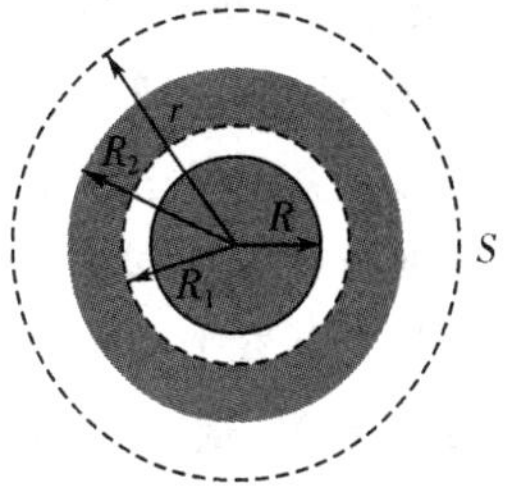

图 8-44　例题 8-9 图

在 $R < r < R_1$ 和 $r > R_2$ 的区域不存在电介质，$\varepsilon_r = 1$，有

$$\boldsymbol{E} = \frac{\boldsymbol{D}}{\varepsilon_0} = \frac{1}{4\pi\varepsilon_0}\frac{Q\boldsymbol{e}_r}{r^2}$$

在 $R_1 < r < R_2$ 的区域存在电介质，所以

$$\boldsymbol{E} = \frac{\boldsymbol{D}}{\varepsilon_0\varepsilon_r} = \frac{1}{4\pi\varepsilon_0\varepsilon_r}\frac{Q\boldsymbol{e}_r}{r^2}$$

各处 $\boldsymbol{E}$ 的方向与 $\boldsymbol{D}$ 的方向相同。

电介质的极化强度 $\boldsymbol{P}$ 只存在于极化了的电介质球壳中，则

$$\boldsymbol{P} = \chi_e\,\varepsilon_0\boldsymbol{E} = \varepsilon_0(\varepsilon_r - 1)\boldsymbol{E}$$

可见 $\boldsymbol{P}$ 的方向与 $\boldsymbol{E}$ 相同。

$\boldsymbol{P}$ 的大小为

$$P = \varepsilon_0(\varepsilon_r - 1)E = \frac{\varepsilon_r - 1}{4\pi\varepsilon_r}\frac{Q}{r^2}$$

可以根据公式 $\boldsymbol{D}=\varepsilon_0\boldsymbol{E}+\boldsymbol{P}$ 求 $\boldsymbol{P}$，即

$$\boldsymbol{P} = \boldsymbol{D} - \varepsilon_0\boldsymbol{E} = \frac{1}{4\pi}\frac{Q}{r^2} - \frac{1}{4\pi\varepsilon_r}\frac{Q}{r^2} = \frac{\varepsilon_r - 1}{4\pi\varepsilon_r}\frac{Q}{r^2\boldsymbol{e}_r}$$

与上面的结果相同。

极化电荷出现在电介质球壳的内、外表面上。在内表面，$r=R_1$，$\boldsymbol{e}_n$ 指向球心，所以

$$\sigma'_{内} = \boldsymbol{P}\cdot\boldsymbol{e}_n = -P = -\frac{\varepsilon_r - 1}{4\pi\varepsilon_r}\frac{Q}{{R_1}^2}$$

在外表面，$r=R_2$，$\boldsymbol{e}_n$ 沿径向向外，所以

$$\sigma'_{外} = \boldsymbol{P}\cdot\boldsymbol{e}_n = P = \frac{\varepsilon_r - 1}{4\pi\varepsilon_r}\frac{Q}{{R_2}^2}$$

电介质无论极化与否，整体总是电中性的。所以，电介质球壳内表面上的负极化电荷总量的绝对值必定等于外表面上的正极化电荷总量。在内表面上的负极化电荷总量为

$$q'_{内} = \sigma'_{内}S_{内} = -\frac{\varepsilon_r - 1}{4\pi\varepsilon_r}\frac{Q}{R_1^2}4\pi R_1^2 = -\frac{\varepsilon_r - 1}{\varepsilon_r}Q$$

在外表面上的正极化电荷的总量为

$$q'_{外} = \sigma'_{外}S_{外} = \frac{\varepsilon_r - 1}{4\pi\varepsilon_r}\frac{Q}{R_2^2}4\pi R_2^2 = \frac{\varepsilon_r - 1}{\varepsilon_r}Q$$

则正、负极化电荷的总量确实相等。

【例题 8-10】 在平行板电容器的两极板之间充有两层电容率分别为 ε_1 和 ε_2 的电介质板(如图 8-45 所示),其厚度分别为 d_1 和 d_2,并且 $d_1+d_2=d$,d 是电容器两极板间距离。如果电容器极板上的面电荷密度分别为 $+\sigma$ 和 $-\sigma$,极板面积为 S,试求:(1) 电介质中的电场;(2) 电容器的电容。

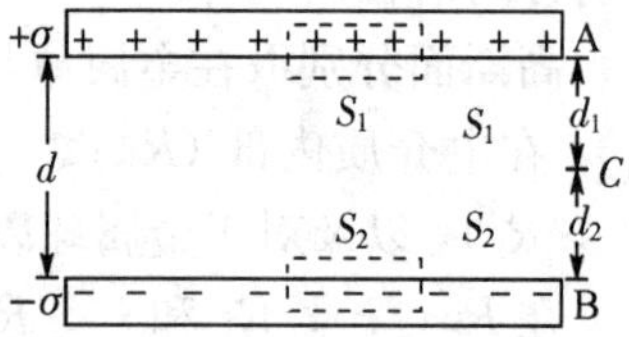

图 8-45 例题 8-10 图

解: 根据题意,电荷和电介质的分布都具有平面对称性,可以用高斯定理唯一求解。

(1) 为了求得在第一种电介质中的电场强度,取一底面积为 A_1 的方柱形高斯面 S_1,该方柱形高斯面的上底面处于正极板金属导体内部,下底面处于第一种电介质中,如图8-45所示。因为柱体的侧面与电感应强度矢量相平行,电感应强度通量为零;上底面处于极板的金属导体内,在金属导体内部 $\boldsymbol{D}$ 和 $\boldsymbol{E}$ 都等于零。所以,电感应强度通量只在下底面不为零。根据高斯定理,应有

$$\oint\!\!\oint_{(S_1)} \boldsymbol{D}_1 \cdot \mathrm{d}\boldsymbol{S} = D_1 A_1 = \sigma A_1$$

由此求得

$$D_1 = \sigma$$

故在第一种电介质中的电场强度为

$$\boldsymbol{E}_1 = \frac{\boldsymbol{D}_1}{\varepsilon_1} = \frac{\sigma}{\varepsilon_1}$$

同样,在下极板和第二种电介质中作高斯面 S_2(如图 8-45 所示),运用高斯定理,得

$$\oint\!\!\oint_{(S_2)} \boldsymbol{D}_2 \cdot \mathrm{d}\boldsymbol{S} = -D_2 A_2 = -\sigma A_2$$

式中,A_2 是方柱状高斯面 S_2 的底面积。

由上式可得

$$D_2 = \sigma$$

故在第二种电介质中的电场强度为

$$\boldsymbol{E}_2 = \frac{\boldsymbol{D}_2}{\varepsilon_2} = \frac{\sigma}{\varepsilon_2}$$

$\boldsymbol{E}_1$ 和 $\boldsymbol{E}_2$ 的方向都是竖直向下的。

(2) 两板间的电势差为

$$U_{\mathrm{AB}} = \int_{\mathrm{A}}^{\mathrm{B}} \boldsymbol{E} \cdot \mathrm{d}\boldsymbol{l} = \int_{\mathrm{A}}^{\mathrm{C}} \boldsymbol{E}_1 \cdot \mathrm{d}\boldsymbol{l} + \int_{\mathrm{C}}^{\mathrm{B}} \boldsymbol{E}_2 \cdot \mathrm{d}\boldsymbol{l}$$

式中,C 表示两种电介质板的界面。

因为积分是沿着电场方向进行的,所以得

$$U_{AB} = E_1 d_1 + E_2 d_2 = \left(\frac{d_1}{\varepsilon_1} + \frac{d_2}{\varepsilon_2}\right)\sigma$$

电容器的电容为

$$C = \frac{Q}{U_{AB}} = \frac{S}{\left(\frac{d_1}{\varepsilon_1} + \frac{d_2}{\varepsilon_2}\right)}$$

以上两个例题的求解都是绕过极化电荷的影响，而是通过电感应强度矢量 $\boldsymbol{D}$ 进行的，使问题大大简化。

研究性课题：辉光球和辉光盘

辉光球发光是低压气体(或稀疏气体)在高频强电场中的放电现象。玻璃球中央有一个黑色球状电极，球的底部有一块振荡电路板。通电后，振荡电路产生高频电压电场，由于球内稀薄气体受到高频电场的电离作用而光芒四射。辉光球工作时，在球中央的电极周围形成一个类似于点电荷电场。当用手(人与大地相连)触及球时，球周围的电场、电势分布不再均匀对称，故辉光在手指的周围处变得更为明亮。

辉光球演示仪

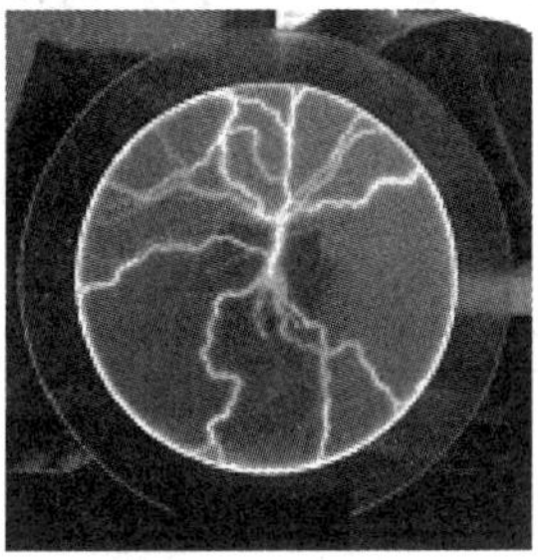

大型辉光闪电盘演示仪

辉光闪电盘是在两层玻璃盘中密封了涂有荧光材料的玻璃珠，玻璃珠充有稀薄的惰性气体(如氩气等)。控制器中有一块振荡电路板，通过电源变换器将 12 V 低压直流电转变为高压高频电压并施加在电极上。利用辉光盘可以观察平板晶体中的高压辉光放电现象。

通电后，振荡电路产生高频电压电场。由于稀薄气体受到高频电场的电离作用而产生紫外辐射，玻璃珠上的荧光材料受到紫外辐射激发而发出可见光，其颜色由玻璃珠上涂敷的荧光材料决定。由于电极上电压很高，故所发出的光是一些辐射状的辉光，绚丽多彩、光芒四射，在黑暗中非常好看。

那么，低气压气体在高频强电场中产生辉光的放电现象和原理是什么？气体分子激发、碰撞、复合的物理过程又怎样呢？请利用辉光球和辉光盘来探究。

8.8　静电场的能量

一个物体带了电是否就具有静电能？为了回答这个问题，将带电体的带电过程作下述理解：物体所带电量是由众多电荷元聚集而成的，这些电荷元原先处于彼此无限离散的状态，即它们处于彼此相距无限远的地方，使物体带电的过程就是外界把它们从无限远处聚集到该物体上来。把外界众多电荷元由无限远离的状态聚集成一个带电体系的过程必须做功。根据功能原理，外界所做的总功必定等于带电体系电势能的增加。因为电势能本身的数值是相对于电势能为零的某状态而言的。按照通常的规定，取众多电荷元处于彼此无限远离的状态的电势能为零，所以带电体系电势能的增加就是它所具有的电势能。于是得到这样的结论：一个带电体系所具有的静电能就是该体系所具有的电势能，等于把各电荷元从无限远离的状态聚集成该带电体系的过程中，外界所做的功。

那么，带电体系所具有的静电能是由电荷所携带，还是由电荷激发的电场所携带？也就是说，能量定域于电荷还是定域于电场？而在静电学范围内是无法回答这个问题的。因为在一切静电现象中，静电场与静电荷是相互依存、无法分离的。随时间变化的电场和磁场形成电磁波，电磁波则可以脱离激发它的电荷和电流而独立传播并携带能量。太阳光就是一种电磁波，它给大地带来了巨大的能量。这就是说，能量是定域于场的，静电能是定域于静电场的。

既然静电能是定域于电场的，那么就可以用场量量度或表示它所具有的能量。

电容器充电的过程可以理解为：不断把微量电荷 $\mathrm{d}q$ 从一个极板移到另一个极板，最后使两极板分别带有电量 $+q$ 和 $-q$。当两极板的电量分别达到 $+q$ 和 $-q$ 时，两极板间的电势差为 u_{AB}，若继续将电量 $\mathrm{d}q$ 从负极板移到正极板，外力所做的元功为

$$\mathrm{d}A=\mathrm{d}q u_{\mathrm{AB}}=\frac{1}{C}q\,\mathrm{d}q$$

式中，C 是电容器的电容。

电容器所带电量从零增大到 Q 的整个过程中，外力所做的总功为

$$A=\int_0^Q\frac{1}{C}q\,\mathrm{d}q=\frac{1}{2}\frac{Q^2}{C}\tag{8-8-1}$$

外力所做的功 A 等于电容器这个带电体系的电势能的增加，所增加的这部分能量储存在电容器极板之间的电场中。因为极板上原先无电荷，极板间无电场，所以极板间电场的能量，在数值上等于外力所做的功 A，即

$$W_e=A=\frac{1}{2}\frac{Q^2}{C}\tag{8-8-2}$$

若电容器带电量为 Q 时两极板间的电势差为 U_{AB}，则平行板电容器极板间电场的能量还表示为

$$W_e=\frac{1}{2}QU_{\mathrm{AB}}\tag{8-8-3}$$

或

$$W_e=\frac{1}{2}CU_{\mathrm{AB}}^2\tag{8-8-4}$$

设电容器极板上所带自由电荷的面密度为σ，极板间充有电容率为 ε 的电介质，电场强度表示为

$$E=\frac{E_0}{\varepsilon_r}=\frac{\sigma}{\varepsilon}$$

极板上的电量表示为

$$Q=\sigma S=\varepsilon ES$$

式中,S 是电容器极板的面积。

如果电容器两极板间的距离为 d,则电势差 U_{AB}与电场强度的关系可表示为

$$U_{AB}=Ed$$

则

$$W_e=\frac{1}{2}\varepsilon E^2(Sd) \tag{8-8-5}$$

由此,可以求得电容器中静电能的能量密度

$$w_e=\frac{W_e}{Sd}=\frac{1}{2}\varepsilon E^2=\frac{1}{2}DE \tag{8-8-6}$$

(8-8-5)式虽然是从平行板电容器极板间电场这一特殊情况下推得,但是可以证明这个公式是普遍成立的。这个公式表明,如果电场中一点的电场强度为 $\boldsymbol{E}$,那么在该点附近单位体积内所具有的电场能量为 $\varepsilon E^2/2$。该公式不仅适用于各向同性电介质中的静电场,而且适用于真空中的静电场。

真空中 $\varepsilon=\varepsilon_0$,(8-8-5)式则为

$$w_e=\frac{1}{2}\varepsilon_0 E^2 \tag{8-8-7}$$

因此,式(8-8-5)既适用于匀强电场和非匀强电场,又适用于变化的电场。

对于非匀强电场,空间各点的电场强度是不同的,而在体元 $\mathrm{d}\tau$ 内可视为恒量,所以体元 $\mathrm{d}\tau$ 内的电场能量为

$$\mathrm{d}W_e=w_e\mathrm{d}\tau=\frac{1}{2}\varepsilon E^2\mathrm{d}\tau \tag{8-8-8}$$

整个电场的能量可以表示为

$$W_e=\int\mathrm{d}W_e=\iiint_\tau\frac{1}{2}\varepsilon E^2\mathrm{d}\tau=\iiint_\tau\frac{1}{2}DE\,\mathrm{d}\tau \tag{8-8-9}$$

(8-8-9)式的积分在整个电场中进行。

在各向异性电介质中,一般说来 $\boldsymbol{D}$ 与 $\boldsymbol{E}$ 的方向不同,这时电场能量密度应表示为

$$w_e=\frac{1}{2}\boldsymbol{D}\cdot\boldsymbol{E} \tag{8-8-10}$$

式(8-8-9)可变为

$$W_e = \iiint_\tau \frac{1}{2}\boldsymbol{D}\cdot\boldsymbol{E}\mathrm{d}\tau \tag{8-5-11}$$

【例题 8-11】 一个半径为 R 的金属球，带有电荷 q，将它浸没在电容率为 ε 的无限大均匀电介质中，求空间的电场能量。

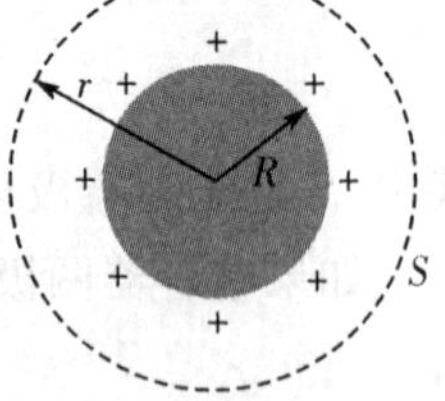

图 8-46　例题 8-11 图

解： 因为球内没有电场，电场能为零。所以，球外空间的电场强度可以由高斯定理求得。以球心为中心、以 $r(>R)$ 为半径作球形高斯面 S(如图 8-46 中的虚线所示)，则有

$$\oiint_{(S)} \boldsymbol{D}\cdot\mathrm{d}\boldsymbol{S} = q$$

即

$$4\pi r^2 D = q$$

由此，解得电感应强度为

$$D = \frac{q}{4\pi r^2}$$

其方向沿径向向外。

在距离球心 r 处的电场强度的大小为

$$E = \frac{D}{\varepsilon} = \frac{q}{4\pi\varepsilon r^2}$$

其方向沿径向向外。

该处的能量密度为

$$w_e = \frac{1}{2}\varepsilon_0 E^2 = \frac{q^2}{32\pi^2\varepsilon r^4}$$

在半径为 r 与 $r+\mathrm{d}r$ 之间的球壳的能量为

$$\mathrm{d}W_e = w_e 4\pi r^2\mathrm{d}r = \frac{q^2}{8\pi\varepsilon r^2}\mathrm{d}r$$

空间的总能量为

$$W_e = \int \mathrm{d}W_e = \frac{q^2}{8\pi\varepsilon}\int_\pi^\infty \frac{\mathrm{d}r}{r^2} = \frac{q^2}{8\pi\varepsilon R}。$$

思　考　题

8-1　带电棒吸引干燥软木屑，木屑接触到带电棒以后，往往又剧烈地跳离此棒，这是为什么？

8-2　在地球表面上通常有一个竖直方向的电场，电子在此电场中受到一个向上的力，则电场强度的方向是朝上还是朝下？

8－3　在一个带正电的大导体附近 P 点放置一个试探点电荷 q_0（$q_0>0$），实际测得它受力 $\boldsymbol{F}$。若考虑到电荷量 q_0 不是足够小，则 $\boldsymbol{F}/q_0$ 比 P 点的场强是大还是小？若大导体球带负电，情况又如何？

8－4　一般地说，电场线代表点电荷在电场中的运动轨迹吗？为什么？

8－5　电场线为什么不相交？

8－6　静电场的库仑力的叠加原理和电场强度的叠加原理是彼此独立没有联系的吗？

8－7　在高斯定理 $\oint_{(S)}\boldsymbol{E}\cdot \mathrm{d}\boldsymbol{S}=\sum q/\varepsilon_0$ 中，是否闭合曲面上每一点的电场强度 $\boldsymbol{E}$ 仅由 $\sum q$ 确定？

8－8　如果在一高斯面内没有净电荷，那么此高斯面上每一点的电场强度 $\boldsymbol{E}$ 必为零吗？穿过此高斯面的电场强度通量又如何呢？

8－9　电偶极子在均匀电场中总要使其转向稳定平衡的位置，若此电偶极子处在非均匀电场中，它将怎样运动呢？请进行说明。

8－10　假如电场力的功与路径有关，定义电势差的公式 $U_{\mathrm{P}}=U_{\mathrm{P}}-U_{\infty}=\int_P^{\infty}\boldsymbol{E}\cdot \mathrm{d}\boldsymbol{l}$ 还有没有意义？

8－11　如果已知给定点处的 $\boldsymbol{E}$，能否算出该点的 U？如果不能，还必须进一步知道什么条件才能计算？

8－12　在真空中有面积为 S，间距为 d 的两平行带电板（d 远小于板的线度）分别带电量 $+q$ 与 $-q$。有人说两板之间的作用力 $F=k\dfrac{q^2}{d^2}$，又有人说因为 $F=qE$，$E=\dfrac{\sigma}{\varepsilon_0}=\dfrac{q}{\varepsilon_0 S}$，所以 $F=\dfrac{q^2}{\varepsilon_0 S}$。试问这两种说法对吗？为什么？$F$ 应为多少？

8－13　带电电容器储存的电能由哪些因素决定？电场的能量密度与电场强度之间的关系是怎样的？如何通过能量密度求电场的能量？

8－14　将一个带电小金属球与一个不带电的大金属球相接触，小球上的电荷会全部转移到大球上去吗？

8－15　在绝缘支柱上放置一闭合的金属球壳，球壳内有一人。当球带电并且电荷越来越多时，球壳内的人观测到的球壳表面的电荷面密度、球壳内的场强是怎样的？当一个带有与球壳相异电荷的巨大带电体移近球壳时，此人又将观察到什么现象？此人处在球壳内是否安全？

8－16　电势的定义是单位电荷具有的电势能，为什么带电电容器的能量是 $\dfrac{1}{2}QU$，而不是 QU 呢？

8－17　把两个电容各为 C_1 和 C_2 的电容器串联后进行充电，然后断开电源，且把它们改成并联，问它们的电能是增加还是减少？为什么？

习　题

8－1　一带电体可作为点电荷处理的条件是　　　（　　）

(A) 电荷必须呈球形分布
(B) 带电体的线度很小
(C) 带电体的线度与其他有关长度相比可忽略不计
(D) 电量很小

8-2 如图所示,一沿 x 轴放置的"无限长"分段均匀带电直线,电荷线密度分别为 $+\lambda(x>0)$ 和 $-\lambda(x<0)$,则 Oxy 坐标平面上点 $(0,a)$ 处的电场强度 $\boldsymbol{E}$ 为 (　　)

(A) 0　　(B) $\dfrac{\lambda}{2\pi\varepsilon_0 a}\boldsymbol{i}$

(C) $\dfrac{\lambda}{4\pi\varepsilon_0 a}\boldsymbol{i}$　　(D) $\dfrac{\lambda}{2\pi\varepsilon_0 a}(\boldsymbol{i}+\boldsymbol{j})$

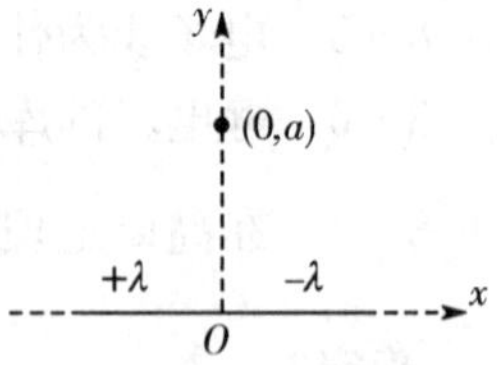

习题 8-2 图

8-3 两个均匀带电的同心球面,半径分别为 R_1、$R_2(R_1<R_2)$,小球带电 Q,大球带电 $-Q$,下列各图中哪一个正确表示电场的分布 (　　)

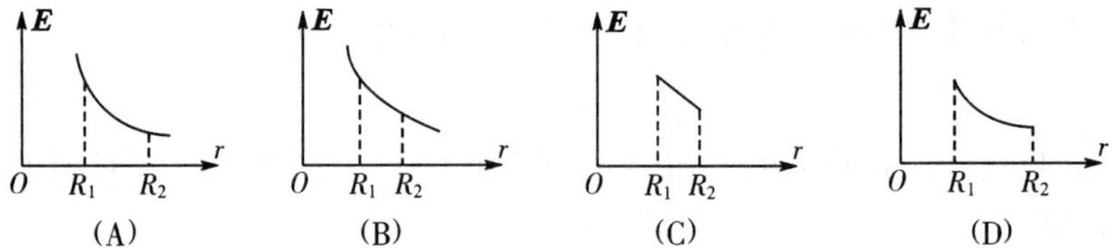

习题 8-3 图

8-4 如图所示,任意闭合曲面 S 内有一点电荷 q,O 为 S 面上任意一点,若将 q 由闭合曲面内点 P 移到点 T,且 $OP=OT$,那么 (　　)

(A) 穿过 S 面的电通量改变,O 点的场强大小不变
(B) 穿过 S 面的电通量改变,O 点的场强大小改变
(C) 穿过 S 面的电通量不变,O 点的场强大小改变
(D) 穿过 S 面的电通量不变,O 点的场强大小不变

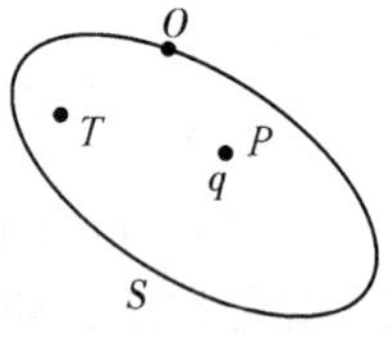

习题 8-4 图

8-5 如图所示,a、b、c 是电场中某条电场线上的三个点,由此可知 (　　)

(A) $E_a>E_b>E_c$　　(B) $E_a<E_b<E_c$
(C) $U_a>U_b>U_c$　　(D) $U_a<U_b<U_c$

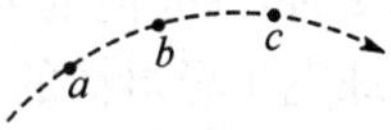

习题 8-5 图

8-6 关于高斯定理的理解有下面几种说法,其中正确的是 (　　)

(A) 如果高斯面内无电荷,则高斯面上 $\boldsymbol{E}$ 处处为零
(B) 如果高斯面上 $\boldsymbol{E}$ 处处不为零,则该面内必无电荷
(C) 如果高斯面内有净电荷,则通过该面的电通量必不为零
(D) 如果高斯面上 $\boldsymbol{E}$ 处处为零,则该面内必无电荷

8-7 下面说法正确的是 (　　)

(A) 等势面上各点电场强度的大小一定相等
(B) 在电势高处,电势能也一定高

(C) 电场强度大处,电势一定高

(D) 电场强度的方向总是从电势高处指向低处

8-8 已知一高斯面所包围的体积内电量代数和 $\sum q_i = 0$,则可肯定 ( )

(A) 高斯面上各点电场强度均为零

(B) 穿过高斯面上每一面元的电通量均为零

(C) 穿过整个高斯面的电通量为零

(D) 以上说法都不对

8-9 一个中性空腔导体,腔内有一个带正电的带电体,当另一中性导体接近空腔导体时,(1) 腔内各点的电场强度 ( )

(A) 变化 (B) 不变 (C) 不能确定

(2) 腔内各点的电位 ( )

(A) 升高 (B) 降低 (C) 不变 (D) 不能确定

8-10 对于带电的孤立导体球 ( )

(A) 导体内的电场强度与电势大小均为零

(B) 导体内的电场强度为零,而电势为恒量

(C) 导体内的电势比导体表面高

(D) 导体内的电势与导体表面的电势高低无法确定

8-11 当一个带电导体达到静电平衡时,则 ( )

(A) 表面上电荷密度较大处电势较高

(B) 表面曲率较大处电势较高

(C) 导体内部的电势比导体表面的电势高

(D) 导体内任意一点与其表面上任意一点的电势差等于零

8-12 极板间为真空的平行板电容器充电后与电源断开,将两极板用绝缘工具拉开一些距离,则下列说法正确的是 ( )

(A) 电容器极板上电荷面密度增加

(B) 电容器极板间的电场强度增加

(C) 电容器的电容不变

(D) 电容器极板间的电势差增大

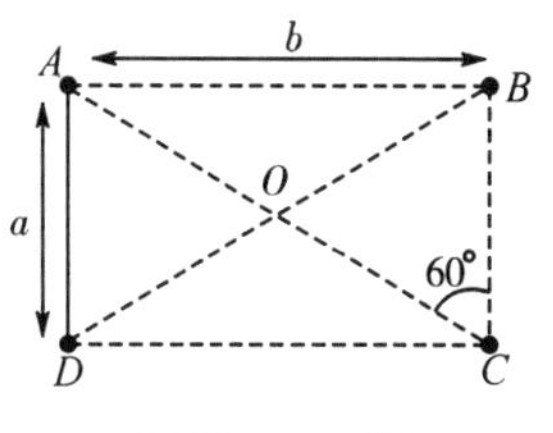

习题 8-13 图

8-13 如图所示,边长分别为 a 和 b 的矩形,其 A、B、C 三个顶点上分别放置三个电量均为 q 的点电荷,则中心 O 点的电场强度为____________,方向由 O 指向_________。

8-14 在电场强度为 $\boldsymbol{E}$ 的均匀电场中取一半球面,其半径为 R,电场强度的方向与半球面的对称轴平行。则通过这个半球面的电通量为____________,若用半径为 R 的圆面将半球面封闭,则通过这个封闭的半球面的电通量为____________。

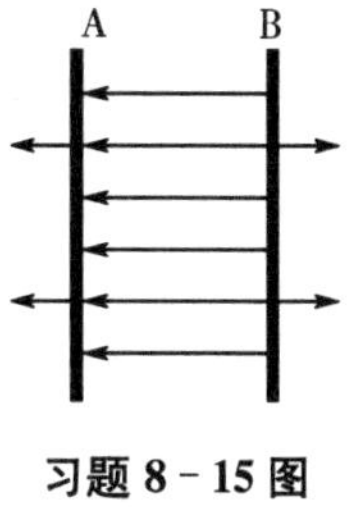

习题 8-15 图

8-15 如图所示,A、B 为真空中两块平行无限大带电平面,已知两平面间的电场强度大小为 E_0,两平面外侧电场强度大小都是 $E_0/3$,则 A、B 两平面上的电荷面密度分别为____________和____________。

8－16　电量都是q的三个点电荷分别放在正三角形的三个顶点，正三角形的边长是a。试问：(1) 在这三角形的中心放一个什么样的电荷，就可以使这四个电荷都达到平衡？(2) 这种平衡与三角形的边长有无关系？

8－17　如图所示，长$L=15$ cm 的直导线AB上均匀分布着线密度为$\lambda=5\times10^{-9}$C/m的电荷。求在导线的延长线上与导线一端B相距$d=5$ cm 处P点的电场强度。

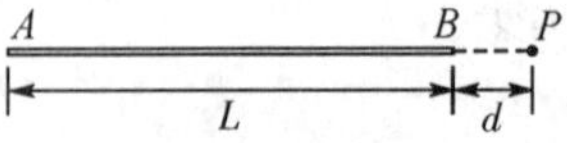

习题 8－17 图

8－18　如图所示，长为l、电荷线密度为λ的两根相同的均匀带电细塑料棒沿同一直线放置，两棒近端相距l，求两棒之间的静电相互作用力。

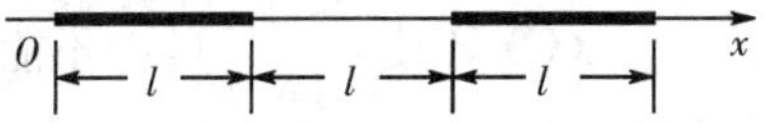

习题 8－18 图

8－19　如图所示，半径R为 50 cm 的圆弧形细塑料棒，两端空隙d为2 cm，总电荷量为3.12×10^{-9}C 的正电荷均匀地分布在棒上。求圆心O处场强的大小和方向。

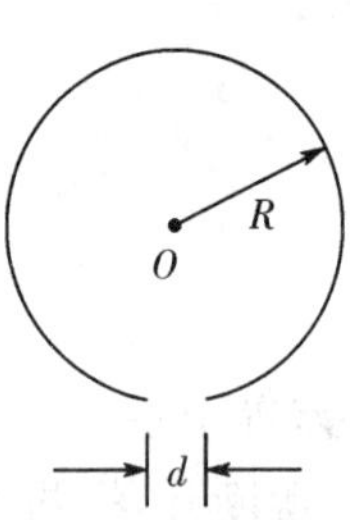

习题 8－19 图

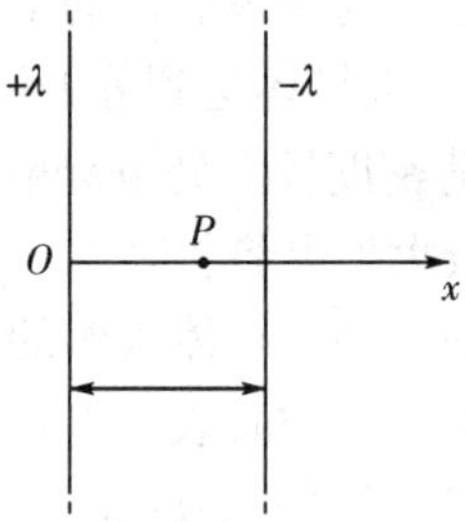

习题 8－20 图

8－20　两条无限长平行直导线相距为r_0，均匀带有等量异号电荷，电荷线密度为λ，如图所示。试求：(1) 两导线构成的平面上任意一点的电场强度（按图示方式选取坐标，该点到$+\lambda$带电线的垂直距离为x）；(2) 每一根导线上单位长度导线受到另一根导线上电荷作用的电场力。

8－21　一段半径为a的细圆弧，对圆心的张角为θ_0，其上均匀分布有正电荷q，如图所示，试以a、q、θ_0表示出圆心O处的电场强度。

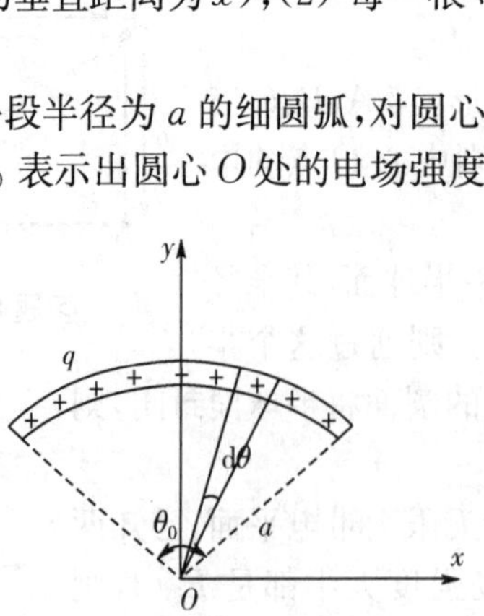

习题 8－21 图

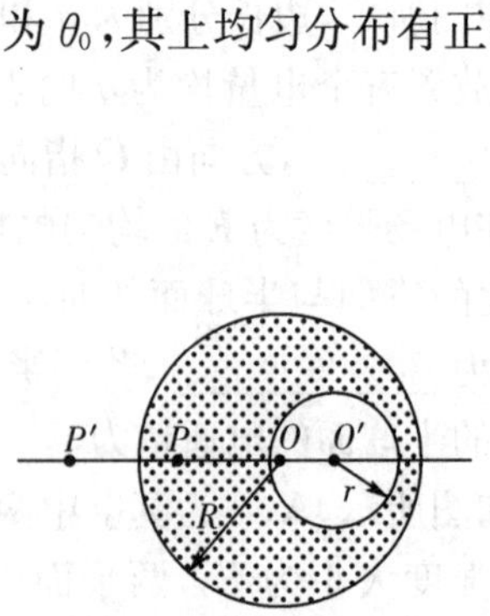

习题 8－22 图

8-22 在半径为 R，电荷体密度为 ρ 的均匀带电球内，挖去一个半径为 r 的小球，如图所示。试求 P、P' 各点的电场强度（O、O'、P、P' 在一条直线上）。

8-23 设半径为 R 的球体内电荷均匀分布，电荷的体密度为 ρ，求带电球体内外的电场分布。

8-24 （1）地球表面的场强近似为 200 V/m，方向指向地球中心，地球的半径为 6.37×10^{6} m。试计算地球带的总电荷量。（2）在离地面 1 400 m 处，场强降为 20 V/m，方向仍指向地球中心，试计算这 1 400 m 厚的大气层里的平均电荷密度。

8-25 电量为 Q 的电荷均匀分布在半径为 R 的球体内，试求离球心 $r(r<R)$ 处的电势。

8-26 如图所示，半径为 $R=8$ cm 的薄圆盘均匀带电，面电荷密度为 $\sigma=2\times10^{-5}$ C/m²，试求：（1）垂直于盘面的中心对称轴线上任意一点 P 的电势（用到与盘心 O 的距离 x 表示）；（2）从电场强度与电势的关系求该点的电场强度；（3）计算 $x=6$ cm 处的电势和电场强度。

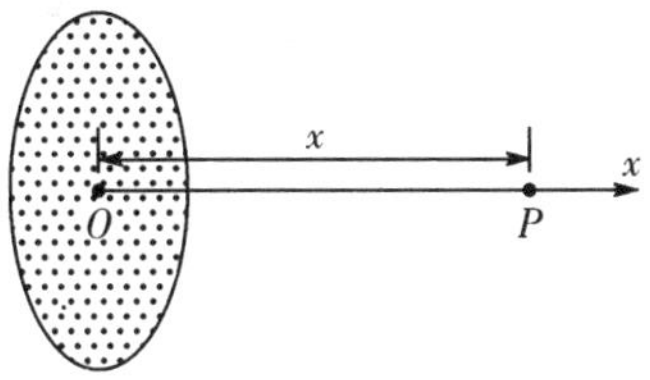

习题 8-26 图

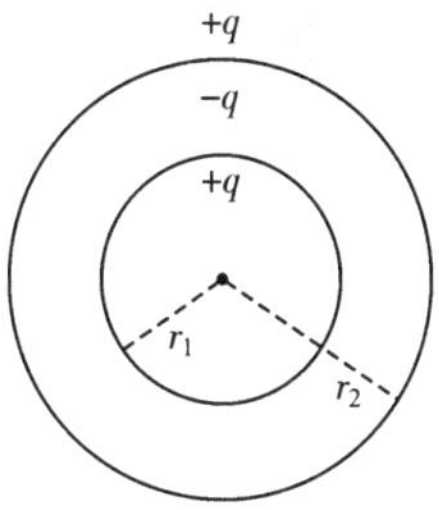

习题 8-27 图

8-27 如图所示，半径为 r_1、r_2 的两个同心导体球壳互相绝缘，现把 $+q$ 电荷量给予内球，试求：（1）外球的电荷量和电势；（2）把外球接地后再重新绝缘，外球的电荷量及电势；然后把内球接地，内球的电荷量及外球的电势的改变。

8-28 如图所示，三块平行金属板 A、B、C 面积均为 200 cm²，板 A、B 间相距 4 mm，板 A、C 间相距 2 mm，B 和 C 两板都接地。如果使 A 板带正电 3.0×10^{-7} C，求：（1）B、C 板上的感应电荷；（2）A 板的电势。

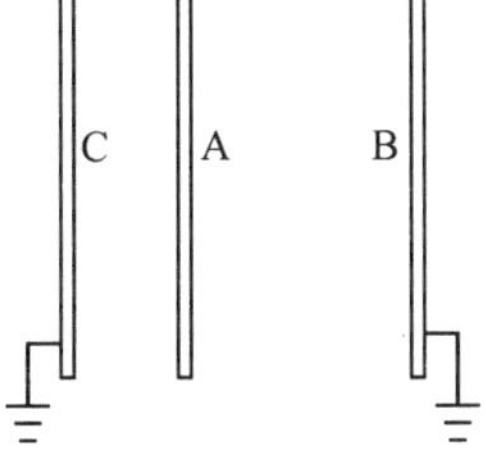

习题 8-28 图

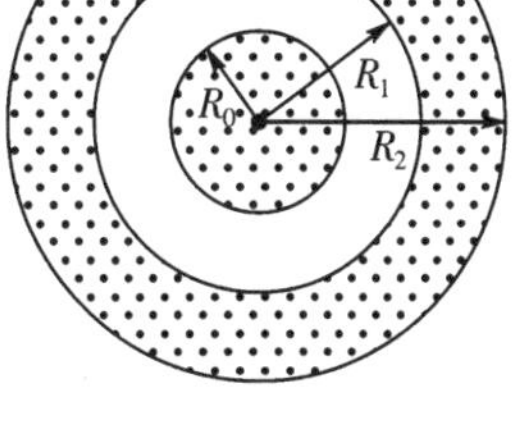

习题 8-29 图

8-29 如图所示，半径为 R_0 的导体球带有电荷 Q，球外有一层均匀介质同心球壳，其内、外半径分别为 R_1 和 R_2，相对电容率为 ε_r，求：（1）介质内、外的电场强度 $\boldsymbol{E}$ 和电感应强

度 $\boldsymbol{D}$；(2) 介质内的电极化强度 $\boldsymbol{P}$ 和表面上的极化电荷面密度 σ'。

8-30　圆柱形电容器是由半径为 R_1 的导线和与它同轴的导体圆筒构成，圆筒内半径为 R_2，长为 L，其间充满了相对电容率为 ε_r 的介质(如图所示)。设导线沿轴线单位长度上的电荷为 λ_0，圆筒上单位长度上的电荷为 $-\lambda_0$，忽略边缘效应。求：(1) 介质中的电场强度 $\boldsymbol{E}$、电感应强度 $\boldsymbol{D}$ 和极化强度 $\boldsymbol{P}$；(2) 介质表面的极化电荷面密度 σ'。

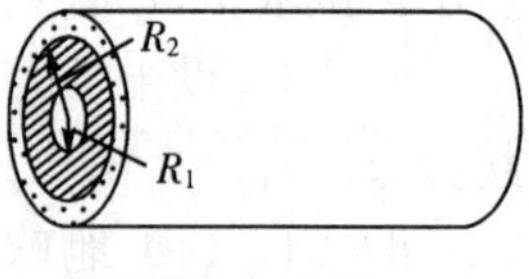

习题 8-30 图

8-31　半径为 2 cm 的导体球，外套同心的导体球壳，壳的内、外半径分别为 4 cm 和5 cm，球与壳之间是空气，壳外也是空气(如图所示)。当内球的电荷量为 3×10^{-8}C时，试求：(1) 这个系统储存了多少电能？(2) 如果用导线把球与壳连在一起，结果将如何？

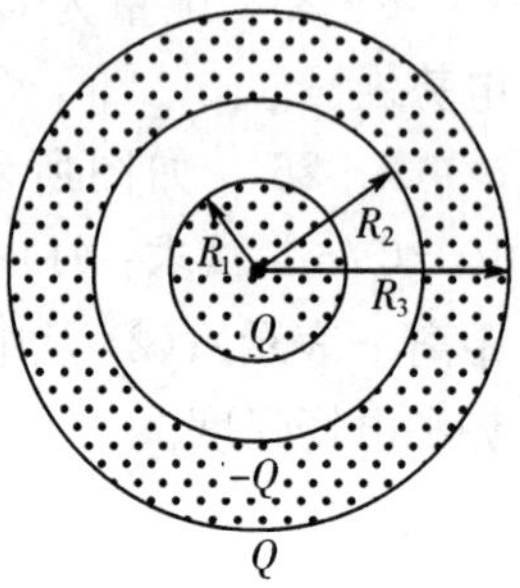

习题 8-31 图

8-32　电容 $C_1=4\ \mu\text{F}$ 的电容器在 800 V 的电势差下充电，然后切断电源，并将此电容器的两个极板分别与原来不带电、电容为 $C_2=6\ \mu\text{F}$ 的两极板相连，试求：(1) 每个电容器极板所带的电量；(2) 连接前后的静电场能。

第 9 章　恒定磁场

早在发现电流以前,人们就发现了磁现象。人们对磁的认识是从磁铁吸引铁屑开始的,自从发现了电流的磁效应后,人们才认识到磁场是由电流产生的,一切磁现象都起源于电荷及其运动。从本质上讲,磁现象和电现象是紧密相连的,电相互作用和磁相互作用统称电磁相互作用。本章首先讨论恒定电流条件、导电规律以及基尔霍夫定律,然后介绍描述磁场的物理量——磁感应强度 $\boldsymbol{B}$,探讨电流产生磁场的规律——毕奥－萨伐尔定律,研究反映稳恒磁场性质的两个基本定理——磁场的高斯定理和安培环路定理,讨论磁场对电流的作用以及带电粒子在磁场中的运动,最后介绍磁场中的磁介质。

9.1　恒定电流条件和导电规律

9.1.1　电流强度　电流密度矢量

金属导体内的自由电子总是在不停地作无规则热运动。在没有外电场的情况下它们沿任意方向运动的概率是相等的,因此并不形成电流。当在导体两端施加电势差后,使得导体内出现电场,此时导体内自由电子除作无规则热运动外还要在电场力的作用下作宏观的定向运动,因此就形成了电流。

总而言之,电流是由大量作定向运动的电荷形成的。一般来说,电荷的携带者可以是自由电子、质子和正或负离子,这些带电粒子又称为载流子。由带电粒子定向移动形成的电流称为传导电流,而带电体作机械运动时形成的电流称为运流电流。

习惯上,人们把正电荷从高电势向低电势移动的方向规定为电流的方向。在金属导体内,载流子是自由电子,它作定向移动的方向是由低电势向高电势,因而电流的方向与负电荷的运动方向相反。需要指出的是,针对电流激发磁场以及磁场对载流导线的作用,正电荷的定向运动与负电荷的反向定向运动是等效的。但是,对于其他许多现象,如霍尔效应、电流的化学效应等就需要考虑是何种电荷的定向运动。

(1) 电流强度

电流强度(简称电流)是用来描述电流强弱的物理量,其定义为单位时间内通过导体横截面的电量。如图 9－1 所示,在横截面为 S 的一段导体中,有正电荷从左向右运动,若在 $\mathrm{d}t$ 时间间隔内通过截面 S 的电荷为 $\mathrm{d}Q$,则在导体中的电流 I 为

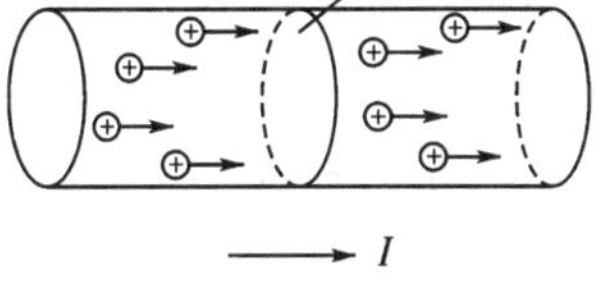

图 9－1　正电荷在导体中的运动情况

$$I = \frac{\mathrm{d}Q}{\mathrm{d}t} \tag{9-1-1}$$

如果导体中的电流不随时间而变化，这种电流叫做恒定电流。

电流强度是标量，但由于电荷在导体中移动有正、反两个方向，所以电流有正、负之分，因而电流强度是一种代数量。而电流的正、负是按照预先标定的方向来确定的，与标定方向相同流向的电流为正电流，与标定方向相反流向的电流为负电流。

习惯上，正载流子的流动方向代表电流的方向。显然，正载流子沿某个方向移动形成电流，与负载流子沿相反方向作相同移动所形成的电流是等同的。

在国际单位制中，电流强度是七个基本物理量之一，其单位为 A(安培)，常用单位还有 mA(毫安)和 μA(微安)。

$$1\ \mu\text{A} = 10^{-3}\text{mA} = 10^{-6}\text{A}$$

(2) 电流密度矢量

当电流在大块导体中流动时，如果导体粗细不均匀，导体内各处的电流分布将不均匀，为了细致地描述导体内各点电流分布的情况，需引入一个新的物理量——电流密度。电流密度是矢量，它在导体中任意一点的方向与正载流子在该点的流动方向相同，其大小等于通过该点并垂直于电流的单位截面的电流强度。如果流过导体中某点处垂直于电流方向的面元 dS 的电流强度为 dI，则该点的电流密度表示为

$$\boldsymbol{j} = \frac{\mathrm{d}I}{\mathrm{d}S}\boldsymbol{e}_{\mathrm{n}} \qquad (9-1-2)$$

式中，$\boldsymbol{e}_{\mathrm{n}}$ 为面元 dS 的法向单位矢量。

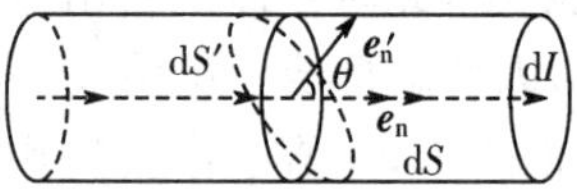

图 9-2　面元法线与电流方向不一致

若同一点处的另一面元 dS'不垂直于电流，其法线 $\boldsymbol{e}_{\mathrm{n}}'$与该点电流密度 $\boldsymbol{j}$ 之间的夹角为 θ，如图9-2所示。根据(9-1-2)式，该处电流密度的大小表示为

$$j = \frac{\mathrm{d}I}{\mathrm{d}S} = \frac{\mathrm{d}I}{\mathrm{d}S'\cos\theta} \qquad (9-1-3)$$

在国际单位制中，电流密度的单位是 $\text{A}\cdot\text{m}^{-2}$(安培/米^2)。

由电流密度定义可知：通过导体中任意一曲面 S 的电流 I 可以表示为

$$I = \iint_{(S)} \boldsymbol{j}\cdot\mathrm{d}\boldsymbol{S} \qquad (9-1-4)$$

将(9-1-4)式与电通量定义式(8-3-6)式相比较可以看出：I 与$\boldsymbol{j}$ 的关系是一个通量与其矢量场的关系。在有电流流过的导体中，每一点都具有一定大小和方向的电流密度矢量，这些矢量就构成了矢量场，称为电流场。为形象描述电流场中电流的分布，引入电流线的概念。电流线是按照这样的规定所画的一系列曲线，曲线上每点的切线方向都与该点的电流密度矢量方向相同。由电流线围成的管状区域，称为电流管。显然，在恒定条件下，通过同一电流管的任意一横截面的电流是相等的。

9.1.2　电流的连续性方程和恒定电流条件

电荷在流动过程中必然服从电荷守恒定律。假设在导体内任取一闭合曲面 S，其外法

线方向为面元的正方向，电流密度 $\boldsymbol{j}$ 在闭合曲面 S 上的通量为 $\oiint_{(S)}\boldsymbol{j}\cdot\mathrm{d}\boldsymbol{S}$，表示单位时间由闭合曲面 S 内流出的电量。根据电荷守恒定律，必定等于在同一时间内闭合曲面 S 所包围的电量的减少 $-\frac{\mathrm{d}q}{\mathrm{d}t}$，即

$$\oiint_{(S)}\boldsymbol{j}\cdot\mathrm{d}\boldsymbol{S}=-\frac{\mathrm{d}q}{\mathrm{d}t} \qquad (9-1-5)$$

(9－1－5)式称为电流的连续性方程，其实质为电荷守恒定律。

(9－1－5)式是电流连续性方程的积分形式。如果电荷是以体电荷形式分布，则(9－1－5)式可以改写为

$$\oiint_{(S)}\boldsymbol{j}\cdot\mathrm{d}\boldsymbol{S}=-\frac{\mathrm{d}}{\mathrm{d}t}\iiint_{\tau}\rho\,\mathrm{d}\tau \qquad (9-1-6)$$

对于恒定电流，电流场不随时间变化，则要求电流场中的电荷分布也不随时间变化。由不随时间变化的电荷所激发的电场，称为恒定电场。既然恒定电场中电荷分布不随时间变化，那么任意一闭合曲面内 $\frac{\mathrm{d}q}{\mathrm{d}t}=0$，则电流的连续性方程(9－1－5)式必定具有下列形式

$$\oiint_{(S)}\boldsymbol{j}\cdot\mathrm{d}\boldsymbol{S}=0 \qquad (9-1-7)$$

即为恒定电流条件的积分形式。

恒定电流条件表明：在恒定电流场中通过任意闭合曲面的电流必定等于零。这也表示，无论闭合曲面 S 取在何处，凡是从某一处穿入的电流线都必定从另一处穿出，所以恒定电流场的电流线必定是头尾相接的闭合曲线。

恒定电场是由运动的、而分布不随时间变化的电荷所激发的，在遵循高斯定理和环路定理方面，恒定电场与静电场具有相同的性质，所以两者统称为库仑电场。

9.1.3　电阻　欧姆定律

(1) 电阻

处于正常状态下的导体都具有一定的电阻。如果在导体两端施加的电势差为 U，导体中产生的电流为 I，则用 U 与 I 之比表示该段导体的电阻，以 R 表示，即

$$R=\frac{U}{I} \qquad (9-1-8)$$

(9－1－8)式是适用于一切导电物体的电阻的普遍定义式。

在国际单位制中，电阻的单位是 Ω(欧姆，简称欧)，则有

$$1\,\Omega=1\,\mathrm{V/A}$$

即当加在导体两端的电势差为 1 V，通过的电流为 1 A 时，该导体的电阻就是 1 Ω。

电阻 R 的倒数 $\frac{1}{R}$ 称为电导，常用 G 表示

$$G = \frac{1}{R}。 \tag{9-1-9}$$

电导的单位为S(西门子)，$S = \frac{1}{\Omega}$。

导体的电阻由导体的材料和几何形状决定。实验表明：对于由一定材料制成的粗细均匀的导体，其电阻与长度成正比而与横截面积成反比，即

$$R = \rho \frac{l}{S}, \tag{9-1-10}$$

式中，ρ 为电阻率。电阻率 ρ 决定于材料自身的性质，电阻率的倒数$\frac{1}{\rho}$称为电导率σ。

在国际单位制中，电阻率 ρ 的单位为 $\Omega \cdot m$，电导率 σ 的单位为 $S \cdot m^{-1}$。

实验表明：各种导体材料的电阻率都随温度的变化而变化。通常温度范围内，金属材料的电阻率随温度作线性变化，其变化关系可以表示为

$$\rho_t = \rho_0(1+\alpha t) \tag{9-1-11}$$

式中，ρ_t 为 t ℃时的电阻率；ρ_0 为 0 ℃时的电阻率；α 为电阻温度系数。

表 9-1 中列出一些金属、合金和碳的 ρ_0 和 α 值。

表 9-1　几种材料的电阻率与电阻温度系数

材　料	$\rho_0/\Omega \cdot m$	α/℃$^{-1}$
银	1.49×10^{-8}	4.3×10^{-3}
铜	1.55×10^{-8}	4.3×10^{-3}
铝	2.50×10^{-8}	4.7×10^{-3}
钨	5.50×10^{-8}	4.6×10^{-3}
铁	8.50×10^{-8}	5.0×10^{-3}
碳(非晶态)	$3\,500\times10^{-8}$	-4.6×10^{-4}
镍铬合金 (60%Ni,15%Cr,25%Fe)	110×10^{-8}	1.6×10^{-4}

由表 9-1 可以看出：纯金属的 α 值都在 0.4%左右，这表示温度每升高(或降低)1 ℃，其电阻率约增加(或减小)0.4%。而这些材料的线膨胀系数要小得多，温度每升高(或降低)1 ℃，其线度只增大(或减小)0.001%左右。所以，在考虑金属导体的电阻随温度变化时，可以忽略其长度 l 和截面积 S 的变化。在(9-1-11)式两边同乘以 l/S，就得到金属导体电阻随温度的变化关系

$$R = R_0(1+\alpha t) \tag{9-1-12}$$

式中，R_0 为 0 ℃时的电阻。

(2) 欧姆定律

1826 年，德国物理学家欧姆通过大量实验发现：恒定条件下，通过某段金属导体的电

流 I 与施加在该导体两端的电势差 U 成正比，即

$$I=\frac{U}{R} \tag{9-1-13}$$

这就是欧姆定律。它反映了金属导体导电的基本特性，即金属导体的电阻是不随电势差和电流变化的常量，而且电流与电势差成正比关系。欧姆定律不仅适用于金属导体，而且对于电解液和熔融的盐类也同样适用。

在金属导体的电流场中取一长度为 $\mathrm{d}l$、截面积为 $\mathrm{d}S$ 的细电流管，根据欧姆定律则通过该电流管的电流 $\mathrm{d}I=\mathrm{d}U/R$，其中 $\mathrm{d}I=\boldsymbol{j}\cdot\mathrm{d}\boldsymbol{S}$，$\mathrm{d}U=\boldsymbol{E}\cdot\mathrm{d}\boldsymbol{l}$，$R=\dfrac{\mathrm{d}l}{\sigma\mathrm{d}S}$，于是就得到

$$j=\sigma E$$

式中，σ 为电导率。由于 $\boldsymbol{j}$ 的方向和 $\boldsymbol{E}$ 的方向一致，所以上式可写成矢量形式，即

$$\boldsymbol{j}=\sigma\boldsymbol{E} \tag{9-1-14}$$

这个关系式称为欧姆定律的微分形式，它反映了在金属导体中任意一点上 $\boldsymbol{j}$ 与 $\boldsymbol{E}$ 之间的关系。这个关系式不仅适用于恒定电流的情形，而且在变化的电流场中仍然是正确的。

9.1.4　电源　电动势

要维持电路上的恒定电流，必须保证导体两端有恒定的电势差。那么，怎样才能维持恒定的电势差？试设想，将一个充满电的电容器的两极板沿外部用导线连接起来构成闭合回路，电路上将有电流流过。不过，随着两极板电量的减少，它们之间的电势差降低，电流很快消失。要维持恒定的电流，必须设法沿另一路径（例如，沿电容器内部），将流到负极板的正电荷再送回正极板。但这样必须克服两极板间的静电场而需做功。能够提供这种功的力一定是除静电力以外的力，这种力称为非静电力。提供非静电力的装置称为电源。

单位正电荷所受的非静电力，定义为非静电性电场的电场强度，用 $\boldsymbol{E}_k$ 表示。在电源内部，即内电路电荷同时受到恒定电场和非静电性电场的作用，而在外电路却只有恒定电场的作用。因此，在电荷 q 沿电路运行一周的过程中，各种电场所做的总功为

$$A=\int_{+}^{-}q\boldsymbol{E}\cdot\mathrm{d}\boldsymbol{l}+\int_{-}^{+}q(\boldsymbol{E}+\boldsymbol{E}_k)\cdot\mathrm{d}\boldsymbol{l}=\oint q\boldsymbol{E}\cdot\mathrm{d}\boldsymbol{l}+\int_{-}^{+}q\boldsymbol{E}_k\cdot\mathrm{d}\boldsymbol{l}$$

由于恒定电场遵循环路定理，所以上式可简化为

$$A=q\int_{-}^{+}\boldsymbol{E}_k\cdot\mathrm{d}\boldsymbol{l} \tag{9-1-15}$$

把单位正电荷沿闭合电路运行一周，非静电力所做的功定义为电源的电动势，用以表征电源将其他形式的能量转变为电能的本领。若用 ε 表示，电动势可写为

$$\varepsilon=\frac{A}{q}=\int_{+}^{-}\boldsymbol{E}_k\cdot\mathrm{d}\boldsymbol{l} \tag{9-1-16}$$

非静电性电场E_K只存在于电源内部，并且其方向是沿电源内部从负极指向正极的。考虑到一般情形，非静电性电场可能存在于整个电路，于是有

$$\varepsilon = \oint E_k \cdot dl \tag{9-1-17}$$

电动势是标量，它在电路中可取正、反两种方向。通常规定：从负极经电源内部到正极的方向为电动势的方向。

*9.1.5 基尔霍夫定律

电路是由电源和电阻连接而成的，但并非所有的电路都可以简化为串联和并联的组合，如图 9-3 所示。其中图 9-3(a)是一个交叉连接的电阻网络，图 9-3(b)中三个并联通路中又各含有电源。计算这种复杂电路中的电流时，就不能用简单的串并联法解决。这里将介绍一种求解复杂电路的最基本也是最重要的方法——基尔霍夫定律，它是由德国物理学家基尔霍夫(G. R. Kirchhoff)首先提出的。

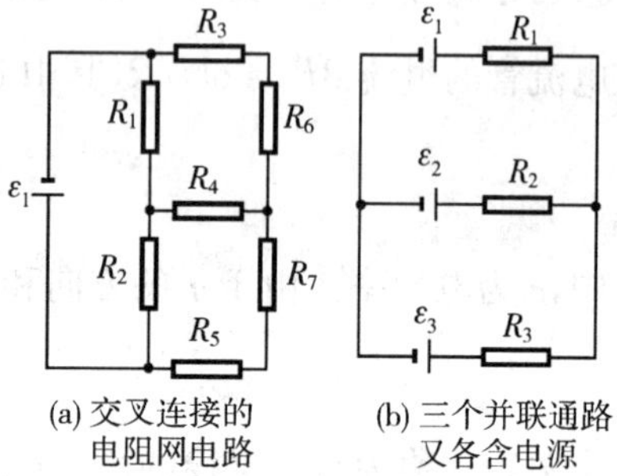

图 9-3 电路网络

在电路网络中，把电源和电阻或电阻和电阻串联而成的电流通路称为支路，在同一支路内电流处处相等。几条支路围成的闭合通路称为回路，三条或三条以上支路的汇集点称为节点。

(1) 基尔霍夫第一定律

基尔霍夫第一定律表述为：汇集同一节点的各支路电流的代数和必定为零(或流向节点与流出节点的电流的代数和为零)，即

$$\sum_i (\pm I_i) = 0 \tag{9-1-18}$$

根据基尔霍夫第一定律，对电路中各节点都可列出形如(9-1-18)式的方程，这些方程统称为基尔霍夫第一方程组，或称节点电流方程组。

基尔霍夫第一定律说明：在电路网络上的各节点不会有电荷的积累，这其实是电流的恒定条件，它体现了电荷守恒。

如何列出基尔霍夫方程组？列基尔霍夫第一方程组应遵循以下约定：

① 对各支路的电流及其方向作出假设，假设的电流方向作为该支路电流的标定方向；

② 根据电流的标定方向，从节点流出的电流前写“+”号，流向节点的电流前写“−”号；

③ 若解出的电流为正值，表示该支路电流的实际方向与所设标定方向一致；若解出的电流为负值，表示该支路电流的实际方向与所设标定方向相反。

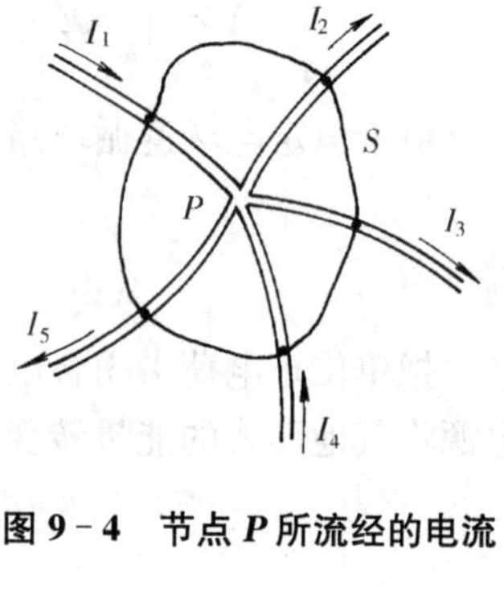

图 9-4 节点 P 所流经的电流

对图 9-4 所示的节点 P，可以根据基尔霍夫第一定律列出以下方程：

$$-I_1+I_2+I_3-I_4+I_5=0$$

(2) 基尔霍夫第二定律

基尔霍夫第二定律表述为：在一个回路中，电阻上电势降落的代数和必定等于电源电动势的代数和，即

$$\sum_i(\pm I_iR_i)=\sum_i(\pm\varepsilon_i)\qquad(9-1-19)$$

各回路都可列出(9-1-19)式的方程，统称为基尔霍夫第二方程组，或称为回路电压方程组。

基尔霍夫第二定律可以由静电场的环路定理 $\oint_{(L)}\boldsymbol{E}\cdot\mathrm{d}\boldsymbol{l}=0$ 导出，它表明把单位正电荷沿回路移动一周，非静电力所做的功等于电场力所做的功，这一点体现了能量守恒。

列基尔霍夫第二方程组遵循的约定：

① 对各回路设定一绕行方向，作为该回路电势降落的标定方向；

② 当支路上电流的标定方向与绕行方向一致时，该支路上电阻的电势降落前取“+”号，否则取“-”号；

③ 当电源电动势的方向与绕行方向一致时，该电源电动势前取“+”号，否则取“-”号。

对于图 9-5 所示的回路，各元件参数已知。对三条支路的电流标出假设的方向，设定两回路的绕行方向为顺时针方向。应用基尔霍夫第一定律，列节点电流方程组：

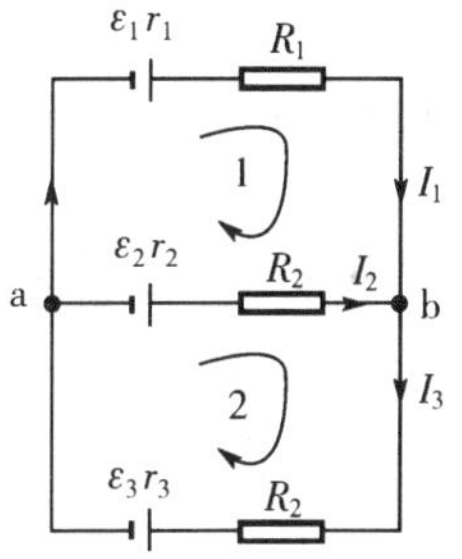

图 9-5　节点和回路

节点 a：　　$I_1+I_2-I_3=0$

节点 b：　　$-I_1-I_2+I_3=0$

对于两个回路，应用基尔霍夫第二定律，列回路电压方程组：

回路 1：　　$I_1(R_1+r_1)-I_2(R_2+r_2)=\varepsilon_1-\varepsilon_2$

回路 2：　　$I_2(R_2+r_2)+I_3R_3=\varepsilon_2-\varepsilon_3$

(3) 注意几个问题

① 对“+”、“-”号的约定应与给出方程式形式相对应。

② 电路中若有 n 个节点，可以列出 $n-1$ 个独立的节点电流方程式，另一个可由这 $n-1$ 个组合得出。

③ 电路中若有 m 个独立回路，可以列出 m 个独立的回路电压方程式。判断电路中独立回路的数目，可以把电路看作渔网，其中有多少个网孔就有多少个独立的回路。

④ 独立方程的数目要与未知量的数目相等，方程组才有唯一解。

物理学家简介：基尔霍夫

基尔霍夫

古斯塔夫·罗伯特·基尔霍夫(Gustav Robert Kirchhoff,1824—1887),德国物理学家。基尔霍夫于1824年3月生于普鲁士的柯尼斯堡(今为俄罗斯加里宁格勒),1887年10月在柏林去世。基尔霍夫在柯尼斯堡大学攻读物理,1847年毕业后去柏林大学任教,3年后去布雷斯劳作临时教授。1854年,基尔霍夫由化学家本生推荐任海德堡大学教授,1875年到柏林大学作理论物理教授,直到逝世。

1845年,基尔霍夫发表论文,提出了稳恒电路网络中电流、电压、电阻关系的两条电路定律,即著名的基尔霍夫电流定律(KCL)和基尔霍夫电压定律(KVL),解决了电气设计中电路方面的难题。后来,他又研究了电路中电的流动和分布,从而阐明了电路中两点间的电势差和静电学的电势在量纲和单位上的一致,使基尔霍夫电路定律具有更广泛的意义。1859年,基尔霍夫做了灯焰烧灼食盐的实验。在对这一实验现象的研究过程中,他得出了关于热辐射的定律,后被称为基尔霍夫定律(Kirchoff's law),并由此判断:太阳光谱的暗线是太阳大气中元素吸收的结果。这给分析太阳和恒星成分提供了一种重要方法,天体物理由于应用光谱分析方法而进入新阶段。1862年,基尔霍夫又进一步得出绝对黑体的概念,这是开辟20世纪物理学新纪元的关键之一。基尔霍夫在海德堡大学期间研制出光谱仪,与化学家本生合作创立了光谱化学分析法,从而发现了铯和铷元素。此外,基尔霍夫给出了惠更斯-菲涅耳原理的更严格的数学形式,对德国的理论物理学的发展具有重大影响。此外,基尔霍夫著有《数学物理学讲义》(共4卷),同时还讨论了电报信号沿圆形截面导线的扰动。

9.2 磁场和磁感应强度

9.2.1 磁现象

我国是世界上最早发现并应用磁现象的国家之一。早在公元前300年,我国就发现了磁矿(Fe_3O_4)吸引铁片的现象,在13世纪已经将指南针应用于航海。

如果把条形磁铁靠近铁屑,可以发现:大量的铁屑会吸附在磁铁的两端(图9-6)。这表明条形磁铁两端的磁性最强,称为磁极。磁铁都具两个磁极。如果用细线缚住条形磁铁的中部,将它水平悬挂起来并能在水平面内自由转动,最后它必定停止转动,其一端指向北方,另一端指向南方。指向北方的磁极称为磁北极(或N极);指向南方的磁极称为磁南极(或S极)。指南针就是利用磁铁的这一特性而制成的(图9-7)。

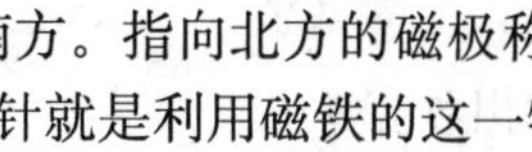

图9-6 磁极

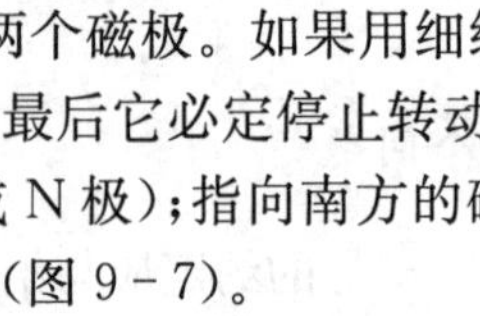

图9-7 指南针

与电荷之间存在相互作用一样，任何两个磁极之间也存在相互作用。同号磁极互相排斥，异号磁极互相吸引(图 9-8)。与电荷周围存在电场一样，在磁极周围也存在磁场。凡是处于磁场中的任何其他磁极或运动电荷都要受到磁场的作用力，这种作用力称为磁场力(或磁力)。所以，磁场力是通过磁场传递的。

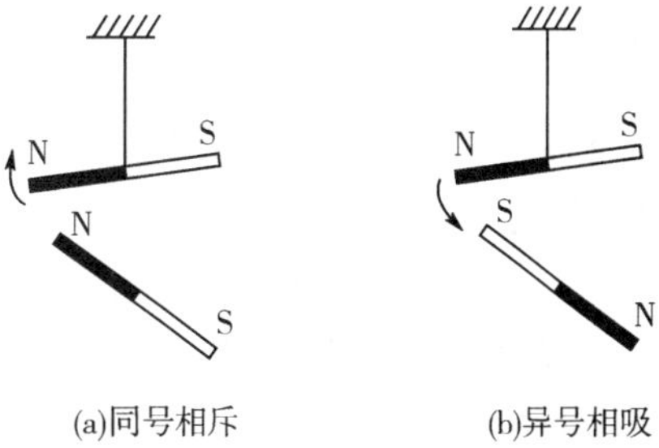

图 9-8　磁极的相互作用

人们曾经认为磁和电是两类截然分开的现象。直到 1819—1820 年，奥斯特发现了电流的磁效应后，人们才认识到磁与电是不可分割地联系在一起的。实验表明：在载流导线周围也存在磁场，就像磁铁周围的磁场一样。因为电流是由运动电荷引起的，所以在运动电荷周围也存在磁场。1820 年，安培相继发现了磁体对电流的作用和电流与电流之间的相互作用，进一步提出了分子电流假说，反映了关于磁性的纯电流起源的思想。安培的分子电流假说认为：一切磁现象都起源于电流，一切物质的磁性都起源于构成物质的分子中存在的环形电流，这种环形电流称为分子电流。安培分子电流假说与近代关于原子和分子结构的认识相吻合。原子是由原子核和核外电子组成的，电子的绕核运动就形成了经典概念的电流。

但是，物质磁性的起源不能完全用经典理论来描述。物质磁性的量子理论表明：核外电子的运动对物质磁性有一定贡献，但物质磁性的主要来源是电子的自旋磁矩。铁磁物质的强烈磁性则与相邻原子的电子自旋磁矩之间的交换作用有关。无论是核外电子的运动提供的轨道磁矩，还是电子的自旋磁矩都不能用经典概念予以描述，相邻原子的电子自旋磁矩之间的交换作用是一种量子效应，更无经典概念与之对应。

前面说过，磁现象与电现象有很多类似之处。但是，在自然界有独立存在的电荷——正电荷和负电荷，至今却没找到独立存在的磁荷，即所谓的“磁单极子”。目前，科学家们几乎一致的看法是：一对磁荷(N 极和 S 极)与一对正、反粒子一样，可以在强烈的核事件中产生或消失。寻找“磁单极子”是当今科学界面临的重大课题之一。

9.2.2　磁感应强度

磁感应强度是用来定量描述磁场强弱和方向的物理量，用 $\boldsymbol{B}$ 表示，它是矢量。磁场对静止的电荷没有作用力，但对运动的电荷有作用力，这是磁场的基本性质。仿照用试探电荷在电场中所受电场力的大小和方向定义电场强度的做法，也可以用试探电荷在磁场中所受磁场力的大小和方向来定义磁感应强度，不过这个试探电荷必须是运动的而不是静止的。运动电荷在磁场中所受的磁场力称为洛伦兹力。实验表明，试探电荷在磁场中某点所受洛伦兹力的大小不仅与试探电荷的电量、经该点时的速率以及该点磁场的强弱有关，而且与电荷运动的速度相对于磁场的取向有关。洛伦兹力的方向，不仅依赖于该点磁场的方向，而且随电荷运动的方向而变化，这就使磁感应强度的定义比电场强度的定义复杂得多。另外，不仅磁场会对运动电荷有力的作用，而且电场也会对运动电荷有力的作用。所以，在定义磁感应强度时，如果试探电荷在磁场中静止不动，则不应受任何力的作用。

(1) 任意一点 P 的磁感应强度 $\boldsymbol{B}$ 的方向

实验指出：当试探运动电荷 q_0 以速率 v 沿某特定直线通过磁场中的点 P 时(图 9-9(a))，作用于该试探运动电荷 q_0 的洛伦兹力 $\boldsymbol{F}$ 总等于零，而与试探运动电荷的电量和运动速率无关。因此，这条特定方向是点 P 的磁场自身的属性，称为零力线。把这个方向规定为点 P 的磁感应强度 $\boldsymbol{B}$ 的方向。

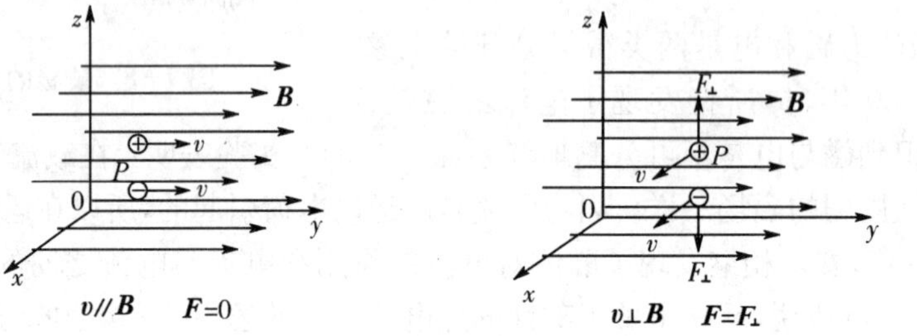

(a) 电荷的运动方向与磁场方向一致时，电荷所受的磁场作用力为零　(b) 电荷的运动方向与磁场方向垂直时，电荷所受的磁场作用力为最大

图 9-9　确定磁感应强度用图

(2) 点 P 的磁感应强度的大小

实验发现：当试探运动电荷沿垂直于上述零力线运动经过点 P 时(图 9-9(b))，所受洛伦兹力的大小与沿其他方向运动相比是最大的。实验还发现：当试探运动电荷 q_0 沿垂直于零力线以速度 $\boldsymbol{v}_\perp$ 通过点 P 时，所受洛伦兹力 $\boldsymbol{F}$ 的大小与 q_0 和 $\boldsymbol{v}_\perp$ 的乘积成正比，而比值 $F/(q_0 v_\perp)$ 与试探运动电荷无关，只与磁场的强弱有关。因此，把这个比值规定为点 P 的磁感应强度的大小，即

$$B = \frac{F}{q_0 v_\perp}。\tag{9-2-1}$$

实验表明，运动试探电荷在点 P 受到的洛伦兹力 $\boldsymbol{F}$ 的方向不仅垂直于电荷经过该点时的速度 $\boldsymbol{v}$ 也垂直于该点磁场的零力线。因此，可以规定 $\boldsymbol{B}$ 的指向与正试探运动电荷的速度 $\boldsymbol{v}$ 和所受洛伦兹力 $\boldsymbol{F}$ 满足右手螺旋关系：当右手四指从速度 $\boldsymbol{v}$ 的指向经小于 π 的角转向 $\boldsymbol{B}$ 的指向时，拇指所指示的方向正好与 $\boldsymbol{F}$ 的方向一致，如图 9-10 所示。于是，根据已知的 $\boldsymbol{v}$ 的方向和测得的 $\boldsymbol{F}$ 的方向，就可得到 $\boldsymbol{B}$ 的指向。

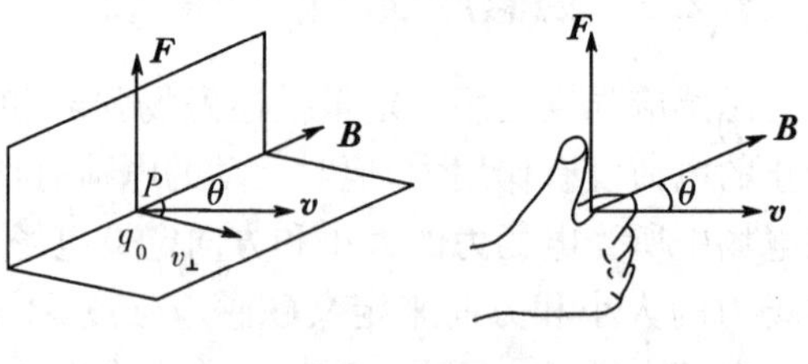

图 9-10　右手螺旋关系

因此，根据前面的讨论可得

$$\boldsymbol{F} = q_0 \boldsymbol{v} \times \boldsymbol{B} \tag{9-2-2}$$

根据(9-2-2)式，运动的正试探电荷所受洛伦兹力 $\boldsymbol{F}$ 的大小可以表示为

$$F = q_0 vB\sin\theta \tag{9-2-3}$$

式中，θ 是 $\boldsymbol{v}$ 与 $\boldsymbol{B}$ 之间的夹角。

由此可以求得磁感应强度的大小为

$$B = \frac{F}{q_0 v\sin\theta} \tag{9-2-4}$$

在国际单位制中，磁感应强度的单位为 T(特斯拉)或 $N\cdot s\cdot C^{-1}\cdot m^{-1}$，$V\cdot s\cdot m^{-2}$，$N\cdot A^{-1}\cdot m^{-1}$。

9.2.3　磁感应线和磁通量

为了形象地表示磁场在空间的分布状况，可以按下面的规定在磁场中画出一系列曲线，曲线上每一点的切线方向与该点磁感应强度 $\boldsymbol{B}$ 的方向一致；在与磁场垂直的单位面积上穿过曲线的条数，与该处磁感应强度的大小成正比，即曲线分布稠密的地方则磁感应强度的数值大，曲线分布稀疏的地方则磁感应强度数值小。这样的曲线就称为磁感应线。由一簇磁感应线所围成的管状区域，称为磁感应管。

图 9－11 画出三种电流产生的磁感应线的分布情况。图 9－11(a)是长直电流周围的磁感应线，在垂直于电流的平面内磁感应线是一系列同心圆，圆心在电流与平面的交点上。长直电流的方向与磁感应线的方向之间满足右手螺旋关系。右手握住直导线，让伸直的拇指与电流的方向一致，弯曲的四指所指的方向就是磁感应线的方向。图 9－11(b)是圆电流周围的磁感应线，在与圆面正交并通过其直径的平面内磁感应线是两簇环绕电流的曲线。圆电流的方向与磁感应线的方向之间也满足右手螺旋关系。让右手弯曲的四指与导线中电流的环绕方向一致，拇指所指的方向就是磁感应线的方向。图 9－11(c)是直螺线管磁感应线的分布，与图 9－11(b)中圆电流周围的磁感应线判断方法一致。需要说明的是，长直螺线管内部可以看成是匀强磁场。

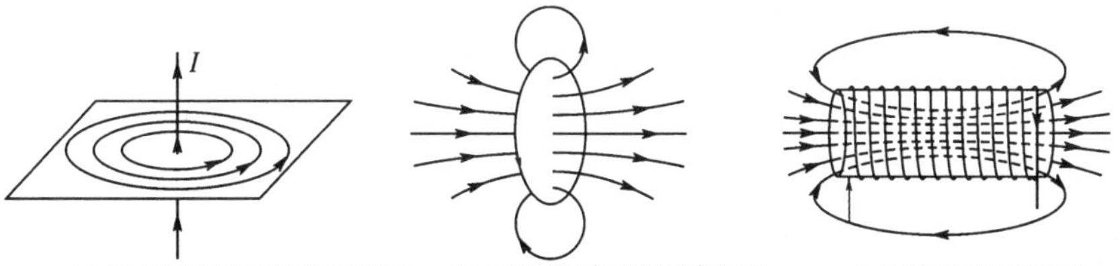

(a) 长直电流周围的磁感应线　(b) 圆电流周围的磁感应线　(c) 直螺线管磁感线

图 9－11　磁感应线的分布情况

任意曲面 S 的磁通量 Φ(或 Φ_B)定义为：曲面上任意一点的磁感应强度 $\boldsymbol{B}$ 与该处面元 $\mathrm{d}\boldsymbol{S}$ 的标积 $\boldsymbol{B}\cdot\mathrm{d}\boldsymbol{S}$ 在整个曲面 S 上的代数和，即

$$\Phi = \iint_S \boldsymbol{B}\cdot\mathrm{d}\boldsymbol{S} \tag{9-2-5}$$

在国际单位制中，磁通量的单位是 $T\cdot m^2$(特斯拉・米^2)或 Wb(韦伯)。

物理学家简介：奥斯特

奥斯特

奥斯特(Hans Christion Oersted，1777—1851)，丹麦物理学家，对物理学主要贡献是发现了电流的磁效应，把电和磁统一起来。1803 年，奥斯特主张，物理学将不再是关于运动、热、空气、光、电、磁以及大家所知道的任何其他现象的零散汇总，而是将整个宇宙纳入一个体系之中。1807 年，奥斯特宣称正在研究电和磁的关系。1812 年，奥斯特用德文撰写题为《关于化学力和电力的等价性的研究》的论文，次年译成法文在巴黎出版。论文中，他提出应该检验电是否以其最隐蔽的方式对磁体有所影响。据与奥斯特共事过的人回忆，1818—1819 年，奥斯特一直在寻找这两大自然力(指电力和磁力)之间的联系，为发现这种联系，奥斯特经常苦苦思索并进行各种实验。

1820 年，奥斯特称之为"电磁学"的新学科诞生，电转化为磁成为现实，表明电和磁是可以统一的，使"自然力统一的思想"得到了一个例证；其次，电流磁效应的发现，表明作用力是一种旋转力，它和力学中力表现出来的形式是不同的，人们认识到一种新的相互作用形式；第三，这一发现为制造灵敏电流指示器创造了条件。同时，它本身就包含了未来的电力技术应用的内容。

奥斯特的发现一经传播，到处都在重复这一实验。1820 年 9 月 11 日，在法国科学院举办的每周的科学例会上，法国物理学家安培听到了两个月前在哥本哈根发现的这个重要的实验事例，并且看到电流磁效应的演示实验后对此极感兴趣，立即对它进行研究。仅仅几个星期，便在科学院举办的科学例会连续发表报告，进一步揭示电和磁之间的内在联系。

9.3 毕奥-萨伐尔定律

恒定电流激发的磁场称为静磁场或稳恒磁场。在静磁场中，空间任意一点的磁感应强度仅是空间坐标的函数。为了求得任意形状的载流导线所产生的磁场，可以将载流导线分割成许多电流元 $I\mathrm{d}\boldsymbol{l}$(图 9-12)，如果知道了每一个电流元 $I\mathrm{d}\boldsymbol{l}$ 产生的磁场，将它们叠加起来就得到任意形状的载流导线所产生的整个磁场。把电流元 $I\mathrm{d}\boldsymbol{l}$ 中电流的流向作为导线元 $\mathrm{d}\boldsymbol{l}$ 矢量的方向，因为导线的形状是任意的，被分割出来的导线元 $\mathrm{d}\boldsymbol{l}$ 在空间可能有各种取向，所以电流元 $I\mathrm{d}\boldsymbol{l}$ 是矢量。

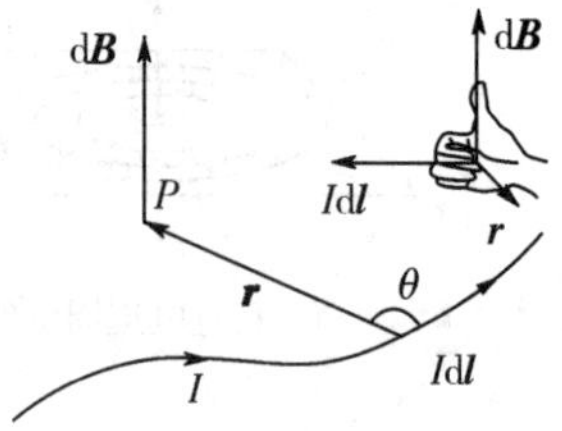

图 9-12 电流元在空间产生磁场

电流元 $I\mathrm{d}\boldsymbol{l}$ 在空间任意一点 P 产生的磁感应强度 $\mathrm{d}\boldsymbol{B}$ 遵循毕奥-萨伐尔定律。该定律可表述为：电流元 $I\mathrm{d}\boldsymbol{l}$ 在空间某点 P 产生的磁感应强度 $\mathrm{d}\boldsymbol{B}$ 的大小与电流元 $I\mathrm{d}\boldsymbol{l}$ 的大小成正比，与电流元和由电流元到点 P 的矢量 $\boldsymbol{r}$ 之间的夹角的正弦成正比，与电流元到点 P 的距离的平方成反比；$\mathrm{d}\boldsymbol{B}$ 的方向垂直于 $I\mathrm{d}\boldsymbol{l}$ 和 $\boldsymbol{r}$ 所组成的平面，其指向满足右手螺旋关系。数学上可表示为

$$\mathrm{d}\boldsymbol{B} = k\frac{I\mathrm{d}\boldsymbol{l}\times\boldsymbol{r}}{r^3}$$

式中，k 是比例系数，与式中各量的选取有关。在国际单位制中 $k=\frac{\mu_0}{4\pi}$，其中 μ_0 为真空磁导率，其值为 $4\pi\times10^{-7}$ T·m·A^{-1}。

毕奥-萨伐尔定律又可以表示为：

$$\mathrm{d}\boldsymbol{B}=\frac{\mu_0}{4\pi}\frac{I\mathrm{d}\boldsymbol{l}\times\boldsymbol{r}}{r^3} \tag{9-3-1}$$

图 9-12 表示了任意形状的载流导线 d$\boldsymbol{l}$ 上的某电流元 Id$\boldsymbol{l}$、由 Id$\boldsymbol{l}$ 到点 P 的矢量 $\boldsymbol{r}$ 和磁感应强度 d$\boldsymbol{B}$ 三者的方向关系。d$\boldsymbol{B}$ 垂直于过 Id$\boldsymbol{l}$ 和 $\boldsymbol{r}$ 所作的平面，指向可由右手螺旋关系确定，θ 则是 Id$\boldsymbol{l}$ 与 $\boldsymbol{r}$ 之间的夹角。根据(9-3-1)式，点 P 的磁感应强度的大小为：

$$\mathrm{d}B=\frac{\mu_0}{4\pi}\frac{I\mathrm{d}l\sin\theta}{r^2} \tag{9-3-2}$$

整个载流导线 L 在点 P 产生的磁感应强度等于各电流元在点 P 产生的磁感应强度的矢量和，即

$$\boldsymbol{B}=\frac{\mu_0}{4\pi}\oint_{(L)}\frac{I\mathrm{d}\boldsymbol{l}\times\boldsymbol{r}}{r^3} \tag{9-3-3}$$

为了求解(9-3-3)式，必须先将其微分式化为分量式，然后分别求积分。毕奥-萨伐尔定律是在大量实验基础上总结出来的，虽然它不能直接用实验方法加以证明，但是其正确性可以从它所得出的结果与实验相符合而得到确认。

【例题 9-1】 如图 9-13 所示，在真空中有一通有电流的载流直导线，电流强度为 I，P 点距导线为 a，求 P 点处磁感应强度 $\boldsymbol{B}$？

解： 设点 P 到直导线的垂足为 O，根据已知条件则有 $OP=a$，在距点 O 为 l 处取电流元 Id$\boldsymbol{l}$，点 P 相对于电流元 Id$\boldsymbol{l}$ 的位置矢量为 $\boldsymbol{r}$。根据式(9-3-2)，电流元 Id$\boldsymbol{l}$ 在点 P 产生的磁感应强度的大小为

$$\mathrm{d}B=\frac{\mu_0}{4\pi}\frac{I\mathrm{d}l\sin\alpha}{r^2} \tag{1}$$

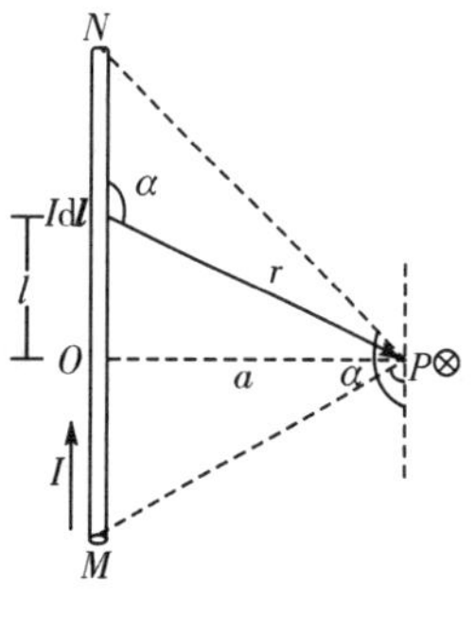

图 9-13　例题 9-1 图

d$\boldsymbol{B}$ 的方向垂直于纸面向里。在直导线 MN 上的所有电流元在点 P 产生的磁感应强度都具有相同的方向，所以总磁感应强度 $\boldsymbol{B}$ 的大小应为各电流元产生的磁感应强度的代数和，即

$$B=\oint_{(L)}\mathrm{d}B=\oint_{(L)}\frac{\mu_0}{4\pi}\frac{I\mathrm{d}l\sin\alpha}{r^2} \tag{2}$$

由图 9-13 可知：$l=a\cot(\pi-\alpha)=-\cot\alpha$，$r=a\csc\alpha$，可求得 d$l=a\csc^2\alpha\,\mathrm{d}\alpha$。将 r 和 dl 的表达式代入(2)式，并积分得

$$B=\frac{\mu_0 I}{4\pi a}\int_{\alpha_1}^{\alpha_2}\sin\alpha\,\mathrm{d}\alpha=\frac{\mu_0 I}{4\pi a}(\cos\alpha_1-\cos\alpha_2) \tag{3}$$

$\boldsymbol{B}$ 的方向垂直于纸面向里。

对于无限长载流直导线，$\alpha_1=0,\alpha_2=\pi$，距离导线 a 处的磁感应强度为

$$B=\frac{\mu_0}{4\pi}\frac{2I}{a}=\frac{\mu_0 I}{2\pi a}$$

【例题 9-2】 如图 9-14 所示，有一半径为 R 的载流导线，通过的电流为 I(通常称其为圆电流)，试求通过圆心并垂直于圆形导线平面的轴线上离圆心距离为 a 的一点 P 处的磁感应强度。

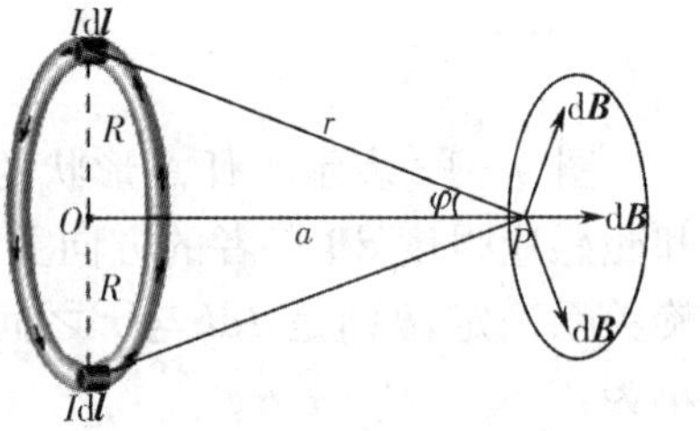

图 9-14 例题 9-2 图

解： 在圆形载流导线上任取一电流元 $I\mathrm{d}\boldsymbol{l}$，点 P 相对于电流元 $I\mathrm{d}\boldsymbol{l}$ 的位置矢量为 $\boldsymbol{r}$，点 P 到圆心 O 的距离 $OP=a$，如图 9-14 所示。由图可见，对于圆形导线上任意一电流元总有 $I\mathrm{d}\boldsymbol{l}\perp\boldsymbol{r}$，所以 $I\mathrm{d}\boldsymbol{l}$ 在点 P 产生的磁感应强度的大小为

$$\mathrm{d}B=\frac{\mu_0}{4\pi}\frac{I\mathrm{d}l}{r^2}$$

$\mathrm{d}\boldsymbol{B}$ 的方向垂直于 $I\mathrm{d}\boldsymbol{l}$ 和 $\boldsymbol{r}$ 所决定的平面。显然，圆形载流导线上的各电流元在点 P 产生的磁感应强度的方向是不同的，它们分布在以点 P 为顶点、以 OP 的延长线为轴的圆锥面上，可以将 $\mathrm{d}\boldsymbol{B}$ 分解为平行于轴线的分量 $\mathrm{d}\boldsymbol{B}_{/\!/}$ 和垂直于轴线的分量 $\mathrm{d}\boldsymbol{B}_{\perp}$。对于圆形载流导线上的任意一电流元，总可以找到与之相对应的另一个电流元。这两个电流元在点 P 产生的磁感应强度 $\mathrm{d}\boldsymbol{B}$ 的垂直分量 $\mathrm{d}\boldsymbol{B}_{\perp}$ 大小相等、方向相反，因而互相抵消。所以，总磁感应强度 $\boldsymbol{B}$ 的大小就等于各电流元在点 P 产生的 $\mathrm{d}\boldsymbol{B}_{/\!/}$ 的代数和。由图 9-14 可知：

$$\mathrm{d}B_{/\!/}=\mathrm{d}B\sin\varphi=\frac{\mu_0}{4\pi}\frac{I\mathrm{d}l}{r^2}\frac{R}{r}$$

总磁感应强度的大小为

$$B=\int\mathrm{d}B_{/\!/}=\frac{\mu_0}{4\pi}\frac{IR}{r^3}\int_0^{2\pi R}\mathrm{d}l=\frac{\mu_0}{4\pi}\frac{2\pi IR^2}{r^3}=\frac{\mu_0}{2}\frac{IR^2}{(R^2+a^2)^{3/2}}$$

$\boldsymbol{B}$ 的方向沿着轴线，与分量 $\mathrm{d}\boldsymbol{B}_{/\!/}$ 的方向一致。

如果求圆形电流中心的磁感应强度，则可令上式中的 $a=0$，可得

$$B=\frac{\mu_0 I}{2R}$$

$\boldsymbol{B}$ 的方向可由右手螺旋关系确定。

磁矩是描述圆形电流或载流平面线圈磁行为的物理量。圆形电流的磁矩 $\boldsymbol{m}$ 定义为

$$\boldsymbol{m}=IS\boldsymbol{e}_{\mathrm{n}} \tag{9-3-4}$$

式中，S 是圆形电流所包围的平面面积；$\boldsymbol{e}_{\mathrm{n}}$ 是该平面的法向单位矢量，其指向与电流的方向满足右手螺旋关系；对于多匝平面线圈，电流 I 应以线圈的总匝数与每匝线圈的电流的乘积代替。

【例题 9-3】 一个带有电量为 q 的粒子以速度 $\boldsymbol{v}$ 作匀速直线运动，求在某瞬间相对于粒子所在处的矢径为 $\boldsymbol{r}$ 的点 P 的磁感应强度。

解：根据毕奥-萨伐尔定律，此瞬间粒子在点 P 产生的磁感应强度 $\boldsymbol{B}$ 一定垂直于 $\boldsymbol{v}$ 和 $\boldsymbol{r}$ 所决定的平面，如图 9－15 所示。以速度 $\boldsymbol{v}$ 运动的电荷 q 与电流元是相当的，在 $\mathrm{d}t$ 时间内粒子的位移为

$$\mathrm{d}\boldsymbol{l} = \boldsymbol{v}\mathrm{d}t \tag{1}$$

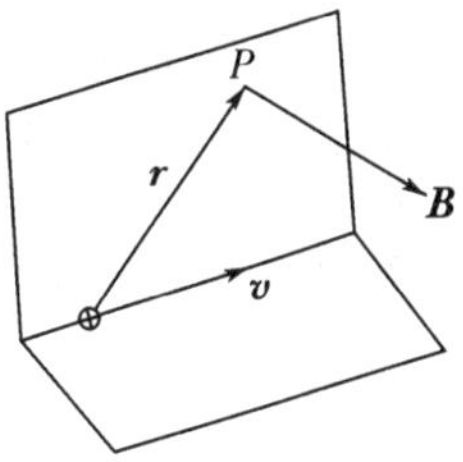

图 9－15　例题 9－3 图

所以，与它等效的电流元为

$$I\mathrm{d}\boldsymbol{l} = (I\mathrm{d}t)\,\boldsymbol{v} = q\boldsymbol{v} \tag{2}$$

将(2) 式代入(9－3－1)式，得

$$\boldsymbol{B} = \frac{\mu_0}{4\pi}\frac{q\boldsymbol{v}\times\boldsymbol{r}}{r^3} \tag{3}$$

物理学与社会：电流磁效应

19 世纪之前，人们普遍认为电和磁之间是没有关联的。但当时的自然哲学家们则从另一个角度对电和磁产生了兴趣，即对极化现象感兴趣。因为这一例子好像表明他们所假定的两个对立极之间的辨证张力或者使杂乱变为有序的力的存在。自然哲学家谢林(F. Schelling，1775—1854)就持有这种主张，进而认为宇宙间具有普遍的自然力的统一。谢林的思想对他的挚友奥斯特具有深刻的影响，导致奥斯特研究电和磁之间的联系。经过 10 多年的反复研究，先后共做了 60 多个实验。1820 年，奥斯特使电转化为磁变为现实。

此后，安培通过实验和研究发现：不仅电流对磁针有作用，而且两个电流之间彼此也有作用。两根平行的载流导线中，如果通过的电流方向相同，导体之间呈现出互相吸引；如果通过的电流方向相反，导线之间呈现出互相排斥。同时又发现，两根载流导线之间力的大小，是与两根导线中各自通过的电流 I_1 和 I_2 的乘积成正比，与导线的长度成正比，与两根导线之间的距离平方成反比。由此，安培提出了电流磁效应的定量规律，后来称之为安培公式。

除此以外，安培还提出了"分子电流"的概念，可用来解释物体为什么具有磁性。安培的这一观念为现代物理学所证实。现代物理学认为，物体内部的原子或分子的磁性是因电子在原子核周围转动或绕着自身轴急速旋转而产生的。

9.4　磁场的高斯定理和安培环路定理

根据毕奥-萨伐尔定律，电流元 $I\mathrm{d}\boldsymbol{l}$ 产生的磁场是以 $I\mathrm{d}\boldsymbol{l}$ 为轴对称分布的，在任何一个垂直于 $I\mathrm{d}\boldsymbol{l}$ 的平面内，其磁感应线是一系列同心圆，如图 9－16 所示。也就是说，每一条磁感应线都是头尾相接的闭合圈。在这样的磁场中，如果任意画一闭合曲面 S，不难想像，凡是穿入 S 的磁感应线，必定又从 S 内穿出，即穿入或穿出闭合曲面 S 的磁感应线的净条数必定等于零。这就是说，在由电流元 $I\mathrm{d}l$ 产生的磁场中，任意闭合曲面的磁通量都等

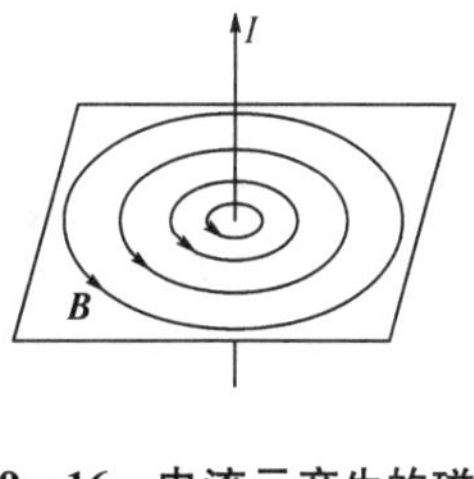

图 9－16　电流元产生的磁场

于零。根据叠加原理,整个电流回路产生的磁场是其所有电流元产生磁场的叠加。于是可以得到:在由整个电流回路产生的磁场中,任意闭合曲面 S 的磁通量必定都等于零。

9.4.1 磁场的高斯定理

在整个电流回路产生的磁场中,任意闭合曲面 S 的磁通量必定都等于零,即

$$\oiint_{(S)} \boldsymbol{B} \cdot \mathrm{d}\boldsymbol{S} = 0 \tag{9-4-1}$$

这是恒定电流磁场的一个普遍性质,称为磁场的高斯定理。它也是电磁场的一条基本规律,实验证明(9-4-1)式对随时间变化的磁场仍然成立。

磁场的高斯定理表明,磁感应线是无始无终的闭合曲线,或从无穷远来又伸向无穷远去。(9-4-1)式还表明,磁场是无源场,即磁场不是由与自由电荷对应的自由磁荷即磁单极产生的,而是由运动电荷产生的。

9.4.2 安培环路定理

我们知道:静电场线是有头有尾的,电场强度沿任意闭合环路积分等于零,它反映了静电场是保守力场的性质。那么,磁场沿闭合环路积分等于多少呢?它又反映了磁场的什么性质呢?

为简便起见,首先分析由无限长直电流产生磁场的情形。显然,这种情况下,在所有与电流垂直的平面内磁场的性质都是相同的,可以讨论其中任意一个这样的平面内磁场的性质。图 9-17 所示是一个垂直于直电流的平面,电流 I 与该平面相交于点 O,电流的方向由里向外,指向纸外。在此平面内任取一闭合环路 L,沿闭合环路 L 计算磁感应强度 $\boldsymbol{B}$ 的环路积分。

首先讨论闭合环路 L 包围电流的情形,即图 9-17(a)所示的情形。在环路的任意一点 G 附近沿环路取位移元 $\mathrm{d}\boldsymbol{l}$,该处的磁感应强度大小为

$$B = \frac{\mu_0}{4\pi}\frac{2I}{r}$$

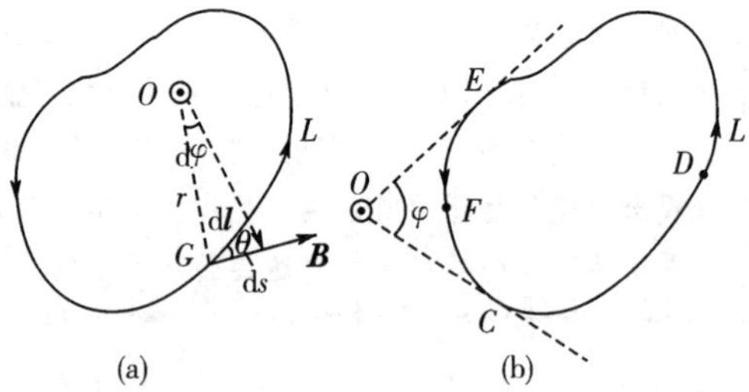

图 9-17 垂直于直电流的平面

式中,r 是点 G 到直电流的距离,即图中 OG。磁感应强度 $\boldsymbol{B}$ 的方向垂直于 OG,并与位移元 $\mathrm{d}\boldsymbol{l}$ 成 θ 角。由图 9-17(a)中的几何关系可得

$$\boldsymbol{B} \cdot \mathrm{d}\boldsymbol{l} = B\mathrm{d}l\cos\theta = B\mathrm{d}s = Br\mathrm{d}\varphi$$

式中,$\mathrm{d}\varphi$ 是位移元 $\mathrm{d}\boldsymbol{l}$ 对点 O 的张角。

因此,磁感应强度 $\boldsymbol{B}$ 沿任意闭合环路 L 的积分为

$$\oint_{(L)} \boldsymbol{B} \cdot \mathrm{d}\boldsymbol{l} = \oint_{(L)} Br\mathrm{d}\varphi = \frac{\mu_0}{4\pi}2I\oint_{(L)}\mathrm{d}\varphi = \mu_0 I \tag{9-4-2}$$

再讨论闭合路径 L 不包围电流的情形,即图 9-17(b)所示的情形。由图 9-17(b)可知:对于任何不包围电流的闭合环路总可以过点 O 作闭合环路 L 的两条切线 OE 和 OC,设

两条切线之间的夹角为 φ。于是，可以将 $\boldsymbol{B}$ 沿 L 的环路积分写为两项之和，即

$$\oint_{(L)} \boldsymbol{B} \cdot \mathrm{d}\boldsymbol{l} = \oint_{(L)} Br\mathrm{d}\varphi = \frac{\mu_0}{4\pi}2I\left(\int_{CDE}\mathrm{d}\varphi + \int_{EFC}\mathrm{d}\varphi\right) = \frac{\mu_0}{4\pi}2I(\varphi - \varphi) = 0 \qquad (9-4-3)$$

对于以上两种情形，分别得出了(9－4－2)式和(9－4－3)式。显然在闭合环路不包围电流时，(9－4－2)式就是(9－4－3)式。我们规定：当绕行方向(也就是积分方向)与电流的方向满足右手螺旋关系时，此电流为正值，反之为负值。如果闭合环路包围了多个电流，则可按照此规定求出包围在闭合环路内的电流代数和。这样，就可以将上面的讨论结果推广到一般情形，并具有下列关系

$$\oint_{(L)} \boldsymbol{B} \cdot \mathrm{d}\boldsymbol{l} = \mu_0 \sum_i I_i \qquad (9-4-4)$$

(9－4－4)式表示：在恒定电流磁场中，磁感应强度沿任意闭合环路的积分等于此闭合环路所包围的电流代数和的 μ_0 倍，这就是安培环路定理。理论和实验都证明：对于一般情形的恒定电流磁场和任意闭合路径，这个关系都是正确的。

安培环路定理的存在说明了磁场不是保守场而是涡旋场，因而不存在标量势函数。这是稳恒磁场不同于静电场的一个十分重要的性质。

安培环路定理可以用来处理电流分布具有一定对称性的恒磁场问题，就像可以用高斯定理来处理电荷分布具有一定对称性的静电场问题一样。

【例题 9－4】 用一根长导线绕制成的密集旋线圈(称为螺线管)，如图 9－18(a)所示。如果螺线管单位长度的线圈匝数为 n，螺线管通过的电流为 I，求管内中间任意一点 P 的磁感应强度。

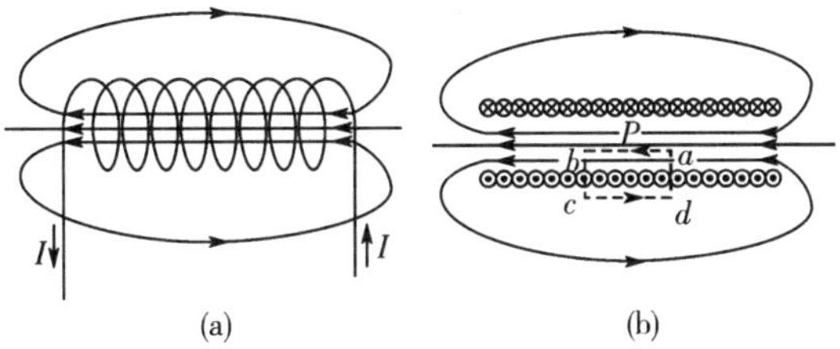

图 9－18　例题 9－4 图

解： 当螺线管的长度比每匝线圈的直径大得多时，管内中间部分的磁场是匀强磁场。磁场的方向与管的轴线相平行，并与电流的方向满足右手螺旋关系。通过点 P 作一矩形的闭合环路 $abcda$，如图 9－18(b)所示。磁感应强度沿闭合环路 $abcda$ 的环路积分可以写为四部分相加，即

$$\oint_{(L)} \boldsymbol{B} \cdot \mathrm{d}\boldsymbol{l} = \int_a^b \boldsymbol{B} \cdot \mathrm{d}\boldsymbol{l} + \int_b^c \boldsymbol{B} \cdot \mathrm{d}\boldsymbol{l} + \int_c^d \boldsymbol{B} \cdot \mathrm{d}\boldsymbol{l} + \int_d^a \boldsymbol{B} \cdot \mathrm{d}\boldsymbol{l}$$

式中，等号右边第一项等于 $B\overline{ab}$，其中 B 是螺线管内部磁感应强度的大小；第二项和第四项都等于零，因为磁感应强度 B 与积分路径垂直；第三项也等于零，因为当密绕螺线管的长度比每匝线圈的直径大得多时，管外的磁场等于零。

这样，磁感应强度沿 $abcda$ 的环路积分可以表示为

$$\oint_{(L)} \boldsymbol{B} \cdot \mathrm{d}\boldsymbol{l} = B\overline{ab}$$

按照安培环路定理，磁感应强度 **B** 的环路积分应该等于闭合路径所包围的净电流的 μ_0 倍。闭合环路 $abcda$ 所包围的净电流等于在长度 $\overline{ab}$ 内线圈总匝数 $n\,\overline{ab}$ 所承载的电流，即 $n\,\overline{ab}I$，所以

$$B\overline{ab} = \mu_0 n\,\overline{ab}I$$

于是，就求得了螺线管内部点 P 的磁感应强度 B 的大小为

$$B = \mu_0 nI\text{。}$$

【例题 9－5】 用一根长导线绕制成密集的环状螺旋线圈(称为螺绕环)，如图 9－19(a)所示。如果螺绕环单位长度的线圈匝数为 n，螺线管通过的电流为 I，求管内任意一点 P 的磁感应强度。

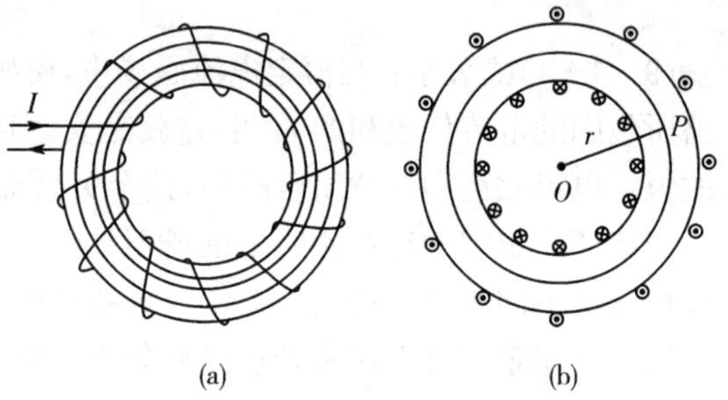

图 9－19　例题 9－5 图

解： 由于环内各处的磁感应强度大小都相等，可以取轴线作为闭合环路，如图 9－19(b)所示。磁感应强度沿这个路径的积分为

$$\oint_{(L)} \boldsymbol{B} \cdot \mathrm{d}\boldsymbol{l} = B\oint_{(L)} \mathrm{d}l = B2\pi r$$

式中，r 为轴线的半径。

根据安培环路定理，应有

$$2\pi rB = \mu_0 2\pi rnI$$

即可求得环内磁感应强度的大小为

$$B = \mu_0 nI$$

可见，螺绕环内部磁感应强度的大小与相同绕组密度并通以等量电流的长螺线管内部的磁感应强度大小相等。磁感应强度的方向与电流的方向也满足右手螺旋关系。

9.5　磁场对电流的作用

9.5.1　安培定律

磁场的基本属性就是对处于其中的运动电荷要传递力的作用。电流与运动电荷没有本质区别，大量电荷作定向运动就形成电流。载流导线处于磁场中，作定向运动的自由电子所受的洛伦兹力传递给金属晶格，宏观上就表现为磁场对载流导线的作用。

载流导体在磁场中所受的力称为安培力。法国物理学家安培通过精心设计的实验和推

理于 1820 年得到了电流元在磁场中受磁场力的公式,称为安培定律。处于磁感应强度为 $\boldsymbol{B}$ 的磁场中的电流元 $I\mathrm{d}\boldsymbol{l}$ 所受磁场力为

$$\mathrm{d}\boldsymbol{F} = I\mathrm{d}\boldsymbol{l} \times \boldsymbol{B} \tag{9-5-1}$$

这就是安培定律的数学表示式。安培定律表明:处于磁场中的电流元所受磁场力的方向总是垂直于由 $I\mathrm{d}\boldsymbol{l}$ 和 $\boldsymbol{B}$ 所决定的平面。

任意形状的载流导线在外磁场中所受到的磁场力应该等于各段电流元所受磁场力的矢量和,即

$$\boldsymbol{F} = \int_L I\mathrm{d}\boldsymbol{l} \times \boldsymbol{B} \tag{9-5-2}$$

求解上式时,一般应先化为分量式,然后再分别进行积分。

9.5.2　两平行长直电流之间的相互作用

毕奥-萨伐尔定律描述了电流所产生的磁场,安培定律反映了处于磁场中的电流所受力的作用。因此,根据这两个定律,原则上可以处理任意形状载流导线之间的相互作用。但是,无论磁感应强度的计算还是磁场力的计算都是矢量的运算并且需要积分,一般情况下计算比较困难。

下面讨论一种最简单的情形,即两平行长直载流导线之间的相互作用。

设有两根相距为 a 的平行直导线,分别通以同方向的电流 I_1和 I_2,如图 9－20 所示。如果两导线的间距 a 与它们的长度相比很小,则可认为它们是无限长的。在电流为 I_2 的导线上取电流元 $I_2\mathrm{d}\boldsymbol{l}_2$,电流 I_1 在电流元 $I_2\mathrm{d}\boldsymbol{l}_2$ 处产生的磁感应强度为 $\boldsymbol{B}_{12}$ 的磁场,对 $I_2\mathrm{d}\boldsymbol{l}_2$ 的作用力为 $\mathrm{d}\boldsymbol{F}_{12}$。

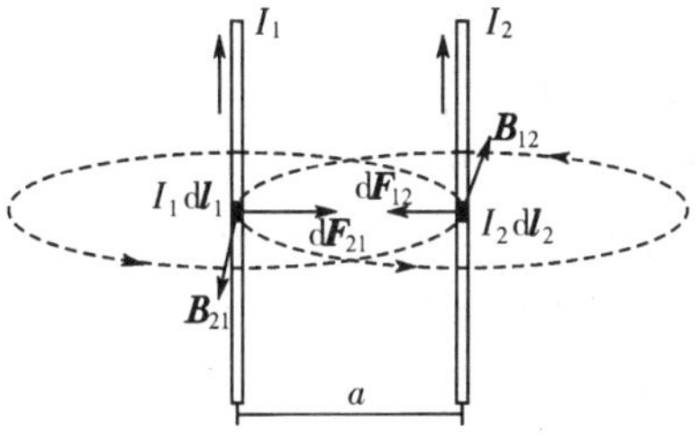

图 9－20　同向电流的相互作用

根据安培定律可得

$$\mathrm{d}\boldsymbol{F}_{12} = I_2\mathrm{d}\boldsymbol{l}_2 \times \boldsymbol{B}_{12}$$

显然,在假设的情况下,$\mathrm{d}\boldsymbol{F}_{12}$处于两直导线决定的平面内垂直于导线并指向 I_1。$\mathrm{d}\boldsymbol{F}_{12}$的大小为

$$\mathrm{d}F_{12} = I_2\mathrm{d}l_2 B_{12}$$

因为导线是平行的,电流 I_1在电流为 I_2的导线上各处产生的磁感应强度大小相等、方向相同。所以,无论电流元 $I_2\mathrm{d}\boldsymbol{l}_2$ 取在导线的什么位置,所受磁场力都是相同的。单位长度所受的力为

$$F_{12}^{\circ} = \frac{\mathrm{d}F_{12}}{\mathrm{d}l_2} = I_2 B_{12} = \frac{\mu_0}{4\pi}\frac{2I_1 I_2}{a} \tag{9-5-3}$$

用同样的方法可以求得电流为 I_1的导线单位长度所受由电流 I_2给予的作用力 $\boldsymbol{F}_{21}^{\circ}$的大小也为

$$F^{\circ}_{21}=\frac{\mu_0}{4\pi}\frac{2I_1I_2}{a} \tag{9-5-4}$$

则 $\boldsymbol{F}^{\circ}_{21}$ 与 $\boldsymbol{F}^{\circ}_{12}$ 大小相等、方向相反。

由以上分析可以看到：方向相同的两平行长直电流是相互吸引的。可以证明：方向相反的两平行长直电流必定是相互排斥的(图 9-21)。

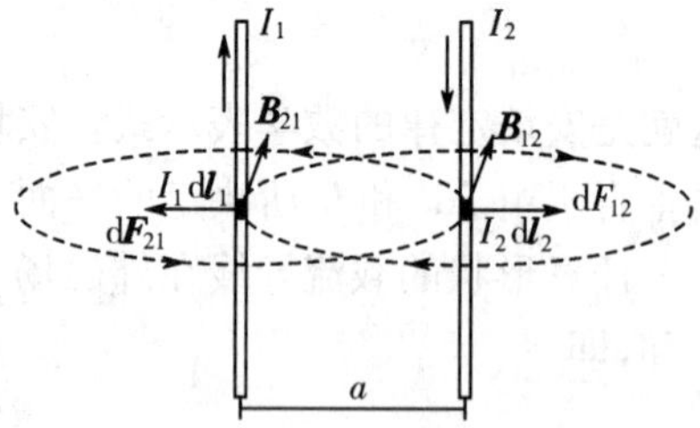

图 9-21 反向电流的相互作用

在国际单位制中，电流强度被作为基本物理量，其单位 A(安培)为基本单位。

将真空磁导率 $\mu_0=4\pi\times10^{-7}\ \mathrm{N\cdot A^{-2}}$ 代入(9-5-3)式，得

$$F^{\circ}_{12}=2\times10^{-7}\ \frac{I_1I_2}{a}$$

上式中，令 $a=1\ \mathrm{m}$，$I_1=I_2$ 并调节电流的大小，当 $F^{\circ}_{12}=2\times10^{-7}\ \mathrm{N\cdot m^{-1}}$ 时导线上的电流就是 1 A。

9.5.3 磁场对载流线圈的作用

利用安培定律可以分析载流线圈在匀强磁场中所受的力矩作用。图 9-22(a)表示一个矩形平面线圈 $ABCD$，其中边长 $AB=CD=l_1$，$BC=DA=l_2$，线圈内通有电流 I。规定线圈平面法线 $\boldsymbol{e}_n$ 的正方向与线圈中的电流方向满足右手螺旋关系。将这个线圈放置在磁感应强度为 $\boldsymbol{B}$ 的匀强磁场中，并假设线圈的法线 $\boldsymbol{e}_n$ 与磁场方向成 α 角。根据安培定律，AD 边和 BC 边所受磁场力始终处于线圈平面内，它们大小相等、方向相反，并且在同一直线上，因而互相抵消。而 AB 边和 CD 边，由于电流的方向始终与磁场垂直，它们所受磁场力 $\boldsymbol{F}_2$ 和 $\boldsymbol{F}_4$ 的大小表示为

$$F_2=F_4=BIl_1$$

这两个力大小相等、方向相反但不在同一直线上，因而构成力偶，为线圈提供了力矩，如图 9-22(b)所示。此力矩的大小为

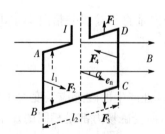

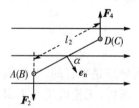

(a) 矩形平面线圈在匀强磁场中所受力矩　　(b) (a)的投影图

图 9-22 矩形平面线圈在匀强磁场中

$$M=F_{AB}\ \frac{1}{2}l_2\sin\alpha+F_{CD}\ \frac{1}{2}l_2\sin\alpha=F_{AB}l_2\sin\alpha=BIl_1l_2\sin\alpha=BIS\sin\alpha \tag{9-5-5}$$

式中，S 为线圈的面积，$S=l_1l_2$。

将载流线圈的磁矩 $\boldsymbol{m}=IS\boldsymbol{e}_n$ 代入(9-5-5)式，得

$$M = mB\sin\alpha \tag{9-5-6}$$

写成矢量形式为

$$\boldsymbol{M} = \boldsymbol{m}\times\boldsymbol{B} \tag{9-5-7}$$

上式表明：载流平面线圈在匀强磁场中所受力矩的大小正比于线圈的磁矩和磁场的磁感应强度，而力矩的方向可根据右手螺旋关系确定。(9-5-7)式虽然是从矩形平面线圈推得的，可以证明对于任意形状的平面线圈都适用，也适用于粒子的磁矩。

由(9-5-6)式可以看到：当 $\alpha=\pi/2$，即线圈平面与磁场方向平行时，线圈所受力矩最大，在此力矩作用下线圈将绕通过其中心并平行于 AD 边的轴转动；当 $\alpha=0$，即线圈平面与磁场垂直时力矩等于零，线圈达到稳定平衡位置；当 $\alpha=\pi$ 时，力矩也等于零，也是线圈的一个平衡位置，但这个位置并不是稳定的平衡位置，稍有扰动就会立即转到 $\alpha=0$ 的位置上去。

如果载流线圈处于非匀强磁场中，线圈除受力矩的作用外，还要受合力的作用，线圈作为一个整体将向磁场较强的地方运动。

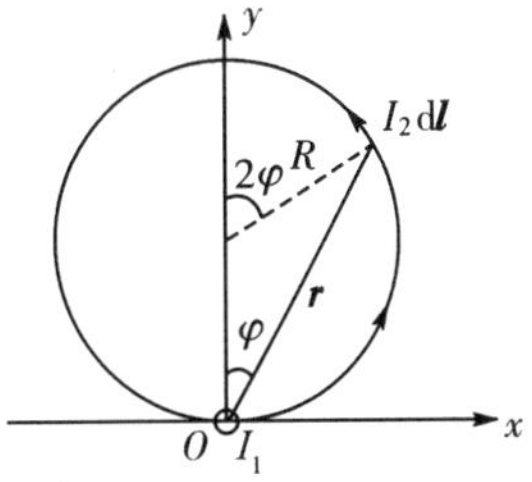

图 9-23　例题 9-6 图

【例题 9-6】 真空中有一电流为 I_1 的长直导线和电流为 I_2、半径为 R 的单匝线圈相切，初始时刻长直导线与线圈平面相垂直，如图 9-23 所示。试求圆线圈相对于过切点和圆心的竖直轴的力矩。

解： 建立如图 9-23 所示的坐标系。在圆线圈上相对于切点距离为 r 处取电流元 $I_1\mathrm{d}\boldsymbol{l}$，长直电流在此处产生的磁感应强度的大小为

$$B=\frac{\mu_0}{2\pi}\frac{I_1}{r}$$

其方向垂直于 $\boldsymbol{r}$，并处于 Oxy 平面内。

电流元 $I_2\mathrm{d}\boldsymbol{l}$ 所受的力表示为

$$\mathrm{d}\boldsymbol{F}=I_2\mathrm{d}\boldsymbol{l}\times\boldsymbol{B}=I_2\mathrm{d}lB\sin\varphi\boldsymbol{k}$$

式中，$\boldsymbol{k}$ 为沿 z 轴方向的单位矢量。

上式所表示的力对轴线的力矩的大小为

$$\mathrm{d}M=r\sin\varphi\mathrm{d}F=\frac{\mu_0I_1I_2}{2\pi}\sin^2\varphi\mathrm{d}l$$

力矩的方向沿 $-\boldsymbol{j}$ 方向，其中 $\mathrm{d}l=R\mathrm{d}(2\varphi)=2R\mathrm{d}\varphi$。

由于整个线圈所受力矩的方向都相同，所以线圈所受总力矩的大小为

$$M=\int\mathrm{d}M=\frac{\mu_0I_1I_2R}{\pi}\int_{-\frac{\pi}{2}}^{\frac{\pi}{2}}\sin^2\varphi\mathrm{d}\varphi=\frac{\mu_0I_1I_2R}{2}$$

线圈在该力矩的作用下将发生转动，转动方向为顺时针方向(俯视)，最后停止在与长直

电流共面的平衡位置上。

研究性课题：巴比轮演示仪的转轮是如何转起来的？

巴比轮演示仪由转轮和蹄形磁铁两部分组成。蹄形磁铁由两块永磁体吸在一个铁框上而构成。两个接线柱分别与转轮中心及边缘的弹片相连。当这两个接线柱连通直流电源时，转轮中心至弹片部分就成了载流导体。载流导体在磁场中受力，由于中心一端固定，因而受到一力矩作用而转动，如连续输入直流电压，则不停转动。

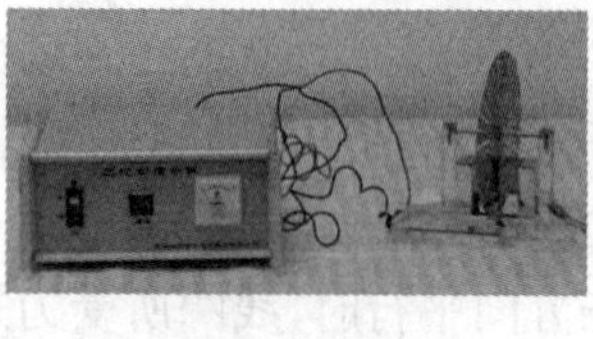

巴比轮演示仪

9.6 带电粒子在磁场中的运动

9.6.1 洛伦兹力和粒子的运动方程

在9.2节中曾用运动带电粒子在磁场中所受洛伦兹力定义磁感应强度。根据安培定律，电流元 $I\mathrm{d}\boldsymbol{l}$ 在磁感应强度为 $\boldsymbol{B}$ 的磁场中所受磁场力为：

$$\mathrm{d}\boldsymbol{F} = I\mathrm{d}\boldsymbol{l} \times \boldsymbol{B}$$

如果载流子的电量为 q，都以速度 $\boldsymbol{v}$ 作定向运动而提供电流 I。设导线的横截面积为 S，导体的单位体积内载流子的数密度为 n，则电流可以表示为

$$I = nqSv$$

电流元 $I\mathrm{d}\boldsymbol{l}$ 的方向就是载流子作定向运动的方向，也就是 $\boldsymbol{v}$ 的方向。于是电流元表示为

$$I\mathrm{d}\boldsymbol{l} = nqS\mathrm{d}l\boldsymbol{v} = Nq\boldsymbol{v}$$

式中，N 是电流元所包含的载流子的总数。

$$\mathrm{d}\boldsymbol{F} = Nq\boldsymbol{v} \times \boldsymbol{B}$$

单个载流子所受的力为

$$\boldsymbol{F}_m = \frac{\mathrm{d}\boldsymbol{F}}{N} = q\boldsymbol{v} \times \boldsymbol{B} \tag{9-6-1}$$

这就是洛伦兹力的表达式。

如果带电粒子同时还受到电场的作用，则它所受的力应表示为

$$\boldsymbol{F} = q(\boldsymbol{E} + \boldsymbol{v} \times \boldsymbol{B}) \tag{9-6-2}$$

这称为洛伦兹公式，是电磁现象中的基本规律之一。

由以上规律可以看到，洛伦兹力的方向总是与粒子的运动方向相垂直，所以对粒子不做功。也就是说，洛伦兹力不改变粒子运动速度的大小，而只改变速度的方向。

9.6.2　带电粒子在匀强磁场中的运动

在均匀磁场 $\boldsymbol{B}$ 中，质量为 m、电量为 q 的粒子以初速度 $\boldsymbol{v}_0$ 进入磁场，可分为三种情况讨论它的运动(忽略重力)。

(1) $\boldsymbol{v}_0 /\!/ \boldsymbol{B}$ 的情况

如图 9－24 所示，当 $\boldsymbol{v}_0 /\!/ \boldsymbol{B}$ 时，则 $\boldsymbol{v}_0$ 与 $\boldsymbol{B}$ 的夹角为 0 或 π，所以带电粒子所受的洛伦兹力为零，带电粒子仍然作匀速直线运动，不受磁场影响。

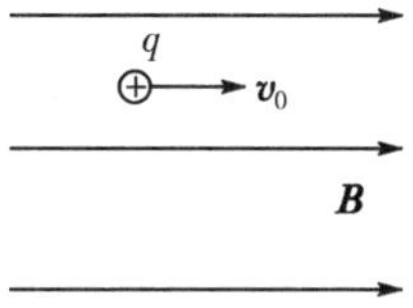

图 9－24　$\boldsymbol{v}_0 /\!/ \boldsymbol{B}$ 的情况

(2) $\boldsymbol{v}_0 \perp \boldsymbol{B}$ 的情形

如图 9－25 所示，当 $\boldsymbol{v}_0 \perp \boldsymbol{B}$ 时，这时粒子在垂直于磁场的平面内作匀速圆周运动，洛伦兹力提供向心力，于是有下列关系：

$$qv_0B = \frac{mv_0^2}{R}$$

式中，m 和 q 分别是粒子的质量和电量；R 是圆形轨道的半径。

由上式可以得出

$$R = \frac{mv_0}{qB} \tag{9-6-4}$$

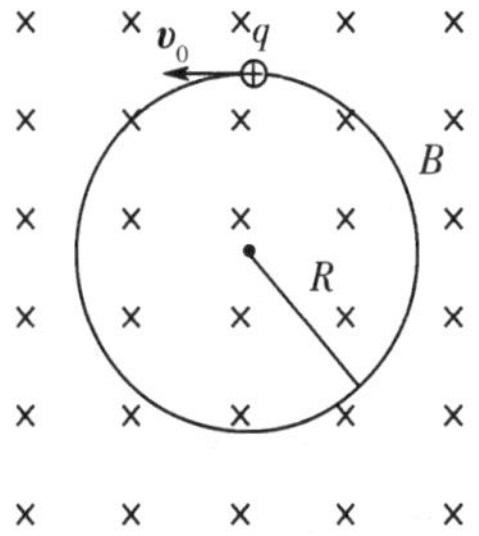

图 9－25　$\boldsymbol{v}_0 \perp \boldsymbol{B}$ 的情况

粒子运动的周期 T，即粒子运行一周所需要的时间为

$$T = \frac{2\pi R}{v_0} = \frac{2\pi m}{qB} \tag{9-6-5}$$

单位时间内粒子运行的圈数称为带电粒子的回旋频率，表示为

$$\nu = \frac{1}{T} = \frac{qB}{2\pi m} \tag{9-6-6}$$

以上关系表明：尽管速率大的粒子在大半径的圆周上运动，速率小的粒子在小半径的圆周上运动，但它们运行一周所需要的时间却都是相等的。这个重要结论也是回旋加速器的理论依据。

(3) $\boldsymbol{v}_0$ 与 $\boldsymbol{B}$ 间有任意夹角 α 的情况

一般情况下，$\boldsymbol{v}_0$ 与 $\boldsymbol{B}$ 间有夹角 α，将粒子的运动速度 $\boldsymbol{v}_0$ 分解为垂直于磁场的分量 $v_\perp$ 和平行于磁场的分量 $v_{/\!/}$(图 9－26)，它们分别为

$$v_\perp = v_0\sin\alpha, \quad v_{/\!/} = v_0\cos\alpha$$

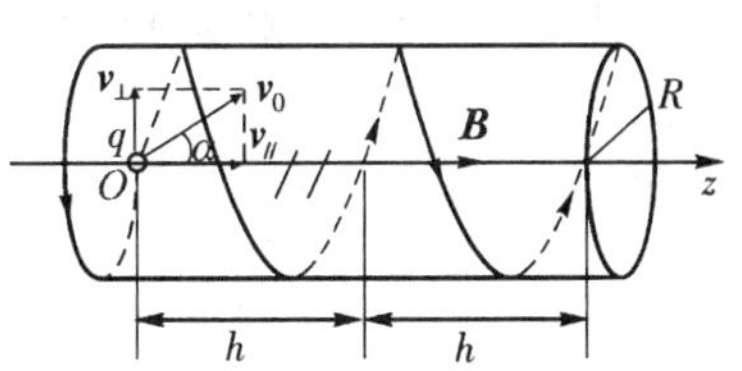

图 9－26　$\boldsymbol{v}_0$ 与 $\boldsymbol{B}$ 间有任意夹角 α 的情况

如果只有 $v_{/\!/}$ 分量，带电粒子将在垂直于磁场的平面内作圆周运动，其运动周期为

$$T=\frac{2\pi m}{qB}$$

如果只有 $v_{/\!/}$ 分量，带电粒子将沿 $\boldsymbol{B}$ 的方向作匀速直线运动。若这两个分量同时存在，粒子则沿磁场的方向作螺旋线运动。在一个周期 T 内粒子回旋一周，沿磁场方向移动的距离为

$$h=v_{/\!/}T=\frac{2\pi m v_{/\!/}}{qB} \qquad (9-6-7)$$

称为螺旋线的螺距。

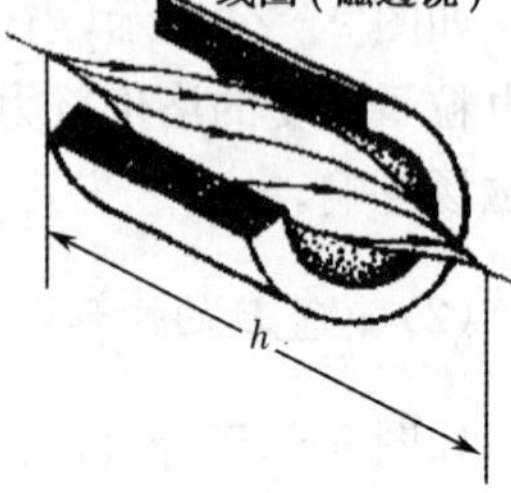

图 9－27　磁聚焦

上式表示螺旋线的螺距 h 与 $v_{\perp}$ 无关。无论带电粒子以多大速率进入磁场，也无论沿何种方向进入磁场，只要它们平行于磁场的速度分量 $v_{/\!/}$ 是相同的，它们运动轨迹的螺距就一定相等。如果它们是从同一点进入磁场，那么它们必定在沿磁场方向上与入射点相距螺距 h 整数倍的地方又会聚在一起。这与光束经透镜后聚焦的现象相类似——称为磁聚焦，如图 9－27 所示。电子显微镜中的磁透镜就是磁聚焦原理的应用。

9.6.3　带电粒子比荷的测定

粒子所带电量和质量是粒子的基本性质，要认识一个粒子必须首先确定它的电量与质量之比，称为比荷。下面简要介绍电子和一般离子比荷的测定方法。

(1) 电子比荷的测定

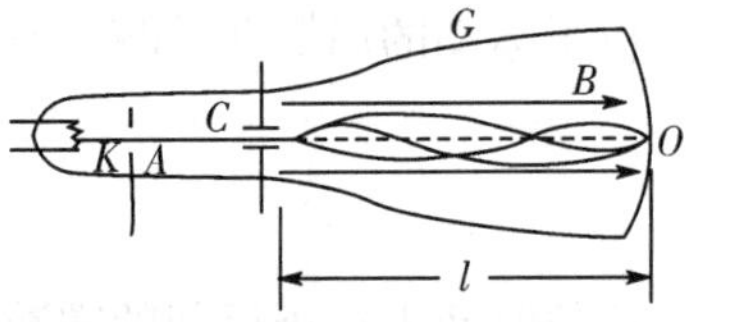

图 9－28　测定电子比荷的装置示意图

图 9－28 是一种用磁聚焦法测定电子比荷的装置的示意图，其中 G 是一个抽成真空的玻璃管，其右侧的端面是荧光屏。在与荧光屏相距 l 处是一个由两块平行金属板组成的偏向板 C，它与平行板电容器相似并有两个引至管外的电极，若与交变电源相接，两板之间会产生交变电场。安装在玻璃管左端的是阴极 K 和阳极 A（中间有一小孔），阴极 K 可通以电流加热而发射电子。将这个装置整个放置在长螺线管中部，使螺线管产生的匀强磁场与管的纵向轴线相平行。

由阴极发射的电子被阳极与阴极之间的电势差 dU 加速后并从阳极中间的小孔射出，形成很细的电子束。当偏向板未连接交变电源时，电子束则射在荧光屏的中心点 O。当偏向板接通交变电源后，经过偏向板电场的电子将随时间的不同，受到大小和方向不同的电场作用，并沿轴线方向产生不同程度地偏转，因而沿不同的螺旋线运动，荧光屏则出现一个较大的亮斑。如果调节磁感应强度 $\boldsymbol{B}$ 的大小，改变各螺旋线的螺距使之等于 l，那么电子将重新会聚于荧光屏的中心点 O。

根据上面的分析可以很容易地求得电子的比荷。电子从阳极小孔中射出时的动能为 $mv^2/2=e\Delta U$，由此可以求得电子的运动速率为

$$v=\sqrt{\frac{2e\Delta U}{m}}$$

螺距 h 等于 l,即

$$h = l = \frac{2\pi m v}{eB}$$

将上述两式消去 v,即可求得电子的比荷:

$$\frac{e}{m} = \frac{8\pi^2 \Delta U}{l^2 B^2} \tag{9-6-8}$$

将测得的 ΔU、B 和 l 代入(9－6－8)式,就可算出电子的比荷。当电子的速率远小于光速时,其比荷的绝对值为

$$e/m = 1.759 \times 10^{11}\ \mathrm{C \cdot kg^{-1}}$$

(2) 离子比荷的测定

测定离子比荷的仪器——质谱仪(图 9－29)。离子被狭缝 S_1 和 S_2 之间的电场加速后进入速度选择器 P。速度选择器 P 是由两块平行金属板组成的,与平行板电容器相似。两板之间施加电势差而产生电场 $\boldsymbol{E}$,方向从右至左。在两板之间还存在磁感应强度为 $\boldsymbol{B}_1$ 的磁场,方向为垂直于纸面向里。电量为 q 的正离子进入速度选择器后将受到方向相反的电场力 $\boldsymbol{F}_e$ 和磁场力 $\boldsymbol{F}_m$ 的作用,而只有速度为 $\boldsymbol{v}$ 的那些离子不偏不斜正好从狭缝 S_0 射出,因为 $\boldsymbol{v}$ 满足 $\boldsymbol{F}_e = \boldsymbol{F}_m$,即

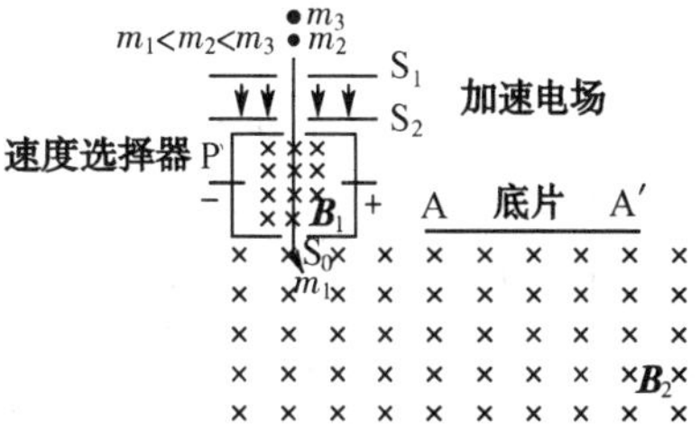

图 9－29　质谱仪

$$qE = q\boldsymbol{v}B_1$$

解得正离子的速率为

$$v = \frac{E}{B_1}$$

离子从狭缝 S_0 射出后进入另一个磁场,其磁感应强度为 $\boldsymbol{B}_2$。离子在该磁场的作用下将作圆周运动,向心力就是离子所受洛伦兹力,即

$$qvB_2 = m\frac{v^2}{R}$$

式中,m 为离子的质量;R 为轨道半径。

$$\frac{q}{m} = \frac{v}{RB_2} = \frac{E}{RB_1B_2} \tag{9-6-9}$$

离子在磁场中运行半周后落在照相底片 AA′上,由底片记录的离子位置可以测出半径 R,连同已知的 e、B_1 和 B_2 一起代入(9－6－9)式,即可得出离子的比荷。

如果在离子束中包含质量不同的同位素离子,那么不同质量的离子将落在照相底片的不同位置上,形成类似于光谱线那样的线条。根据谱线的条数可以确定同位素的种类,根据各条谱线的位置算出相应离子的质量。对于原子性离子,所得离子质量就是该同位素的原子量。

9.6.4 霍尔效应

若将一块宽度为 l、厚度为 h 的导体平板放于磁感应强度为 $\boldsymbol{B}$ 的匀强磁场中，并使磁场方向与板面相垂直，如图 9-30 所示。假定在这块导体板中载流子是电量为 q 的正电荷。当导体中通过电流 I 时，导体平板中的载流子将沿图 9-30 中所示方向以速度 $\boldsymbol{v}$ 运动。显然，$\boldsymbol{I}$ 与 $\boldsymbol{v}$ 之间的关系可以表示为

$$\boldsymbol{I} = jlh = nq\boldsymbol{v}lh \tag{9-6-10}$$

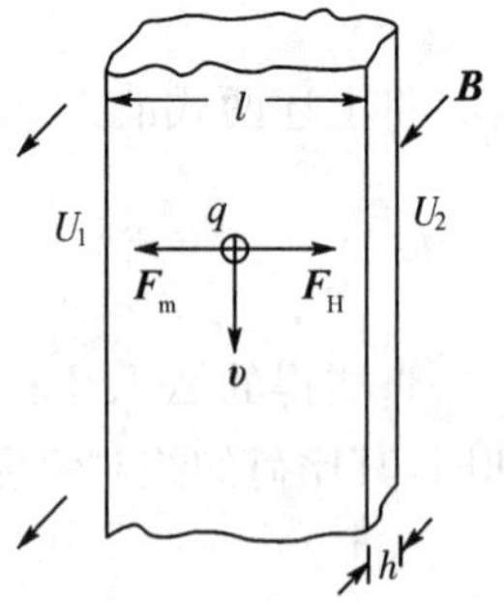

图 9-30 霍尔效应示意图

式中，n 为导体中载流子的浓度。

载流子在磁场中运动，将受到洛伦兹力 $\boldsymbol{F}_m$ 的作用，其大小为

$$F_m = qvB,$$

$\boldsymbol{F}_m$ 的方向自右向左（图 9-30），载流子将向导体平板的左侧聚集，这就使导体平板左、右两侧出现电势差。

当电流沿垂直于外磁场的方向流过导体时，在垂直于电流和磁场方向的导体两侧将出现电势差的现象称为霍尔效应，相应的电势差称为霍尔电势差。由于霍尔电势差的出现，则在导体中出现相应的电场称为霍尔电场，用 $\boldsymbol{E}_H$ 表示，其方向自左向右（图 9-30）。霍尔电场与霍尔电势差之间的关系为

$$E_H = \frac{U_1 - U_2}{l}$$

载流子在霍尔电场中运动，将受到电场力 $\boldsymbol{F}_H$ 的作用，$\boldsymbol{F}_H$ 的大小为

$$F_H = qE_H = q\frac{U_1 - U_2}{l}$$

载流子在两个方向相反力的作用下最终将达到平衡，这时应有

$$F_m = F_H$$

即

$$qvB = q\frac{U_1 - U_2}{l}$$

整理后得

$$U_1 - U_2 = vBl$$

由(9-6-10)式解出 v，代入上式可得

$$U_1 - U_2 = \frac{1}{nq}\frac{IB}{h} \tag{9-6-11}$$

令

$$K_H = \frac{1}{nq} \tag{9-6-12}$$

式中，K_H称为霍尔系数。霍尔系数与载流子的浓度和它所带电量的乘积成反比。

霍尔电势差表示为

$$U_1 - U_2 = K_H \frac{IB}{h} \tag{9-6-13}$$

(9-6-13)式表示，霍尔电势差$U_1 - U_2$与导体板上的电流 I 和磁感应强度 $\boldsymbol{B}$ 的大小的乘积成正比，与导体板厚度 h 成反比，比例系数就是霍尔系数 K_H。

9.7　磁介质的磁化

9.7.1　物质磁性的概述

凡是处于磁场中能够对磁场发生影响的物质都属于磁介质。实验表明：一切由原子、分子构成的物质都能够对磁场发生影响，因此都属于磁介质。

构成物质的原子中每一个电子同时参与了两种运动：一种是绕核的轨道运动；一种是自旋。这两种运动都分别对应一定的磁矩，前者对应的是轨道磁矩，后者对应的是自旋磁矩。整个原子的磁矩是物质所包含的所有电子轨道磁矩和自旋磁矩的矢量和。不同物质的原子包含的电子数目不同，电子所处的状态不同，其轨道磁矩和自旋磁矩合成的结果也不同。所以，有些物质的原子磁矩大些，有些物质的原子磁矩小些，还有些物质的原子磁矩恰好为零。另外，有些物质的原子磁矩虽不为零，但多个原子合成一个分子时合成的结果使分子磁矩等于零。

分子磁矩不为零的物质，其分子磁矩可以看作为由一个等效的圆电流所提供的，这个圆电流称为分子电流。但是由于分子热运动，物质中各分子磁矩杂乱取向，导致任何宏观体积元内的分子磁矩的矢量和都等于零，所以宏观上不显磁性。当受到外磁场作用时，分子磁矩将在一定程度上沿外磁场方向排列，任何宏观体元内所有分子磁矩的矢量和不再为零，并且外磁场越强，分子磁矩排列的有序程度越高，相同体积内分子磁矩的矢量和也越大。而分子热运动是会破坏分子磁矩的有序排列的，一旦撤除外磁场，分子磁矩立即回到无序状态，这种磁性称为顺磁性。具有顺磁性的物质称为顺磁质，如锰、铬、铂、氮和氧等都属于顺磁质。

在分子磁矩不为零的物质中，另一种具有强烈磁性的物质称为铁磁质，如铁、钴、镍及其它们的合金，稀土-钴合金、钕-铁-硼以及各种铁氧体等都属于此类。这种物质的磁性显然也来源于其原子的磁性。与顺磁质不同的是，在铁磁质中相邻原子磁矩之间存在一种特殊的相互作用称为交换作用，使相邻原子的磁矩自发地平行排列起来，抵御分子热运动的破坏作用。也正是由于交换作用的存在，使得铁磁质具有一系列不同于顺磁质的性质。

分子磁矩为零的物质是否就没有任何磁性呢？不是的，它们仍然表现出一定的磁性。这种磁性来源于原子中电子在外磁场的作用下所产生的附加运动(即进动)，该附加运动等效为某一圆电流并对应一定的磁矩。可见，尽管这种物质分子的固有磁矩为零，但在外磁场的作用下却出现了感生磁矩。不过，由于电子带负电，这种磁矩的方向总是与外磁场的方向相反，所以称为抗磁性。具有抗磁性的物质称为抗磁质，如汞、铜、铋、银和氢等都属于此类。

对于上述各种磁介质，在一定温度和一定外磁场下都将表现出一定的宏观磁性，这就是磁化现象。这种宏观磁性可用磁化强度矢量来表征。磁介质的磁化强度定义(用 $\boldsymbol{M}$ 表示)为单位体积内分子磁矩的矢量和,则该定义可写为

$$\boldsymbol{M}=\frac{\sum \boldsymbol{m}}{\Delta\tau} \tag{9-7-1}$$

式中,$\sum \boldsymbol{m}$ 是体积 $\Delta\tau$ 内的分子磁矩或分子感生磁矩的矢量和。

如果磁介质中各处的磁化强度的大小和方向都一致,称为均匀磁化。这里主要讨论均匀磁化的情形。

9.7.2 磁介质中的磁场

将长直的圆柱状磁介质充满在一长直螺线管中,使磁介质在螺线管产生的磁场 $\boldsymbol{B}_0$ 作用下沿轴线方向磁化(磁化强度为 $\boldsymbol{M}$),如图 9-31(a)所示。在磁介质内任意一点上总有成对方向相反的分子电流通过,效果互相抵消,并在磁介质边缘形成大的环形电流,如图 9-31(b)所示。这种由于磁化而在磁介质表面出现的电流称为磁化电流。对于顺磁质,磁化电流的方向与螺线管中的传导电流的方向相同;而对于抗磁质,磁化电流的方向与螺线管中的传导电流的方向相反。

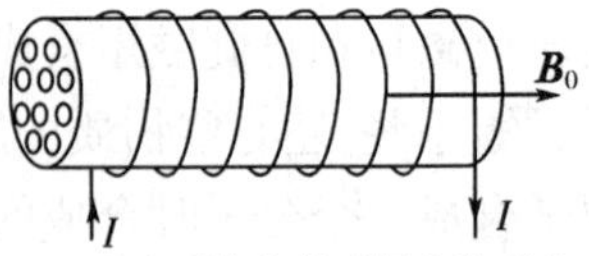

(a) 磁介质棒在外磁场中的磁化

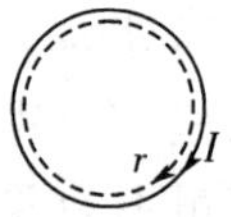

(b) 沿截面边缘等效的环形电流

图 9-31 磁介质磁化

于是,在磁化的磁介质内任意点的磁感应强度 $\boldsymbol{B}$ 应等于该点的外磁场 $\boldsymbol{B}_0$ 与磁介质的磁化电流在该点产生的附加磁场的磁感应强度 $\boldsymbol{B}'$ 的矢量和,即

$$\boldsymbol{B}=\boldsymbol{B}_0+\boldsymbol{B}' \tag{9-7-2}$$

显然,对于顺磁质,$\boldsymbol{B}'$ 与 $\boldsymbol{B}_0$ 方向相同,因而 $B>B_0$;对于抗磁质,$\boldsymbol{B}'$ 与 $\boldsymbol{B}_0$ 方向相反,因而 $B<B_0$。

如果上述长直圆柱状磁介质的长度为 l,横截面积为 S,磁化后介质表面单位长度的磁化电流为 i'(表面的总磁化电流为 $I'=i'l$)。根据(9-7-1)式,则磁介质的总磁矩的大小表示为

$$\left|\sum \boldsymbol{m}\right|=I'S=i'lS$$

由此得到磁介质的磁化强度的大小为

$$M=\frac{\left|\sum \boldsymbol{m}\right|}{lS}=\frac{i'lS}{lS}=i' \tag{9-7-3}$$

根据上述分析,可以把因磁化而在其内部产生的附加磁场 $\boldsymbol{B}'$ 看作是由单位长度上电流为 i' 的长直螺线管在其内部产生的磁场。因此,附加磁场可以表示为

$$B'=\mu_0 i'=\mu_0 M。$$

因为对于任何磁介质，$\boldsymbol{B}'$ 的方向总是与 $\boldsymbol{M}$ 的方向一致，所以可以将上式写为矢量形式，即

$$\boldsymbol{B}' = \mu_0 \boldsymbol{M} \tag{9-7-4}$$

将(9-7-4)式代入(9-7-2)式，就得到处于螺线管内部被均匀磁化的磁介质中任意一点的磁感应强度

$$\boldsymbol{B} = \boldsymbol{B}_0 + \mu_0 \boldsymbol{M} \tag{9-7-5}$$

式中，$\boldsymbol{B}_0$ 可根据螺线管中通过的传导电流 I_0 和螺线管的绕组密度 n 求得。

9.7.3　磁化强度与磁化电流的关系

介质磁化后磁化强度 $\boldsymbol{M}$ 不再等于零，同时介质的表面出现磁化电流。显然，磁化强度 $\boldsymbol{M}$ 和磁化电流 I' 是同一物理现象的不同表现，正像电介质极化后出现的极化强度 $\boldsymbol{P}$ 和极化电荷 q' 是同一物理现象的不同表现一样。所以，磁化强度 $\boldsymbol{M}$ 和磁化电流 I' 之间也必定存在一定关系。

设磁化的磁介质内每个分子都具有相同的分子电流 i，分子电流所包围的面积都是 s，并且每个分子的磁矩 $\boldsymbol{m} = i\boldsymbol{s}$ 都平行排列，因而介质的磁化强度为

$$\boldsymbol{M} = n\boldsymbol{m} = ni\boldsymbol{s} \tag{9-7-6}$$

在此，磁介质内画一任意闭合环路 L，为了计算环路 L 包围了多少个分子电流，首先应对“环路包围电流”给一个明确的定义。如果电流与以环路 L 为边界的任意一曲面有奇数个交点(如图 9-32 中的分子电流 A)，则认为环路 L 包围此电流；如果电流与以环路 L 为边界的任意一曲面有偶数个交点(如图 9-32 中的分子电流 B)，则认为环路 L 不包围此电流。这个定义既适用于恒定情形，也适用于非恒定情形。然而要计算环路 L 包围的分子电流的数目，还必须以 L 为边界任作一曲面 S，如图 9-32 中的虚线所示。显然，与曲面 S 有奇数个交点的分子电流只能是那些被环路 L 从中穿过的分子电流，这些分子电流与环路 L 互相套连在一起。

现在计算环路 L 所包围的分子电流的总量。在 L 上取线元 $\mathrm{d}\boldsymbol{l}$，以 $\mathrm{d}\boldsymbol{l}$ 为轴、以分子电流所包围的面积 S 为底作一小柱体，如果底面 A 的法向单位矢量 $\boldsymbol{e}_n$ 与 $\mathrm{d}\boldsymbol{l}$ 的夹角为 θ，则此小柱体的体积为

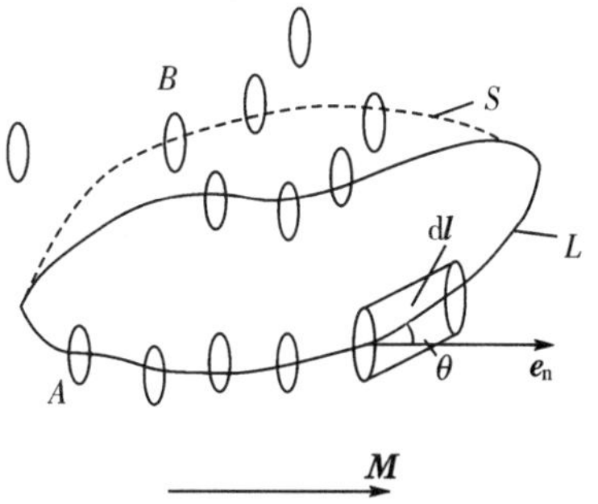

图 9-32　环路包围电流定义用图

$$\mathrm{d}\tau = S\cos\theta \mathrm{d}l = \boldsymbol{S} \cdot \mathrm{d}\boldsymbol{l}$$

凡是中心落在 $\mathrm{d}\tau$ 内的分子电流都必定被 $\mathrm{d}\boldsymbol{l}$ 所穿过，也必然被环路 L 所包围。这样的分子电流的数目是

$$n\mathrm{d}\tau = n\boldsymbol{S} \cdot \mathrm{d}\boldsymbol{l}$$

式中，n 是该磁介质单位体积内的分子数。

每一个分子电流所贡献的电流是 i，这些数目的分子电流所贡献的电流则为

$$ni\,\mathrm{d}t = ni\boldsymbol{S}\times\mathrm{d}\boldsymbol{l} = \boldsymbol{M}\times\mathrm{d}\boldsymbol{l} \tag{9-7-7}$$

这是被 $\mathrm{d}\boldsymbol{l}$ 穿过的分子电流。环路 L 穿过的所有分子电流就是 L 所包围的分子电流总量，也就是 L 所包围的磁化电流的总量 $\sum I'$，应等于对(9-7-7)式沿环路 L 积分，即

$$\oint_{(L)}\boldsymbol{M}\cdot\mathrm{d}\boldsymbol{l} = \sum_{L_{in}} I' \tag{9-7-8}$$

这就是磁化强度 $\boldsymbol{M}$ 与磁化电流 I' 之间的普遍关系。

将磁化强度 $\boldsymbol{M}$ 与磁化电流 I' 之间的普遍关系，即(9-7-8)式运用于已被磁化的介质表面，就可以得到磁化强度与介质表面磁化电流的关系。为此，在磁化强度为 $\boldsymbol{M}$ 的介质表面取一矩形环路 $abcda$，使两长边 bc 和 da 分别处于介质的外部和内部，都与表面相平行并与磁化电流相垂直，长度为 Δl，两短边 ab 和 cd 都与表面相垂直，其长度比 Δl 小得多，如图 9-33 所示。如果介质表面单位长度的磁化电流(即面磁化电流密度)为 i'，则有

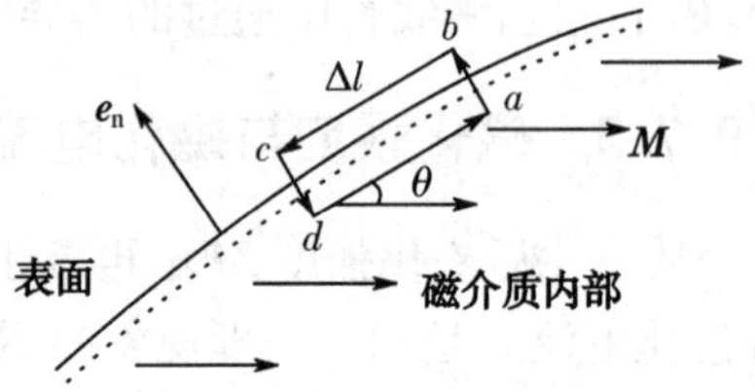

图 9-33 磁化强度与表面磁化电流的关系

$$\oint_{(L)}\boldsymbol{M}\cdot\mathrm{d}\boldsymbol{l} = \int_{da}\boldsymbol{M}\cdot\mathrm{d}\boldsymbol{l} + \int_{ab}\boldsymbol{M}\cdot\mathrm{d}\boldsymbol{l} + \int_{bc}\boldsymbol{M}\cdot\mathrm{d}\boldsymbol{l} + \int_{cd}\boldsymbol{M}\cdot\mathrm{d}\boldsymbol{l} = i'\Delta l$$

在上面的积分式中，沿矩形短边的积分可以忽略，在介质外部的积分等于零，所以只剩下沿长边 da 积分这一项，于是上式可变为

$$\int_{da}\boldsymbol{M}\cdot\mathrm{d}\boldsymbol{l} = i'\Delta l$$

如果磁化强度 $\boldsymbol{M}$ 与 da 的夹角为 θ，则积分可以算出

$$M\Delta l\cos\theta = M_t\Delta l = i'\Delta l$$

式中，M_t 是磁化强度 $\boldsymbol{M}$ 沿介质表面的切向分量，$M_t = M\cos\theta$。

于是得到一个重要关系

$$M_t = i' \tag{9-7-9}$$

或者写为

$$|\boldsymbol{M}\times\boldsymbol{e}_n| = i' \tag{9-7-10}$$

此式表明，介质表面磁化电流密度只决定于磁化强度沿该表面的切向分量，而与法向分量无关。或者说，磁介质的表面磁化电流密度只存在于介质表面附近磁化强度有切向分量处。

9.7.4 有磁介质存在时的安培环路定理

真空中的安培环路定理表示为

$$\oint_{(L)}\boldsymbol{B}_0\cdot\mathrm{d}\boldsymbol{l} = \mu_0\sum_i I_{0i} \tag{9-7-11}$$

当有磁介质存在时，被环路 L 包围的电流中不仅有传导电流 $\sum_i I_{0i}$，而且还可能有磁化电流 $\sum_i I'_i$，所以实际磁场 $\boldsymbol{B}$ 的环路积分应该写作

$$\oint_{(L)} \boldsymbol{B} \cdot \mathrm{d}\boldsymbol{l} = \mu_0 \left(\sum_i I_{0i} + \sum_i I'_0 \right) \tag{9-7-12}$$

将(9－7－8)式代入(9－7－12)式，整理后得

$$\oint_{(L)} \left(\frac{\boldsymbol{B}}{\mu_0} - \boldsymbol{M} \right) \cdot \mathrm{d}\boldsymbol{l} = \sum_i I_{0i} \tag{9-7-13}$$

引入辅助物理量 $\boldsymbol{H}$——磁场强度矢量，即

$$\boldsymbol{H} = \frac{\boldsymbol{B}}{\mu_0} - \boldsymbol{M} \tag{9-7-14}$$

于是，(9－7－13)式可写成

$$\oint_{(L)} \boldsymbol{H} \cdot \mathrm{d}\boldsymbol{l} = \sum_i I_{0i} \tag{9-7-15}$$

$$\oint_{(L)} \boldsymbol{H} \cdot \mathrm{d}\boldsymbol{l} = \iint_{(S)} \boldsymbol{j}_0 \cdot \mathrm{d}\boldsymbol{S} \tag{9-7-16}$$

式中，$\boldsymbol{j}_0$ 为传导电流密度；S 为以 L 为边界的曲面。

(9－7－16)式称为有磁介质存在时的安培环路定理，是安培环路定理的普遍形式。

对于各向同性的顺磁质和抗磁质，存在下面的关系

$$\boldsymbol{M} = \chi_{\mathrm{m}} \boldsymbol{H} \tag{9-7-17}$$

式中，χ_{m} 为磁介质的磁化率。

(9－7－17)式表示：对于各向同性的顺磁质和抗磁质，磁化强度与磁场强度成正比。

将(9－7－17)式代入(9－7－14)式，可得

$$\boldsymbol{B} = \mu_0 (1 + \chi_{\mathrm{m}}) \boldsymbol{H} \tag{9-7-18}$$

定义

$$\mu_{\mathrm{r}} = 1 + \chi_{\mathrm{m}} \tag{9-7-19}$$

称为磁介质的相对磁导率。于是

$$\boldsymbol{B} = \mu_0 \mu_{\mathrm{r}} \boldsymbol{H} = \mu \boldsymbol{H} \tag{9-7-20}$$

式中，μ 为磁介质的绝对磁导率，$\mu = \mu_0 \mu_r$。

对于顺磁质，$\chi_{\mathrm{m}} > 0$，$\mu_{\mathrm{r}} > 1$；对于抗磁质，$\chi_{\mathrm{m}} < 0$，$\mu_{\mathrm{r}} < 1$；对于铁磁质，χ_{m} 和 μ_{r} 数值都很大，不仅与 $\boldsymbol{H}$ 有关，而且都是 $\boldsymbol{H}$ 的非单值函数。真空中，$\chi_{\mathrm{m}} = 0$，$\mu_{\mathrm{r}} = 1$，所以 $\mu = \mu_0$，于是

$$\boldsymbol{B} = \mu_0 \boldsymbol{H} \tag{9-7-21}$$

在国际单位制中,磁场强度和磁化强度的单位都是 A·m^{-1}(安培/米)。

【例题 9-7】 如图 9-34 所示,在一磁介质环上均匀绕着线圈,磁介质的磁导率 $\mu_r = 1\,000$,平均单位长度上线圈的匝数为 $n = 500\ \mathrm{m}^{-1}$,若线圈中通以电流 $I = 2.0\ \mathrm{A}$。求磁介质环内的磁场强度 $\boldsymbol{H}$,磁感应强度 $\boldsymbol{B}$ 和磁化强度 $\boldsymbol{M}$ 的大小。

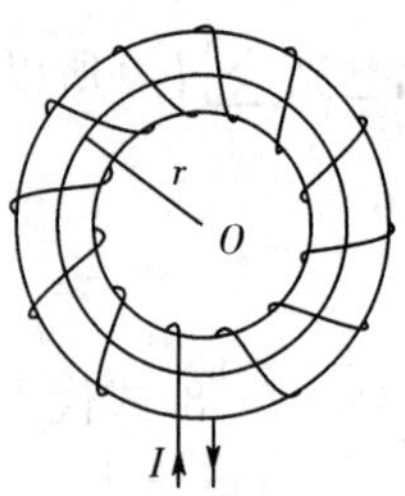

图 9-34 例题 9-7 图

解: 利用安培环路定理,可以求得磁介质内的磁场强度 $\boldsymbol{H}$

$$\oint_{(L)} \boldsymbol{H} \cdot \mathrm{d}\boldsymbol{l} = \sum I$$

取介质环的平均周长(半径为 r)为积分路径,得

$$2\pi r H = 2\pi r n I$$

故介质环内的磁场强度为

$$H = nI = 500 \times 2.0\ \mathrm{A \cdot m^{-1}} = 1.0 \times 10^3\ \mathrm{A \cdot m^{-1}}$$

根据(9-7-20)式,求得介质环内的磁感应强度

$$B = \mu_0 \mu_r H = 4\pi \times 10^{-7} \times 10^3 \times 1.0 \times 10^3 = 1.2\ \mathrm{T}$$

由(9-7-14)式求得介质环内的磁化强度

$$M = \frac{B - \mu_0 H}{\mu_0} = \frac{4\pi \times 10^{-1} - 4\pi \times 10^{-7} \times 10^3}{4\pi \times 10^{-7}} = 10^6\ \mathrm{A \cdot m^{-1}}$$

9.8 铁磁质

抗磁性又称逆磁性,具有这种性质的物质称为抗磁质或逆磁质。当抗磁质处于外磁场中,其磁化强度的方向与外磁场的方向始终相反,磁化率 χ_m 为负值,相对磁导率 μ_r 小于 1。抗磁性是作轨道运动的核外电子在外磁场中受到磁场力作用而产生的一种附加磁性,也就是说,当没有外磁场时这种磁性并不存在。对于顺磁质,每个分子都具有一定的磁矩,在外磁场作用下才表现出宏观磁性,磁化率 χ_m 为正值,相对磁导率 μ_r 大于 1,而铁磁质具有比这两种磁介质强烈得多的磁性,磁导率和磁化率都相当高,并且还具有一系列其他磁介质所没有的性质。所以这类材料在工农业生产、科学研究、通讯、广播电视、计算机技术、空间技术和军事技术中都有广泛应用。在元素周期表中,过渡族中的铁、钴和镍,稀土族中的镝、钆等都属于铁磁质,而常用的铁磁质多是它们的合金(如铁碳、铁硅、铁铝、铁镍、铝镍钴、钴镍、钐钴、钇钴和钕铁硼等)、铁氧体(如锰铁氧体、镁铁氧体、钡铁氧体和钇铁氧体等)以及氧化物(如二氧化铬、γ-三氧化二铁等)。

9.8.1 自发磁化强度

顺磁质只有在外磁场作用下才表现出宏观磁性,不具有自发磁化的性质。这是因为顺磁质虽然每个分子都具有一定的磁矩,但由于热运动使分子磁矩混乱取向,致使任何宏观体积内分子磁矩的矢量和为零。在外磁场的作用下分子磁矩在一定程度上沿外磁场取向，才表现出一定的磁化强度。对于铁磁质，单个原子的磁性与顺磁质没有根本差别，都是来源于原子中电子的轨道磁矩和自旋磁矩。但当原子或离子按一定的周期性和对称性构成晶体时，与顺磁性的差别才表现出来。其主要差别：在铁磁体中相邻的两个原子之间存在着交换作用致使它们的磁矩平行排列，在一定温度以下热运动不足以破坏这种有序性。而对于顺磁质，相邻原子不存在交换作用，磁矩是混乱取向的，要使原子磁矩平行排列必须依靠外磁场的作用。所以，物质的铁磁性不仅是原子或离子磁性的反映，更是铁磁体中相邻原子或离子之间相互作用的反映。

正是由于交换作用的存在，铁磁体内部一定范围的原子或离子磁矩都是平行排列的，因而在没有外磁场作用的情况下，宏观体积内已具有一定的磁化强度，称为铁磁质的自发磁化强度。不同的铁磁质具有不同的自发磁化强度。

9.8.2　居里温度

热运动对于由交换作用引起的原子或离子磁矩的平行排列总是起破坏作用，特别是温度较高时。在强烈的热运动能量与原子或离子磁矩之间的交换作用能量相比拟的情况下，铁磁质的磁性将会发生明显变化。具体地说，当温度超过某一临界温度时，交换作用不足以克服热运动的作用，铁磁质的自发磁化强度将消失，这个临界温度称为铁磁质的居里温度或居里点，如铁的居里温度是 770 ℃，铁硅合金的居里温度是 690 ℃等。当铁磁质处于居里温度以上时，铁磁性转变为顺磁性。

9.8.3　铁磁体内的磁畴结构

既然铁磁质内相邻原子或离子的磁矩都是平行排列的，那么大块铁磁体在没有外磁场作用时为什么并不显示磁性呢？当外磁场很小或为零时，铁磁体的磁化强度为什么不能达到饱和值？假如拿一个铁钉去靠近铁屑，观察不到铁钉吸引铁屑，如何解释这种现象呢？实验观察表明：铁磁体在无外磁场作用时自发地分裂为很多小区域，这些小区域称为磁畴。每一个小区域内原子或离子磁矩都是平行排列的，而各个小区域之间磁化强度的取向是不同的，如图 9－35 中的箭头所示。因而，整个铁磁体对外不显示磁性，未被磁化的铁钉就属于这种情形。

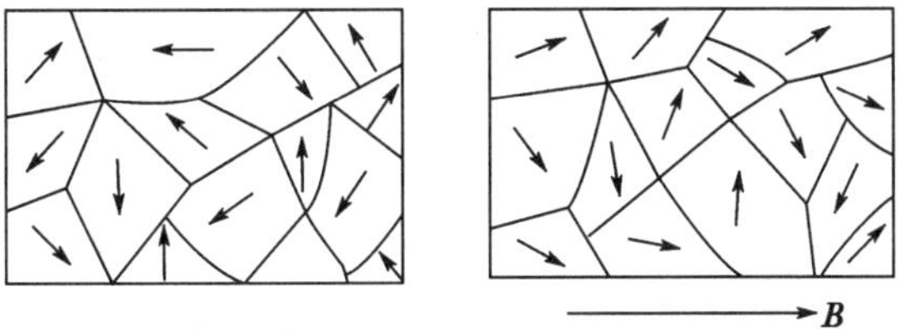

(a) 无外磁场作用　　(b) 有外磁场作用

图 9－35　磁畴结构

当铁磁体受到外磁场作用时，将通过两种途径实现磁化：1）在磁场较低时，与外磁场方向相同或相近的那些磁畴的体积将增大，与外磁场方向相反或夹角接近 180°的那些磁畴的体积将缩小；2）在磁场较高时，每个磁畴将作为一个整体转到外磁场方向。如果磁化达到饱和后再将外磁场撤除，铁磁体将重新分裂为很多个磁畴，但是每个磁畴的状况和磁化强度的取向并不恢复到原先没加外磁场的情形，这就使铁磁质的磁化过程表现出不可逆性。

9.8.4 磁滞现象

当无外磁场作用($H=0$)时，如果整个铁磁体对外不显示磁性即$M=0$，这时铁磁体所处的状态称为退磁状态。在以M为纵坐标、H为横坐标的坐标系中，退磁状态由坐标原点O表示，如图9-36所示。

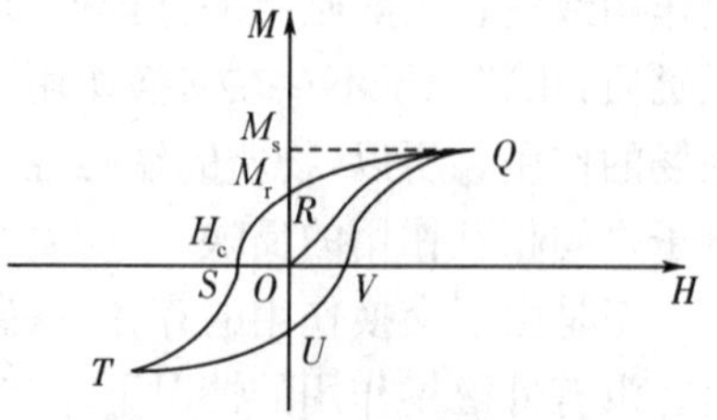

图9-36 磁滞回线

逐渐增大磁场H，铁磁体的状态沿OQ变化。当状态达到Q，若继续增大磁场H，磁化强度M不再有明显变化，Q点所对应磁化强度称为饱和磁化强度，常用M_s表示。曲线OQ称为基本磁化曲线，这条曲线通常不是直线。因此，铁磁体的磁化率χ_m不是常量，而是磁场强度H的函数。磁导率$\mu=\mu_0(1+\chi_m)$也是磁场强度H的函数。处于Q状态的铁磁体，随着外磁场的减小，状态并不是沿原来的路径QO变化而是沿QR变化。当磁场H降至零时，铁磁体不再回到退磁状态O而是达到R，这时铁磁体所具有的磁化强度称为剩余磁化强度，常用M_r表示。此后，若对铁磁体施加一反向磁场并逐渐加大磁场强度，铁磁体的磁状态将沿曲线RS变化。S所对应的磁场强度是使铁磁体剩余磁化强度全部消失时所必须施加的反向磁场称为矫顽力，常用H_c表示。若继续增大反向磁场，铁磁体的磁状态将沿曲线ST变化，并在T达到反向磁化饱和，其磁化强度为$-M_s$。若减小反向磁场，状态将沿曲线TU变化，U所对应的状态是反向剩磁状态，磁化强度为$-M_r$。若在此状态施加正向磁场并逐渐增大磁场强度，则铁磁体的磁状态将沿曲线UVQ变化达到Q，又重新磁化饱和。这样，随着磁场强度的变化，铁磁体的磁状态沿着一闭合曲线$QRSTUVQ$变化，此闭合曲线就称为磁滞回线。显然，对于参量B与H之间的关系也表现为类似的闭合曲线。铁磁体磁化过程的这种不可逆性称为磁滞现象。这是铁磁质与其他磁介质的又一不同性质。

不同铁磁材料具有不同形状的磁滞回线，如图9-37所示。

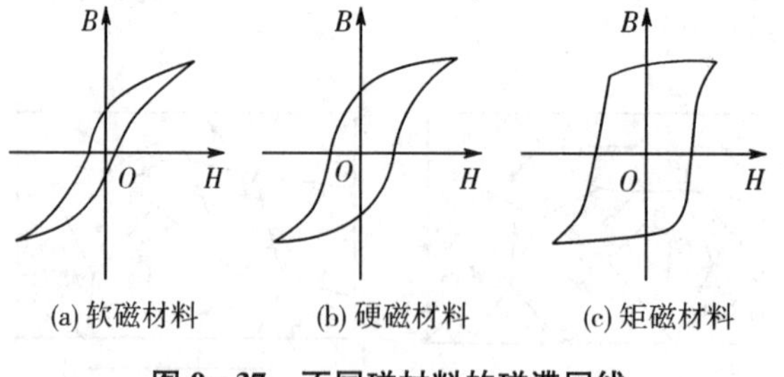

(a) 软磁材料 (b) 硬磁材料 (c) 矩磁材料

图9-37 不同磁材料的磁滞回线

在交变磁场下使用的铁磁材料必须具有很小的矫顽力H_c，其磁滞回线形状狭窄。这类铁磁质称为软磁材料(图9-37(a))，如硅钢、坡莫合金(一种铁镍合金)、锰锌铁氧体和镍锌铁氧体等。

作永磁体使用的材料必须具有较大的矫顽力H_c，其磁滞回线形状宽大。这类铁磁质称为硬磁材料(图9-37(b))，如碳钢、铝镍钴、稀土钴、钕铁硼和钡铁氧体等。

作记忆元件使用的铁磁材料，如计算机内的硬盘和软盘，录音、录像磁带等，要求材料具有矩形磁滞回线。这类铁磁质称为矩磁材料(图 9-37(c))，如涂敷于片基上的γ-三氧化二铁或二氧化铬粉层、坡莫合金薄膜和锂锰铁氧体等。

在微波波段使用的铁磁材料称为微波磁材料，不仅要求其磁滞回线狭小，而且还必须具有很高的电阻率，镍锌铁氧体和钇铁氧体属于此类。

思　考　题

9-1　电流是电荷的流动，在电流密度 $\boldsymbol{j}\neq 0$ 的地方电荷的体密度 ρ_e 是否可能等于 0?

9-2　地磁场的主要分量是从南到北的，还是从北到南的?

9-3　说出一些有关电流元 $I\mathrm{d}\boldsymbol{l}$ 激发磁场 $\mathrm{d}\boldsymbol{B}$ 与电荷元 $\mathrm{d}q$ 激发磁场 $\mathrm{d}\boldsymbol{E}$ 有的异同。

9-4　试探电流元 $I\mathrm{d}\boldsymbol{l}$ 在磁场中某处沿直角坐标系的 x 轴方向放置时不受力，把这电流元转到 $+y$ 轴方向时受到的力沿 $-z$ 轴的方向，此处的磁感应强度 $\boldsymbol{B}$ 指向何方?

9-5　在下面三种情况下，能否用安培环路定律来求磁感应强度? 为什么?

(1) 有限长载流直导线产生的磁场；

(2) 圆电流产生的磁场；

(3) 两无限长同轴载流圆柱面之间的磁场。

9-6　气泡室是借助于小气泡以显示在室内通过的带电粒子径迹的装置。如图所示，按气泡室中所摄照片的描绘图，磁感应强度 $\boldsymbol{B}$ 的方向垂直纸平面向外。在照片的点 P 处有两条曲线，试判断哪一条径迹是电子形成的? 哪一条是正电子形成的?

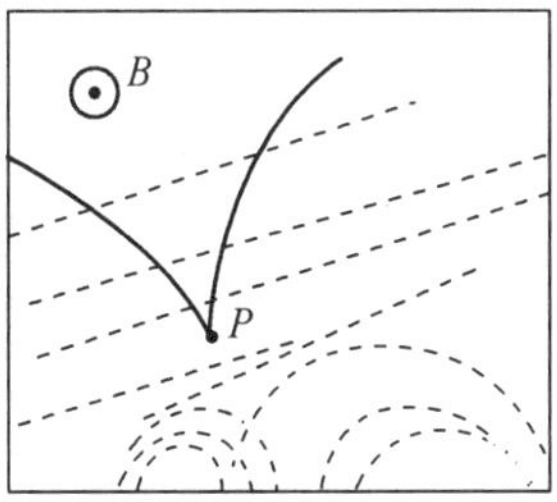

思考题 9-6 图

9-7　一有限长的载流直导线在均匀磁场中沿着磁感应线移动，磁场力对它是否总是做功? 什么情况下磁场力做功? 什么情况下磁场力不做功?

9-8　试说明 $\boldsymbol{B}$ 与 $\boldsymbol{H}$ 的联系和区别。

9-9　在工厂里搬运烧到赤红的钢锭，为什么不能用电磁铁的起重机。

习　　题

9-1　空间某点的磁感应强度 $\boldsymbol{B}$ 的方向一般可以用下列几种办法判断，其中哪个是错误的?　(　　)

(A) 小磁针北(N)极在该点的指向

(B) 运动正电荷在该点所受最大的力与其速度的矢积的方向

(C) 电流元在该点不受力的方向

(D) 载流线圈稳定平衡时,磁矩在该点的指向

9-2　下列关于磁感应线的描述,哪个是正确的?　(　　)

(A) 条形磁铁的磁感应线是从 N 极到 S 极的

(B) 条形磁铁的磁感应线是从 S 极到 N 极的

(C) 磁感应线是从 N 极出发终止于 S 极的曲线

(D) 磁感应线是无头无尾的闭合曲线

9-3　磁场的高斯定理 $\oiint_{(s)} \boldsymbol{B} \cdot \mathrm{d}\boldsymbol{S} = 0$,说明下面的哪些叙述是正确的?　(　　)

a. 穿入闭合曲面的磁感应线条数必然等于穿出的磁感应线条数;

b. 穿入闭合曲面的磁感应线条数不等于穿出的磁感应线条数;

c. 一根磁感应线可以终止在闭合曲面内;

d. 一根磁感应线可以完全处于闭合曲面内。

(A) ad　　(B) ac　　(C) cd　　(D) ab

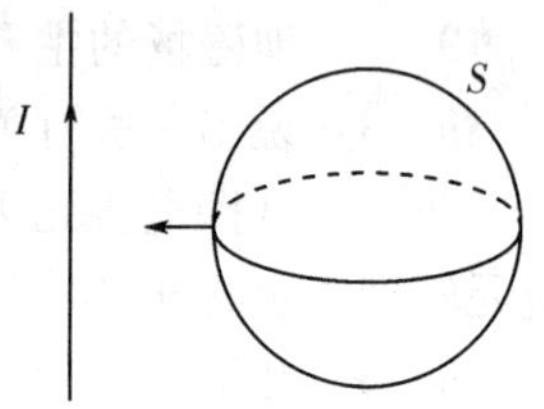

习题 9-4 图

9-4　在无限长载流直导线附近作一球形闭合曲面 S,当曲面 S 向长直导线靠近时,穿过曲面 S 的磁通量 Φ 和面上各点的磁感应强度 $\boldsymbol{B}$ 的大小将如何变化?　(　　)

(A) Φ 增大,$\boldsymbol{B}$ 也增大　　(B) Φ 不变,$\boldsymbol{B}$ 也不变

(C) Φ 增大,$\boldsymbol{B}$ 不变　　(D) Φ 不变,$\boldsymbol{B}$ 增大

9-5　两个载有相等电流 I 半径为 R 的圆线圈一个处于水平位置,一个处于竖直位置,两个线圈的圆心重合,则在圆心 O 处的磁感应强度大小为多少?　(　　)

(A) 0　　(B) $\mu_0 I/2R$　　(C) $\sqrt{2}\mu_0 I/2R$　　(D) $\mu_0 I/R$

9-6　有一无限长直流导线在空间产生磁场,在此磁场中作一个以载流导线为轴线的同轴的圆柱形闭合高斯面,则通过此闭合面的磁感应通量　(　　)

(A) 等于零　　(B) 不一定等于零

(C) $\mu_0 I$　　(D) $\frac{1}{\varepsilon_0}\sum_{i=1}^{n} q_i$

9-7　一带电粒子垂直射入磁场 $\boldsymbol{B}$ 后,作周期为 T 的匀速率圆周运动,若要使运动周期变为 $T/2$,磁感应强度应变为　(　　)

(A) $\boldsymbol{B}/2$　　(B) $2\boldsymbol{B}$　　(C) $\boldsymbol{B}$　　(D) $-\boldsymbol{B}$

9-8　竖直向下的匀强磁场中用细线悬挂一条水平导线。若匀强磁场磁感应强度大小为 B,导线质量为 m,导线在磁场中的长度为 L,当水平导线内通有电流 I 时,细线的张力大小为　(　　)

(A) $\sqrt{(BIL)^2+(mg)^2}$　　(B) $\sqrt{(BIL)^2-(mg)^2}$

(C) $\sqrt{(0.1BIL)^2+(mg)^2}$　　(D) $(BIL)^2+(mg)^2$

9-9　洛伦兹力可以　(　　)

(A) 改变带电粒子的速率　　(B) 改变带电粒子的动量

(C) 对带电粒子做功　　(D) 增加带电粒子的动能

9－10　两种形状的载流线圈中的电流强度相同(如图所示)，则 O_1、O_2处的磁感应强度大小关系是 (　　)

(A) $B_{O_1}<B_{O_2}$

(B) $B_{O_1}>B_{O_2}$

(C) $B_{O_1}=B_{O_2}$

(D) 无法判断

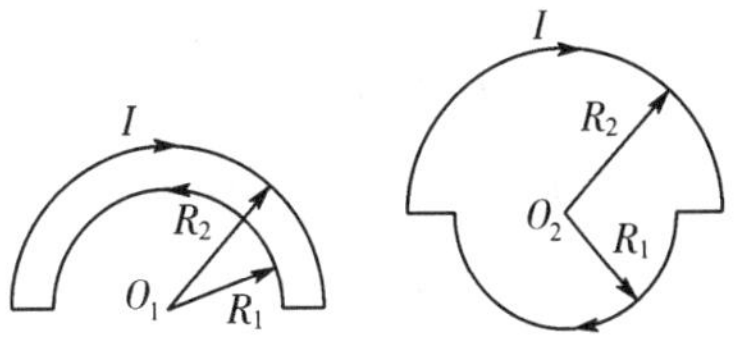

习题 9－10 图

9－11　在同一平面上依次有 a、b、c 三根等距离平行放置的长直导线，通有同方向的电流依次为 1 A、2 A、3 A，它们所受力的大小依次为 F_a、F_b、F_c，则 F_b/F_c 为 (　　)

(A) 4/9　　(B) 8/15　　(C) 8/9　　(D) 1

9－12　在无限长载流直导线 AB 的一侧，放一个可以自由运动的矩形载流导线框，电流方向如图所示，则导线框将 (　　)

(A) 导线框向 AB 靠近，同时转动

(B) 导线框仅向 AB 平动

(C) 导线框离开 AB，同时转动

(D) 导线框仅平动离开 AB

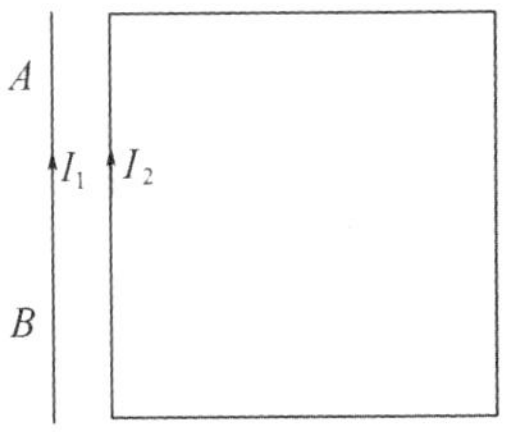

习题 9－12 图

9－13　在均匀磁场中，放置一个正方形的载流线圈使其每边受到的磁力的大小都相同的方法有(　　)

(A) 无论怎么放都可以　　(B) 使线圈的法线与磁场平行

(C) 使线圈的法线与磁场垂直　　(D) (B)和(C)两种方法都可以

9－14　一平面载流线圈置于均匀磁场中，下列说法正确的是 (　　)

(A) 只有正方形的平面载流线圈，外磁场的合力才为零

(B) 只有圆形的平面载流线圈，外磁场的合力才为零

(C) 任意形状的平面载流线圈，外磁场的合力和力矩一定为零

(D) 任意形状的平面载流线圈，外磁场的合力一定为零，但力矩不一定为零

9－15　均匀磁场的磁感应强度为 $B=0.2$ T，方向沿 x 轴正方向，则通过 $abod$ 面的磁通量为________，通过 $befo$ 面的磁通量为________，通过 $aefd$ 面的磁通量为________。

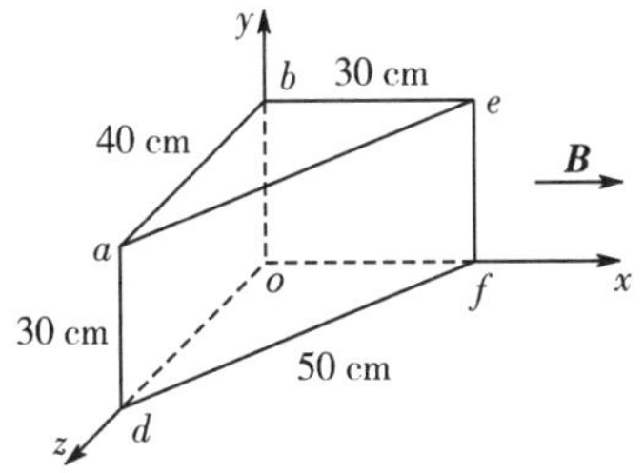

习题 9－15 图

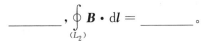

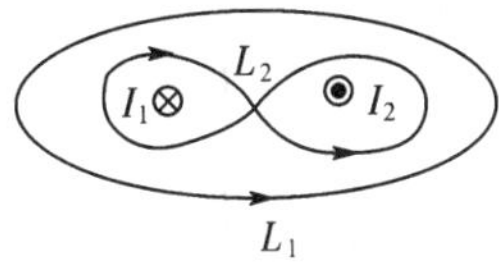

习题 9－16 图

9－16　两根无限长载流直导线相互平行，通过的电流分别为 I_1 和 I_2。则 $\oint_{(L_1)} \boldsymbol{B}\cdot \mathrm{d}\boldsymbol{l}=$ ________，$\oint_{(L_2)} \boldsymbol{B}\cdot \mathrm{d}\boldsymbol{l}=$ ________。

9-17　$ABCD$ 是无限长导线，通以电流 I，BC 段被弯成半径为 R 的半圆环，CD 段垂直于半圆环所在的平面，AB 的延长线通过圆心 O 和 C 点，求圆心 O 处的磁感应强度大小和方向。

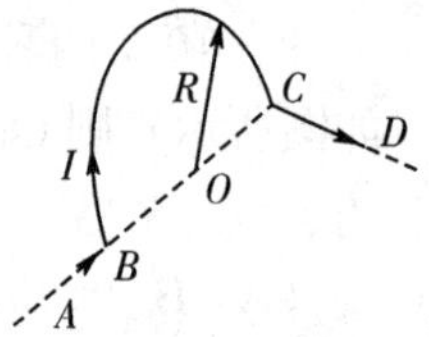

习题 9-17 图

9-18　一段导线先弯成如图(a)所示的形状，然后将同样长的导线再弯成如图(b)所示的形状。在导线通以电流 I 后，求两个图形中 P 点的磁感应强度之比。

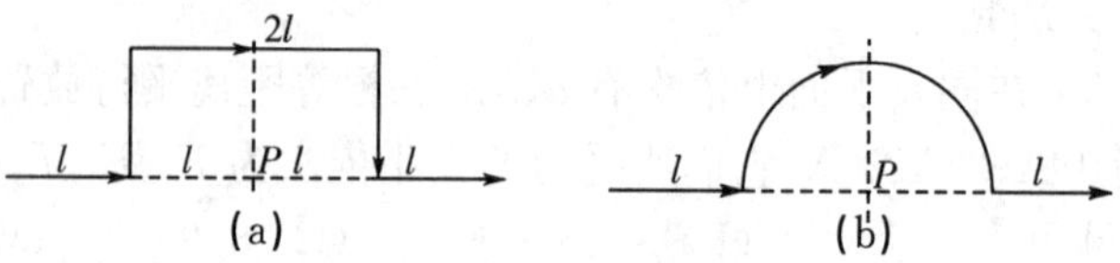

习题 9-18 图

9-19　一长直导线 $ABCDE$ 通有电流 I，中部一段弯成半径为 a 的圆弧形，求圆心处的磁感应强度。

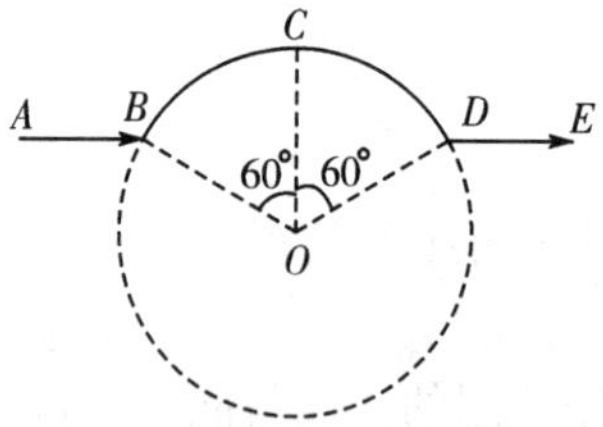

习题 9-19 图

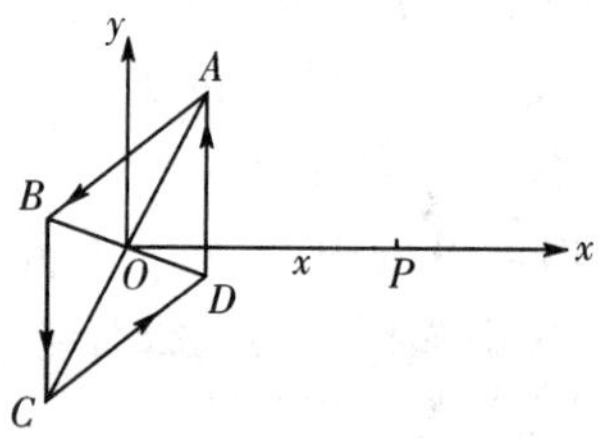

习题 9-20 图

9-20　一边长为 a 的正方形载流线 $ABCD$，通以电流 I。试求在正方形线圈上距中心为 x 的任意一点 P 的磁感应强度。

9-21　A 和 B 为两个正交放置的圆形线圈，其圆心相重合。A 线圈半径 $R_A=0.2$ m，$N_A=10$ 匝，通有电流 $I_A=10$ A。B 线圈半径 $R_B=0.1$ m，$N_B=20$ 匝，通有电流 $I_B=5$ A。求两线圈公共中心处的磁感应强度。

9-22　宽为 b 的无限长平面导体薄板通过电流为 I，电流沿板宽度方向均匀分布，求：(1) 在薄板平面内离板的一边距离为 b 的 M 点处的磁感应强度；(2) 通过板的中线并与板面垂直的直线上的一点 N 处的磁感应强度，N 点到板面的距离为 x。

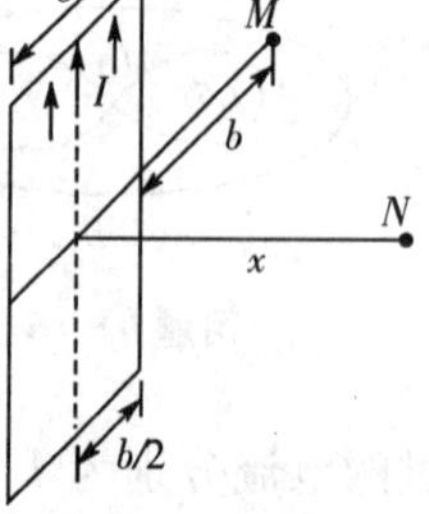

习题 9-22 图

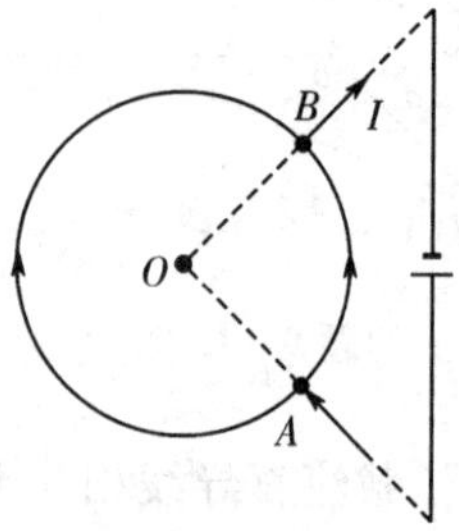

习题 9-23 图

9-23　两根长直导线沿半径方向引到铁环上的 A、B 两点，并与很远的电源相连，求环

中心 O 的磁感应强度。

9-24　一个塑料圆盘半径为 R，电荷 q 均匀分布于表面，圆盘绕通过圆心垂直盘面的轴转动，角速度为 ω。求圆盘中心处的磁感应强度。

9-25　一多层密绕螺线管，内半径为 R_1，外半径为长为 R_2，长为 l。设总匝数为 N，导线中通过的电流为 I。试求这螺线管中心 O 点的磁感应强度。

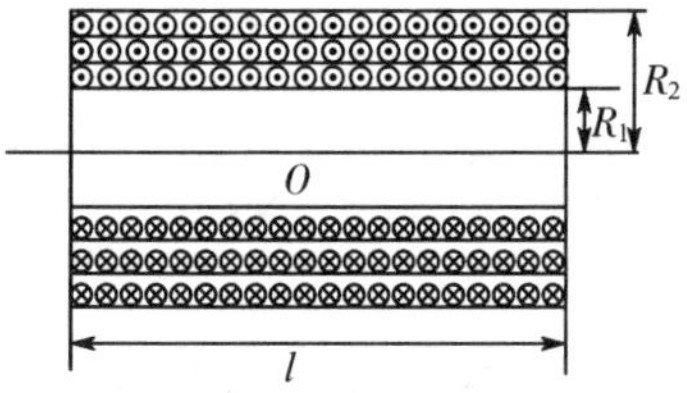

习题 9-25 图

9-26　一均匀带电长直圆柱体，电荷体密度为 ρ，半径为 R，绕其轴线匀速转动，角速度为 ω。试求：

(1) 圆柱体内距轴线 r 处的磁感应强度；

(2) 两端面中心处的磁感应强度。

9-27　一长直圆柱状导体，半径为 R，其中通有电流 I，并且在其横截面上电流密度均匀分布。求导体内、外磁感应强度的分布。

9-28　一无限大均匀载流平面置于外磁场中，左侧的磁感应强度为 B_1，右侧的磁感应强度为 $B_2 = 3B_1$。试求：

(1) 载流平面上的面电流密度；

(2) 外磁场的磁感应强度 $\boldsymbol{B}$。

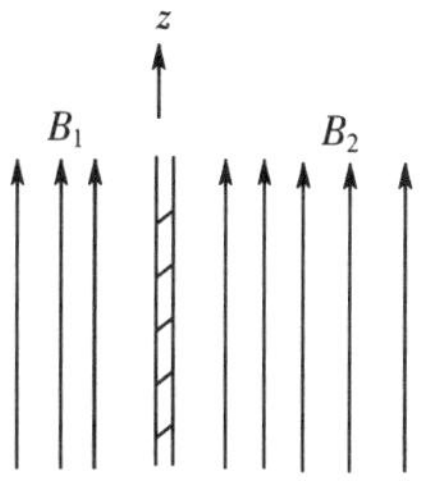

习题 9-28 图

9-29　一根很长的同轴电缆，由一导体圆柱和一同轴的圆筒组成，设圆柱的半径为 R_1，圆筒的内外半径为 R_2 和 R_3。在这两个导体中，有大小相等而方向相反的电流 I 流过。试求电缆产生的磁场的分布，并用图形表示。

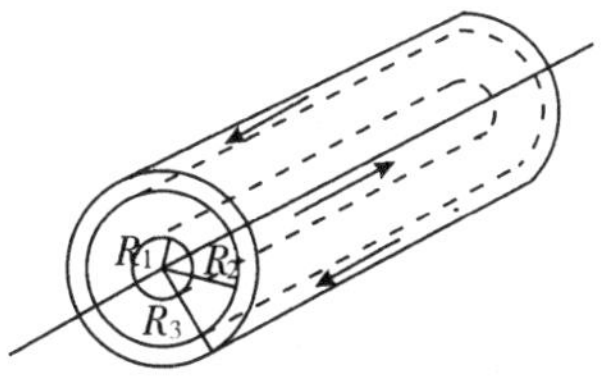

习题 9-29 图

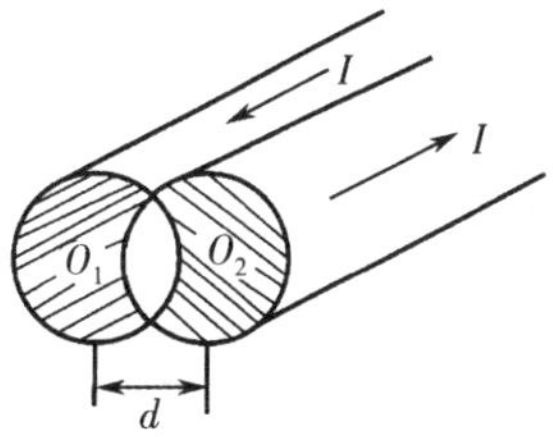

习题 9-30 图

9-30　两无限长平行放置的柱形导体通过等值、反向的电流 I，电流在两个阴影所示的横截面内均匀分布。设两个导体横截面的面积皆为 S，两圆柱轴线间距为 d 。试求两导体中部分交叠部分的磁感应强度。

9-31　一橡皮传输带以速度 $\boldsymbol{v}$ 作匀速运动，橡皮带上均匀带有电荷，电荷面密度为 σ，试求橡皮带中部上方靠近表面一点处的磁感应强度。

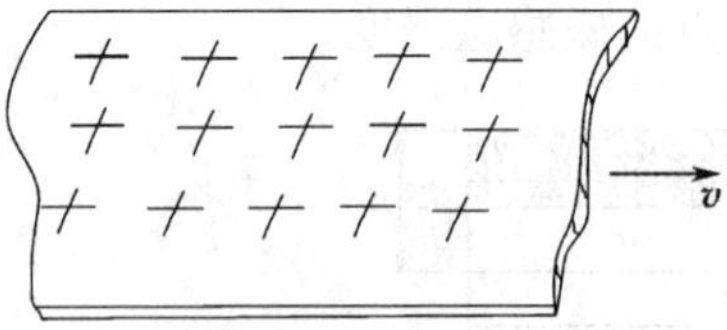

习题 9-31 图

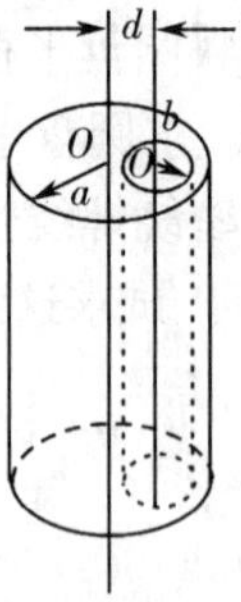

习题 9-32 图

9-32　在半径为 a 的金属长圆柱体内挖去一半径为 b 的圆柱体，两柱体的轴线平行，相距为 d。现有电流 I 沿轴线方向流动，且均匀分布在柱体的截面上。试求空心部分中的磁感应强度。

9-33　长空心柱形导体半径分别为 R_1 和 R_2，导体内载有电流 I，设电流均匀分布在导体的横截面上。试求：

(1) 导体内部各点的磁感应强度；

(2) 导体内壁和外壁上各点的磁感应强度。

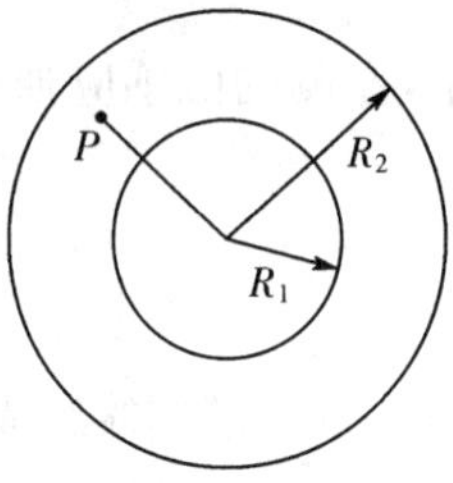

习题 9-33 图

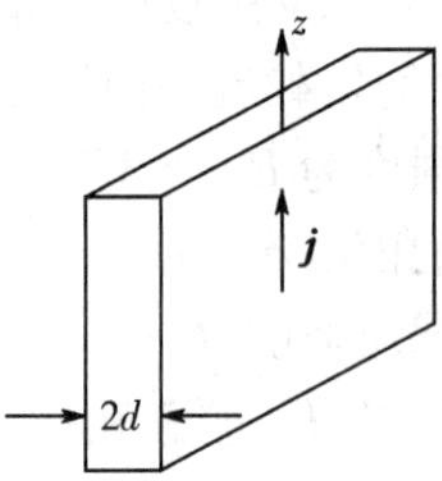

习题 9-34 图

9-34　厚度为 $2d$ 的无限大导体平板，体电流密度 $\boldsymbol{j}$ 沿 z 方向均匀流过导体，求导体内外的磁感应强度。

9-35　载流直导线 ab 段长 L，流有电流 I_2，a 点与长直导线相距为 d，长直导线中流有电流 I_1，求 ab 段受到的磁力。

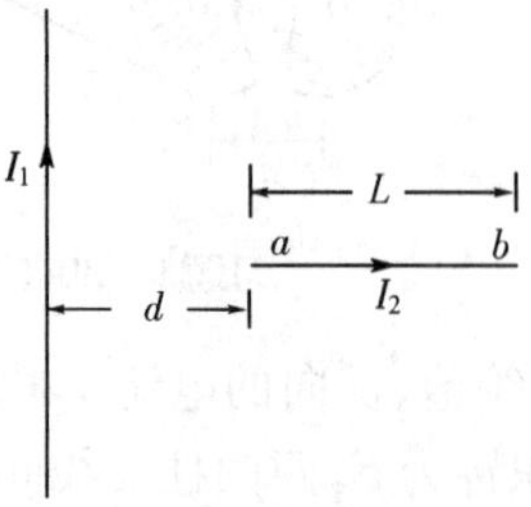

习题 9-35 图

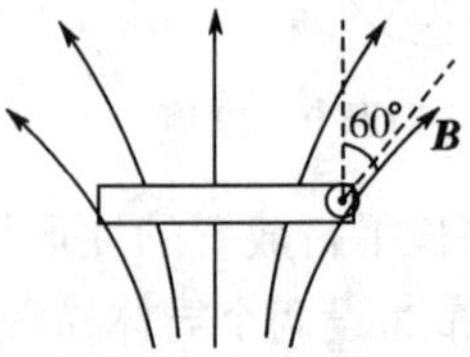

习题 9-36 图

9-36　一半径为 4.0 cm 的圆环放在磁场中，磁场的方向对环而言是对称发散的，圆环所在处的磁感强度的大小为 0.10 T，磁场的方向与环面法向成 60°。求当圆环中通有电流

$I=15.8$ A 时，圆环所受磁力的大小和方向。

9－37　截面积为 S、密度为 ρ 的铜导线被弯成正方形的三边可以绕水平轴 OO' 转动，导线放在方向竖直向上的匀强磁场中当导线中的电流为 I 时，导线离开原来的竖直位置偏转 θ 角而平衡。求磁感应强度；若 $S=2\ \text{mm}^2$，$\rho=8.9\ \text{g/cm}^3$，$\theta=15°$，$I=10$ A，磁感应强度大小为多少？

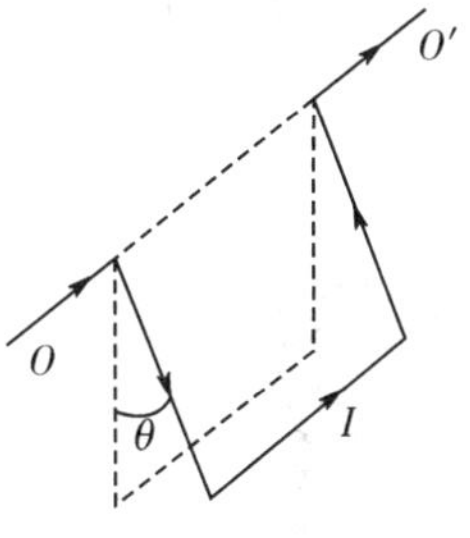

习题 9－37 图

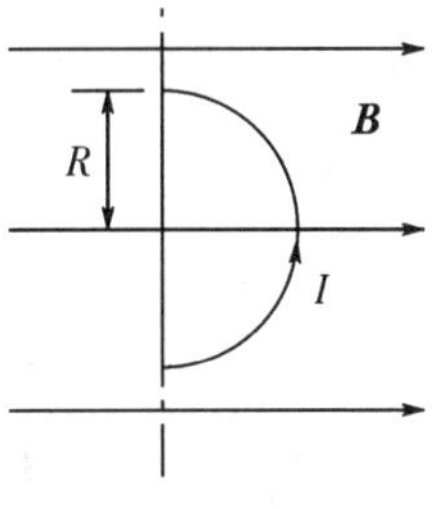

习题 9－38 图

9－38　半径为 $R=0.1$ m 的半圆形闭合线圈，载有电流 $I=10$ A 放在均匀磁场中，磁场方向与线圈平面平行。已知 $B=0.5$ T，求线圈所受力矩的大小和方向(以直径为转轴)。

9－39　一平面线圈由半径为 0.2 m 的 1/4 圆弧和相互垂直的两直线组成，通以电流 2 A，把它放在磁感应强度为 0.5 T 的均匀磁场中，试求：

(1) 线圈平面与磁场垂直时，圆弧 AC 段所受到的磁力；

(2) 线圈平面与磁场成 60°时，线圈所受到的磁力矩。

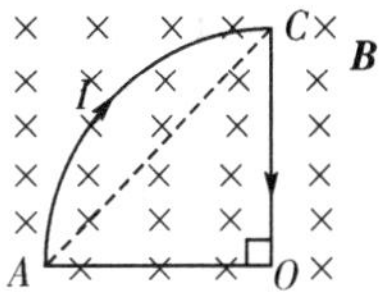

习题 9－39 图

9－40　在同一平面内有一长直导线和一矩形单匝线圈，线圈的长边 L 与长直导线平行，如图所示。若直导线中的电流为 I_1，矩形线圈中的电流为 I_2，求矩形线圈所受的磁场力。

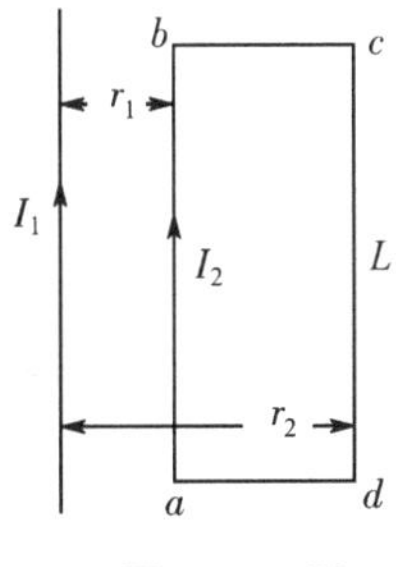

习题 9－40 图

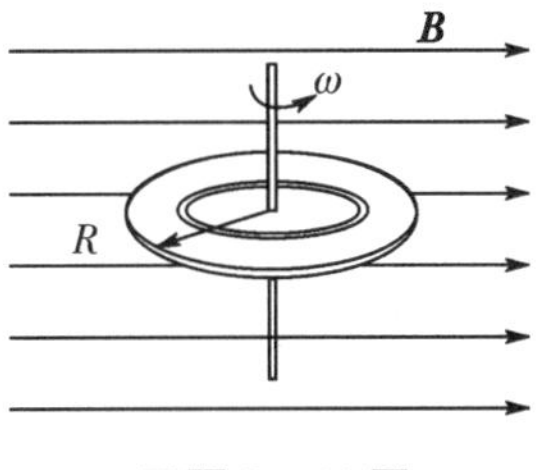

习题 9－41 图

9－41　一半径为 R 的薄圆盘放在磁感应强度为 $\boldsymbol{B}$ 的均匀磁场中，$\boldsymbol{B}$ 的方向与盘面平行。圆盘表面的电荷面密度为 σ，若圆盘以角速度 ω 绕其轴线转动，试求作用在圆盘上的磁力矩。

9－42　螺绕环中心周长 $l=10$ cm，环上均匀密绕线圈 $N=200$ 匝，线圈中通有电流 $I=100$ mA。

(1) 求管内的磁感应强度 $\boldsymbol{B}_0$ 和磁场强度 $\boldsymbol{H}_0$；

(2) 若管内充满相对磁导率 $\mu_r=4\ 200$ 的磁性物质，则管内的 $\boldsymbol{B}$ 和 $\boldsymbol{H}$ 是多少？

(3) 磁性物质内由导线中电流产生的 $\boldsymbol{B}_0$ 和由磁化电流产生的 $\boldsymbol{B}'$ 各是多少?

9-43　在螺绕环上密绕线圈共 400 匝,环的平均周长是 40 cm。当导线内通有电流 20 A时,利用冲击电流计测得环内磁感应强度是 1.0 T。试计算:

(1) 磁场强度;(2) 磁化强度;(3) 磁化率;(4) 磁化面电流和相对磁导率。

9-44　磁导率为 μ_1 的无限长圆柱形导线,半径为 R_1,其中均匀地通有电流 I,在导线外包一层磁导率为 μ_2 的圆柱形不导电的磁介质,其外半径为 R_2。试求:

(1) 磁场强度和磁感应强度的分布;

(2) 半径为 R_1 和 R_2 处表面上磁化电流密度。

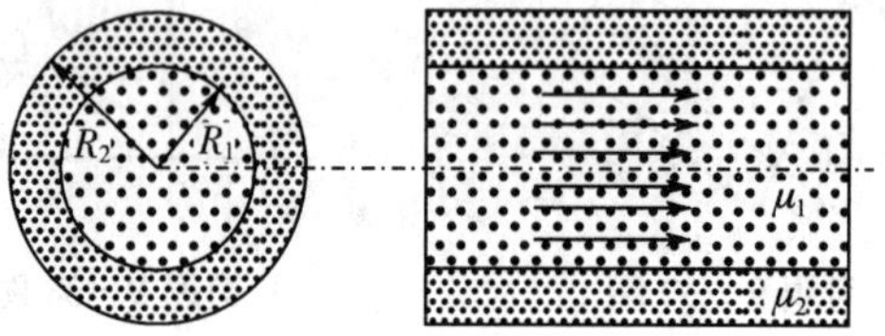

习题 9-44 图

9-45　在电视显像管的电子束中,电子能量为 12 000 eV,这个显像管的取向使电子水平由南向北运动。该处地球磁场的竖直分量向下,大小为 5.5×10^{-5} T。试问:

(1) 电子束受地磁场的影响将偏向什么方向?

(2) 电子的加速度是多少?

(3) 电子束在显像管内在南北方向上通过 20 cm 时将偏移多远?

第 10 章　电磁感应与电磁场

在前几章中，研究了静电场和恒定磁场的基本规律。在表达这些规律的公式中，电场和磁场是各自独立、互不相关的。然而，激发电场和磁场的源——电荷和电流却是相互关联的。这就提醒我们，电场和磁场之间也必然存在着相互联系、相互制约的关系。1819 年丹麦物理学家奥斯特发现电流的磁效应，揭示了电现象与磁现象相关的事实。英国物理学家、化学家法拉第于 1824 年提出了"磁能否产生电"的想法，并开始对实验进行系统地研究，终于在 1831 年发现了电磁感应现象。后经诺埃曼、麦克斯韦等人的研究，给出了电磁感应定律的数学表达式。电磁感应现象的发现不仅阐明了变化的磁场能够激发电场这一关系，还进一步揭示了自然界电现象和磁现象的内在联系，为麦克斯韦电磁理论的建立奠定了坚实的基础，标志着新的技术革命和工业革命即将到来，使现代电力工业、电工和电子技术得以建立和发展。

麦克斯韦在系统总结前人的理论和实验的基础上提出了涡旋电场和位移电流两个重要概念，得到了描述电磁场基本性质和规律的麦克斯韦方程组，从而建立了完整的电磁理论体系。同时，麦克斯韦还预言了电磁波的存在，揭示了光的电磁本性。麦克斯韦的这些成就成为物理学发展历程中一次重大的认识上的飞跃。

10.1　电磁感应定律

10.1.1　电磁感应现象

电磁感应定律是建立在广泛的实验基础之上的。因此，在讨论该定律之前，首先通过两个典型的电磁感应演示实验来说明什么是电磁感应现象，以及产生电磁感应的条件。

第一个演示实验如图 10－1 所示。一个线圈与电流计的两端接成闭合回路。因为此电路中没有电源，所以电流计指针不会发生偏转。可是，当用一条形磁铁棒的 N 极(或 S 极)插入线圈时可以观察到电流计的指针发生偏转，这就说明电路中有电流流过，并且磁铁棒插入速度越快，电流计指针偏转角度就越大。当磁铁棒与线圈相对静止时，电流计指针回到零位置。当把条形磁铁棒从线圈中抽出时，电流计指针又发生了偏转，但此时电流计指针的偏转方向与磁铁棒插入时的偏转方向相反，这表明线圈中流过的电流与磁铁棒插入线圈时的产生的电流方向相反。如果固定磁铁棒，而改为把线圈推向或拉离磁铁棒也可以观察到与上面相同的现象。实验表明：只有当磁铁棒与线圈间有相对运动时，线圈中才会出现电流，并且相对运动速度越大，产生的电流也越大。

图 10－1　磁铁运动产生的电磁感应现象

第二个演示实验如图 10－2 所示。将一根与电流计形成闭合回路的金属棒放在磁铁两极之间。当金属棒在磁铁两极之间的磁场中垂直于磁场方向和棒长的方向运动时，电流计的指针就会发生偏转，即在回路中出现电流。金属棒运动越快，电流计指针的偏转角也越大；当金属棒停止运动时，电流计指针回到零位置，回路中没有电流。

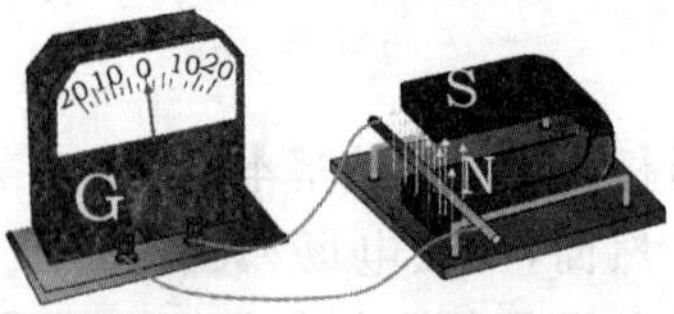

图 10-2　导体在磁场中运动的电磁感应现象

以上两个演示实验虽然具体形式不同，但都在闭合导体回路中产生了电流。这说明两个实验存在着共同的因素。显然就是实验中穿过闭合回路的磁通量都发生了变化。也就是说，只要穿过闭合导体回路的磁通量发生变化，该导体回路中就会产生电流。

由于磁通量的变化所引起的回路电流，称为感应电流。在电路中有电流流过，说明这个电路中存在着电动势。由于磁通量的变化所产生的电动势称为感应电动势。感应电动势的大小与外电路是否接通无关，与外电路电阻值也无关。只要通过回路的磁通量发生变化，回路中即产生感应电动势。而感应电流的产生则由电路的通断等因素决定。电动势与电流相比，具有更根本的性质。于是可以得到这样的结论：当穿过导体回路的磁通量发生变化时，回路中必定产生感应电动势。将因磁通量变化产生感应电动势的现象统称为电磁感应现象。

10.1.2　电磁感应定律

(1) 法拉第电磁感应定律

精确地实验表明：导体回路感应电动势的大小正比于磁通量对时间变化率的负值。这个结论就是法拉第电磁感应定律，其数学表达式为

$$\varepsilon_i = -k\frac{\mathrm{d}\Phi}{\mathrm{d}t} \tag{10-1-1}$$

式中，k 为比例常数；Φ 为回路所围面积的磁通量。

在国际单位制中，Φ 的单位是 Wb(韦伯)，t 的单位为 s(秒)。

实验测得 $k=1$，故得到

$$\varepsilon_i = -\frac{\mathrm{d}\Phi}{\mathrm{d}t} \tag{10-1-2}$$

法拉第电磁感应定律表明：决定感应电动势大小的不是磁通量 Φ 本身，也不是磁通量的变化量，而是磁通量对时间的变化率$\frac{\mathrm{d}\Phi}{\mathrm{d}t}$。也就是说，感应电动势既不是与磁通量成正比，也不是与磁通量的变化量成正比，而是与磁通量对时间的变化率成正比。

若回路由 N 匝密绕线圈组成，穿过每匝线圈的磁通量为 Φ，则穿过 N 匝线圈的磁通量为 $\Psi = N\Phi$，Ψ 为磁通量匝数，也叫磁链。对此，电磁感应定律就可以写为

$$\varepsilon_i = -\frac{d\Psi}{dt} \tag{10-1-3}$$

下面阐明(10-1-2)式中的符号的意义。(10-1-2)式中包含了两个量 ε_i 和 Φ，都是标量，其方向用正负号表示。是正号还是负号，要根据与预先设定的标定方向比较而得。与标定方向相同为正，反之为负。任意选取回路的绕行方向为电动势的标定方向(如图 10-3 中的虚线箭头所示)，取以导体回路为边界的曲面的法向单位矢量的 $\boldsymbol{e}_n$ 方向为磁通量的标定方向，并且规定这两个方向满足右手螺旋关系。在图 10-3(a)中，磁场由下向上穿过回路并不断增大，则 $\Phi>0$，$d\Phi/dt>0$，根据(10-1-2)式应有 $\varepsilon_i<0$，所以感应电动势方向与虚线箭头方向相反，即图 10-3 中的实线箭头所示。在图 10-3(b)中，磁场由下向上穿过回路并不断减小，则 $\Phi>0$，$d\Phi/dt<0$，可得到 $\varepsilon_i>0$，所以感应电动势方向与虚线箭头方向相同。在图 10-3(c)中，磁场由上向下穿过回路并在增大，则 $\Phi<0$，$d\Phi/dt<0$，应有 $\varepsilon_i>0$，所以感应电动势方向与虚线箭头方向相同。在图 10-3(d)中，磁场由上向下穿过回路并在减小，则 $\Phi<0$，$d\Phi/dt>0$，应有 $\varepsilon_i<0$，所以感应电动势方向与虚线箭头方向相反。

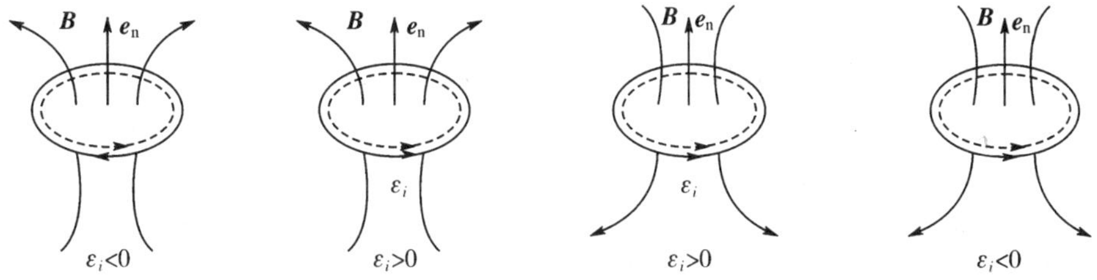

(a) $\Phi>0, d\Phi/dt>0$　(b) $\Phi>0, d\Phi/dt<0$　(c) $\Phi<0, d\Phi/dt<0$　(d) $\Phi<0, d\Phi/dt>0$

图 10-3　判断感应电动势的方向

若回路的电阻为 R，则回路中的感应电流为

$$I_i = \frac{\varepsilon_i}{R} = -\frac{1}{R}\frac{d\Phi}{dt} \tag{10-1-4}$$

利用(10-1-4)式以及 $I=\frac{dq}{dt}$，计算出在时间间隔 $\Delta t=t_2-t_1$ 内由于电磁感应的缘故穿过回路的电荷。设在 t_1 时刻穿过回路所围面积的磁通量为 Φ_1，在 t_2 时刻穿过回路所围面积的磁通量为 Φ_2。于是，在 Δt 时间内穿过回路的感应电荷为

$$q = \int I dt = -\frac{1}{R}\int_{\Phi_1}^{\Phi_2} d\Phi = \frac{1}{R}(\Phi_1 - \Phi_2) \tag{10-1-5}$$

对于给定电阻 R_1 的闭合回路来说，如果从实验中测得流过此回路的电荷 q，那么就可以知道磁通量的变化，这就是磁强计的原理。磁强计可以探测磁场的变化，广泛应用于地质勘探和地震监测。

(2) 楞次定律

不论感应电动势的数值还是方向都与磁通量的变化情况有关。为了确定感应电动势的方向，俄国物理学家楞次做了大量实验，并根据实验结果总结出如下规律：感应电流的磁通

量总是力图阻碍引起感应电流的磁通量的变化，这是楞次定律的第一种表述形式。楞次定律还可以表述为另外一种形式：感应电流的方向总是要使自己的磁场阻碍原来磁场（或磁通量）的变化。

运用楞次定律判定感应电流的方向，可遵循以下基本步骤：

① 确定闭合回路中原来磁场的方向；

② 确定磁场的变化，具体地说是确定穿过闭合回路的磁通量是减小还是增大；

③ 根据楞次定律确定感应电流产生的磁场的方向（若磁通量增加，感应电流产生反向磁场；反之，产生同向磁场）；

④ 用右手螺旋关系确定感应电流的方向。

楞次定律中的阻碍和反抗实际上是能量守恒定律的一种体现。在图 10-4(a)中，$\Phi>0,\dfrac{d\Phi}{dt}>0$；由 $\varepsilon_i=-\dfrac{d\Phi}{dt}$ 知，$\varepsilon_i<0$，与回路方向相反，此时感应电流所产生的 $\boldsymbol{B}'$ 与 $\boldsymbol{B}$ 反向，阻碍磁铁的运动。在图 10-4(b)中，$\Phi>0,\dfrac{d\Phi}{dt}<0$；$\varepsilon_i=-\dfrac{d\Phi}{dt}>0$，此时感应电流产生的 $\boldsymbol{B}'$ 与 $\boldsymbol{B}$ 同向，则阻碍磁铁远离线圈。因为感应电动势阻碍磁铁的运动，若想移动磁铁需外力做功。这时，给出的能量转化为线圈中感应电流的电能，并转化为电路中的焦耳热。反之，设想感应电动势不是阻碍磁铁的运动而是使其加速运动，那么只要把磁铁稍稍推动一下，线圈中出现的感应电流将使磁铁运动更快，于是又增长了感应电流，这个增长又促进相对运动更快，如此不断地反复加强，所以只要在最初使磁铁作微小位移而做出微量功，就能获得极大的机械能和电能，这显然是违背能量守恒定律的。

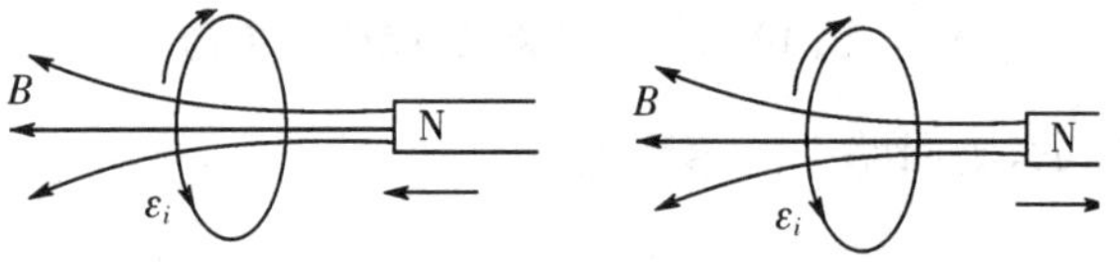

(a) $\Phi>0,\ \dfrac{d\Phi}{dt}>0$　　(b) $\Phi>0,\ \dfrac{d\Phi}{dt}<0$

图 10-4　用楞次定律判断感应电流的方向

物理学家简介：法拉第

法拉第

迈克尔·法拉第(Michael Faraday，1791—1867)，英国物理学家、化学家，也是著名的自学成才的科学家。法拉第生于萨里郡纽因顿一个贫苦铁匠家庭，他仅上过小学。1831年，法拉第作出了关于力场的关键性突破，永远改变了人类文明。1815 年5 月，他回到皇家研究所在戴维的指导下进行化学研究。1824 年1 月，他当选皇家学会会员。1825 年 2 月任皇家研究所实验室主任，1833—1862 年任皇家研究所化学教授，1846 年荣获伦福德奖章和皇家勋章。

研究性课题：铝环为什么会跳跃？

跳环式楞次定律演示仪是由一个电磁线圈和三个铝环(闭合环、带孔闭合环、开口闭合环)组成。将闭合环放在上面，当给线圈通电时，闭合铝环会产生跳动，如果用带孔闭合环则跳跃的高度降低，而开口铝环不产生跳跃，这是为什么？如果将两个闭合铝环一起套入铁棒，铝环跳起的高度又会如何？

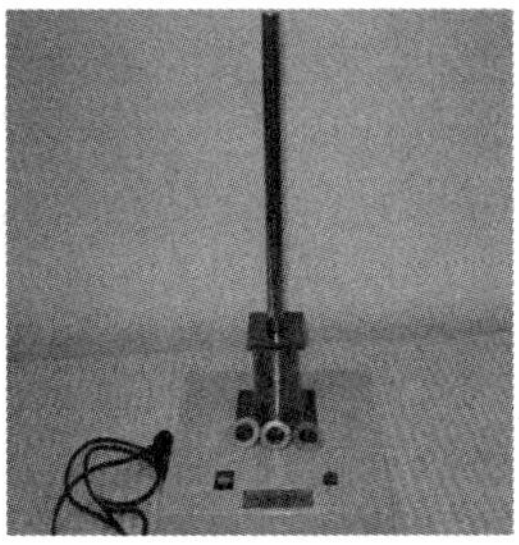

跳环式楞次定律演示仪

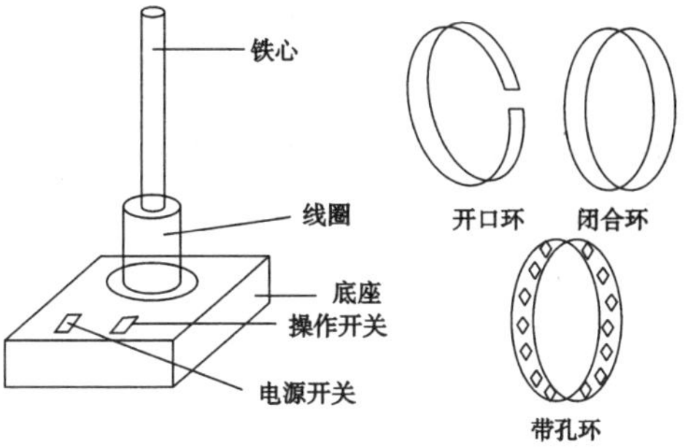

电磁线圈和三个铝环

10.2　动生电动势和感生电动势

法拉第电磁感应定律指出：不论什么原因，只要穿过回路所包围面积的磁通量发生变化，回路中就会产生感应电动势。根据磁通量的变化方式不同，感应电动势可以分为两类：动生电动势和感生电动势。

10.2.1　动生电动势

磁场不变，由于导体在磁场中移动而产生的感应电动势称为动生电动势。

如图 10-5 所示，在磁感应强度为 $\boldsymbol{B}$ 的均匀磁场中有一长为 l 的导体棒 ab 以速度 $\boldsymbol{v}$ 向右运动且 $\boldsymbol{v}$ 与 $\boldsymbol{B}$ 垂直，导体棒内每个自由电子都受到洛伦兹力 $\boldsymbol{F}_m$ 的作用，有

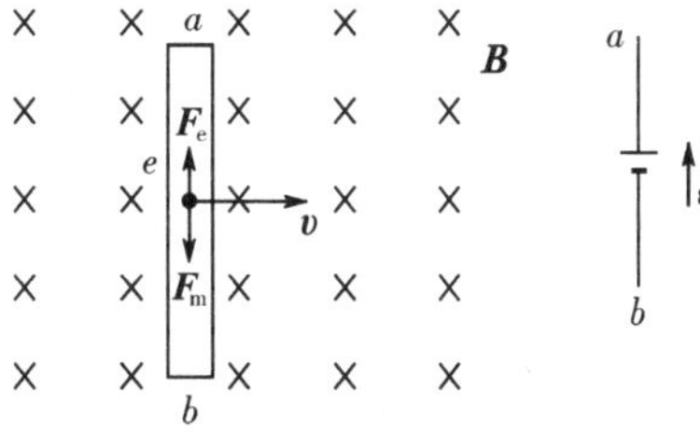

图 10-5　动生电动势

$$\boldsymbol{F}_m = -e(\boldsymbol{v}\times\boldsymbol{B}) \tag{10-2-1}$$

式中，$-e$ 为电子的电荷，$\boldsymbol{F}_m$ 的方向与 $\boldsymbol{v}\times\boldsymbol{B}$ 的方向相反，由 a 指向 b。

洛伦兹力是非静电力，它驱使电子沿导体棒由 a 向 b 移动，致使 b 端积累负电，a 端积累正电，从而在导体棒中建立了静电场。当作用在电子上的静电场力 $\boldsymbol{F}_e$ 与洛伦兹力 $\boldsymbol{F}_m$ 相平衡时，a、b 两端便有稳定的电势差。由于洛伦兹力是非静电力，所以非静电电场强度为

$$\boldsymbol{E}_k = \frac{\boldsymbol{F}_m}{-e} = \boldsymbol{v}\times\boldsymbol{B} \tag{10-2-2}$$

根据电动势的定义,在运动导体上产生的动生电动势表示为

$$\varepsilon_i = \int_b^a \boldsymbol{E}_k \cdot \mathrm{d}\boldsymbol{l} \tag{10-2-3}$$

式(10-2-3)还可写为

$$\varepsilon_i = \int_b^a (\boldsymbol{v} \times \boldsymbol{B}) \cdot \mathrm{d}\boldsymbol{l} \tag{10-2-4}$$

推广:(10-2-4)式可以用来计算在一般情况下,导体在磁场中运动时产生的感应电动势。

【例题 10-1】 已知铜棒的角速度 ω,长为 L 和外场 $\boldsymbol{B}$,如图 10-6所示,求 ε_i。

解: 选取 $\mathrm{d}\boldsymbol{l}$ 方向为由 $O \to A$,则

$$\varepsilon_i = \int_0^L (\boldsymbol{v} \times \boldsymbol{B}) \cdot \mathrm{d}\boldsymbol{l} = -\int_0^L vB\mathrm{d}l = -\int_0^L l\omega B\mathrm{d}l = -\frac{1}{2}B\omega L^2$$

O 点电势高,电流由 $A \to O$ 与 $\mathrm{d}\boldsymbol{l}$ 方向相反。

另解: $\varepsilon_i = -\dfrac{\mathrm{d}\Phi}{\mathrm{d}t} = -\dfrac{\mathrm{d}}{\mathrm{d}t}\left(B \cdot \dfrac{L^2}{2}\theta\right) = -B\dfrac{L^2}{2}\theta = -\dfrac{1}{2}B\omega L^2$。

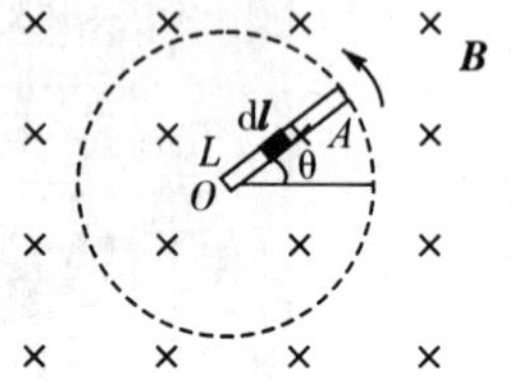

图 10-6 例题 10-1 图

10.2.2 感生电动势

导体不动,由磁场发生变化而产生的感应电动势,称为感生电动势。

前面用洛伦兹力解释了导体在磁场中运动时产生动生电动势的原因,并指出洛伦兹力就是使电子运动并形成动生电动势的非静电力,那么产生感生电动势的原因又是什么呢?

在产生感生电动势的过程中,只有空间的磁场发生变化而导体并不发生运动,因此线圈中的电子不会受到洛伦兹力的作用。在这种情况下,产生电动势的非静电力来自何处呢?

线圈不动而磁场发生变化就能产生感应电动势。这说明,线圈中的电子必然由于磁场的变化而受到某种力的作用,显然这种力不是电场的库仑力,也不是洛伦兹力。实验表明,任意形状的静止闭合导线,其中的电子在变化的磁场中都要受到这种力的作用。因此,将静止的带电粒子放入变化的磁场中也会受到这种力的作用。由此可以说:变化的磁场在其周围空间会产生某种新的场。

英国科学家麦克斯韦在系统地总结了法拉第等人的研究成果的基础上创造性地提出了一个假设:变化的磁场要在其周围激发电场。这种电场不同于静电场,称其为感生电场或涡旋电场。同时他还进一步指出:只要空间存在有变化的磁场,就存在感生电场,而与空间有无导体或导体回路无关。麦克斯韦的这些假设已为近代众多实验结果所证实,并从理论上揭示了电磁场的内在联系,对整个电磁学发展起到非常重要的作用。

根据麦克斯韦假设把电场分为两类,一种是静电场,又叫库仑电场,用 $\boldsymbol{E}_C$ 表示;另一种是由变化的磁场激发的电场,称为感生电场,用 $\boldsymbol{E}_K$ 表示。

感应电场的电场线是闭合的,感应电场在任意闭合回路产生的电动势为

$$\varepsilon_i = \oint \boldsymbol{E}_K \cdot \mathrm{d}\boldsymbol{l} = -\frac{\mathrm{d}\Phi}{\mathrm{d}t} = -\int_{(S)} \frac{\mathrm{d}\boldsymbol{B}}{\mathrm{d}t} \cdot \mathrm{d}\boldsymbol{S} \tag{10-2-5}$$

(10－2－5)式适用于任何闭合回路。不管此闭合回路是否由导体构成,感应电动势总是存在的。

(10－2－5)式表明:感生电场的环路积分不等于零。由此可见,感生电场是非保守力场,也叫做有旋场。这一点和静电场有着本质区别,静电场的环路积分总是为零。所以,感生电场也不能像静电场那样引入电势概念。

一般情况下,空间既存在电荷又存在变化的磁场。于是,这个空间就既存在静电场又存在感生电场。这样,空间的总电场就是这两种电场的叠加。由于$\oint \boldsymbol{E}_C \cdot \mathrm{d}\boldsymbol{l}=0$,与(10－2－5)式相加后得到

$$\oint_{(L)} \boldsymbol{E} \cdot \mathrm{d}\boldsymbol{l}=-\int_{s} \frac{\mathrm{d}\boldsymbol{B}}{\mathrm{d}t} \cdot \mathrm{d}\boldsymbol{S} \tag{10-2-6}$$

式中,$\boldsymbol{E}$ 为空间总的电场强度。

$\boldsymbol{E}_K$ 对闭合曲面的通量服从什么规律呢?麦克斯韦认为,感生电场的电场线应当是无头无尾的闭合曲线,故对任意一闭合曲面 S 感生电场的通量均为零,即

$$\oint_{(S)} \boldsymbol{E}_K \cdot \mathrm{d}\boldsymbol{S}=0 \tag{10-2-7}$$

可见,感生电场的电场线与静电场的电场线存在本质上的区别。

考虑到在静电场中

$$\oint_{(S)} \boldsymbol{E}_C \cdot \mathrm{d}\boldsymbol{S}=\frac{\sum_i q_i}{\varepsilon_0} \tag{10-2-8}$$

与(10－2－7)式相加后得到

$$\oint_{(S)} \boldsymbol{E} \cdot \mathrm{d}\boldsymbol{S}=\frac{\sum_i q_i}{\varepsilon_0} \tag{10-2-9}$$

【例题 10－2】 把电导率为 σ 的圆铝盘放入磁场 $\boldsymbol{B}$ 中,$\frac{\mathrm{d}B}{\mathrm{d}t}=k$ 为一常数,求盘内的感应电流值。

解: 盘中取一半径 r、宽为 $\mathrm{d}r$、高为 h 的圆环,在此圆环中

$$\varepsilon_i=\oint_{(L)} \boldsymbol{E}_K \cdot \mathrm{d}\boldsymbol{l}=-\int_{(S)} \frac{\mathrm{d}\boldsymbol{B}}{\mathrm{d}t} \cdot \mathrm{d}\boldsymbol{S}=k\pi r^2$$

此圆环的电阻 $\mathrm{d}R=\frac{1}{\sigma}\frac{2\pi r}{h\,\mathrm{d}r}$,则 $\mathrm{d}I=\frac{\varepsilon_i}{\mathrm{d}R}=\frac{kh\sigma}{2}r\mathrm{d}r$

总的感应电流为每个小圆环电流的代数和,则有

$$I=\int \mathrm{d}I=\frac{kh\sigma}{2}\int_0^R r\mathrm{d}r=\frac{1}{4}k\sigma R^2 h。$$

*10.2.3 电子感应加速器

电子感应加速器是一种利用变化的磁场激发涡旋电场而加速电子的装置，其主要结构如图 10－7(a)所示。N,S 是圆形电磁铁的两极，在两极间放置一个环形真空室。当电磁铁通以几十赫兹频率的强大交变电流时，两极间便出现交变磁场。这种交变磁场又在环形真空室内感应出很强的涡旋电场，电场线是如图 10－7(b)中所画的虚线同心圆。电子沿回路方向被注入真空室后在感生电场作用下被加速，同时电子还受到磁场对它的洛伦兹力作用充当向心力从而沿着环形室内的圆形轨道运动。

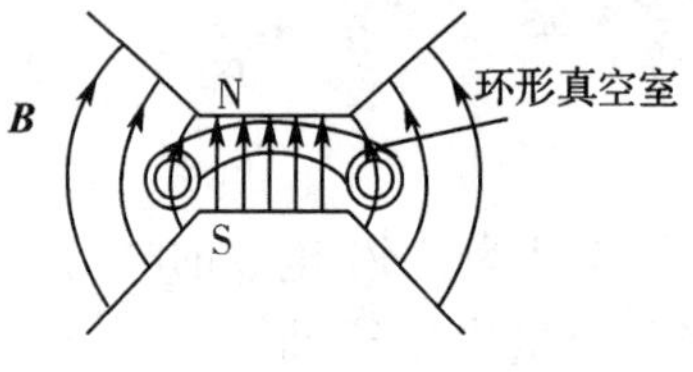

(a) 电子感应加速器结构原理图

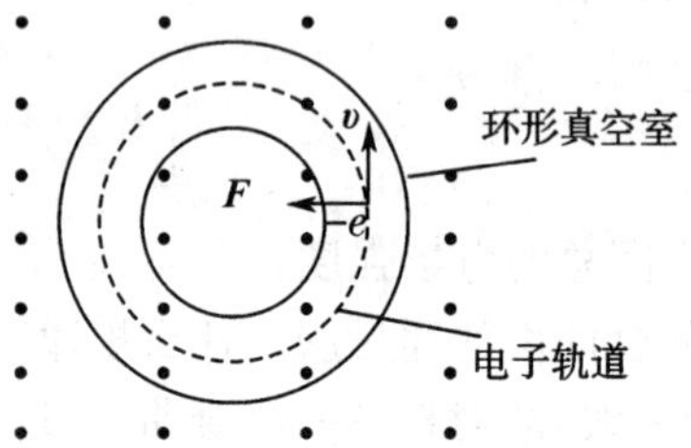

(b) 电子在环形真空室内运动

图 10－7 电子感应加速器

下面讨论电子感应加速器中几个常见问题。

(1) 加速时间

由于磁场和涡旋电场都是交变的，所以在每个交变电流的周期内，只有当涡旋电场的方向与电子运动方向相反时电子才能被加速。

由图 10－8 可知，电子只有在第一个和第四个 1/4 周期被加速。另外，为使电子不断被加速，应使电子沿圆形轨道运动。电子受磁场的洛伦兹力应指向圆心。考虑以上两个因素，只有在第一个 1/4 周期内电子被加速(第四个 1/4 周期洛伦兹力沿径向向外)。因此，在加速器中，在每个第一个 1/4 周期末利用特殊装置将电子束引离轨道射在靶上。因 E_t 非常大，即使在如此短的时间内电子的动能还能达到几个 MeV 以上。

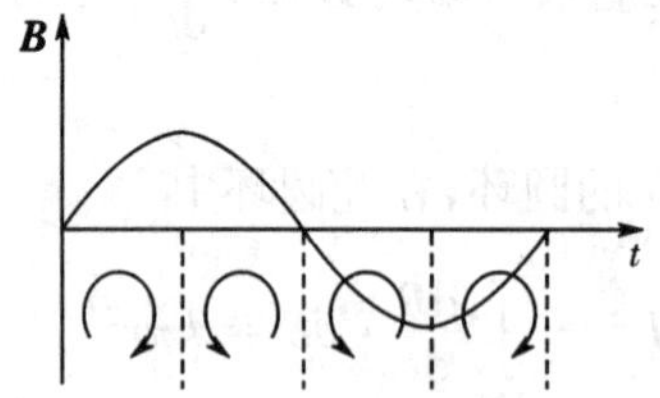

(a)

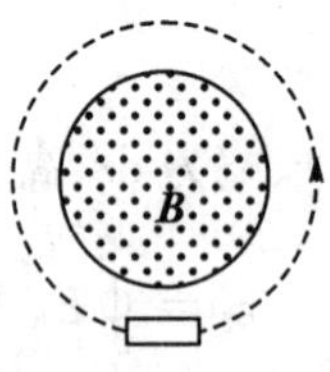

(b)

图 10－8 感应加速器中磁场变化处于不同相位时涡旋电场的方向

(2) 磁场的设计

电子受到洛伦兹力作用充当向心力，即 $evB = \dfrac{mv^2}{R}$，得到

$$R=\frac{mv}{eB}$$

由此式可知,若要使 R 保持不变,B 与 v 之比必须为一常数。

因为 $E_t=-\frac{1}{2\pi R}\frac{\mathrm{d}\Phi}{\mathrm{d}t}$,由牛顿第二定律得

$$\frac{\mathrm{d}(mv)}{\mathrm{d}t}=-eE_t=\frac{e}{2\pi R}\frac{\mathrm{d}\Phi}{\mathrm{d}t}$$

$$\mathrm{d}(mv)=\frac{e}{2\pi R}\mathrm{d}\Phi。$$

设开始时 $\Phi=0, v=0$,积分得

$$mv=\frac{e}{2\pi R}\Phi=\frac{e}{2\pi R}\cdot\pi R^2\overline{B}$$

可得 $R=\frac{2mv}{e\overline{B}}$,与前式比较,得

$$B=\frac{1}{2}\overline{B}$$

轨道上的磁感应强度值等于轨道内磁感应强度的平均值的一半。此时,电子能在稳定的轨道上被加速。

10.2.4　涡电流

如图 10-9 所示,当大块导体处在变化的磁场中时导体内部将出现感应电动势。由于导体的电阻很小,这时在导体中会产生很大的感应电流。这种在大块导体中流动的感应电流,称为涡电流。

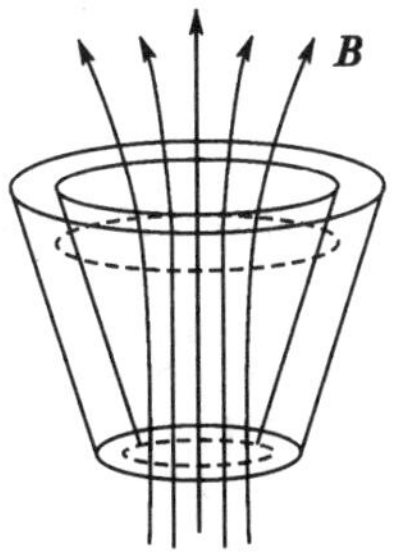

图 10-9　涡电流的产生

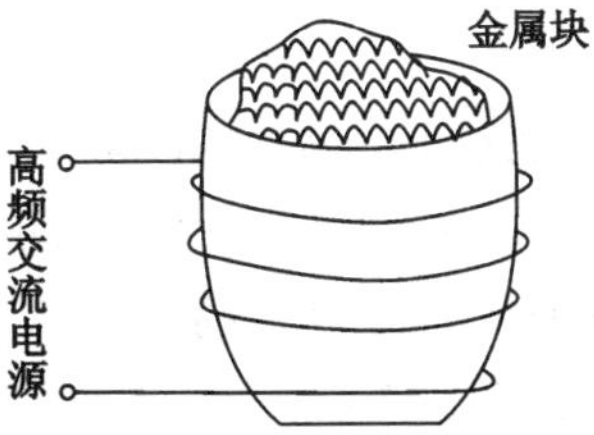

图 10-10　高频感应炉

由于大块导体的电阻很小,涡电流可以达到很大的强度,产生很强的热效应,故在工业上常用高频感应炉来熔化金属,如图 10-10 所示。这种加热法的优点是金属内部各处均匀加热,且可不被氧化。

涡电流产生的热效应虽然应用广泛,但是在有些情况下也具有很大危害。例如,变压器或其他电机的铁心常常因涡电流产生无用的热量,不仅消耗了部分电能,降低了电机的效率,而且会因铁心严重发热而不能正常工作。为了减少涡流损耗,一般变压器、电机等仪器

设备的铁心，不是用整块材料而是用互相绝缘的薄片(如硅钢片)或细片叠合而成，使涡流受绝缘的限制只能在薄片范围内流动，于是增大了电阻、减小了涡电流而使损耗降低。

10.3 自感和互感

前面已经知道，当通过线圈所围面积的磁通量发生变化时，由法拉第电磁感应定律可知，在此线圈中有感应电动势的产生。但是，引起磁通量变化的原因是多种多样的，必须依据具体情况具体分析。

如图 10-11 所示，穿过线圈 1 的磁通量分为两部分：自身电流 I_1 引起的 Φ_1 和另一个线圈电流 I_2 引起的 Φ_2。当电流 I_1 和电流 I_2 发生变化时，回路 1 中的感应电动势为

$$\varepsilon_1 = -\frac{\mathrm{d}\Phi}{\mathrm{d}t} = \left(-\frac{\mathrm{d}\Phi_1}{\mathrm{d}t}\right) + \left(-\frac{\mathrm{d}\Phi_2}{\mathrm{d}t}\right)$$

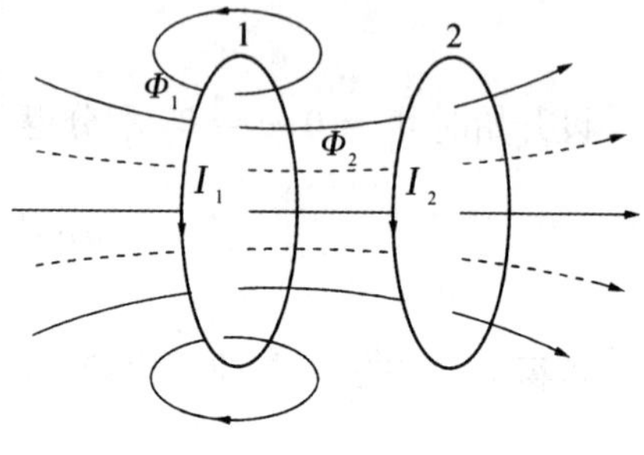

图 10-11 线圈的磁通量

式中，$-\frac{\mathrm{d}\Phi_1}{\mathrm{d}t}$是由于自身条件发生变化而引起的电动势，称为自感电动势；$-\frac{\mathrm{d}\Phi_2}{\mathrm{d}t}$是由于回路 2 变化而在回路 1 中引起的电动势，称为互感电动势。

10.3.1 互感

如图 10-12 所示，假定其他条件不变，只是其中一个线圈的电流发生变化，则另一个线圈中的感应电动势如何呢？

I_1 穿过线圈 2 的磁通量：

$$\Phi_{1\to 2} \propto \boldsymbol{B}_1 \cdot \boldsymbol{S}_2 \sim \frac{\mu_0}{4\pi}\int \frac{I_1 \mathrm{d}\boldsymbol{l} \times \boldsymbol{r}}{r^3} \cdot \boldsymbol{S}_2 = M_{21} \cdot I_1$$

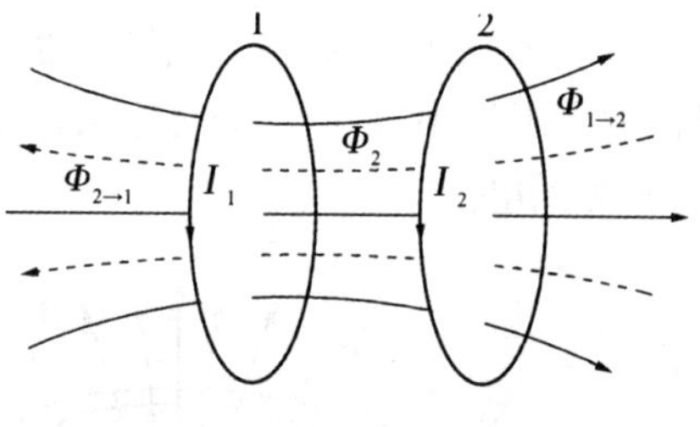

图 10-12 两线圈之间的互感

I_2 穿过线圈 1 的磁通量 $\Phi_{2\to 1} = M_{12} \cdot I_2$。

这里 M_{12} 和 M_{21} 是一个比例系数，它与两个线圈的形状、匝数、大小、相对位置以及介质的磁导率有关，称为互感系数。互感系数单位为 H(亨利)，$1\ \mathrm{H} = 1\ \mathrm{Wb} \cdot \mathrm{A}^{-1}$。

实验证明：$M_{12} = M_{21} = M$。

$$\begin{cases} \Phi_{2\to 1} = MI_2 \\ \Phi_{1\to 2} = MI_1 \end{cases} \tag{10-3-1}$$

由(10-3-1)式可知：两个线圈的互感系数 M 数值上就等于其中一个线圈的电流为 1 个单位时穿过另一线圈的磁通量。

当其中一个线圈中的电流发生变化时，在另一线圈中产生的互感电动势为

$$\varepsilon_{21} = -\frac{\mathrm{d}\Phi_{1\to 2}}{\mathrm{d}t} = -M\frac{\mathrm{d}I_1}{\mathrm{d}t}$$
$$\varepsilon_{12} = -\frac{\mathrm{d}\Phi_{2\to 1}}{\mathrm{d}t} = -M\frac{\mathrm{d}I_2}{\mathrm{d}t} \qquad (10-3-2)$$

(10－3－2)式中的负号说明一个线圈中的互感电动势，要反抗另一个线圈中的电流变化。

互感系数一般用实验方法测定。只有对于一些比较简单的情况，才能用计算的方法求得。

互感现象在电工技术和无线电技术中应用广泛。通过互感线圈能够把能量或信号从一个线圈传递到与其绝缘的另一个线圈中，电工和无线电技术中使用的各种变压器都是互感器件。但互感也能产生有害的影响，如收音机各回路之间，电话线和电力输送线之间，都会因互感产生严重干扰，这时需采取技术措施来减小它们之间的互感作用。

【例题 10－3】 如图 10－13 所示，一矩形线圈长为 l_1、宽为 l_2，放置在一根长直导线旁边，相距为 d，并且和直导线在同一平面内。该直导线是闭合回路的一部分，其余部分离线圈很远，其影响可以忽略不计，求图 10－13(a)和(b)两种情况下，它们之间的互感。

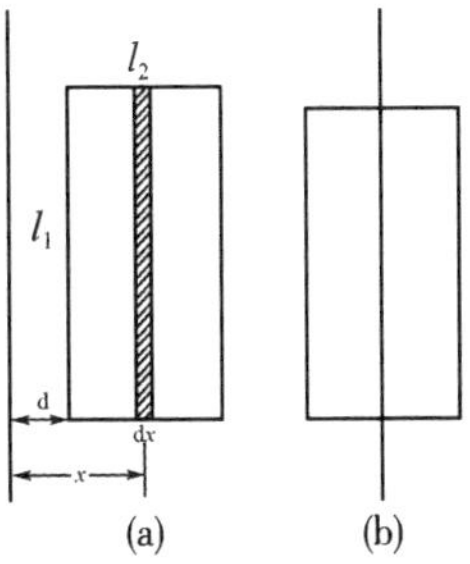

图 10－13　例题 10－3 图

解： 在图 10－13(a)情况下，假设直导线中通有电流 I，则在 x 处产生的磁感应强度为

$$B = \frac{\mu_0 I}{2\pi x}$$

通过小面积 dS 的磁通量为

$$\mathrm{d}\Phi = B\mathrm{d}S = \frac{\mu_0 I}{2\pi x} l_1 \mathrm{d}x$$

总的磁通量为

$$\Phi = \int \mathrm{d}\Phi = \int_d^{d+l_2} \frac{\mu_0 I}{2\pi x} l_1 \mathrm{d}x = \frac{\mu_0 I}{2\pi} l_1 \ln\frac{d+l_2}{d}$$

互感系数为

$$M = \frac{\Phi}{I} = \frac{\mu_0 l_1}{2\pi} \ln\frac{d+l_2}{d}$$

在图 10－13(b)的情况下，假设直导线中通有电流 I，因为矩形线圈和直导线共面且对称放置，所以总的磁通量为

$$\Phi = \int \mathrm{d}\Phi = 0$$

互感系数为

$$M = 0。$$

10.3.2 自感

电流流过线圈时,由该电流产生的磁感应线通过线圈本身。当通过线圈的电流发生变化时,穿过线圈本身所围面积的磁通量也要发生变化。由法拉第电磁感应定律可知,在此线圈中有感应电动势的产生。这种由于线圈自身电流发生变化而在线圈内引起的电磁感应现象叫自感现象,产生的电动势称为自感电动势。

对于一个载有电流 I 的线圈,当其大小和形状不变且无铁磁质时,根据毕奥-萨伐尔定律可知电流 I 在空间任意一点都激发磁场。因此,通过线圈的磁通量也与电流 I 成正比,即

$$\Phi = LI \tag{10-3-3}$$

式中,L 称为自感系数(简称自感),其数值与回路的几何形状、尺寸大小、匝数及周围的磁介质有关。

根据法拉第电磁感应定律,可得自感电动势为

$$\varepsilon_L = -\frac{d\Phi}{dt} = -\left(L\frac{dI}{dt} + I\frac{dL}{dt}\right) \tag{10-3-4}$$

如果线圈的形状、大小、匝数及周围的磁介质的磁导率都不随时间变化,则 L 为一常量,$\frac{dL}{dt} = 0$,因而

$$\varepsilon_L = -L\frac{dI}{dt} \tag{10-3-5}$$

从(10-3-5)式可以看出:自感系数的意义也可以理解为线圈中的电流随时间变化率为1个单位时,线圈中产生的自感电动势的绝对值。

在工程技术和日常生活中自感现象的应用广泛,如无线电技术和电工技术中的扼流圈、日光灯的镇流器等。但是在有些情况下,自感现象也会给人带来危害,必须采取措施予以防止。例如,电机和强力电磁铁在电路中相当于自感很大的线圈,因此在断开电路时可能会在电路中出现瞬时的大电流而造成事故。为了减小这种危害,一般都事先增加电阻使电流减小,然后再断开电路。针对大电流电力系统中的开关,还应附加有"灭弧"装置。

讨论: 回路的自感应有使回路保持原有电流不变的性质,这一性质与物体的惯性有些相似,故也称其为"电磁惯性"。

【例题 10-4】 如图 10-14 所示,求其自感系数。

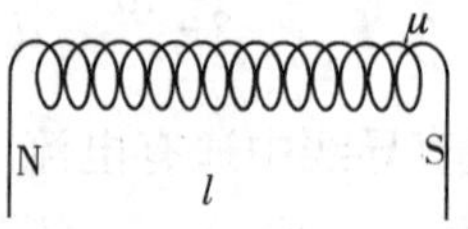

图 10-14 例题 10-4 图

解: 当线圈中流有电流 I 时,其间的磁场为: $B = \mu\frac{N}{l}I$

磁通量为: $\Phi = NBS = \mu\frac{N^2}{l}SI$

自感系数
$$L=\frac{\Phi}{I}=\frac{\mu\frac{N^2}{l}SI}{I}=\mu\frac{N^2}{l}S$$

设 $n=\frac{N}{l}$，螺线管的体积 $V=lS$，则上式变为

$$L=\mu\cdot\frac{N}{l}\cdot N\cdot S\cdot l\cdot\frac{1}{l}=\mu n\cdot NV\cdot\frac{1}{l}=\mu n^2V$$

【例题 10－5】 载流同轴圆柱面如图 10－15 所示，求其单位长度的自感系数。

解： 任意一点的磁感应强度：$B=\frac{\mu I}{2\pi r}$

通过 dS 的磁通量为　$d\Phi=\boldsymbol{B}\cdot d\boldsymbol{S}=B\cdot l dr$

总磁通量为　$\Phi=\int d\Phi=\int_a^b Bl dr=\int_a^b\frac{\mu I}{2\pi r}\cdot l dr=\frac{\mu l I}{2\pi}\ln\frac{b}{a}$

自感系数为　$L=\frac{\Phi}{I}=\frac{\frac{\mu l I}{2\pi}\ln\frac{b}{a}}{I}=\frac{\mu l}{2\pi}\ln\frac{b}{a}$

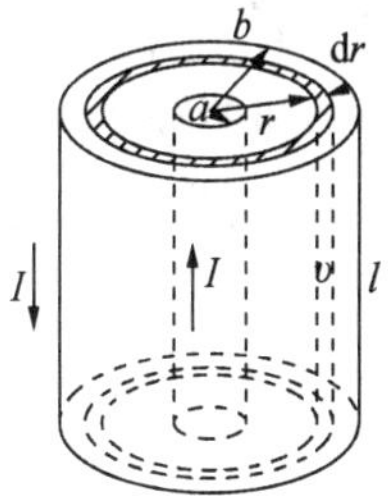

图10－15　例题 10－5 图

单位长度的自感系数为：

$$\frac{L}{l}=\frac{\mu}{2\pi}\ln\frac{b}{a}$$

说明： 此题关键在于磁通量的求解。

10.3.3　应用举例

(1) 感应圈

感应圈是工业生产和实验室中用低压直流电获得交变高压的一种装置。它主要部分是两个绕在铁心上的绝缘导线线圈，初级线圈直接绕在铁心上，由比较少的几匝粗导线组成，次级线圈则由多匝细导线组成。如图 10－16 所示，当闭合电键 K 时，初级线圈 N_1 中有电流通过，线圈中的铁心被磁化而吸引 M，使 M 与 D 分离电路断开；当 N_1 中无电流流过时磁力消失，此时 M 与 D 受弹力作用返回到接触状态，电路又接通，如此反复进行。这样，初级线圈中的电流不断变化，在次级线圈 N_2 中产生感生电动势。由于 $N_2\gg N_1$，故在 N_2 的 a、b 两端可得到 1 万伏到几万伏的电压，产生火花放电现象。汽车发动机的点火器就是一个感应圈，它所放电产生的火花能够把混合气体点燃。

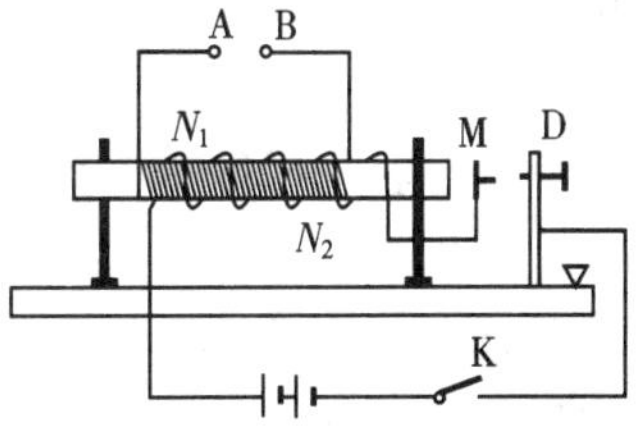

图 10－16　感应圈

(2) 互感器

互感器是运用电磁感应原理工作的。互感器分为电压互感器和电流互感器。为了使测量仪表、继电器等二次电气系统与一次电气系统隔离以保证人员和二次设备的安全，将一次

电气系统的高电压变换成同一标准的低电压值(100 V,100/$\sqrt{3}$ V,100/3 V)。电压互感器的作用就是给测量仪表、继电器等提供低电压。电流互感器的作用与电压互感器的作用基本相同,不同的就是电流互感器是将一次电气系统的大电流变换成标准的 5 A 或 1 A 的电流,供给继电器、测量仪表的电流线圈。测量交流电流的电流互感器如图 10-17 所示。

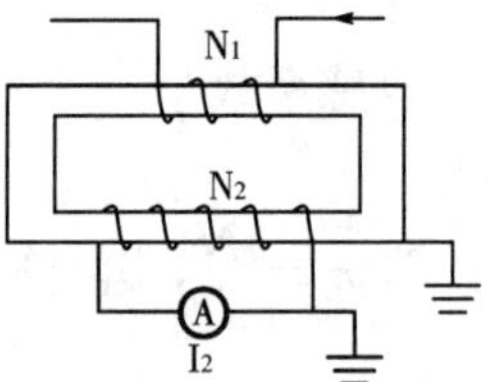

图 10-17 互感器

(3) 灭磁电阻

如图 10-18 所示,大型交流发电机中用直流电通入转子线圈产生磁场,转子转动时在定子线圈中产生交流电输出,停机时要先合上 K_2 后断开 K_1,否则电路中产生的自感电动势会将线圈绝缘击穿,或在开关处产生强烈的电弧而烧坏开关。

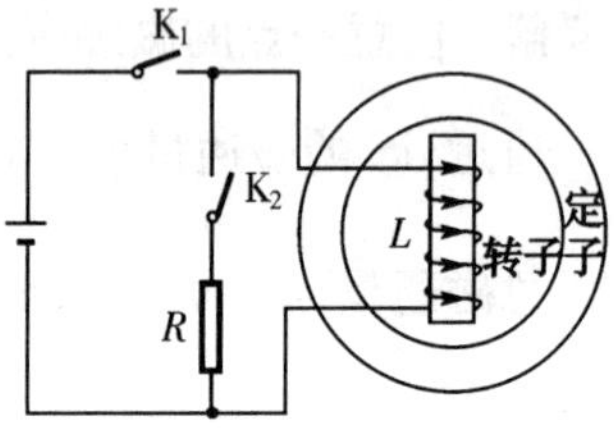

图 10-18 灭磁电阻

当 K_2 合上 K_1 断开时,电路中有方程为:

$$\varepsilon_L = iR;\quad \varepsilon_L = -L\frac{\mathrm{d}i}{\mathrm{d}t}$$

解得:$i = I_0 \mathrm{e}^{-\frac{R}{L}t}$,其中 I_0 为初始时刻的电流。

上式说明电流不是突然减为零,而是逐渐减少。R 越大,衰减越快,故应使用适当功率的小电阻。

电阻回路所消耗的能量为:

$$W = \int_0^{\infty} i^2 R\mathrm{d}t = I_0^2 R\int_0^{\infty}\mathrm{e}^{-\frac{2R}{L}t}\mathrm{d}t = \frac{1}{2}LI_0^2$$

则电阻回路所消耗能量等于转子线圈中原来存储的磁能,故称 R 为灭磁电阻。

*10.4 *RL* 电路

前面讨论了含有电容的电路中电流的增加和衰减情况,这一节将主要讨论含有自感的电路中电流的变化规律,进一步了解、掌握电感的作用和性质。由于线圈自感的存在,当电路中电流改变时,电路中要产生感应电动势。根据楞次定律,自感电动势的出现总是要反抗电路中电流的变化。电流增大时,自感电动势与原来电流方向相反;当电流减小时,自感电动势与原来的电流方向相同。回路的自感越大,自感应的作用也越大,即改变电路中的电流越不容易。换句话说,自感现象具有使电路中保持原有电流不变的特性,它使得电路在接通及断开后电路中电流要经历一个短暂的过程才能达到稳定值,这个过程称为 *RL* 电路的暂态过程。

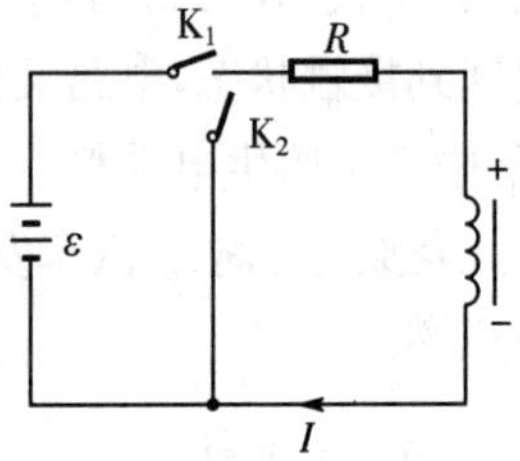

图 10-19 *RL* 电路

在如图 10-19 电路中,当 K_1 接通时线圈中自感电动势为

$$\varepsilon_L = -L\frac{\mathrm{d}I}{\mathrm{d}t} \tag{10-4-1}$$

电路中的方程为

$$\varepsilon - L\frac{\mathrm{d}I}{\mathrm{d}t} = IR \tag{10-4-2}$$

改写为

$$\frac{\mathrm{d}t}{L} = \frac{\mathrm{d}I}{\varepsilon - IR} \tag{10-4-3}$$

对上式积分后得

$$\frac{\varepsilon}{R} - I = \frac{\varepsilon}{R}\mathrm{e}^{-\frac{R}{L}t} \tag{10-4-4}$$

则

$$I = \frac{\varepsilon}{R}(1 - \mathrm{e}^{-\frac{R}{L}t}) = \frac{\varepsilon}{R}(1 - \mathrm{e}^{\frac{t}{\tau}}) \tag{10-4-5}$$

式中，τ 称为时间常数或弛豫时间，$\tau = \frac{L}{R}$。

可见，τ 与电路 R 和电感 L 是相关的。

当 $t \to \infty$ 时，$I = \frac{\varepsilon}{R}$，电路达到稳定值；当 $t = \tau = \frac{L}{R}$ 时，$I = 0.63\frac{\varepsilon}{R}$。

当 K_1 断开，同时 K_2 合上时，则有

$$-L\frac{\mathrm{d}I}{\mathrm{d}t} = IR \tag{10-4-6}$$

同样解得

$$I = I_0\mathrm{e}^{-\frac{R}{L}t} = I_0\mathrm{e}^{-\frac{t}{\tau}} \tag{10-4-7}$$

电流变化情形如图 10－20 所示。

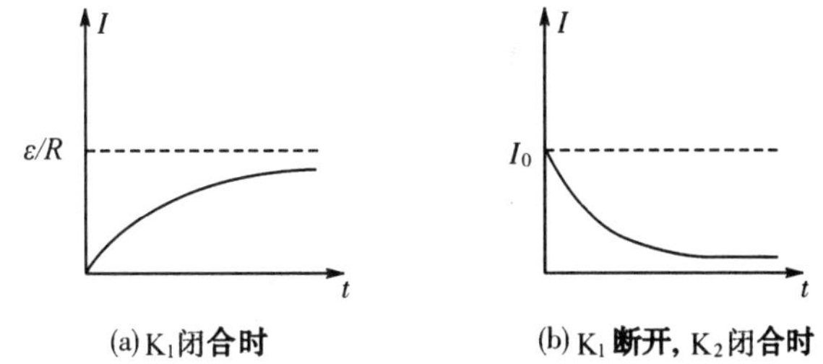

(a) K_1 闭合时　　　　　　(b) K_1 断开,K_2 闭合时

图 10－20　电流衰减情形

若 K_1 断开而 K_2 不合上，则空气中的电阻 R_a 非常大，则电流为 $I = I_0\mathrm{e}^{-\frac{R+R_a}{L}t}$，从而使 I 突然降为零即$\frac{\mathrm{d}I}{\mathrm{d}t}$很大，则产生很大的感应电动势而可能会损坏电路。因此，工业中要使用双掷开关就是这个原理。

10.5 磁场的能量

磁场是一种具有能量的物质。在研究电场能量时是借助于电容器(平行板电容器)进行研究的。这里依然用类似方法,借助于长直螺线管来研究磁场的能量。同电场中的情形一样,其结论具有普遍意义。

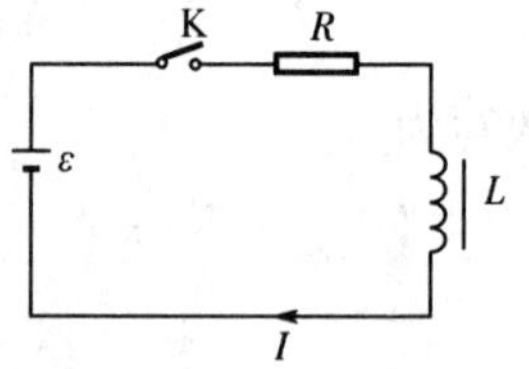

图 10-21 **RL 电路**

在如图 10-21 所示的电路中,L 为电感线圈,R 为电阻。K 闭合后,平衡过程中,由欧姆定律可得

$$\varepsilon + \varepsilon_L = IR; \quad \varepsilon_L = -L\frac{\mathrm{d}I}{\mathrm{d}t}$$

即

$$\varepsilon - L\frac{\mathrm{d}I}{\mathrm{d}t} = IR \tag{10-5-1}$$

上式两边同乘 $I\mathrm{d}t$ 得:

$$\varepsilon I\mathrm{d}t - LI\mathrm{d}I = I^2R\mathrm{d}t \tag{10-5-2}$$

若在 $0\to t$ 时间内,电流由 $0\to I$,则对上式积分有

$$\int_0^t \varepsilon I\mathrm{d}t - \frac{1}{2}LI^2 = \int_0^t I^2R\mathrm{d}t \tag{10-5-3}$$

即

$$\int_0^t \varepsilon I\mathrm{d}t = \int_0^t I^2R\mathrm{d}t + \frac{1}{2}LI^2 \tag{10-5-4}$$

(10-5-4)式表明:在 $0\to t$ 这段时间内,电源所做的功可转化为两部分:导体电阻上的焦耳热和反抗自感电动势所做的功。因为这里只是建立磁场,因此反抗自感电动势所做的功转换为磁场的能量,即

$$W_{\mathrm{m}} = \frac{1}{2}LI^2 \tag{10-5-5}$$

对一长直螺线管,$B = \mu nI, L = \mu n^2V$

$$W_{\mathrm{m}} = \frac{1}{2}LI^2 = \frac{1}{2}\mu n^2V\cdot\frac{B^2}{\mu^2n^2} = \frac{1}{2}\frac{B^2}{\mu}V$$

磁场能量密度为

$$w_{\mathrm{m}} = \frac{W_{\mathrm{m}}}{V} = \frac{1}{2}\frac{B^2}{\mu} \tag{10-5-6}$$

对各向同性介质,有 $B = \mu H$,则

$$w_{\mathrm{m}} = \frac{1}{2}\frac{B^2}{\mu} = \frac{1}{2}\mu H^2 = \frac{1}{2}BH \tag{10-5-7}$$

推广:对于任意一磁场,其能量密度都可用(10-5-7)式表示。

【例题 10－6】 求如图 10－22 所示同轴电缆的自感系数(单位长度),并与 10.3 节中例题 10－5 相比较。

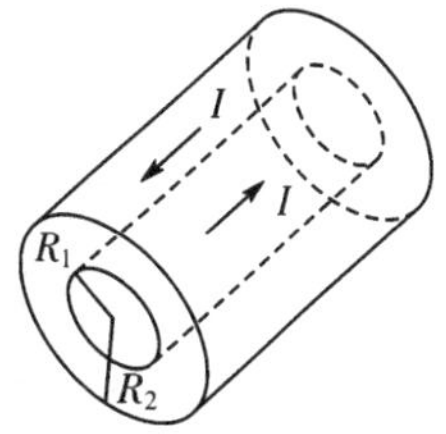

图 10－22　例题 10－6 图

解: 根据安培环路定理,可以求出同轴电缆内的磁场强度 $H=\dfrac{I}{2\pi r}$

则磁场能量密度为 $w_m=\dfrac{1}{2}\mu H^2=\dfrac{1}{2}\mu\cdot\dfrac{I^2}{4\pi^2r^2}=\dfrac{\mu I^2}{8\pi^2r^2}$

磁场能量 $W_m=\int_U w_m\mathrm{d}V=\int\dfrac{\mu I^2}{8\pi^2r^2}\mathrm{d}V$

对单位长度:$\mathrm{d}V=2\pi r\mathrm{d}r\cdot 1=2\pi r\mathrm{d}r$

$$W_m=\int_{R_1}^{R_2}\frac{\mu I^2}{8\pi^2r^2}2\pi r\mathrm{d}r=\frac{\mu I^2}{4\pi}\ln\frac{R_2}{R_1}$$

而

$$W_m=\frac{1}{2}LI^2$$

比较两式可得:

$$L=\frac{\mu}{2\pi}\ln\frac{R_2}{R_1}\text{(与前面所得结果一样)。}$$

10.6　位移电流、电磁场基本方程的积分形式

19 世纪 60 年代,麦克斯韦在总结了前人的实验和理论的基础上对整个电磁现象进行系统研究。首先提出了涡旋电场的假说即变化的磁场要在空间激发感生电场,然后又提出位移电流的假说即变化的电场要在空间激发磁场,从而把电磁规律可用四个方程概括,这就是麦克斯韦方程组。

10.6.1　位移电流

位移电流是麦克斯韦的又一个假说,它是由将安培环路定理运用于含有电容器的非恒定电流情况下出现矛盾而引出的。在稳恒电流磁场中,安培环路定理具有如下的形式

$$\oint_{(L)}\boldsymbol{H}\cdot\mathrm{d}\boldsymbol{l}=I=\int_{(S)}\boldsymbol{j}\cdot\mathrm{d}\boldsymbol{S}\qquad(10-6-1)$$

式中,$\boldsymbol{j}$ 为传导电流密度;S 是以L为边界的任意曲面;I 是环路L所包围的电流的代数和,也就是穿过 S 的电流的代数和。不论 S 的形状如何,只要 S 是以 L 为边界,这样穿过 S 的电流的代数和总是相等的。

如图 10－23 所示,S_1 与导线相交,S_2 在两极板之间但不与导线相交。S_1 和 S_2 都以 L 为边界,S_1 和 S_2 构成一个闭合曲面。

对回路 S_1 有

$$\oint_{(L_{S_1})}\boldsymbol{H}\cdot\mathrm{d}\boldsymbol{l}=I\qquad(10-6-2)$$

对回路 S_2 有

$$\oint_{(L_{S_2})} \boldsymbol{H} \cdot \mathrm{d}\boldsymbol{l} = 0 \tag{10-6-3}$$

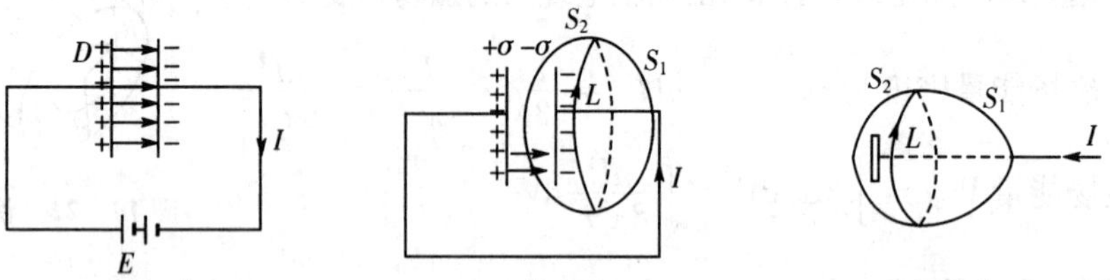

(a) 充电时

(b) 放电时

(c) 闭合曲面

图 10-23　位移电流

上述结果表明：在非稳恒电流的磁场中，$\boldsymbol{H}$ 的环流与闭合回路为边界的曲面有关。选取不同的曲面则环流有不同的值，即在非稳恒电流的情况下，安培环路定律是不适用的。

图 10-23(b)中，导线中的传导电流为

$$I_c = \frac{\mathrm{d}q}{\mathrm{d}t} = \frac{\mathrm{d}(S\sigma)}{\mathrm{d}t} = S\frac{\mathrm{d}\sigma}{\mathrm{d}t}$$

记 $j_c = \dfrac{\mathrm{d}\sigma}{\mathrm{d}t}$ 为传导电流密度。

下面看电容器中 $\boldsymbol{D}$ 和 $\Phi_E = DS$ 随时间的变化

$$\frac{\mathrm{d}D}{\mathrm{d}t} = \frac{\mathrm{d}\sigma}{\mathrm{d}t}\quad(因为\ D=\sigma)$$

$$\frac{\mathrm{d}\Phi_E}{\mathrm{d}t} = S\frac{\mathrm{d}\sigma}{\mathrm{d}t}$$

为使电流是连续的，令

$$\boldsymbol{j}_d = \frac{\partial \boldsymbol{D}}{\partial t},\quad I_d = \frac{\mathrm{d}\Phi_E}{\mathrm{d}t}$$

式中，$\boldsymbol{j}_d$，I_d 分别为位移电流密度和位移电流。

这样电容器两板间中断的传导电流 I_c，可以由位移电流 I_d 继续下去。

若电流中同时存在 I_d 和 I_c，记 $I_s = I_c + I_d$ 为全电流。这样，在非稳性电流的情况下，安培环路定律要修正为

$$\oint_{(L)} \boldsymbol{H} \cdot \mathrm{d}\boldsymbol{l} = I_s = I_c + \frac{\mathrm{d}\Phi_E}{\mathrm{d}t} \tag{10-6-4}$$

或

$$\oint_{(L)} \boldsymbol{H} \cdot \mathrm{d}\boldsymbol{l} = \int_{(s)} \left(\boldsymbol{j}_c + \frac{\partial \boldsymbol{D}}{\partial t}\right) \cdot \mathrm{d}\boldsymbol{S} \tag{10-6-5}$$

上式即为全电流定律。

(10-6-2)式右边积分中包含着 $\boldsymbol{j}_{\mathrm{d}}=\dfrac{\partial \boldsymbol{D}}{\partial t}$，说明位移电流同传导电流一样也要按相同的规律激发磁场。或者说，位移电流与传导电流在激发磁场方面是等效的。而$\dfrac{\partial \boldsymbol{D}}{\partial t}$总是和变化的电场对应，这说明变化的电场在空间也要激发磁场。

10.6.2　麦克斯韦方程组的积分形式

1865 年，麦克斯韦在总结电磁学的全部基本现象后提出了涡旋电场和位移电流的概念，并建立了电磁场理论，得到电磁场的四个基本方程：

$$\oint_{(S)} \boldsymbol{D} \cdot \mathrm{d}\boldsymbol{S} = \int_{(V)} \rho \mathrm{d}V = q \tag{10-6-6}$$

$$\oint_{(L)} \boldsymbol{E} \cdot \mathrm{d}\boldsymbol{l} = -\int_{(S)} \frac{\partial \boldsymbol{B}}{\partial t} \cdot \mathrm{d}\boldsymbol{S} \tag{10-6-7}$$

$$\oint_{(S)} \boldsymbol{B} \cdot \mathrm{d}\boldsymbol{S} = 0 \tag{10-6-8}$$

$$\oint_{(L)} \boldsymbol{H} \cdot \mathrm{d}\boldsymbol{l} = \int_{(S)} \left(\boldsymbol{j}_c + \frac{\partial \boldsymbol{D}}{\partial t}\right) \cdot \mathrm{d}\boldsymbol{S} \tag{10-6-9}$$

上述四个方程适用于一般电磁场。对于静电场的情形，上述四个方程变为：

$$\oint_{(S)} \boldsymbol{D} \cdot \mathrm{d}\boldsymbol{S} = \int_{(V)} \rho \mathrm{d}V = q \tag{10-6-10}$$

$$\oint_{(L)} \boldsymbol{E} \cdot \mathrm{d}\boldsymbol{l} = 0 \tag{10-6-11}$$

$$\oint_{(S)} \boldsymbol{B} \cdot \mathrm{d}\boldsymbol{S} = 0 \tag{10-6-12}$$

$$\oint_{(L)} \boldsymbol{H} \cdot \mathrm{d}\boldsymbol{l} = \int_{(S)} \boldsymbol{j}_c \cdot \mathrm{d}\boldsymbol{S} = I_c \tag{10-6-13}$$

物理学家简介：麦克斯韦

麦克斯韦

詹姆斯·克拉克·麦克斯韦(1831—1879)，英国物理学家、数学家。科学史上称，牛顿把天上和地上的运动规律统一起来，是实现第一次大综合；麦克斯韦把电、光统一起来，是实现第二次大综合。因此麦克斯韦应与牛顿齐名。1873 年，麦克斯韦出版的《论电和磁》也被尊为继牛顿《原理》之后的一部最重要的物理学经典，没有电磁学就没有现代电工学，也就不可能有现代文明。

10.7 电磁波

10.7.1 从电磁振荡到电磁波

根据麦克斯韦对涡旋电场和位移电流的预言,可以得到:周期性变化的磁场必定会激发周期性变化的电场,而周期性变化的电场也会激发周期性变化的磁场。变化的电场和变化的磁场互相依存又互相激发并以有限的速度在空间传播,这就是电磁波。图 10-24 是电磁波沿一维空间传播的示意图。

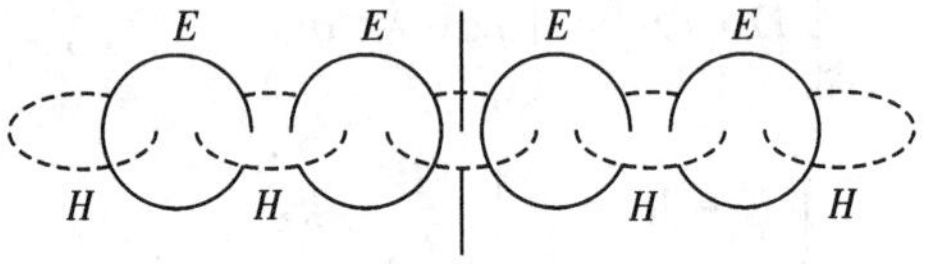

图 10-24 电磁波一维空间传播的示意图

一个 LC 振荡电路原则上可以作为发射电磁波的波源。当已充电的电容器通过电感线圈放电时,由于线圈自感电动势的产生,电路上的电流只能逐渐上升,电容器极板间的电场能量逐渐转变为线圈内的磁场能量。随着电容器电荷减少到零,线圈中的电流达到最大值,电场能量全部转变为磁场能量。这时,虽然电容器没有了电荷,但电流并不立即消失,因为线圈产生与刚才方向相反的自感电动势,使电路上的电流按原来放电电流的方向继续流动,并对电容器反方向充电,从而在两极板间建立了与先前方向相反的电场。当电容器极板上的电荷达到最大值时,电路中的电流减小到零,线圈中的磁场也相应消失。至此,线圈中的磁场能量又全部转变为电容器极板间的电场能量。以后又重复上面的过程,不过电路中的电流的方向与先前相反。这样的过程周而复始地进行下去,电路中就产生了周期性变化的电流。这种电荷和电流随时间作周期性变化的现象,称为电磁振荡。振荡电路的固有振荡频率为

$$\nu = \frac{1}{2\pi\sqrt{LC}} \tag{10-7-1}$$

要把这样的振荡电路作为波源向空间发射电磁波,还必须具备两个条件:① 振荡频率要高;② 电路要开放。提高电磁振荡频率,就必须减小电路中线圈的自感 L 和电容器的电容 C;开放电路,就是不让电磁场和电磁能集中在电容器和线圈之中,而要分散到空间去。根据这样的要求对电路进行改造,结果整个 LC 振荡电路就演变成为一根直导线,电流在其中往返振荡,两端出现正负交替变化的等量异号电荷,此电路就称为振荡偶极子,或偶极振子。以偶极振子作为天线,就可以有效地在空间激发电磁波。

10.7.2 偶极振子发射的电磁波

在离振子中心的距离 r 小于电磁波波长 λ 的近心区,电场和磁场的分布情况比较复杂,这可以从一条电场线由出现到形成闭合圈并向外扩展的过程中看出,图 10-25 示意这个过程。图 10-25 中未画出磁感应线,磁感应线是以偶极振子为轴、疏密相间的同心圆,并与电场线互相套连。

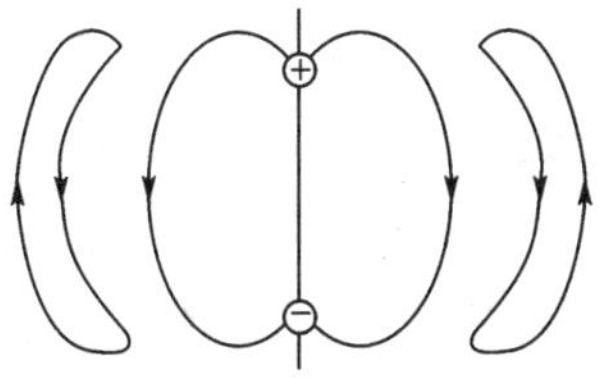

图 10 - 25　偶极振子发射电磁波

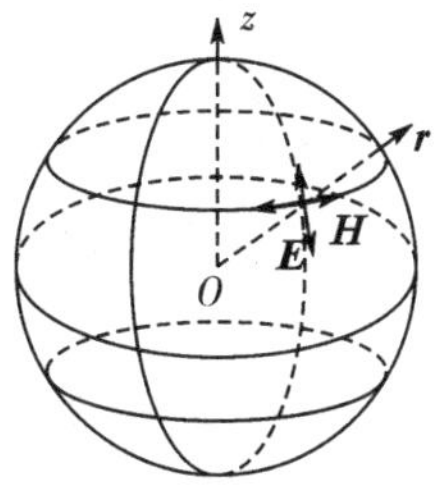

图 10 - 26　以振子中心为球心，以偶极振子的轴线为极轴作球面

在离振子的距离 r 远大于电磁波波长 λ 的波场区，波面趋于球面，电磁场的分布比较简单。以振子中心为球心、以偶极振子的轴线为极轴作球面（如图 10 - 26 所示），这个球面可以作为电磁波的一个波面。在波面上任意一点 A 处，电场强度矢量 $\boldsymbol{E}$ 处于过点 A 的子午面内，磁场强度矢量 $\boldsymbol{H}$ 处于过点 A 并平行于赤道平面的平面内，两者互相垂直并且都垂直于点 A 的位置矢量 $\boldsymbol{r}$，即垂直于波的传播方向。

理论计算表明，偶极振子发射的电磁波的波强度（即平均能流密度）具有以下规律：① 正比于频率的四次方，即频率越高，能量辐射越多；② 反比于离开振子中心的距离的平方；③ 正比于 $\sin^2\theta$，即具有强烈的方向性，在垂直于偶极振子轴线的方向上辐射最强，而沿轴线方向的辐射为零。

*10.7.3　赫兹实验

赫兹利用电容器充电后通过火花隙放电产生振荡的原理，设计了图 10 - 27 所示的振荡器。图中 C、D 是放置在同一条直线上的两段铜棒，两铜棒的端部分别带有一个光滑的铜球，两铜球之间留有一间隙 P，两铜棒分别与感应圈 T 的两极相接。感应圈以 10×10^2 Hz 的频率间歇地在 C、D 之间产生很高的电压，当间隙 P 中的空气被击穿而产生电火花时两段铜棒构成电流通路，就形成前面所说的偶极振子。偶极振子产生的电磁波沿 PK 方向传播。探测电磁波的谐振器 Q 是用铜棒制成的留有火花隙的圆环，通过调节两铜球的距离改变火花隙的大小从而改变谐振频率。将谐振器 Q 放置在电磁波的传播路径 PK 的某处，适当选择其方位、调节谐振器的频率，当与振荡器发生谐振时谐振器间隙会出现最明显的火花。

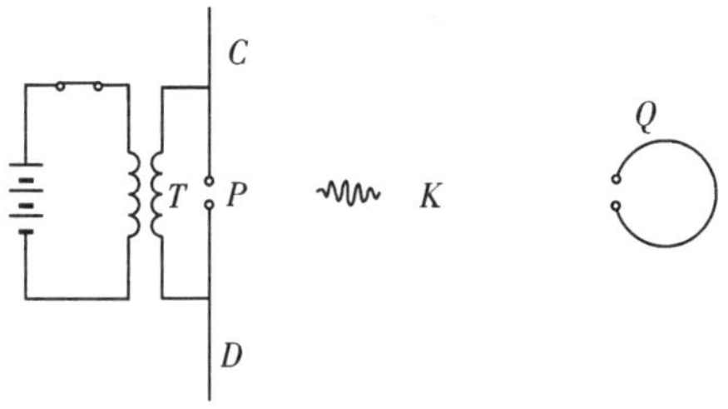

图 10 - 27　赫兹振荡器

赫兹实验不仅在人类历史上首次发射和接收电磁波，而且通过多次实验证明了电磁波与光波一样能够发生反射、折射、干涉、衍射和偏振，验证了麦克斯韦的预言，揭示了光的电磁本质，从而将光学与电磁学统一起来。

10.7.4　电磁波谱

麦克斯韦从理论上预言了电磁波的存在，赫兹利用电磁振荡的方法产生了电磁波，并证明了可见光属于电磁波。以后人们又证明了红外线、紫外线、X 射线和 γ 射线都属于电磁波。在真空中,各种电磁波都具有相同的传播速度。若将各种电磁波按照频率或波长的大小顺序排列,就形成了电磁波的波谱,如图 10 - 28 所示。

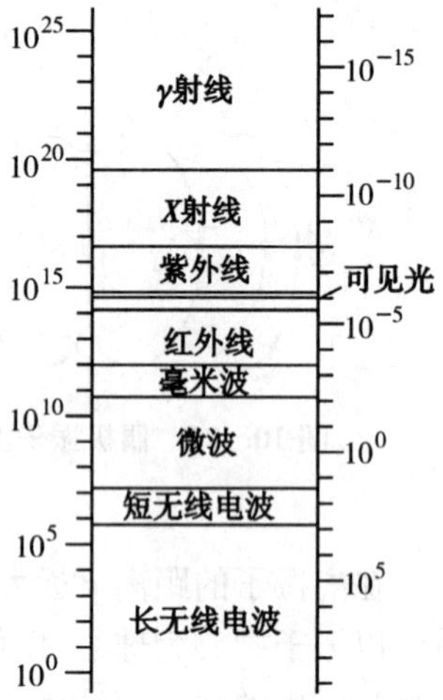

图 10 - 28　电磁波的波谱

由图 10 - 28 可见:在整个电磁波谱上大致可以划分成如下区域:

(1) 无线电波,波长约处于 3 km～1 mm 之间。其中波长在 3 km～50 m 的属于中波波段,波长在 50～10 m 的属于短波波段,波长在 10 m～1 mm 的属于微波波段。无线电波常用于广播、电视、通讯和雷达。

(2) 红外线,波长约处于十分之几毫米至 760 nm 之间,红外线具有显著的热效应,因而也称为热线。

(3) 可见光,波长处于 760～400 nm 之间。

(4) 紫外线,波长处于 400～5 nm 之间。

(5) X 射线,波长范围在 10～10^{-2} nm 之间。

(6) γ 射线,波长可以从 10^{-2} nm 算起,直至无限短。

思　考　题

10 - 1　动生电动势是由洛伦兹力做功引起的,而洛伦兹力永远和运动方向垂直,因而对电荷不做功,两者是否矛盾?

10 - 2　均匀磁场垂直纸面向内(如图所示),若磁场区域足够大,当 K 闭合后,MN 将如何运动?(轨道电阻不计)

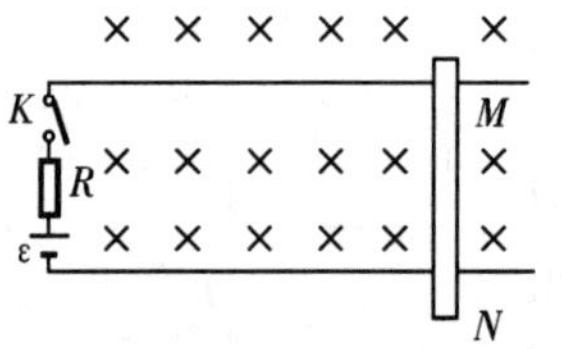

思考题 10 - 2 图

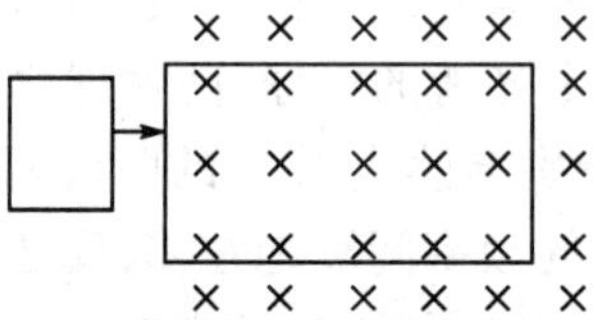
思考题 10 - 3 图

10 - 3　一矩形线圈以 v 匀速自左从无磁场区域进入均匀磁场,又穿出磁场进入右侧无磁场区域(如图所示),试定性画出线圈中电流随时间的变化规律。

10 - 4　灵敏电流计的线圈处于永磁铁的磁场中,通入电流则线圈就发生偏转。切断电流后,线圈在恢复至原来的位置时总要摆动很多次。这时,如果用导线把线圈的两个接头短路,则摆动会马上停止。这是什么缘故?

10 - 5　熔化金属的一种方法是用高频电磁炉,它的主要部件是一个铜制线圈,线圈中有一坩埚,埚中放待熔化的金属块。当线圈中通以高频交流电时,埚中金属就可以被熔化。这是什么缘故?

10 - 6　变压器的铁心为什么总作成片状的,而且涂上绝缘漆相互隔开?铁片放置的方向应和线圈中磁场的方向有什么关系?

10 - 7　将尺寸完全相同的铜环和铝环适当放置,使通过两环内的磁通量的变化率相等。试问这两个环中的感应电流和感生电场是否相等?

10-8　在电子感应加速器中,电子加速所得到的能量是哪里来的?试定性解释。

10-9　三个线圈中心在一条直线上,相隔的距离很近,如何放置能够使得它们两两之间的互感系数为零?

10-10　有两个金属环,其中一个金属环的半径略小于另一个,为了得到最大互感应把这两个小线圈环面对面放置还是一个金属环套在另一个金属环中?如何套呢?

10-11　一种用小线圈测磁场的方法:将一个匝数为 N、面积为 S 的小线圈的两端与一测量电量的冲击电流计相连,小线圈和电流计线路的总电阻为 R,先把它放到待测磁场中,并使线圈平面与磁场方向垂直,然后急速将其移到磁场外,这时电流计测量通过的电量为 q,试用 N、S、q、R 表示待测磁场的大小。

10-12　如果电路中有强电流时,若突然打开刀闸断电时就有一大火花跳过刀闸。试解释这一现象。

10-13　金属探测器的探头内通入脉冲电流才能测到埋在地下的金属物品发回的电磁信号。能否用恒定电流来探测?埋在地下的金属为什么能发回电磁信号?

10-14　麦克斯韦方程组中各方程的物理意义是什么?

10-15　如果真有磁荷存在,那么根据电和磁的对称性,麦克斯韦方程组应如何修改?(以 g 表示磁荷)

10-16　加速电荷在某处产生横向电场、横向磁场与电荷加速度以及该处离电荷的距离有何关系?

习　　题

10-1　将条形磁铁竖直插入木质圆环,则环中　　(　　)

(A) 产生电动势,也产生电流　　(B) 产生电动势,不产生电流

(C) 不产生电动势,也不产生电流　　(D) 不产生电动势,产生电流

10-2　面积分别为 S 和 $2S$ 的两线圈对面共轴平行放置且通有相同电流 I,线圈 1 的电流在线圈 2 中产生的磁通量为 Φ_{12},线圈 2 的电流在线圈 1 中产生的磁通量为 Φ_{21},则　　(　　)

(A) $\Phi_{12}=2\Phi_{21}$　　(B) $\Phi_{21}=2\Phi_{12}$　　(C) $\Phi_{12}=\Phi_{21}$　　(D) $\Phi_{21}>\Phi_{12}$

10-3　对于位移电流有下述四种说法,请指出哪一种说法正确　　(　　)

(A) 位移电流是由变化的电场产生的

(B) 位移电流是由线性变化的磁场产生的

(C) 位移电流的热效应服从焦耳-楞次定律

(D) 位移电流的磁效应不服从安培环路定理

10-4　关于由变化的磁场所产生的感生电场,下列说法正确的是　　(　　)

(A) 感生电场的电场线起始于正电荷,终止于负电荷

(B) 感生电场的电场线为闭合曲线

(C) 感生电场为保守场

(D) 感生电场的电场强度沿闭合回路的积分值为零

10－5　一闭合金属轻环如图放置，当右侧螺线管通以如下的哪种电流时，金属环内将产生图示方向的感生电流，同时该金属环向线圈方向移动。　(　　)

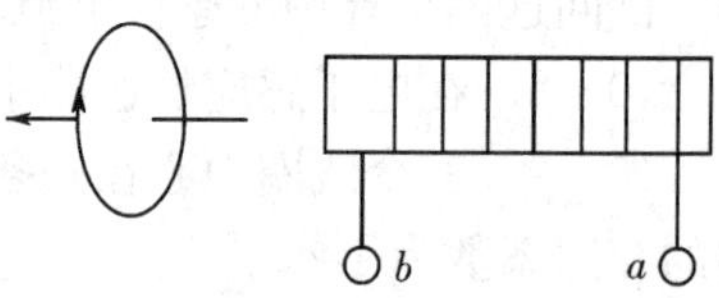

习题 10－5 图

(A) 电流从 b 点流入，a 点流出，并逐渐减少

(B) 电流从 a 点流入，b 点流出，并逐渐减少

(C) 电流从 b 点流入，a 点流出，并逐渐增大

(D) 电流从 a 点流入，b 点流出，并逐渐增大

10－6　一细导线弯成直径为 d 的半圆置于纸面内，均匀磁场 $\boldsymbol{B}$ 垂直于纸面向里。当导线绕着 O 点以匀角速度 ω 在纸面内转动时，则 Oa 间的电势为　(　　)

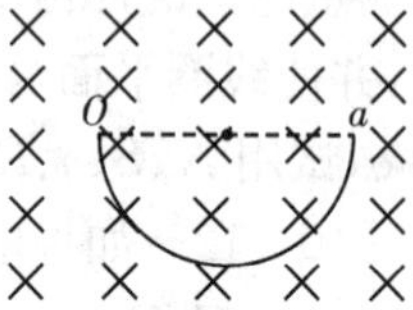

习题 10－6 图

(A) $\dfrac{1}{2}\omega Bd^2$　　(B) ωBd^2

(C) $\dfrac{1}{2}\omega Bd\cos\omega t$　　(D) $\dfrac{1}{2}\omega Bd\sin\omega t$

10－7　尺寸相同的铁环和铜环所包围的面积通以相同变化率的磁通量，则　(　　)

(A) 感应电动势不同，感应电流不同　　(B) 感应电动势相同，感应电流相同

(C) 感应电动势不同，感应电流相同　　(D) 感应电动势相同，感应电流不同

10－8　圆铜盘水平放置在均匀磁场中，磁场的方向垂直盘面向上，当铜盘绕通过中心垂直于盘面的轴沿图中箭头方向转动时　(　　)

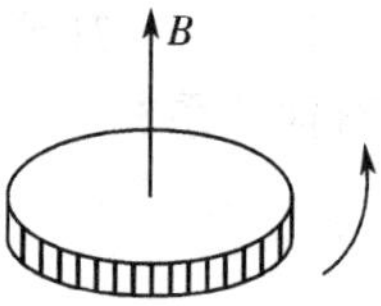

习题 10－8 图

(A) 铜盘上有感应电流产生，沿着铜盘转动的方向流动

(B) 铜盘上产生涡电流

(C) 铜盘上有感应电动势产生，铜盘边缘处电势最高

(D) 铜盘上有感应电动势产生，铜盘中心处电势最高

10－9　均匀磁场垂直于纸面向里，导线 ab 是半径为 R 的半圆周，当导线以速度 v 垂直于磁场向右运动时(如图所示)，导线内动生电动势的大小？

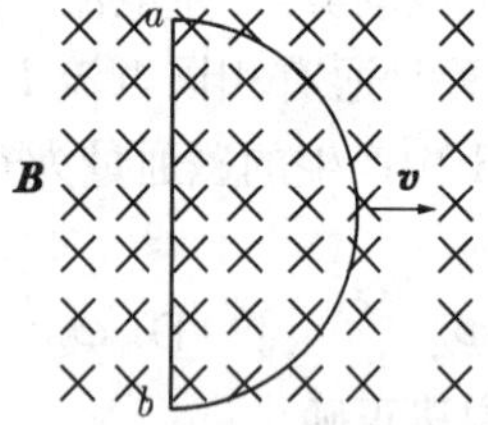

习题 10－9 图

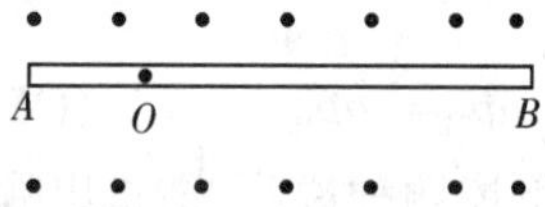

习题 10－10 图

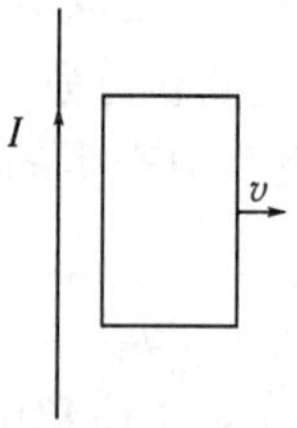

习题 10－11 图

10－10　长为 0.5 m 的金属棒以长度的 1/5 处为轴在纸面内逆时针转动，每秒转 2 转，该处有垂直于纸面向外的均匀磁场，大小为 $B=0.5\times10^{-4}$ T，求 AB 两端的电势差。

10－11　一长直导线通有电流 $I=0.5$ A，在与其相距 $d=5.0$ cm 处放有一个共 1 000 匝的矩形线圈，线圈以速度 $v=3.0$ m/s 沿垂直于长导线的方向向右运动时，线圈中的动生电动势是多少？已知线圈长为 4.0 cm，宽为 2.0 cm。

10－12　一无限长直导线载有电流 I，在与其相距为 a 处放置一矩形线圈且与直导线共面，一边长为 L，与直导线平行，另一边长为 b，若电流 I 随时间变化，即 $I=I_0\mathrm{e}^{-kt}$ (I_0，k 均为正常数)。求线圈中感生电动势。

10-13　一矩形闭合电路置于均匀磁场中，磁场方向垂直纸面向里，大小 $B=B_0(1-\alpha t)$，其中，t 为时间，α 为常量。$cd=l=0.2\ \text{m}$，向右以 $v=0.2\ \text{m/s}$ 匀速自由移动，若 $B_0=0.5\ \text{T}$，$\alpha=0.1\ \text{T/s}$ 回路等效电阻为 2Ω，并在 $bc=cd$ 时，开始计时($t=0$)，当 $t=1\ \text{s}$ 时，试求：(1) 回路电流；(2) 导线 cd 受到的磁场力。

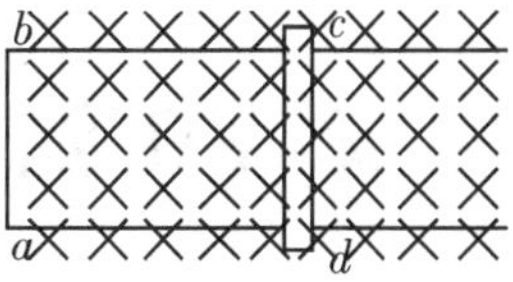

习题 10-13 图

10-14　设一同轴电缆由半径分别为 R_1 和 R_2 的两个同轴薄壁长直圆筒组成，两长圆筒通有等值反向电流 I(如图所示)，两筒间介质的相对磁导率为 μ_r，求同轴电缆：(1) 单位长度的自感系数；(2) 单位长度内储存的磁能。

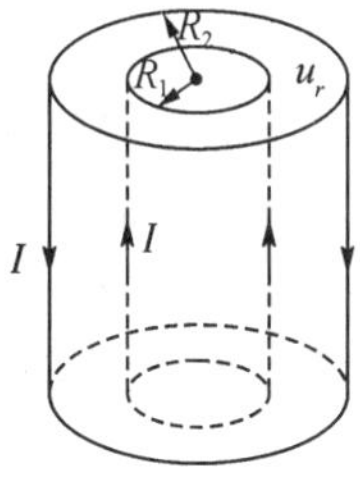

习题 10-14 图

10-15　一长直导线中通有电流 $I=10\ \text{A}$，在其附近有一长为 $l=0.2\ \text{m}$的金属棒 AB，垂直于直导线放置，现以 $v=2.0\ \text{m/s}$ 的速度平行于长直导线远离长直导线作匀速运动，如果棒的近导线的一端距离导线 $d=0.1\ \text{m}$，求金属棒中的动生电动势。

10-16　两个共轴圆线圈，半径分别为 R 和 r，匝数分别为 N_1 和 N_2，相距为 d，如图所示。设 r 很小，则小线圈所在处的磁场可以视为均匀的，求两线圈的互感系数。

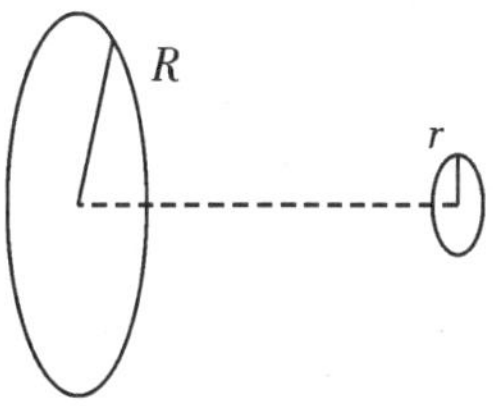

习题 10-16 图

10-17　两线圈的自感分别为 L_1，L_2，它们之间的互感为 M。(1) 当它们顺接时，证明两者的等效自感为 $L=L_1+L_2+2M$；(2) 当它们反串时，证明两者的等效自感为 $L=L_1+L_2-2M$。

10-18　一根直导线载有电流 I，I 均匀地分布在它的横截面上。证明：该导线内部单位长度的磁场能量为 $\dfrac{\mu_0 I^2}{16\pi}$。

10-19　真空中，若一均匀电场中的电场能量密度与 $0.5\ \text{T}$ 的均匀磁场中的磁场能量密度相等，求该电场的电场强度为多少？

10-20　电子感应加速器中磁场在直径为 $0.5\ \text{m}$ 的圆柱形区域内是均匀的，若磁场的变化率为 $1.0\times10^{-2}\ \text{T/s}$，试计算离开中心距离为 $0.10\ \text{m}$、$0.50\ \text{m}$、$1.0\ \text{m}$ 处各点的感生电场。

10-21　将一自感为 $0.5\ \text{mH}$、电阻为 $0.01\ \Omega$ 的线圈串接到内阻可以忽略不计，其电动势为 $12\ \text{V}$ 的电源上，问电流在电键接通多长时间达到稳定值的 90%？这时在线圈中储存多少磁能？到此时电源共消耗了多少能量？

10-22　假设从地面到海拔 $6\times10^6\ \text{m}$ 的范围内，地磁场为 $0.5\times10^{-4}\ \text{T}$，试粗略计算在此区域内地磁场的总磁能。

10-23　一平行板空气电容器的两极板都是半径为 R 的圆形导体片。在充电时，板间电场强度的变化率为 $\dfrac{\mathrm{d}E}{\mathrm{d}t}$，若略去边缘效应，求两板间的位移电流。

10-24　有一平板电容器，极板是半径为 R 的圆形板。现将两极板由中心处用长直引线连接到一远处的交变电源上，使两极板上电荷按 $q=q_0\sin\omega t$ 规律变化，略去边缘效应，求两板间任意一点的磁场强度。

10-25　为了在一个 $1.0\ \mu\text{F}$ 的电容器内产生 $1.0\ \text{A}$ 的瞬时位移电流，加在电容器上的电压变化率应是多大？

第四篇　光　学

光学是物理学的一个重要组成部分。17 世纪和 18 世纪是光学发展史上的重要时期。在这一时间内，科学家们不仅开始从实验上对光学进行研究，而且着手对已有光学知识的系统化、理论化。然而，这一时期，对光本性的认识存在着争论。牛顿支持光的微粒说，用微粒说不仅可以说明光的直线传播，而且可以说明光的反射和折射，只不过在说明折射时认为光在水中的速度要大于空气中的速度；而惠更斯提倡波动说，利用波动说也能说明反射和折射现象，而且还解释了方解石的双折射现象，认为光在水中的速度要小于在空气中的速度。此外，在解释光的直线传播时，波动说也遇到困难。

19 世纪已经能够系统地用光的波动说和干涉原理研究光的干涉、衍射和偏振，认识到光具有横波特性，并且用波动说能够圆满地解释光的直线传播现象。同时，实验测出光在水中的速度比空气中的小。因此，波动说取得决定性胜利，并在理论上找到光和电磁波之间的联系，从而奠定了光的电磁理论基础。

到了 19 世纪末和 20 世纪初期，人们通过研究黑体辐射、光电效应和康普顿效应，无可怀疑地证实了光的量子性，形成了一种具有崭新内涵的微粒学说。此时，人们对光的本质认识又前进了一大步，承认光具有波粒二象性。

20 世纪 60 年代激光的发现，使光学的发展又获得新的活力，非线性光学、傅里叶光学等现代光学分支逐渐形成，带动了光学及其相关学科的不断发展。

因此，光学包括几何光学、波动光学和量子光学。以几何定律和某些基本实验定律为基础的光学称为几何光学（或光线光学）；反映光的波动性的那部分光学称为波动光学；应用辐射的量子理论研究光辐射的产生、性质、传输以及光与物质相互作用中的光学。几何光学实际上研究的是波动光学的极限情况。

第 11 章　光　学

*11.1　几何光学简介

11.1.1　几何光学的基本概念和基本实验定律

(1) 光线

在几何光学中，把组成物体的物点看作为几何点，将它所发出的光束看作是无数几何光线的集合，光线的方向代表光能的传播方向。“光线”只能表示光的传播方向，决不能认为是从实际光束中借助于有孔光阑分出的一个狭窄部分，而“光束由无数光线构成”。根据光线的传播规律，在研究物体被透镜或其他光学元件成像的过程，以及设计光学仪器的光学系统等方面都显得十分方便和实用。

(2) 几何光学的基本实验定律

① 光的直线传播定律。光在均匀介质中沿直线方向传播。日(月)食、影和针孔成像等现象都证明这一事实，大地测量等光学测量工作也都是以此为根据。

② 光的反射定律和折射定律。光传播途中遇到两种不同介质的分界面时，一部分被反射而另一部分被折射，反射光线和折射光线的传播方向分别由反射定律和折射定律决定。

③ 光的独立传播定律。两束光在传播途中相遇时互不干扰仍按各自的途径继续传播，而当两束光会聚于同一点时在该点上的光能量是简单相加的。

④ 光的可逆原理。当光线逆着原来的反射光线(或折射光线)的方向射到介质界面时，必会逆着原来的入射方向反射(或折射)出去，这种性质叫光路可逆性或光路可逆原理。

(3) 单心光束　实像和虚像

成像是几何光学研究的中心问题之一。

① 单心光束、实像和虚像

凡是具有单个顶点的光束叫做单心光束。

如果光束中各光线实际上确实在该点会聚的，那么这个会聚点叫做实像(点)；如果反射或折射后的光束仍是发散的，但是把这些光线反向延长后仍能找到光束的顶点，则光束仍保持单心性，这个发散光束的会聚点叫做虚像(点)。

② 实物、实像、虚像的联系与区别

只有当光束进入人眼时，方能引起视觉效应。人眼所能看到的，即能成像于视网膜上的只是光束的顶点而不是光束本身。来自实物发光点的光束如果不改变方向而直接进入人眼，该发光点作为光束的顶点能直接被看到，则该发光点称为物点，如图 11－1(a)所示。发光的物点向一切方向发光，人眼无论何处都可以看见它。

光束进入瞳孔后所引起的视觉是没有什么不同的。对眼睛来说，“物点”和“像点”都不过是进入瞳孔的发散光束的顶点。实像所在点 P' 确有光线会聚，但光线决不在会聚点停止，它们相交后仍继续沿原来的直线传播，人眼所见到的只是这实像 P'，而不再能看到实物 P，如图 11－1(b)所示。

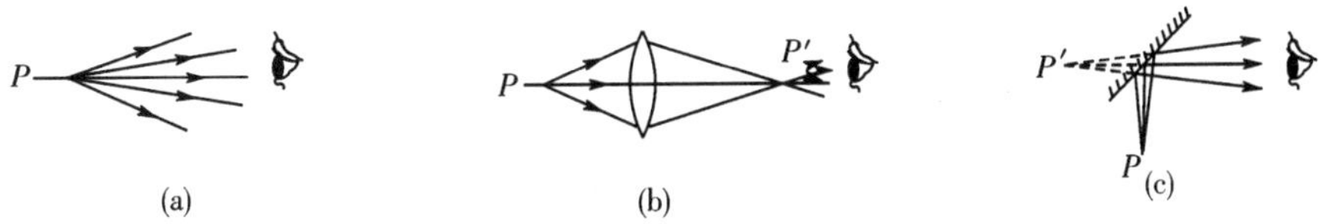

图 11－1　物点、实像和虚像

虚像所在之处根本没有光线通过，实际存在的只是进入人眼的转向后的光束，如图

11-1(c)所示。

把白纸置在实像所在处 P' 点，该点受会聚光束照射后发生漫反射，因而可以看见白纸上的亮点，而虚像则不能在白纸上显现出来。

11.1.2 光在平面界面上的反射和折射

(1) 光在平面上的反射

平面镜是一个最简单的、不改变光束单心性的，能完善成像的光学系统。

从任意发光点 P 发出的光束(图 11-2)经平面镜反射后，根据反射定律，其反射光线的反向延长线相交于 P' 点，P' 点就是 P 点的虚像。它位于镜后，在通过 P 点向平面所作的法线上，且有

$$\overline{PN} = \overline{P'N}。$$

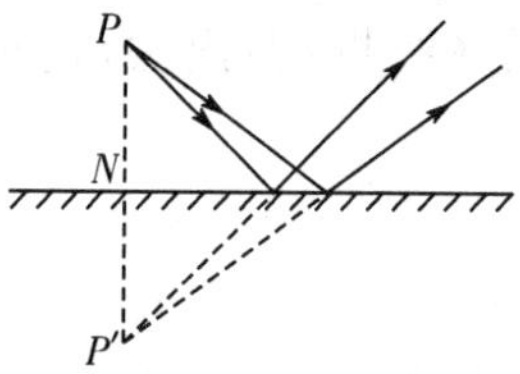

图 11-2 光的平面反射

(2) 光在平面上的折射

与光的反射不同，光在两种介质的界面上折射时，其折射角和入射角不成线性关系。因此，光在平面界面上的折射光线的反向延长线一般不会相交于一点，平面折射不能形成完善的像。当从 P 点发出的光线以很小的入射角入射到折射率分别为 n_1 和 n_2($n_2 < n_1$)的两个透明物质的平面分界面的 A 点后折射，其反向延长线与竖直线的交点 P' 可以近似看为成像点(图 11-3)，其像似深度

$$y' = \frac{n_2}{n_1} y \tag{11-1-1}$$

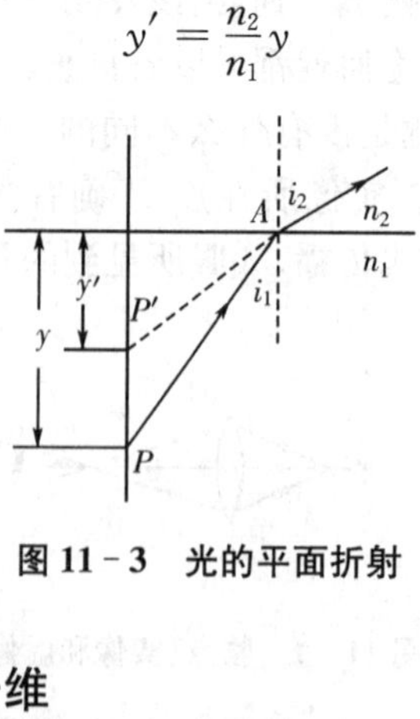

图 11-3 光的平面折射

11.1.3 全反射 光学纤维

对光线只有反射而无折射的现象叫全反射。由折射定律可知，若 $n_2 > n_1$，则 $i_2 < i_1$，

即与入射光线相比，折射光线向法线方向偏折；若 $n_2 < n_1$，则 $i_2 > i_1$，即与入射光线相比，折射光线将偏离法线(图 11-4)。在后一种情况下，随着入射角 i_1 的增大，折射角 i_2 增加很快，当入射角 $i_1 = i_C$ 时，折射角为 90°；当入射角 $i_1 \geqslant i_C$ 时，就不再有折射光线，而光线全部被反射，这种对光线只有反射而无折射的现象叫全反射。入射角 i_C 叫做临界角，其值取决于相邻介质折射率的比值：

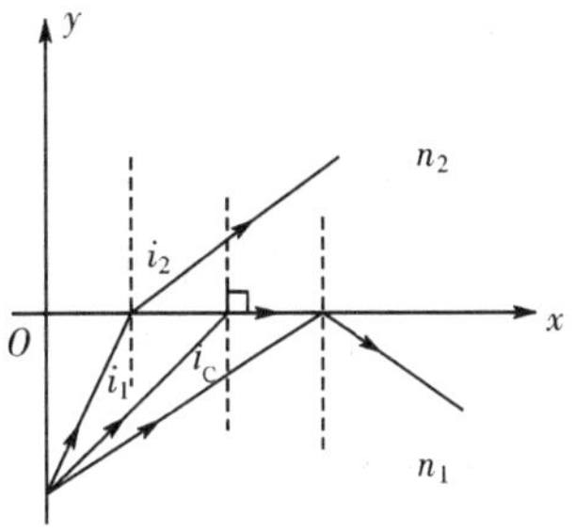

图 11-4　光的平面折射

$$i_C = \arcsin\frac{n_2}{n_1} \qquad (11-1-2)$$

如 $n_2 = 1$ 的空气对于 $n_1 = 1.5$ 玻璃而言，临界角 $i_C = 42°$。

全反射的应用很广。近年来发展迅速的光学纤维就是利用全反射规律使光线沿着弯曲路程传播的光学元件。一般使用的光学纤维是由直径约几微米的多根或单根玻璃(或透明塑料)纤维组成的；每根纤维分内外两层，内层材料的折射率为 1.8 左右，外层材料的折射率为 1.4 左右。这样当光由内层射到两层纤维的界面时，入射角小于临界角的那些光线根据折射定律逸出纤维，而入射角大于临界角的光线，由于全反射而在两层界面上经历多次反射后传到另一端，如图 11-5 所示。

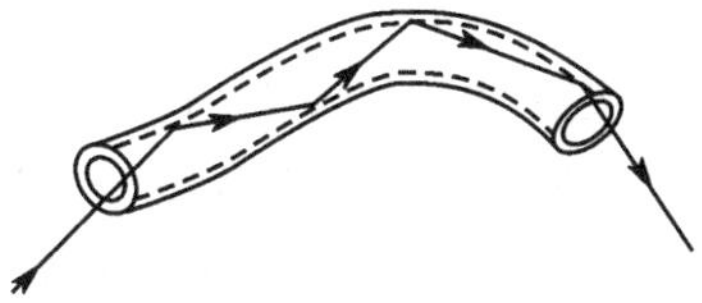
图 11-5　光导纤维

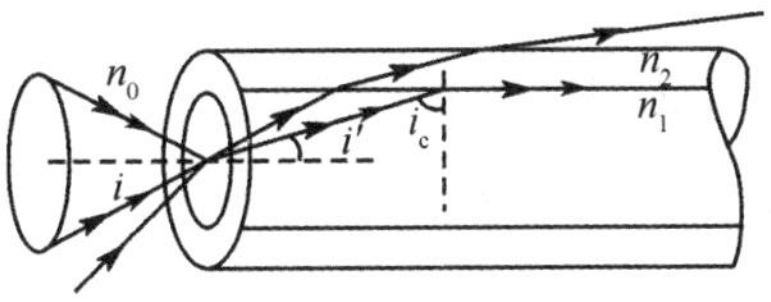

图 11-6　临界光线

图 11-6 中的双箭头线是一条临界光线，它在两层界面上的入射角等于临界角 i_C。显然，由折射率为 n_0 的介质经端面进入纤维而且入射角大于 i 的那些光线在 n_1、n_2 界面上的入射角就小于 i_C，这些光线都不能通过纤维。只有在介质 n_0 中其顶角等于 $2i$ 的空间锥体内的全部光线才能在其中传播。根据临界角公式(11-1-2)式，有

$$\sin i_C = \frac{n_2}{n_1}$$

和折射定律

$$n_0 \sin i = n_1 \sin i'$$

可得

$$n_0 \sin i = n_1 \sin\left(\frac{\pi}{2} - i_C\right) = n_1 \cos i_C = n_1\sqrt{\frac{n_1^2 - n_2^2}{n_1^2}} = \sqrt{n_1^2 - n_2^2}$$

对于空气中的纤维，$n_0 = 1$，于是

$$\sin i = \sqrt{n_1^2 - n_2^2}$$

$$i = \arcsin\sqrt{n_1^2 - n_2^2} \qquad (11-1-3)$$

由此可见：对于一定的 n_1 和 n_2，入射角 i 的值是一定的，因而纤维所能容许传播的那些光线所占的范围是一定的。为了使得更大范围内的光束能够在纤维中传播，应选择 n_1 和 n_2 的差值较大的材料来制造光学纤维。

由于光学纤维柔软、不怕震，而且当纤维束弯曲时也能传光传像。因此，在国防、医学、自动控制和通讯等领域都得到广泛应用。

11.1.4 棱镜

棱镜中光线入射和出射的两个平面界面互不平行。图 11-7 为一块三棱镜的主截面——垂直于两界面的截面，A 为折射棱角。各单色入射光束通过棱镜时，将连续发生两次折射。出射线和入射线之间的夹角 θ 称为偏向角。从图 11-7 中不难看出

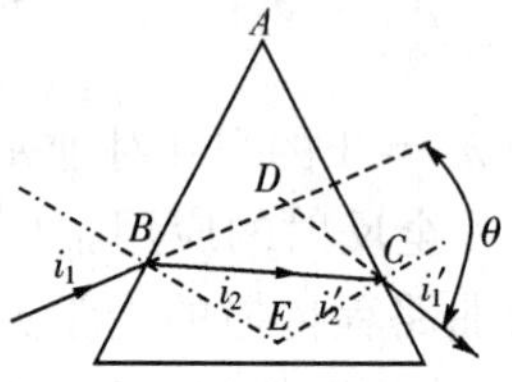

图 11-7　三棱镜

$$\theta = (i_1 - i_2) + (i_1' - i_2')$$

又因为

$$i_2 + i_2' = A$$

故上式又可写作

$$\theta = i_1 + i_1' - A \tag{11-1-4}$$

如果保持入射线的方向不变，而将棱镜绕垂直于图面的轴线旋转，则偏向角将随之改变。也就是说，当给定折射棱角时偏向角 θ 随着入射角 i_1 的改变而改变。可以证明：当 $i_1 = i_1'$ 时，偏向角达到最小值。将该 i_1 值代入(11-1-4)式，即得最小偏向角为

$$\theta_0 = 2i_1 - A \tag{11-1-5}$$

由此可得与 i_1' 对称的入射角为

$$i_1 = \frac{\theta_0 + A}{2}$$

又当 $i_1 = i_1'$ 时，折射角为

$$i_2' = i_2 = \frac{A}{2}$$

利用这两个特殊的入射角和折射角，就可以计算棱镜材料的折射率

$$n = \frac{\sin i_1}{\sin i_2} = \sin\frac{\theta_0 + A}{2} \Big/ \sin\frac{A}{2} \tag{11-1-6}$$

因此，测出最小偏向角 θ_0 的值，就可以确定具有棱柱形的透明物体的折射率。利用最小偏向角而不用任意偏向角，主要是由于此位置在实验中最易精确地测定。

利用全反射棱镜可以变更光线方向。与一般的平面镜相比较，利用全反射棱镜改变光学方向，能量损失要小得多。如图 11-8 所示，ABC 为等腰直角三角形棱镜的主截面，当光线垂直入射到 AB 面时反射损失最小(对玻璃来说约 4%)，并按原方向进入棱镜后射到 AC 面，此时入射角等于 45°，比玻璃到空气的临界角大，因而产生全反射，反射光强几乎没有损失。由于

反射角也是 45°，光线就偏折了 90°，以垂直于 BC 面的方向射出棱镜。由于是垂直入射，反射损失很小，因此在光学仪器中经常用全反射棱镜作为转向光线 90°的光学元件。

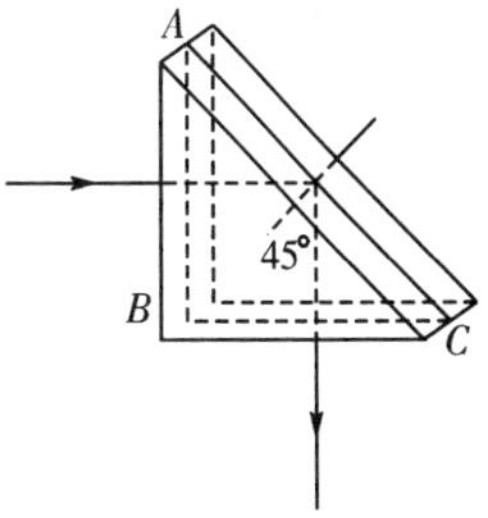

图 11-8　全反射棱镜

11.1.5　薄透镜

把玻璃等透明物质磨成薄片，其两表面都为球面或有一面为平面即组成透镜。凡中间部分比边缘部分厚的透镜叫做凸透镜，凡中间部分比边缘部分薄的透镜叫做凹透镜。连接透镜两球面曲率中心的直线称为透镜的主光轴，包含主轴的任意平面称为主截面，圆片的直径称为透镜的孔径。透镜两表面在其主轴上的间隔称为透镜的厚度。若透镜的厚度与球面的曲率半径相比不能忽略，称为厚透镜；若可略去不计，则称为薄透镜。

(1) 薄透镜的成像

设透镜的折射率为 n_0，在透镜左侧的介质折射率为 n_1，在透镜右侧介质的折射率为 n_2，透镜两边的曲率半径分别为 r_1 和 r_2，如图 11-9 所示。物点 P 经过透镜成像在 P' 点，其物距为 s，像距为 s'，则

$$\frac{f'}{s'}+\frac{f}{s}=1 \tag{11-1-7}$$

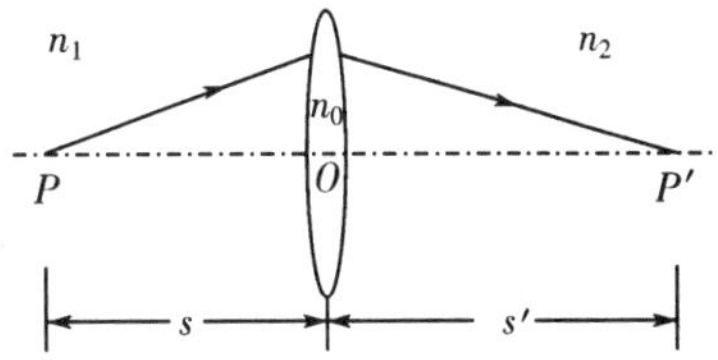

图 11-9　透镜成像

其中，物方焦距为

$$f=\lim_{s'\to 0}s=-\frac{n_1}{\left(\frac{n_0-n_1}{r_1}+\frac{n_2-n_0}{r_2}\right)} \tag{11-1-8}$$

像方焦距为

$$f'=\lim_{s\to 0}s'=\frac{n_2}{\left(\frac{n_0-n_1}{r_1}+\frac{n_2-n_0}{r_2}\right)} \tag{11-1-9}$$

(11-1-7)式就是薄透镜的物像公式，其中 s、s'、f 和 f' 是有正负的。简单地讲，如果这些点(包括焦点、物点、像点)在 O 点左边为“$-$”，在 O 点的右边为“$+$”。

若透镜两边的折射率相同 ($n_1=n_2$)，则通过 O 点的光线都不改变原来的方向，这样的 O 点称为透镜的光心。

透镜的会聚和发散性质不能单看透镜的形状，还与透镜两侧的介质有关。当透镜放在空气中时，薄凸透镜是会聚的，薄凹透镜是发散的。

若透镜两边的折射率相同，并且 $n_1=n_2=1$，即薄透镜放在空气中则薄透镜的物像公式变为

$$\frac{1}{s'}-\frac{1}{s}=\frac{1}{f'} \tag{11-1-10}$$

(2) 横向放大率

像的横向大小与物的大小之比值称为横向放大率 β,即

$$\beta=\frac{y'}{y} \tag{11-1-11}$$

式中,y 和 y' 分别为物的高度和像的高度,并且在主光轴(POP')上方为"+",在光轴下方为"—"。

对于空气中的薄透镜,根据图 11-10 可以确定其横向放大率

$$\beta=\frac{s'}{s} \tag{11-1-12}$$

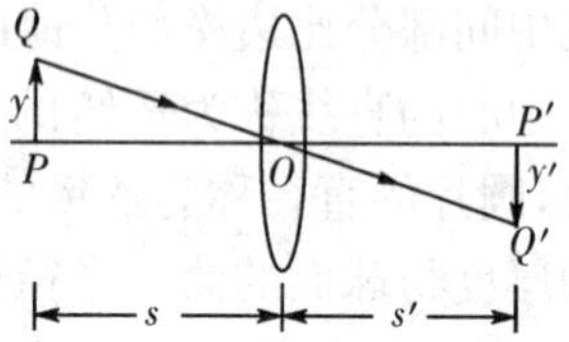

图 11-10　空气中的薄透镜

横向放大率 β 的物理意义是:若 β 是正值,表示像是正立的,即像和物是同向的;若 β 是负值,表示像是倒立的,即像和物是反向的。若 $|\beta|>1$,表示像是放大的;若 $|\beta|<1$,表示像是缩小的。

11.1.6　显微镜和望远镜

(1) 显微镜

为简单起见,显微镜的物镜和目镜各以单独的一块会聚薄透镜表示(图 11-11)。待观察的目的物 PQ 置于物镜的物方焦平面 F_0 之外很近的距离处,这样可以使物镜所成的实像 $P'Q'$ 尽量地大。这实像再经目镜放大,在明视距离处(通常在眼前 25 cm)形成虚像 $P''Q''$。在图 11-11 中,Δ 表示为物镜像方焦点和目镜物方焦点之间的间距,称为光学间隔,通常在 17～19 cm。

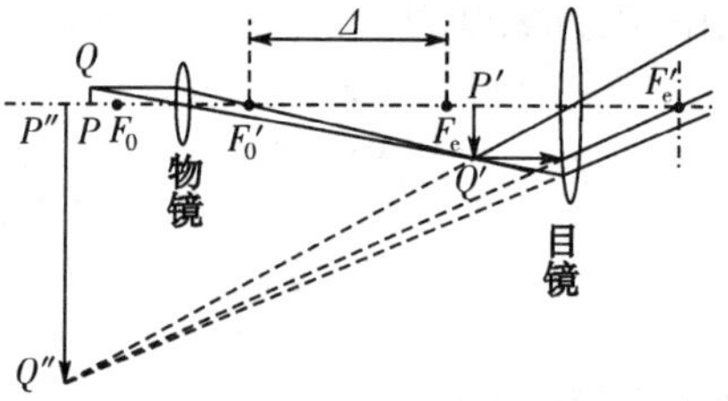

图 11-11　显微镜成像原理

(2) 望远镜

望远镜是帮助人眼对远处物体进行观察的光学仪器。观察者是以对望远镜像空间的观察代替物空间的观察。而所观察的像实际上并不比原物大,只是相当于把远处的物体移近而增大视角以便于观察。

望远镜也是由物镜和目镜组成的。物镜用反射镜的称为反射式望远镜,物镜用透镜的称为透射式望远镜;目镜是会聚透镜的称为开普勒望远镜,目镜是发散透镜的称为伽利略望远镜。

① 开普勒望远镜

由两个会聚薄透镜分别作为物镜和目镜所构成的天文望远镜,是由开普勒在 1611 年首先提出的。这种望远镜完全由透镜折射成像,所以又称折射式望远镜(图 11-12)。物镜像方焦点 F_0' 和目镜的物方焦点 F_e 相重合,从远物上一点 Q 射来的平行光束经物镜后会聚于

Q'点，再经目镜后又成为一束平行光线，最后像 Q''位于无限远处(望远镜的结构通常都是这样)。

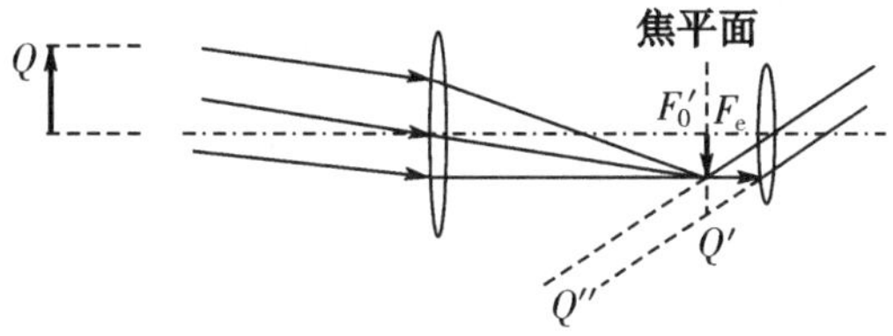

图 11－12　开普勒望远镜成像原理

② 伽利略望远镜

伽利略于 1609 年制作的望远镜用发散透镜来做目镜(图 11－13)。物镜的像方焦点仍和目镜的物方焦点相重合。由远物上一点 Q 射来的平行光束经物镜会聚后原来应成实像于 Q'点，这对于目镜的折射来说应作为虚物。从目镜透射出来的仍是平行光束，最后成正立像 Q''位于无限远。

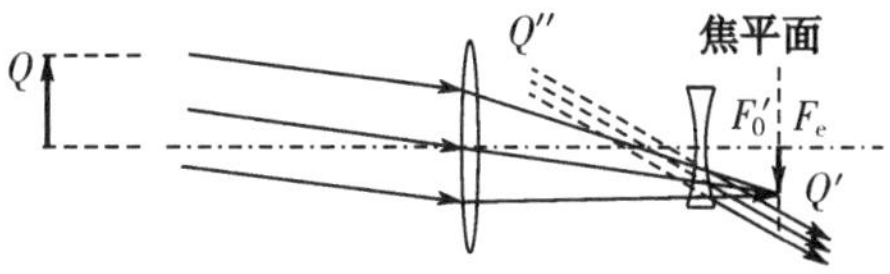

图 11－13　伽利略望远镜成像原理

由于伽利略望远镜的目镜为发散透镜，最后透射出来的各平行光束所共同通过的 O 点位在镜筒之内，观察者的眼睛无法置于该点以接受所有这些光束。即使把眼睛尽量靠近目镜，能够进入瞳孔的也仅是这些光束的小部分，故视场较小，而开普勒望远镜的视场则较大。

开普勒望远镜的目镜的物方焦平面在镜筒以内，在该处可以放置叉丝或刻度尺。伽利略望远镜则不能配这种装置。伽利略望远镜镜筒的全长(即物镜到目镜之间的距离)等于物镜和目镜焦距绝对值之差，故镜筒较短；开普勒望远镜的镜筒则等于两个焦距绝对值之和，因而镜筒较长。

③ 反射式望远镜

由于反射镜能反射光谱范围比较宽广的光而不致产生色差，并且当反射镜的形状合适时又能校正球差。大口径的反射镜又比大口径的透镜容易制造，所以大型天文望远镜的物镜都是由大口径的反射镜制成的，这种望远镜叫做反射式望远镜。图 11－14(a)就是牛顿式反射望远镜，由远物上一点射来的平行光束射到抛物面反射镜 AB 上反射出来的光束又为平面镜 CD 所反射而会聚于 F''点(图中 F'为抛物面镜 AB 的焦点，反射光束原应在该点会聚，但对平面镜 CD 来说，F'是虚物，F''为光束经 CD 反射后所成的实像)，该点所成的像最后再经目镜放大。图 11－14(b)为格雷戈里式反射望远镜，其物镜是由抛物面反射镜 AB 和椭球面反射镜 CD 组合而成的。图 11－14(c)为卡斯格伦式反射望远镜，其物镜是抛物面反射镜 AB 和双曲面反射镜 CD 组合而成。由我国自行设计制造的上海天文台的1.566 m 天体测量望远镜就是这种结构。上述三种反射式望远镜都具有球差小、像质好、观察方便等优点。

近代反射式望远镜一般都采用施密特物镜，它是一种先经折射的反射系统，是由凹球面镜 AB 和草帽形的校正透镜 CD 组合而成，如图 11－14(d)所示，可广泛应用于遥感技术、宇航、导弹跟踪系统、高空摄影等领域。目前最大的折射式望远镜物镜(透镜)的孔径不过 1 m 多，而最大的反射式望远镜物镜(反射镜)的孔径已大至 6 m。

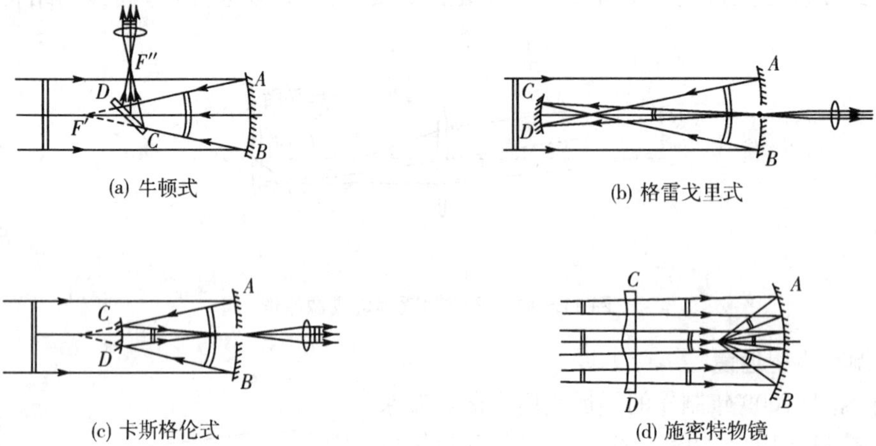

(a) 牛顿式　　(b) 格雷戈里式

(c) 卡斯格伦式　　(d) 施密特物镜

图 11－14　反射式望远镜成像原理

开普勒

物理学家简介:开普勒

约翰尼斯·开普勒(1571—1630),德国杰出的天文学家、物理学家、数学家。生于符腾堡的威尔德斯达特镇,卒于雷根斯堡。开普勒发现了行星运动的三大定律,分别是轨道定律、面积定律和周期定律。这三大定律最终使他赢得了“天空立法者”的美名。同时他对光学、数学也做出了重要的贡献,他是现代实验光学的奠基人。

11.2　光的干涉现象

11.2.1　光矢量

光一般是指电磁波谱中可见光区域的电磁波,其波长范围为 400～760 nm。光学介质一般根据折射率划分为:光密介质和光疏介质。两种介质相比较,折射率大的介质为光密介质,折射率小的为光疏介质。

电场强度矢量 $\boldsymbol{E}$ 和磁场强度 $\boldsymbol{H}$ 的同步振动构成了电磁波(图 11－15)。电磁波中能引起视觉和使感光材料(或人的眼睛)感光的原因主要是振动着的电场 $\boldsymbol{E}$。所以,通常将电场振动称为光振动,电场强度矢量称为光矢量。

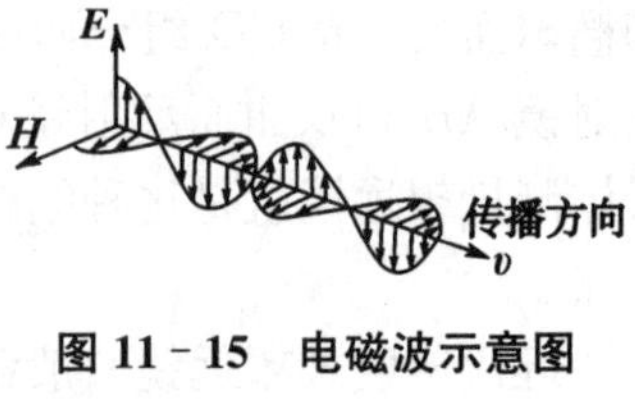

图 11－15　电磁波示意图

11.2.2　光程和光程差

当两束光分别通过不同介质时,由于同一频率的光在不同介质中的传播速度不同,因此不同介质中的光波波长不同。这时就不能仅根据几何路程差计算相位差。为此，引入光程的概念。

(1) 光程

单色光振动频率在不同介质中是相同的。在折射率为 n 的介质中，光速变为

$$v = c/n \tag{11-2-1}$$

而在介质中的波长变为

$$\lambda' = \frac{v}{\nu} = \frac{\lambda}{n} \tag{11-2-2}$$

式中，ν 为光的频率；λ 为真空中的波长。

因此，在折射率为 n 的某一介质中，如果光波通过的几何路程为 x，其间的波数为 x/λ'，同样波数的光波在真空中通过的几何路程将为

$$\lambda x/\lambda' = nx$$

上式表明：光波在介质中传播时，其相位的变化不仅与光波传播的几何路程以及真空中的波长有关，而且还与介质的折射率有关。光在折射率为 n 的介质中通过几何路程 L 所发生的相位变化，相当于光在真空中通过 nL 的路程所发生的相位变化。

光波在某一介质中，所经历的几何路程 d 与相应介质的折射率的乘积，称为光程。如果光连续通过不同的介质和不同的厚度(如图 11-16 所示)，则

$$\delta = \sum n_i d_i \tag{11-2-3}$$

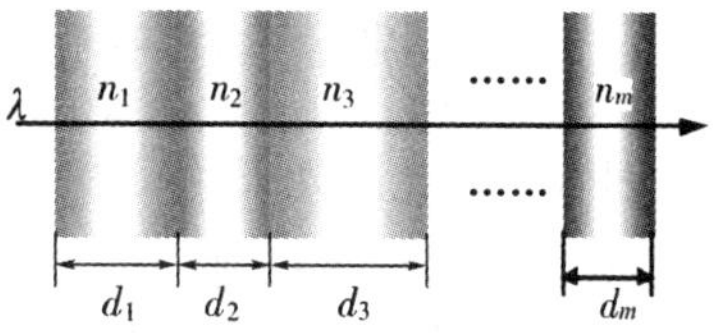

图 11-16　光程计算用图

有了光程概念，就可以把单色光在不同介质中的传播路程都折算为该单色光在真空中的传播路程，这就是光程的物理意义。由此可见：两相干光分别通过不同的介质在空间某点相遇时，所产生的干涉情况与两者的光程差有关。

(2) 光程差

如图 11-17 所示，从 S_1 和 S_2 发出的两束光传播到 P 点时，由于所走的路径不同则它们的光程差为

$$\Delta\delta = \delta_2 - \delta_1$$

与相位差的关系为

$$\Delta\varphi = \frac{2\pi}{\lambda}\Delta\delta \tag{11-2-4}$$

在图 11-17 中，两相干光波在相遇点的相位差为

$$\Delta\varphi = \frac{2\pi}{\lambda}(\delta_2 - \delta_1) = \frac{2\pi}{\lambda}[(r_2 - d + nd) - r_1] = \frac{2\pi}{\lambda}[(r_2 - r_1) + (n-1)d]$$

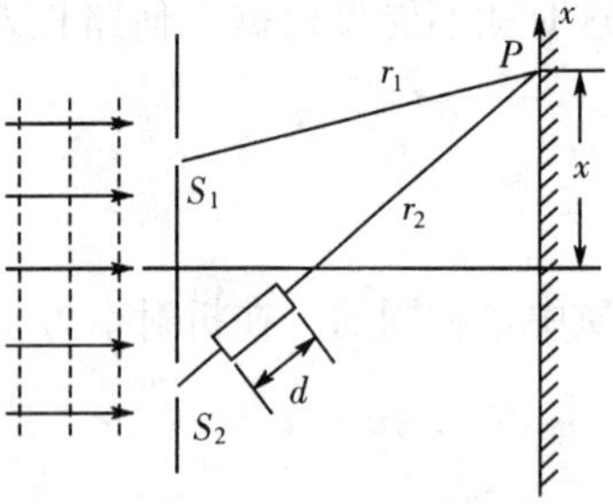

图 11-17 光程差计算用图

(3) 透镜不引起附加的光程差

物点 P 经过透镜后成像在 P' 点(图 11-18),理论和实验表明:使用透镜只能改变光波的传播情况,但对物、像间各光线不会引起附加的光程差。

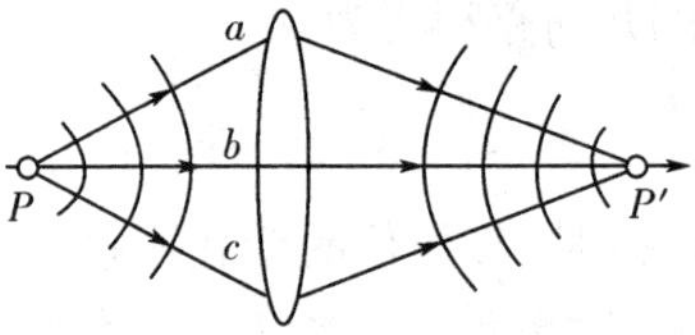

图11-18 透镜的等光程性示意图

11.2.3 光的非相干叠加

如果两束光的光矢量分别为 $\boldsymbol{E}_{10}$ 和 $\boldsymbol{E}_{20}$,它们的相位分别为 φ_1 和 φ_2(图 11-19),则它们相互叠加后的合光矢量为 $\boldsymbol{E}_0$,相应的相位为 φ。根据叠加原理,可以得到合光强为

$$I \propto E_0^2 = E_{10}^2 + E_{20}^2 + 2E_{10}E_{20}\overline{\cos(\varphi_2 - \varphi_1)}$$

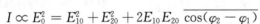

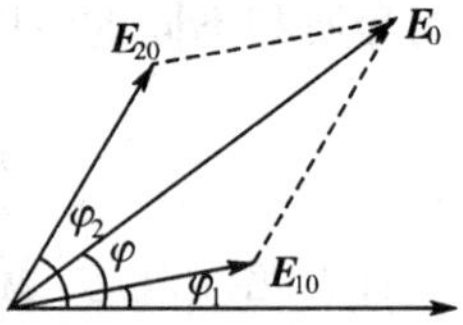

图 11-19 光矢量的叠加

由于 $\varphi_2-\varphi_1$ 是不固定的,则 $\overline{\cos(\varphi_2-\varphi_1)}=0$。所以

$$I \propto E_0^2 = E_{10}^2 + E_{20}^2 \tag{11-2-5}$$

或

$$I = I_1 + I_2 \tag{11-2-6}$$

11.2.4 相干光的条件

如果两束光的光矢量 $\boldsymbol{E}_{10}$ 和 $\boldsymbol{E}_{20}$ 满足相干条件,即两相干光的频率相同、振动方向相同、相位差恒定,则两相干光叠加后的光强满足关系式

$$I = I_1 + I_2 + 2\sqrt{I_1 I_2}\cos(\varphi_2 - \varphi_1) \tag{11-2-7}$$

令相位差为 $\Delta\varphi=\varphi_2-\varphi_1$,则

$$\Delta\varphi = \begin{cases} \pm 2k\pi & (k = 0,1,2,\cdots),\text{干涉相长} \\ \pm(2k+1)\pi & (k = 0,1,2,\cdots),\text{干涉相消} \end{cases} \tag{11-2-8}$$

如果用光程差表示，则相位差与光程差的关系为 $\Delta\varphi=\frac{2\pi}{\lambda}\Delta\delta$，因而(11-2-8)式可以表述为

$$\Delta\delta=\begin{cases}\pm 2k\cdot\frac{\lambda}{2} & (k=0,1,2,\cdots)，干涉相长\\ \pm(2k+1)\frac{\lambda}{2} & (k=0,1,2,\cdots)，干涉相消\end{cases}\qquad(11-2-9)$$

综上所述，把能够产生相干叠加的两束光称为相干光，相干叠加必须满足振动频率相同、振动方向相同、相位差恒定的条件称为相干条件。产生相干光的光源叫相干光源。

11.2.5　相干光的获得方法

普通光源发光特点：每个原子一次发光只能发出频率一定、振动方向一定而波列长度有限的光波，即原子发光存在无序性。所以，同一个原子先后发出的波列之间、不同原子发出的波列之间都没有固定的相位关系，振动方向和频率也不尽相同，故两个独立的普通光源发出的光不是相干光。如普通光源中的白炽灯、钠光灯、太阳等光源是非相干光源，激光因其产生的机制而成为相干光源。对于普通光源，为了能够产生相干光束，通常采用两种方法获得相干光：一种为分波面法，另一种为分振幅法。

(1) 分波面法：从同一波面上取出两部分作为相干光源，即用分光束获得相干光，如杨氏双缝干涉实验等。

(2) 分振幅法：将一普通光源上同一点发出的光，利用反射或折射等方法使其“一分为二”，沿两条不同的路径传播并相遇，这时原来的每一个波列均被分成频率相同、振动方向相同、相位差恒定的两部分，当它们相遇时就能产生干涉现象。这种产生相干光的方法实际上是利用反射、折射把波面上某处的振幅分成两部分，再使它们相遇从而产生干涉现象，因此被称为分振幅法，如薄膜干涉等。

11.3　分波面干涉

11.3.1　杨氏双缝干涉实验

(1) 干涉装置

由光源发出的光照射在单缝 S 上，使单缝 S 成为实施杨氏双缝干涉实验的缝光源，如图 11-20 所示。在单缝 S 后面放置两个相距很近的狭缝 S_1 和 S_2，且 S_1 和 S_2 与 S 之间的距离均相等。光源 S_1 和 S_2 是由同一光源 S 的同一波阵面上分得的，满足振动方向相同、频率相同、相位差恒定的相干条件，故 S_1 和 S_2 为相干光源。当 S_1 和 S_2 发出的光在空间相遇，将产生干涉现象，在屏幕 P 上将出现明、暗相间的干涉条纹。

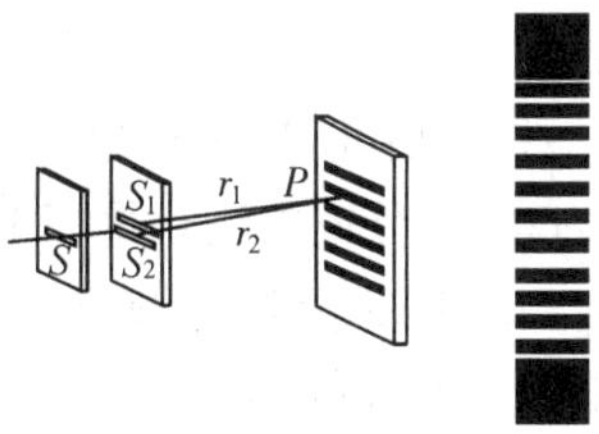

图 11-20　杨氏双缝干涉实验装置

(2) 干涉条纹的位置

从 S_1 和 S_2 发出的相干光束在 P 点处相遇，它们的光程差

$$\Delta\delta = r_2 - r_1, (\text{空气的折射率 } n = 1)$$

根据图 11－21，在 $D \gg d, D \gg x$ 即 θ 很小时

$$\Delta\delta = r_2 - r_1 \approx d\sin\theta \approx d\tan\theta = \frac{xd}{D} \tag{11-3-1}$$

式中，$\tan\theta = \dfrac{x}{D}$。

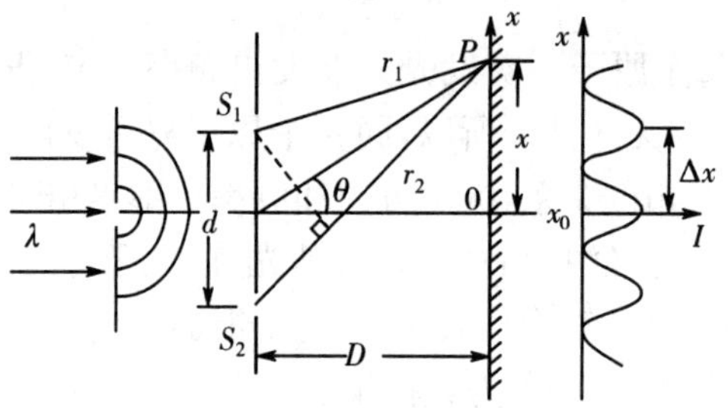

图 11－21　杨氏双缝干涉条纹计算用图

根据相干叠加的条件，双缝干涉的明暗条纹满足：

$$\Delta\delta = \frac{d}{D}x = \begin{cases} \pm 2k \cdot \dfrac{\lambda}{2} & \text{明纹} \quad (k = 0,1,2,\cdots,\text{干涉相长}) \\ \pm (2k+1)\dfrac{\lambda}{2} & \text{暗纹} \quad (k = 0,1,2,\cdots,\text{干涉相消}) \end{cases} \tag{11-3-2}$$

则干涉明暗条纹的位置分别为：

$$\begin{aligned} &\text{明纹：} x = \pm 2k\frac{D\lambda}{2d}, k = 0,1,2,\cdots \\ &\text{暗纹：} x = \pm (2k+1)\frac{D\lambda}{2d}, k = 0,1,2,\cdots \end{aligned} \tag{11-3-3}$$

其他 x 点的亮度介于明纹和暗纹之间，逐渐变化。

同样地，两相邻明纹或暗纹的间距为

$$\Delta x = \frac{D\lambda}{d} \tag{11-3-4}$$

综上所述，杨氏双缝干涉的特点：

① 用分波面法获得相干光，两束光初相位相同，均无半波损失；

② 干涉条纹是明暗相间、等间距分布的，相邻明纹(或暗纹)间的距离与入射光的波长成正比、波长越小、条纹间距越小；

③ 若用白光照射，由于条纹的位置和间距均与光波的波长有关，则在中央明纹(白光)的两侧将出现彩色条纹，如图 11－22 所示。

图 11－22　白光双缝干涉条纹

(3) 杨氏双缝干涉的光强分布

狭缝 S_1 和 S_2 发出的光波单独到达屏上任意一点 P 处的振幅分别为 A_1 和 A_2，光强分别为 I_1 和 I_2。根据叠加原理，两光波叠加后的振幅为

$$A = \sqrt{A_1^2 + A_2^2 + 2A_1A_2\cos(\varphi_2 - \varphi_1)} \tag{11-3-5}$$

两光波叠加后的光强为：

$$I = I_1 + I_2 + 2\sqrt{I_1I_2}\cos(\varphi_2 - \varphi_1) \tag{11-3-6}$$

式中，$\varphi_2 - \varphi_1 = 2\pi\dfrac{\Delta\delta}{\lambda}$。

当 $A_1 = A_2 = A_0$，则 $I_1 = I_2 = I_0$，两光波叠加后的光强为：

$$\Delta\delta = \begin{cases} \pm 2k\cdot\dfrac{\lambda}{2} & \text{明纹}\quad (k = 0,1,2,\cdots,\text{光强 } I = 4I_0) \\ \pm(2k+1)\dfrac{\lambda}{2} & \text{暗纹}\quad (k = 0,1,2,\cdots,\text{光强 } I = 0) \end{cases} \tag{11-3-7}$$

其光强分布曲线如图 11－23 所示。

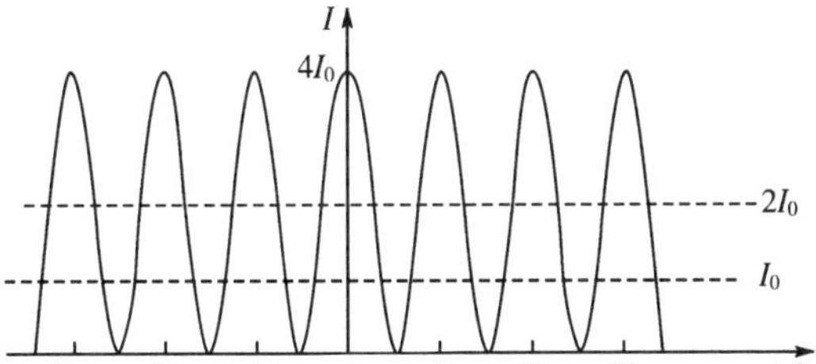

图 11－23　杨氏双缝干涉光强分布

11.3.2　劳埃德镜

劳埃德镜实验(图 11－24)不但显示光的干涉现象，而且还显示：当光由光速较大(折射率较小)的介质射向光速较小(折射率较大)的介质时，反射光的相位发生了跃变。

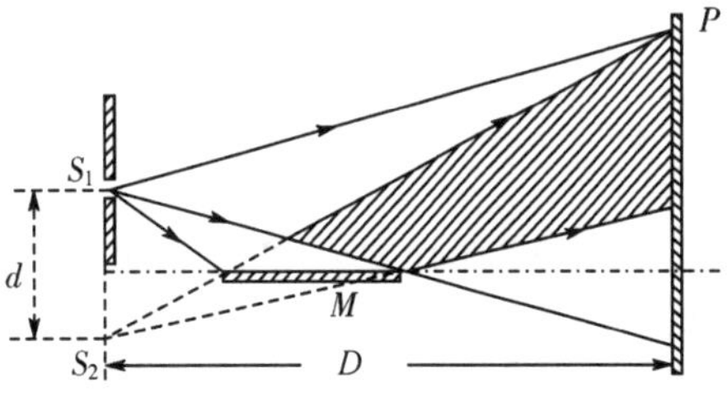

图 11－24　劳埃德镜实验

从狭缝 S_1 发出的光，一部分直接射到屏幕上，另一部分掠射到反射镜 M 上反射后到达屏幕上。反射光可看成是由虚光源 S_2 发出的。S_1 和 S_2 构成一对相干光源。图 11－24 中阴影区域表示叠加的

区域，在屏幕上可以观察到明暗相间的干涉条纹。

若把屏幕放到和镜面相接触的 P' 位置(图 11 - 25)，此时从 S_1 和 S_2 发出的光到达接触点 L 的路程相等，在 L 处似乎应该出现明纹，但是实验事实是：在接触处为一暗纹。这表明：直接射到屏幕上的光与由镜面反射出来的光在 L 处的相位相反，即相位差为 π。由于入射光的相位没有变化，只能是反射光的相位跃变了 π。

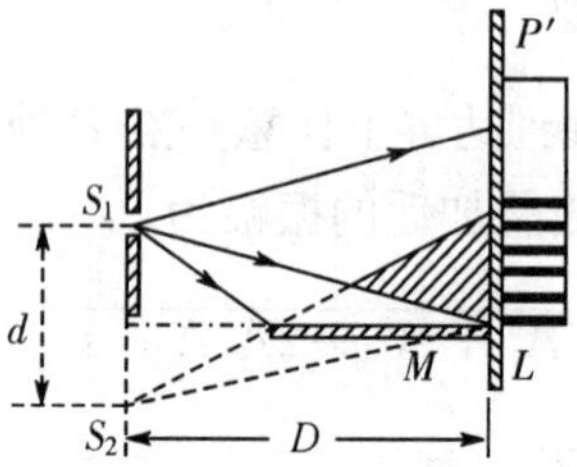

图 11 - 25　劳埃德镜实验中的半波损失

劳埃德镜干涉实验的特点：

(1) 两束相干光由光源 S_1 和虚光源 S_2 发出；

(2) 两光源相位相同，可比作杨氏双缝干涉实验中的两个狭缝；

(3) 重叠区形成条纹，条纹对两光源不对称。

【例题 11 - 1】 以单色光照射到相距为 0.2 mm 的双缝上，双缝与屏幕的垂直距离为 1 m：(1) 从第一级明纹到同侧的第四级明纹间的距离为 7.5 mm，求单色光的波长；(2) 若入射光的波长为 600 nm，求相邻两明纹间的距离。

解： 在双缝干涉中，屏上明纹位置由 $x=\pm 2k\dfrac{D\lambda}{2d}(k=0,1,2,\cdots)$决定，对同侧的条纹级次应同时为正(或负)，故可求出光波长 λ。另外，双缝干涉条纹的间距 $\Delta x=\dfrac{D\lambda}{d}$，由条纹的间隔数 $\Delta k=4-1=3$，也可求出波长 λ。

(1) 根据双缝干涉明纹的条件

$$x=\pm 2k\frac{D\lambda}{2d},\quad k=0,1,2,\cdots$$

把 $k=1$ 和 $k=4$ 代入上式，得

$$\Delta x_{14}=x_4-x_1=(4-1)\frac{D\lambda}{d}$$

所以

$$\lambda=\frac{d}{D}\frac{\Delta x_{14}}{3}$$

已知 $d=0.2$ mm，$\Delta x_{14}=7.5$ mm，$D=1\,000$ mm 代入上式，得

$$\lambda=\frac{0.2}{1\,000}\times\frac{7.5}{3}=500\ (\text{nm})$$

(2) 当 $\lambda=600$ nm 时，相邻两明纹间的距离为

$$\Delta x = \frac{D\lambda}{d} = \frac{1\,000}{0.2} \times 6 \times 10^{-4}\ \text{mm} = 3.0\ \text{mm}$$

【例题 11-2】 用很薄的云母片($n=1.58$)插入到杨氏双缝实验装置中的一个缝上的过程中，屏幕中心移过 7 级明纹。如果入射光波长 $\lambda=550$ nm，试问此云母片的厚度 e 为多少？

解：在一个缝上插入云母片的过程中，这一束光的光程改变了 $ne-e=(n-1)e$，而另一束光的光程没有发生改变，故两束光的光程差的改变为$(n-1)e$。

屏幕中心移过 7 级明纹，即光强从明到暗再从暗到明共变化了 7 次。根据两束光干涉的极值条件，每变一个周期意味着光程差变化一个 λ，故与屏中心相比光程差共改变了 7λ。

于是，按题意有

$$(n-1)e = 7\lambda$$

得到

$$e = \frac{7\lambda}{n-1}$$

把已知条件 $\lambda=550$ nm，$n=1.58$ 带入上式可得

$$e = \frac{7 \times 550}{1.58-1}\ \text{nm} = 6.64\ \mu\text{m}$$

根据两束光干涉的极值条件有一个显然的推论：光程差每变化一个 λ，干涉点处的光强将变化一个周期(如由明到暗再由暗到明，或由暗到明再明到暗)。

11.4　分振幅干涉(薄膜干涉)

薄膜干涉是一种常见的光学现象，如阳光照射下的肥皂膜，水面上的油膜，蜻蜓、蝉等昆虫翅膀上呈现的彩色花纹，车床车削下来的钢铁碎屑上呈现的蓝色光谱等。

11.4.1　分振幅干涉——薄膜干涉

当一束光射到两种介质的界面时将被分成两束，一束为反射光，另一束为折射光，如图 11-26 所示。从能量守恒的角度来看，反射光和折射光的振幅都要小于入射光的振幅，这相当于振幅被“分割”，因此称为分振幅法。

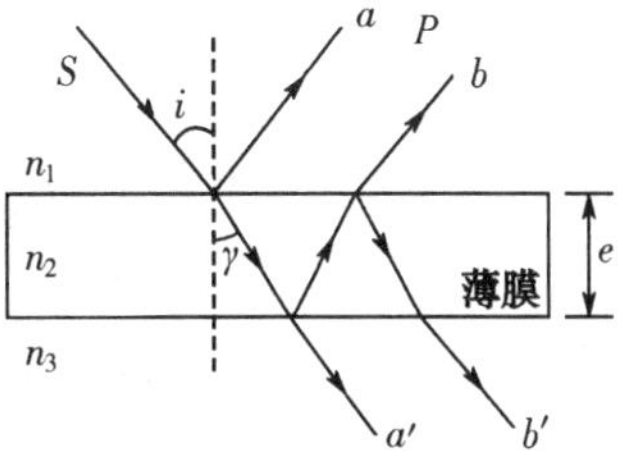

图 11-26　薄膜干涉光路图

两光线 a 和 b 在焦平面上 P 点相遇时的光程差：

$$\Delta\delta = 2e\sqrt{n_2^2 - n_1^2 \sin^2 i} + \Delta\delta' \qquad (11-4-1)$$

式中，$\Delta\delta'$ 取决于 n_1，n_2，n_3 的性质，称为附加光程差，由半波损失决定，通常取 0 或 $\frac{\lambda}{2}$。

在薄膜干涉的光程差表达式中，如果薄膜的厚度是均匀的，则在无穷远处形成等倾干涉现象；如果薄膜的厚度不均匀，则在其表面上产生等厚干涉现象。

11.4.2 等倾干涉现象

对于厚度均匀的薄膜,光程差则由入射角 i 决定。凡以相同的倾角入射的光线,经薄膜的上、下表面反射后产生的相干光束都有相同的光程差,从而对应于干涉图样中的一个条纹,故将此类干涉条纹称为等倾干涉条纹,如图 11-27 所示。

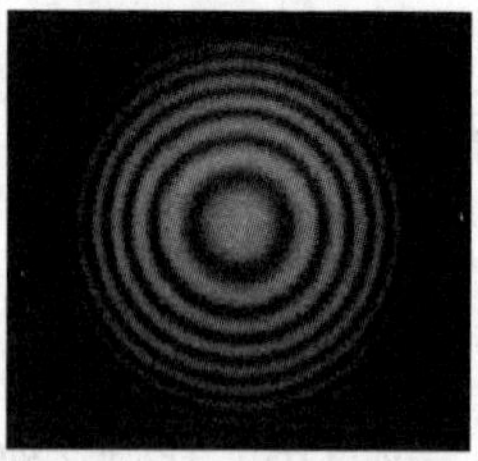

图 11-27 等倾干涉条纹

等倾干涉明纹的光程差满足条件为

$$\Delta\delta = 2e\sqrt{n_2^2 - n_1^2\sin^2 i} + \Delta\delta' = 2k\frac{\lambda}{2}, \quad (k = 1,2,3,\cdots) \tag{11-4-2(a)}$$

等倾干涉暗纹的光程差满足条件为

$$\Delta\delta = 2e\sqrt{n_2^2 - n_1^2\sin^2 i} + \Delta\delta' = (2k+1)\frac{\lambda}{2}, \quad (k = 1,2,3,\cdots) \tag{11-4-2(b)}$$

两透射光线 a'、b'的光程差为

$$\Delta\delta = 2e\sqrt{n_2^2 - n_1^2\sin^2 i} \tag{11-4-3}$$

透射光也有干涉现象。当反射光的干涉相互加强时,透射光的干涉相互减弱。显然,这是符合能量守恒定律的。

反射光相互加强时,透射光相互减弱;当反射光相互减弱时,透射光相互加强,两者是互补的。

11.4.3 等厚干涉现象

当一束平行光入射到厚度不均匀的透明介质薄膜上,如图 11-28 所示。两光线 a_1和 b_1的光程差为:

$$\Delta\delta \approx 2n_2 e\cos\gamma + \Delta\delta' = 2e\sqrt{n_2^2 - n_1^2\sin^2 i} + \Delta\delta'$$

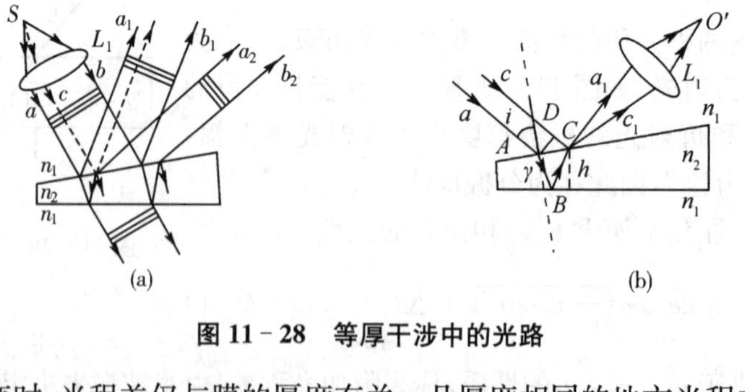

图 11-28 等厚干涉中的光路

当 i 保持不变时,光程差仅与膜的厚度有关。凡厚度相同的地方光程差相同,从而对应同一条干涉条纹,因此将此类干涉条纹作为等厚干涉条纹。观察等厚干涉常用劈尖和牛顿环。

实际应用中,通常使光线垂直入射到薄膜的表面,即 $i=\gamma=0$,光程差公式简化为

$$\Delta\delta = 2n_2 e + \Delta\delta' \tag{11-4-4}$$

为此，明纹和暗纹出现的条件为

$$\Delta\delta = 2n_2 e + \Delta\delta' = \begin{cases} 2k \cdot \dfrac{\lambda}{2} & (k = 1,2,\cdots,\text{明纹}) \\ (2k+1)\dfrac{\lambda}{2} & (k = 1,2,\cdots,\text{暗纹}) \end{cases} \tag{11-4-5}$$

11.5　干涉现象的应用

11.5.1　劈尖

薄膜两表面互不平行，且成很小角度 θ 的劈形膜称为劈尖，如图 11-29(a)所示。当用平行光垂直照射折射率为 n_2 的劈尖时（$i=0$），由于劈角 θ 很小，所以在劈尖的上表面处反射的光线和在劈尖下表面处反射的光线都可以看作垂直于劈尖表面，它们在劈尖表面处相遇并产生干涉现象。

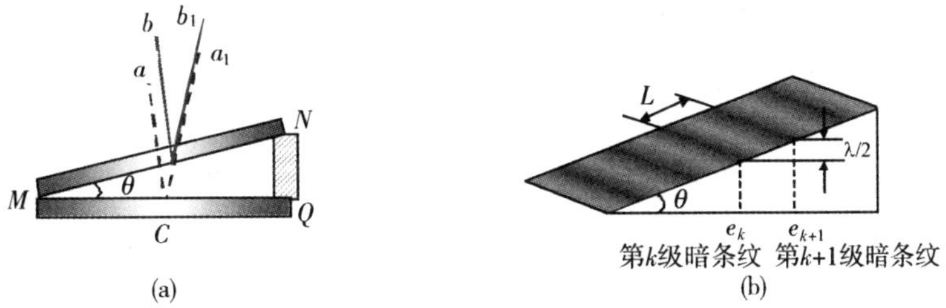

图 11-29　劈尖干涉

劈尖干涉的光程差为

$$\Delta\delta = 2n_2 e + \Delta\delta' = \begin{cases} 2k \cdot \dfrac{\lambda}{2} & (k = 1,2,\cdots,\text{明纹}) \\ (2k+1)\dfrac{\lambda}{2} & (k = 1,2,\cdots,\text{暗纹}) \end{cases} \tag{11-5-1}$$

设相邻明纹或暗纹之间劈形膜的厚度差 Δe 为

$$\Delta e = e_{k+1} - e_k = \frac{\lambda}{2n}$$

$$\Delta e = l\sin\theta \approx l\theta$$

$$l = \frac{\lambda}{2n\theta} \tag{11-5-2}$$

式中，l 为相邻两明(暗)条纹间距；n 为劈尖介质的折射率；λ 为光在真空中的波长。所以，相邻两明(暗)纹处劈尖的厚度差为光在该介质中波长的 1/2；而相邻的明、暗纹处的厚度差为光在劈尖介质中的波长的 1/4。干涉图样为一系列平行、等间距的明暗相间的条纹(图 11-29(b))。

在劈尖干涉装置中，若保持其劈角 θ 不变，而膜的厚度增大或减小，条纹将怎样变化？劈尖增大，条纹又如何变化？可以这样考虑：如盯住某一干涉条纹看，将看到条纹明暗交替变化，但条纹间距不变；从整个条纹看，如厚度增大则干涉条纹向劈尖移动，如厚度减小则干涉条纹远离劈尖。同理，当 θ 增大时，条纹间距变小，干涉条纹向劈尖移动。

等厚干涉常用作精密测量的原理，例如可用劈尖干涉测定细丝直径、薄片厚度等微小长度。如图11－30所示，将细丝夹在两块平板玻璃 a、b 之间，构成一个空气劈尖，用波长为 λ 的单色光垂直入射劈尖，通过测距显微镜测出细丝和棱边之间出现的条纹数 N，即可得到细丝的直径 $d=\dfrac{N\lambda}{2}$，测量精度可达 0.1 mm 量级。通过细丝直径还可算出劈尖的夹角，故劈尖也可作为测量微小角度的工具。如果使下面一块玻璃板 b 固定，而将上面一块玻璃板 a 向上平移（图 11－30），由于等厚干涉条纹所在的空气膜厚度要保持不变，故它们相对于玻璃板将整体向左平移，并不断地在右边生成、左边消失。相对于一个固定的考察点，每移过一个条纹表明 a 板向上移动了 $\lambda/2$。由此可测出很小的移动量，如零件的热膨胀、材料受力时的形变等等。等厚线也可看作劈尖上表面到下表面的等高线，所以看到等厚干涉条纹，就等于看到劈尖的"地形图"，因而等厚条纹可用来检验工件的平整度。例如磨制平板光学玻璃时，将未磨好的玻璃板放在一块标准玻璃板上面构成一个空气劈尖。若用光垂直入射，如果等厚干涉条纹是一组平行的、等间距的直线，则玻璃板就已经磨好；若干涉条纹出现弯曲，则还有凸凹缺陷，凸凹的形状和程度都可以从等厚条纹的分布分析出来。这种检验方法能检查出不超过 $\dfrac{\lambda}{4}$ 的不平整度。

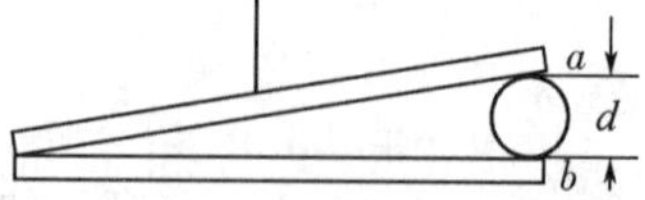

图 11－30　用等厚干涉条纹进行精密测量

【例题 11－3】 在用劈尖干涉测量二氧化硅薄膜厚度的实验中（图 11－31）。已知光的波长为 λ，空气、二氧化硅和硅的折射率满足 $n_1<n<n_2$ 的关系。(1) 问劈尖棱边处的干涉条纹是明纹还是暗纹？(2) 如果劈尖部分共观察到 6 条明纹，且开口端是暗纹，问二氧化硅薄膜的厚度是多少？

解： (1) 由于 $n_1<n<n_2$，光在劈尖上、下两个表面发生反射时都要产生半波损失，没有额外光程差，因而在薄膜厚度为零的劈尖棱边，应该出现等厚干涉的 0 级明纹。

(2) 依题意，条纹分布如图 11－32 所示，劈尖部分共包含 5.5 个条纹间距。因而，薄膜厚度为

$$e=5.5\,\frac{\lambda}{2n}=2.75\,\frac{\lambda}{n}$$

图 11－31　例题 11－3 图

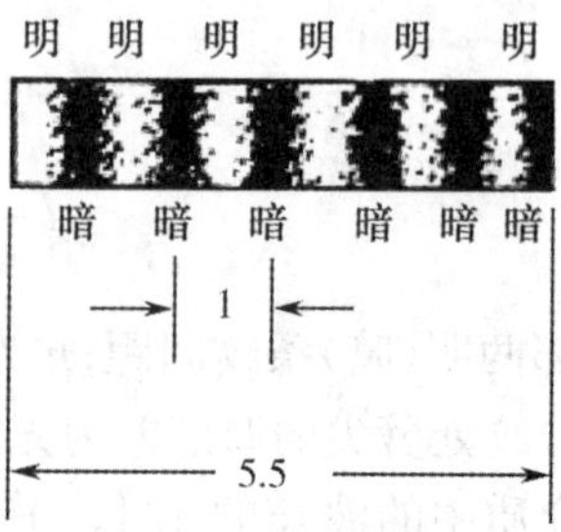

图 11－32　条纹分布

11.5.2　增透膜和增反膜

在光学元件上镀膜，使某种波长的反射光或透射光因干涉而减弱或加强，以提高光学元件的透射率或反射率。增加透射率的薄膜为增透膜，增加反射率的薄膜为增反膜。通过多层薄膜制成透射式的干涉滤色片，即使某一特定波长的单色光能透过滤色片而其他波长的光则因干涉而抵消掉。另外，根据该原理，增透膜、增反膜常用于光学仪器镜头，如图 11－33 所示。

图 11－33　光学镜头

【例题 11－4】　一油轮漏出的油（折射率 $n_2=1.20$）污染了某海域，在海水（$n_3=1.33$）表面形成一层厚度 $e=460$ nm 的薄薄的油污。试问：

（1）如果太阳正位于海域上空，一直升机的驾驶员从机上向下观察，他看到的油层呈什么颜色？

（2）如果一潜水员潜入该区域水下向上观察，又将看到油层呈什么颜色？

解：这是一个薄膜干涉的问题，太阳垂直照射的海面上，驾驶员和潜水员所看到的分别是反射光干涉的结果和透射光干涉的结果。光呈现的颜色应该是那些能实现干涉相长，得到加强光的颜色。

（1）由于油层的折射率 n_2 小于海水的折射率 n_3，但大于空气的折射率 n_1，在油层上、下表面反射的光均有半波损失，两反射光之间的光程差为 $\Delta\delta_r=2n_2e$。当 $\Delta\delta_r=k\lambda$，即

$$\Delta\delta_r = 2n_2e = 2k\cdot\frac{\lambda}{2}$$

或

$$\lambda = \frac{2n_2e}{k},(k=1,2,3,\cdots)$$

时，反射光干涉相长。把 $n_2=1.20$，$e=460$ nm 代入，得干涉加强的光波波长为

$$k=1,\quad \lambda_1 = 2n_2e = 1\,104\ \text{nm}$$

$$k=2,\quad \lambda_2 = \frac{2n_2e}{2} = 552\ \text{nm}$$

$$k=3,\quad \lambda_3 = \frac{2n_2e}{3} = 368\ \text{nm}$$

其中，波长为 $\lambda_2=552$ nm 的绿光在可见范围内，而 λ_1 和 λ_3 则分别在红外线和紫外线的波长范围内。所以，驾驶员看到的油膜呈绿色。

（2）此题中透射光的光程差较之反射光要改变一个 $\lambda/2$，为

$$\Delta\delta_t = 2n_2e+\frac{\lambda}{2}$$

令 $\Delta\delta_t=k\lambda$，$(k=1,2,3,\cdots)$得

$$k=1,\quad \lambda_1=\frac{2n_2e}{1-\dfrac{1}{2}}=2\,208\ \text{nm}$$

$$k=2,\quad \lambda_2=\frac{2n_2e}{2-\dfrac{1}{2}}=736\ \text{nm}$$

$$k=3,\quad \lambda_3=\frac{2n_2e}{3-\dfrac{1}{2}}=441.6\ \text{nm}$$

$$k=4,\quad \lambda_4=\frac{2n_2e}{4-\dfrac{1}{2}}=315.4\ \text{nm}$$

其中，波长为$\lambda_2=736$ nm 的红光和$\lambda_3=441.6$ nm 的紫光在可见范围内，而λ_1是红外线，λ_4是紫外线。所以，潜水员看到的油膜呈紫红色。

【例题 11-5】 氦氖激光器中的谐振腔反射镜，要求对波长$\lambda=623.8$ nm 单色光的反射率在 99%以上。为此，在反射镜表面镀上由 ZnS 材料($n_1=2.35$)和 MgF_2 材料($n_2=1.38$)组成的多层膜，共 13 层，如图 11-34 所示。求每层薄膜的最小厚度。

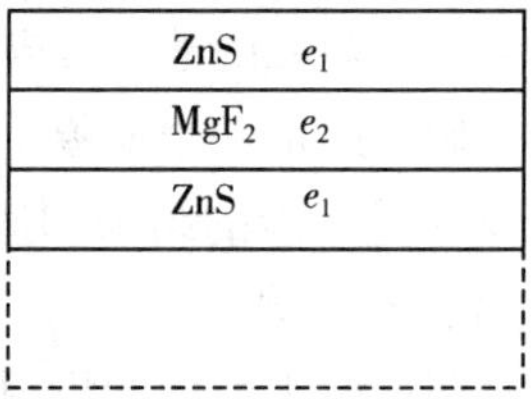

图 11-34 多层膜示意图

解： 实际使用时，光是以接近于垂直入射的方向射在多层膜上。光所进入的第一层是折射率高于两侧介质的 ZnS 膜，为了达到增反的目的，膜厚应当满足反射光干涉相长条件

$$2n_1e_1+\frac{\lambda}{2}=2k\cdot\frac{\lambda}{2}$$

取其最小厚度，令$k=1$，可得 ZnS 薄膜厚度

$$e_1=\frac{\lambda}{4n_1}=\frac{632.8}{4\times 2.35}=67.3\ \text{nm}$$

光通过第一层 ZnS 膜进入的第二层，是折射率小于两侧介质的 MgF_2膜。因此，使反射光加强的干涉相长条件仍然为

$$2n_2e_2+\frac{\lambda}{2}=2k\cdot\frac{\lambda}{2}$$

由此可得 MgF_2薄膜的最小厚度

$$e_2=\frac{\lambda}{4n_2}=\frac{632.8}{4\times 1.38}=114.6\ (\text{nm})$$

依此类推，可得各 ZnS 层都取厚度e_1，各 MgF_2层都取厚度e_2，最后一层是 ZnS 层，层数为单数。由于各层膜都使波长$\lambda=632.8$ nm 的单色光反射加强，所以膜的层数越多，总反射率就越高。不过，由于介质对光能的吸收，层数也不宜过多，一般以 13 层或多至 15、17 为佳。

11.5.3 牛顿环

图 11-35(a)为牛顿环实验装置示意图。一块曲率半径很大的平凸透镜与一平玻璃相

接触构成一个上表面为球面、下表面为平面的空气劈尖。由单色光源 S 发出的光，经半透半反镜 M 反射后，垂直射向空气劈尖并在劈尖空气层的上下表面处反射，从而在显微镜 T 内可观察到如图 11－35(b)所示的干涉条纹图样。由于这里空气劈尖的等厚轨迹是以接触点为圆心的一系列同心圆，所以干涉条纹的形状也是明暗相间的同心圆环。

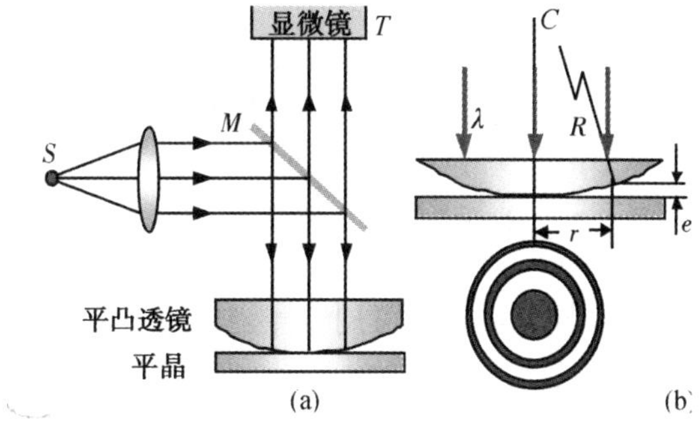

图 11－35　牛顿环实验装置示意图

在图 11－35 中，设透镜球面的球心为 C，半径为 R，距 O 为 r 处的薄膜厚度为 e，由几何关系得

$$(R-e)^2+r^2=R^2$$

通常 $R\gg e$，故上式可略去高阶小量 e^2，可得

$$e=\frac{r^2}{2R}。$$

设薄膜折射率为 n，则在有半波损失时的光程差

$$\Delta\delta=2ne+\frac{\lambda}{2}=\frac{nr^2}{R}+\frac{\lambda}{2}=\begin{cases}2k\cdot\dfrac{\lambda}{2} & (k=1,2,\cdots,)\text{ 明纹}\\(2k+1)\dfrac{\lambda}{2} & (k=1,2,\cdots,)\text{ 暗纹}\end{cases}\tag{11-5-3}$$

或

$$r=\begin{cases}\sqrt{\left(k-\dfrac{1}{2}\right)\dfrac{R\lambda}{n}} & (k=1,2,\cdots,)\text{ 明纹}\\\sqrt{k\dfrac{R\lambda}{n}} & (k=1,2,\cdots,)\text{ 暗纹}\end{cases}\tag{11-5-4}$$

因此，由于半波损失，反射式牛顿环的中心总是暗纹；条纹级数 k 越大，相邻明(暗)纹间距越小，条纹的分布是不均匀的。离圆心越远，光程差增加越快，所看到的牛顿环也变得越来越密，即内疏外密的同心圆环。

【例题 11－6】　在牛顿环实验中，用紫光照射测得某 k 级暗环的半径 $r_k=4.0\times10^{-3}\,\text{m}$，第 $k+5$ 级暗环半径 $r_{k+5}=6.0\times10^{-3}\,\text{m}$，已知平凸透镜的曲率半径 $R=10\,\text{m}$，空气的折射率为 1，求紫光的波长和暗环的级数 k。

解：根据牛顿环暗环公式 $r=\sqrt{kR\lambda/n}$ 可得

$$r_k = \sqrt{kR\lambda}$$

$$r_{k+5} = \sqrt{(k+5)R\lambda}$$

从以上两式可得

$$r_{k+5}^2 - r_k^2 = 5R\lambda$$

$$\lambda = \frac{r_{k+5}^2 - r_k^2}{5R} = 4.0 \times 10^{-7}\ \text{m}$$

$$k = \frac{r_k^2}{R\lambda} = 4$$

如果使用已知波长的光,牛顿环实验也可用于测定透镜的曲率半径。

11.5.4 迈克尔逊干涉仪

迈克尔逊干涉仪的装置如图 11-36 所示,其光路示意图如图 11-37 所示。

图 11-36 迈克尔逊干涉仪

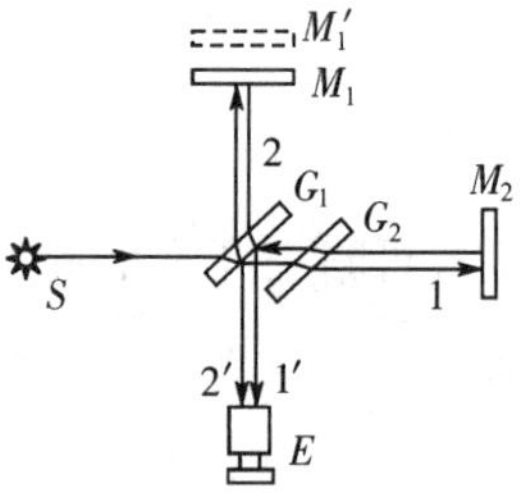

图 11-37 迈克尔逊干涉仪的光路图

迈克耳逊干涉仪中,M_1、M_2是两块平面反射镜,分别置于相互垂直的两平台顶部。G_1、G_2是两块平板玻璃。在G_1朝着E的一面上镀有一层薄薄的半透明膜,使照在G_1上的光一半反射而另一半透射,故G_1称为分光板。M_2是固定的,M_1可作微小移动。来自面光源S的光经过透镜L后,平行射向G_1,一部分被G_1反射后向M_1传播,经反射后再穿过G_1向E处传播;另一部分则通过G_1及G_2向M_2传播,经M_2反射后,再穿过G_2经G_1反射后也向E处传播。显然,到达E处的光1和光2是相干光。G_2的作用是使光1、2都能三次穿过厚度相同的平板玻璃,从而避免1、2之间出现额外的光程差,因此G_2称为补偿板。两相干光束1和2形成干涉图样,如图 11-38 所示。当M_1和M_2'严格平行时,M_1移动表现为等倾干涉的圆环形条纹不断从中心冒出或向中心收缩。当M_1和M_2'不严格平行时,则表现为等厚干涉条纹。M_1移动时,条纹不断移过视场中某一标记位置,M_1平移距离d与条纹移动数N的关系满足

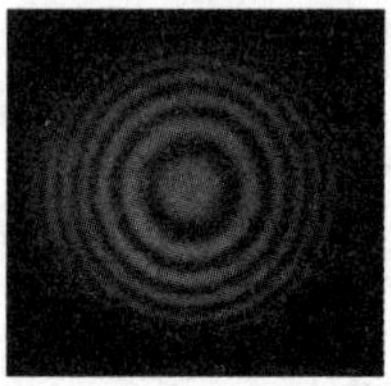

图 11-38 迈克尔逊干涉仪的干涉图样

$$d = N\frac{\lambda}{2} \tag{11-5-5}$$

物理学家简介：迈克尔逊

阿尔伯特·亚伯拉罕·迈克尔逊（Albert Abrahan Michelson，1852—1931），美国物理学家。1852 年 12 月出生于普鲁士斯特雷诺（现属波兰），后随父母移居美国。1837 年毕业于美国海军学院，曾任芝加哥大学教授，美国科学促进协会主席，美国科学院院长，还被选为法国科学院院士和伦敦皇家学会会员。1931 年 5 月 9 日在帕萨迪纳逝世。

迈克尔逊

迈克尔逊主要从事光学和光谱学方面的研究，以毕生精力从事光速的精密测量。在有生之年，他一直是光速测定的国际中心人物。迈克尔逊发明了一种用以测定微小长度、折射率和光波波长的干涉仪（迈克尔逊干涉仪），在研究光谱线方面起着重要作用。1887 年，他与美国物理学家莫雷合作进行著名的迈克尔逊-莫雷实验，这是一个最重大的否定性实验，该实验动摇了经典物理学的基础。迈克尔逊研制出高分辨率的光谱学仪器、经改进的衍射光栅和测距仪。迈克尔逊首先倡导用光波波长作为长度基准，提出在天文学中利用干涉效应的可能性，并且用自己设计的星体干涉仪测量了恒星参宿四的直径。因创制了精密的光学仪器和利用这些仪器所完成的光谱学和基本度量学研究，迈克尔逊于 1907 年获得诺贝尔物理学奖。

11.6　光的衍射现象

11.6.1　光的衍射现象

光在传播过程中遇到尺寸比光的波长大得不多的障碍物时，能够绕过障碍物的边缘前进，并在障碍物的阴影区形成明暗相间的条纹，这种偏离直线传播的现象，称为光的衍射现象。常见的衍射图样如图 11－39 所示。

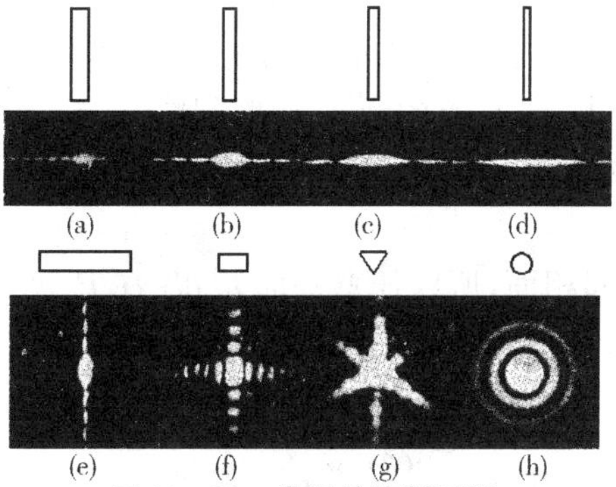

图 11－39　常见的衍射图样

衍射的特点：

(1) 衍射光波不仅能绕过障碍物，使物体的几何阴影失去清晰的轮廓，屏上的明亮区域要比根据光的直线传播所估计的大得多，而且还在边缘附近出现明暗不均匀分布现象。

(2) 光在衍射屏上的什么地方受到限制，在观察屏上就在该方向扩展，限制愈严，扩展愈厉害，衍射效应愈明显。

(3) 改变衍射屏上障碍物的线度，发现衍射图样的清晰度发生改变，当障碍物的线度接近光波波长时，衍射现象更加明显。

衍射产生的条件：只有在障碍物线度和波长可以比拟时，衍射现象才能明显地表现出来。

光的衍射现象是否明显，除与障碍物的线度有关外，还与观察的距离和方式、光源的强度和相干性等因素有关。

光的衍射现象在日常生活中广泛存在。

11.6.2 惠更斯原理

在光的衍射现象中反映出来的特征是：一是"绕射"，二是光强的分布。

为了研究光波的"绕射"现象，惠更斯提出了"次波"的假设，建立了惠更斯原理。

任何时刻波面上的每一点都可作为次波的波源各自发出球面次波；在以后的任何时刻，所有这些次波波面的包络面形成整个波在该时刻的新波面，如图 11-40 所示。

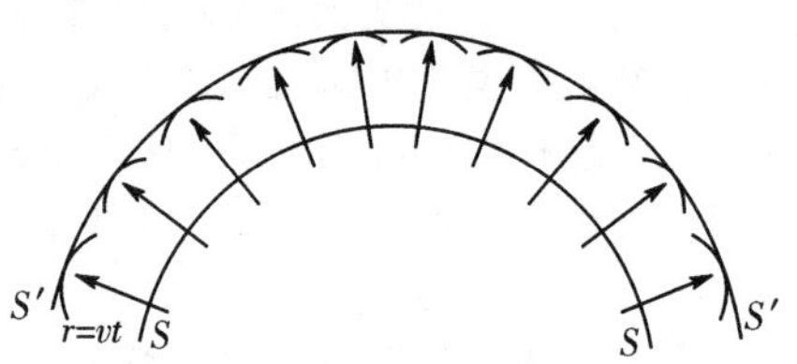

图 11-40 惠更斯原理

光的直线传播、反射和折射等都可以用惠更斯原理进行较好地解释。此外，惠更斯原理还可解释晶体的双折射现象。但是，惠更斯原理十分粗糙，不能说明衍射的存在，更不能解释波的干涉和衍射现象，而且还会导致有倒退波的存在，其实倒退波是并不存在的。

11.6.3 惠更斯-菲涅耳原理

光波在传播过程中，从同一波阵面上各点发出的次波经传播而在空间某点相遇时产生相干叠加。

对于面元 dS 发出的次波在 P 点引起的光振动的振幅和相位，菲涅耳作了如下假设，如图 11-41 所示。

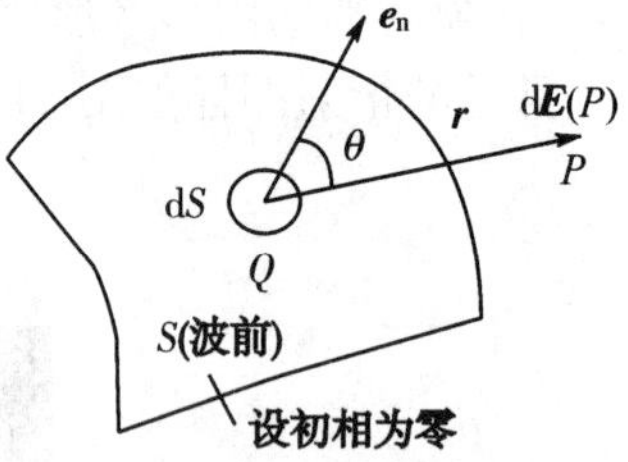

图 11-41 惠更斯-菲涅耳原理说明用图

(1) 每一面元 dS 发出的次波在 P 点引起的光振动的振幅与 dS 的大小成正比，与 dS 到 P 点的距离 r 成反比，并与 $\boldsymbol{r}$ 和面元 dS 的法线方向之间的夹角 θ 有关，θ 越大则振幅越小。

(2) 因波阵面 S 是一同相面，所以任意一面元 dS 在 P 点引起的光源振动相位由 r 决定。

根据上述假设，在引入比例常数以后，dS 发出的次波在 P 点引起的光振动可写成等式

$$dE = c\frac{k(\theta)}{r}\cos\left(\omega t - \frac{2\pi}{\lambda}r\right)\cdot dS \tag{11-6-1}$$

式中，$k(\theta)$ 称为倾斜因子，随 θ 角增大而缓慢减小的函数。$\theta=0$ 时，$k(\theta)=1$；$\theta\geqslant\pi/2$ 时，$k(\theta)=0$，即光波不向后传播；c 为一系数。

波阵面 S 在 P 点引起的合振动为

$$E=\int_S c\,\frac{k(\theta)}{r}\cos\left(\omega t-\frac{2\pi}{\lambda}r\right)\cdot \mathrm{d}S \tag{11-6-2}$$

惠更斯-菲涅耳原理从理论上给出了解决衍射问题的方法。原则上,利用(11－6－2)式可以确定任意衍射问题中的振幅(光强)分布,但其中的积分计算是相当复杂的,后面衍射问题的研究将采用简单直观的半波带法和振幅矢量法进行定性半定量的研究。

11.6.4　菲涅耳衍射和夫琅和费衍射

衍射根据装置的安排不同分为两类:一类为菲涅耳衍射(图 11－42),即当源和屏或者两者之一离障碍物的距离为有限远时所产生的衍射;另一类为夫琅和费衍射(图 11－43),即当光源和屏离障碍物的距离均为无限远时所产生的衍射。

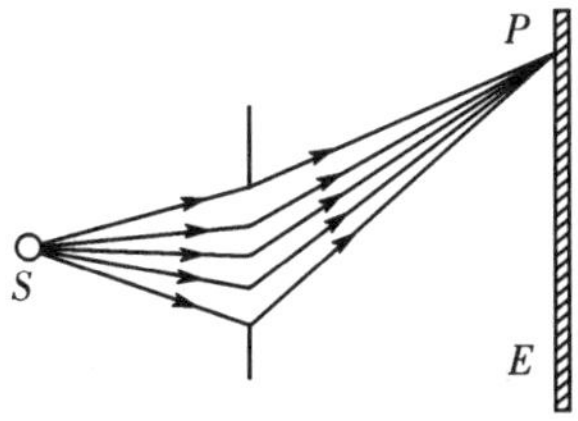

图 11－42　菲涅耳衍射

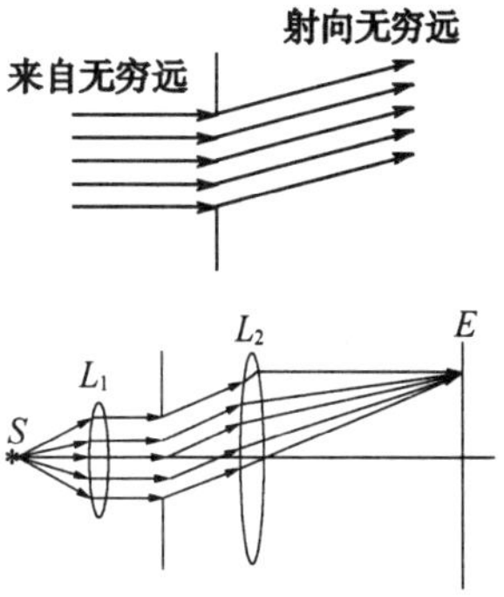

图 11－43　夫琅和费衍射

物理学家简介:菲涅耳

菲涅耳(Augustin-Jean Fresnel,1788—1827),法国物理学家和铁路工程师。1923 年当选为法国科学院院士,1825 年被选为英国皇家学会会员。1827 年 7 月 14 日因肺病医治无效而逝世,终年仅 39 岁。菲涅耳的科学成就主要有两个方面:一是衍射,他以惠更斯原理和干涉原理为基础,用新的定量形式建立了惠更斯-菲涅耳原理,完善了光的衍射理论,其实验具有很强的直观性、敏锐性,现在仍通行的很多实验和光学元件都冠有菲涅耳的姓氏,如菲涅耳双面镜干涉、菲涅耳波带片、菲涅耳透镜、菲涅耳圆孔衍射等。另一成就是偏振,1821 年菲涅耳与阿拉果一起研究偏振光的干涉,确定光是横波。1823 年,他发现了光的圆偏振和椭圆偏振现象,用波动说解释了偏振面的旋转,并推导出反射定律和折射定律的定量规律即菲涅耳公式,解释了马吕斯的反射光偏振现象和双折射现象,奠定了晶体光学的基础。菲涅耳因在物理光学研究中的重大成就,而被誉为物理光学的缔造者。

菲涅耳

11.7 单缝衍射

当一束平行光垂直照射宽度可与光的波长相比拟的狭缝时绕过缝的边缘向阴影区衍射，衍射光经透镜 L 会聚到焦平面处的屏幕 P 上形成衍射条纹，这种条纹叫做单缝衍射条纹。夫琅和费单缝衍射的装置如图 11－44 所示。对屏中的 P 点，衍射角为 θ，对单缝两条边缘衍射线来讲，其光程差为 $AC=a\sin\theta$，P 点的明暗将完全取决于光程差 AC。

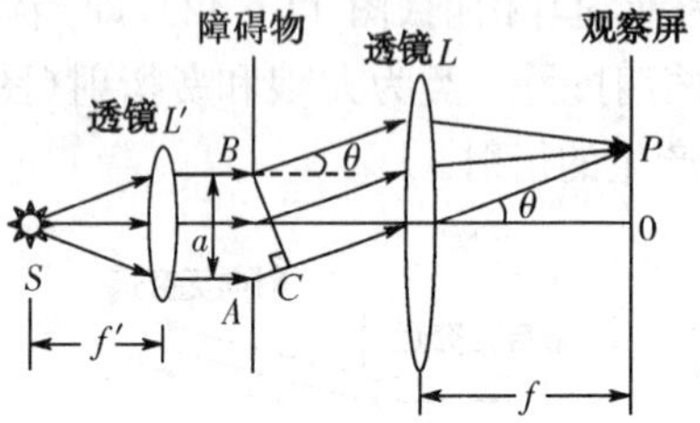

图 11－44 夫琅和费单缝衍射实验装置简图

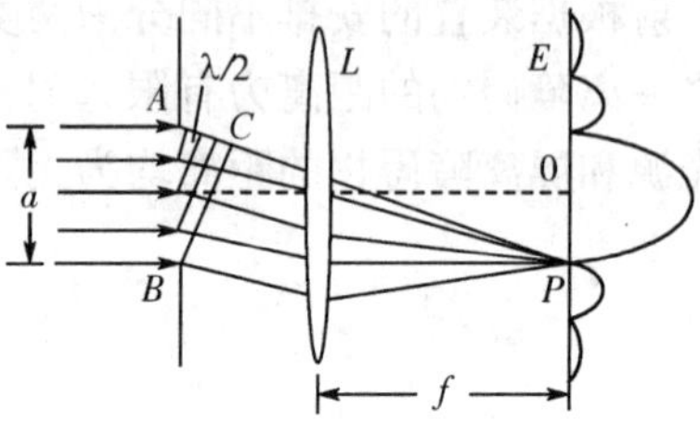

图 11－45 菲涅耳半波带方法

11.7.1 菲涅耳半波带法

对给定的衍射角 θ，其光程差为 $AC=a\sin\theta$，但用平行于 BC 的平面把 AC 分成一个个相邻距离为 $\frac{\lambda}{2}$ 的平面(图 11－45)，称为半波带。相邻的半波带的相位差总是 π。若 AC 正好等于半波长的偶数倍，即单缝正好能分成偶数个半波带，则光束抵消后在 P 点出现暗纹；若 AC 正好等于半波长的奇数倍，即单缝正好能分成奇数个半波带，则两两相抵消后，总有剩下半波带的光在 P 点没有被抵消，因而 P 点出现明纹；若 AC 不能正好等于半波长的整数倍，则 P 点的光强介于最明和最暗之间。

根据图 11－45 所示，夫琅和费单缝衍射中明、暗纹满足的条件为

$$a\sin\theta=\begin{cases}\pm 2k\cdot\dfrac{\lambda}{2} & (k=1,2,3,\cdots,)\ \text{暗纹}\\ \pm(2k+1)\dfrac{\lambda}{2} & (k=1,2,3,\cdots,)\ \text{明纹}\end{cases}\tag{11-7-1}$$

此方法称为半波带法。因此，相邻两个半波带在 P 点的振动相互抵消屏幕中心为中央明纹，两侧对称分布着其他明纹。

11.7.2 单缝衍射的光强分布

根据单缝衍射的特点和明暗条纹满足的条件(11－7－1)式，描绘出光强分布曲线如图 11－46 所示。从图 11－46 可以看出：中央明纹最亮，其他明纹的光强随级次增大而迅速减小；中央明纹的宽度最宽，约为其他明纹宽度的 2 倍。

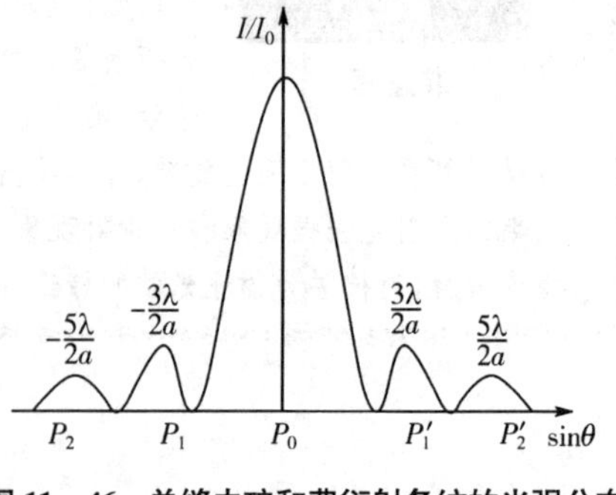

图 11－46 单缝夫琅和费衍射条纹的光强分布

中央明区(零级明纹)，满足 $-\lambda<a\sin\theta<\lambda$，所以

中央明纹的半角宽度

$$\theta_0 \approx \sin\theta_0 = \frac{\lambda}{a} \tag{11-7-2}$$

设透镜 L 的焦距为 f，因透镜靠近单缝，所以中央明纹的线宽度

$$\Delta x_0 = 2f\tan\theta_0 = 2f\frac{\lambda}{a} \tag{11-7-3}$$

由此可以得到：

① 对于一定的波长 λ，a 越小衍射越显著，但当 $a \ll \lambda$ 时中央明纹宽度过大，而在屏上看不到明暗相间的条纹；反之，a 越大，各级明纹所越向屏幕中央靠拢，衍射所越不明显。当 $a \gg \lambda$ 时，条纹过于密集，不能分辨，形成光的直线传播。

② 当 a 一定时，明条纹所对应的衍射角 θ 与 λ 成正比，若用白光照射单缝，则衍射图样的中央仍为白光，其两侧呈现出由紫到红排列的彩色条纹。

11.8　圆孔衍射　光学仪器的分辨率

光学仪器中所用透镜的边缘(就是光阑)通常都是圆形的，而且大多数是通过平行光或近似的平行光成像的，所以夫琅和费圆孔衍射具有重要意义。

11.8.1　圆孔衍射

如果将夫琅和费单缝衍射装置中的单缝用一小圆孔代替，就构成了观察夫琅和费圆孔衍射的实验装置，如图 11-47 所示。以激光作为光源，那么在透镜 L 的焦平面上就可得到由一中央亮斑及周围的圆环条纹组成的衍射花样，即夫琅和费圆孔衍射花样。夫琅和费圆孔衍射的光强分布曲线如图 11-48 所示。

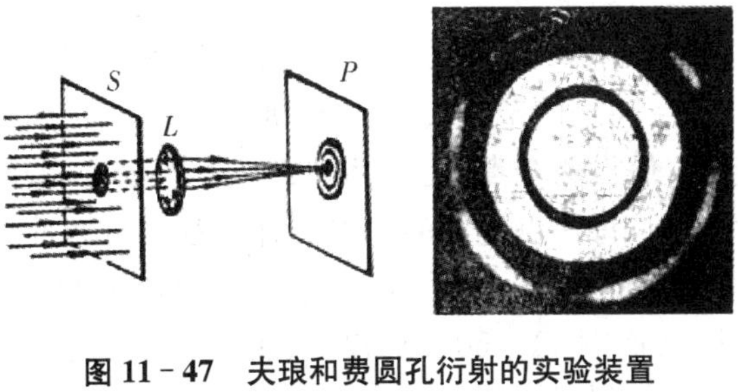

图 11-47　夫琅和费圆孔衍射的实验装置

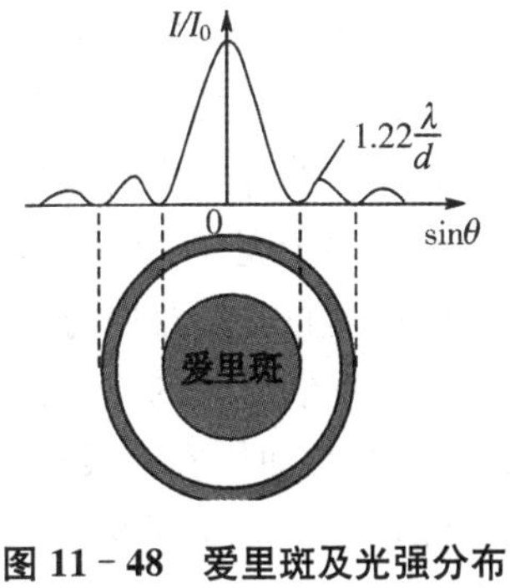

图 11-48　爱里斑及光强分布

当单色平行光垂直照射小圆孔时，在透镜 L 的焦平面处的屏幕 P 上将出现亮圆斑，称为爱里斑(图 11-48)。爱里斑上分布的光能占通过圆孔的总光能的 84%左右。

爱里斑所对应的角宽度 θ 满足：

$$\sin\theta = 0.61\frac{\lambda}{r} = 1.22\frac{\lambda}{d} \tag{11-8-1}$$

式中，r 和 d 分别是圆孔的半径和直径。

根据图 11-49 所示，爱里斑对透镜中心的张角为

$$2\theta \approx 2\sin\theta = 2.44\frac{\lambda}{d} \qquad (11-8-2)$$

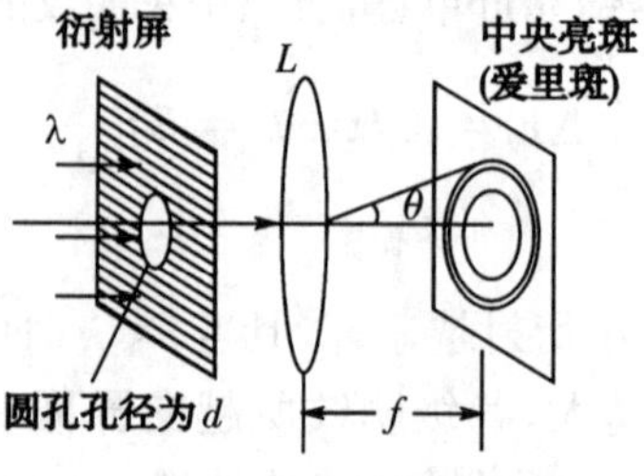

图 11-49　计算爱里斑张角

11.8.2　瑞利判据

由于光的衍射，一个物点通过光学仪器成像时，像点不再是几何点，而是有一定大小的爱里斑。因此，对相距很近的两个物点，其相对应的两个爱里斑就会相互重叠甚至无法分辨出两个物点的像。可见，由于光的衍射现象，使光学仪器的分辨能力受到限制。

从几何光学的观点看来，只要消除了光具组的各种像差，则每一物点和它的像点共轭，因而物面上无论怎样微小的细节都可在像面上详尽无遗地反映出来。实际上，光束在成像时总会受到大小有限的有效光阑的限制，光的衍射作用不容忽视。因此，完全反映物面的细节是不可能的。衍射花样中央亮斑有一定大小，在最简单的夫琅和费圆孔衍射的情况中，中央亮斑的范围由第一个暗环的角半径 θ_1 决定

$$\theta_1 = 0.61\frac{\lambda}{r}$$

两个发光点在光屏上成“像”时，它们各自的衍射花样有一部分落在屏上同一区域。由于这两个点光源是不相干的，故光屏上的总照度是两组明暗相间条纹按各自原有强度分布直接相加。如果两组花样中央亮斑的中心距离比较远，而中央亮斑的范围又比较小，那么“像”还是可以分开成两个亮斑；如果中心靠得很近，每一亮斑的范围又比较大，那么原来两个发光点的“像”将有所重叠而难以分开。为简单起见，假设两个点光源（例如天文上的双星）的发光强度相同。它们所发的光通过望远镜的物镜后，每一点光源的衍射花样的强度分布曲线用一条虚线表示，而用实线表示总强度分布曲线，如图 11-50 所示。图 11-50(a)为能分开的两点的像；图 11-50(b)为恰好能分辨时的像；而图 11-50(c)为难以区分的像。为了确定两个像点能否分辨的程度，通常都按瑞利提出的判据判断。当一个中央亮斑的中心位置恰好与另一个中央亮斑的边缘位置相重合时，两个像点刚好能分辨开，即总强度分布曲线中央下凹部分的强度不低于每一分布曲线的最大值的 74%，则正常眼睛（或照相底片）还能够观察到凹部，就是说两个中央亮斑尽管重叠在一起，但还可察觉在弥漫区域中有两个极大值，中间出现有较暗的间隔，如图 11-51 所示。这可作为像点能否分辨得开的一个极限。根据计算可知：如图 11-51(b)所示的圆孔情况，其总强度分布曲线中央凹下部分的强度约为每一曲线最大值的 74%，这时两个发光点在光具组入射光瞳中心所张的视角 U（图

11－50)等于各衍射花样第一暗环的角半径 θ_1，即

$$U=\theta_1=0.61\frac{\lambda}{r} \tag{11-8-3}$$

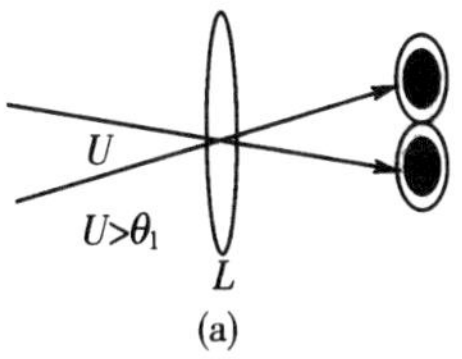

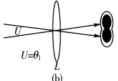

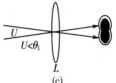

图 11－50　瑞利判据中的像点关系

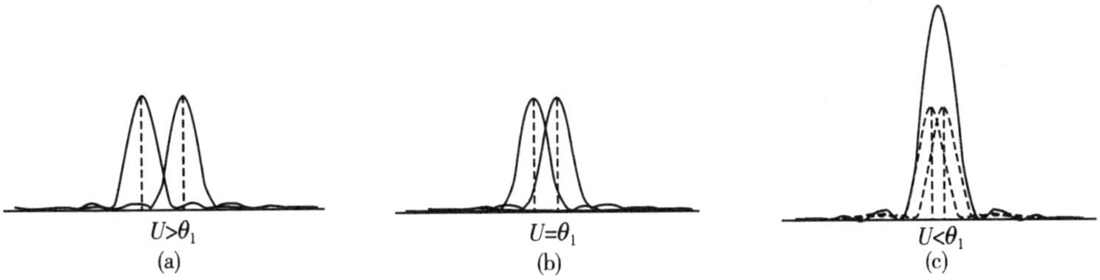

图 11－51　瑞利判据中的光强分布关系

视角 $U>\theta_1$ 时，两点的像能分辨得开；$U<\theta_1$ 时，两点的像则不能分辨开；$U=\theta_1$ 时，两点的像则恰好能够分辨开。这个极限角 $U=\theta_1$ 称为光具组的分辨极限，它的倒数称为分辨本领。对于给定的单色光，光具组的分辨本领正比于入射光瞳的半径 R。此外，也可用像面上或物面上能够分辨的两点间的最小距离表示分辨极限。

如果一物点在像平面上形成的爱里斑中心，恰好落在另一物点的衍射第一级暗环上，这两个物点恰能被仪器分辨，这个结论就称为瑞利判据。

11.8.3　人眼的分辨本领

人眼的分辨本领是描述人眼刚刚能区分非常靠近的两个物点能力的物理量。眼睛瞳孔的半径约为 1 mm，以人眼最敏感的黄绿色光(其波长 $\lambda=555$ nm)入射到瞳孔时，瞳孔的分辨极限角为：

$$U_0=0.610\times5.55\times10^{-7}/0.1=3.4\times10^{-4}\text{ rad}\approx1'$$

在明视距离(25 cm)处，对应于这个极限视角的两个发光点之间的距离约为 $25U_0\approx$ 0.1 mm，也就是说，对于物面上比这个距离更小的细节，人眼就无法分辨开。

注意：本节讨论是在非相干光照射下的情形，两衍射图样的叠加是非相干叠加，否则，还要考虑干涉效应。

【例题 11－7】　估算眼睛瞳孔爱里斑的大小。

解： 人眼瞳孔基本上是圆孔，直径在 2～8 mm 之间调节，取波长 $\lambda=550$ nm，$d=2$ mm，估算爱里斑(最大)角半径为

$$\Delta\theta_1=\sin\theta_1=0.61\frac{\lambda}{r}=1.22\frac{\lambda}{d}=3.4\times10^{-4}\text{ rad}\approx1'$$

人眼基本上是球形的，眼球的直径约为 16～24 mm，取 $f\approx 20$ mm，估算视网膜上爱里斑的线直径为：

$$D = 2\times 1.22\,\frac{\lambda}{d}f \approx 14\,000\,(\text{nm})$$

在 1 mm² 的视网膜面元中，大约分布 540 个爱里斑。

11.9 衍射光栅

在单缝衍射中，若单缝较宽则相邻明纹间距很小不易分辨；若单缝很窄则亮度降低，使得条纹不够清晰。所以在这两种情况下，都很难测定条纹的宽度，故不能精确测量光波波长。为获得亮度高、分得很开、本身又很宽的明条纹，必须利用光栅。

11.9.1 光栅

光栅是由一组相互平行、等宽、等间隔的狭缝构成的光学器件，如图 11－52 所示。其中图 11－52(a)为透射光栅，图11－52(b)为反射光栅。

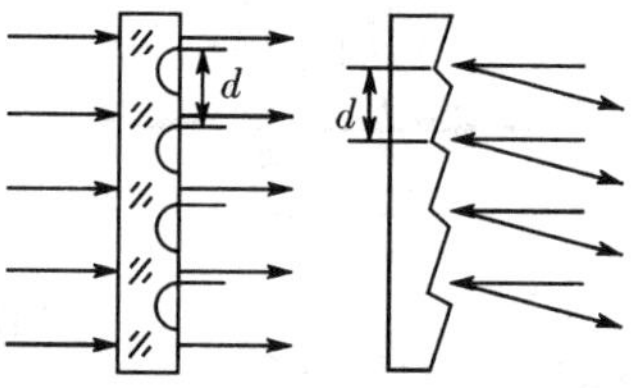

图 11－52 光栅种类

将光栅上每个狭缝宽度 a 和相邻两缝间不透光部分的宽度 b 之和 $d=a+b$，称为光栅常量。

图 11－53 是夫琅和费光栅衍射的实验装置示意图。当一束平行单色光照射到光栅上时，每一狭缝都要产生衍射，而缝与缝之间透过的光又要发生干涉。用透镜 L 将光束会聚到屏幕上就会呈现出如图 11－54 所示的光栅衍射条纹。实验表明：随着狭缝的增多，明条纹的亮度将增大，其明纹也变细。

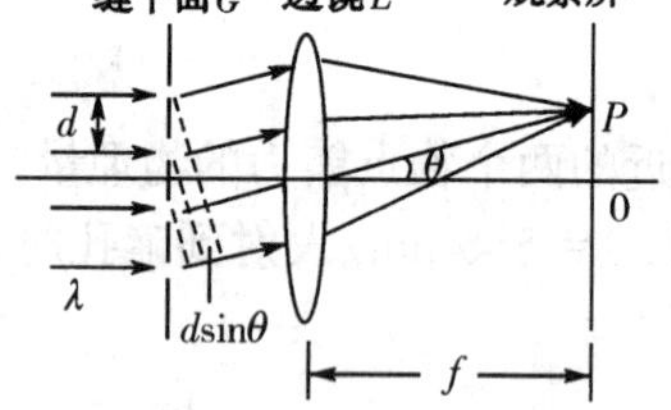

图 11－53 光栅衍射

图 11－54 光栅衍射条纹

11.9.2 光栅衍射条纹的形成

当平行光照射到光栅上时，每一狭缝都要产生衍射，而这些衍射光之间又要发生干涉。因此，光栅衍射条纹是衍射和干涉的总效果。

光栅衍射条纹的主要特点：明纹细而明亮，明纹间暗区较宽。

（1） 明暗纹的条件

主极大明纹： $(a+b)\sin\theta=k\lambda \quad (k=0,\pm1,\pm2,\cdots)$ (11－9－1)

此公式称为光栅方程。

暗纹：　　$(a+b)\sin\theta = k'\dfrac{\lambda}{N}$　$(k'=\pm 1, \pm 2, \cdots, 且\ k' \neq kN)$　　(11-9-2)

两个相邻的主极大明纹之间有$(N-1)$条暗纹，相应地存在着$(N-2)$条的次极大明纹。

(2)　缺级现象

如果 θ 的某些值满足光栅方程的主极大明纹条件，而又满足单缝衍射的暗纹条件，这些主极大明纹将消失，这一现象称为缺级。缺级时，同时满足：

$$(a+b)\sin\theta = k\lambda$$

$$a\sin\theta = k'\lambda$$

则缺级的级数：

$$k = \frac{a+b}{a}k' \quad (k'=\pm 1, \pm 2, \cdots) \qquad (11-9-3)$$

例如 $N=4$，$a+b=4a$，则其光强分布如图 11-55 所示。其光栅衍射的谱线特点：

① 主极大明纹的位置与缝数 N 无关，它们对称地分布在中央主极大明纹的两侧，中央主极大明纹光强最大。

② 在相邻的两个主极大明纹之间，有$(N-1)$个极小(暗纹)和$(N-2)$个光强很小的次极大明纹。当 N 很大时，实际上在相邻的主极大明纹之间形成一片暗区，即能获得细的，而亮暗区很宽的光栅衍射条纹。

③ 单缝衍射限制了光栅衍射中光强分布曲线的外部轮廓，在图 11-55 中± 4、± 8 级等主极大明纹没有出现，即缺级现象。

④ 光栅的缝数越多，谱线则越细越亮。

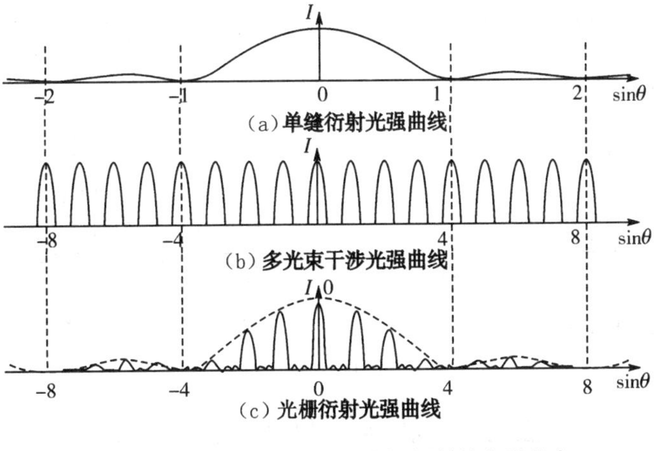

图 11-55　$N=4$，$a+b=4a$ 光栅衍射的光强分布

11.9.3　衍射光谱

由光栅方程可知：光栅常量一定时，主极大明纹衍射角 θ 的大小和入射光的波长有关。

若用白光照射光栅，则各种波长的单色光将产生各自的衍射条纹；除中央明纹由各色光混合仍为白光外，其两侧的各级明纹都由紫到红对称排列着。这些彩色光带叫做衍射光谱，如图11-56所示。

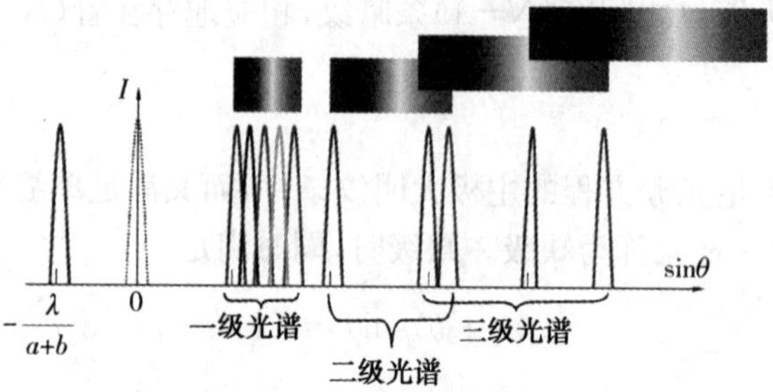

图 11-56　衍射光谱

由于波长短的光的衍射角小，波长长的光的衍射角大，所以紫光靠近中央明纹，红光远离中央明纹。从图11-56中还可以看出：级数较高的光谱中有部分谱线是彼此重叠的。

【例题 11-8】 有一四缝光栅，如图11-57所示。缝宽为a，光栅常量$d=2a$，其中1缝总是开的，而2、3、4缝可以开也可以关闭，波长为λ的单色平行光垂直入射光栅。试画出下列条件下，光栅衍射的相对光强分布$\frac{I}{I_0}\sim\sin\theta$曲线：

(1) 关闭3,4缝；

(2) 关闭2,4缝；

(3) 4条缝全开。

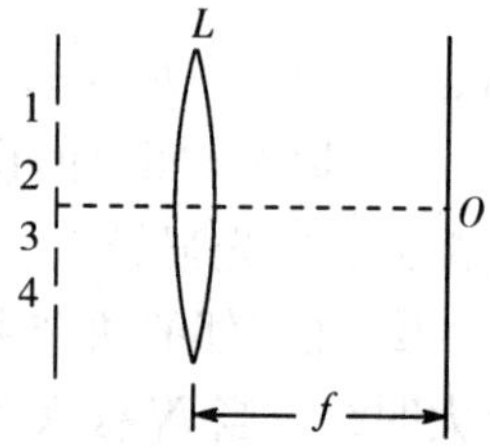

图 11-57　例题 11-8 图

解：(1) 关闭3,4缝时，四缝光栅变为双缝。双缝可以看作最简单的光栅。由于$\frac{d}{a}=2$，第二级主极大缺级，所以在中央极大包络线内共有0、±1级共3条谱线，如图11-58(a)所示。

(2) 关闭2,4缝时仍为双缝，但光栅常量d变为$d'=4a$，即$\frac{d'}{a}=4$，因而在中央极大包线内共有7条谱线，如图11-58(b)所示。

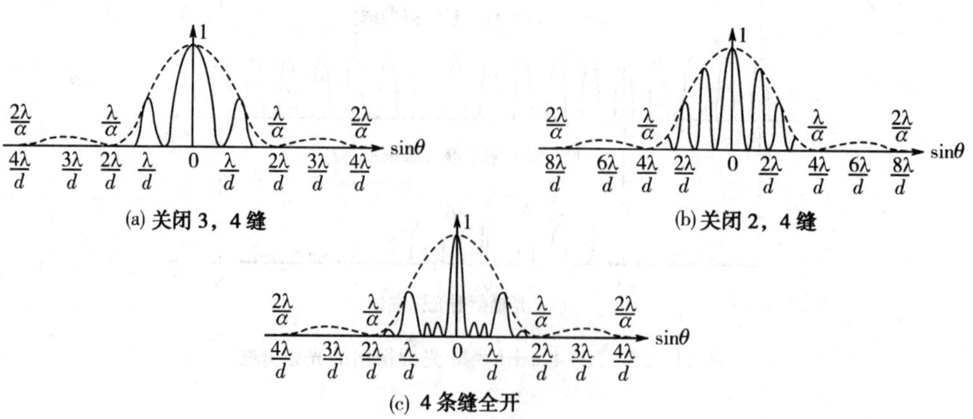

图 11-58　谱线图

(3) 4 条缝全开时，$\frac{d}{a}=2$，中央极大包线内共有 3 条谱线，与(1)不同的是主极大明纹的宽度和相邻两主极大之间的光强分布不同，如图 11－58(c)所示。

上述三种情况下光栅衍射的相对光强分布曲线分别如图 11－58 所示，注意三种情况下都有缺级现象。

11.10　X 射线的衍射

11.10.1　X 射线

X 射线是一种波长很短(10^{-10} m)的电磁波，一般由高速电子撞击金属产生。图 11－59 是一种产生 X 射线的真空管，K 是发射电子的热阴极，A 是由钼、钨或铜等金属制成的阳极。两极之间加有数万伏特的高电压，使电子流加速，向阳极 A 撞击而产生 X 射线。

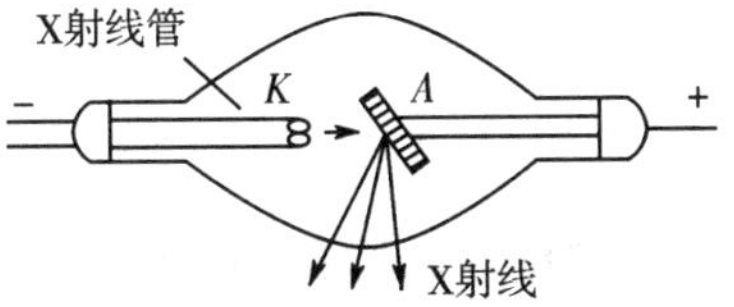

图 11－59　X 射线的产生

11.10.2　劳厄实验

劳厄实验的实验装置如图 11－60 所示，一束穿过铅板上准直缝的 X 射线束(波长连续分布)投射在薄片晶体 C 上，照片底片 E 上发现亮度很强的 X 射线束出现在某些确定的方向。这是由于 X 射线照射晶体时，组成晶体的每一个微粒相当于发射次波的中心，向各方向发出次波。而来自晶体中许多有规则排列的散射中心的 X 射线会干涉相加而使得某些方向的光束加强。

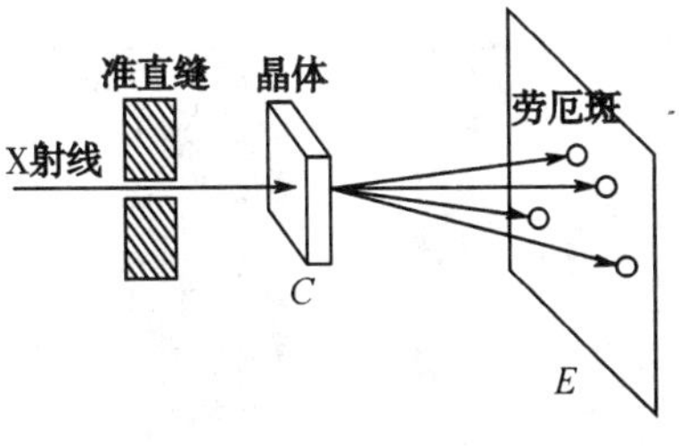

图 11－60　劳厄实验

实验结果不仅反映 X 射线的波动性(具有衍射现象)，同时证实了晶体中原子(离子或分子)是按一定规律排列的，其间隔与 X 射线的波长属于同一数量级。

11.10.3　布喇格公式

1913 年，布喇格父子提出一种解释 X 射线衍射的方法，并做了定量计算。该方法是：想象晶体是由一系列的平行的原子层(称为晶面)所构成的，如图 11-61 所示。设各原子层之间的距离为 d，当一束单色的、平行的 X 射线，以掠射角 φ 入射到晶面上时，一部分将为表面层原子所散射，其余部分将为内部各原子层所散射，但是在各原子层所散射的射线中，只有沿晶面反射方向的射线的强度为最大。反射线 1 和 2 的光程差为：

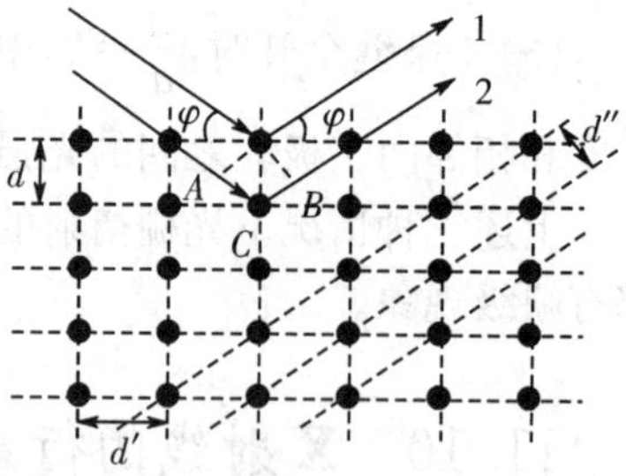

图 11-61　推导布喇格公式用图

$$\delta = AC + CB = 2d\sin\varphi$$

反射线互相加强时，满足

$$2d\sin\varphi = k\lambda, \quad k = 1,2,3,\cdots \qquad (11-10-1)$$

称为布喇格公式或布喇格条件。

用 X 射线衍射仪可以测定入射 X 射线的波长，也可以对所测晶体的结构、成分等进行定量分析。

物理学家简介：布喇格

布喇格父子，英国物理学家，他们的主要贡献都在 X 射线晶体学方面，并将 X 射线衍射理论和技术应用到无机化学、有机化学、土壤学、金属学和生物学等领域。他们父子因用 X 射线分析晶体结构而共获 1915 年的诺贝尔物理学奖。

W. H. 布喇格(1862—1942)，历任阿德莱德大学教授、澳大利亚科学发展学会天文数理组主席、英国皇家学会会员、英国利兹大学物理学教授、伦敦大学教授、皇家研究所教授和所长等。

W. L. 布喇格(1890—1971)，英国晶体学家。曾在卡文迪什实验室做研究工作，历任曼彻斯特维多利亚大学物理学教授、剑桥大学教授。1912 年开始在剑桥大学用 X 射线分析晶体，拍摄了 NaCl 和 KCl 等晶体的劳埃图并进行分析，提出布喇格方程。1954 年到皇家研究院工作，1965 年退休。他们父子一起测定了金刚石、硫化锌等一系列的晶体结构。

W. H. 布喇格

W. L. 布喇格

11.11　全息照相简介

普通照相记录的是光信号的强度,得到的是物体的平面像。如果能把物体上发出的光信号的全部信息,即光波的强度和相位同时记录下来,就可以设法再现这一物体的三维立体像。这一过程就是全息照相。

11.11.1　全息照片成像原理

全息照相的基本光路如图 11－62 所示,从激光光源发出的光被分成两部分:一部分直接照射到照相底片上,这部分光叫参考光;另一部分用来照射被拍摄的物体,再经物体反射到照相干板(底片)上,这部分光叫物光。参考光和物光在底片上相遇时发生干涉,产生干涉图样。这样一张保存有复杂干涉图样的底片冲洗后就是一张全息照片。

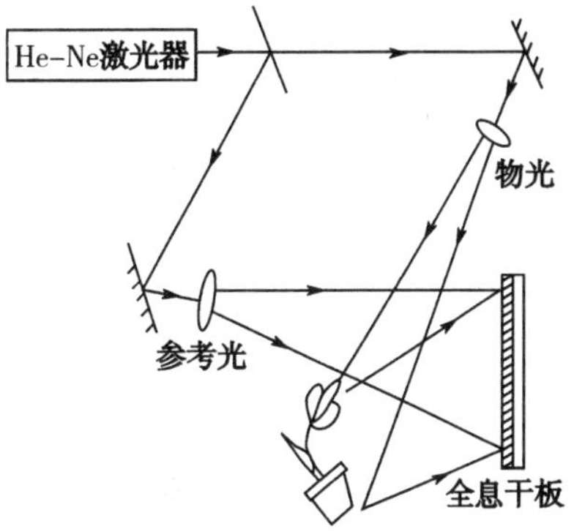

图 11－62　全息照相基本光路图

全息干板上记录了光波的振幅和相位信息。干板上各处干涉条纹的间隔反映了物光相位的不同,也就是反映了物体上各发光点的位置的不同。而整个干板上形成的干涉图样实际上是物体上各发光点发出的物光与参考光所形成的干涉条纹的叠加。所以,全息干板上的干涉图样看上去十分复杂。

11.11.2　全息照片再现原理

观察一张全息干板所记录的物体影像时,只需使用拍摄该照片时所用的同一波长的光沿原参考光的方向照射干板即可。由于全息干板包含大量的、细密分布的干涉条纹,它相当于一个透射光栅,照明光透过时将发生衍射。根据光栅衍射,沿原来物体上发出的物光方向的衍射光被人眼会聚后,会使人眼感到在原来物体所在处有一虚发光点。而物体上所有发光点在全息干板上产生的透光条纹对入射照明光的衍射,就会使人眼看到一个在原来位置处的原物的立体虚像,如图 11－63 所示。

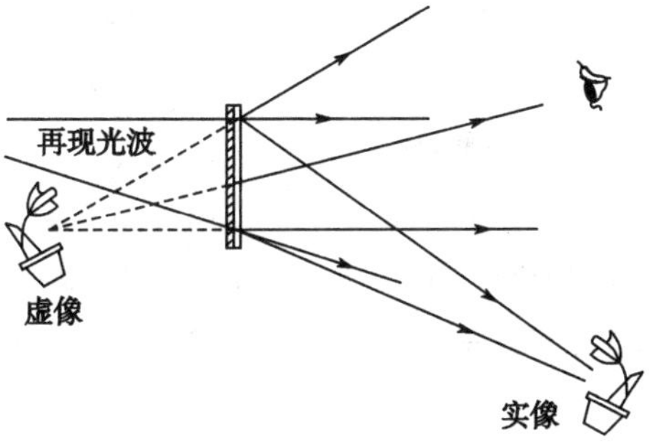

图 11－63　全息再现基本光路图

11.12 光的偏振性 马吕斯定律

光波是横波，是指光矢量的振动方向总是与光的传播方向垂直；光矢量的振动对于传播方向的不对称性，称为光的偏振。

根据光矢量对传播方向的对称情况，光分为：自然光、线偏振光、部分偏振光、圆偏振光和椭圆偏振光。

11.12.1 自然光 偏振光

(1) 自然光

各方向光振动振幅相同的光称为自然光，如图 11-64 所示。

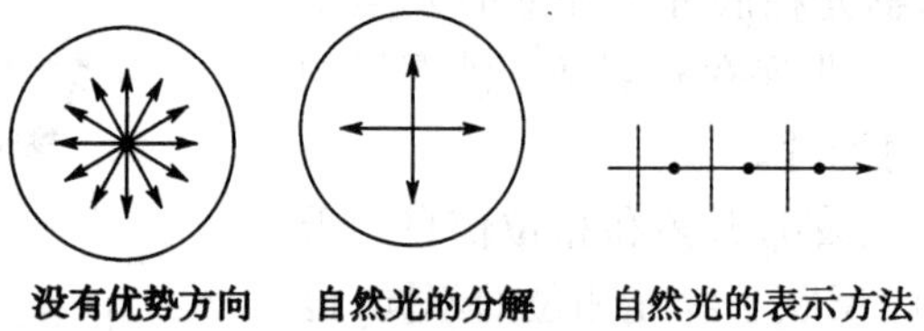

图 11-64 自然光及其表示方法

对于自然光，任意时刻若把所有方向的光振动都分解到相互垂直的两个方向上，则在这两个方向上的振动能量和振幅都相等。

但应注意：由于自然光中各个光振动是相互独立的，所以合成起来的相互垂直的两个光矢量分量之间并没有恒定的相位差。

为了简明表示光的传播，常用和传播方向垂直的短线表示在纸面内的光振动，而用点子表示和纸面垂直的光振动。

(2) 线偏振光

在垂直于传播方向的平面内光矢量只沿一个固定方向振动，这种偏振光称为线偏振光，或称为平面偏振光或完全偏振光。线偏振光的表示方法如图 11-65 所示。

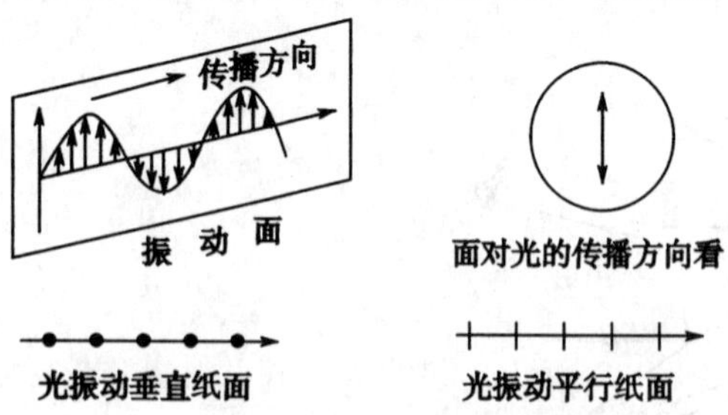

图 11-65 线偏振光及其表示方法

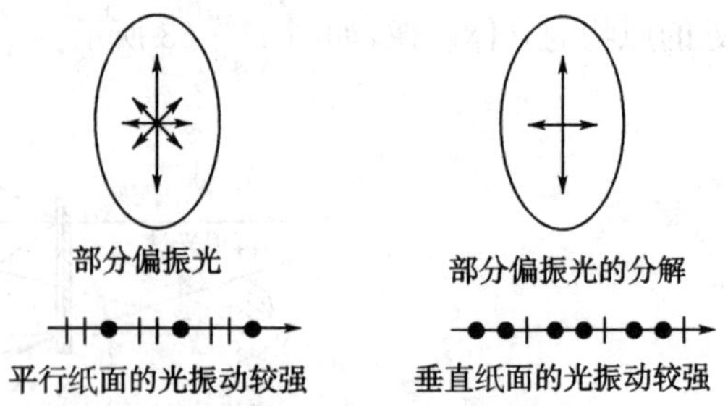

图 11-66 部分偏振光及其表示方法

(3) 部分偏振光

光波中虽然包括一切方向的振动，但是不同方向上的振幅不等，在某一个方向上的振幅最大而在于其垂直的方向上振幅最小，这种光称为部分偏振光。部分偏振光的表示方法如图 11－66 所示。

11.12.2　起偏与检偏

某些物质（如硫酸金鸡钠碱）能吸收某一方向的光振动，而只让与这个方向垂直的光振动通过，这种性质称为二向色性。把具有二向色性的材料涂敷于透明薄片上，就可制成偏振片。

当一束自然光投射到偏振片时，垂直于某一特殊方向光振动分量全被吸收，只让平行于该方向的光振动分量通过从而获得线偏振光，这个过程称为起偏。而让光振动通过的方向叫做偏振化方向（或透振方向），如图 11－67 所示。用偏振片检验是否是偏振光的过程称为检偏。

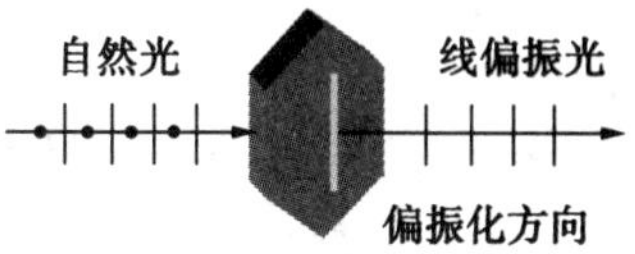

图 11－67　起偏

从自然光获得线偏振光的器件称为起偏器，用于鉴别光的偏振状态的器件称为检偏器。

11.12.3　马吕斯定律

如果入射线偏振光的光强为 I_0，透射光的光强为 I，α 是检偏器的偏振化方向和入射线偏振光的光矢量振动方向的夹角，如图 11－68 所示，则有

$$I = I_0 \cos^2\alpha, \tag{11-12-1}$$

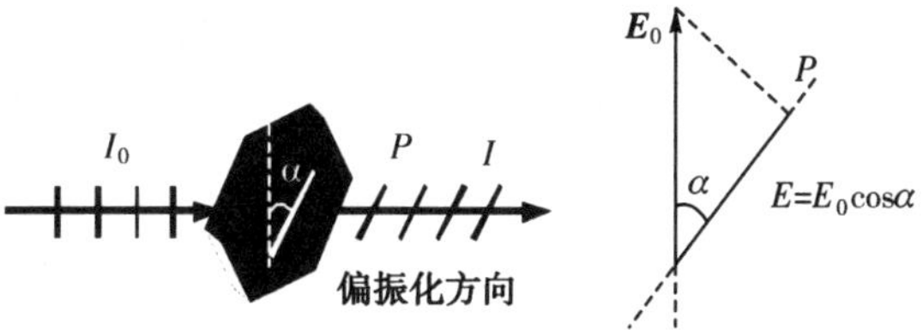

图 11－68　马吕斯定律说明用图

此式称为马吕斯定律。若 $\alpha=90°$，透射光强为零；若 $\alpha=0°$，透射光强最大。

【例题 11－9】　如图 11－69 所示，在两块正交偏振片（偏振化方向相互垂直）P_1，P_3 之间插入另一块偏振片 P_2，光强为 I_0 的自然光垂直入射于偏振片 P_1，求转动 P_2 时，透过 P_3 的光强 I 与转角的关系。

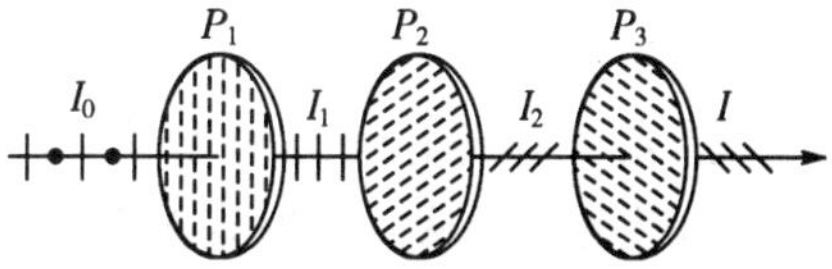

图 11－69　例题 11－9 图

解： 设入射自然光的光强为 I_0，当它透过 P_1 后将成为光强 $I_1=\dfrac{1}{2}I_0$ 的线偏振光，振动方向平行 P_1 的偏振化方向。若用 α 表示 P_1、P_2 偏振化方向之间的夹角，由马吕斯定律可知：透过 P_2 的偏振光的光强是

$$I_2 = I_1\cos^2\alpha = \frac{1}{2}I_0\cos^2\alpha,$$

由于 P_2、P_3 偏振化方向之间的夹角为 $90°-\alpha$，即入射 P_3 的偏振光的振动方向与它的偏振化方向的夹角为 $90°-\alpha$，再一次应用马吕斯定律可得透过 P_3 的偏振光的光强

$$I_3 = I_2\cos^2(90° - \alpha) = \frac{1}{2}I_0\sin^2\alpha\cos^2\alpha = \frac{1}{8}I_0\sin^2 2\alpha$$

当 $\alpha=45°$时，$I_3=\frac{1}{8}I_0$ 为最大的透射光强。

11.13 反射光和折射光的偏振

通过实验发现，自然光在两种介质的分界面上反射和折射时，折射光和反射光都变为部分偏振光。

反射光是以垂直于入射面的光振动为主的部分偏振光，而折射光是以平行于入射面的光振动为主的部分偏振光，如图 11－70 所示。

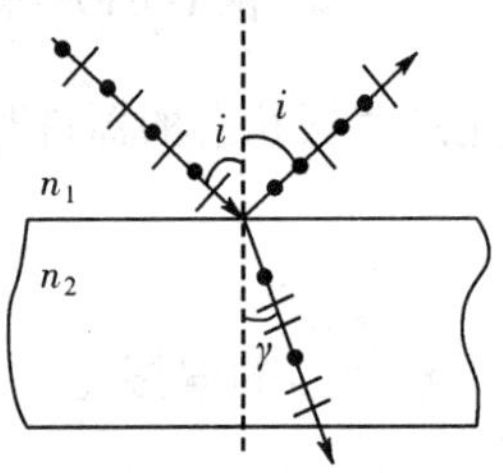

图 11－70　自然光反射与折射后产生部分偏振光

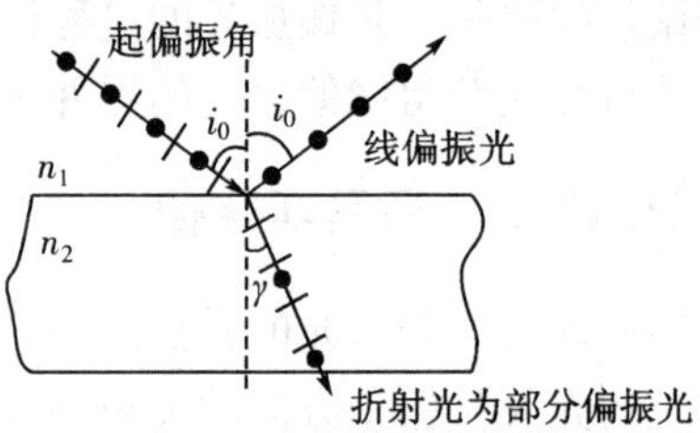

图 11－71　布儒斯特定律说明用图

如图 11－71 所示，当入射角 i 等于某一特定角度 i_0 时，在反射光中只有垂直于入射面的振动，而平行于入射面的光振动为零。因此，反射光为线偏振光，折射光为部分偏振光。i_0 称为起偏振角或布儒斯特角。实验指出，此时反射光线和折射光线相互垂直，即

$$i_0 + \gamma = \frac{\pi}{2}$$

根据折射定律：$n_1\sin i_0 = n_2\sin\gamma$，可得

$$\tan i_0 = \frac{n_2}{n_1} \tag{11-13-1}$$

称为布儒斯特定律。

自然光从空气射到折射率为 1.50 的玻璃片上，欲使反射光为线偏振光，起偏角为 56.3°；如果自然光从空气射到折射率为 1.33 的水上，则起偏角应为 53.1°。

对应一般的光学玻璃，反射光的强度约占入射光强度的 7.5%，大部分光能将透过玻璃。因此，仅靠自然光在一块玻璃的反射获得线偏振光的其强度是比较弱的。为了增大反射光的强度和折射光的偏振化程度，可以采用若干相互平行的相同的玻璃片组成的玻璃片堆来获得线偏振光。

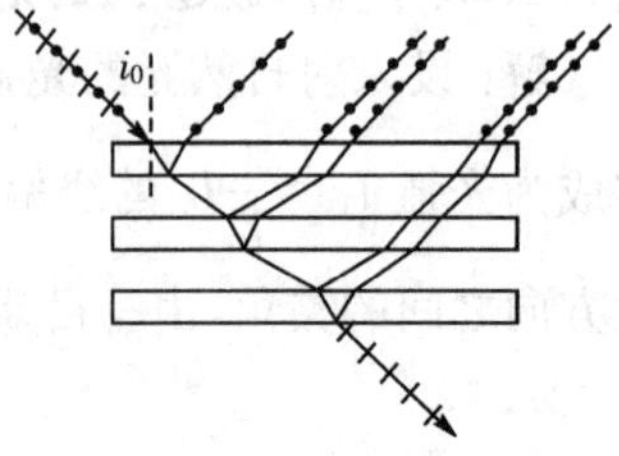

图 11－72　利用玻璃片堆产生线偏振光

用玻璃片堆得到的反射光和折射光均为线偏振光，两束光的振动方向垂直(图 11－72)。当 $i=i_0$ 时，反射光为线偏振光，而折射光一般仍然是部分偏振光，而且偏振化程度不高。因为对于多数透明介质，折射光的强度要比反射光的强度大很多。

由于一次反射得到的偏振光的强度很小，折射光的偏振化程度又不高，为了能够增强反射光的强度和提高折射光的偏振化程度，可以把许多相互平行的玻璃片叠加在一起构成玻璃片堆，如图 11－72 所示。自然光以布儒斯特角入射时，容易证明：光在各层玻璃面上的反射和折射都满足布儒斯特定律，这样就可以在多次的反射和折射中使反射光的强度增强，使折射光的偏振化程度提高。当玻璃片足够多时，就可以在反射和透射方向分别得到光振动方向互相垂直的两束偏振光。

布儒斯特定律有很多实际用途，例如可用布儒斯特定律测量非透明介质的折射率。将自然光从空气中射向这种介质表面，测出起偏振角 i_0 的大小，即可由 $\tan i_0 = n$ 计算出该物质的折射率；又如，在外腔式激光器中，把激光管的封口做成倾斜的，使激光以布儒斯特角入射，可以使光振动平行入射面的线偏振光不反射而完全通过，从而将激光的能量损耗减低到最小程度。

使用反射方法起偏，只需要将入射光以布儒斯特角入射即可。若使用折射方法起偏，就使用上面介绍的玻璃片堆，通过多次折射就能达到起偏的目的。

使用布儒斯特定律检偏的过程较为复杂，其过程请读者自行思考。

物理学家简介：马吕斯

马吕斯

马吕斯(1775—1812)，法国物理学家及军事工程师。1796 年毕业于巴黎工艺学院，曾在工程兵部队中任职。1808 年起在巴黎工艺学院工作。1810 年被选为巴黎科学院院士，曾获得过伦敦皇家学会奖章。马吕斯从事光学方面的研究。1808 年发现反射时光的偏振，确定了偏振光强度变化的规律(现称为马吕斯定律)。他研究了光在晶体中的双折射现象，1811 年，他与 J. 毕奥各自独立地发现折射时光的偏振，提出了确定晶体光轴的方法，研制成一系列偏振仪器。

11.14　双折射　偏振棱镜

11.14.1　双折射现象

一束光线在两个各向同性介质的分界面上发生折射时只有一束折射光在入射面内，其方向由折射定律决定。

但是当一束光线入射各向异性的晶体时，入射光经折射后(如射向石英晶体、方解石等各向异性介质时)分成两束的现象，称为双折射，如图 11－73 所示。产生双折射现象的晶体叫做双折射晶体。

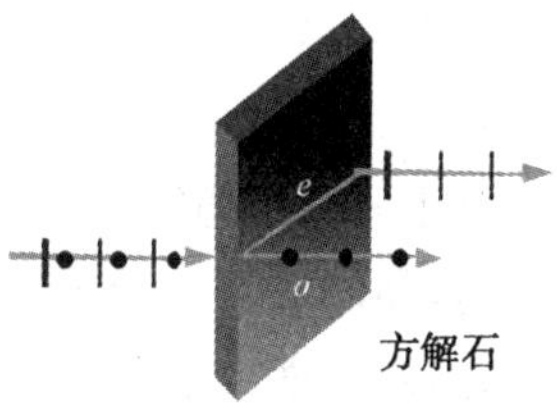

图 11－73　方解石的双折射现象

(1) 寻常光和非常光

如图 11 - 74 所示，折射光线遵循折射定律，折射率为常数，其折射光线总在入射面内，称为寻常光，简称 o 光；折射光线不遵循折射定律，折射率不为常数，其折射光线不一定在入射面内，称为非常光，简称 e 光。

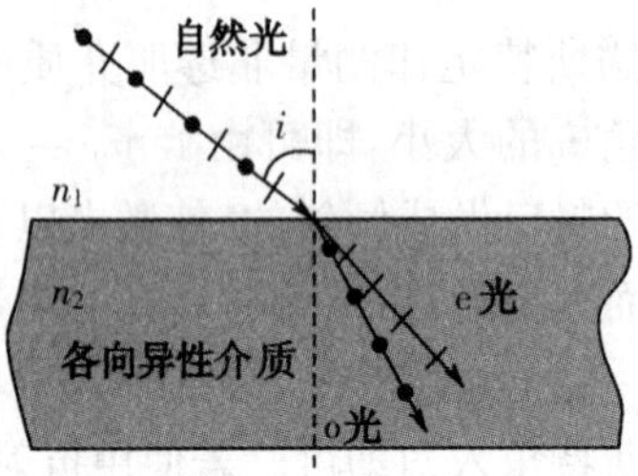

图 11 - 74　寻常光与非常光

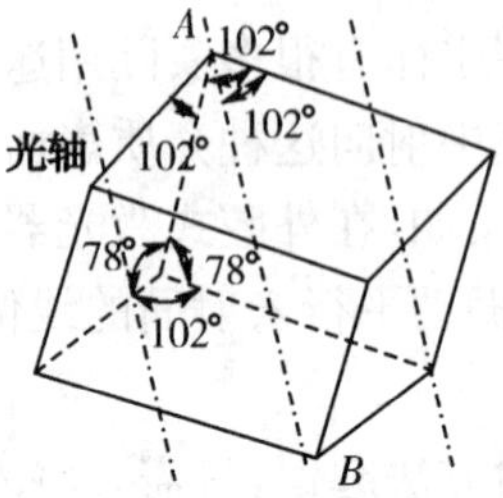

图 11 - 75　晶体的光轴

(2) 光轴　主平面　主截面

当光在晶体内沿某个特殊方向传播时不发生双折射，该方向称为晶体的光轴。在光轴方向上，o 光和 e 光的传播速度相等。如图 11 - 75 所示的 AB 方向为方解石的光轴方向。

如果晶体只有一个光轴，该晶体称为单轴晶体，如方解石、石英和红宝石；如果晶体有两个光轴，该晶体称为双轴晶体，如云母、硫黄晶体和蓝宝石。

晶体中光的传播方向与晶体光轴构成的平面，称为主平面。晶体表面的法线与晶体光轴构成的平面，称为主截面。当光轴在入射面内时，o、e 光的主平面重合，此面即为主截面。一般选取入射面与主截面重合的实用情况。

实验表明：o 光和 e 光都是线偏振光，但光矢量的振动方向不同，o 光的振动方向垂直于其主平面，而 e 光的振动平行于其主平面，如图 11 - 76 所示。

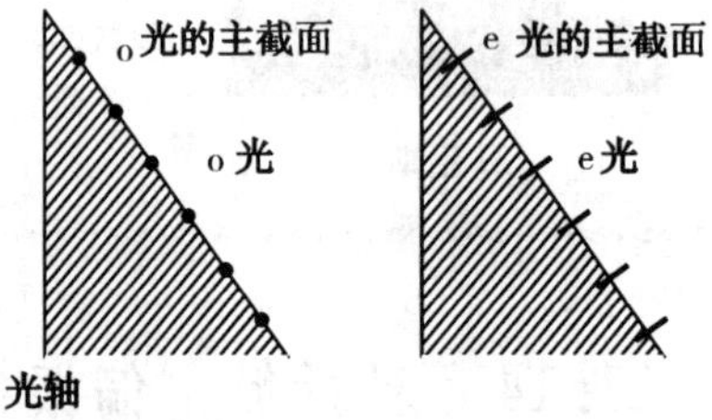

图 11 - 76　o 光和 e 光的主截面

当入射光的入射面和晶体的主截面重合时，o 光与 e 光的主平面相重合，o 光与 e 光的振动方向相互垂直。

在一般情况下，o 光与 e 光的振动方向并不完全垂直。

o 光和 e 光只在晶体内才有意义，透出晶体后就无所谓 o 光和 e 光。究竟是 o 光还是 e 光，与晶体的光轴取向有关，在晶体内振动方向垂直其主平面的是 o 光，平行其主平面的是 e 光。因此，在这块晶体内的 o 光进入另一块晶体后可能 e 光。

对于 e 光不遵守折射定律有两层含义：① e 光可能不在入射面内；② 即使 e 光仍在入射面内，晶体对 e 光的折射率随 e 光的传播方向不同而变化，不再是常数。但当光轴垂直入射面时，入射面内的各方向上的 e 光的折射率都是 n_e，可以应用折射定律。

11.14.2　尼科耳棱镜

天然方解石晶体厚度有限，不可能将 o 光和 e 光分得很开。尼科耳棱镜是用方解石晶体经过加工制成的偏振棱镜，由于其特殊构造可将 o 光和 e 光分离开来。

如图 11－77 所示，尼科耳棱镜通过 AC 并与主截面相垂直的平面将方解石切割成两部分，再使用加拿大树胶将其黏合。

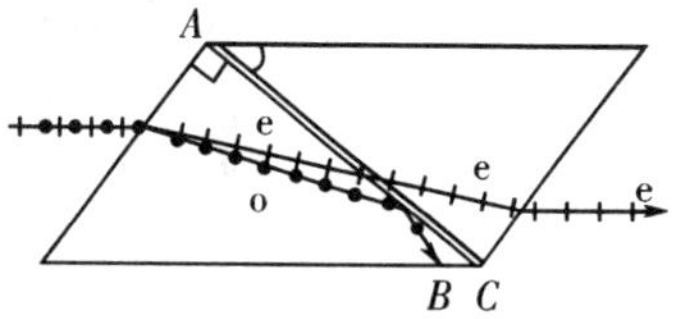

图 11－77　尼科耳棱镜

尼科耳棱镜的工作原理：对于单色钠黄光，方解石中 $n_o=1.58$，$n_e=1.486$，加拿大树胶的折射率（$n=1.55$）介于两者之间。当入射光到达分界面 AC 时，对于 o 光，由于树胶的折射率小于 o 光的折射率，使 o 光产生全反射，并被涂黑了的 BC 侧面所吸收。对于 e 光而言，情况恰恰相反，故 e 光透过树胶层射出。这样，自然光就转换为光振动在主截面上的偏振光。

尼科耳棱镜是利用光的全反射原理与晶体的双折射现象制成的一种偏振仪器，既可作起偏器，又可作检偏器。

*11.14.3　惠更斯原理对双折射现象的解释

（1）单轴晶体的次波波面

根据惠更斯原理，自然光射向晶体时波面上的每一点都可看作为次波源。o 光在晶体内形成的次波波面是球面，e 光在晶体内形成的次波波面是以光轴为轴的旋转椭球面，如图 11－78 所示。

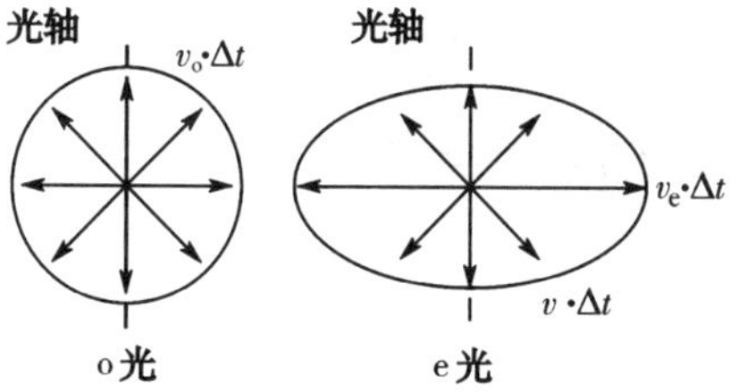

图 11－78　o 光和 e 光的波面

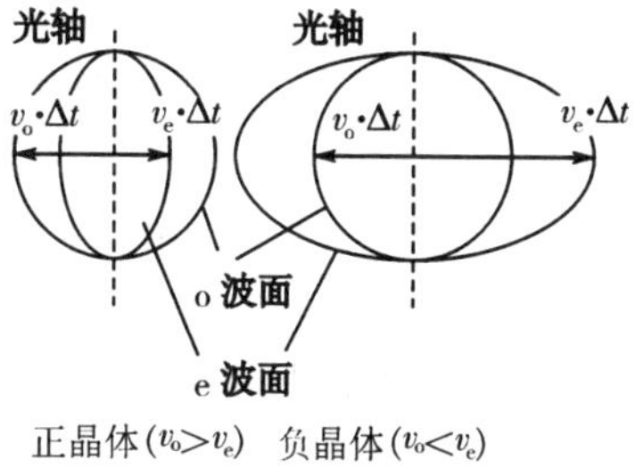

图 11－79　正晶体与负晶体

由于在光轴方向上 o 光和 e 光的速率相等，所以 o 光和 e 光的波面在光轴方向相切。

e 光的速率与 o 光的速率在与光轴垂直的方向上相差最大，根据 v_o 和 v_e 的大小可将晶体分为正晶体和负晶体，其波面的特征如图 11－79 所示。

（2）惠更斯原理在双折射现象中的应用

以方解石为例，用作图法确定 o 光和 e 光在晶体内的传播方向。

① 光轴平行晶体表面，自然光垂直入射。这时 o 光、e 光在方向上虽没分开，但速度上是分开的，如图 11－80 所示。

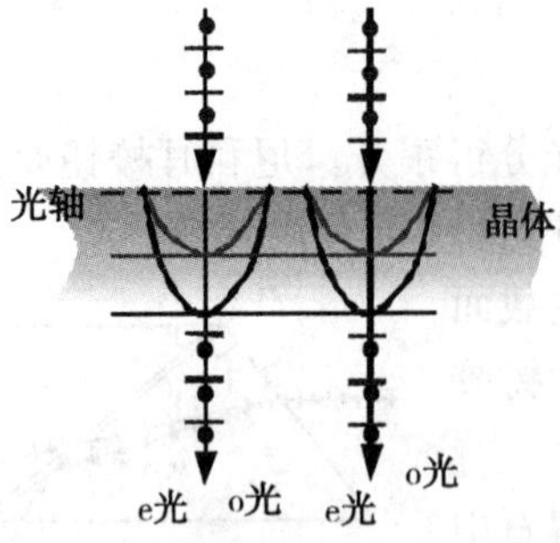

图 11-80　自然光垂直入射方解石(光轴在折射面内并平行于晶面)的双折射现象

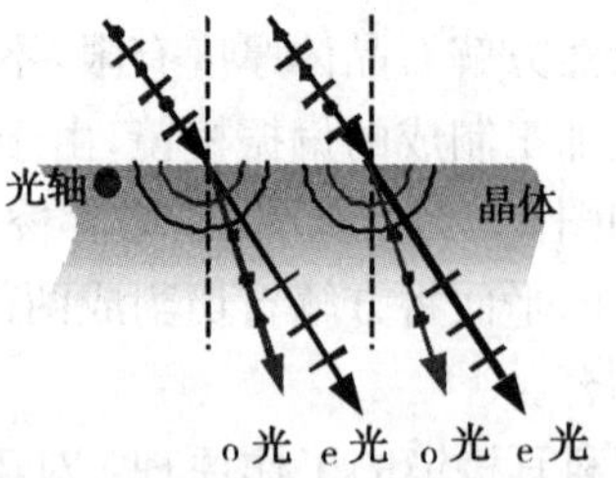

图 11-81　自然光斜入射方解石的双折射现象

② 光轴平行晶体表面且垂直入射面，自然光斜入射时(图 11-81)，则满足

$$\frac{\sin i}{\sin\gamma_0}=\frac{c}{v_o}=n_o$$

$$\frac{\sin i}{\sin\gamma}=\frac{c}{v_e}=n_e$$

③ 光轴与晶体表面斜交，自然光垂直入射，此时 e 光的波面不再与其波射线相垂直，如图 11-82 所示。

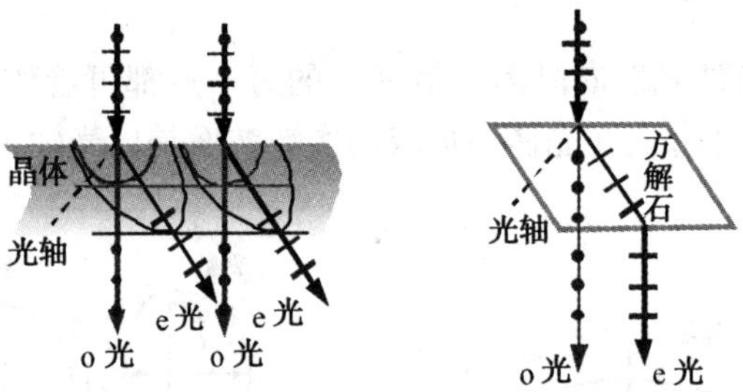

图 11-82　平面波垂直入射方解石的双折射现象

11.14.4　1/4 波片和半波片

波片是厚度均匀、光轴与表面平行的晶体薄片。

(1) 1/4 波片

使两束线偏振光出射时产生$(2k+1)\pi/2$ 相位差的波片，称为 1/4 波片。

由于 $\Delta\varphi=\frac{2\pi\delta}{\lambda}=\frac{\pi}{2}(2k+1)$，则 $\delta=(2k+1)\frac{\lambda}{4}$。而 $\delta=(n_o-n_e)d$，则

$$d_{1/4}=(2k+1)\frac{1}{n_o-n_e}\cdot\frac{\lambda}{4}$$

所以，1/4 波片的最小厚度为

$$d_{\min}=\frac{1}{|n_o-n_e|}\cdot\frac{\lambda}{4} \tag{11-14-1}$$

说明：

① 一束线偏振光通过 $\lambda/4$ 片后，出射的偏振状态由 α（线偏振光振动方向与波片光轴的夹角）确定。当 $\alpha=0°$ 或 $90°$ 时，出射光为线偏振光；当 $\alpha=45°$ 时，出射光为圆偏振光；当 α 为其他值时，出射光为椭圆偏振光；

② 椭圆偏振光（圆偏振光）经 $\lambda/4$ 片后可以变为线偏振光（需满足一定的条件）。

(2) 1/2 波片

能使出射的两束线偏振光产生 $(2k+1)\pi$ 的相位差的波片，称为 1/2 波片。一束线偏振光通过 1/2 波片后，出射光仍为线偏振光，但其振动方向却移过 2α 角，如图 11-83 所示。

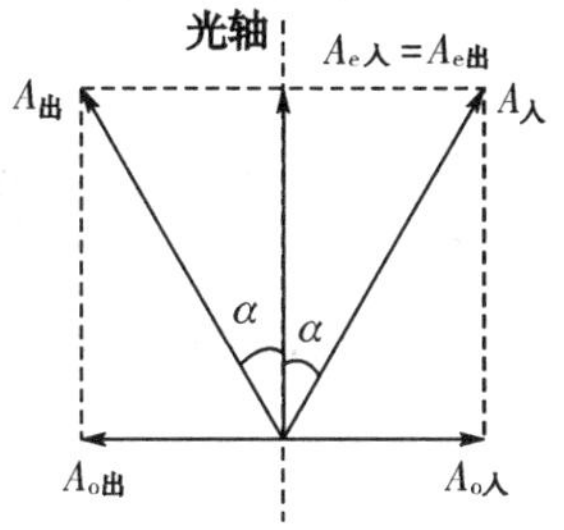

图 11-83　线偏振光通过半波片后振动方向偏转 2α 角

11.14.5　人为双折射现象

人为造成各向异性而产生双折射的现象称为人为双折射现象。例如在有机玻璃板上加上外力使其产生各向异性而产生双折射现象。

(1) 光弹性效应（应力双折射效应）

应力→各向异性→v 各向不同→n 各向不同，如图 11-84 所示。在一定应力范围内

$$|n_e-n_o|=k\frac{F}{S}$$

$$|\Delta\varphi|=\frac{2\pi d}{\lambda}|n_e-n_o|+\pi=\frac{kd2\pi}{\lambda}\frac{F}{S}+\pi$$

各处 $\boldsymbol{F}$ 不同→各处 $\Delta\varphi$ 不同→出现干涉现象；

$\boldsymbol{F}$ 变→$\Delta\varphi$ 变→干涉情况变。

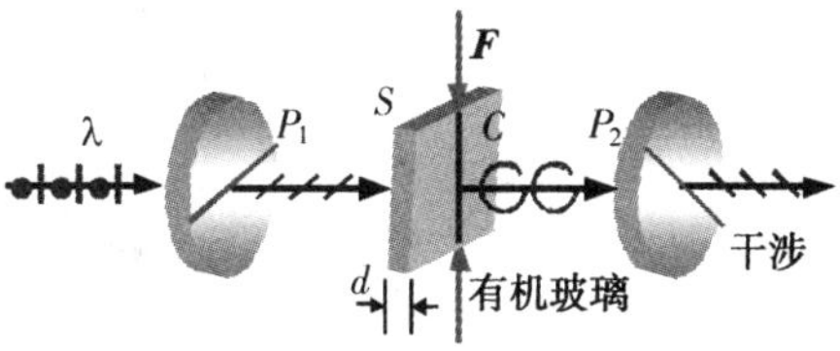

图 11-84　光弹性效应

(2) 克尔电光效应

电光效应也叫电致双折射效应，如图 11-85 所示，其基本现象为：

① 不加电场→液体各向同性→P_2 不透光；

② 加电场→液体呈单轴晶体性质；

③ 光轴平行 $\boldsymbol{E}$→P_2 透光。

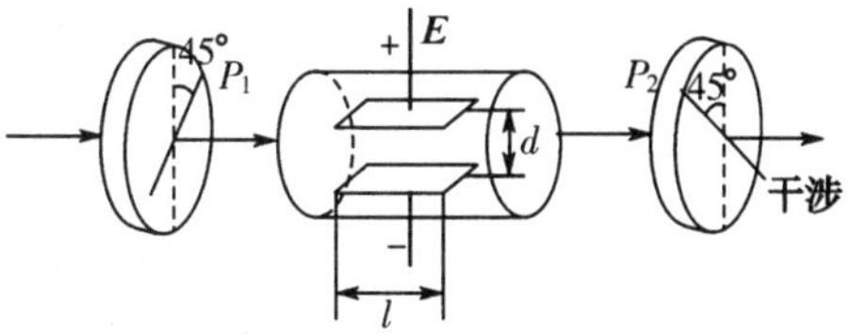

图 11-85　克尔电光效应

$|n_e - n_o| = kE^2\lambda$ 为二次电光效应，其中，E 为电场强度，k 为克尔常数。

克尔效应引起的相位差为：

$$\Delta\varphi_k = \frac{2\pi}{\lambda}|n_e - n_o|l = 2\pi l\frac{kU^2}{d^2}$$

式中，U 为极板间电压；d 为极板间距离。

(3) 泡克尔斯效应

泡克尔斯效应的原理图同于克尔效应的原理图，其基本现象为：

① 不加电场→P_2不透光；

② 加电场→晶体变双轴晶体→原光轴方向附加了双折射效应→P_2透光，泡克尔斯效应引起的相位差：

$$\Delta\varphi_P = \frac{2\pi}{\lambda}n_o^3 rU\text{（线性电光效应）}$$

式中，n_o为 o 光在晶体中的折射率；U 为电压；r 为电光常数。

11.15 偏振光的干涉

11.15.1 椭圆偏振光和圆偏振光

如图 11-86 所示，线偏振光射向晶片 C 后，在晶体内分成 o 光和 e 光，相应的相位差为

$$\Delta\varphi = \frac{2\pi}{\lambda}(n_o - n_e)d \qquad (11-15-1)$$

式中，d 为晶体厚度。

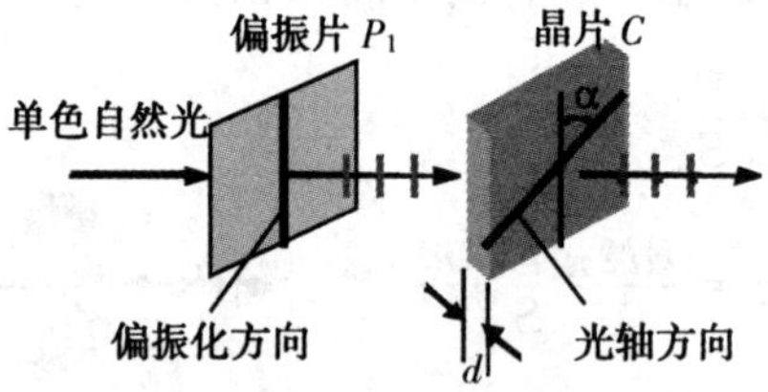

图11-86 椭圆偏振光和圆偏振光的获得

设射出晶片 C 后，两束偏振光的光矢量分别为

$$E_o = A_o\cos(\omega t + \varphi_1)$$

$$E_e = A_e\cos(\omega t + \varphi_2)$$

所以

$$\frac{E_o^2}{A_o^2} + \frac{E_o^2}{A_o^2} - 2\frac{E_oE_e}{A_oA_e}\cos\Delta\varphi = \sin^2\Delta\varphi$$

则

$$\Delta\varphi=\begin{cases}2k\pi,(2k+1)\pi & \text{合成为线偏振光；}\\(2k+1)\dfrac{\pi}{2} & \text{合成为正椭圆偏振光；}\\\text{其他值} & \text{合成为斜椭圆偏振光。}\end{cases}$$

$\Delta\varphi=(2k+1)\dfrac{\pi}{2}$，　$\alpha=45^\circ$，合成为圆偏振光。此时 $A_o=A_e$

说明：

(1) 所谓光矢量的端点轨迹，实际上反映的是光矢量随时间在方向上和量值上的变化；

(2) 迎着光线方向看，若光矢量的端点在平面内的投影作顺时针运动，称为右旋偏振光，逆时针运动的称为左旋偏振光。

11.15.2　偏振光的干涉

单色自然光经偏振片 P_1 后成为线偏振光，通过晶片 C 后又成为两束不相干的线偏振光，再经偏振片 P_2 后就成为频率相同、振动方向相同而相位差恒定的相干光，从而产生偏振光干涉，如图 11－87 所示。

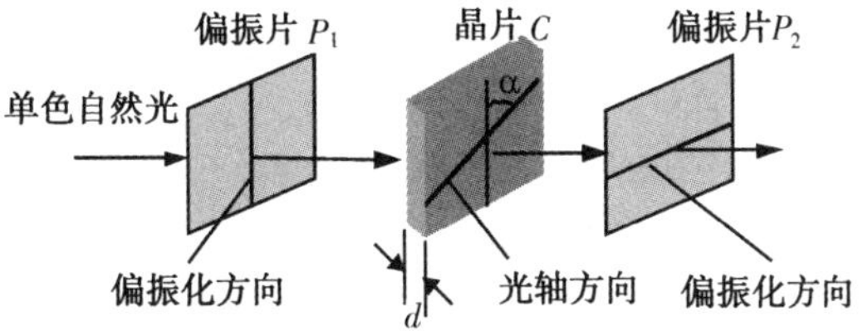

图 11－87　偏振光的干涉

为简单起见，使偏振片 P_1 与 P_2 偏振方向相互垂直(图 11－88)。通过晶片 C 产生 o 光、e 光，其振幅分别为

$$A_o=A_1\sin\alpha$$

$$A_e=A_1\cos\alpha$$

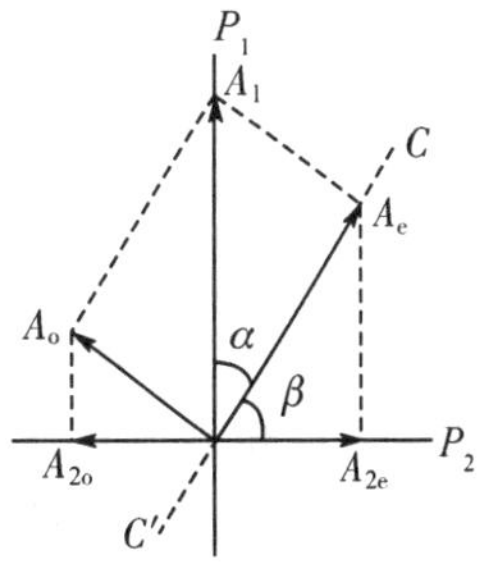

图 11－88　偏振光的振幅的确定

通过 P_2 后两束光的振幅分别为

$$A_{2o}=A_o\cos\alpha=A_1\sin\alpha\cos\alpha$$

$$A_{2e}=A_e\sin\alpha=A_1\sin\alpha\cos\alpha$$

两束光在晶体 P_2 中产生的相位差

$$\Delta\varphi_1=\frac{2\pi}{\lambda}(n_o-n_e)d$$

式中，d 为晶片厚度。

由于 A_{1o} 与 A_{2e} 方向相反，产生附加相位差 $\Delta\varphi_2=\pi$，则

$$\Delta\varphi=\Delta\varphi_1+\Delta\varphi_2=\frac{2\pi}{\lambda}(n_o-n_e)d+\pi=\begin{cases}2k\pi & 加强\\(2k+1)\pi & 减弱\end{cases}\qquad(11-15-2)$$

式中，$k=1,2,3,\cdots$。

说明：在偏振光干涉中，则

(1) 对一定波长的入射光来说，屏幕上的明暗由晶体厚度 d 决定；

(2) 用白光进行实验时在晶体中厚度均匀的情况下，屏上出现一定色彩合成的混合色，这称为色偏振。

注意：偏振光干涉中不是出现明暗相间的条纹，而是整个视场中的明暗变化。这点与前面的干涉情况不一样。如果需要出现明暗相间的条纹，则晶片的厚度应该是不均匀的。

研究性课题：偏振光干涉

若轻轻地从偏振光干涉演示仪上方抽出仪器内的两种图案，看到它们都是由无色透明的材料制成；将原样放回仪器内后，打开光源立即观察到视场中各种图案偏振光干涉的彩色条纹；如果旋转面板上的旋钮，干涉条纹的色彩也会随之变化。同样的，如果把透明 U 形尺从窗口放进，观察不到异常，可是用力握住 U 形尺的开口处，立即看到在尺上出现彩色条纹，且疏密不等；改变握力，条纹的色彩和疏密分布会发生变化。

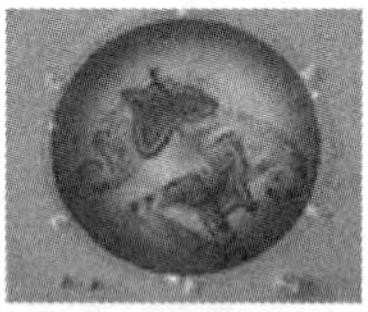

偏振光干涉演示仪

请试一试说明这究竟是怎么回事？

11.16 旋光现象

偏振光通过某些物质后，其振动面将以光的传播方向为轴线转过一定的角度，这种现象叫做旋光现象。能产生旋光现象的物质叫做旋光物质。

图 11-89 为旋光仪的示意图，A 为起偏器，B 为检偏器，L 为盛有旋光物质的管子，两端为透明的玻璃片。开始时，管中没有注入旋光液体，并使 A 和 B 的偏振化方向相互垂直。这时，若以单色自然光照射 A，则透过 B 的光强为零，视场全暗。然后，把旋光物质注入管内，由于偏振面的旋转在 B 后将看到视场由原来的全暗变为明亮，旋转检偏振器 B 使其再度变为全暗，这时 B 所转过的角度就是偏振光振动面所转过的角度 $\Delta\psi$。

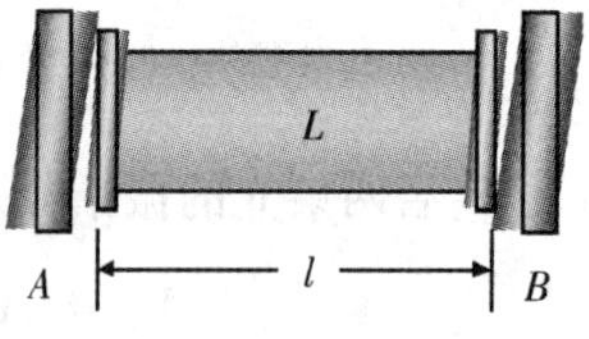

图 11-89 旋光仪

用旋光仪可以测量振动面的旋转角 $\Delta\psi$。从实验可得，液态旋光物质的振动面的旋转角 $\Delta\psi$ 决定于

$$\Delta\psi=\alpha l\rho\qquad(11-16-1)$$

式中，l 为旋光物质的透光长度；ρ 为旋光物质的浓度；α 为与旋光物质有关的常量。

固态旋光物质，振动面的旋转角 $\Delta\psi$ 决定于

$$\Delta\psi = \alpha l \qquad (11-16-2)$$

式中，l 为旋光物质的透光长度；α 为与旋光物质及入射光的波长有关的常量。

例如，厚度为 1 mm 的石英晶片可以使波长 589 nm 的黄光振动方向旋转 21.7°，使波长 405 nm 的黄光振动方向旋转 45.9°。

旋光物质使光振动的旋转可分为右旋和左旋。使光振动右旋的物质称为右旋物质，使光振动左旋的物质称为左旋物质。

用人工方法也可以产生旋光现象。例如，外加一定强度的磁场可以使某些不具有自然旋光性的物质产生旋光现象，这种旋光现象称为磁致旋光效应，亦叫法拉第旋转效应。

*11.17　非线性光学现象

在介质中发生的光学现象与光波的电场对介质产生的极化作用有着非常密切的关系、普通光波的电场强度不很高，介质的极化强度 $\boldsymbol{P}$ 只与电场强度 $\boldsymbol{E}$ 的一次方成正比，即

$$\boldsymbol{P} = \varepsilon_o \chi_1 \boldsymbol{E} \qquad (11-17-1)$$

在线性极化的情况下所发生的现象，属于线性光学范畴。如果光强很强，介质的极化将随电场成非线性光学效应。若介质是各向同性的，极化强度 $\boldsymbol{P}$ 与电场强度 $\boldsymbol{E}$ 方向相同。这时可将极化强度表示为电场强度的级数，即

$$P = \varepsilon_o(\chi_1 E + \chi_2 E^2 + \chi_3 E^3 + \cdots) \qquad (11-17-2)$$

当光强很强时，许多介质的非线性极化不能忽略。这时，光在介质中的传播将产生许多新的光学现象，如倍频现象、混频现象等。这些现象都是介质的非线性现象。

11.17.1　倍频现象

设一束频率为 ν 的单色光入射到非线性介质上，单色光的电场强度可以表示为

$$E = E_o \cos\omega t \qquad (11-17-3)$$

若光强较强，介质的二阶极化率 χ_2 不可忽略，则有

$$P = \chi_1\varepsilon_o E + \chi_2\varepsilon_o E^2 = \chi_1\varepsilon_o E_0\cos\omega t + \frac{1}{2}\chi_2\varepsilon_o E_0^2(1+\cos 2\omega t) \qquad (11-17-4)$$

由此可知：除了有与入射光频率相同的振动项 $\chi_1\varepsilon_o E_0\cos\omega t$ 之外，还存在着频率等于入射光频率 2 倍的振动项 $\frac{1}{2}\chi_2\varepsilon_o E_0^2(1+\cos 2\omega t)$。

因此，若 χ_2 不为零，出射光中将含有频率为入射光频率 2 倍的倍频光，称为倍频现象。

11.17.2　混频现象

当两束频率分别为 ν_1、ν_2 的强激光同时入射到非线性介质中时，还能观察到频率为 $\nu_1+\nu_2$ 和 $\nu_1-\nu_2$ 的光输出，这就是光学和频与光学差频现象，统称为混频现象。

倍频现象和混频现象都是介质的二阶非线性极化效应。在激光技术中，利用倍频现象

和混频现象可以产生在激光器输出波长范围以外的新波长。

11.17.3 自聚焦现象

在光强很强的情况下，实验证明：介质的折射率 n 除了与光的波长有关外，还与光强有关。对于各向同性的介质，折射率 n 与光矢量 $\boldsymbol{E}$ 近似有下列关系：

$$n = n_0 + n_1\boldsymbol{E}^2 \tag{11-17-5}$$

式中，n_0 为通常的折射率；n_1 为非线性折射系数。

一般激光器发出的光束的强度分布是中间最强、四周较弱。因此，当高强度的激光通过介质时，中间部分的介质折射率高于边缘部分，周围的光束向中心靠拢，这就是自聚焦效应。自聚焦现象仅在入射光的功率达到一定临界功率时才会发生。

思 考 题

11-1　在灼热的公路上，有时可以看到路面像水面，而且可以看到公路上汽车的倒影，这是为什么？

11-2　为什么虚像不能在光屏上得到，但是眼睛却可以看到虚像？

11-3　悬崖边水下的潜水员看到悬崖的高度，与在悬崖下船上的人看到悬崖的高度，哪个高些？为什么？

11-4　物经薄透镜成像，若物向透镜移动时像如何移动？

11-5　两光波叠加后观察不到明暗相间的条纹，就不是光的干涉现象，这句话对吗？

11-6　某种波长为 λ 的单色光在折射率为 n 的介质中由 A 点传到 B 点，相位改变了 π，问光程改变了多少？光从 A 到 B 的几何路程是多少？

11-7　在杨氏双缝干涉实验装置中，如果进行如下变化，屏幕上的干涉条纹怎样变化？

(a) 把两缝 S_1S_2 相互靠近使两缝间的距离变小；

(b) 屏幕与两缝间的距离变小；

(c) 单缝 S 沿平行于 S_1S_2 连线的方向向上移动；

(d) 单缝 S 沿垂直于 S_1S_2 连线的方向向双缝移动；

(e) 将该实验装置放入水中。

11-8　平板玻璃的两个表面为什么看不到干涉条纹？而窗玻璃使用时间较长后，则可看到彩色花纹，这是怎样形成的？

11-9　水面上的汽油膜的彩色是怎样形成的？

11-10　两块平板玻璃 A、B 的一端固定，另一端螺钉支起并可用螺钉调节高低，今用单色光照在玻璃上，当用螺钉将另一端慢慢支高时，观察到干涉条纹怎样变化？

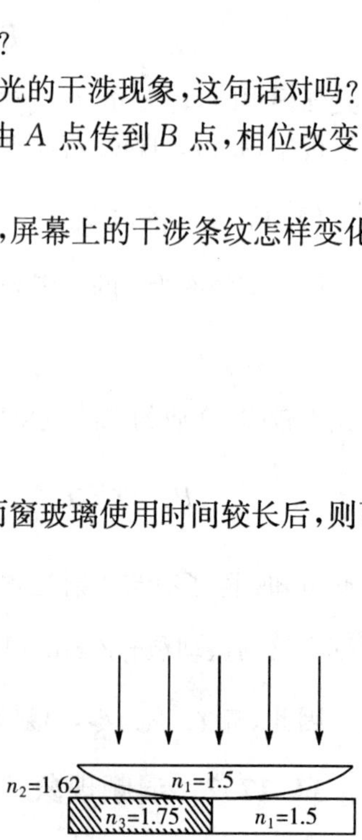

思考题 11-11 图

11-11　如果牛顿环的装置是由不同的三种材料的折射率组成，如图所示。试问牛顿环的干涉条纹形状如何？镜中心一点是明的还是暗的？

11-12　将凸圆柱形透镜的凸面放在一块平板玻璃上，

能否产生光的干涉现象？如果产生干涉现象，干涉条纹形状如何？

11－13　隔着高大建筑物可以收听中波段电台广播，而电视广播却很容易被高大建筑物挡住，这是为什么？

11－14　单缝衍射与双缝干涉明暗条纹出现的条件恰恰相反，为什么？

11－15　双缝衍射中，在单缝零级包迹中含有多少条纹？它由什么因素决定？

11－16　在夫琅和费双缝衍射图样中，零级包迹中含有 11 条干涉条纹，缝宽 a 与缝距 b 应满足什么关系？

11－17　光栅衍射条纹有哪些特点？由哪些因素决定的？

11－18　什么是线偏振光？为什么普通光源所发出的光是自然光？

11－19　圆偏振光与自然光的区别是什么？椭圆偏振光与部分偏振光的区别是什么？

11－20　从自然光产生线偏振光的方法有几种？

11－21　如果让光从玻璃入射到空气，在交界面是否可以产生反射的偏振现象？

11－22　自然光通过四分之一波片后变为什么偏振态的光？

习　题

11－1　在双缝干涉实验中，为使屏上的干涉条纹间距变大，采取的办法是　（　　）

(A) 使屏靠近双缝　　(B) 使两缝的间距变小

(C) 把两个缝的宽度稍微调窄　　(D) 改用波长较小的单色光源

11－2　在双缝干涉实验中，若单色光源 S 到两缝 S_1、S_2 距离相等，则观察屏上中央明纹中心位于图中 O 处，现将光源 S 向下移动到如图所示的 S' 位置，则　（　　）

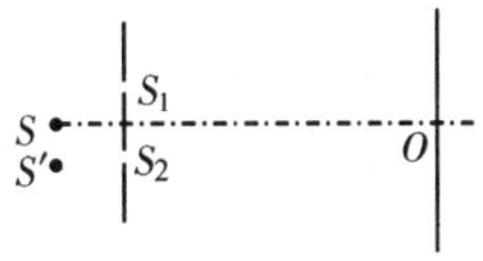

习题 11－2 图

(A) 中央明条纹向下移动，且条纹间距不变

(B) 中央明条纹向上移动，且条纹间距增大

(C) 中央明条纹向下移动，且条纹间距增大

(D) 中央明条纹向上移动，且条纹间距不变

11－3　用单色光垂直照射牛顿环装置，设其平凸透镜可以在垂直的方向上移动，在透镜离开平玻璃的过程中，可以观察到这些环状干涉条纹　（　　）

(A) 向右平移　　(B) 向中心收缩

(C) 向外扩张　　(D) 向左平移

11－4　如图所示，波长为 λ 的单色平行光垂直入射在折射率为 n_2 的薄膜上，经上下两个表面反射的两束光发生干涉。若薄膜厚度为 e，而且 $n_1>n_2>n_3$，则两束反射光在相遇点的位相差为　（　　）

(A) $4\pi n_2 e/\lambda$　　(B) $2\pi n_2 e/\lambda$

(C) $\pi+4\pi n_2 e/\lambda$　　(D) $-\pi+4\pi n_2 e/\lambda$

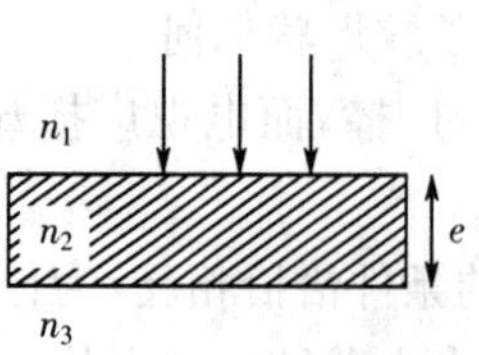

习题 11 - 4 图

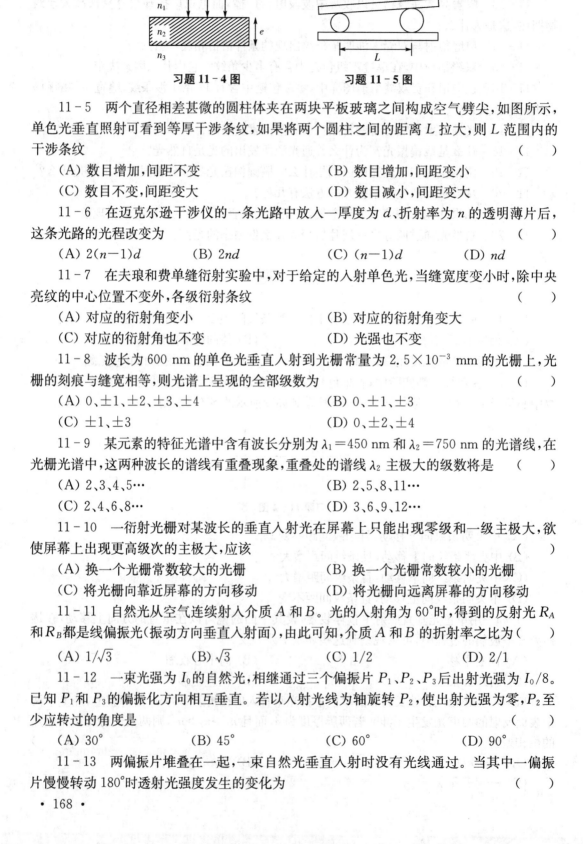

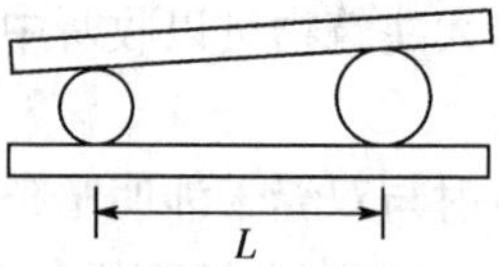

习题 11 - 5 图

11 - 5　两个直径相差甚微的圆柱体夹在两块平板玻璃之间构成空气劈尖，如图所示，单色光垂直照射可看到等厚干涉条纹，如果将两个圆柱之间的距离 L 拉大，则 L 范围内的干涉条纹　(　　)

(A) 数目增加，间距不变　　(B) 数目增加，间距变小

(C) 数目不变，间距变大　　(D) 数目减小，间距变大

11 - 6　在迈克尔逊干涉仪的一条光路中放入一厚度为 d、折射率为 n 的透明薄片后，这条光路的光程改变为　(　　)

(A) $2(n-1)d$　　(B) $2nd$　　(C) $(n-1)d$　　(D) nd

11 - 7　在夫琅和费单缝衍射实验中，对于给定的入射单色光，当缝宽度变小时，除中央亮纹的中心位置不变外，各级衍射条纹　(　　)

(A) 对应的衍射角变小　　(B) 对应的衍射角变大

(C) 对应的衍射角也不变　　(D) 光强也不变

11 - 8　波长为 600 nm 的单色光垂直入射到光栅常量为 2.5×10^{-3} mm 的光栅上，光栅的刻痕与缝宽相等，则光谱上呈现的全部级数为　(　　)

(A) 0、±1、±2、±3、±4　　(B) 0、±1、±3

(C) ±1、±3　　(D) 0、±2、±4

11 - 9　某元素的特征光谱中含有波长分别为 $\lambda_1=450$ nm 和 $\lambda_2=750$ nm 的光谱线，在光栅光谱中，这两种波长的谱线有重叠现象，重叠处的谱线 λ_2 主极大的级数将是　(　　)

(A) 2、3、4、5…　　(B) 2、5、8、11…

(C) 2、4、6、8…　　(D) 3、6、9、12…

11 - 10　一衍射光栅对某波长的垂直入射光在屏幕上只能出现零级和一级主极大，欲使屏幕上出现更高级次的主极大，应该　(　　)

(A) 换一个光栅常数较大的光栅　　(B) 换一个光栅常数较小的光栅

(C) 将光栅向靠近屏幕的方向移动　　(D) 将光栅向远离屏幕的方向移动

11 - 11　自然光从空气连续射入介质 A 和 B。光的入射角为 60°时，得到的反射光 R_A 和 R_B 都是线偏振光(振动方向垂直入射面)，由此可知，介质 A 和 B 的折射率之比为(　　)

(A) $1/\sqrt{3}$　　(B) $\sqrt{3}$　　(C) 1/2　　(D) 2/1

11 - 12　一束光强为 I_0 的自然光，相继通过三个偏振片 P_1、P_2、P_3 后出射光强为 $I_0/8$。已知 P_1 和 P_3 的偏振化方向相互垂直。若以入射光线为轴旋转 P_2，使出射光强为零，P_2 至少应转过的角度是　(　　)

(A) 30°　　(B) 45°　　(C) 60°　　(D) 90°

11 - 13　两偏振片堆叠在一起，一束自然光垂直入射时没有光线通过。当其中一偏振片慢慢转动 180°时透射光强度发生的变化为　(　　)

(A) 光强单调增加

(B) 光强先增加,然后减小,再增加,再减小至零

(C) 光强先增加,然后又减小至零

(D) 光强先增加,然后减小,再增加

11－14　一束自然光自空气射向一块平板玻璃,如图所示。入射角等于布儒斯特角 i_0,则在界面 2 的反射光　(　　)

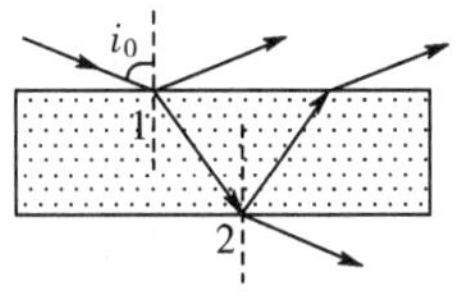

习题 11－14 图

(A) 光强为零

(B) 线偏振光,且光矢量的振动方向垂直于入射面

(C) 线偏振光,且光矢量的振动方向平行于入射面

(D) 部分偏振光

11－15　凸面镜的曲率半径为 0.400 m,物体置于凸面镜左边 0.500 m 处,求物体的像位置。

11－16　一双凸透镜是由火石玻璃制成,折射率 $n_L=1.61$,其曲率半径分别为 0.332 m 和 0.417 m,求透镜在空气中的焦距。

11－17　如图所示的凹凸透镜由冕牌玻璃制成,其折射率 $n_L=1.52$,曲率半径分别为 0.459 m 和 0.236 m,求它在水中的焦距($n_水=1.33$)。

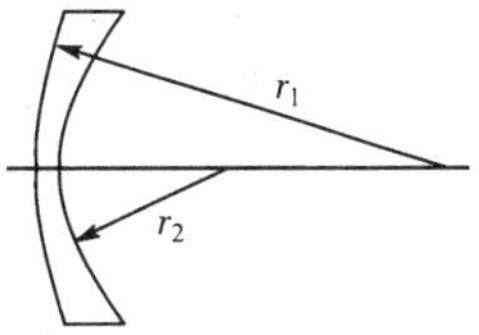

习题 11－17 图

11－18　用很薄的云母片($n=1.58$)覆盖在杨氏双缝实验中的一条缝上,这时屏幕上的零级明条纹移到原来的第 7 级明条纹的位置上。如果入射光波长为 650 nm,试问此云母片的厚度为多少?

11－19　在双缝干涉实验装置中,屏幕到双缝的距离 D 远大于双缝之间的距离 d,对于钠黄光($\lambda=589.3$ nm)产生的干涉条纹,相邻两明条纹的角距离(即两相邻的明条纹对双缝处的张角)为 $0.20°$。

(1) 对于什么波长的光,这个双缝装置所得相邻两条纹的角距离比用钠黄光测得的角距离大 10%?

(2) 假想将此装置浸入水中($n_水=1.33$),用钠黄光垂直照射时相邻两明条纹的角距离有多大?

11－20　利用劈尖的等厚干涉条纹可以测得很小的角度。今在很薄的劈尖玻璃板上垂直地射入波长为 589.3 nm 的钠光,相邻暗条纹间距离为 5.0 mm,玻璃的折射率为 1.52,求此劈尖的夹角。

11－21　柱面平凹透镜 A,曲率半径为 R,放在平玻璃片 B 上,如图所示。现用波长为 λ 的单色平行光自上方垂直往下照射,观察 A 和 B 间空气薄膜的反射光的干涉条纹。设空气膜的最大厚度 $d=2\lambda$。

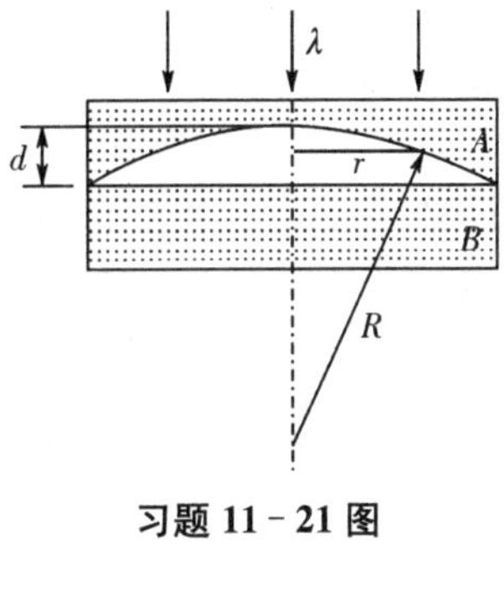

习题 11－21 图

(1) 求明条纹位置与凹透镜中心线的距离 r;

(2) 共能看到多少条明条纹;

(3) 若将玻璃片 B 向下平移,条纹将如何移动?

11－22　利用迈克尔孙干涉仪可以测量光的波长。在一次实验中观察到干涉条纹,当推动可动反射镜时能够看到条纹在视场中移动。当可动反射

镜被推进 0.187 mm 时，视场中某定点共通过 635 条暗纹。试由此求所用入射光的波长。

11-23　有一单缝宽为 $a=0.10$ mm，在缝后放一焦距为 50 cm 的会聚透镜，用平行绿光($\lambda=546.0$ nm)垂直照射单缝，试求位于透镜焦面处屏幕上中央明纹和第二级明纹的宽度。

11-24　波长为 λ 的单色平行光沿与单缝衍射屏成 α 角的方向入射到宽度为 a 的单缝上，试求各级衍射极小的衍射角 θ 值。

11-25　用波长 $\lambda_1=400$ nm 和 $\lambda_2=700$ nm 的混合光垂直照射单缝，在衍射图样中 λ_1 的第 k_1 级明纹中心位置恰与 λ_2 的第 k_2 级暗纹中心位置重合，求 k_1 和 k_2。

11-26　在复色光照射下的单缝衍射图样中，其中某一未知波长光的第 3 级明纹位置恰与波长为 $\lambda=600$ nm 光的第 2 级明纹位置重合，求这种光波的波长。

11-27　光栅宽为 2 cm，共有 6 000 条缝。如果用钠光(589.3 nm)垂直照射，在哪些角度出现光强极大？如钠光与光栅的法线方向成 30°夹角入射，试问：光栅光谱线将有什么变化？

11-28　波长 600 nm 的单色光垂直照射在光栅上，第 2 级明条纹出现在 $\sin\theta=0.20$ 处，第 4 级缺级。试求：

(1) 光栅常量$(a+b)$；

(2) 光栅上狭缝可能的最小宽度 a；

(3) 按上述选定的 a、b 值，在光屏上可能观察到的全部级数。

11-29　波长为 500 nm 的单色光垂直入射到光栅，如果要求第一级谱线的衍射角为 30°，光栅每毫米应刻几条线？如果单色光不纯，波长在 0.5%范围内变化，则相应的衍射角变化范围 $\Delta\theta$ 如何？如果光栅上下移动而保持光源不动，衍射角 θ 如何变化？

11-30　已知天空中两颗星相对于望远镜的角距离为 4.84×10^{-6} rad，它们发出的光波波长 $\lambda=550$ nm。望远镜物镜的口径至少要多大才能分辨出这两颗星？

11-31　已知地球到月球的距离是 3.84×10^{8} m，设来自月球的光的波长为 600 nm，若在地球上用物镜直径为 1 m 的天文望远镜观察时，刚好将月球正面一环形山上的两点分辨开，则这两点的距离为多少？

11-32　已知方解石的晶格常量为 3.029×10^{-10} m，今在 43°20′和 40°42′的掠射方向上观察到两条主 X 射线谱线，求这两条谱线的波长。

11-33　自然光通过两个偏振化方向成 60°的偏振片后，透射光的强度为 I_1。若在这两个偏振片之间插入另一偏振片，它的偏振化方向与前两个偏振片均成 30°，则透射光强为多少？

11-34　自然光和线偏振光的混合光束通过一偏振片，随着偏振片以光的传播方向为轴转动，透射光的强度也跟着改变，最强和最弱的光强之比为 6∶1，那么入射光中自然光和线偏振光光强之比为多大？

11-35　水的折射率为 1.33，玻璃的折射率为 1.50。当光由水中射向玻璃而反射时，起偏振角为多少？当光由玻璃射向水而反射时，起偏振角又为多少？

第五篇　近代物理

19 世纪末 20 世纪初，经典物理学的各个分支学科均达到完善、成熟的发展阶段，随着热力学和统计力学的建立以及麦克斯韦电磁场理论的建立，经典物理学达到了顶峰。然而，在 19 世纪末 20 世纪初，正当物理学家在庆贺物理学大厦落成之际，科学实验却发现了许多经典物理学无法解释的事实。首先是世纪之交物理学有关电子、X 射线和放射性现象的发现；其次是经典物理学的万里晴空中出现了两朵"乌云"："以太漂移"的"零结果"和黑体辐射的"紫外灾难"。这些实验结果与经典物理学的基本概念及基本理论存在尖锐的矛盾，经典物理学的传统观念受到巨大冲击，经典物理学发生了"严重的危机"。由此引起了物理学的一场伟大革命。爱因斯坦创立了相对论；海森堡、薛定谔等科学家创立了量子物理，从此近代物理学诞生！相对论和量子力学是近代物理学的两大支柱，以相对论、量子理论为先导，逐步形成了高能物理学、核物理学、激光物理学等学科，促成了核裂变、核聚变、半导体、激光器等重大科技成果的出现，形成了诸多影响人类社会生产力的高新产业。

第 12 章　量子物理基础

12.1　黑体辐射

12.1.1　热辐射　黑体

物体在任何温度下都向外发射各种波长的电磁波性质称为热辐射。实验表明：热辐射具有连续的辐射能谱，辐射能按波长的分布主要决定于物体的温度，温度越高，光谱中与能量最大的辐射所对应的波长越短，辐射的总能量越大。

温度 T 时，从物体表面单位面积上在单位波长间隔内所发射的功率称为单色辐出本领，用 $M_\lambda(T)$表示，单位是 W/m^2（瓦/米^2）。温度为 T 时，物体表面单位面积上所发射的各种波长的总辐射功率，称为物体的总辐射本领，用 $M(T)$表示，单位为 $W \cdot m^{-2}$。

一定温度下时，物体的总辐射本领和单色辐出本领的关系为

$$M(T) = \int_0^\infty M_\lambda(T)\mathrm{d}\lambda \tag{12-1-1}$$

物体在任何温度下都有热辐射，也吸收热辐射。不同物体发射（或吸收）热辐射的本领往往是不同的。基尔霍夫指出：热辐射吸收本领大的物体，发射热辐射的本领也大。白色表面吸收热辐射的能力小，在相同温度下它发出热辐射的本领也小；表面越黑，吸收热辐射的能力就越大，在相同温度下它发出热辐射的本领也越大。能完全吸收射到它上面的热辐射的物体叫做绝对黑体，简称黑体。黑体热辐射的本领最大，研究黑体辐射的规律具有重要的理论意义。

绝对黑体是理想模型。自然界中绝对黑体是不存在的，但存在着近似的绝对黑体，例如不透明的空腔壁上开有一个小孔，此小孔表面可以近似当作黑体。因为射入小孔的电磁辐射，要被腔壁多次反射，每反射一次空腔的内壁将吸收部分辐射能。经过多次的反射，进入小孔的辐射几乎完全被腔壁吸收，由小孔穿出的辐射能可以略去不计，故小孔可认为是近似的绝对黑体。此外，当空腔处于某确定温度时有电磁辐射从小孔发射出来，相当于从面积等于小孔面积的温度为 T 的绝对黑体表面射出。

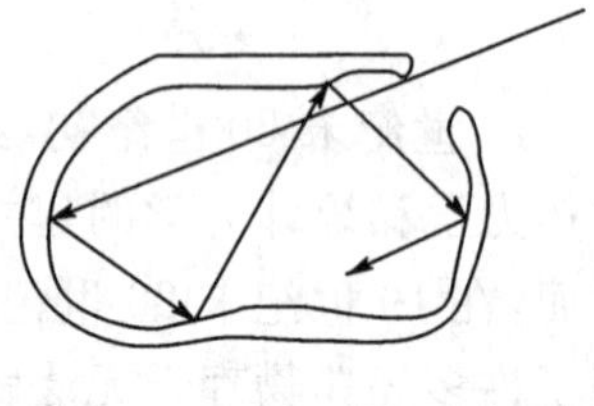

图 12-1　空腔的小孔表面是近似的绝对黑体

12.1.2　黑体辐射的实验规律

黑体辐射单色辐出本领 $M(\lambda, T)$ 与辐射波长 λ 的实验曲线如图 12-2 所示。根据实验结果可总结出黑体辐射的两条基本实验规律。

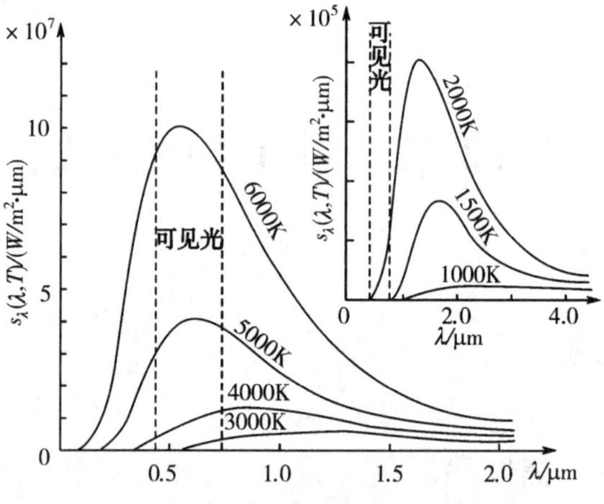

图 12-2　黑体辐射的实验曲线

对于给定温度的黑体，总辐射本领与温度的四次方成正比，即

$$M(T) = \sigma T^4 \tag{12-1-2}$$

式中，σ 为斯特藩-玻耳兹曼常数，$\sigma = 5.67 \times 10^{-8}\ \mathrm{W/(m^2 \cdot K^4)}$。

（12-1-2）式为斯特藩-玻耳兹曼定律。黑体单色辐出度 $M(\lambda, T)$ 最大值对应的波长 λ_m 与黑体温度成反比，即

$$\lambda_m = b/T \tag{12-1-3}$$

式中，$b = 2.898 \times 10^{-3}\ \mathrm{m \cdot K}$。

当黑体的温度升高时，$M(\lambda, T)-\lambda$ 曲线上与单色辐出本领的峰值相对应的波长 λ_m 向短波方向移动，此规律称为维恩位移定律。

黑体辐射规律在现代科学技术上应用广泛，是高温测量、遥感、红外追踪等技术的物理基础。

【例题 12-1】 实验测得太阳辐射波谱的 $\lambda_m=490\ \text{nm}$，若把太阳视为黑体，试计算太阳表面的温度和太阳单位表面所发射的辐射功率。

解： 太阳辐射是近似的黑体辐射，根据维恩位移定律得

$$T=\frac{b}{\lambda_m}=\frac{2.898\times10^{-3}}{490\times10^{-9}}=5.9\times10^{3}\ (\text{K})$$

根据斯特藩-玻耳兹曼定律求出单位表面上的发射功率为

$$M(T)=\sigma T^4=5.67\times10^{-8}\times(5.9\times10^{3})^4=6.87\times10^{7}\ (\text{W/m}^2)$$

12.1.3 经典物理学的困难和普朗克量子假设

黑体辐射实验规律的理论解释是一个涉及热力学、统计物理学和电磁学的重大理论基础问题。1896 年，维恩把辐射体上分子或原子看作线性谐振子，其辐射能谱的分布与麦克斯韦速率分布类似，黑体热辐射公式在波长较短处与实验结果符合得很好，但在波长很长处却与实验结果相差较大。1900 年，瑞利和金斯把统计物理中的能量按自由度均分定理运用到电磁辐射中，假设每个线性谐振子的平均能量都为 kT，得到的黑体热辐射公式在波长很长处与实验结果比较接近，但在波长趋向零时得到辐射能趋向无穷大，此结果被称为“紫外灾难”。

1900 年，普朗克运用插值方法提出一个与实验结果符合得很好的热辐射经验公式

$$M(\lambda,T)=\frac{2\pi hc^2}{\lambda^5(e^{hc/\lambda kT}-1)} \tag{12-1-4}$$

式中，c 为光速；h 为一普适常数，$h=6.63\times10^{-34}\ \text{J}\cdot\text{s}$，称为普朗克常数。

(12-1-4)式称为普朗克公式，由普朗克公式可推导出维恩位移定律和斯特藩-玻耳兹曼定律。为了从理论上解释黑体辐射的实验规律，普朗克提出了能量子假设：辐射黑体表面带电粒子的振动可视为谐振子，谐振子发射和吸收辐射能，谐振子只能处于某些分立的状态中，对于频率为 ν 的谐振子，谐振子的最小能量(称为能量子)为

$$\varepsilon_0=h\nu \tag{12-1-5}$$

谐振子的能量是最小能量的整数倍，即谐振子的能量为

$$\varepsilon=n\varepsilon_0 \tag{12-1-6}$$

式中，n 称为量子数，$n=0,1,2,3,\cdots$ 整数。

这是物理学史上首次提出量子的概念。

普朗克根据能量子假设从理论上成功地导出了与黑体辐射实验结果相符合的普朗克公式，但能量子假设与经典物理学的概念相冲突。普朗克曾长期致力于用经典物理学来解释量子的概念，试图回到经典理论中但都没有成功，直到 1911 年他才真正认识到量子化是根

本不可能从由经典理论导出的，量子化在微观领域具有的全新的和基础性的重要意义。

【例题 12-2】 一质量为 20 g 的物体与一无质量的弹簧组成弹簧振子，弹簧的劲度系数为 $0.25\ \mathrm{N\cdot m^{-1}}$。将弹簧拉伸 4 cm 后自由释放。试求：(1) 用经典方法计算弹簧振子的总能量和振动频率；(2) 一个能量子具有的能量；(3) 假设弹簧振子能量是量子化的，振子的量子数 n。

解：(1) 弹簧振子的总能量为

$$E=\frac{1}{2}kA^2=\frac{1}{2}\times 0.25\times(4\times 10^{-2})^2=2.0\times 10^{-4}\ (\mathrm{J})$$

弹簧振子的频率为

$$\nu=\frac{1}{2\pi}\sqrt{\frac{k}{m}}=\frac{1}{2\pi}\sqrt{\frac{0.25}{20\times 10^{-3}}}=0.56\ (\mathrm{Hz})$$

(2) 一个能量子的能量为

$$\varepsilon_0=h\nu=6.63\times 10^{-34}\times 0.56=3.7\times 10^{-34}\ (\mathrm{J})$$

(3) 由 $E=nh\nu$，振子的量子数为

$$n=\frac{E}{h\nu}=\frac{2.0\times 10^{-4}}{6.63\times 10^{-34}\times 0.56}=5.4\times 10^{29}$$

能量为 2.0×10^{-4} J 的振子有 5.4×10^{29} 个能量状态，相邻两个状态的能量差是 3.7×10^{-34} J，所以振子的能量几乎是连续的。这表明宏观物体的量子化特性通常显示不出来。

物理学家简介：普朗克

普朗克

马克斯·普朗克(1858—1947)，德国著名的物理学家和量子力学的重要创始人之一。1930 年至 1937 年任德国威廉皇家学会的会长，该学会后为纪念普朗克而改名为马克斯·普朗克学会。普朗克一直关注并研究热力学第二定律。大约 1894 年起，开始研究黑体辐射问题，发现普朗克辐射定律，并在论证过程中提出能量子概念和常数(后称为普朗克常数)，成为此后微观物理学中最基本的概念和极为重要的普适常量。1900 年 12 月，普朗克在德国物理学会上报告这一结果，成为量子论诞生和新物理学革命宣告开始的伟大时刻。普朗克获得了 1918 年诺贝尔物理学奖。

12.2 光电效应

12.2.1 光电效应的实验规律

光照射在金属表面上时有电子从金属中逸出的现象，称为光电效应。研究光电效应的

实验装置如图 12-3 所示。在一个抽成真空的玻璃泡内装有金属电极阴极(K)和阳极(A)，当一定频率和强度的光照射 K 极时便有电子从其表面逸出，逸出的电子称为光电子。光电子经电场加速后被阳极 A 所收集，形成光电流。

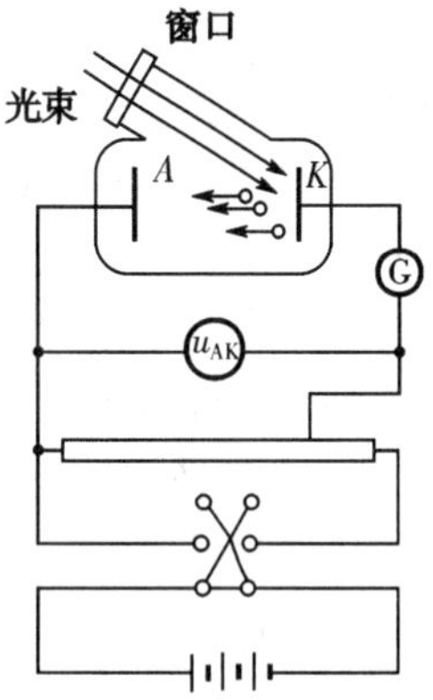

图 12-3 光电效应实验

实验表明，对于一定的金属阴极当照射光的频率 ν 小于某个最小值 ν_0 时，不管光强多大、照射时间多长都没有光电流，即阴极 K 不释放光电子，这个最小频率 ν_0 称为该金属的光电效应截止效率，也叫做红限。红限常用对应的波长 λ_0 表示。红限与阴极材料的性质有关，与光强无关，多数金属的红限在紫外区(见表 12-1)。

表 12-1 几种金属的逸出功和红限

金 属	铯(Cs)	钾(K)	钠(Na)	锌(Zn)	钨(W)	银(Ag)
逸出功/eV	1.94	2.25	2.29	3.38	4.54	4.63
红限 ν_0/(10^{14} Hz)	4.69	5.44	5.53	8.06	10.95	11.19
红限 λ_0/nm	639	551	541	372	273	267

实验表明：在保持光照射不变的情况下，当加速电压 $U_{AK}=0$ 时仍有光电流，表明光电子逸出时具有一定的初动能。改变电压极性使 $U_{AK}<0$，当反向电压增大到某一定值时，光电流降为零，此时反向电压的绝对值称为遏止电压，用 U_a 表示。光电子的最大初动能和遏止电压 U_a 之间的关系为

$$\frac{1}{2}mv_{\mathrm{m}}^2=eU_a \qquad (12-2-1)$$

式中，m 和 e 分别是电子的质量和电量；v_{m} 是光电子逸出金属表面时的最大速率。

实验表明：遏止电压 U_a 与光强 I 无关，而与照射光的频率 ν 呈线性关系

$$U_a=K(\nu-\nu_0) \quad (\nu\geqslant\nu_0) \qquad (12-2-2)$$

式中，K 为 $U_a\sim\nu$ 曲线的斜率。

图 12-4 中给出了几种金属的 $U_a\sim\nu$ 曲线。对各种不同金属，图线斜率相同，即 K 是一个与材料性质无关的普适量；ν_0 是图线在横轴上的截距，等于该种金属的光电效应红限。由(12-2-1)式和(12-2-2)式可知：光电子的最大初动能与入射光的频率呈线性关系。

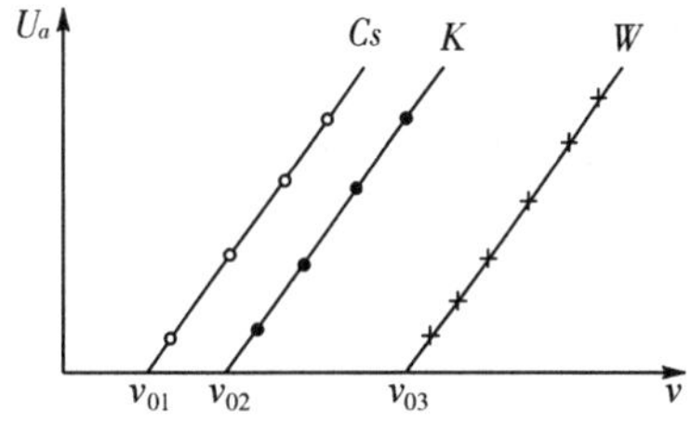

图 12-4 几种金属的 $U_a\sim\nu$ 曲线

实验表明：从光照射开始到光电子逸出，无论光怎样微弱，几乎是瞬时的，弛豫时间不超过 10^{-9} s，光电效应具有瞬时性。

12.2.2 光波动说的困难 爱因斯坦的光子理论

光的波动说(光的经典电磁理论)与光电效应的实验事实之间存在着深刻的矛盾。按照

光的波动理论，如果光强足够供应从金属释放出光电子所需要的能量，那么光电效应对各种频率的光都会发生，这与截止频率 ν_0 的存在相矛盾。按光的波动理论，光的强度决定于光波的振幅，金属内电子吸收光波后逸出光电子的动能应该随波振幅的增大而增大，不应该与入射光的频率有直接关系。按照光的波动理论，在入射光极弱时，金属中的电子必须经过长时间才能从光波收集和积累到足够的能量而逸出金属表面。按光的波动理论计算，这一时间，要达到几分钟或更长，这与光电效应的瞬时性相矛盾。

1905 年爱因斯坦提出光量子假说，从理论上解释了光电效应。光量子假说认为，光在空间传播时具有粒子性，一束光由大量以光速运动的粒子流组成，这些粒子称为光子。频率为 ν 的光的每一个光子所具有的能量为

$$\varepsilon = h\nu \tag{12-2-3}$$

式中，h 是普朗克常数。每一光子不能再分割，而只能整个被吸收或发射。

光子假说和能量守恒定律可以解释光电效应。金属中一个电子从入射光中吸收一个光子，获得了能量 $h\nu$，一个电子脱离金属表面时为克服表面阻力所需做的功为金属的逸出功。如果光电子能量大于金属的电子逸出功 W，该电子就可从金属中逸出并获得速度 v_m，根据能量守恒定律有

$$h\nu = W + \frac{1}{2}mv_m^2 \tag{12-2-4}$$

式(12-2-4)称为爱因斯坦光电效应方程。

根据光电效应方程，可以说明光电效应的实验规律：

(1) 光电子初动能与照射光频率成线性关系；

(2) 能够使某种金属产生光电子的入射光的最低频率(红限) ν_0 是由该种金属的逸出功 W 决定，即

$$\nu_0 = \frac{W}{h} \tag{12-2-5}$$

不同金属的逸出功不同，因而红限也不同。

(3) 光照射到物质上，一个光子的能量立即整个地被电子吸收，因而光电子的发射是即时的。

根据(12-2-1)式，将光电效应方程(12-2-4)式中的 $\frac{1}{2}mv_m^2$ 换成 eU_a，则可得

$$U_a = \frac{h}{e}\nu - \frac{W}{e} \tag{12-2-6}$$

将(12-2-6)式与 U_a-ν 的实验关系式(12-2-4)式比较，即可知 $K=h/e$，$\nu_0=W/h$ 或 $h=eK$，$W=eK\nu_0$。据此可通过实验测量 K 和 ν_0，计算出普朗克常量 h，其结果和用其他方法测量符合得很好，因而从实验上直接验证了光子假说和光电效应方程的正确性。

12.2.3 光的波粒二象性

光电效应表明光具有粒子性，而光的干涉、衍射和偏振实验现象又明显体现出光的波

动，所以说光具有波粒二象性。一般情况下，光在传播过程中波动性表现比较显著；当光和物质相互作用时粒子性表现比较显著。

光子具有能量、质量和动量等一般粒子所共有的特性，光子的质量 m 由相对论质能关系式求出，即

$$m = \frac{\varepsilon}{c^2} = \frac{h\upsilon}{c^2} = \frac{h}{c\lambda} \tag{12-2-7}$$

光子动量为

$$p = mc = \frac{h}{\lambda} \tag{12-2-8}$$

光子具有动量在实验中得到证实。

(12－2－3)式、(12－2－7)式和(12－2－8)式将描述光的粒子特性的质量、能量和动量与描述其波动特性的频率和波长等物理量，通过普朗克常量紧密联系起来，普朗克常量 h 也称为作用量子。

【例题 12－3】 波长为 450 nm 的单色光入射到逸出功 $W = 3.66\times10^{-19}$ J 的洁净钠表面，求：(1) 入射光子的能量；(2) 钠的红限频率；(3) 逸出电子的最大动能；(4)入射光子的动量。

解：(1) 入射光子的能量

$$\varepsilon = h\nu = h\frac{c}{\lambda} = 6.63\times10^{-34}\times\frac{3\times10^8}{450\times10^{-9}} = 4.42\times10^{-19}\ (\mathrm{J}) = 2.76\ (\mathrm{eV})。$$

(2) 钠的红限频率

$$\nu_0 = \frac{W}{h} = \frac{3.66\times10^{-19}}{6.63\times10^{-34}} = 5.6\times10^{14}\ (\mathrm{Hz})。$$

(3) 逸出电子的最大动能

$$\frac{1}{2}m\upsilon_{\mathrm{m}}^2 = h\nu - W = 2.76 - \frac{3.66\times10^{-19}}{1.60\times10^{-19}} = 0.47\ (\mathrm{eV})。$$

(4) 入射光子的动量

$$p = \frac{h}{\lambda} = \frac{6.63\times10^{-34}}{450\times10^{-9}} = 1.47\times10^{-27}\ (\mathrm{kg\cdot m/s})。$$

12.3　康普顿效应

1923 年，康普顿发现：单色 X 射线被物质散射时，散射线中除有与入射线波长 λ_0 相同的射线外，同时还有 $\lambda>\lambda_0$ 的射线，波长的改变 $\Delta\lambda$ 随散射角而异。当散射角增加时，波长的改变也随之增加，这种改变波长的散射称为康普顿散射，或康普顿效应。研究康普顿散射的实验装置如图 12－5 所示，X 射线源发出单色 X 射线(波长 $\lambda_0\approx0.1$ nm)投射到散射体石墨上，用摄谱仪可测出其不同散射角 θ 的散射 X 射线的相对强度波长及相对强度，如图12－6所示。

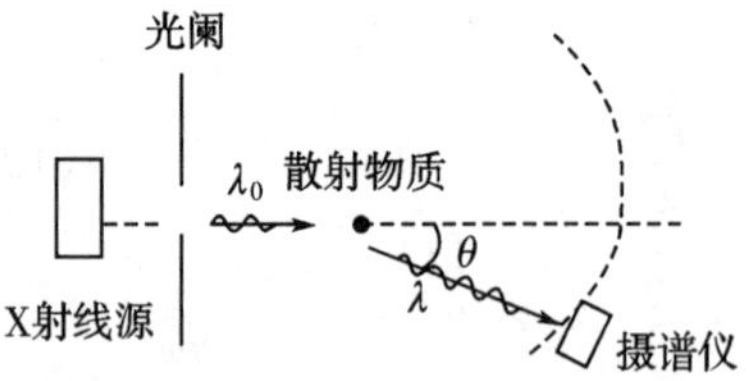

图 12-5 实验示意图

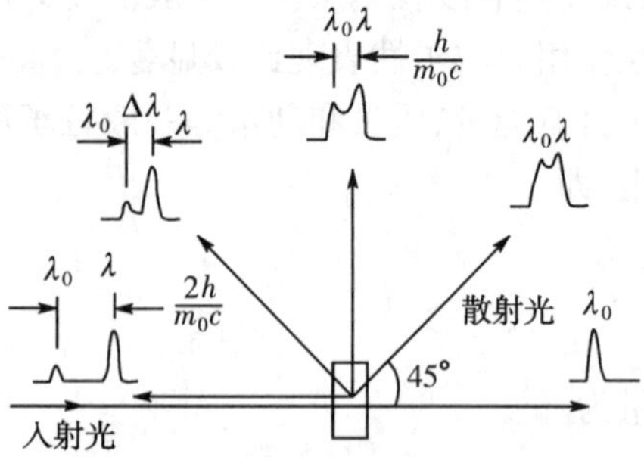

图 12-6 康普顿散射实验结果

按照光的经典电磁波动理论：电磁波通过物体时将引起物体内带电粒子的受迫振动，每个振动着的带电粒子将向四周辐射而成为散射光，带电粒子受迫振动的频率等于入射光的频率，所发射光的频率（或波长）应与入射光的频率相等。光的波动理论不能解释康普顿效应。

如果应用光子概念，假设光子和实物粒子一样能与电子等粒子发生弹性碰撞，即可解释康普顿效应。康普顿认为散射应是单个光子与物质中弱束缚电子相互作用的结果。因为 X 射线光子的能量约为 $10^4 \sim 10^5$ eV，散射物质中受原子核束缚较弱的电子，结合能约为$10 \sim 10^2$ eV，比 X 光射线光子能量小许多，电子热运动动能（$\sim kT = 1.38\times10^{-23}\times300$ J $= 2.58\times10^{-2}$ eV）也比 X 射线光子能量小得多，所以光子与这类电子的相互作用可以看成是光子与静止自由电子间的相互作用。康普顿假设在散射过程中动量和能量都守恒，认为散射过程可以看成是入射光子与自由电子的弹性碰撞。光子与电子等粒子发生弹性碰撞，光子的能量部分传递给电子，故散射波的波长变长。

如图 12-7 所示，一个光子和一个自由电子作完全弹性碰撞。设碰撞前光子的能量和动量分别是 $h\nu_0$ 和 $\frac{h\nu_0}{c}\boldsymbol{e}_{n0}$，$\boldsymbol{e}_{n0}$ 为入射光子运动方向的单位矢量。散射物质中原子的外层电子可以看成处于静止状态的自由电子，其能量和动量分别是 m_0c^2 和 0。碰撞后，沿 θ 角方向散射的光子，其能量和动量分别是 $h\nu$ 和 $\frac{h\nu}{c}\boldsymbol{e}_n$，$\boldsymbol{e}_n$ 为散射方向上的单位矢量。碰撞后沿 φ 角方向运动的反冲电子能量和动量分别为 mc^2 和 $m\boldsymbol{v}$。根据能量和动量守恒定律有

$$h\nu_0 + m_0c^2 = h\nu + mc^2 \tag{12-3-1}$$

$$\frac{h\nu_0}{c}\boldsymbol{e}_{n0} = \frac{h\nu}{c}\boldsymbol{e}_n + m\boldsymbol{v} \tag{12-3-2}$$

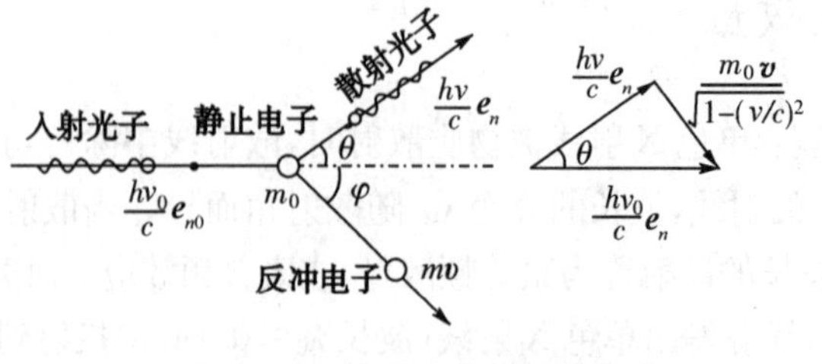

图 12-7 推导康普顿散射公式

动量守恒定律的分量式为

$$\frac{h\nu_0}{c}-\frac{h\nu}{c}\cos\theta = mv\cos\varphi \tag{(12-3-3)}$$

$$\frac{h\nu}{c}\sin\theta = mv\sin\varphi \tag{12-3-4}$$

电子质量为相对论质量

$$m=\frac{m_0}{\sqrt{1-\frac{v^2}{c^2}}} \tag{12-3-5}$$

可解得

$$\Delta\lambda=\lambda-\lambda_0=\frac{2h}{m_0c}\sin^2\frac{\theta}{2}=2\lambda_c\sin^2\frac{\theta}{2} \tag{12-3-6}$$

上式即为康普顿散射公式。式中 $\lambda_c=\frac{h}{m_0c}$ 称为电子的康普顿波长。

代入 h,c,m_0 计算出

$$\lambda_c=2.43\times10^{-3}\ \text{nm}, \tag{12-3-7}$$

与短波 X 射线的波长相当。

(1) 入射光子与物质中弱束缚电子碰撞时，把一部分能量传给电子，因而散射光子能量减少、频率降低、波长变长，散射光中存在比原波长 λ_0 长的波长 λ 成分。另外的光子与原子的内层电子相碰，内层电子束缚得较紧，光子实际上是与整个原子相碰，由于原子质量大，几乎不反冲，光子只改变运动方向而不改变能量，因而散射光中存在原波长 λ_0 的成分。

(2) 波长偏移 $\Delta\lambda$ 仅与散射角 θ 有关，θ 增大，则 $\Delta\lambda$ 随之增大。

(3) 在同一散射角下，波长偏移 $\Delta\lambda$ 与散射物质及入射的 X 射线波长无关。

(4) 轻原子中电子束缚较弱，重原子中内层电子束缚很紧，故原子量小的物质康普顿效应较显著，原子量大的物质康普顿效应不明显。

康普顿散射理论和实验完全一致，有力地证明了光子理论的正确性，也证实了微观粒子在相互作用过程中严格遵循动量守恒定律和能量守恒定律。康普顿效应在粒子物理、核物理、天体物理及 X 光晶体学等许多学科都有着重要的应用。

【例题 12-4】 波长 $\lambda_0=1.00\times10^{-10}$ m 的 X 射线光子与自由电子作弹性碰撞，散射 X 射线的散射角 $\theta=90°$。试求(1) 散射光波长的改变量 $\Delta\lambda$；(2) 碰撞过程中光子损失的能量；(3) 反冲电子得到的动能。

解： (1) $\Delta\lambda=2\lambda_c\sin^2\frac{\theta}{2}=2\times2.43\times10^{-12}\times\sin^2\frac{90°}{2}=2.43\times10^{-12}$ (m)。

(2) 散射前后，光子的能量分别为 $h\nu_0$、$h\nu$，能量损失为

$$\Delta\varepsilon=h\nu_0-h\nu=hc\left(\frac{1}{\lambda_0}-\frac{1}{\lambda}\right)=hc\left(\frac{1}{\lambda_0}-\frac{1}{\lambda_0+\Delta\lambda}\right)=\frac{hc\Delta\lambda}{\lambda_0(\lambda_0+\Delta\lambda)}$$

$$= \frac{6.63 \times 10^{-34} \times 3 \times 10^{8} \times 2.43 \times 10^{-12}}{10^{-10} \times (10^{-10} + 2.43 \times 10^{-12})} = 4.72 \times 10^{-17}\ (\text{J}) = 295\ (\text{eV})。$$

(3) 反冲电子得到的动能等于光子损失的能量,其值为 295 eV。

物理学家简介:康普顿

康普顿

康普顿(1892—1962),是美国著名的物理学家、"康普顿效应"的发现者。1892 年 9 月 10 日康普顿出生于俄亥俄州的伍斯特。1913 年在伍斯特学院以最优异的成绩毕业并成为普林斯顿大学的研究生,1914 年获硕士学位,1916 年获博士学位,后在明尼苏达大学任教。1920 年起任圣路易斯华盛顿大学物理系主任,1923 年起任芝加哥大学物理系教授,1945 年返回圣路易斯华盛顿大学任第九任校长,1953 年起改任自然科学史教授,直到 1961 年退休。

12.4 氢原子的玻尔理论

12.4.1 氢原子光谱

光谱是电磁辐射波长成分和强度分布的记录。研究原子光谱是探索原子结构的重要方法。19 世纪末,已经观察并测量了氢原子的许多谱线,经过巴耳末、里德伯、里兹等人的研究,总结出氢原子光谱的经验公式——里德伯公式

$$\tilde{\nu} = \frac{1}{\lambda} = R_{\text{H}}\left(\frac{1}{n^2} - \frac{1}{m^2}\right) \quad (n = 1,2,3\cdots, m = n+1, n+2, n+3, \cdots) \tag{12-4-1}$$

式中,λ 氢原子光谱波长;$\tilde{\nu}$ 称为波数;里德伯常数 $R_{\text{H}} = 1.096\,775\,8 \times 10^7/\text{m}$;氢原子光谱是线状光谱。

当 n 取定值时,由 $m = n+1, n+2, \cdots$ 可得到的一系列谱线称为线系。$n = 2$ 时,光谱线线系称为巴耳末系(如图 12-8 所示),波长较长的几条光谱线分布于可见光区域;$n = 1$ 时,是莱曼系,光谱分布于紫外区域;$n = 3$ 时,是帕邢系,$n = 4$ 时,是布拉开系,$n=5$ 时,是普丰系,这些光谱主要分布于红外区域。

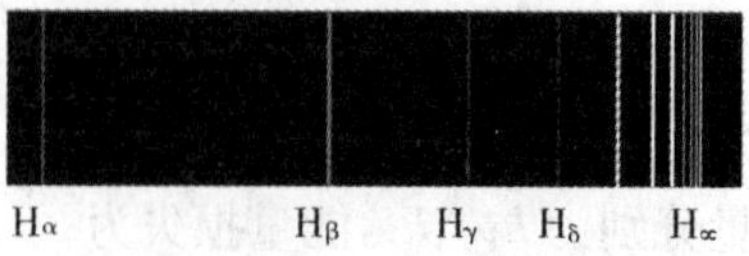

图 12-8 氢原子巴耳末系光谱

12.4.2　氢原子的玻尔理论

按经典电磁学理论，电子在原子中作绕核的加速转动，加速运动的电子要发射电磁波，所发射电磁波的频率等于电子绕核转动的频率。由于电磁辐射，原子系统的能量不断减少，频率也不断改变，因而原子所发射的光谱应是连续的。由于能量的减少，电子将沿螺线运动而逐渐接近原子核，最后落在原子核上，使得原子为不稳定的系统。因此，经典电磁学理论不能解释氢原子光谱的实验规律。为了解决这些困难，玻尔提出了基于三条基本假设的氢原子理论：定态假设、频率假设和轨道角动量量子化假设。

(1) 定态假设

原子只能处在一系列具有不连续能量的稳定状态中，这些稳定的状态称为定态。处于定态中的原子不辐射也不吸收电磁波。核外电子在一系列定态的圆轨道上作匀速圆周运动。

(2) 频率假设

原子从能量为 E_m 的定态跃迁到另一个能量为 E_n 的定态时会发射或吸收一个光子，该光子的频率为

$$\nu_{mn} = \frac{|E_m - E_n|}{h} \tag{12-4-2}$$

(3) 轨道角动量量子化假设

电子在稳定圆轨道上运动时，其轨道角动量满足量子化条件

$$L = mvr = n\frac{h}{2\pi} \quad (n = 1,2,3,\cdots) \tag{12-4-3}$$

式中，h 为普朗克常数；n 为量子数。

根据玻尔氢原子理论的 3 条假设，可以求得氢原子定态的能量为

$$E_n = -\frac{me^4}{8\varepsilon_0^2 h^2}\frac{1}{n^2} \quad (n = 1,2,3,\cdots) \tag{12-4-4}$$

可见：氢原子的能量只能取一系列不连续的值，称为能量量子化能量，一系列分立值的能量为能级。当 $n=1$ 时，氢原子的能量最小，原子最稳定，这个定态称为氢原子的基态，相应的能量为

$$E_1 = -\frac{me^4}{8\varepsilon_0^2 h^2} = -13.6\ \text{eV} \tag{12-4-5}$$

当 $n=2$ 时，定态称为氢原子的第一激发态，能量为

$$E_2 = -\frac{me^4}{8\varepsilon_0^2 h^2}\frac{1}{2^2} = -3.4\ \text{eV} \tag{12-4-6}$$

对应于 $n>1$ 的定态称为氢原子的激发态。$n\to\infty$ 时，$E_n\to 0$，原子趋于电离。

根据玻尔氢原子理论的第二条假设和(12-4-4)式可以求得里德伯常数的理论值为

$$E_H = -\frac{me^4}{8\varepsilon_0^2 h^3 c} = 1.097\ 373\ 1 \times 10^7/\text{m}$$

与实验值相当符合。

玻尔氢原子理论成功地解释氢原子的光谱实验规律，还能说明类氢离子 H_e^+，B_e^{3+}，L_i^{2+}…的光谱实验规律，所以在一定程度上反映了电子原子系统的客观事实。但是其缺陷也是明显的，一是其理论是在经典物理的基础上生硬地加上几条假设，并不是一个自洽的理论；二是它存在着局限性，只能计算氢原子和类氢原子的光谱线，对其他较复杂的原子就无能为力。

12.4.3 弗兰克-赫兹实验

1912 年，玻尔发表了氢原子理论；1919 年，弗兰克和赫兹用不同于光谱实验方法的慢电子碰撞实验证实了原子内部存在能级。

弗兰克-赫兹实验装置如图 12-9 所示，玻璃管 B 内为低压水银蒸汽，电子从加热的灯丝 F 发射出来，在加速电压 U_1 下被加速，在栅极 G 和 P 之间有一个小的反向电压 $U_2 = 0.5$ V，电子到达 P 后可在电路中观察到板极电流 I_P。实验结果如 12-10 图所示，随着电压的增加，电流呈现振荡向上、有峰谷的变化。

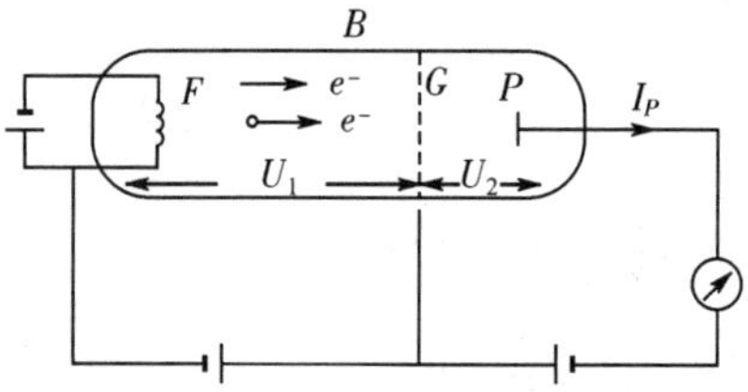

图 12-9 弗兰克-赫兹实验装置示意图

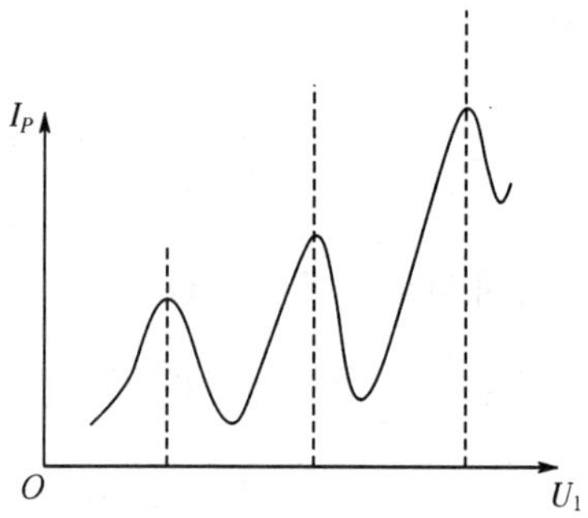

图 12-10 实验结果

设汞原子基态能量为 E_1，第一激发态能量为 E_2，E_k 为加速电子的动能。若 $E_k < E_2 - E_1$，则电子不能使汞原子激发，电子动能无损失，I_P 也随 U_0 增加。当 $E_k = E_2 - E_1$ 时即电子的动能等于汞原子第一激发态与基态能量之差时，碰撞中汞原子从电子中吸收 $E_2 - E_1$ 的能量从基态跃迁到第一激发态，电子动能由于碰撞而减少，板极电流 I_P 亦急剧地降低，这就对应图 12-10 中的第一个谷。若电子连续与两个汞原子碰撞，使两个汞原子都跃迁到激发态，则会出现第二个谷，依此类推。

因峰值之间的电压为 4.9 V，故汞原子第一激发态与基态间能量差 $E_2 - E_1 = 4.9$ eV，4.9 V称为汞原子的第一激发电势。处于激发成的汞原子跃迁到基态时要发射光子，其波长为

$$\lambda = \frac{ch}{E_2 - E_1} = 2.54 \times 10^2 \text{ nm}$$

在实验中确实能观察到此谱线。弗兰克-赫兹实验证明了原子内部能级确实是存在的。

【例题 12-5】 求氢原子中基态和第一激发态电离能。

解: 氢原子能级为 $E_n = \frac{1}{n^2}E_1 \quad (n = 1,2,3,\cdots)$

(1) 基态电离能为电子从 $n=1$ 激发到 $n=\infty$ 时所需能量:

$$W_0 = E_\infty - E_1 = \frac{E_1}{\infty} - \frac{E_1}{1^2} = -E_1 = 13.6\ (\text{eV})$$

(2) 第一激发态电离能为电子从 $n=2$ 激发到 $n=\infty$ 时所需能量:

$$W_1 = E_\infty - E_2 = \frac{E_1}{\infty} - \frac{E_1}{2^2} = -E_2 = -\frac{E_1}{2^2} = 3.4\ (\text{eV})$$

物理学家简介:玻　尔

玻　尔

尼尔斯·玻尔(1885—1962),丹麦物理学家、丹麦皇家科学院院士。曾获丹麦皇家科学文学院金质奖章,英国曼彻斯特大学和剑桥大学名誉博士学位,1922 年获得诺贝尔物理学奖。玻尔通过引入量子化条件,提出了玻尔模型来解释氢原子光谱;提出互补原理和哥本哈根诠释来解释量子力学,他还是哥本哈根学派的创始人,对二十世纪物理学的发展有深远的影响。

12.5　德布罗意波

12.5.1　德布罗意假设

光的干涉、衍射和偏振实验证明了光具有波动性,光电效应、康普顿效应等实验又说明光具有粒子性,因此光具有波粒二象性。1924 年,德布罗意在光波粒二象性的启发下,提出了粒子与光的波粒二象性完全对称的设想,即实物粒子(如电子、质子等)也具有波粒二象性。认为粒子的能量 E 和动量 p 与其相联系的波的频率 ν 和波长 λ 的定量关系与光子的一样,即有

$$E = h\nu$$

$$p = mv = \frac{h}{\lambda}$$

也可以写成

$$\nu = \frac{E}{h} \qquad (12-5-1)$$

$$\lambda = \frac{h}{p} = \frac{h}{mv} \tag{12-5-2}$$

这些公式称为德布罗意公式,与粒子相联系的波称为物质波或德布罗意波,(12－5－2)式给出了相应一定动量的粒子的德布罗意波长。

12.5.2 德布罗意波的实验验证

德布罗意关于物质波的假设,1927 年首先被戴维逊和革末的实验所证实。戴维逊和革末所做的电子束在晶体表面散射实验,观察到和 X 射线在晶体表面衍射相类似的电子衍射现象,从而证实了电子具有波动性。同年,汤姆生用电子束穿过多晶薄膜得到了和 X 射线穿过多晶薄膜后产生的极其相似的环形衍射图像。在用 X 射线束和电子束分别入射到铝粉末晶片上的衍射实验中,使 X 射线和电子波长相等,图 12－11(a)和图 12－11(b)分别是 X 射线和电子束的衍射条纹,从这两图中看到两者衍射条纹相同。

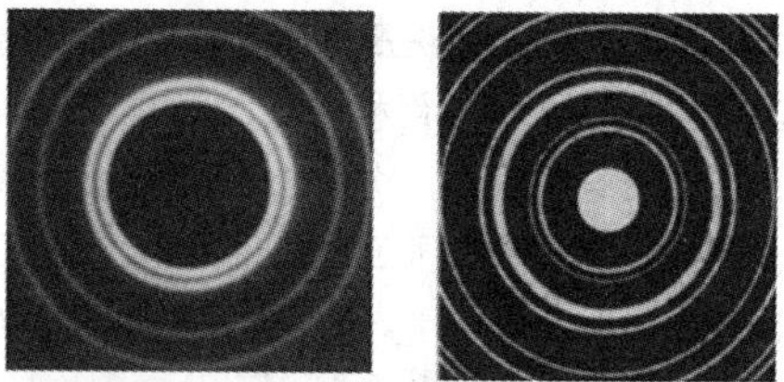

(a) X射线衍射条纹　　(b) 电子束衍射条纹

图 12－11　汤姆生电子衍射实验

物质波的存在实验不断被证实。图 12－12 所示是约恩孙在 1961 年证实电子波动性的电子束单缝、双缝、3 缝、4 缝、5 缝衍射图样照片,实验中采用经 50 kV 电压加速的电子,相应的电子波长约为 0.005 nm。

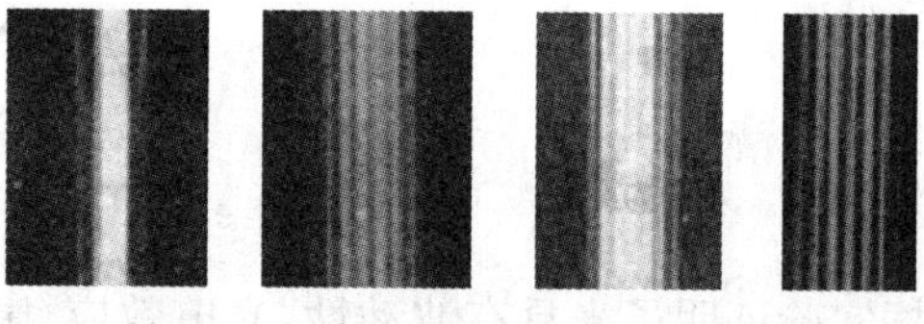

图 12－12　约恩孙电子衍射图样

粒子的波动性在现代科学技术上已得到广泛应用,例如电子显微镜。光学仪器分辨率与所用射线波长成反比,波长越短、分辨率越高。普通的光学显微镜由于受可见光波长的限制,分辨率不可能很高。如使用 $\lambda = 400$ nm 的紫光照射物体而进行显微观察,最小分辨距离约为 200 nm,已是光学显微镜的极限。电子的德布罗意波长比可见光短得多,如加速电势差为几十万伏时,电子的波长只有 10^{-3} nm,故电子显微镜的分辨率比光学显微镜高得多。目前电子显微镜的分辨率已达 0.1 nm。粒子的波动性,如电子和中子的波动性还广泛用于研究固体和液体内的原子结构等。

【例题 12－6】 计算经电势差 $U = 150$ V 和 $U = 10^4$ V 加速的电子的德布罗意波长。

解: 经过电势差 U 加速后,电子的动能和速率分别为

$$\frac{1}{2}m_0 v^2 = eU, \quad v = \sqrt{\frac{2eU}{m_0}}$$

式中，m_0 为电子的静止质量。

电子的德布罗意波长

$$\lambda = \frac{h}{m_0 v} = \frac{h}{\sqrt{2em_0}} \frac{1}{\sqrt{U}}$$

将常量 h、m_0、e 的值代入上式，可得

$$\lambda = \frac{12.25}{\sqrt{U}} \times 10^{-10}\ \mathrm{m} = \frac{1.225}{\sqrt{U}}\ \mathrm{nm}$$

式中，U 的单位是 V。

将 $U_1 = 150$ V，$U_2 = 10^4$ V 代入，可得相应的波长值

$$\lambda_1 = 0.1\ \mathrm{nm}, \quad \lambda_2 = 0.0123\ \mathrm{nm}$$

可见，在这样的电压加速下电子的德布罗意波长与 X 射线的波长相近。

【例题 12-7】 计算质量为 0.01 kg，速率 300 m/s 的子弹的德布罗意波长。

解： 由德布罗意关系式，有

$$\lambda = \frac{h}{m_0 v} = \frac{6.63 \times 10^{-34}}{0.01 \times 300} = 2.21 \times 10^{-34}\ (\mathrm{m})$$

由于 h 是一个非常小的量，宏观粒子的德布罗意波长是如此之小，以致在当今任何实验中都不可能观察到它的波动性，表现出的只是粒子性。

物理学家简介：德布罗意

德布罗意(Louisvictordue Debroglie，1892—1987)，法国物理学家。1929 年诺贝尔物理学奖获得者，波动力学的创始人，量子力学的奠基人之一。

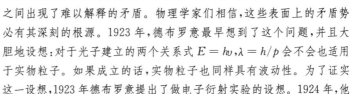

德布罗意

在德布罗意之前，人们对自然界的认识只局限于两种基本的物质类型：实物和场。前者由原子、电子等粒子构成，而光则属于后者。但是，许多实验结果之间出现了难以解释的矛盾。物理学家们相信，这些表面上的矛盾势必有其深刻的根源。1923 年，德布罗意最早想到了这个问题，并且大胆地设想：对于光子建立的两个关系式 $E = h\nu$，$\lambda = h/p$ 会不会也适用于实物粒子。如果成立的话，实物粒子也同样具有波动性。为了证实这一设想，1923 年德布罗意提出了做电子衍射实验的设想。1924 年，他又提出用电子在晶体上做衍射实验的想法。1927 年，戴维孙和革末用实验证实了电子具有波动性。不久，汤姆孙与戴维孙完成了电子在晶体上的衍射实验。此后，人们相继证实了原子、分子、中子等都具有波动性。德布罗意的设想最终都得到完全证实。这些实物所具有的波动称为德布罗意波，即物质波。

*12.6 不确定关系

经典力学中，质点（宏观物体或粒子）在任何时刻都有完全确定的位置、动量、能量和角动量等物理量。由于微观粒子具有波动性，将导致微观粒子的某些成对物理量不可能同时具有确定的量值。例如，位置坐标和动量、能量和时间等，其中一个量的不确定量越小，另一个量的不确定量就越大。成对不确定量之间满足不确定关系。

12.6.1 坐标和动量的不确定关系

海森伯根据量子力学导出，如果一个粒子的位置坐标具有不确定度 Δx，则同一时刻该方向上的动量也有一个不确定度 Δp_x，且不确定度 Δx 与 Δp_x 满足

$$\Delta x \Delta p_x \geqslant \frac{h}{2} \tag{12-6-1}$$

(12-6-1)式称为海森伯坐标和动量的不确定关系。

坐标和动量的不确定关系来源于微观粒子的波粒二象性，用电子单缝衍射实验加以说明。如图 12-13 所示，单缝宽度为 Δx，使一束电子沿 y 轴方向射向狭缝，缝后放置的照相底片记录电子落在底片上的位置。

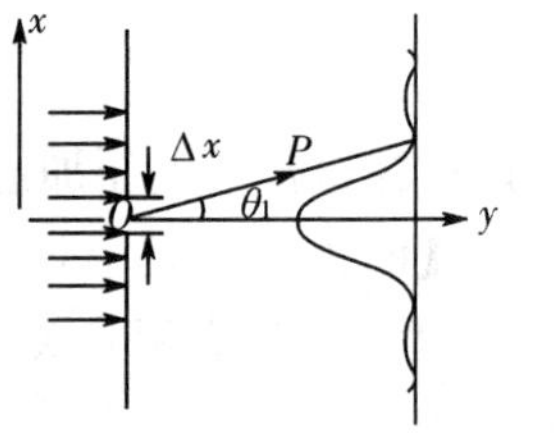

图 12-13 电子单缝衍射实验

电子可以从缝上任何一点通过单缝，因此在电子通过单缝时刻，其位置的不确定度就是缝宽 Δx。由于电子具有波动性，底片上呈现出与光通过单缝时相似的单缝衍射图样。电子在通过狭缝时刻，其横向动量也有一个不确定量 Δp_x，可从衍射电子的分布估算 Δp_x 的大小。为简便计算，先考虑到达单缝衍射中央明纹区的电子，设 θ_1 为中央明纹旁第一级暗纹的衍射角，则

$$\sin\theta_1 = \lambda / \Delta x \tag{12-6-2}$$

因为只考虑中央明纹，有

$$0 \leqslant p_x \leqslant p\sin\theta_1 \tag{12-6-3}$$

因此动量具有不确定量为

$$p_x = p\sin\theta_1 = \frac{h}{\lambda} \cdot \frac{\lambda}{\Delta x} = \frac{h}{\Delta x} \tag{12-6-4}$$

即

$$\Delta x \Delta p_x = h \tag{12-6-5}$$

如果考虑其他高次衍射条纹的出现，则 $\Delta p_x > p\sin\theta_1$，因而

$$\Delta x \Delta p_x \geqslant h \tag{12-6-6}$$

以上只是作粗略估算，严格推导所得关系式为(12-6-1)式。

不确定关系式(12-6-1)式表明，微观粒子的位置坐标和同一方向的动量不可能同时具有确定值。粒子坐标的不确定量 Δx 越小，动量的不确定 Δp_x 就越大。这与实验结

果是一致的，做单缝衍射实验时，缝越窄、电子在底片分布的范围就越宽。因此，对于具有波粒二象性的微观粒子，不可能用某一时刻的位置和动量描述其运动状态，经典的轨道概念已失去意义，经典力学规律也不再适用。不确定关系是微观粒子的固有属性，是波粒二象性及其统计规律的必然结果，并非仪器对粒子的干扰，也不是仪器有误差的缘故。

【例题 12-8】 原子的线度约为 10^{-10} m，求原子中电子速度的不确定量。

解： 原子中电子的位置不确定量 $\Delta x \approx 10^{-10}$ m，电子速度的不确定量为

$$\Delta v_x = \frac{\Delta p_x}{m} \geqslant \frac{h}{2m\Delta x} = \frac{h}{4\pi m\Delta x} = \frac{6.63\times10^{-34}}{4\times3.14\times9.1\times10^{-31}\times10^{-10}} = 5.8\times10^5\ \text{m/s}$$

由玻尔理论可估算出氢原子中电子速率约为 10^6 m/s，可见速度的不确定量与速度大小的数量级基本相同，因此原子中电子在任意时刻都没有完全确定的位置和速度，即没有确定的轨道，故原子中电子不能看成经典粒子。玻尔理论中电子在一定轨道上绕核运动的图像不是对原子中电子运动情况的正确描述。

【例题 12-9】 电视显像管中电子的加速电压约为 10 kV，设电子束的直径为 0.1×10^{-3} m，试求电子横向速度的不确定量。

解： 由题意可知，电子横向位置的不确定量 $\Delta x = 0.1\times10^{-3}$ m，则由不确定关系得

$$\Delta v_x = \frac{\Delta p_x}{m} \geqslant \frac{h}{2m\Delta x} = \frac{h}{4\pi m\Delta x} = \frac{6.63\times10^{-34}}{4\times3.14\times9.1\times10^{-31}\times0.1\times10^{-3}} = 0.58\ (\text{m/s}),$$

电子的动能为

$$E_k = eU = 1.602\times10^{-19}\times10^4 = 1.602\times10^{-15}\ (\text{J})$$

电子静能为

$$E_0 = m_0c^2 = 9.11\times10^{-31}\times(3\times10^8)^2 = 81.99\times10^{-15}\ (\text{J}) \sim 10^{-13} \gg E_k$$

电子的速度 v 由 $\frac{1}{2}m_0v^2 = eU$ 公式计算

$$v = \sqrt{\frac{2eU}{m_0}} = \sqrt{\frac{2\times1.602\times10^{-19}\times10^4}{9.11\times10^{-31}}} = 5.9\times10^7\ (\text{m/s})$$

$\Delta v_x \ll v$。所以，从电子运动速度相对于速度不确定量来看是相当确定的，波动性不起什么实际作用。因此，这里电子运动问题仍可用经典力学处理。

【例题 12-10】 波长 $\lambda = 500$ nm 的光波沿 x 轴正方向传播，如果测定波长的不确定量为 $\frac{\Delta\lambda}{\lambda} = 10^{-7}$，试求同时测定光子位置坐标的不确定量。

解： 由 $p = \frac{h}{\lambda}$ 可得光子动量的不确定量大小为

$$\Delta p_x = \frac{\Delta\lambda}{\lambda^2}h$$

又由不确定关系可知，同时测定光子位置坐标的不确定量为

$$\Delta x \geqslant \frac{h}{2\Delta p_x} = \frac{1}{4\pi}\frac{\lambda^2}{\Delta\lambda} = \frac{1}{4\pi}\frac{\lambda^2}{(\lambda\times 10^{-7})} = \frac{1}{4\times 3.14}\times\frac{500\times 10^{-9}}{10^{-7}} \approx 0.40\ (\mathrm{m})。$$

12.6.2 能量和时间的不确定关系

如果微观体系处于某一状态的时间为 Δt，则其能量必有一个不确定量 ΔE。由量子力学可导出两者之间的关系为

$$\Delta E\Delta t \geqslant \frac{h}{2} \qquad (12-6-7)$$

(12－6－7)式称为海森伯能量和时间的不确定关系。

用能量和时间的不确定关系可以讨论原子各受激态能级宽度 ΔE 和该能级平均寿命 Δt 之间的关系。原子通常处于能量最低的基态，受激发后将跃升到各个能量较高的受激态，停留一段时间后又自发跃迁进入能量较低的态。大量同类电子在同一高能级上停留时间长短不一，但平均停留时间为一定值，称为该能级的平均寿命。依据能量和时间不确定关系式(12－6－7)式，平均寿命 Δt 越长的能级越稳定，能级宽度 ΔE 越小即能量越确定。因此，基态能级的能量最确定。由于能级有一定宽度，两个能级间跃迁所产生的光谱线也有一定宽度。显然，受激态的平均寿命越长，能级宽度越小，跃迁到基态所发射的光谱线的单色性就越好。原子受激态平均寿命通常为 $10^{-7}\sim10^{-8}$ s 数量级。设 $\Delta t=10^{-8}$ s，可算得 $\Delta E=10^{-8}$ eV。有些原子具有一种特殊的受激态，寿命可达 10^{-3} s 或更长，这类受激态称为亚稳态。

*12.7 量子力学简介

12.7.1 波函数

牛顿经典力学中，要确定一个宏观物体任意时刻的运动状态除了牛顿第二定律这个描述宏观物体运动的普遍方程外，还必须指出它在某一时刻的位置和速度(或动量)。微观粒子因具有波粒二象性，它与宏观物体运动具有本质区别。微观粒子的运动状态如何描述呢？其运动方程是怎样的呢？1925 年薛定谔首先提出用物质波函数描述微观粒子的运动状态，并认为像电子、中子、质子等具有波粒二象性的微观粒子，也可像声波或光波那样用波函数描述它们的波动性。波函数中的频率和能量的关系、波长和动量的关系，应如同光的波粒二象性一样遵循物质波关系。微观粒子的波动性与机械波的波动性有本质的不同。为了较直观地得出电子等微观粒子的波函数，先从机械波出发类比讨论微观粒子的波函数的形式。

平面简谐机械波的波函数为

$$y(x,t) = A\cos 2\pi\left(\nu t - \frac{x}{\lambda}\right) \qquad (12-7-1)$$

复数形式为

$$y(x,t) = A\mathrm{e}^{-\mathrm{i}2\pi\left(\nu t-\frac{x}{\lambda}\right)} \tag{12-7-2}$$

动量为 p、能量为 E 的粒子所对应物质波的波长 λ 和频率 ν 为

$$\lambda = \frac{h}{p}, \quad \nu = \frac{E}{h}$$

不受外力场作用的粒子为自由粒子，自由粒子的能量和动量将是不变的，因而自由粒子的德布罗意波的波长和频率也是不变的，可以认为它是一平面单色波，其波函数用 $\Psi(x,t)$ 表示，则有

$$\Psi(x,t) = \Psi_0\mathrm{e}^{-\mathrm{i}2\pi\left(\nu t-\frac{x}{\lambda}\right)} = \Psi_0\mathrm{e}^{-\mathrm{i}\frac{(Et-px)}{\hbar}} \tag{12-7-3}$$

式中，$\hbar$ 为约化普朗克常量，$\hbar = h/(2\pi) \approx 1.05\times10^{-34}\ \mathrm{J\cdot s}$。

(12－7－3)式是描述自由粒子的波函数。

波函数是怎样描述微观粒子运动状态的呢？1926 年玻恩提出了物质波波函数的统计解释，指出 t 时刻粒子在空间 $\boldsymbol{r}$ 处附近的体积元 $\mathrm{d}V$ 中出现的概率 $\mathrm{d}W$ 与该处波函数绝对值的平方成正比，写成

$$\mathrm{d}W = |\Psi(\boldsymbol{r},t)^2|\,\mathrm{d}V = \Psi(\boldsymbol{r},t)\Psi^*(\boldsymbol{r},t)\mathrm{d}V \tag{(12-7-4}$$

式中，$\Psi^*(\boldsymbol{r},t)$ 是波函数 $\Psi(\boldsymbol{r},t)$ 的共轭复数。

由(12－7－4)式可知，波函数绝对值平方 $|\Psi(\boldsymbol{r},t)|^2$ 代表 t 时刻粒子在空间 $\boldsymbol{r}$ 处的单位体积中出现的概率，又称为概率密度。这就是波函数的统计解释，物质波也被称为概率波。

从波函数的统计解释可知：波函数在任意时刻、任意点应只有单一的值，不能在某处发生突变，也不能在某一点变为无穷大，即波函数必须满足单值、有限、连续的条件，此为波函数的标准条件。

粒子必定要在空间的某一点出现，因此任意时刻粒子在空间各点出现的概率总和等于 1，即应有

$$\iiint |\Psi(\boldsymbol{r},t)|^2\mathrm{d}V = 1 \tag{12-7-5}$$

其中积分区域遍及粒子可能达到的整个空间。(12－7－5)式为波函数的归一化条件。

12.7.2　薛定谔方程

描述微观粒子运动规律的系统理论是量子力学。量子力学有两种不同的表述方式：一种是由薛定谔根据德布罗意的波粒二象性假设，从粒子波动性出发用波动方程来描述粒子和粒子体系的运动规律，称为波动力学，是薛定谔于 1926 年创建的；另一种理论是从粒子的粒子性出发，用矩阵形式描述粒子和粒子体系的运动规律，这种理论是在 1925 年左右由海森伯、玻恩、泡利等人创建的，称为矩阵力学。波动力学和矩阵力学是两种完全等价的理论。这里只介绍波动力学的基本概念和基本方程。

薛定谔提出了适用于低速情况的物质波函数 $|\Psi(\boldsymbol{r},t)|$ 所满足的方程即薛定谔方程，其表达式为

$$\left[-\frac{h^2}{2m}\left(\frac{\partial^2}{\partial x^2}+\frac{\partial^2}{\partial y^2}+\frac{\partial^2}{\partial z^2}\right)+V(\boldsymbol{r},t)\right]\Psi(\boldsymbol{r},t)=\mathrm{i}h\frac{\partial\Psi(\boldsymbol{r},t)}{\partial t}\qquad(12-7-6)$$

式中，$V(\boldsymbol{r},t)$ 为粒子的势能，m 是粒子的质量。

如果势能 $E_p=E_p(\boldsymbol{r})$ 不显含时间 t，波函数可以写成坐标函数 $\Psi(\boldsymbol{r})$ 与时间函数 $\mathrm{e}^{-\frac{\mathrm{i}}{\hbar}Et}$ 两部分的乘积，即

$$\Psi(\boldsymbol{r},t)=\Psi(\boldsymbol{r})\mathrm{e}^{-\mathrm{i}Et/\hbar}\qquad(12-7-7)$$

此时，粒子处于定态，$\Psi(\boldsymbol{r})$ 叫做定态波函数。

粒子处于定态时，它在空间各点出现的概率密度

$$\omega=|\Psi(\boldsymbol{r},t)|^2=\Psi(\boldsymbol{r},t)\Psi^*(\boldsymbol{r},t)=\Psi(\boldsymbol{r},t)\mathrm{e}^{-\mathrm{i}Et/\hbar}\Psi^*(\boldsymbol{r},t)\mathrm{e}^{-\mathrm{i}Et/\hbar}=|\Psi(r)|^2$$

与时间无关，即概率密度在空间形成稳定分布。将(12－7－7)式代入薛定谔方程式(12－7－6)式，可得 $\Psi(\boldsymbol{r})$ 所满足的方程为

$$\left(\frac{\partial^2}{\partial x^2}+\frac{\partial^2}{\partial y^2}+\frac{\partial^2}{\partial z^2}\right)\Psi(\boldsymbol{r})+\frac{2m}{\hbar^2}[E-V(\boldsymbol{r})]\Psi(\boldsymbol{r})=0\qquad(12-7-8)$$

方程式(12－7－8)式称为定态薛定谔方程，也称不含时的薛定谔方程。如果粒子在一维空间运动，方程式(12－7－8)简化为

$$\frac{\mathrm{d}^2\Psi(x)}{\mathrm{d}x^2}+\frac{2m}{\hbar^2}[E-V(x)]\Psi(x)=0\qquad(12-7-9)$$

薛定谔方程是量子力学中最基本的方程，其地位与经典力学中的牛顿运动方程、电磁场中的麦克斯韦方程组相当。薛定谔方程是不能由其他基本原理推导出来的，薛定谔方程的正确性在于将它应用于分子原子等微观体系所得到的大量理论结果都是和实验符合而确定的。

12.7.3 一维无限深势阱中的粒子

假定电子沿 x 轴作一维运动，其势能函数具有以下形式

$$\begin{aligned}E_p(x)&=0\quad 0<x<a\\E_p(x)&=\infty\quad x\leqslant 0,x\geqslant a\end{aligned}\qquad(12-7-10)$$

式中，a 为势阱的阱宽，相应的势能曲线如图 12－14 所示。这种形式的力场叫做一维无限深(方)势阱。如粒子被关闭在一维箱子中，在箱内可以自由运动，但不能越出箱子的边界的情形就是一维无限深势阱中的粒子。金属内自由电子的运动可以粗略地用一维无限深势阱中的电子来描述。

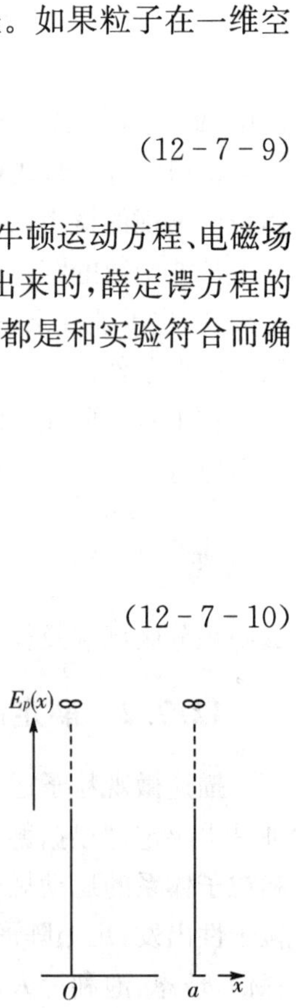

图 12－14　一维无限深势阱

由于粒子不能跃出势阱，所以在 $x\leqslant 0$ 和 $x\geqslant a$ 的区域内，表示粒子出现概率的波函数 $\Psi(x)=0$。在 $0<x<a$ 区域即势阱内，定态薛定谔方程为

$$\frac{d^2\Psi(x)}{dx^2}+\frac{2mE}{\hbar^2}\Psi(x)=0 \tag{12-7-11}$$

波函数在势阱边界上连续，有边界条件

$$\Psi(0)=\Psi(a)=0 \tag{12-7-12}$$

令

$$k^2=\frac{2mE}{\hbar^2} \tag{12-7-13}$$

方程(12－7－2)式可改写为

$$\frac{d^2\Psi(x)}{dx^2}+k^2\Psi(x)=0 \tag{12-7-14}$$

方程(12－7－14)式的通解可以写成

$$\Psi(x)=A\sin kx+B\cos kx \tag{12-7-15}$$

式中，常数 k、A 和 B 可由波函数必须满足单值、有限、连续条件和归一化条件确定。

将边界条件代入(12－7－15)式，得

$$\Psi(0)=B=0,\Psi(a)=A\sin ka=0$$

由此得 $B=0$，k 必须满足

$$ka=n\pi \tag{12-7-16}$$

或

$$k=\frac{n\pi}{a}\quad(n=1,2,3,\cdots) \tag{12-7-17}$$

n 称为量子数。n 取正整数是波函数满足边界条件而自然得出的。这里 n 不能取零，因为 $n=0$ 时 $k=0$，$\Psi(x)\equiv 0$，相当于粒子处处出现的概率为零，这是没有意义的。n 取负整数值时的波函数，与 n 取相应的正整数值时只差一负号，对 $|\Psi(x)|^2$ 及能量值均无影响。因此，这里只考虑 n 取正整数值。于是

$$\Psi_n(x)=A_n\sin\frac{n\pi}{a}x\quad(n=1,2,3,\cdots) \tag{12-7-18}$$

将波函数加上下标 n 是为了标识与量子数 n 相对应的定态波函数。由归一化条件 $\int_{-\infty}^{+\infty}|\Psi_n(x)|^2dx=1$ 可得 $A_n=\sqrt{\frac{2}{a}}$，因而归一化波函数为

$$\Psi_n(x)=\sqrt{\frac{2}{a}}\sin\frac{n\pi}{a}x\quad(n=1,2,3\cdots) \tag{12-7-19}$$

将(12－7－17)式代入(12－7－13)式得粒子的能量为

$$E_n=\frac{\hbar^2k^2}{2m}=n^2\frac{h^2}{8ma^2}\quad(n=1,2,3\cdots) \tag{12-7-20}$$

可见，一维无限深势阱中粒子能量是量子化的。当 $n=1$ 时，粒子能量为 $E_1=\frac{h^2}{8ma^2}$，E_1 是粒子在势阱中具有的最小能量，也称为零点能。其余各能级能量可表示为 $E_n=n^2E_1$，其能级如图12－15所示。

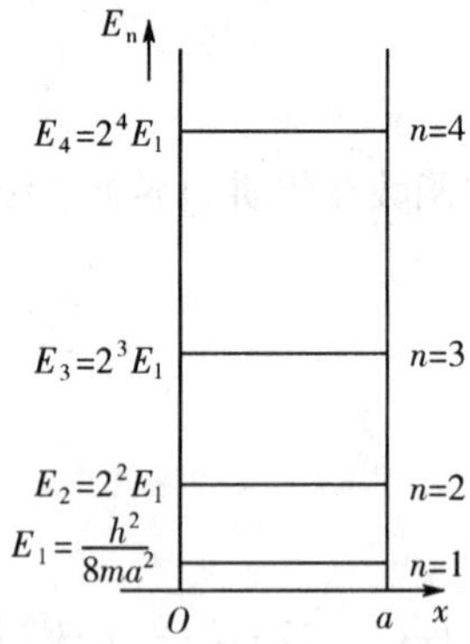

图 12－15　势阱中的能级

(1) 从定态薛定谔方程出发，利用波函数应遵守的标准化条件(边界条件中隐含着函数连续单值)，可自然地得出能量的量子化条件，而不需要像旧量子论中那样人为规定。

(2) 零点能 $E_1\neq 0$，表明束缚在势阱中的粒子不可能静止。这也是不确定关系所要求的。因为 Δx 有限，Δp_x 不能为零，粒子动能也不可能为零。

(3) 能级间距 $\Delta E=E_{n+1}-E_n=(2n+1)\frac{h^2}{8ma^2}$，能级间距与粒子质量和阱宽平方成反比。对于微观粒子，若限制的原子尺度内运动时，$h^2\sim ma^2$，即阱宽很小则能量的量子化是显著的，因此必须考虑粒子的量子性。但即使是微观粒子，若其在自由空间运动(相当于阱宽无穷大)，能级间距非常小，仍可以认为能量的变化是连续的。

图 12－16(a)和(b)给出 $n=1,2,3$ 等几个量子态的波函数 $\Psi_n(x)$ 和概率密度 $|\Psi_n(x)|^2$，后者是粒子在 x 附近单位长度内出现的概率。$|\Psi_n(x)|^2-x$ 曲线上极大值所对应的坐标 x 就是粒子出现概率最大的地方。当 $n=1$ 时，在 $x=a/2$ 处粒子出现的概率最大；当 $n=2$ 时，在 $x=a/4$ 和 $3a/4$ 处概率最大。概率密度的峰值个数和量子数 n 相等，这与经典概念是很不同的。若是经典粒子，因为在势阱内不受力，粒子在两阱壁间作匀速运动，所以粒子出现的概率处处一样；对于微观粒子，只有当 $n\to\infty$，粒子出现的概率才是均匀的。

从图 12－16 可以看出：对无限深势阱，粒子的定态波函数具有驻波的形式，且波长 λ_n 满足条件

$$a=n\frac{\lambda_n}{2}\quad(n=1,2,3,\cdots)\tag{12-7-21}$$

在波节处，粒子出现的概率为零。

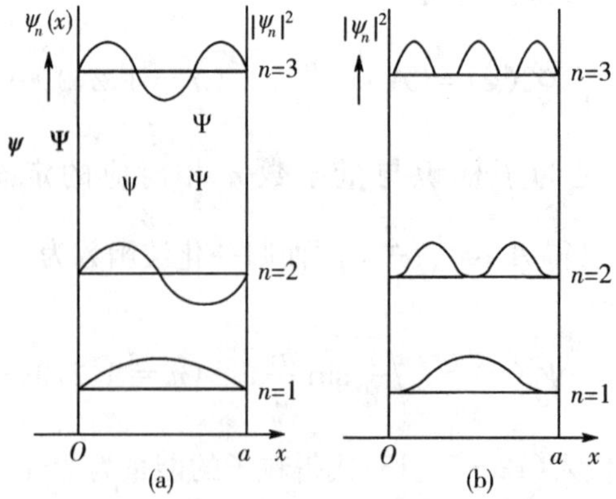

图 12－16　势阱中的波函数和概率密度

物理学家简介:薛定谔

薛定谔

埃尔温·薛定谔(1887—1961),奥地利物理学家,量子力学奠基人之一,发展了分子生物学。苏黎世大学、柏林大学和格拉茨大学教授。在都柏林高级研究所理论物理学研究组中工作17年。因发展了原子理论,和狄拉克(Paul Dirac)共获1933年诺贝尔物理学奖。又于1937年荣获马克斯·普朗克奖章。

物理学方面,在德布罗意物质波理论的基础上建立了波动力学,由他所建立的薛定谔方程是量子力学中描述微观粒子运动状态的基本定律;提出薛定谔"猫"的思想实验,试图证明量子力学在宏观条件下的不完备性。

思　考　题

12-1　白天,从远处看建筑物的窗户是黑暗的,这是为什么?

12-2　金属块放在炉中加热,当升高到一定温度后可看到金属块发光的颜色随着温度的升高而变化,试说明原因。

12-3　人体能够向外发出热辐射,为什么在黑暗中还是看不到人呢?

12-4　光电效应实验中,入射光通常是可见光或紫外线。试说明在光电效应中康普顿效应不明显。

12-5　光电效应和康普顿效应在对光的粒子性的认识方面,其意义有何不同?

12-6　一般情况下光源发出的光总是复色的,试从能量和时间之间的不确定关系进行说明。

12-7　什么是波函数的统计解释?波函数必须满足哪些条件?

12-8　一维无限深势阱中的粒子,经典力学与量子力学的描述有哪些不同?在什么条件下,两者趋于相同?

习　　题

12-1　关于辐射,下列几种表述中哪个是正确?　(　　)

(A) 只有高温物体才有辐射　　(B) 低温物体只吸收辐射

(C) 物体只有吸收辐射时才向外辐射　　(D) 任何物体都有辐射

12-2　光电效应中光电子的初动能与入射光的关系是　(　　)

(A) 与入射光的频率成正比　　(B) 与入射光的强度成正比

(C) 与入射光的频率成线性关系　　(D) 与入射光的强度成线性关系

12-3 用两束频率、光强都相同的紫光照射到两种不同的金属表面上，产生光电效应，则： ( )

(A) 两种情况下的红限频率相同 (B) 逸出电子的初动能相同

(C) 在单位时间内逸出的电子数相同 (D) 遏止电压相同

12-4 在康普顿散射中，若散射光子与原来入射光子方向成 θ 角。当 θ 等于多少时，散射光子的频率减少最多？ ( )

(A) 180° (B) 90° (C) 45° (D) 30°

12-5 下列哪一能量的光子，能被处在 $n=2$ 的能级的氢原子吸收？ ( )

(A) 1.50 eV (B) 1.89 eV (C) 2.16 eV (D) 2.41 eV

12-6 光谱系中谱线的频率(如氢原子的巴尔末系) ( )

(A) 可无限制地延伸到高频部分 (B) 有某一个低频限制

(C) 可无限制地延伸到低频部分 (D) 有某一个高频限制

(E) 高频和低频都有一个限制

12-7 设有一音叉尖端的质量为 0.050 kg，将其频率调为 $\nu=480$ Hz，振幅 $A=1.0$ mm。试求：(1) 尖端振动的量子数；(2) 当量子数由 n 增加到 $n+1$ 时，振幅的变化是多少？

12-8 已知地球到太阳的距离 $d=1.5\times10^8$ km，太阳的直径 $D=1.39\times10^6$ km，太阳表面的温度 $T=6\,000$ K，若将太阳看作绝对黑体，求向地球表面受阳光垂直照射时，每平方米的面积上每秒钟得到的辐射能为多少？($\sigma=5.67\times10^{-8}\,\mathrm{W/(m^2\cdot K^4)}$)

12-9 黑体加热过程中，其单色辐出本领的最大值所对应的波长由 0.69 μm 变化到 0.50 μm，其总辐射出射度增加了几倍？

12-10 铝的逸出功为 4.2 eV，现有波长为 200 nm 的光投射到铝表面，试问：(1) 从铝表面发射出来的光电子的最大动能；(2) 遏止电势差；(3) 铝的红限频率。

12-11 波长为 400 nm 的紫光照射金属，产生光电子的最大初速度为 5×10^5 m/s，则光电子的最大初动能是多少？该金属红限频率为多少？

12-12 钾的截止频率为 4.62×10^{14} Hz，以波长为 434.8 nm 的光照射，求钾放出光电子的最大初速度。

12-13 康普顿效应中，入射光子的波长为 3.0×10^{-3} nm，反冲电子的速度为 0.6 c(c 为光速)，散射光子的波长和散射角为多少？

12-14 已知 X 射线的能量为 0.060 MeV，受康普顿散射后，试求：(1) 在散射角为 $\frac{\pi}{2}$ 方向上的 X 射线波长；(2) 反冲电子动能。

12-15 入射的 X 射线光子的能量为 0.60 MeV，被自由电子散射后波长变化了 20%，求反冲电子的动能。

12-16 一束带电粒子经 206 V 的电势差加速后，其德布罗意波长为 2.00×10^{-3} nm，已知这带电粒子所带电量与电子的电量相等，求这粒子的质量。

12-17 α 粒子的静质量为 6.68×10^{-27} kg，求速率为 5 000 km/s 的 α 粒子的德布罗意波波长。

12-18 温度为 27 ℃时，求对应于方均根速率的氧气分子的德布罗意波波长。

12-19 铀核的线度为 7.2×10^{-15} m，估算其中一个质子的动量和速度的不确定量。

12－20　证明自由粒子的不确定关系可写成 $\Delta x\Delta\lambda\geqslant\frac{\lambda^2}{4\pi}$，式中，$\lambda$ 为自由粒子的德布罗意波长。

12－21　如果粒子位置的不确定量等于其德布罗意波长，证明此粒子速度的不确定量 $\Delta v\geqslant\frac{v}{4\pi}$。

12－22　设有一电子在宽为 0.20 nm 的一维无限深势阱中运动。计算：

(1) 电子在最低能级的能量；

(2) 电子处于第一激发态时，在势阱中何处出现的概率最小，其值是多少？

12－23　线度为 1.0×10^{-5} m 的细胞中有许多质量 $m=1.0\times10^{-17}$ kg 的生物粒子，将生物粒子作为在一维无限深势阱中运动的粒子处理，估算该粒子的 $n=100$ 和 $n=101$ 的能级和能级差各是多大。

12－24　一电子被限制在宽度为 1.0×10^{-10} m 的一维无限深势阱中运动。(1) 欲使电子从基态跃迁到第一激发态，需给它多少能量？(2) 基态时，电子处于 $x_1=0.090\times10^{-10}$ m 与 $x_2=0.110\times10^{-10}$ m 之间的概率为多少？(3) 第一激发态时，电子处于 $x_1'=0$ 与 $x_2'=0.25\times10^{-10}$ m 之间的概率为多少？

12－25　根据玻尔氢原子理论，计算氢原子基态的轨道半径。

12－26　以动能为 12.5 eV 的电子通过碰撞使氢原子激发，氢原子最高能激发到哪一能级？当回到基态时，能产生哪些谱线？

12－27　计算氢原子巴尔末系 $\left[\tilde{\nu}=R_H\left(\frac{1}{2^2}-\frac{1}{n^2}\right)\right]$ 的长波极限波长 λ_{max} 和短波极限波长 λ_{min}。

*第 13 章　近代物理专题

20 世纪初开始的物理学基础理论体系的重大变革——近代物理学的诞生是自然科学的一个革命性飞跃。以相对论、量子理论为先导，形成高能物理学、核物理学、低温物理学、凝聚态物理学、激光物理学等学科，促成了核裂变、核聚变、半导体、晶体管、激光器等重大科技成果的出现，产生了诸多影响人类社会生产力的高新产业。它改变了物理学乃至自然科学的面貌，掀开了人类自然观和科学观新的篇章。

13.1　激光

激光是于 1960 年左右发展起来的一门新兴技术，是物理学原理应用于技术的一次伟大革命。激光的出现，促进了物理学和其他学科的发展。这里将简要介绍激光产生的物理原理、激光的特性和激光的应用。

13.1.1　自发辐射和受激辐射

原子在没有外界干预下电子会由激发态 E_2 自动跃迁至低能级 E_1，这种过程称为自发跃迁，由此而引起的光辐射称为自发辐射，如图 13－1 所示。自发辐射的特点：发射光波的方向和初相位不相同，由于大量原子所处的激发态不同，使得自发辐射的频率范围很宽、单色性极差。

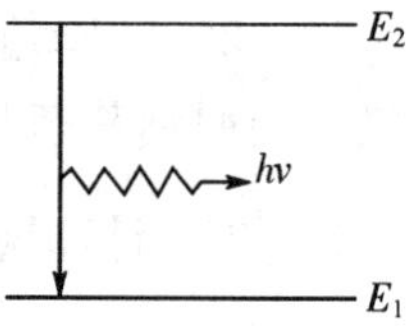

图 13－1　自发辐射

当电子处于低能级 E_1 时，若外来光子的能量 $h\nu$ 满足：

$$h\nu = E_2 - E_1 \tag{13-1-1}$$

式中，E_2 为高能级的能量。

原子吸收光子的能量从低能级 E_1 跃迁到高能级 E_2，此过程称为光吸收，如图 13－2 所示。

处于激发态的原子，在它自发辐射之前受到外来光子 $h\nu$ 的作用且满足(13－1－1)式，就有可能从 E_2 跃迁到 E_1 而发射一个光子，这种辐射称为受激辐射，如图 13－3 所示。

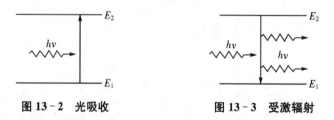

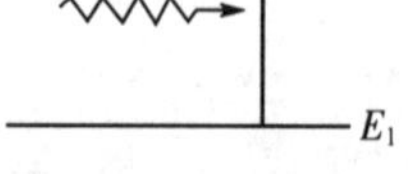

图 13－2　光吸收

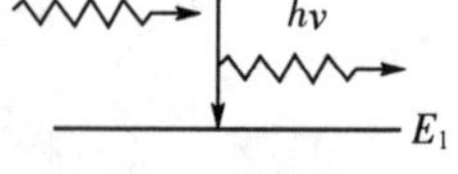

图 13－3　受激辐射

由于在受激辐射中，输入一个光子，输出两个光子，这两个光子再刺激其他原子产生受激辐射，依次类推，就会获得大量特征完全相同的光子。这种现象称为光放大，如图 13－4所示。

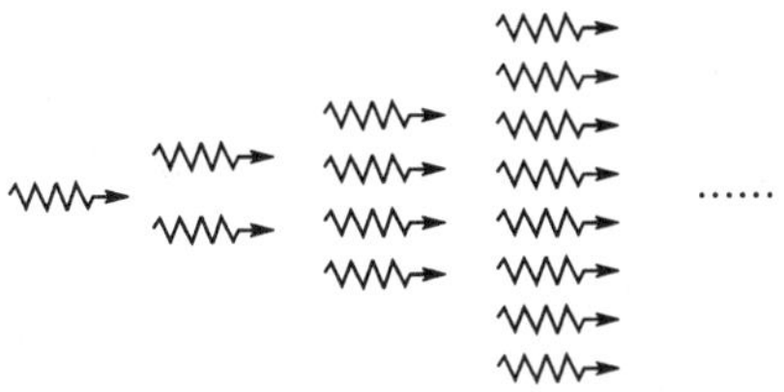

图 13-4　光放大示意图

13.1.2　激光原理

当物质处于平衡态时，处于低能级上的电子数要多于处于高能级上的电子数。由玻耳兹曼分布律可知，处于能级 E_i 的电子数 N_i 为：

$$N_i = Ce^{-E_i/kT}$$

则有：

$$N_1/N_2 = e^{-(E_1-E_2)/kT} \quad (13-1-2)$$

已知 $E_2 > E_1$，故 $N_2 < N_1$。因为电子的这种分布，光吸收过程较光受激辐射过程要占优势，故难以产生连续受激辐射。若要获得光放大，就必须使处于高能级上的电子数大于低能级上的电子数即 $N_2 > N_1$，这种分布与正常分布相反，称为粒子数分布反转，它是实现受激辐射，得到光放大的必要条件。

下面给出电子分布数目的量级情况。设在常温即 25 ℃时，取 $E_2 - E_1 = 1$ eV，则 $\frac{N_2}{N_1} = 10^{-40}$。

要实现粒子数反转，还取决于物质是否有适当的能级结构，并不是任何一种物质都能实现粒子数分布反转。

实现粒子数分布反转，一般采用的办法是光激励或电激励的方法。He-Ne 激光器即采用电激励的办法实现粒子数的反转。

下面将以 He-Ne 激光器为例说明怎样实现粒子数反转？

He-Ne 激光器的装置如图 13-5 所示，其激发采用电激励的办法。

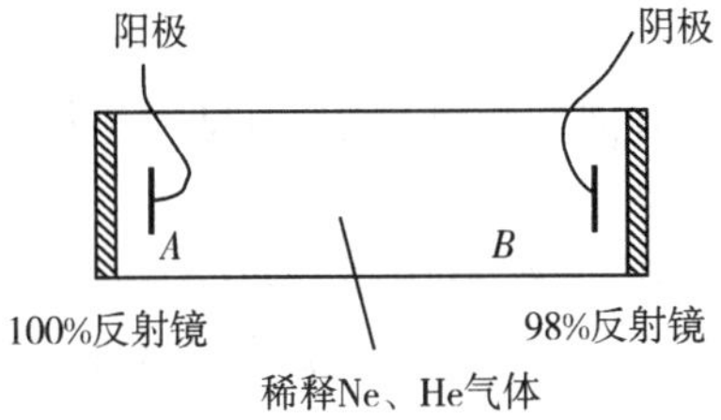

图 13-5　He-Ne 激光器装置示意图

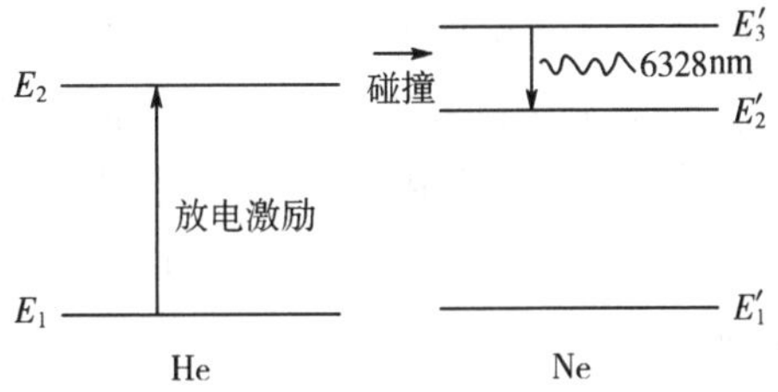

图 13-6　He 和 Ne 的能级结构

首先看一下 He、Ne 的能级结构（如图 13-6 所示）。两极间加上高压后，产生气体放电，在电场中受到加速的电子与 He 原子发生碰撞，使 He 原子激发到较高的能级上，其中一个能级 E_2 为亚稳态（平均寿命较长），处于亚稳态的 He 原子与 Ne 原子发生碰撞把能量传递给 Ne 原子，使 Ne 原子处于 E'_3 状态，使 E'_3 能级上的粒子数大于处于 E'_2 的粒子数而发生粒子数反转。

由于 $E'_3 \to E'_2$ 的自发辐射光子不止一个。因此，其位相、方向、偏振并不完全相同。为了获得频率、方向、位相、偏振完全相同的激光束，还需要进行进一步的改造，解决这个问题的方法就是利用谐振腔。

光学谐振腔由两个反射镜组成(图 13－7)，偏离管轴方向的光子逸出管底而淘汰，最后只剩下沿管轴方向(方向性很好)的激光束。

为了增加其单色性，反射镜一般镀成多层增反膜(反射光干涉相长)，使一定波长的反射光增强。另外，管的长度等于波长的整数倍，形成以镜面为波节的驻波。这样，只有特定的波长才能形成稳定的振荡，从而得到单一频率(波长)的激光束。

为了提高偏振性，可在管的两端加上布儒斯特窗口，如图 13－8 所示。

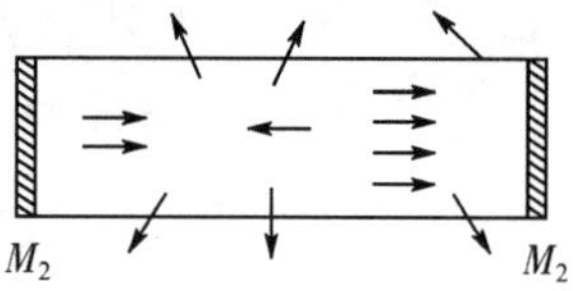

图 13－7　光学谐振腔

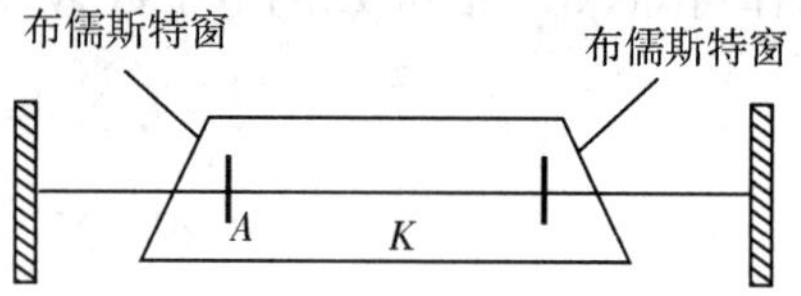

图 13－8　激光器中布儒斯特窗口

13.1.3　激光的特性和应用

根据前面对 He-Ne 激光器原理的分析，可知激光有如下特性：

① 方向性好。因为谐振腔中反射镜的作用使得激光的方向性极好，这在定位、定向当中有着广泛应用。它很少发散，几乎是一束平行光，如从地球发射到月球的激光，扩散直径还不到 2 m。

② 单色性好。利用激光单色性好的特点可把激光波长作为长度标准进行精密测量，如 He-Ne 激光器，频率宽度为 $\Delta\nu = 10^{-1}$ Hz，而且可达到 $10^{-7} \sim 10^{-8}$ Hz。

③ 能量集中。利用这一特点可用于激光手术刀。

④ 相干性好。普通光源发出的光不是相干光，而激光器的发光过程是受激辐射，则发出的是相干光。因此，激光具有很好的相干性，用激光干涉仪检测，要比普通干涉仪速度快、精度高。

根据激光的这些特性，主要有以下具体应用：

① 激光通信。利用光波传递信息，激光具有很好的方向性和单色性，信息传递量大，是无线电传递的几十万倍，具有体积小、抗干扰强的优点。

② 激光医疗。比较成熟的技术是利用激光医治视网膜脱落，利用眼球内水晶体的聚集作用，将能量集中在视网膜的微小点上，靠它的热效应使组织凝结，将脱落的视网膜焊接到眼底上。

③ 激光核聚变。简单地说，激光核聚变就是利用激光照射核燃料使之发生核聚变反应。它是模拟核爆炸物理效应的有力手段。激光核聚变主要有三种用途：一是可为人类找到一种用不完的清洁能源；二是可以研制真正的“干净”核武器；三是可以部分代替核试验。因此，激光核聚变在民用和军事上都具有重大意义。

④ 激光技术在军事上的应用。一是激光测距技术，这是在军事上最先得到实际应用的

激光技术。20 世纪 60 年代末，激光测距仪开始装备部队，现已研制生产出多种类型，大都采用钇铝石榴石激光器，测距精度为±5 m 左右，由于它能迅速准确地测出目标距离，因此广泛用于侦察测量和武器火控系统；二是激光制导技术，激光制导武器精度高、结构比较简单、不易受电磁干扰，在精确制导武器中占有重要地位。70 年代初，美国研制的激光制导航空炸弹在越南战场首次使用。80 年代以来，激光制导导弹和激光制导炮弹的生产和装备数量也日渐增多；三是强激光技术，用高功率激光器制成的战术激光武器，可使人眼致盲和使光电探测器失效，利用高能激光束可能摧毁飞机、导弹、卫星等军事目标，用于致盲、防空等的战术激光武器已接近实用阶段。用于反卫星、反洲际弹道导弹的战略激光武器尚处于探索阶段；四是激光模拟训练技术，用激光模拟器材进行军事训练和作战演习，不消耗弹药，训练安全，效果逼真，现已研制生产多种激光模拟训练系统，在各种武器的射击训练和作战演习中广泛应用。

物理学应用：光全息防伪技术

激光全息防伪技术是国内外受到普遍关注的一项现代化激光应用技术成果，它以全息照像原理及光衍射形成的色彩斑斓的闪光效果而受到青睐与喜爱。

伽　伯

激光全息防伪技术经历了不断完善和不断成熟的过程。1948 年，英国物理学家丹尼斯·伽伯(D. Gaber，1900—1979)发明了全息摄影术即波前再现技术，并因此荣获 1971 年诺贝尔物理学奖。

70 年代末期，人们发现全息图片具有三维信息的表面结构(即纵横交错的干涉条纹)，这种结构可以转移到高密度感光底片等材料中。1980 年，美国科学家利用压印全息技术，将全息表面结构转移到聚酯薄膜上，从而成功地印制出世界上第一张模压全息图片，这种激光全息图片又称彩虹全息图片，即通过激光制版将影像制作在塑料薄膜上产生五光十色的衍射效果，并使图片具有二维、三维空间感。在普通光线下，隐藏的图像、信息会重现。当光线从某一特定角度照射时，又会出现新的图像。这种模压全息图片可以像印刷一样大批量快速复制，成本较低；其次在激光全息图片拍摄的整个过程中，任何一项条件不同都会造成全息图的差异，这种全息图像的全部信息也无法用普通照相拍摄，因而在当时全息图案难以被复制，很快就被用于第一代激光防伪商标。

早期激光防伪标识仅依靠制作技术的保密和控制来防伪，存在许多先天缺陷。

这种激光防伪标识属于简单观察类防伪技术，其观察点主要是看是否是全息图像，其次是看图案是否符合公布的图案，但普通消费者只有在仔细对比时才可以分辨出两种不同版本的全息标识。缺乏防止防伪标识被再次利用的技术手段和防止造假者利用收买、行贿等手段获得防伪标识的技术方法。

改进的激光全息图像防伪标识采用计算机技术改进全息图像，同时研制成了透明、反射等多种激光全息图像防伪标识。1996 年，我国公安部决定采用透明激光彩虹模压全息图用于居民身份证，当在光线下观察其正面时，能够看到透明膜上再现出来的彩虹全息图像。此外，采用随机位相编码图像加密、莫尔编码图像加密、激光散斑图像加密等光学图像编码加密技术，对全息图像进行防伪加密，其防伪功能更加强大。

13.2 半导体

半导体物理学的发展不仅使人们对半导体有了深入了解，而且由此产生的各种半导体器件、集成电路和半导体激光器等已得到广泛应用。

典型的半导体主要是由共价键结合的晶体，如硅、锗的晶体具有金刚石结构(图13-9)，Ⅲ-Ⅴ化合物以及一些Ⅲ-Ⅵ化合物具有闪锌矿结构(图 13-10)或纤锌矿结构。这些都是最典型的共价键结合的晶体结构，其中每个原子由 4 个共价键与近邻原子相结合。

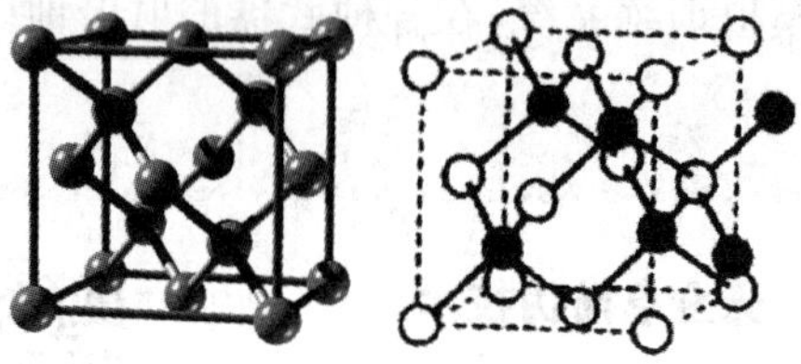

图 13-9　金刚石结构

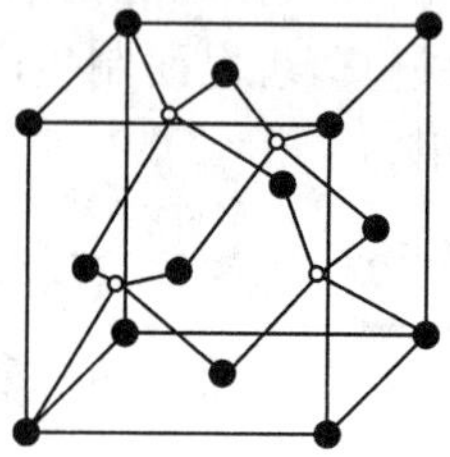

图 13-10　闪锌矿结构

13.2.1 能带结构

为了了解晶体中的电子状态，需对晶体进行近似处理。与处理原子问题相似，一般采用单电子近似的方法，即把电子近似认为处于原子实和其他电子所形成的平均场当中处理，又因为各点阵离子的排列是有规律的周期排列，故这个场为静态周期场。

(1) 晶体中价电子的共有化

各原子的外层轨道会有不同程度的“重叠”，即电子不仅具有在某一原子内出现的概率，而且具有在相邻原子内出现的概率。原子的外层电子在整个晶体中运动，电子为晶体中所有原子共有，这就是电子的共有化，内层电子共有化现象不显著。电子的共有化是指不同原子中相似的轨道上电子的转移。因为各原子中相似的轨道上电子有相同或相近的能量，它们能够从一个原子的轨道转移到另一个原子的轨道，由于共有化的电子原来的轨道相同或相似。因此，原来每一个原子的能级将产生与之相应的变化。

(2) 能带的形成

晶体系统由点阵原子和共有化的外层电子组成——多粒子体系。

静态平均势场的特点：具有晶体结构的周期性。

单电子近似法：考虑单个电子在静态平均势场中运动。

公有化电子类似于自由电子，可用平面波 e^{ikx} 表示。考虑势函数的周期性，总的波函数为

$$\psi(x)=u(x)e^{ikx}$$

式中，k 为简约波矢。

$$u(x+a)=u(x)$$

式中，a 为晶格间距。

对于自由粒子，能量只有动能

$$E=\frac{p^2}{2m} \tag{13-2-1}$$

由德布罗意关系

$$p=hk \tag{13-2-2}$$

则有

$$E=\frac{h^2k^2}{2m} \tag{13-2-3}$$

E 与波矢 k 的关系如图 13-11 所示。

由于有了晶格周期场的作用，电子不再自由。波函数 $\psi(x)$ 应满足周期性关系，则 k 必须有

$$ka=n\pi(n=\pm 1,\pm 2,\cdots) \tag{13-2-4}$$

所以，在晶格附近 E 和 k 的关系就不会像图 13-11 所示，而是出现变形如图 13-12 所示。此时，能量出现了空隙而成为禁带，而波矢在 $-\left[\frac{\pi}{a},\frac{\pi}{a}\right]$、$\left[\frac{\pi}{a},\frac{2\pi}{a}\right]$ 范围，等等。电子类似于自由电子，在这个范围内能量是允许的，称为允许带，或能带。相邻两能带之间即为禁带，如图 13-13 所示。

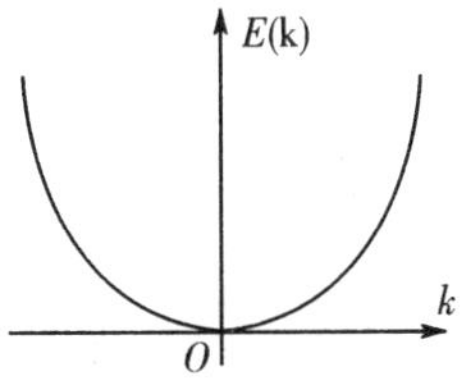

图 13-11　E 与 k 的关系

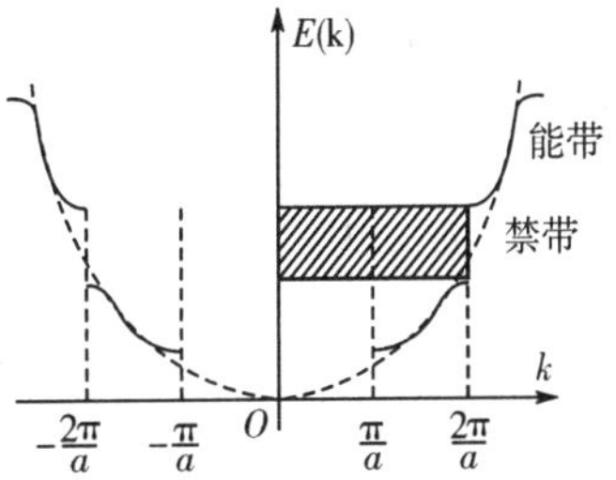

图 13-12　晶格附近的 E 与 k 关系

(3) 能带中的能级

两个完全分离的氢原子其能级是相同的，当它们靠得很近，由于彼此间的相互作用，导致原能级结构发生分裂。1s、2s 分裂成 2 个能级，2p 分裂成 6 个能级，……。

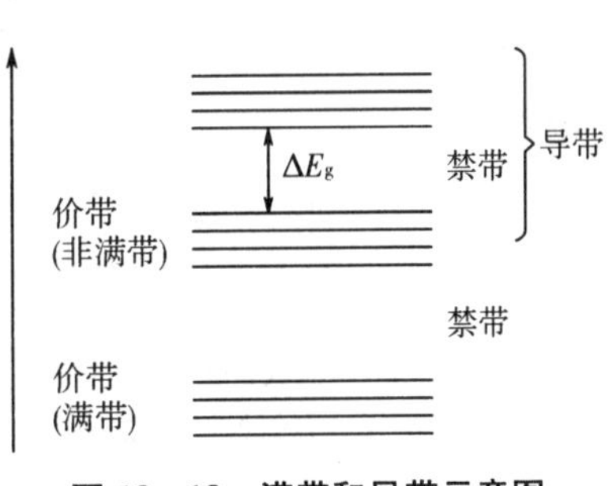

图 13-13　满带和导带示意图

在固体系统中，设有 N 个原子，则 s 能级分裂成 N 条，p 能级分裂成 $3N$ 条，f 能级分裂成 $5N$ 条，……。即次量子数为 l 的能级分裂成的能带中含

有能级数为$(2l+1)$，N个原子则分裂为$N(2l+1)$个能级。

由于在1 cm^3中约有10^{23}个原子，而最高能级和最低能级间隔约为10^1 eV的数量级，则相邻能级之间的能量差别极小，所以在能带中分布的大量能级可看成是准连续的。

13.2.2 导体、半导体和绝缘体

(1) 能带中允许填充的电子数

根据能量最小原理和泡利不相容原理，N个原子中次量子数为l的每一个能级分裂成$N(2l+1)$个能级，最多可填充$2N(2l+1)$个电子。例如，s能带可填充$2N$个电子，p能带可填充$6N$个电子。

(2) 满带和导带

满带就是能带中所有的能态都被电子填满，满带中的电子没有导电作用，这是因为当一个电子向其他能态转移时必有另一电子沿相反方向转移，总效果与没有电子转移时一样。

完全没有电子填充的能带称为空带；只有部分能级被电子填充的能带称为导带。没有填满的能带或空带即为导带。由于无相反移动的电子抵消，故导带具有导电作用。

价电子所在能级分裂成的能带称为价带，价带既可能是满带又可能是导带。

(3) 导体、半导体和绝缘体

固体中能级分裂成能带，在能带和能带之间形成禁带。电子不能在禁带中出现，禁带宽度会显著地影响固体的导电性能。

导体中能带一般有三种形式：① 价带为不满带，即导带，如图13-14(a)所示；② 价带为满带但与空带重叠而形成导带，如图13-14(b)所示；③ 价带为导带，又与空带重叠，如图13-14(c)所示。

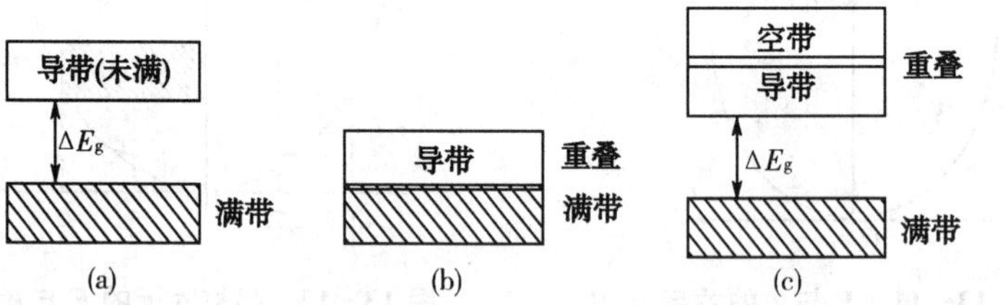

图13-14 导体的能带形式

对于半导体来说，价带是满带，但禁带宽度较窄(图13-15)，价带电子易获足够能量从满带跃迁到导空带而形成导带。随温度升高，被激发跃迁到导带的电子数目增多，导电性越来越好。

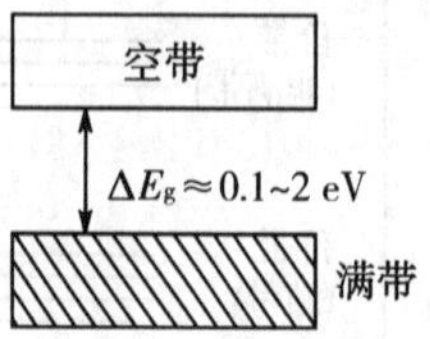

图13-15 半导体的能带

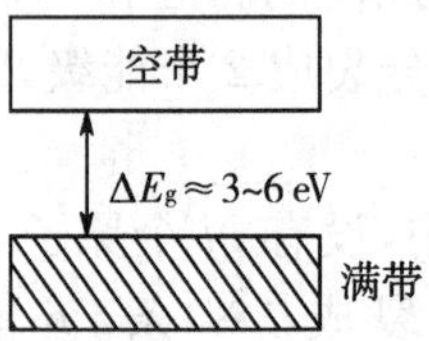

图13-16 绝缘体的能带

而绝缘体一般价带是满带，但禁带宽度较宽（图 13－16），价电子很难获得足够的能量从满带跃迁到空带并形成导带。

13.2.3　本征半导体和杂质半导体

（1）电子导电和空穴导电

对于电子导电，未满带中的电子是导电的关键因素。满带中的电子在热激发或光激发下跃迁到导带时，导带中出现了电子，同时在原满带顶部附近留下了若干空的能级，满带中空的能级成为空穴。满带中由空穴移动对应的导电机制称为空穴导电（相当于正电荷）。

在半导体和绝缘体中，既存在电子导电又存在空穴导电，电子与空穴统称为载流子。

（2）本征半导体

纯净的无杂质的半导体称为本征半导体，其导电性能完全决定于跃迁到导带上的电子和满带中的空穴的运动（电子-空穴对数目较少，导电性能差）。在本征半导体中，同时存在的这两种导电机制（电子导电和空穴导电）统称为本征导电，相应的载流子称为本征载流子。

（3）杂质半导体

掺杂质后的半导体称为杂质半导体。以电子导电为主的半导体为 n 型半导体；以空穴导电为主的半导体为 p 型半导体。

① n 型半导体

在四价元素硅(Si)、锗(Ge)构成的半导体中，掺入少量五价元素如磷或砷等杂质就构成了 n 型半导体，如图 13－17 所示。

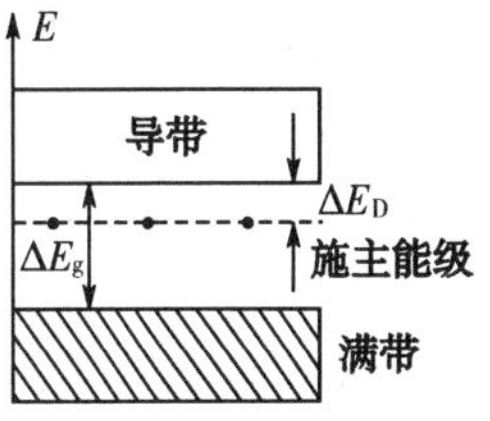

图 13－17　n 型半导体

杂质原子中的五个价电子，有四个与周围的四个相邻的四价原子形成共价键，另一个多余出来。杂质原子带正电，其能级的基态能级位于禁带之中，且靠近导带的边缘。这个能级叫做施主能级，此时的五价杂质称为施主杂质。

当施主杂质的多余电子在施主能级上时，它并不参与导电，但由于施主能级靠近上方的导带，电子很容易受激发而跃迁到导带上去成为导电电子，施主杂质越多，跃迁到导带上的电子就越多，半导体的导电性能由此大为改善。导带中的电子主要来源于施主能级提供的电子，数目大大超过满带中的空穴，称之为多数载流子，空穴则为少数载流子。

② p 型半导体

在四价元素形成的半导体中，掺入少量的三价元素如硼(B)、镓(Ga)等杂质原子，就构成了 p 型半导体，如图 13－18 所示。这些杂质原子替代某些四价原子，在与相邻原子构成共价键时缺少一个电子，而出现空穴。空穴相当于 $+e$ 电荷，它位于相应的能级。空穴能级的基态在禁带之中很靠近满带，则满带中的电子极易获得足够的能量跃迁到空穴的基态能级，从而在原位置留下空穴。空穴位于基态能级并不参与导电，而到满带中参与导电。所以空穴的基态能级起到了接收电子向满带提供空穴的作用，称之为受主能级。三价杂质称

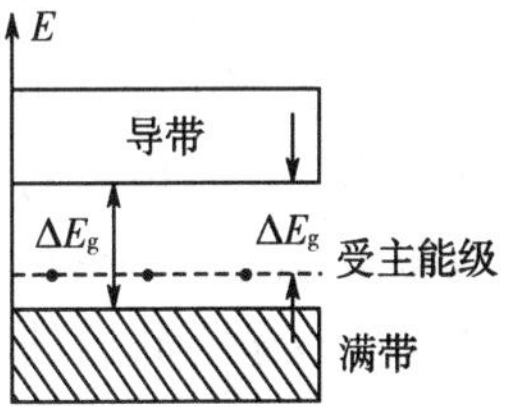

图 13－18　p 型半导体

为受主杂质。在此类半导体中,空穴是多数载流子,电子为少数载流子。

13.2.4 半导体的主要特性及其应用

(1) 半导体的主要特性

① 载流子输运

半导体的输运现象包括在电场、磁场、温度场等作用下广泛载流子输运过程。与金属导体相比,半导体的载流子不仅浓度低很多,而且数量和运动速度都可以在很广的范围内变化。因此,半导体的各种输运现象具有和金属十分不同的特征。

② 运动特征

在电场作用下,载流子在无规则热运动之外产生附加的运动从而形成电流,称为漂移运动。半导体的电导率一般表示为自由载流子的浓度与载流子的漂移迁移率的乘积。漂移迁移率指单位电场作用下载流子漂移的平均速度,它的大小是由载流子的有效质量以及点阵振动、杂质、缺陷等对载流子的散射决定的。由于点阵振动的强弱以及载流子本身的热运动都随温度变化。所以,载流子的散射和漂移迁移率都是温度的函数。

③ 本征导电

在常见的半导体中,载流子主要是掺在半导体中的浅能级杂质提供的。主要由浅施主提供的电子导电的半导体称为 n 型半导体;主要由浅受主提供空穴导电的半导体称为 p 型半导体。由于在任何有限温度下,总有或多或少的电子从价带被热激发到导带(本征激发),所以无论 n 型或 p 型半导体中都存在一定数量的反型号的载流子称为少数载流子,主导的载流子则称为多数载流子。温度足够高时,由价带热激发到导带的电子可以远超过杂质提供的载流子,这时参与导电的电子和空穴的数目基本相同,称为本征导电。

半导体导电一般服从欧姆定律,但是与金属中高度简单的电子相比,半导体中载流子的无规热运动速度低很多,同时由于载流子浓度低,对相同的电流密度,漂移速度则高很多。因此,在较高的电流密度下,半导体中载流子的漂移速度与热运动速度相当,经过散射可以转化为无规则热运动,使载流子的温度显著提高,这时半导体的导电偏离欧姆定律。热载流子还可以导致一些特殊效应,例如某些半导体(如砷化镓、磷化铟)在导带底之上,还存在着能量略高而态密度很大的其他导带极小值。在足够强的电场下,热载流子会逐渐转移到这些所谓次极值的区域(k 空间),导致产生电场增大而漂移速度反而下降的负微分迁移率现象。

(2) 半导体的应用

① p-n 结

把一片本征半导体两边掺入高价和低价杂质,就构成一个 p-n 结。

由于 p 型半导体中空穴多,n 型半导体中电子多,故在接触面上将发生扩散现象。在交界面上出现正负电荷的积累,在 p 型一边是负电,在 n 型一边是正电,平衡时形成电场,产生电势差,这相当于一个阻挡层。由于电子带负电,所以 p 型半导体中的电子将比 n 型半导体中的电子有较大的能量,反映在能带上如图 13-19 所示。

根据以上特性,当在 p-n 结两边加上电压时,其输出电流将发生相应变化。

当在 p 端施加正电压时,由于外电压使阻挡层减少,故电子和空穴就更易于通过阻挡

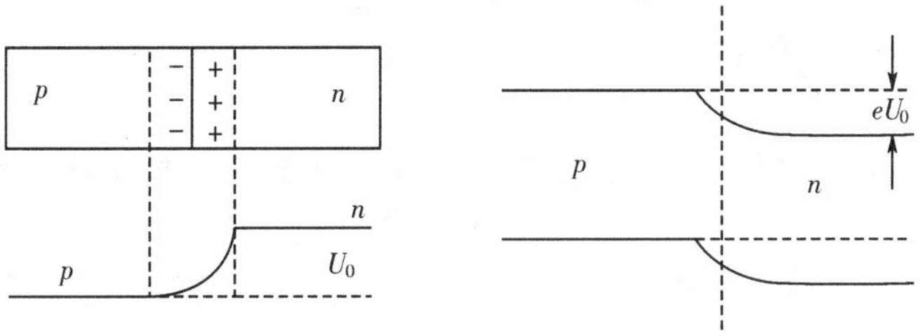

图 13－19　p－n 结接触前后的能带示意图

层。外电压增大，电流随之增大。

当在 p 端施加负电压时，电子和空穴将更难通过阻挡层，其作用相当于电子二极管，且具有体积小的特点，可用于各种规模的集成电路，其伏安特性曲线如图 13－20 所示。

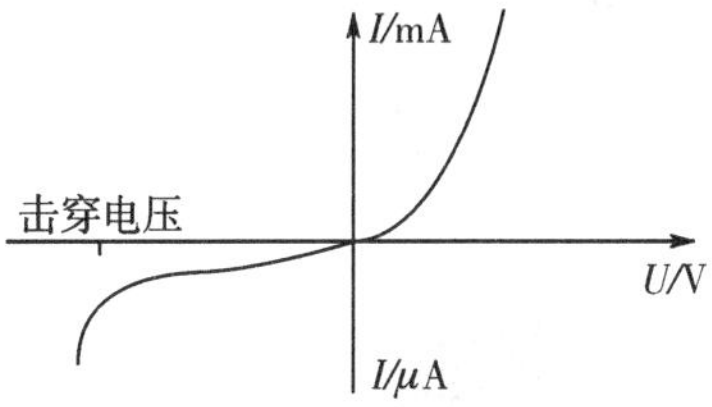

图 13－20　p－n 结的伏安特性曲线

② MIS 和 MOS

半导体表面的空间电荷可以看作是因屏蔽垂直表面的电场而造成的，表面电场一般是由各种表面的具体情况而引起的。如果电场的方向是驱赶载流子向体内，空间电荷区格外显著。这种情况下的空间电荷区是由载流子被驱赶走所余下的电离杂质的电荷构成的，称为耗尽层。由于电离杂质电荷的浓度是固定的，随着表面电场增强，屏蔽它所需的电荷必须成正比增大，这就意味着表面空间电荷区加宽。有控制地施加表面电场的办法是在半导体表面形成薄的绝缘层（如对半导体氧化形成薄的氧化层），在它上面做电极并施加相应的电压。这种用于控制半导体表面的金属-绝缘体-半导体系统简称 MIS（如果绝缘层采用氧化物，则称 MOS）。

表面电场在排斥多数载流子的同时也会吸引少数载流子，所以在 MIS 上加有足够大的电压时会在半导体的极表面出现一个由少数载流子导电的薄层。它与半导体内部之间隔有空间电荷区，其中多数和少数载流子极为稀少，基本上是“耗尽”的。这种由反型载流子导电的薄层称为反型层。反型层也被称为导电沟道，以表明载流子的流动限于极狭窄的区域，如 p 型半导体表面的反型层称为 n 沟道，n 型半导体表面的反型层称 p 沟道。当这种表面反型层很薄时，其中载流子在垂直表面的方向是量子化的（从波动的观点看，是沿这个方向的驻波），载流子的自由运动只限于平行于表面的二维空间。在这种二维运动的研究中，把反型层中的载流子称为“二维电子气”。

③ 接触电势差

在不同半导体之间或半导体和金属直接连接时，它们之间的接触电势差意味着它们的界面处是电势突变的区域，其中存在垂直于界面的电场和相应的空间电荷区。在它们之间施加电压时电压主要降落在空间电荷区上，电压和通过空间电荷区的电流一般呈现非线性的伏安特性。

同一块半导体，由于掺杂不同使部分区域是 n 型、部分区域是 p 型，它们的交界处的结构称为 p－n 结。在 p－n 结的空间电荷区的 p 型一侧加正电压时（正向电压），会部分抵消接触电势差，使空间电荷区变窄，并使 p 区的空穴流向 n 区、n 区的电子流向 p 区，这种来自多数载流子的电流随施加的电压迅速增长。施加相反的电压时（反向电压），会使空间电荷区变宽，p 区和 n 区电势差增大，这时的电流来自双方的少数载流子（n 区的空穴流向 p 区，p 区的电子流向 n 区）。所以电流很小，而且随电压增加，很快达到饱和。

④ 光生伏打效应

$p-n$ 结中可以发生其他许多特殊效应，如 $p-n$ 结上反向电压增加到所谓的击穿电压时 $p-n$ 结中电场增强到足以使通过的电子和空穴获得足够大的能量，可以经碰撞产生电子-空穴对，而且这种碰撞电离辗转发生以致造成雪崩式的电流倍增。这种现象称为雪崩击穿。又如，光照射在 $p-n$ 结附近产生非平衡载流子——电子和空穴，只要它们到达 $p-n$ 结的空间电荷区中，它们就被 $p-n$ 结中的强电场分别扫至 n 区和 p 区，从而在 $p-n$ 结上产生电压，称为光生伏打效应。

物理学应用：非晶态半导体

非晶态半导体的研究只是近年来才有较大的发展。有一些非晶态的半导体属于玻璃态物质可以由液态凝固获得，通过其他的制备工艺（如蒸发、溅射、辉光放电下淀积等）也可以制成非晶态材料。非晶态半导体的结构一般认为是由共价键结合的"无规网络"，其中每个原子与近邻的键合仍保持与晶体中大体相同的结构，但失去了在空间周期性的点阵排列。非晶态半导体与晶态半导体既有相似的特征，又有十分重要的区别。如非晶态半导体的本征吸收光谱与晶体半导体粗略相似，表明大部分的能级分布与晶体的能带相似。但是，在导带底和价带顶部都有一定数量的"带尾态"，一般认为它们是局域化的电子态。另外，连续分布在整个禁带中还有相当数目的所谓"隙态"，隙态的多少和分布都随材料和制备方法而不同。

非晶态半导体的导电具有复杂的性质，一般在较低温度是通过载流子在局域态之间的跳跃，在较高的温度则是依靠热激发到扩展态的载流子导电，但其迁移率比在晶体半导体中低很多。

13.3 超导电性

某些物质在一定温度条件下电阻降为零的性质，称为超导电性。1911 年，荷兰物理学家昂内斯发现汞在温度降至 4.2 K 附近时突然进入一种新状态，其电阻小到实际上测不出来，这种新状态被称为超导态。以后又发现许多其他金属也具有超导电性。低于某一温度出现超导电性的物质称为超导体。

13.3.1 超导体的转变温度

当温度降到 4.2 K 附近时，汞样品的温度突然降到零（图 13－21），这种性质称为超导电性。具有超导电性的材料称为超导体，超导体电阻降为零的温度称为转变温度或临界温度，通常用 T_c 表示。当 $T>T_c$ 时，超导体与正常的金属一样具有一定的电阻值，这时超导体材料处于正常状态。当 $T<T_c$ 时，超导材料处于超导状态，称为超导态。昂内斯实现了氦（He）的液化并

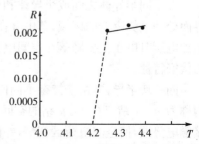

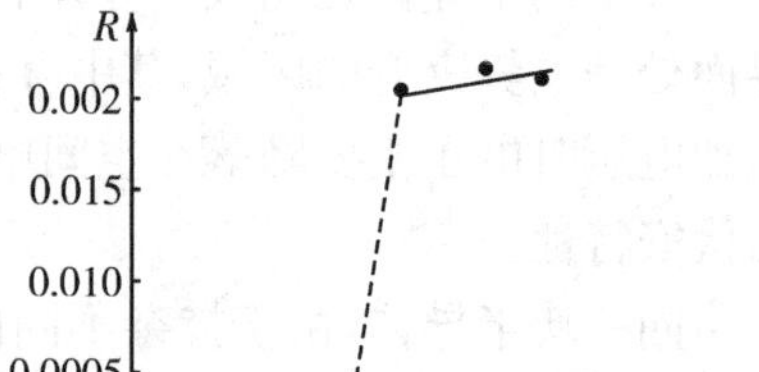

图 13－21　低温下汞的电阻与温度的关系

发现了超导态，并于 1913 年获得了诺贝尔物理学奖。

继发现汞的超导现象之后，物理学家又发现很多材料都具有超导现象，而且转高温度逐步提高。1986 年，发现了转变温度高达 35 K 的 Ba-La-Cu-O 系列超导材料，于是超导材料的研究进入了高温范围。1987 年 2 月，我国物理学家赵忠贤等人成功研制了转变温度为 92.8 K 的高温超导材料。表 13 - 1 为一些超导材料的临界温度。

表 13 - 1　一些超导材料的临界温度

材　料	临界温度	发现时间
汞(Hg)	4.15 K	1911 年
铅(Pb)	7.26 K	1913 年
铌(Ns)	9.2 K	1930 年
镧钡铜氧化合物(La-Ba-Cu-O)	35 K	1986 年
钇钡铜氧化合物(Y-Ba-Cu-O)	92.8 K	1987 年
铊钡铜氧化合物(Ta-Ba-Cu-O)	120 K	1989 年

13.3.2　超导体的主要特性

(1) 零电阻

零电阻是超导体的一个重要特性，超导体处于超导态时电阻完全消失，若用超导体组成闭合回路，回路中的电流没有损耗而可以持续存在下去，形成持久电流。柯林斯曾将超导环放在磁场中，然后撤去磁场，这时在环中产生感应电流，结果在长达 2 年半的时间内才观察到电流只有丝毫的衰减。因此，超导体是理想的导体。

(2) 临界磁场与临界电流

1913 年，昂内斯试图用超导铅线绕制超导磁体。但发现，当电流超过某一临界值时，铅线就转为正常态；1914 年，他又在实验中发现，超导态会因外加磁场而破坏，而将这个外加的最小磁场强度称为临界磁场，以 H_c表示。临界磁场与材料和温度有关(如图13 - 22所示)，其关系如下：

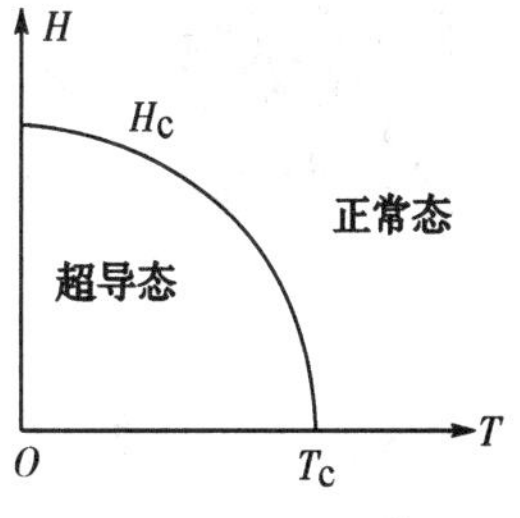

图 13 - 22　H-T 关系

$$H_c = H_0\left[1-\left[\frac{T}{T_c}\right]^2\right] \quad (T < T_c) \qquad (13-3-1)$$

式中，H_0为 $T=0$ K 时的临界磁场强度，即临界磁场的最大值。

因为超导体通入电流后，电流也将产生磁场，因临界磁场的存在限制了超导体中的电流，当电流超过一定数值 I_c后，超导态便被破坏，I_c即为超导体的临界电流，其与温度的关系如下：

$$I_c = I_0\left[1-\left[\frac{T}{T_c}\right]^2\right] \qquad (13-3-2)$$

式中，I_0为 $T=0$ K 时的电流。

超导体的三个临界条件为：临界温度、临界磁场、临界电流。这三者之间是密切相关的。

(3) 迈斯纳效应——完全抗磁性

由于超导体零电阻特性的存在，超导体内任意两点间的电势差为零。在超导体内不存在电场，由电磁感应定律

$$\oint \boldsymbol{E} \cdot \mathrm{d}\boldsymbol{l} = -\frac{\mathrm{d}\Phi}{\mathrm{d}t} = -\frac{\mathrm{d}(\boldsymbol{B} \cdot \boldsymbol{S})}{\mathrm{d}t} = 0 \quad (13-3-3)$$

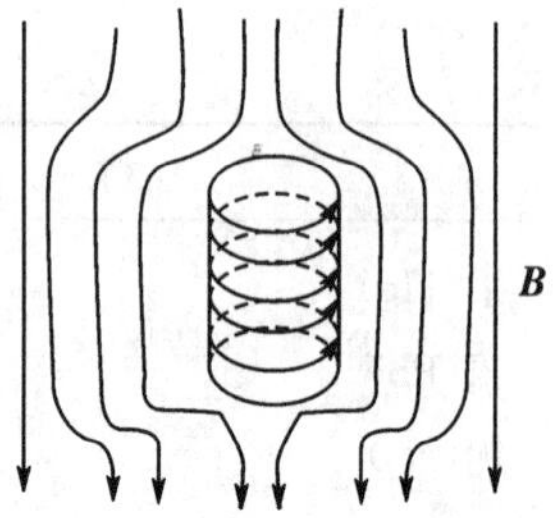

图 13－23　磁场中的超导体内无磁感应线

因为超导体的截面积是不变的，故 $\mathrm{d}B/\mathrm{d}t = 0$，即超导体的内部磁场不随时间变化，这样当超导体置于外磁场时，只要外磁场小于临界磁场 H_c，超导体内部的磁场就为零，这是因为超导体放入磁场中时，在放入的过程中由于穿过超导体的磁通量发生变化，在超导体表面将产生感应电流，该电流产生的磁场正好抵消到磁场(也就是说，超导体表面产生的感应电流的大小与外场有关，满足电流产生的磁场恰好抵消外磁场)，而使超导体内部的磁场仍然为零，即 $\mathrm{d}B/\mathrm{d}t = 0$。而在导体的外部，超导体表面感应电流的磁场和原磁场的叠加使合磁场的磁感应线发生弯曲，这种结果常常说成是磁感应线不能进入超导体，超导体具有完全抗磁性，而将这种现象称为迈斯纳效应，如图 13－23所示。迈斯纳效应中，只在超导体表面产生电流是就宏观而言的。

探究性课题：磁场中的超导体内无磁感线

超导体的抗磁性可用实验演示，把一个超导小球放在铅直的外磁场中，由于抗磁性，它将受到一个向上的斥力，该斥力与重力平衡时，小球被悬浮空中，这就是磁悬浮现象。当重力发生变化时，小球会上下移动，由此原理制造了灵敏的超导重力仪。

13.3.3　超导电性的 BCS 理论

自从发现超导电性以来，人们一直在探索超导电性的微观理论，但用经典理论是无法解释超导电性的。到目前为止，相对成功的理论是 1957 年由巴丁、库珀、施里弗等人创建的 BCS 理论，该理论用电子对即“库珀对”解释超导电性。

BCS 理论认为，处于超导态的两个电子彼此吸引，成为束缚在一起的电子对，称为库珀对。库珀对中两电子的距离约为 10^{-6} m，比晶格常数 10^{-10} m 要大得多。由于超导体内库珀对数量巨大，所以当它们都取一个方向运动时就形成了几乎没有电阻的超导电流。

应当指出：上述讨论只是针对直流电流，当超导体中通入交变电流时，还具有一定电阻的。

13.3.4　超导的应用前景

（1）强磁场

利用超导体的特性，绕制产生强磁场的线圈，不但可以提高磁场强度，还可以减小体积，如超导发电机中的定子就是用超导材料制成的，因此定子中电流很大，从而大大提高了发电机的功率。目前，最强磁场可以达到 4 T，但由于其临界温度太低，故实际投入使用还需一段时间。

（2）低损耗电能传输

普通传输导线的能量损失可达 20%～30%，而超导传输线的能量损失可忽略不计。因此，超导可用于长距离传输直流电。

（3）磁悬浮列车

磁悬浮列车是在车厢下面安装超导线圈，当列车达到一定速率时轨道中产生感应电流，利用迈斯纳效应使列车悬浮起来。目前，磁悬浮列车在日本和德国已经试运行，车速可达 350～500 km/h，悬浮高度为 10 mm。德国的 Transrapid 公司于 2001 年在中国上海浦东国际机场至地铁龙阳路站兴建磁悬浮列车系统，并于 2002 年正式启用。该线全长 30 km，列车最高时速达 430 km/h，由起点至终点站只需 8 min，图 13－24 为上海浦东运行的磁悬浮列车的示意图。

图 13－24　磁悬浮列车示意图

现在超导新材料的研究尚处于发展阶段，还有许多应用技术需要加以解决，但其前景喜人。

13.4　原子核物理简介

13.4.1　原子核物理的发展

1896 年，贝可勒尔发现天然放射性，人类首次观测到核变化，通常将其视为核物理学的开端。1919 年，卢瑟福等人发现用 α 射线轰击氮核时释放出质子，首次实现人工核反应。此后，用射线引起核反应的方法逐渐成为研究原子核的主要手段。

20 年代后期，开始探讨加速带电粒子的原理。30 年代初，静电、直线和回旋等类型的粒子加速器已具雏形，在高压倍加器上实现初步核反应。利用加速器可以获得束流更强、能量更高和种类更多的射线束，大大扩展了核反应的研究，使加速器逐渐成为研究原子核、应用核技术的必要设备。

1932 年中子的发现和 1934 年人工放射性核素的制备，成为原子核研究的里程碑。1939 年，哈恩和斯特拉斯曼发现核裂变；1942 年，费米建立了第一个裂变反应堆，开创了人类掌握核能源的新世纪。因此，核物理飞跃发展，成为具有竞争激烈的科技领域。

现阶段，由于重离子加速技术的发展，已能有效地加速从氢到铀全部元素的离子，能量达到每核子 1×10^9 eV，扩充了变革原子核的手段，使重离子核物理研究具有全面发展。强束流的中、高能加速器不仅提供直接加速的离子流，还能提供诸如 π 介子、K 介子等次级粒子束，从另一方面扩充了研究原子核的手段，加速了高能核物理的发展。超导加速器将大大缩小加速器的尺寸，降低造价和运转费用，并提高束流的品质。

核物理实验方法和射线探测技术也有了新的发展。过去，核过程中同时测定几个参量就很困难；现在，一次记录几十个参量已很普遍。对一些高能重离子核反应，成千个探测器可同时工作，一次记录和处理几千个参量以便对成千个放出的粒子进行测定和鉴别。另一方面，一些专用的核技术设备都附有自动的数据处理系统，简化操作，推广使用。

13.4.2 原子核的基本性质

(1) 核的组成

原子核(核子)由质子和中子组成。

(2) 核力

核子间存在核力，核力使核子能够紧密地结合在一起，也使不同的核具有不同的特性和具体结构。

核力的基本性质如下：① 强的短程作用力，核力很强，约为电磁力的 100 倍，而它的作用范围很小，有效力程在 10^{-15} m；② 具有饱和性的交换力，一个核子只能同附近的几个核子有核力的作用，而不是同核内全部核子都有作用，这就是饱和性。核力也是一种交换力，通过交换介子实现；③ 与核子的荷电状态无关；④ 有非有心力的性质。

(3) 电荷和质量

原子核的带电量等于核内质子数 Z 与基本电荷 e 的乘积，即 Ze。Z 与元素周期表中的原子序数相等，称为核中电荷数。

原子质量单位为：

$$1u=\frac{1}{12}m_{{}^{6}_{12}\mathrm{C}} \tag{13-4-1}$$

原子核的质量数用 A 表示：

$$A=Z+N \tag{13-4-2}$$

式中，Z 为原子核的电荷数，N 为中子数。

用 ${}^{A}_{Z}X$ 标记不同的原子核，X 表示元素符号，例如：氢核：${}^{1}_{1}\mathrm{H}$；碳核：${}^{12}_{6}\mathrm{C}$；电子：${}^{0}_{-1}\mathrm{e}$。

如果质子数相同，质量数不同，则称为同位素。

(4) 形状和大小

原子核一般为椭球形：长短轴之比不大于 5/4。一般来说，原子核的半径为

$$R = R_0 A^{\frac{1}{3}} \tag{13-4-3}$$

式中，R_0约为 1.2 fm(1 fm$=10^{-15}$m)。

对于原子核来说，其体积为

$$V = \frac{4}{3}\pi R_0^2 A \tag{13-4-4}$$

通常情况下，原子核的体积约等于质量数 A 乘以 7.42 fm^3。

(5) 自旋和磁矩

原子核的自旋角动量为

$$L = \sqrt{J(J+1)}h \tag{13-4-5}$$

式中，J 为自旋量子数，简称自旋。原子核的自旋可以是零、整数和半整数。

质量数为奇数的原子核的自旋为$\frac{1}{2}$的奇数倍。质量数为偶数的原子核的自旋为零或整数。

原子核磁矩分为自旋磁矩和轨道磁矩。一般情况下，质子的自旋磁矩为 2.792 8μ_p (μ_p为核磁子，$\mu_p=\frac{eh}{4\pi m_p}$，其中 m_p 为质子质量)。中子的自旋磁矩为$-1.913\ 2\mu_p$。

(6) 结合能和质量亏损

把组成原子核的各个核子分开所需要的能量，称为结合能。原子核的质量明显小于组成它的核子质量之和，此差额为质量亏损。

如果质子的质量为 m_p，中子的质量为 m_n，原子核质量为 m，则质量亏损为

$$\Delta m = Zm_p + (A-Z)m_n - m \tag{13-4-6}$$

根据相对论质能关系

$$\Delta E = \Delta mc^2 = [Zm_p + (A-Z)m_n - m]c^2 \tag{13-4-7}$$

另外，定义$\frac{\Delta E}{A}$为平均结合能，表示原子核的稳定程度。平均结合能越大，原子核越稳定。

13.4.3 原子核的放射性衰变

(1) 原子核的放射性衰变

放射性核素自发放射出 α 粒子(即氦核)或 β 粒子(即电子)或 γ 光子，而转变成另一种核素的现象，称为放射性衰变。放射出 α 粒子的衰变称 α 衰变；放射出 β 粒子的衰变称 β 衰变；放射出 γ 光子的衰变称 γ 衰变。放射性衰变通常还包括同质异能跃迁、自发裂变。

天然存在的放射性同位素能自发地放射出射线，这种现象称为天然放射性。1896 年，

法国物理学家贝勒耳发现铀(U)的化合物能使附近包在黑纸里的照相底片感光，从而推断出铀可以不断地自动放射出某种看不见的、穿透力相当强的射线。后来经过物理学家的共同努力发展了这一研究结果。现在知道原子序数在84以上的所有元素都有天然放射性，小于此数的某些元素如碳、钾等也有这种性质。

通过核反应，人工合成了17种原子序数大于92的超铀元素和上千种新的放射性核素，表明元素仅仅是在一定条件下相对稳定的物质结构单位，并不是永恒不变的。天体物理的研究证明：核反应是天体演化中起关键作用的过程，核能是天体能量的主要来源。通过高能和超高能射线束和原子核的相互作用，发现了上百种短寿命的粒子，包括各种重子、介子、轻子和共振态粒子。随着庞大的粒子家族的出现，使物质世界的研究进入新阶段，建立了粒子物理学。这是物质结构研究的新前沿，再次证明了物质的不可穷尽性。各种高能射线束还提供了采用其他方法所不能获得的核结构知识。

(2) 放射性衰变的分类

① α 衰变

α 射线是由高速运动的、带正电的氦原子核${}_2^4\mathrm{He}$构成的。

$$ {}_Z^AX \to {}_{Z-2}^{A-4}Y + {}_2^4\mathrm{He} \tag{13-4-8} $$

② β 衰变

β 射线是由电子(e^-)或正电子(e^+)构成的。

β^- 衰变

$$ {}_Z^AX \to {}_{Z+1}^{A}Y + e^- + \overline{\gamma}_e \tag{13-4-9} $$

β^+ 衰变

$$ {}_Z^AX \to {}_{Z-1}^{A}Y + e^+ + \gamma_e \tag{13-4-10} $$

轨道电子俘获

$$ {}_Z^AX + e^- \to {}_{Z-1}^{A}Y + \gamma_e \tag{13-4-11} $$

$$ \begin{cases} n \to p + e^- + \overline{\gamma}_e \\ p \to n + e^+ + \gamma_e \\ p + e^- \to n + \gamma_e \end{cases} \tag{13-4-12} $$

③ γ 衰变

γ 射线为波长极短，能量很高的光子构成。

(3) 原子核的衰变定律

在自然界中，很多元素的原子核都是不稳定的，不断进行着放射性衰变。粒子放射性衰变遵循一定的规律，即衰变定律。假设某一放射性物质所含的放射性粒子数在最初即 $t=0$ 时的数目为 N_0，经过衰变后在 t 时还没有衰变的粒子数为 N，则有

$$ N = N_0 \mathrm{e}^{-\lambda t} \tag{13-4-13} $$

式中，λ 为衰变常量。

由此可以得到这种放射性物质的半衰期

$$T = \frac{\ln 2}{\lambda} = \frac{0.693}{\lambda} \qquad (13-4-14)$$

即原子核的数目减少到原来的一半所需时间(T)。从而可以得到粒子的平均寿命为

$$\tau = \frac{1}{N_0}\int(-\mathrm{d}N) = \frac{1}{N_0}\int_0^{-\infty} t\lambda N \mathrm{d}t = \lambda\int_0^{\infty} t\mathrm{e}^{-\lambda t}\mathrm{d}t = \frac{1}{\lambda} \qquad (13-4-15)$$

13.4.4　放射性的应用

放射性同位素有三个主要来源——加速器中带电粒子的产物，反应堆中的中子轰击产物和分离出的裂变产物。

在能源方面，主要用于发电。当今全世界有 437 座核电站在运行，另有 30 座核电站在建造，核电已占世界总发电量的 17%。

在医学方面，同位素主要用于显像、诊断和治疗，另外还包括医疗用品消毒、药物作用机理研究和生物医学研究。核素显像是利用 γ 照相机、单光子发射计算机断层(SPECT)或正电子发射断层(PET)来探测给予病人的放射性药物所产生的辐射，从而确定病灶部位。

在农业方面，同位素主要用于辐射育种、昆虫不育和食品保藏。同位素的辐射育种技术为农业提供了改进质量、增加产量的多种有效手段。辐射诱变已经产生了更能抗病或更能适应地区条件生长的新品种，从而增加了谷物产量，并改进了食品的质量。利用同位素示踪技术可用于检测并确定植物的最佳肥料吸入量和农药吸入量。昆虫不育技术基于用 γ 辐射使昆虫不育(丧失繁衍能力)已成功地用于铲除损害谷物的昆虫种类，而对于人类健康和环境无任何副作用。对于动物生产，同位素常常用于监测和改进牛的健康。对于食品保存，辐射已成为一种很有效的手段，食品辐照可控制微生物引起的食品腐败和食源性疾病的传播。

在考古方面，可根据放射性同位素的半衰期推算地质年代。放射性同位素 ^{14}C 被考古学家称为碳钟，它可以用来断定古生物体死亡至今的年代。通过测定 ^{14}C 的浓度就可以进行多种多样的测定工作。比如，远古时代的木材、人体遗骨年代的测定，动植物化石或煤炭的年代测定等等。

综上所述，核技术向社会生活多层次全方位的渗透，有着极为丰富的内涵及外延，核技术将成为人类生活不可分割的一部分。

13.4.5　放射性的防护

由于人体组织在受到射线照射时能发生电离，当照射剂量低于一定数值时射线对人体没有伤害，如果人体受到射线的过量照射便可产生不同程度的损伤。所以，对射线防护的基本原则是避免放射性物质或射线污染环境和侵入人体，采取多种措施减少人体接受来自内外照射的剂量。

防止放射性电离辐射对人体危害的基本措施：缩短接触时间、增大距离、屏蔽、遥控、机

械化操作及个人防护等，以避免放射性物质污染环境和侵入人体，减少对人体的照射剂量。对从事放射性作业或可能有放射性污染物存在场所，作业人员要进行系统的有关安全卫生防护知识的教育与训练，建立健全卫生防护制度和操作规程、设置危险信号、色标和报警设施等。

电离辐射对人体的危害主要是通过超过允许剂量的放射线作用于机体而发生的。放射危害分为外照射危害和内照射危害。外照射危害是放射线由体外穿入机体而造成的伤害，X 射线、γ 射线、β 粒子和中子都能造成外照射危害。内照射危害是由于吞食、吸入、接触放射性物质，或通过受伤的皮肤直接侵入人体内而造成的。辐射的个体防护是根据放射线与人体的作用方式和途径进行的。防止外照射的个体防护措施是对人体采用屏蔽包裹，阻挡放射线由体外穿入人体。防止内照射的个体防护措施是防止放射性物质从消化道、呼吸道、皮肤接触等途径进入人体。在任何可能有放射性污染或危险的场所都必须穿工作服、戴胶皮手套、穿鞋套、戴面罩和目镜，在有吸入放射性粒子危险的场所，要携带氧气呼吸器。在发生意外事故而导致大量放射污染或可能被多种途径污染时，可穿着供给空气的衣套。

13.5 基本粒子简介

13.5.1 基本粒子分类

基本粒子是指人们认知构成物质的最小最基本的单位。但在提出夸克理论后，人们认识到基本粒子也有复杂的结构，故现在一般不提“基本粒子”这一说法。根据作用力的不同，粒子分为强子、轻子和传播子三大类。

(1) 强子

强子就是所有参与强力作用的粒子的总称，它们由夸克组成。已发现的夸克有六种：顶夸克、上夸克、下夸克、奇异夸克、粲夸克和底夸克。2007 年 1 月 30 日，顶夸克发现于美国费米实验室。现有粒子中绝大部分是强子，质子、中子、π 介子等都属于强子。另外还发现反物质如著名的反夸克，现已被发现且正在研究其利用方法，由此推测，甚至可能存在反地球、反宇宙。

(2) 轻子

轻子就是只参与弱力、电磁力和引力作用，而不参与强相互作用的粒子的总称。轻子共有 6 种：电子、电子中微子、μ 子、μ 子中微子、τ 子、τ 子中微子。电子、μ 子和 τ 子是带电的，所有的中微子都不带电，且所有的中微子都存在反粒子。τ 子是 1975 年发现的重要粒子，不参与强作用，属于轻子，但是它的质量很重，是电子的 3 600 倍，是质子的 1.8 倍，因此又叫重轻子。

(3) 传播子

传播子也属于基本粒子。传递强作用的胶子共有 8 种，1979 年在三喷注现象中被间接发现，它们可以组成胶子球。由于色禁闭现象，至今无法直接观测到。光子传递电磁相互作用,而传递弱作用的 W^+,W^- 和 Z^0,胶子则传递强相互作用。重矢量玻色子是 1983 年发现的,非常重,是质子的 80～90 倍。

13.5.2　基本粒子的主要特征

基本粒子要比原子、分子小得多,现有最高倍的电子显微镜也不能观察到。质子、中子的大小只有原子的十万分之一。而轻子和夸克的尺寸更小,还不到质子、中子的万分之一。

(1) 粒子的质量

粒子的质量是粒子的另外一个主要特征量。按照粒子物理的规范理论,所有规范粒子的质量为零,而规范不变性以某种方式被破坏,使夸克、带电轻子、中间玻色子获得质量。现有的粒子质量范围很大。光子、胶子是无质量的,电子质量很小,π 介子质量为电子质量的 280 倍;质子、中子都很重,接近电子质量的 2 000 倍,已知最重的粒子是顶夸克。在已发现的 6 种夸克中,从下夸克到顶夸克,质量从小到大。中微子的质量非常小,目前已测得的电子中微子的质量为电子质量的七万分之一,已非常接近零。

(2) 粒子的寿命

粒子的寿命是粒子的又一个主要特征量。电子、质子、中微子是稳定的,称为“长寿命”粒子;而其他绝大多数的粒子是不稳定的,即可以衰变。一个自由的中子会衰变成一个质子、一个电子和一个中微子;一个 π 介子衰变成一个 μ 子和一个中微子。粒子的寿命是以强度衰减到一半的时间来定义的。质子是最稳定的粒子,实验已测得的质子寿命大于 10^{33} 年。

(3) 粒子具有对称性

粒子具有对称性。若有一个粒子,必定存在一个反粒子。1932 年,科学家发现了一个与电子质量相同但带一个正电荷的粒子,称为正电子。后来又发现了一个带负电、质量与质子完全相同的粒子,称为反质子。随后各种反夸克和反轻子也相继被发现。一对正、反粒子相碰可以湮灭变成携带能量的光子,即粒子质量转变为能量;反之,两个高能粒子碰撞时有可能产生一对新的正、反粒子,即能量也可以转变成具有质量的粒子。

(4) 自旋

粒子还有另一种属性——自旋。自旋为半整数的粒子称为费米子,而为整数的则称为玻色子。

(5) 守恒

物质是不断运动和变化的,在变化中也有些保持不变,即守恒。粒子的产生和衰变过程都要遵循能量守恒定律。此外还有其他的守恒定律,例如轻子数和夸克数守恒,这是基于实验观察不到单个轻子和夸克的产生和湮灭,必须是由粒子、反粒子成对地产生和湮灭而总结出来的。

(6) 粒子性和波动性

微观世界的粒子具有双重属性——粒子性和波动性。描述粒子的粒子性和波动性的双重属性,以及粒子的产生和消灭过程的基本理论是量子场论。量子场论和规范理论成功地描述了粒子及其相互作用。

13.5.3 基本粒子的夸克模型

1933年,狄拉克关于正电子存在的预言被证实。1936年,安德森因此获得诺贝尔物理学奖。1955年塞格雷和钱伯林利用高能加速器发现反质子,因此获得1959年诺贝尔物理奖。第二年又有人发现了反质子。1959年王淦昌等人发现了反西格玛负超子,这些都为反物质的存在提供证据。莱因斯等人利用大型反应堆在1956年直接探测到铀裂变过程中所产生的反中微子。因此,他也获得1995年诺贝尔物理学奖。1968年,人们探测到来自太阳的中微子。1947年,鲍威尔利用自己发明的照相乳胶技术在宇宙线中找到汤川秀树预言的介子。50年代末,基本粒子的数目已达30种。这些粒子绝大多数是从宇宙射线中发现的。自1951年费米首次发现共振态粒子以来,至80年代已发现的共振态粒子达300多种。

所有的基本粒子都是共振态,共振态的发现其实已经揭开了基本粒子的秘密,即所有的基本粒子都是共振态。共振态分两类:一类是不稳定的,如强子类;另一类是稳定的,如电子、中子等。它们不容易发生自发衰变,不存在绝对稳定的基本粒子,如电子在一定的条件下也会湮灭(与正电子相遇时)。产生基本粒子的外因是物质波的交汇,交汇处形成波包;内因是交汇处发生了共振,客观表现为共振态——即基本粒子的产生。

基本粒子如此之多,难道它们真的都是最基本、不可分的吗?近40年来大量实验实事表明至少强子是有内部结构的。1964年,盖尔曼提出夸克模型,认为介子是由夸克和反夸克所组成,重子是由3个夸克组成。1965年,费曼、施温格、朝永振一郎因在量子电动力学重整化和计算方法的贡献,对基本粒子物理学产生深远影响而获得诺贝尔物理奖。温伯格和萨拉姆等以夸克模型为基础,完成了描述电磁相互作用和弱相互作用的弱电统一理论,因此他们获得1979年诺贝尔物理奖。1990年,弗里德曼、肯德尔和泰勒因在粒子物理学夸克模型发展中的先驱性工作而获得诺贝尔物理奖。目前,统一场论的发展正向着把强相互作用统一起来的大统一理论和把引力统一进来的超统一理论方向前进,并且这种有关小宇宙的理论与大宇宙研究的结合,正在推进着宇宙学的进展。

如今,为了把宇宙中的四大基本力统一起来,于是 Gabriele Veneziano 创造了弦论。弦论的一个基本观点就是,自然界的基本单元不是电子、光子、中微子和夸克等之类的粒子。这些看起来像粒子的东西实际上都是很小很小的弦的闭合圈(称为闭合弦或闭弦),闭弦的不同振动和运动就产生各种不同的基本粒子。它已经成为人类探寻宇宙奥秘的一个非常重要的理论。

13.5.4 基本粒子的理论

基本核子理论包含基本粒子的结构、相互作用和运动转化规律。它的理论体系就是量子场论。按照量子场论的观点,每一类型的粒子都由相应的量子场描述,粒子之间的相互作用就是这些量子场之间的耦合,而这种相互作用是由规范场量子传递的。

自 20 世纪 30 年代以来，基本粒子理论在实验的基础上有了很大进展。在粒子结构方面，人们已经通过对称性的研究深入到了一个层次，肯定了强子是由层子和反层子组成的。对真空，特别是对真空自发破缺也有了新的认识。在相互作用方面，发展可描述电磁相互作用的量子电动力学，发展为能统一描述弱相互作用和电磁相互作用的弱电统一理论，可用于描述强相互作用的量子色动力学。它们无一例外都是量子规范场理论，并且在很大程度上与实验一致，从而使人们对各种相互作用的规律性有了更深一层的了解。

基本粒子理论在本质上是一个发展中的理论，在许多方面还不能令人满意，其中有两个具有哲学意义的理论问题尚待澄清，即层次结构问题(物质结构层次)和相互作用统一问题(相互作用的统一理论)。在物质结构的原子层次上，可以把原子中的电子和原子核分割开来；在原子核层次上，也可以把组成原子核的质子和中子从原子核中分割出来。可是进入到"基本粒子"层次后，情况发生变化。这种变化在于强子虽然是由带"色"的层子和反层子组成的，但却不能把层子或反层子从强子中分割出来，这种现象被称为"色"禁闭。于是，在"基本粒子"层次，物质可分的概念增添了新的内容。可分并不等于可分割，强子以层子和反层子作为组分，但却不能从强子中分割出层子和反层子。"色"禁闭现象的原因至今还未能从理论上找到明确答案。80 年代已知的层子、反层子已达 36 种，轻子、反轻子已达 12 种，再加上作为力的传递者的规范场粒子以及 Higgs 粒子，总数已很多，这就使人们去设想这些粒子的结构。物理学家们对此已经给出许多理论模型，但各模型之间差别很大，近期内还很难由实验验证和判断究竟哪个模型是正确的。

在弱电统一理论获得成功后，人们又探求强作用和弱作用、电磁作用三者之间的统一，提出各种大统一模型理论。这种理论预言质子也会衰变，其寿命约为 1032±2 年，但还没有得到实验的证实。在探索力的统一理论时不能不考虑引力，但引力和弱作用力、电磁作用力、强作用力有重要差别，因为它直接与空间、时间的测度有联系，它的传递者——引力子的自旋不同于其他三种作用力的传递者，它的耦合常数有量纲～(质量)$^{-2}$，从而会出现无穷多种发散，不能重整化。如果再考虑到爱因斯坦所提出的引力方程的非线性性质，就更增加了引力理论量子化、重整化的难度。初步探讨认为，引力场也是一种规范场，这就意味着引力和其他三种基本力在逻辑上最终会统一起来。但从问题的深度上看到，有一些关键性的因素人们还未掌握。

13.5.5　基本粒子物理学

研究比原子核更深层次的微观世界中物质的结构、性质以及在很高能量下这些物质相互转化及其产生原因和规律的物理学分支，称为粒子物理学，又称高能物理学。

对基本粒子的研究可以追溯到 1897 年发现第一个基本粒子电子。1932 年，查德威克在用 α 粒子轰击核的实验中发现了中子，随即人们认识到原子核是由质子和中子构成的，从而形成所有物质都是由基本的结构单元——质子、中子、电子构成的统一的世界图像。质子、中子、电子、光子、中微子和正电子都被认为是基本粒子或亚原子粒子。在此阶段，理论上建立了量子力学，这是微观粒子运动普遍遵循的基本规律。在相对论量子力学的基础上，通过场的量子化初步建立了量子场论，很好地解决了场的粒子性和描述粒子的产生、湮灭等问题。随着原子核物理的发展，发现在相当于原子核大小的范围内除了引力相互作用电磁相互作用之外，还存在比电磁作用更强的强相互作用以及介于电磁作用和引力作用之间的弱相互作用。前者是核子结合成核的核力，后者引起原子核的β衰变。对于核力的研究认识到核力是通过交换介子而产生的，并根据核力的电荷无关性建立起同位旋概念。

此后，陆续发现了众多的粒子。1937 年从宇宙线中发现μ子，后来证实它不参与强作用，与其相伴的μ中微子和电子及其相伴的电子中微子归入一类，统称为轻子。1947 年发现$\pi^{\pm}$介子，1950 年发现π^0介子，1947 年还发现奇异粒子。随着粒子加速器和各种粒子探测器的发展，开始了用加速器研究并大量发现基本粒子的新时期，各种粒子的反粒子被证实，发现了为数不少的寿命极短的共振态。基本粒子的大量发现，其中大部分是强子，人们怀疑这些基本粒子的基本性，尝试将强子进行分类，提出颇为成功的强子分类的"八重法"。

同时，重正化理论的建立和相互作用中对称性的研究进一步解释了宇称不守恒。关于描述电磁场量子化的量子电动力学，通过重正化方法消除了发散困难，对于电子和μ子反常磁矩以及兰姆移位的理论计算与实验结果精确符合。量子电动力学经受众多实验检验，成为描述电磁相互作用的成功的基本理论。对称性与守恒定律联系在一起，关于相互作用中对称性的研究，最为重要的结果是李政道、杨振宁于 1956 年提出的弱作用下宇称不守恒，1957 年被吴健雄等人的实验及其他实验证实，这些实验同时也证实了在弱作用下电荷共轭宇称不守恒，这些研究也推动弱作用理论的进展。

20 世纪 60 年代中后期，对基本粒子的研究以强子结构的夸克模型为标志。1964 年，盖耳曼和兹韦克在强子分类八重法的基础上分别提出强子由夸克构成。夸克共有上夸克u、下夸克d和奇异夸克s 3 种，它们的电荷、重子数为分数。夸克模型可以说明当时已发现的各种强子。夸克模型得到了高能电子、高能中微子对质子和中子的深度非弹性散射实验的支持，实验说明了质子和中子内部存在点状结构，这些点状结构可以认为是夸克存在的证据。1974 年发现J/ψ粒子，其独特性质必须引入一种新的粲夸克c。1979 年发现另外一种独特的新粒子r，必须引入第 5 种夸克，称为底夸克b。1975 年发现重轻子τ，并有迹象表明存在与τ相伴的τ中微子，于是轻子共有 6 种。迄今的实验尚未发现轻子有内部结构。人们相信轻子是与夸克属于同一层次的粒子。轻子与夸克的对称性意味着存在第 6 种顶夸克t。1994 年 4 月 26 日，美国费米国家实验室宣布已找到顶夸克存在的证据。

这一阶段理论上最重要的进展是建立电弱统一理论和强相互作用的研究。这是 1961 年由格拉肖提出，该理论的是以杨振宁和密耳斯于 1954 年提出的非阿贝耳规范理论为基础的。按照这一模型，光子是传递电磁作用的粒子，传递弱作用的粒子是$W^{\pm}$和Z^0粒子，但是$W^{\pm}$、Z^0粒子是否具有静质量，理论上对于如何重正化的问题还没有解决。1967～1968 年在对称性自发破缺的基础上，温伯格、萨拉姆发展了格拉肖的电弱统一模型，建立了电弱统一的完善理论，阐明了规范场粒子$W^{\pm}$、Z^0是可以有静质量的，理论预言它们的质量在 80～100 GeV(吉电子伏)，还预言存在有弱中性流。1973 年观察到弱中性流，1983 年发现$W^{\pm}$、Z^0粒子的其质量($m_{W^{\pm}}\approx 80$ GeV，$m_Z\approx 90$ GeV)及特性与理论期待的完全相符。关于强作用的研究，1973 年霍夫特、格罗斯等人发展了量子色动力学理论。量子色动力学与量子电动力学一样，也是一种定域规范理论。在这个理论中，夸克之间的强相互作用是由于夸克具有色荷交换色胶子而产生的，胶子没有静质量，但带有色荷。强相互作用具有渐近自由的性质，即夸克之间的强相互作用并不是随着它们的距离增大而减弱，恰恰相反；当它们相距很近而处于强子内部时，相互作用很弱，可近似地看成是自由的，从而能够说明夸克、胶子的禁闭性质、轻子对强子深度非弹性散射的异常现象以及喷注现象等。

在粒子物理学的深层次探索活动中，粒子加速器、探测手段、数据记录和处理以及计算技术的应用不断发展，既带来粒子物理本身的进展，也促进整个科学技术的发展。粒子物理所取得的丰硕成果已经在宇宙演化的研究中起着重要作用。

物理学家简介：查德威克

查德威克(James Chadwick，1891—1974)，英国物理学家。1891 年 10 月生于英国曼彻斯特，1911 年以优异成绩毕业于曼彻斯特大学理学院，1911—1913 年在卢瑟福指导下从事放射性研究并获取理学硕士学位，1923 年被任命为卡文迪许实验室主任助理，并工作至 1935 年。在 1923—1935 年这段时间里，查德威克与卢瑟福合作，并于 1932 年发现了中子，1935 年获诺贝尔物理学奖。

查德威克

1919 年，卢瑟福通过用 α 粒子轰击氮原子放出氢核，而发现了质子。1920 年，卢瑟福在一次演说中谈到，既然原子中存在带负电的电子和带正电的质子，为什么不能存在不带电的“中子”呢？他当时设想的中子是电子与质子的结合物。1930 年，德国物理学家博特和贝克尔使用盖革-缪勒计数器，发现金属铍在 α 粒子轰击下，产生一种贯穿性很强的辐射，当时他们认为这是一种高能量的硬 γ 射线。1932 年，约里奥·居里夫妇重复了这一实验，惊奇发现这种硬 γ 射线的能量大大超过了天然放射性物质发射的 γ 射线的能量，同时还发现用这种射线轰击石蜡，竟能从石蜡中打出质子来。约里奥·居里夫妇把这种现象解释为一种康普顿效应，但是打出的质子能量高达5.7 MeV。按照康普顿公式，入射的 γ 射线能量至少应为50 MeV，这在理论上是解释不通的。查德威克把这一情况报告了卢瑟福，卢瑟福听到后很兴奋激动，但他不同意约里奥·居里夫妇的解释。查德威克很快重做了上述实验，他用 α 粒子轰击铍，再用铍产生的射线轰击氢、氮，结果打出了氢核和氮核。由此，查德威克断定这种射线不可能是 γ 射线。因为 γ 射线不具备将从原子中打出质子所需要的动量。查德威克认为，只有假定从铍中放出的射线是一种质量与质子差不多的中性粒子。

查德威克用仪器测量出被打出氢核和氮核的速度，并由此推算出这种新粒子的质量。查得威克还使用别的物质进行实验得出的结果都是这种未知粒子的质量与氢核的质量差不多。由于这种粒子不带电，所以叫做中子。后来更精确的实验测出，中子的质量非常接近于质子的质量，只比质子质量轻约大千分之一。查德威克将他的研究成果撰写成《中子的存在》论文发表在皇家学会的学报上。查德威克从重复约里奥·居里夫妇的实验到发现中子，前后不到一个月。这不仅是因为前人的工作为他打下了基础，主要的还是由于他能打破常规，具有大胆创新精神，敢于破除传统思想的束缚。而约里奥·居里夫妇虽然已经遇到了中子，由于没有给出正确的解释，而与中子失之交臂，错过了发现中子的机会。

部分参考答案

第八章

8-13 $\dfrac{q}{4\pi\varepsilon_0 a^2}$，由 O 指向 D

8-14 $\pi R^2 E$，0

8-15 $-\dfrac{2}{3}\varepsilon_0 E_0$，$\dfrac{4}{3}\varepsilon_0 E_0$

8-16 (1) $-\dfrac{\sqrt{3}}{3}q$ (2) 与三角形边长无关

8-17 675 V/m

8-18 $\dfrac{\lambda^2}{4\pi\varepsilon_0}\ln\dfrac{4}{3}$

8-19 -0.72 V/m

8-20 (1) $\dfrac{\lambda}{2\pi\varepsilon_0}\dfrac{r_0}{x(r_0-x)}\boldsymbol{i}$ (2) $\dfrac{\lambda^2}{2\pi\varepsilon_0 r_0}$

8-21 $\dfrac{q}{2\pi\varepsilon_0 R^2\theta_0}\sin\dfrac{\theta_0}{2}$

8-22 $\dfrac{\rho}{3\varepsilon_0}\left(\dfrac{r^3}{(r_{P'O}+r_{OO'})^2}-\dfrac{R^3}{r_{P'O}^2}\right)$

8-23 $E=\begin{cases}\dfrac{q}{4\pi\varepsilon R^3}r_1\,(r_1<R)\\[2ex] \dfrac{q}{4\pi\varepsilon_0 r^2}\ (r>R)\end{cases}$

8-24 (1) -9×10^5 c (2) 1.13×10^{-12} c/m^3

8-25 $\dfrac{1}{4\pi\varepsilon_0}\dfrac{Q(3R^2-r^2)}{2R^3}$

8-26 (1) $\dfrac{\sigma}{2\varepsilon_0}(\sqrt{x^2+R^2}-x)$ (2) $\dfrac{\sigma}{2\varepsilon_0}\left(1-\dfrac{x}{\sqrt{x^2+R^2}}\right)$ (3) 4.52×10^4 V

8-27 (1) 外导体球的内表面带电 $-q$，外导体球的外表面带电 $+q$；$\dfrac{1}{4\pi\varepsilon_0}\dfrac{q}{r_2}$

(2) 外球的外表面不带电，内表面带电 $-q$；0；$q\dfrac{r_1}{r_2}$；$-\dfrac{1}{4\pi\varepsilon_0}\dfrac{q}{{r_2}^2}(2r_2-r_1)$

8-28 (1) -1×10^{-7}C，-2×10^{-7}C (2) 2.23×10^3 V

8-29 $E=\begin{cases}0 & r<R_0\\[1ex] \dfrac{Q}{4\pi\varepsilon_0 r^2} & R_1>r>R_0\\[2ex] \dfrac{Q}{4\pi\varepsilon_r\varepsilon_0 r^2} & R_2>r>R_1\\[2ex] \dfrac{Q}{4\pi\varepsilon_0 r^2} & r>R_2\end{cases}$　　$D=\begin{cases}\dfrac{Q}{4\pi\varepsilon_0 r^2} & r>R_0\\[2ex] 0 & r<R_0\end{cases}$

8-30 (1) $E=\frac{\lambda_0}{2\pi\varepsilon_r\varepsilon_0 r}, D=\frac{\lambda_0}{2\pi r}, P=(\varepsilon_r-1)\frac{\lambda_0}{2\pi\varepsilon_r r}$

(2) $\sigma'_{R_1}=-(\varepsilon_r-1)\frac{\lambda_0}{2\pi\varepsilon_r R_1}, \sigma'_{R_2}=(\varepsilon_r-1)\frac{\lambda_0}{2\pi\varepsilon_r R_2}$

8-31 (1) 1.8×10^{-4} J (2) 8.5×10^{-5} J

8-32 (1) 1.28×10^{-3} C, 1.92×10^{-3} C (2) 1.28 J, 0.512 J

第九章

9-15 0.024 Wb, 0, 0.024 Wb

9-16 $\mu_0(I_2-I_1)$, $\mu_0(I_2+I_1)$

9-17 $\frac{\mu_0 I}{4R}\sqrt{1+\left(\frac{1}{\pi}\right)^2}$

9-18 $\frac{8\sqrt{2}}{\pi^2}$

9-19 $0.21\frac{\mu_0 I}{a}$，方向垂直纸面向里

9-20 $\frac{4\mu_0 I a^2}{8\pi\left(x^2+\frac{a^2}{4}\right)\sqrt{x^2+\frac{a^2}{2}}}$，方向沿 x 轴正向

9-21 7.02×10^{-4} T

9-22 (1) $\frac{\mu_0 I}{2\pi b}\ln 2$ (2) $\frac{\mu_0 I}{\pi b}\arctan\frac{b}{2x}$

9-23 0

9-24 $\frac{\mu_0 q\omega}{2\pi R}$，方向垂直于纸面

9-25 $\frac{\mu_0 NI}{2(R_2-R_1)}\ln\frac{R_2+\sqrt{R_2{}^2+\left(\frac{l}{2}\right)^2}}{R_1+\sqrt{R_1{}^2+\left(\frac{l}{2}\right)^2}}$

9-26 (1) $B=\frac{1}{2}\mu_0 w\rho R^2$ (2) $B=\frac{1}{4}\mu_0 w\rho R^2$

9-27 $r\geqslant R$, $B=\frac{\mu_0 I}{2\pi r}$, $r\leqslant R$, $B=\frac{\mu_0 Ir}{2\pi R^2}$

9-28 (1) $\frac{2B_1}{\mu_0}$ (2) $2B_1$

9-29 $r<R_1$, $B=\mu_0\frac{Ir}{2\pi R_1{}^2}$, $R_1<r<R_2$, $B=\frac{\mu_0 I}{2\pi r}$; $R_2<r<R_3$, $B=\frac{\mu_0 I}{2\pi r}\frac{R_3^2-r^2}{R_3^2-R_2^2}$, $r>R_3$, $B=0$

9-30 $\frac{\mu_0}{2}\frac{Id}{S}$，其方向垂直 O_1O_2 向上

9-31 $B=\frac{1}{2}\mu_0\sigma v$

9-32 $B=\frac{\mu_0 Id}{2\pi(a^2-b^2)}$，$\boldsymbol{B}$ 的方向与两轴线的连线相垂直

9-33 (1) $B=\frac{\mu_0 I(r^2-R_1^2)}{2\pi r(R_2^2-R_1^2)}$

(2) $r=R_1$, $B=0$; $r=R_2$, $B=\frac{\mu_0 I}{2\pi R_2}$

9-34 板外，$B=\mu_0 jd$；板内，$B=\mu_0 jy$

9-35 $\dfrac{\mu_0 I_1 I_2}{2\pi}\ln\dfrac{d+L}{d}$

9-36 0.34 N，方向垂直环面向上

9-37 9.35×10^{-3} T

9-38 0.078 5 N·m，方向沿直径向上

9-39 1.57×10^{-2} N·m，磁力矩 $\boldsymbol{M}$ 将驱使线圈法线转向与 $\boldsymbol{B}$ 平行

9-40 $\dfrac{\mu_0 I_1 I_2 L}{2\pi}\left(\dfrac{1}{r_1}-\dfrac{1}{r_2}\right)$，方向沿水平向左

9-41 $\dfrac{\pi\omega\sigma BR^4}{4}$，方向垂直纸面向里

9-42 (1) $B_0=2.5\times10^{-4}$ T，$H_0=200$ A/m (2) $H=200$ A/m，$B=1.05$ T (3) $B_0=2.5\times10^{-4}$ T，$B'\approx1.05$ T

9-43 (1) $H=nI=2\times10^4$ A/m (2) $M=7.76\times10^5$ A/m (3) $\chi_m=38.8$ (4) $\mu_r=39.8$，$I_s=3.1\times10^5$ A

9-44 (1) $\begin{cases} r<R_1: & B=\dfrac{\mu_1 I}{2\pi R_1^2}r \\ R_2>r>R_1: & B=\dfrac{\mu_2 I}{2\pi r} \\ r>R_2: & B=\dfrac{\mu_0 I}{2\pi r} \end{cases}$

(2) $\begin{cases} r<R_1: & M_1=\left(\dfrac{\mu_1}{\mu_0}-1\right)\dfrac{I}{2\pi R_1{}^2}r \\ R_2>r>R_1: & M_2=\left(\dfrac{\mu_2}{\mu_0}-1\right)\dfrac{I}{2\pi r} \end{cases}$

9-45 (1) 电子的运动速度为 $v=\sqrt{\dfrac{2E_k}{m}}$，方向:偏向东 (2) $a=6.28\times10^{14}$ m/s^2 (3) 匀速圆周运动半径 $R=6.72$ m

第十章

10-9 B^2Rv

10-10 4.7×10^{-5} V

10-11 6.86×10^{-5} V

10-12 $\dfrac{\mu_0 LkI_0 e^{-kt}}{2\pi}\ln\dfrac{a+b}{a}$

10-13 (1) 7×10^{-4} A，方向为逆时针方向 (2) 6.3×10^{-5} N，方向向左

10-14 (1) $\dfrac{\mu_0\mu_r}{2\pi}\ln\dfrac{R_2}{R_1}$ (2) $\dfrac{\mu_0\mu_r I^2}{4\pi}\ln\dfrac{R_2}{R_1}$

10-15 4.4×10^{-6} V，方向为从 B 指向 A

10-16 $N_1 N_2\dfrac{\mu_0\pi R^2 r^2}{2(R^2+d^2)^{\frac{3}{2}}}$

10-19 1.51×10^8 V/m

10-20 5.0×10^{-4} V/m，6.25×10^{-4} V/m，3.13×10^{-4} V/m

10-21 2.9×10^2 J，1.008×10^3 J

10-22 6.81×10^{18} J

10－23　$\pi R^2 \varepsilon_0 \frac{dE}{dt}$

10－24　$\frac{r\omega q_0 \cos\omega t}{2\pi R^2}$

10－25　1.0×10^6 V/s

第十一章

11－15　0.143 m

11－16　0.287 m

11－17　－3.4 m

11－18　7.84×10^{-6} m

11－19　648.2 nm，0.15°

11－20　8″

11－21　$\sqrt{2R\left(d-\frac{2k-1}{4}\lambda\right)}$，8，由中心向外侧移动

11－22　589 nm

11－23　5.46×10^{-3} m，2.73×10^{-3} m

11－24　$\sin^{-1}\left(\frac{k\lambda}{a}\pm\sin\alpha\right)$　（$k=\pm1$，±2，……）

11－25　$k_1=3$，$k_2=2$

11－26　428.6 nm

11－27　0，±11°12′，±20°44′，±32°41′，±45°4′，±62°15′光；光谱线数目不变，但不对称分布

11－28　6×10^{-6} m；1.5×10^{-6} m；0，±1，±2，±3，±5，±6，±7，±9

11－29　1 000 条/mm，10″，不变

11－30　0.139 mm

11－31　281 m

11－32　0.416 nm，0.395 nm

11－33　$\frac{9}{4}I_1$

11－34　$\frac{2}{5}$

11－35　48°26′，41°34′

第十二章

12－7　7.13×10^{29}，$\Delta A=\frac{\Delta}{n}\frac{A}{2}$

12－8　1.58×10^3 W/m²

12－9　3.63

12－10　3.21×10^{-19} J，2.0 V，1.02×10^{15} Hz

12－11　1.14×10^{-19} J，5.78×10^{14} Hz

12－12　5.74×10^5 m/s

12－13　4.35×10^{-12} nm，63.64°

12－14　0.023 1 nm，6.23 KeV

12 - 15　0. 10 MeV

12 - 16　1.67×10^{-27} kg

12 - 17　1.99×10^{-5} nm

12 - 18　2.58×10^{-2} nm

12 - 19　7.29×10^{-21} kg · m/s, 4.4×10^{6} m/s

12 - 22　1.51×10^{-18} J, $x=1$ nm

12 - 23　$\Delta E=E_{101}-E_{100}=0.11\times10^{-37}$ J

12 - 24　113. 1 eV, 3.8×10^{-3}, 0. 25

12 - 25　0.529×10^{-10} m

12 - 26　$\lambda_{31}=102.6$ nm, $\lambda_{32}=656.3$ nm, $\lambda_{21}=121.6$ nm

12 - 27　364. 6 nm, 656. 3 nm